해커스공무원

곽후근 정보보호론

단원별 기출문제집

해커스공무원

곽후근

약력

숭실대학교 공학박사
현 | 해커스공무원 정보보호론, 컴퓨터일반 강의
전 | 대방고시 전산직, 군무원, 계리직 전임교수
전 | 숭실대학교, 세종대학교, 가톨릭대학교 겸임교수 및 강사
전 | 펌킨네트웍스 기술이사
전 | 한국소프트스페이스 고문

저서

해커스공무원 곽후근 정보보호론 기본서
해커스공무원 곽후근 정보보호론 단원별 기출문제집
해커스공무원 곽후근 컴퓨터일반 기본서
해커스공무원 곽후근 컴퓨터일반 단원별 기출문제집

여러분의 합격을 응원하는

해커스공무원의 특별 혜택

FREE 공무원 정보보호론 **특강**

해커스공무원(gosi.Hackers.com) 접속 후 로그인 ▶ 상단의 [무료강좌] 클릭 ▶ [교재 무료특강] 클릭

회독용 답안지(PDF)

해커스공무원(gosi.Hackers.com) 접속 후 로그인 ▶ 상단의 [교재·서점 → 무료 학습 자료] 클릭 ▶
본 교재의 [자료받기] 클릭하여 이용

▲ 바로가기

해커스공무원 온라인 단과강의 **20% 할인쿠폰**

5EF4B288363E28AF

해커스공무원(gosi.Hackers.com) 접속 후 로그인 ▶ 상단의 [나의 강의실] 클릭 ▶
좌측의 [쿠폰등록] 클릭 ▶ 위 쿠폰번호 입력 후 이용

* 등록 후 7일간 사용 가능(ID당 1회에 한해 등록 가능)

합격예측 **온라인 모의고사 응시권 + 해설강의 수강권**

64A3A3DE4ABAEM2U

해커스공무원(gosi.Hackers.com) 접속 후 로그인 ▶ 상단의 [나의 강의실] 클릭 ▶
좌측의 [쿠폰등록] 클릭 ▶ 위 쿠폰번호 입력 후 이용

* ID당 1회에 한해 등록 가능

쿠폰 이용 관련 문의 **1588-4055**

단기 합격을 위한 해커스공무원 커리큘럼

입문

탄탄한 기본기와 핵심 개념 완성!

누구나 이해하기 쉬운 개념 설명과 풍부한 예시로 부담없이 쌩기초 다지기

TIP 베이스가 있다면 **기본 단계**부터!

기본+심화

필수 개념 학습으로 이론 완성!

반드시 알아야 할 기본 개념과 문제풀이 전략을 학습하고
심화 개념 학습으로 고득점을 위한 응용력 다지기

기출+예상 문제풀이

문제풀이로 집중 학습하고 실력 업그레이드!

기출문제의 유형과 출제 의도를 이해하고 최신 출제 경향을 반영한
예상문제를 풀어보며 본인의 취약영역을 파악 및 보완하기

동형문제풀이

동형모의고사로 실전력 강화!

실제 시험과 같은 형태의 실전모의고사를 풀어보며 실전감각 극대화

최종 마무리

시험 직전 실전 시뮬레이션!

각 과목별 시험에 출제되는 내용들을 최종 점검하며 실전 완성

PASS

* 커리큘럼 및 세부 일정은 상이할 수 있으며,
자세한 사항은 해커스공무원 사이트에서 확인하세요.

공무원 시험의 해답
정보보호론 시험 합격을 위한 필독서

정보보호론의 모든 단원들은 모두 컴퓨터와 관련된 보안을 의미합니다.

네트워크 보안은 컴퓨터(시스템) 간의 네트워크를 통한 통신에서 네트워크에서 발생할 수 있는 보안을 의미하고, 암호학은 컴퓨터 내부에 저장하거나 외부로 전송하기 위한 데이터에 암호를 적용하는 것을 의미합니다. 시스템 보안은 컴퓨터를 하나의 시스템으로 간주하고 해당 시스템 내부에서 발생하는 보안을 의미하고, 관리체계는 컴퓨터로 구성된 조직 내부에서 체계적으로 보안을 적용하기 위한 것입니다. 접근제어는 주체(사람 등)가 컴퓨터상의 객체(데이터 등)에 접근하려고 할 때 허용 여부를 결정하는 것이며, 어플리케이션 보안은 컴퓨터 어플리케이션(웹, 데이터베이스, 이메일, 전자상거래 등)에서 발생하는 보안을 의미합니다. 그리고 개요는 컴퓨터 보안 관련 최신 기술을 다루며, 관련법규는 컴퓨터 보안 관련 법규를 의미합니다.

정보보호론을 공부하기 위한 기본 커리큘럼(기본이론, 심화이론, 기출문제풀이, 단원별 문제풀이, 모의고사)에서 기출문제풀이가 가장 중요합니다. 왜냐하면 정보보호론의 경우 과목의 특성상 범위가 너무 넓어 새로운 문제를 내기 보다는 기존 기출문제를 그대로 내거나 변형해서 내기 때문입니다. 그러므로 고득점을 위해서는 기출문제에 대한 제대로 된 학습이 필요하며, 본 교재가 이를 확실하고 정확하게 도와줄 것입니다.

<해커스공무원 곽후근 정보보호론 단원별 기출문제집>의 특징은 다음과 같습니다.

첫째, 11개년도 국가직, 지방직, 서울시, 지방교행, 국회직 기출문제를 단원별(네트워크 보안, 암호학, 시스템 보안, 관리체계, 접근제어, 어플리케이션 보안, 개요, 관련법규)로 수록하였습니다.

둘째, 정답과 오답을 모두 상세하게 정리하여 기존 기출문제 기출 변형문제에 대비할 수 있게 하였습니다.

셋째, 되도록 많은 표를 추가하여 내용에 대한 이해를 쉽게 하였고, 포인트 중심으로 구성하였습니다.

더불어, 공무원 시험 전문 사이트인 **해커스공무원(gosi.Hackers.com)**에서 교재 학습 중 궁금한 점을 나누고 다양한 무료 학습 자료를 함께 이용하여 학습 효과를 극대화할 수 있습니다.

부디 **<해커스공무원 곽후근 정보보호론 단원별 기출문제집>**이 공무원 합격을 꿈꾸는 모든 수험생 여러분에게 훌륭한 길잡이가 되기를 바랍니다.

곽후근

차례

PART 1 네트워크 보안

PART 2 암호학

PART 3 시스템 보안

PART 4 관리체계

PART 5 접근제어

PART 6 어플리케이션 보안

PART 7 개요

PART 8 관련법규

약점 보완 해설집(책 속의 책)

회독을 통한 취약 부분 완벽 정복
다회독에 최적화된 **회독용 답안지** (PDF)
해커스공무원(gosi.Hackers.com) ▶
사이트 상단의 '교재·서점' ▶ 무료 학습 자료

이 책의 활용법

문제해결 능력 향상을 위한 단계별 구성

하이브리드 암호 시스템

정답 및 해설 p.39

084 □□□ 2015년 서울시(02)

대칭키 암호시스템과 공개키 암호시스템의 장점을 조합한 것을 하이브리드 암호시스템이라고 부른다. 하이브리드 암호시스템을 사용하여 송신자가 수신자에게 문서를 보낼 때의 과정을 순서대로 나열하면 다음과 같다. 각 시점에 적용되는 암호시스템을 순서대로 나열하면?

ㄱ. 키를 사용하여 문서를 암호화할 때
ㄴ. 문서를 암·복호화하는 데 필요한 키를 암호화할 때
ㄷ. 키를 사용하여 암호화된 문서를 복호화할 때

086 □□□ 2019년 국회직(16)

공개키 암호 시스템과 대칭키 암호 시스템의 장점을 조합한 하이브리드 암호 시스템에 대한 설명으로 옳지 않은 것은?

① 메시지 자체를 암호화 또는 복호화할 때는 속도가 빠른 대칭키 암호 시스템을 사용한다.
② 암호화에 사용된 대칭키(세션키)를 상대방에게 전달할 때 상대방의 공개키를 사용한다.
③ 하이브리드 암호 시스템은 대칭키 암호의 키 교환 문제가 존재한다.
④ 공개키 알고리즘을 사용하여 공개키와 개인키를 생성하

STEP 01 기출문제로 문제해결 능력 키우기

공무원 정보보호론 기출문제 중 재출제 가능성이 높은 문제들을 엄선하여 학습 흐름에 따라 단원별로 배치하였으며, 이를 CHAPTER별로 구분하여 수록하였습니다. 이를 통해 각 CHAPTER에서 자주 출제되거나 중요한 개념을 파악하여 최신 출제 경향에 적극적으로 대비할 수 있습니다.

▼

CHAPTER 01 | 정보보호

CHAPTER 02 | 개요

정답 p.54

001	③	002	④	003	③	004	③	005	④
006	②	007	③	008	②	009	③		

001 답 ③

스테가노그라피: 메시지의 내용을 읽지 못하게 하는 것이 아니라, 메시지의 존재 자체를 숨기는 기법이다. 메시지를 숨겨 넣는 방법을 알게 되면 메시지의 내용은 금방 노출된다.

(선지분석)

① 전자서명: 서명자를 확인하고 서명자가 당해 전자문서에 서명했다는 사실을 나타내는 데 이용하려고, 특정 전자문서에 첨부되거나 논리적으로 결합된 전자적 형태의 정보를 말한다. 공개 키 기반 구조(PKI) 기술측면에서 전자서명이란 전자문서의 해시(HASH) 값을 서명자의 개인키(전자서명생성정보)로 변환(암호화)한 것으

ㄴ. 워터마킹: 동영상이나 음성 데이터에 사용자가 알 수 없는 형태로 저작권 정보를 기록하는 장치이다. 디지털 워터마킹에는 작성자, 저작권자, 작성일 등이 인간의 눈이나 귀로는 알지 못하도록 숨겨져 있으며, 만약 불법 복제를 위해 디지털 워터마킹 정보를 삭제하려 하면 원래의 동영상이나 음성 정보가 삭제되도록 설계되어 있다.

(선지분석)

- 크래커: 고의 또는 악의적으로 다른 사람의 컴퓨터에 불법적으로 침입하여 데이터나 프로그램을 엿보거나 변경하는 등의 컴퓨터 범죄 행위를 저지르는 사람을 가리킨다. 소프트웨어를 불법으로 복사하여 배포하는 사람을 가리키기도 한다.
- 커버로스: MIT에서 개발한 비밀키(대칭키) 암호 기반 키 분배 및 사용자 인증 시스템이다. 클라이언, AS(TGT 발행), TGS(Ticket 발행), 서버로 구성되고, 중앙 집중형 인증 방식이다.

003 답 ③

Z_m은 0보단 크고 m보단 작은 수의 집합을 나타낸다. 그리고 Z_m^*는 0보단 크고 m보단 작은 수 중에서 m과 최대공약수가 1인 수의 집합(서로소인 집합)을 의미한다. a에 대한 덧셈의 역원은 (a + b) mod m = 0을 만족하는 b를 의미하고, a에 대한 곱셈의 역원은 (a × b) mod m = 1을 만족하는 b를 의미한다. 주어진 조건으로

STEP 02 상세한 해설로 개념 완성하기

문제풀이와 함께 이론을 요약·정리할 수 있도록 상세한 해설을 수록하였습니다. 이를 통해 정답이 아닌 선지와 관련 이론을 함께 확인하여 방대한 정보보호론 이론을 다시 한 번 복습할 수 있습니다.

정답의 근거와 오답의 원인, 관련 이론까지 짚어 주는 정답 및 해설

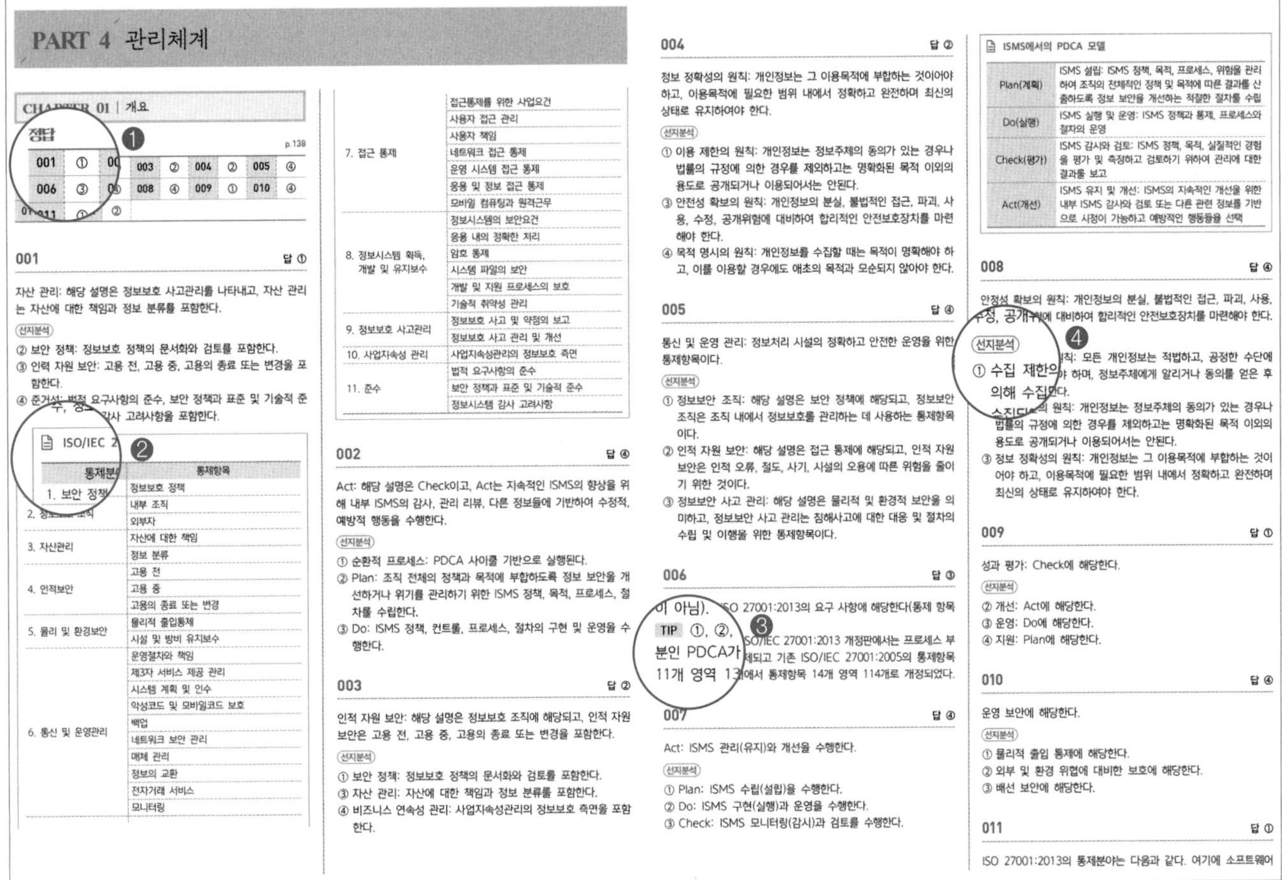

PART 4 관리체계

CHAPTER 01 | 개요

정답 p.138

001	①	002	④	003	②	004	②	005	④
006	③	007	④	008	④	009	①	010	④
011	①								

001 답 ①

자산 관리: 해당 설명은 정보보호 사고관리를 나타내고, 자산 관리는 자산에 대한 책임과 정보 분류를 포함한다.

선지분석
② 보안 정책: 정보보호 정책의 문서화와 검토를 포함한다.
③ 인력 자원 보안: 고용 전, 고용 중, 고용의 종료 또는 변경을 포함한다.
④ 준거성: 법적 요구사항의 준수, 보안 정책과 표준 및 기술적 준수, 정보시스템 감사 고려사항을 포함한다.

ISO/IEC 27001

통제분야	통제항목
1. 보안 정책	정보보호 정책
2. 정보보호 조직	내부 조직
	외부자
3. 자산관리	자산에 대한 책임
	정보 분류
4. 인적보안	고용 전
	고용 중
	고용의 종료 또는 변경
5. 물리 및 환경보안	물리적 출입통제
	시설 및 방비 유지보수
6. 통신 및 운영관리	운영절차와 책임
	제3자 서비스 제공 관리
	시스템 계획 및 인수
	악성코드 및 모바일코드 보호
	백업
	네트워크 보안 관리
	매체 관리
	정보의 교환
	전자거래 서비스
	모니터링
7. 접근 통제	접근통제를 위한 사업요건
	사용자 접근 관리
	사용자 책임
	네트워크 접근 통제
	운영 시스템 접근 통제
	응용 및 정보 접근 통제
	모바일 컴퓨팅과 원격근무
8. 정보시스템 획득, 개발 및 유지보수	정보시스템의 보안요건
	응용 내의 정확한 처리
	암호 통제
	시스템 파일의 보안
	개발 및 지원 프로세스의 보호
	기술적 취약성 관리
9. 정보보호 사고관리	정보보호 사고 및 약점의 보고
	정보보호 사고 관리 및 개선
10. 사업지속성 관리	사업지속성관리의 정보보호 측면
11. 준수	법적 요구사항의 준수
	보안 정책과 표준 및 기술적 준수
	정보시스템 감사 고려사항

002 답 ④

Act: 해당 설명은 Check이고, Act는 지속적인 ISMS의 향상을 위해 내부 ISMS의 감사, 관리 리뷰, 다른 정보들에 기반하여 수정적, 예방적 행동을 수행한다.

선지분석
① 순환적 프로세스: PDCA 사이클 기반으로 실행된다.
② Plan: 조직 전체의 정책과 목적에 부합하도록 정보 보안을 개선하거나 위기를 관리하기 위한 ISMS 정책, 목적, 프로세스, 절차를 수립한다.
③ Do: ISMS 정책, 컨트롤, 프로세스, 절차의 구현 및 운영을 수행한다.

003 답 ②

인적 자원 보안: 해당 설명은 정보보호 조직에 해당되고, 인적 자원 보안은 고용 전, 고용 중, 고용의 종료 또는 변경을 포함한다.

선지분석
① 보안 정책: 정보보호 정책의 문서화와 검토를 포함한다.
③ 자산 관리: 자산에 대한 책임과 정보 분류를 포함한다.
④ 비즈니스 연속성 관리: 사업지속성관리의 정보보호 측면을 포함한다.

004 답 ②

정보 정확성의 원칙: 개인정보는 그 이용목적에 부합하는 것이어야 하고, 이용목적에 필요한 범위 내에서 정확하고 완전하며 최신의 상태로 유지하여야 한다.

선지분석
① 이용 제한의 원칙: 개인정보는 정보주체의 동의가 있는 경우나 법률의 규정에 의한 경우를 제외하고는 명확화된 목적 이외의 용도로 공개되거나 이용되어서는 안된다.
③ 안전성 확보의 원칙: 개인정보의 분실, 불법적인 접근, 파괴, 사용, 수정, 공개위험에 대비하여 합리적인 안전보호장치를 마련해야 한다.
④ 목적 명시의 원칙: 개인정보를 수집할 때는 목적이 명확해야 하고, 이를 이용할 경우에도 애초의 목적과 모순되지 않아야 한다.

005 답 ④

통신 및 운영 관리: 정보처리 시설의 정확하고 안전한 운영을 위한 통제항목이다.

선지분석
① 정보보안 조직: 해당 설명은 보안 정책에 해당되고, 정보보안 조직은 조직 내에서 정보보호를 관리하는 데 사용하는 통제항목이다.
② 인적 자원 보안: 해당 설명은 접근 통제에 해당되고, 인적 자원 보안은 인적 오류, 절도, 사기, 시설의 오용에 따른 위험을 줄이기 위한 것이다.
③ 정보보안 사고 관리: 해당 설명은 물리적 및 환경적 보안을 의미하고, 정보보안 사고 관리는 침해사고에 대한 대응 및 절차의 수립 및 이행을 위한 통제항목이다.

006 답 ③

ISO 27001:2013의 요구 사항에 해당한다(통제 항목이 아님).

TIP ①, ②, ISO/IEC 27001:2013 개정판에서는 프로세스 부분인 PDCA가 삭제되고 기존 ISO/IEC 27001:2005의 통제항목 11개 영역 133개에서 통제항목 14개 영역 114개로 개정되었다.

007 답 ④

Act: ISMS 관리(유지)와 개선을 수행한다.

선지분석
① Plan: ISMS 수립(설립)을 수행한다.
② Do: ISMS 구현(실행)과 운영을 수행한다.
③ Check: ISMS 모니터링(감시)과 검토를 수행한다.

ISMS에서의 PDCA 모델

Plan(계획)	ISMS 설립: ISMS 정책, 목적, 프로세스, 위험을 관리하여 조직의 전체적인 정책 및 목적에 따른 결과를 산출하도록 정보 보안을 개선하는 적절한 절차를 수립
Do(실행)	ISMS 실행 및 운영: ISMS 정책과 통제, 프로세스와 절차의 운영
Check(평가)	ISMS 감시와 검토: ISMS 정책, 목적, 실질적인 경험을 평가 및 측정하고 검토하기 위하여 관리에 대한 결과를 보고
Act(개선)	ISMS 유지 및 개선: ISMS의 지속적인 개선을 위한 내부 ISMS 감사와 검토 또는 다른 관련 정보를 기반으로 시정이 가능하고 예방적인 행동들을 선택

008 답 ④

안정성 확보의 원칙: 개인정보의 분실, 불법적인 접근, 파괴, 사용, 수정, 공개위험에 대비하여 합리적인 안전보호장치를 마련해야 한다.

선지분석
① 수집 제한의 원칙: 모든 개인정보는 적법하고, 공정한 수단에 의해 수집되어야 하며, 정보주체에게 알리거나 동의를 얻은 후 수집되어야 한다.
② 이용 제한의 원칙: 개인정보는 정보주체의 동의가 있는 경우나 법률의 규정에 의한 경우를 제외하고는 명확화된 목적 이외의 용도로 공개되거나 이용되어서는 안된다.
③ 정보 정확성의 원칙: 개인정보는 그 이용목적에 부합하는 것이어야 하고, 이용목적에 필요한 범위 내에서 정확하고 완전하며 최신의 상태로 유지하여야 한다.

009 답 ①

성과 평가: Check에 해당한다.

선지분석
② 개선: Act에 해당한다.
③ 운영: Do에 해당한다.
④ 지원: Plan에 해당한다.

010 답 ④

운영 보안에 해당한다.

선지분석
① 물리적 출입 통제에 해당한다.
② 외부 및 환경 위협에 대비한 보호에 해당한다.
③ 배선 보안에 해당한다.

011 답 ①

ISO 27001:2013의 통제분야는 다음과 같다. 여기에 소프트웨어

❶ 빠른 정답 확인

각 CHAPTER에 수록된 모든 문제의 정답을 표로 정리하여 쉽고 빠르게 확인할 수 있습니다.

❷ 관련 이론

문제풀이에 필요한 관련 핵심 이론을 수록하였습니다. 취약한 개념을 바로 확인하여 이론의 효과적인 학습이 가능합니다.

❸ TIP

문제에서 묻는 주제와 관련된 개념 또는 학습에 도움이 될 만한 선생님 TIP들을 따로 모아 수록하였습니다. 문제 풀이에 필요한 TIP을 활용하여 기출문제를 효율적으로 학습할 수 있습니다.

❹ 선지분석

정답인 선지뿐만 아니라 오답인 선지에 대해서도 상세한 설명을 수록하여 다양한 선지 유형을 빈틈없이 학습할 수 있습니다.

PART 1

네트워크 보안

네트워크 개요

정답 및 해설 p.2

001 □□□

2016년 서울시(08)

공격자가 인터넷을 통해 전송되는 데이터의 TCP Header에서 검출할 수 없는 정보는 무엇인가?

① 수신 시스템이 처리할 수 있는 윈도우 크기
② 패킷을 송신하고 수신하는 프로세스의 포트 번호
③ 수신측에서 앞으로 받고자 하는 바이트의 순서 번호
④ 송신 시스템의 TCP 패킷의 생성 시간

002 □□□

2017년 지방교행(18)

그림은 인터넷 전자 메일 설정 화면이다. ㉠ ~ ㉢에 들어갈 프로토콜을 바르게 짝지은 것은?

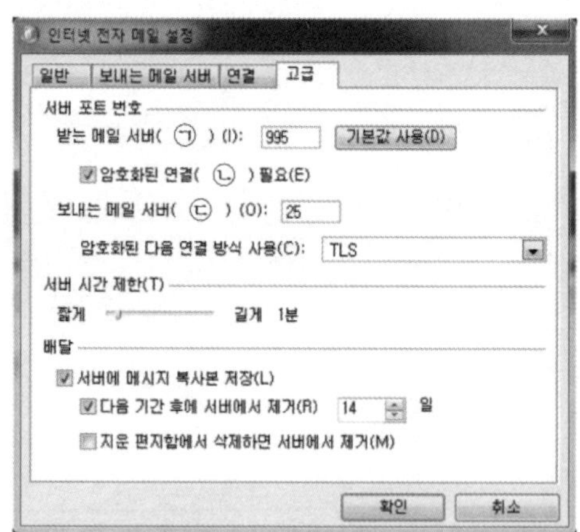

	㉠	㉡	㉢
①	SSL	POP3	SMTP
②	POP3	SSL	SMTP
③	POP3	SMTP	SSL
④	SMTP	SSL	POP3

003 □□□

2017년 국가직(추가)(20)

클라이언트와 서버 간의 파일 전송을 위한 FTP(File Transfer Protocol)에 대한 설명으로 옳지 않은 것은?

① TCP 포트 21은 제어 연결을 위해, TCP 포트 20은 데이터 연결을 위해 사용된다.
② 공개 파일 접근을 허용하는 사이트에서는 익명(anonymous) 로그인을 사용할 수 있으나, 익명 사용자에게는 보안상 제한적인 명령어만 사용하도록 한다.
③ 로그인 시 사용자 아이디와 패스워드를 사용하더라도 로그인 정보 도청이 가능하다.
④ FTP 대신에 TELNET를 사용함으로써 인증과 무결성의 보안 문제를 해결할 수 있다.

CHAPTER 02

TCP/IP

정답 및 해설 p.2

001 □□□

2021년 국회직(08)

IP주소에 대한 설명으로 옳지 않은 것은?

① IP주소는 TCP/IP 프로토콜로 접속된 네트워크에서 각 컴퓨터를 식별하는 데 사용하는 숫자이다.
② InterNIC에서 관리하는 IP주소는 네트워크와 호스트(노드)로 구성되어 있다.
③ IPv6는 IP주소 공간의 부족, 12개 필드로 구성된 IPv4 헤더 영역의 비효율적인 사용, 네트워크 프래그멘테이션 증가로 인한 스위칭의 비효율성 문제를 해결하기 위해 개발되었다.
④ IPv4 주소는 상위 4비트 값을 기초로 다섯 개의 클래스로 분류된다.
⑤ 클래스 D는 멀티캐스트용 주소이다.

002 □□□

2022년 국가직(02)

TCP에 대한 설명으로 옳지 않은 것은?

① 비연결 지향 프로토콜이다.
② 3-Way Handshaking을 통해 서비스를 연결 설정한다.
③ 포트 번호를 이용하여 서비스들을 구별하여 제공할 수 있다.
④ SYN Flooding 공격은 TCP 취약점에 대한 공격이다.

003 □□□

2022년 국가직(11)

IPv6에 대한 설명으로 옳지 않은 것은?

① IP주소 부족 문제를 해결하기 위하여 등장하였다.
② 128bit 주소공간을 제공한다.
③ 유니캐스트는 단일 인터페이스를 정의한다.
④ 목적지 주소는 유니캐스트, 애니캐스트, 브로드캐스트 주소로 구분된다.

네트워크 기반 공격의 이해

정답 및 해설 p.3

001 □□□ 2014년 국가직(01)

서비스 거부(DoS; Denial of Service) 공격 또는 분산 서비스 거부(DDoS; Distributed DoS) 공격에 대한 설명으로 옳지 않은 것은?

① TCP SYN이 DoS 공격에 활용된다.
② CPU, 메모리 등 시스템 자원에 과다한 부하를 가중시킨다.
③ 불특정 형태의 에이전트 역할을 수행하는 데몬 프로그램을 변조하거나 파괴한다.
④ 네트워크 대역폭을 고갈시켜 접속을 차단시킨다.

002 □□□ 2014년 국가직(11)

공격자가 자신이 전송하는 패킷에 다른 호스트의 IP 주소를 담아서 전송하는 공격은 무엇인가?

① 패킷 스니핑(Packet Sniffing)
② 스미싱(Smishing)
③ 버퍼 오버플로우(Buffer Overflow)
④ 스푸핑(Spoofing)

003 □□□ 2014년 지방직(11)

보안 공격에 대한 설명으로 옳지 않은 것은?

① Land 공격: UDP와 TCP 패킷의 순서번호를 조작하여 공격 시스템에 과부하가 발생한다.
② DDoS(Distributed Denial of Service) 공격: 공격자, 마스터, 에이전트, 공격 대상으로 구성된 메커니즘을 통해 DoS 공격을 다수의 PC에서 대규모로 수행한다.
③ Trinoo 공격: 1999년 미네소타 대학교 사고의 주범이며, 기본적으로 UDP 공격을 실시한다.
④ SYN Flooding 공격: 각 서버의 동시 가용자 수를 SYN 패킷만 보내 점유하여 다른 사용자가 서버를 사용할 수 없게 만드는 공격이다.

004 □□□ 2014년 서울시(15)

DDoS(Distributed Denial of Service)에 대한 설명으로 옳지 않은 것은?

① 좀비 PC가 되지 않기 위해서는 신뢰할 수 없는 기관의 프로그램은 설치하지 않는 것이 좋다.
② DDoS공격은 특정 서버에 침입하여 자료를 훔쳐가거나 위조시키기 위한 것이다.
③ 좀비 PC가 되면 자신도 모르게 특정사이트를 공격하는 수단으로 이용될 수 있다.
④ 공격을 당하는 서버에는 서비스가 중지될 수 있는 큰 문제가 발생한다.
⑤ 좀비 PC는 악성코드의 흔적을 지우기 위해 스스로 하드디스크를 손상시킬 수도 있다.

005 □□□ 2014년 국회직(01)

TCP SYN flood 공격에 대한 설명으로 가장 옳은 것은?

① 브로드 캐스트 주소를 대상으로 공격
② TCP 프로토콜의 초기 연결 설정 단계를 공격
③ TCP 패킷의 내용을 엿보는 공격
④ 통신 과정에서 사용자의 권한 탈취를 위한 공격
⑤ TCP 패킷의 무결성을 깨뜨리는 공격

006 □□□ 2014년 국회직(04)

네트워크의 OSI 3계층 주소(IP 주소)와 연관된 2계층 주소(MAC 주소)를 틀리게 알려주어서 정보를 가로채는 데에 활용되는 공격 기법은 무엇인가?

① Smurf 공격 ② Teardrop 공격
③ DDoS 공격 ④ ARP Spoofing 공격
⑤ Phishing 공격

007 □□□ 2015년 국가직(10)

다음에서 설명하는 스니퍼 탐지 방법에 이용되는 것은 무엇인가?

- 스니핑 공격을 하는 공격자의 주요 목적은 사용자 ID와 패스워드의 획득에 있다.
- 보안 관리자는 이점을 이용해 가짜 ID와 패스워드를 네트워크에 계속 보내고, 공격자가 이 ID와 패스워드를 이용하여 접속을 시도할 때 스니퍼를 탐지한다.

① ARP ② DNS
③ Decoy ④ ARP watch

008 □□□ 2015년 지방직(11)

서비스 거부 공격 방법이 아닌 것은?

① ARP spoofing ② Smurf
③ SYN flooding ④ UDP flooding

009 □□□

2015년 서울시(05)

SYN flooding을 기반으로 하는 DoS 공격에 대한 설명으로 옳지 않은 것은?

① 향후 연결요청에 대한 피해 서버에서 대응 능력을 무력화시키는 공격이다.
② 공격 패킷의 소스 주소로 인터넷상에서 사용되지 않는 주소를 주로 사용한다.
③ 운영체제에서 수신할 수 있는 SYN 패킷의 수를 제한하지 않은 것이 원인이다.
④ 다른 DoS 공격에 비해서 작은 수의 패킷으로 공격이 가능하다.

010 □□□

2016년 지방직(06)

네트워크 공격에 대한 설명으로 옳지 않은 것은?

① Spoofing: 네트워크에서 송 · 수신되는 트래픽을 도청하는 공격이다.
② Session hijacking: 현재 연결 중인 세션을 가로채는 공격이다.
③ Teardrop: 네트워크 프로토콜 스택의 취약점을 이용한 공격 방법으로 시스템에서 패킷을 재조립할 때, 비정상 패킷이 정상 패킷의 재조립을 방해함으로써 네트워크를 마비시키는 공격이다.
④ Denial of Service: 시스템 및 네트워크의 취약점을 이용하여 사용 가능한 자원을 소비함으로써, 실제 해당 서비스를 사용하려고 요청하는 사용자들이 자원을 사용할 수 없도록 하는 공격이다.

011 □□□

2016년 서울시(02)

다음 중 성격이 다른 공격 유형은 무엇인가?

① Session Hijacking Attack
② Targa Attack
③ Ping of Death Attack
④ Smurf Attack

012 □□□

2016년 서울시(13)

Spoofing 공격에 대한 설명으로 옳지 않은 것은?

① ARP Spoofing: MAC주소를 속임으로써 통신 흐름을 왜곡시킨다.
② IP Spoofing: 다른이가 쓰는 IP를 강탈해 특정 권한을 획득한다.
③ DNS Spoofing: 공격대상이 잘못된 IP주소로 웹 접속을 하도록 유도하는 공격이다.
④ ICMP Redirect: 공격자가 클라이언트의 IP주소를 확보하여 실제 클라이언트처럼 패스워드 없이 서버에 접근한다.

013 □□□

2017년 지방직(05)

서비스 거부(Denial of Service) 공격기법으로 옳지 않은 것은?

① Ping Flooding 공격 ② Zero Day 공격
③ Teardrop 공격 ④ SYN Flooding 공격

014 □□□

2017년 서울시(05)

스위칭 환경에서 스니핑(Sniffing)을 수행하기 위한 공격으로 옳지 않은 것은?

① ARP 스푸핑(Spoofing)
② ICMP 리다이렉트(Redirect)
③ 메일 봄(Mail Bomb)
④ 스위치 재밍(Switch Jamming)

015 □□□

2017년 국회직(04)

TCP 세션하이재킹에 대한 설명으로 옳은 것은?

① 서버와 클라이언트의 통신에서 TCP의 송신 포트 제어에 문제가 발생하도록 공격한다.
② 서버와 클라이언트의 통신에서 TCP의 ACK 넘버 제어에 문제가 발생하도록 공격한다.
③ 서버와 클라이언트의 통신에서 TCP의 시퀀스 넘버 제어에 문제가 발생하도록 공격한다.
④ 서버와 클라이언트의 통신에서 TCP의 수신 포트 제어에 문제가 발생하도록 공격한다.
⑤ 서버와 클라이언트의 통신에서 TCP의 체크섬 제어에 문제가 발생하도록 공격한다.

016 □□□

2017년 국회직(09)

네트워크에서 서비스를 제공하는 서버 혹은 시스템은 동시 접속 할 수 있는 사용자 수를 제한한다. 이러한 특성을 이용하여 다수의 존재하지 않는 사용자가 시스템에 접속한 것처럼 속여 다른 사용자가 서비스를 받지 못하게 하는 공격으로 옳은 것은?

① Ping of Death ② SYN Flooding
③ Boink ④ Tear Drop
⑤ Smurf

017 □□□

2017년 국회직(16)

다음 중 캐싱(Caching) 장비가 응답하지 않도록 설정된 다수의 HTTP GET 패킷을 특정 시스템에 전송하여 서비스를 마비시키는 공격으로 옳은 것은?

① Slowloris 공격
② HTTP GET Flooding 공격
③ ARP Spoofing 공격
④ DNS Spoofing 공격
⑤ HTTP CC(Cache-control) 공격

018 □□□

2017년 지방교행(07)

네트워크 기반의 공격과 그에 대한 설명 (가) ~ (다)를 바르게 짝지은 것은? (단, DoS는 Denial of Service의 약어이다)

> (가) 대량의 패킷을 이용하여 특정 서비스의 수행을 방해하는 공격
> (나) 네트워크상에서 자신이 아닌 다른 상대방들의 패킷 교환을 도청하는 공격
> (다) 공격자가 자신의 IP(Internet Protocol) 주소를 변조한 후 다른 사용자나 시스템처럼 위장하여 공격

	(가)	(나)	(다)
①	DoS	sniffing	spoofing
②	DoS	spoofing	sniffing
③	sniffing	DoS	spoofing
④	spoofing	sniffing	DoS

019 □□□

2017년 국가직(추가)(17)

동일 LAN상에서 서버와 클라이언트의 IP 주소에 대한 2계층 MAC 주소를 공격자의 MAC 주소로 속임으로써, 공격자가 서버와 클라이언트 간의 통신을 엿듣거나 통신 내용 또는 흐름을 왜곡 시킬 수 있다. 이러한 상황에서 발생한 공격과 거리가 먼 것은?

① IP 스푸핑(spoofing)
② ARP 스푸핑(spoofing)
③ 스니핑(sniffing)
④ MITM(Man-In-The-Middle)

020 □□□

2018년 지방직(07)

다음 DoS(Denial of Service) 공격의 대응 방법에 대한 설명 중 ㉠, ㉡에 들어갈 용어로 옳은 것은?

> • 다른 네트워크로부터 들어오는 IP broadcast 패킷을 허용하지 않으면 자신의 네트워크가 (㉠) 공격의 중간 매개지로 쓰이는 것을 막을 수 있다.
> • 다른 네트워크로부터 들어오는 패킷 중에 출발지 주소가 내부 IP 주소인 패킷을 차단하면 (㉡) 공격을 막을 수 있다.

	㉠	㉡
①	Smurf	Land
②	Smurf	Ping of Death
③	Ping of Death	Land
④	Ping of Death	Smurf

021 □□□

2018년 국회직(06)

ARP Spoofing이 악용하는 매핑(mapping) 정보로 짝지어진 것은?

① IP 주소 - 도메인 주소
② IP 주소 - MAC 주소
③ MAC 주소 - TCP port 번호
④ MAC 주소 - 도메인 주소
⑤ IP 주소 - TCP port 번호

022 □□□

2018년 지방교행(02)

다음은 신문기사의 일부이다. 빈칸 ㉠에 공통으로 들어갈 용어로 옳은 것은?

> (㉠)은/는 하나의 PC로 제어되는 대규모 온라인 기기 모음이며, 악성 소프트웨어를 이용해 빼앗은 다수의 좀비 컴퓨터로 구성되는 네트워크라고 볼 수 있다. 일반적으로 PC, 공유기, 스마트폰, 웹캠, 태블릿 등을 악성코드에 감염시켜 사용한다. (㉠)은/는 특정 온라인 서버를 표적으로 다운시키거나 대규모 스팸 캠페인을 전달하는 DDoS 공격에 사용할 수 있다. 또한 사용자는 자신의 기기에 있는 악성코드를 인식하지 못하기 때문에 사생활 침해 사기에 개인 정보를 쉽게 도용당할 수 있다.
>
> \- 2017년 ○월 ○일자 -

① 웜(worm) ② 봇넷(botnet)
③ 루트킷(rootkit) ④ 랜섬웨어(ransomware)

023 □□□

2018년 지방교행(03)

다음 스푸핑(spoofing) 공격에 대한 설명 중 (가) ~ (다)를 바르게 짝지은 것은?

> (가) 공격 대상이 잘못된 IP 주소로 웹 접속 유도
> (나) 권한 획득을 위하여 다른 사용자의 IP 주소 강탈
> (다) MAC 주소를 속여 클라이언트에서 서버로 가는 패킷이나 그 반대 패킷의 흐름을 왜곡

	(가)	(나)	(다)
①	IP 스푸핑	ARP 스푸핑	DNS 스푸핑
②	ARP 스푸핑	IP 스푸핑	DNS 스푸핑
③	ARP 스푸핑	DNS 스푸핑	IP 스푸핑
④	DNS 스푸핑	IP 스푸핑	ARP 스푸핑

024 □□□

2019년 국가직(08)

다음 설명에 해당하는 DoS 공격을 옳게 짝지은 것은?

> ㄱ. 공격자가 공격대상의 IP 주소로 위장하여 중계 네트워크에 다량의 ICMP Echo Request 패킷을 전송하며, 중계 네트워크에 있는 모든 호스트는 많은 양의 ICMP Echo Reply 패킷을 공격 대상으로 전송하여 목표시스템을 다운 시키는 공격
> ㄴ. 공격자가 송신자 IP 주소를 존재하지 않거나 다른 시스템의 IP 주소로 위장하여 목적 시스템으로 SYN 패킷을 연속해서 보내는 공격
> ㄷ. 송신자 IP 주소와 수신자 IP 주소, 송신자 포트와 수신자 포트가 동일하게 조작된 SYN 패킷을 공격 대상에 전송하는 공격

	ㄱ	ㄴ	ㄷ
①	Smurf Attack	Land Attack	SYN Flooding Attack
②	Smurf Attack	SYN Flooding Attack	Land Attack
③	SYN Flooding Attack	Smurf Attack	Land Attack
④	Land Attack	Smurf Attack	SYN Flooding Attack

025 □□□

2019년 지방직(05)

다음 중 OSI 7계층 모델에서 동작하는 계층이 다른 것은?

① L2TP
② SYN 플러딩
③ PPTP
④ ARP 스푸핑

026 □□□

2019년 서울시(07)

이더넷(Ethernet)상에서 전달되는 모든 패킷(Packet)을 분석하여 사용자의 계정과 암호를 알아내는 것은?

① Nessus
② SAINT
③ Sniffing
④ IPS

027 □□□

2019년 서울시(12)

다음 설명에 해당되는 공격 유형으로 가장 옳은 것은?

> SYN 패킷을 조작하여 출발지 IP 주소와 목적지 IP 주소를 일치시켜서 공격 대상에 보낸다. 이때 조작된 IP 주소는 공격 대상의 주소이다.

① Smurf Attack
② Land Attack
③ Teardrop Attack
④ Ping of Death Attack

028 □□□

2019년 서울시(15)

서비스 거부 공격(DoS)에 대한 설명으로 가장 옳지 않은 것은?

① 공격자가 임의로 자신의 IP 주소를 속여서 다량으로 서버에 보낸다.
② 대상 포트 번호를 확인하여 17, 135, 137번, UDP 포트 스캔이 아니면, UDP Flooding 공격으로 간주한다.
③ 헤더가 조작된 일련의 IP 패킷 조각들을 전송한다.
④ 신뢰 관계에 있는 두 시스템 사이에 공격자의 호스트를 마치 하나의 신뢰 관계에 있는 호스트인 것처럼 속인다.

029 □□□

2019년 국회직(02)

다음 네트워크 보안과 관련된 설명 중 ㉠, ㉡에 들어갈 용어로 옳은 것은?

> 네트워크 인터페이스 카드가 가지고 있는 모드 중 (㉠) 모드를 설정하여 네트워크 인터페이스 카드를 거치는 모든 데이터를 확인하는 스니핑 공격을 수행할 수 있다. 이 모드 설정을 위해서 Linux 환경에서는 (㉡) 명령어를 활용한다.

	㉠	㉡
①	non-promiscuous	netstat
②	promiscuous	netstat
③	non-promiscuous	ifconfig
④	promiscuous	ifconfig
⑤	non-promiscuous	ipconfig

030 □□□

2020년 국가직(13)

다음 중 네트워크나 컴퓨터 시스템의 자원 고갈을 통해 시스템 성능을 저하시키는 공격에 해당하는 것만을 모두 고르면?

> ㄱ. Ping of Death 공격
> ㄴ. Smurf 공격
> ㄷ. Heartbleed 공격
> ㄹ. Sniffing 공격

① ㄱ, ㄴ　　② ㄱ, ㄷ

③ ㄴ, ㄷ　　④ ㄴ, ㄹ

031 □□□

2020년 지방직(18)

위조된 출발지 주소에서 과도한 양의 TCP SYN 패킷을 공격 대상 시스템으로 전송하는 서비스 거부 공격에 대응하기 위한 방안의 하나인, SYN 쿠키 기법에 대한 설명으로 옳은 것은?

① SYN 패킷이 오면 세부 정보를 TCP 연결 테이블에 기록한다.

② 요청된 연결의 중요 정보를 암호화하고 이를 SYN-ACK 패킷의 응답(acknowledgment) 번호로 하여 클라이언트에게 전송한다.

③ 클라이언트가 SYN 쿠키가 포함된 ACK 패킷을 보내오면 서버는 세션을 다시 열고 통신을 시작한다.

④ TCP 연결 테이블에서 연결이 완성되지 않은 엔트리를 삭제하는 데까지의 대기 시간을 결정한다.

032 □□□

2021년 국가직(03)

분산 서비스 거부(DDoS) 공격에 대한 설명으로 옳지 않은 것은?

① 하나의 공격 지점에서 대규모 공격 패킷을 발생시켜서 여러 사이트를 동시에 공격하는 방법이다.

② 가용성에 대한 공격이다.

③ 봇넷이 주로 활용된다.

④ 네트워크 대역폭이나 컴퓨터 시스템 자원을 공격 대상으로 한다.

033 □□□
2021년 지방직(07)

DoS(Denial of Service)의 공격유형이 아닌 것은?

① Race Condition
② TearDrop
③ SYN Flooding
④ Land Attack

034 □□□
2021년 지방직(13)

DoS 및 DDoS 공격 대응책으로 옳지 않은 것은?

① 방화벽 및 침입 탐지 시스템 설치와 운영
② 시스템 패치
③ 암호화
④ 안정적인 네트워크 설계

035 □□□
2021년 국회직(06)

다음에서 설명하는 DoS 공격 유형은 무엇인가?

> 패킷을 전송할 때 출발지 IP주소와 목적지 IP주소의 값을 똑같이 만들어서 공격대상에게 보낸다. 이때 조작된 목적지 IP주소는 공격대상의 IP주소이다. 이렇게 목적지 주소가 조작된 패킷을 공격대상에게 보내면 시스템은 공격자가 보낸 SYN패킷의 출발지 주소를 참조하여 응답패킷을 보내는데, 이때 패킷이 네트워크 밖으로 나가지 않고 자신에게 다시 되돌아오며, 돌아온 패킷의 출발지 IP주소에는 또다시 자신의 IP주소가 기록되어 시스템을 마비시키는 공격의 종류이다.

① Ping of Death
② Land Attack
③ SYN Flooding Attack
④ Smurf Attack
⑤ Mail Bomb

036 □□□
2022년 국가직(04)

TCP 세션 하이재킹에 대한 설명으로 옳은 것은?

① 서버와 클라이언트가 통신할 때 TCP의 시퀀스 넘버를 제어하는 데 문제점이 있음을 알고 이를 이용한 공격이다.
② 공격 대상이 반복적인 요구와 수정을 계속하여 시스템 자원을 고갈시킨다.
③ 데이터의 길이에 대한 불명확한 정의를 악용한 덮어쓰기로 인해 발생한다.
④ 사용자의 동의 없이 컴퓨터에 불법적으로 설치되어 문서나 그림 파일 등을 암호화한다.

037 □□□
2022년 국가직(19)

스니핑 공격에 대한 설명으로 옳지 않은 것은?

① 스위치에서 ARP 스푸핑 기법을 이용하면 스니핑 공격이 불가능하다.
② 모니터링 포트를 이용하여 스니핑 공격을 한다.
③ 스니핑 공격 방지책으로는 암호화하는 방법이 있다.
④ 스위치 재밍을 이용하여 위조한 MAC 주소를 가진 패킷을 계속 전송하여 스니핑 공격을 한다.

038 □□□ 2022년 지방직(01)

송 · 수신자의 MAC 주소를 가로채 공격자의 MAC 주소로 변경하는 공격은 무엇인가?

① ARP spoofing ② Ping of Death
③ SYN Flooding ④ DDoS

039 □□□ 2022년 지방직(02)

스니핑 공격의 탐지 방법으로 옳지 않은 것은?

① ping을 이용한 방법
② ARP를 이용한 방법
③ DNS를 이용한 방법
④ SSID를 이용한 방법

040 □□□ 2022년 지방직(15)

보안 공격에 대한 설명으로 옳지 않은 것은?

① Land 공격은 패킷을 전송할 때 출발지와 목적지 IP를 동일하게 만들어서 공격 대상에게 전송한다.
② UDP Flooding 공격은 다수의 UDP 패킷을 전송하여 공격 대상 시스템을 마비시킨다.
③ ICMP Flooding 공격은 ICMP 프로토콜의 echo 패킷에 대한 응답인 reply 패킷의 폭주를 통해 공격 대상 시스템을 마비시킨다.
④ Teardrop 공격은 공격자가 자신이 전송하는 패킷을 다른 호스트의 IP 주소로 변조하여 수신자의 패킷 조립을 방해한다.

041 □□□ 2022년 국회직(18)

SYN Flooding 공격과 ARP Spoofing 공격이 이루어지는 네트워크 OSI 계층으로 올바르게 짝지어진 것은?

	SYN Flooding 공격	ARP Spoofing 공격
①	Physical Layer	Network Layer
②	Network Layer	Transport Layer
③	Transport Layer	Data Link Layer
④	Data Link Layer	Network Layer
⑤	Network Layer	Data Link Layer

042 □□□

2023년 지방직(12)

서비스 거부 공격에 해당하는 것은?

① 발신지 IP 주소와 목적지 IP 주소의 값을 똑같이 만든 패킷을 공격 대상에게 전송한다.
② 공격 대상에게 실제 DNS 서버보다 빨리 응답 패킷을 보내 공격 대상이 잘못된 IP 주소로 웹 접속을 하도록 유도한다.
③ LAN상에서 서버와 클라이언트의 IP 주소에 대한 MAC 주소를 위조하여 둘 사이의 패킷이 공격자에게 전달되도록 한다.
④ 네트워크 계층에서 공격 시스템을 네트워크에 존재하는 또 다른 라우터라고 속임으로써 트래픽이 공격 시스템을 거쳐가도록 흐름을 바꾼다.

043 □□□

2024년 국가직(06)

로컬에서 통신하고 있는 서버와 클라이언트의 IP 주소에 대한 MAC 주소를 공격자의 MAC 주소로 속여, 클라이언트와 서버 간에 이동하는 패킷이 공격자로 전송되도록 하는 공격 기법은?

① SYN 플러딩
② DNS 스푸핑
③ ARP 스푸핑
④ ICMP 리다이렉트 공격

044 □□□

2024년 지방직(02)

서비스 거부 공격에 해당하지 않는 것은?

① Smurf 공격
② Slowloris 공격
③ Pharming 공격
④ HTTP GET 플러딩 공격

045 □□□

2024년 지방직(11)

DNS 스푸핑 공격에 대한 설명으로 옳지 않은 것은?

① 위조된(spoofed) DNS 응답을 보내 공격자가 의도한 웹사이트로 사용자의 접속을 유도하는 공격이다.
② 일반적으로 DNS 질의는 TCP 패킷이므로 공격자는 로컬 DNS 서버가 인터넷의 DNS 서버로부터 응답을 얻기 위해 설정한 TCP 세션을 하이재킹해야 한다.
③ 위조된 응답이 일반적으로 로컬 DNS 서버에 의해 캐시되므로 손상이 지속될 수 있는데 이를 DNS 캐시 포이즈닝이라고 한다.
④ 디지털 서명으로 DNS 데이터의 진위 여부를 확인하는 DNSSEC는 DNS 캐시 포이즈닝에 대처하도록 설계되었다.

CHAPTER 04

DRDoS(Distributed Reflection Denial of Service)

정답 및 해설 p.10

001 □□□ 2018년 서울시(07)

분산반사 서비스 거부(DRDoS) 공격의 특징으로 가장 옳지 않은 것은?

① TCP 프로토콜 및 라우팅 테이블 운영상의 취약성을 이용한다.
② 공격자의 추적이 매우 어려운 공격이다.
③ 악성 봇의 감염을 통한 공격이다.
④ 출발지 IP 주소를 위조하는 공격이다.

방화벽(Firewall)

정답 및 해설 p.10

001 □□□ 2014년 국가직(14)

방화벽(firewall)에 대한 설명으로 옳지 않은 것은?

① 패킷 필터링 방화벽은 패킷의 출발지 및 목적지 IP 주소, 서비스의 포트 번호 등을 이용한 접속제어를 수행한다.
② 패킷 필터링 기법은 응용 계층(application layer)에서 동작하며, WWW와 같은 서비스를 보호한다.
③ NAT 기능을 이용하여 IP 주소 자원을 효율적으로 사용함과 동시에 보안성을 높일 수 있다.
④ 방화벽 하드웨어 및 소프트웨어 자체의 결함에 의해 보안상 취약점을 가질 수 있다.

002 □□□ 2014년 서울시(11)

방화벽(Firewall)에 대한 설명으로 옳지 않은 것은?

① 허가되지 않은 외부의 공격에 대비해 시스템을 보호하기 위한 하드웨어와 소프트웨어를 말한다.
② IP 필터링을 통하여 내부 네트워크로 들어오는 IP를 차단할 수 있다.
③ 방화벽을 구축해도 내부에서 일어나는 정보유출은 막을 수 없다.
④ 방화벽을 구축하면 침입자의 모든 공격을 완벽하게 대처할 수 있다.
⑤ 방화벽은 일반적으로 라우터 또는 컴퓨터가 된다.

003 □□□ 2015년 지방직(14)

OSI 참조 모델의 제7계층의 트래픽을 감시하여 안전한 데이터만을 네트워크 중간에서 릴레이 하는 유형의 방화벽은 무엇인가?

① 패킷 필터링(packet filtering) 방화벽
② 응용 계층 게이트웨이(application level gateway)
③ 스테이트풀 인스펙션(stateful inspection) 방화벽
④ 서킷 레벨 게이트웨이(circuit level gateway)

004 □□□ 2016년 국가직(06)

다음 중 DMZ(demilitarized zone)에 대한 설명으로 옳은 것만을 고른 것은?

> ㄱ. 외부 네트워크에서는 DMZ에 접근할 수 없다.
> ㄴ. DMZ 내에는 웹 서버, DNS 서버, 메일 서버 등이 위치할 수 있다.
> ㄷ. 내부 사용자가 DMZ에 접속하기 위해서는 외부 방화벽을 거쳐야 한다.
> ㄹ. DMZ는 보안 조치가 취해진 네트워크 영역으로, 내부 방화벽과 외부 방화벽 사이에 위치할 수 있다.

① ㄱ, ㄷ　　② ㄴ, ㄷ
③ ㄴ, ㄹ　　④ ㄱ, ㄹ

005 □□□

2016년 지방직(16)

다음 설명에 해당하는 방화벽의 구축 형태로 옳은 것은?

- 인터넷에서 내부 네트워크로 전송되는 패킷을 패킷 필터링 라우터에서 필터링 함으로써 1차 방어를 수행한다.
- 배스천 호스트에서는 필터링된 패킷을 프록시와 같은 서비스를 통해 2차 방어 후 내부 네트워크로 전달한다.

① 응용 레벨 게이트웨이(Application-level gateway)
② 회로 레벨 게이트웨이(Circuit-level gateway)
③ 듀얼 홈드 게이트웨이(Dual-homed gateway)
④ 스크린 호스트 게이트웨이(Screened host gateway)

006 □□□

2017년 지방직(10)

다음의 내부에서 외부 네트워크 망으로 가는 방화벽 패킷 필터링 규칙에 대한 <보기>의 설명으로 옳은 것으로만 묶은 것은? (단, 방화벽을 기준으로 192.168.1.11은 내부 네트워크에 위치한 서버이고, 10.10.10.21은 외부 네트워크에 위치한 서버이다)

No.	From	Service	To	Action
1	192.168.1.11	25	10.10.10.21	Allow
2	Any	21	10.10.10.21	Allow
3	Any	80	Any	Allow
4	192.168.1.11	143	10.10.10.21	Allow

<보기>

ㄱ. 내부 서버(192.168.1.11)에서 외부 서버(10.10.10.21)로 가는 Telnet 패킷을 허용한다.
ㄴ. 내부 Any IP대역에서 외부 서버(10.10.10.21)로 가는 FTP 패킷을 허용한다.
ㄷ. 내부 Any IP대역에서 외부 Any IP대역으로 가는 패킷 중 80번 포트를 목적지로 하는 패킷을 허용한다.
ㄹ. 내부 서버(192.168.1.11)에서 외부 서버(10.10.10.21)로 가는 POP3 패킷을 허용한다.

① ㄱ, ㄴ　　② ㄴ, ㄷ
③ ㄷ, ㄹ　　④ ㄱ, ㄹ

007 □□□

2017년 서울시(09)

다음에서 설명하는 방화벽으로 옳은 것은?

ㄱ. 다단계 보안을 제공하기 때문에 강력한 보안을 제공한다.
ㄴ. DMZ(DeMilitarization Zone)라는 완충 지역 개념을 이용한다.
ㄷ. 설치와 관리가 어렵고 서비스 속도가 느리다는 단점이 있다.

① 베스천 호스트(Bastion host)
② 듀얼 홈드 게이트웨이(Dual homed gateway)
③ 패킷 필터링(Packet filtering)
④ 스크린드 서브넷 게이트웨이(Screened subnet gateway)

008 □□□

2017년 지방교행(17)

다음은 방화벽 규칙 집합(rule set)이다. 이에 대한 설명으로 옳은 것은?

정책	출발지(source)		목적지(destination)		동작
	IP 주소	포트	IP 주소	포트	
1	external	any	192.168.100.100	5553	allow
2	any	any	any	any	deny

① 정책 2는 모든 접근에 대하여 허용하는 정책이다.
② 방화벽은 정책 2를 적용한 후 정책 1을 적용하게 된다.
③ 방화벽은 접근제어를 수행하기 위하여 포트만을 사용한다.
④ 외부 IP 주소를 사용하여 접근하는 경우 내부 시스템(192.168.100.100)의 5553번 포트에 접근을 허용한다.

009 □□□

2019년 국가직(14)

방화벽 구축 시 내부 네트워크의 구조를 외부에 노출하지 않는 방법으로 옳은 것은?

① Network Address Translation
② System Active Request
③ Timestamp Request
④ Fragmentation Offset

010 □□□

2019년 서울시(17)

침입차단시스템에 대한 설명으로 가장 옳은 것은?

① 스크린드 서브넷 구조(Screened Subnet Architecture)는 DMZ와 같은 완충 지역을 포함하며 구축 비용이 저렴하다.
② 스크리닝 라우터 구조(Screening Router Architecture)는 패킷을 필터링하도록 구성되므로 구조가 간단하고 인증 기능도 제공할 수 있다.
③ 이중 네트워크 호스트 구조(Dual-homed Host Architecture)는 내부 네트워크를 숨기지만, 베스천 호스트가 손상되면 내부 네트워크를 보호할 수 없다.
④ 스크린드 호스트 게이트웨이 구조(Screened Host Gateway Architecture)는 서비스 속도가 느리지만, 베스천 호스트에 대한 침입이 있어도 내부 네트워크를 보호할 수 있다.

011 □□□

2019년 국회직(04)

다음과 같은 정보보안 요구사항이 존재할 때 필요한 정보보호 시스템들을 짝지은 것으로 옳은 것은?

> 공인 IP 주소 자원의 효율적인 관리를 위해 사설 IP와의 연계를 수행하고 조직 내부의 네트워크 구조를 외부에서 알 수 없도록 하고 싶다. 또한, 내부에서 외부로의 정보유출을 탐지하여 개인정보 및 민감 정보의 유출을 차단하고자 한다.

① NAT-VPN ② IPS-DLP
③ NAT-SSL ④ IPS-SSL
⑤ NAT-DLP

012 □□□

2021년 지방직(08)

다음에서 설명하는 방화벽 구축 형태는 무엇인가?

> • 배스천(Bastion) 호스트와 스크린 라우터를 혼합하여 사용한 방화벽
> • 외부 네트워크와 내부 네트워크 사이에 스크린 라우터를 설치하고 스크린 라우터와 내부 네트워크 사이에 배스천 호스트를 설치

① Bastion Host
② Dual Homed Gateway
③ Screened Subnet Gateway
④ Screened Host Gateway

013 □□□

2021년 국회직(20)

NAT(Network Address Translation)에 대한 설명으로 옳지 않은 것은?

① 사용자에게 투명성을 제공함으로써 처리 속도가 빠르다.
② 한정된 공인 IP주소 부족 문제의 해결이 가능하다.
③ 주소 변환 기능을 제공한다.
④ 외부 컴퓨터에서 사설 IP를 사용하는 호스트에 대한 접근이 어려워 보안 측면에서 장점을 제공한다.
⑤ 외부 컴퓨터에 네트워크 구조를 노출하지 않는 보안상의 이점을 제공한다.

014 □□□

2022년 지방직(13)

다음 중 (가), (나)에 해당하는 침입차단시스템 동작 방식에 따른 분류를 옳게 연결한 것은?

> (가) 각 서비스별로 클라이언트와 서버 사이에 프록시가 존재하며 내부 네트워크와 외부 네트워크가 직접 연결되는 것을 허용하지 않는다.
> (나) 서비스마다 개별 프록시를 둘 필요가 없고 프록시와 연결을 위한 전용 클라이언트 소프트웨어가 필요하다.

	(가)	(나)
①	응용 계층 게이트웨이 (application level gateway)	회선 계층 게이트웨이 (circuit level gateway)
②	응용 계층 게이트웨이 (application level gateway)	상태 검사 (stateful inspection)
③	네트워크 계층 패킷 필터링 (network level packet filtering)	상태 검사 (stateful inspection)
④	네트워크 계층 패킷 필터링 (network level packet filtering)	회선 계층 게이트웨이 (circuit level gateway)

015 □□□

2022년 국회직(01)

방화벽의 기능으로 옳지 않은 것은?

① 접근제어
② 로깅 및 감사 추적
③ 인증
④ 암호화
⑤ 시그니처 기반의 침입 탐지

네트워크 각 계층별 프로토콜

정답 및 해설 p.13

001 □□□

2014년 국가직(13)

네트워크 각 계층별 보안 프로토콜로 옳지 않은 것은?

① 네트워크 계층 (network layer): IPSec
② 네트워크 계층 (network layer): FTP
③ 응용 프로그램 계층(application layer): SSH
④ 응용 프로그램 계층(application layer): S/MIME

002 □□□

2015년 국회직(04)

TCP/IP 프로토콜 계층과 각 계층에서 구현되는 보안 기술의 연결로 옳은 것은?

① 응용 계층 - Kerberos
② 전송 계층 - IPSec
③ 네트워크 계층 - TLS
④ 데이터 링크 계층 - SSL
⑤ 물리 계층 - SET

003 □□□

2015년 지방직(01)

인터넷 보안 프로토콜에 해당하지 않는 것은?

① SSL
② HTTPS
③ S/MIME
④ TCSEC

004 □□□

2016년 지방직(11)

응용 계층 프로토콜에서 동작하는 서비스에 대한 설명으로 옳지 않은 것은?

① FTP: 파일전송 서비스를 제공한다.
② DNS: 도메인 이름과 IP 주소 간 변환 서비스를 제공한다.
③ POP3: 메일 서버로 전송된 메일을 확인하는 서비스를 제공한다.
④ SNMP: 메일전송 서비스를 제공한다.

005 □□□

2017년 지방직(17)

다음의 OSI 7계층과 이에 대응하는 계층에서 동작하는 <보기>의 보안 프로토콜을 바르게 연결한 것은?

ㄱ. 2계층	ㄴ. 3계층	ㄷ. 4계층

<보기>

A. SSL/TLS	B. L2TP	C. IPSec

	ㄱ	ㄴ	ㄷ
①	A	B	C
②	A	C	B
③	B	C	A
④	B	A	C

006 □□□

2017년 지방교행(13)

다음 중 응용 계층에서 사용되는 보안 프로토콜로 옳은 것을 <보기>에서 고른 것은?

<보기>

ㄱ. FTP　　ㄴ. PGP
ㄷ. S/MIME　　ㄹ. UDP

① ㄱ, ㄷ　　② ㄱ, ㄹ
③ ㄴ, ㄷ　　④ ㄴ, ㄹ

007 □□□

2017년 국가직(추가)(03)

메일 수신 서버 또는 웹 메일 서버로부터 전자우편 메시지를 자신의 컴퓨터 단말 장치로 전송받는 데 사용되는 프로토콜이 아닌 것은?

① IMAP(Internet Mail Access Protocol)
② RTP(Realtime Transport Protocol)
③ POP(Post Office Protocol)
④ HTTP(HyperText Transfer Protocol)

008 □□□

2021년 국회직(07)

OSI 7 Layer 중 계층별 프로토콜의 연결이 옳지 않은 것은?

	OSI 모델	프로토콜
①	응용계층	HTTP, FTP
②	표현계층	MPEG, Telnet
③	전송계층	TCP, UDP
④	네트워크계층	IP, ICMP
⑤	데이터링크계층	Ethernet

009 □□□

2023년 지방직(02)

UDP 헤더 포맷의 구성 요소가 아닌 것은?

① 순서 번호　　② 발신지 포트 번호
③ 목적지 포트 번호　　④ 체크섬

CHAPTER 07 라우팅

CHAPTER 08 네트워크 관리

정답 및 해설 p.14

001 □□□ 2016년 국가직(20)

윈도우즈에서 지원하는 네트워크 관련 명령어와 주요 기능에 대한 설명으로 옳지 않은 것은?

① route: 라우팅 테이블의 정보 확인
② netstat: 연결 포트 등의 네트워크 상태 정보 확인
③ tracert: 네트워크 목적지까지의 경로 정보 확인
④ nslookup: 사용자 계정 정보 확인

002 □□□ 2016년 지방직(17)

SSH(Secure SHell)를 구성하고 있는 프로토콜 스택으로 옳지 않은 것은?

① SSH User Authentication Protocol
② SSH Session Layer Protocol
③ SSH Connection Protocol
④ SSH Transport Layer Protocol

003 □□□

2016년 국회직(02)

서버 관리자가 해커의 공격이 발생하고 있음을 감지하고 tcpdump 프로그램으로 네트워크 패킷을 캡처하였다. 다음의 요약된 캡처 정보가 나타내는 공격으로 옳은 것은?

```
13:07:13. 639870 192.168.1.73.2321 > 192.168.1.73.http …
13:07:13. 670484 192.168.1.73.2321 > 192.168.1.73.http …
13:07:13. 685593 192.168.1.73.2321 > 192.168.1.73.http …
13:07:13. 693481 192.168.1.73.2321 > 192.168.1.73.http …
13:07:13. 712833 192.168.1.73.2321 > 192.168.1.73.http …
```

① Smudge 공격
② LAND 공격
③ Ping of Death 공격
④ Smurf 공격
⑤ Port Scan 공격

004 □□□

2016년 국회직(13)

DNS(Domain Name System)의 보안 위협과 DNSSEC (Domain Name System Security Extensions) 대응에 대한 설명으로 옳지 않은 것은?

① Cache Poisoning 공격은 DNS 캐시에 저장된 정보를 오염시켜 공격자가 지정한 주소로 유도한다.
② DNS Spoofing은 서버에서 응답하는 IP 주소를 변조하여 의도하지 않은 주소로 유도한다.
③ DNSSEC는 서버의 응답에 전자서명을 부가함으로써 서버 인증 및 무결성을 제공 한다.
④ DNSSEC는 인증 체인 형태로 확장되어 계층적 구조의 DNS 서버에도 적용될 수 있다.
⑤ DNSSEC는 서버의 응답을 숨기지는 않지만, 서비스 거부 공격을 막는 효과가 있다.

005 □□□

2018년 지방직(17)

윈도우즈용 네트워크 및 시스템 관리 명령어에 대한 설명으로 옳은 것은?

① ping: 원격 시스템에 대한 경로 및 물리 주소 정보를 제공한다.
② arp: IP 주소에서 물리 주소로의 변환 정보를 제공한다.
③ tracert: IP 주소, 물리 주소 및 네트워크 인터페이스 정보를 제공한다.
④ ipconfig: 원격 시스템의 동작 여부 및 RTT(Round Trip Time) 정보를 제공한다.

006 □□□

2019년 국회직(11)

TCP/IP 기반의 네트워크에서 목적지 호스트까지의 경로를 파악하기 위해서 데이터그램의 TTL 값과 ICMP Time Exceeded 메시지를 기반으로 동작되는 도구는 무엇인가?

① ipconfig
② traceroute
③ nslookup
④ netstat
⑤ telnet

007 □□□

2021년 국회직(10)

다음은 ping 명령을 실행한 것이다. TTL이 의미하는 것은 무엇인가?

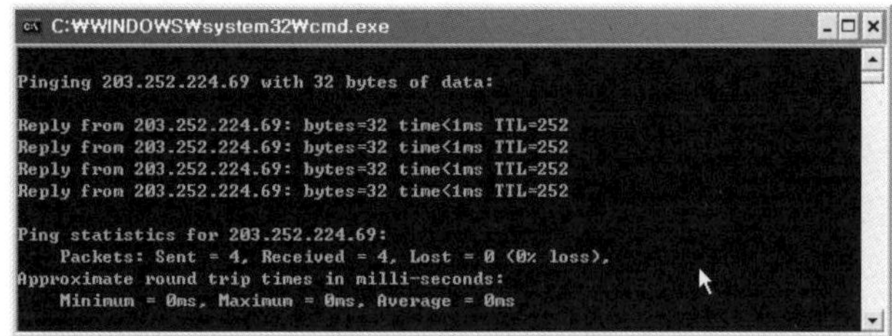

① 해당 IP주소 서브넷의 대표 주소이다.
② 전송 속도를 보여주며, 단위는 ms이다.
③ 전송된 패킷의 바이트 크기이다.
④ 해당 패킷의 생명주기이다.
⑤ 발신 패킷과 수신 패킷 간의 손실률을 보여준다.

008 □□□

2022년 국가직(12)

SSH를 구성하는 프로토콜에 대한 설명으로 옳은 것은?

① SSH는 보통 TCP상에서 수행되는 3개의 프로토콜로 구성된다.
② 연결 프로토콜은 서버에게 사용자를 인증한다.
③ 전송계층 프로토콜은 SSH 연결을 사용하여 한 개의 논리적 통신 채널을 다중화한다.
④ 사용자 인증 프로토콜은 전방향 안전성을 만족하는 서버 인증만을 제공한다.

009 □□□

2023년 지방직(18)

SSH(Secure Shell)의 전송 계층 프로토콜에 의해 제공되는 서비스가 아닌 것은?

① 서버 인증 ② 데이터 기밀성
③ 데이터 무결성 ④ 논리 채널 다중화

010 □□□

2024년 지방직(03)

(가)와 (나)에 들어갈 용어를 바르게 연결한 것은?

> traceroute 명령어는 [(가)] 시스템에서 사용되며 [(나)] 기반으로 구현된다.

	(가)	(나)
①	Windows	IGMP
②	Windows	TCP
③	Linux	HTTP
④	Linux	ICMP

무선통신 보안

정답 및 해설 p.16

001 □□□ 2015년 서울시(19)

다음에서 설명하고 있는 무선네트워크의 보안 프로토콜은 무엇인가?

> AP와 통신해야 할 클라이언트에 암호화키를 기본으로 등록해 두고 있다. 그러나 암호화키를 이용해 128비트인 통신용 암호화키를 새로 생성하고, 이 암호화키를 10,000개 패킷마다 바꾼다. 기존보다 훨씬 더 강화된 암호화 세션을 제공한다.

① WEP(Wired Equivalent Privacy)
② TKIP(Temporal Key Integrity Protocol)
③ WPA-PSK(Wi-Fi Protected Access Pre Shared Key)
④ EAP(Extensible Authentication Protocol)

002 □□□ 2016년 서울시(18)

무선랜에서의 인증 방식에 대한 설명으로 옳지 않은 것은?

① WPA 방식은 48비트 길이의 초기벡터(IV)를 사용한다.
② WPA2 방식은 AES 암호화 알고리즘을 사용하여 좀 더 강력한 보안을 제공한다.
③ WEP 방식은 DES 암호화 방식을 이용한다.
④ WEP 방식은 공격에 취약하며 보안성이 약하다.

003 □□□ 2017년 국가직(14)

무선랜을 보호하기 위한 기술이 아닌 것은?

① WiFi Protected Access Enterprise
② WiFi Rogue Access Points
③ WiFi Protected Access
④ Wired Equivalent Privacy

004 □□□ 2017년 지방직(16)

무선랜의 보안 대응책으로 옳지 않은 것은?

① AP에 접근이 가능한 기기의 MAC 주소를 등록하고, 등록된 기기의 MAC 주소만 AP 접속을 허용한다.
② AP에 기본 계정의 패스워드를 재설정한다.
③ AP에 대한 DHCP를 활성화하여 AP 검색 시 SSID가 검색되도록 설정한다.
④ 802.1x와 RADIUS 서버를 이용해 무선 사용자를 인증한다.

005 □□□ 2017년 국회직(13)

와이파이(Wi-Fi) 보안 기술에 대한 설명으로 옳지 않은 것은?

① IEEE 802.11 표준 기반의 무선랜 기술이다.
② WEP 방식은 현재 보안상 취약점이 발견되었다.
③ WEP 방식은 MAC(Media Access Control) 주소 인증 프로토콜을 사용한다.
④ WPA 방식은 TKIP(Temporal Key Integrity Protocol)를 사용한다.
⑤ WPA2 방식은 AES-CCMP(Counter Mode CBC-MAC Protocol)를 사용한다.

006 □□□ 2017년 지방직(추가)(06)

무선 인터넷 보안을 위한 알고리즘이나 표준이 아닌 것은?

① WEP ② WPA-PSK
③ 802.11i ④ X.509

007 □□□ 2018년 국가직(10)

IEEE 802.11i에 대한 설명으로 옳지 않은 것은?

① 단말과 AP(Access Point) 간의 쌍별(pairwise) 키와 멀티캐스팅을 위한 그룹키가 정의되어 있다.
② 전송되는 데이터를 보호하기 위해 TKIP(Temporal Key Integrity Protocol)와 CCMP(Co unter Mode with Cipher Block Chaining MAC Protocol) 방식을 지원한다.
③ 서로 다른 유무선랜 영역에 속한 단말들의 종단간(end-to-end) 보안 기법에 해당한다.
④ 802.1X 표준에서 정의된 방법을 이용하여 무선 단말과 인증 서버 간의 상호 인증을 할 수 있다.

008 □□□ 2018년 지방직(12)

다음에서 설명하는 프로토콜은 무엇인가?

• 무선랜 통신을 암호화하는 프로토콜로서 IEEE 802.11 표준에 정의되었다.
• 암호화를 위해 RC4 알고리즘을 사용한다.

① AH(Authentication Header)
② SSH(Secure SHell)
③ WAP(Wireless Application Protocol)
④ WEP(Wired Equivalent Privacy)

009 □□□ 2018년 서울시(14)

WPA2를 공격하기 위한 방식으로, WPA2의 4-way 핸드셰이크(handshake) 과정에서 메시지를 조작하고 재전송하여 정보를 획득하는 공격 방식으로 가장 옳은 것은?

① KRACK ② Ping of Death
③ Smurf ④ Slowloris

010 □□□ 2018년 서울시(17)

무선랜 보안에 대한 설명으로 옳은 것을 <보기>에서 모두 고른 것은?

<보기>

ㄱ. WEP는 RC4 암호 알고리즘을 사용한다.
ㄴ. WPA는 AES 암호 알고리즘을 사용한다.
ㄷ. WPA2는 EAP 인증 프로토콜을 사용한다.

① ㄱ, ㄴ ② ㄱ, ㄷ
③ ㄴ, ㄷ ④ ㄱ, ㄴ, ㄷ

011 □□□

2018년 국회직(18)

무선 네트워크 보안 기술에 대한 설명으로 옳지 않은 것은?

① WEP는 보안 취약성이 있다고 알려져 있다.
② WPA2 기술은 AES-CCMP를 사용한다.
③ 무선네트워크 환경에서 인증/인가를 위해 RADIUS 프로토콜을 사용하여 연결한다.
④ Diameter 프로토콜은 RADIUS보다 세션관리, 보안 측면에서 개선 및 확장된 프로토콜이다.
⑤ WPA-PSK 방식은 공개키 인증서 공유 방식으로 확장성이 좋다.

012 □□□

2018년 지방교행(19)

다음은 무선 AP(Access Point)를 설정한 결과 화면의 일부이다. ㉠ ~ ㉢에 대한 설명으로 옳지 않은 것은?

무선 설정/보안

동작 설정	⊙실행 ○중단		
네트워크이름(SSID)	㉠ home	모드	B,G,N ▼
지역	대한민국 ▼	채널	11[2.462 GHz] ▼ 채널 검색
동작 옵션	㉡ SSID(네트워크이름)알림 ⊙사용함 ○사용하지 않음		
인증방법	㉢ WPA2PSK ▼		
암호화방법	○사용안함 ○WEP64 ○WEP128 ○TKIP ⊙AES ○TKIP/AES		
네트워크 키			
	적용		

① ㉠의 'home'은 관리자가 변경할 수 없다.
② ㉡을 '사용함'으로 설정하였기 때문에, 클라이언트의 무선 네트워크 연결 목록에서 'home'을 볼 수 있다.
③ 무선 네트워크 연결 목록에서 'home'을 볼 수 없게 하여 접속시도를 줄이려면, ㉡을 '사용하지 않음'으로 설정을 변경한다.
④ ㉢을 'WPA2PSK'로 설정하였기 때문에, '암호화 방법'으로 AES를 사용할 수 있다.

013 □□□

2019년 국가직(09)

무선 LAN 보안에 대한 설명으로 옳지 않은 것은?

① WPA-PSK는 WEP보다 훨씬 더 강화된 암호화 세션을 제공한다.
② WEP는 64비트 WEP 키가 수분 내 노출되어 보안이 매우 취약하다.
③ WPA는 EAP 인증 프로토콜(802.1x)과 WPA-PSK를 사용한다.
④ WPA2는 RC4 알고리즘을 암호화에 사용하고, 고정 암호키를 사용한다.

014 □□□

2019년 서울시(14)

무선 통신 보안 기술에 대한 설명으로 가장 옳지 않은 것은?

① 무선 네트워크 보안 기술에 사용되는 WPA2 기술은 AES/CCMP를 사용한다.
② 무선 네트워크에서는 인증 및 인가, 과금을 위해 RADIUS 프로토콜을 사용할 수 있다.
③ 무선 AP의 SSID값 노출과 MAC 주소 기반 필터링 기법은 공격의 원인이 된다.
④ 무선 네트워크 보안 기술인 WEP(Wired Equivalent Privacy) 기술은 유선 네트워크 수준의 보안성을 제공하므로 기존의 보안 취약성 문제를 극복했다.

015 □□□

2020년 지방직(05)

IEEE 802.11i RSN(Robust Security Network)에 대한 설명으로 옳은 것은?

① TKIP는 확장형 인증 프레임워크이다.
② CCMP는 데이터 기밀성 보장을 위해 AES를 CTR 블록 암호 운용 모드로 이용한다.
③ EAP는 WEP로 구현된 하드웨어의 펌웨어 업데이트를 위해 사용한다.
④ 802.1X는 무결성 보장을 위해 CBC-MAC를 이용한다.

016 □□□

2021년 국회직(02)

강화된 무선 네트워크 보안 기법으로서 기존 IEEE 802.11의 보안 취약성을 해결한 IEEE 802.11i 및 RSN 보안 기법에 해당하는 것은?

① ARIA ② AES
③ RC4 ④ WPA2
⑤ EAP

017 □□□

2022년 국회직(08)

64bit 키를 사용하는 RC4 암호알고리즘을 기반으로 동작하며 IV(Initialization Vector) 헤더를 모아 분석할 경우 키가 노출되는 취약점을 갖는 무선랜 보안방식은 무엇인가?

① WEP ② WPA
③ WPA2 ④ TKIP
⑤ CCMP

018 □□□

2023년 국가직(20)

무선 네트워크 보안에 대한 설명으로 옳은 것은?

① 이전에 사용했던 WEP의 보안상 약점을 보강하기 위해서 IETF에서 WPA, WPA2, WPA3를 정의하였다.
② WPA는 TKIP 프로토콜을 채택하여 보안을 강화하였으나 여전히 WEP와 동일한 메시지 무결성 확인 방식을 사용하는 약점이 있다.
③ WPA2는 무선 LAN 보안 표준인 IEEE 802.1X의 보안 요건을 충족하기 위하여 CCM 모드의 AES 블록 암호 방식을 채택하고 있다.
④ WPA-개인 모드에서는 PSK로부터 유도된 암호화 키를 사용하는 반면에, WPA-엔터프라이즈 모드에서는 인증 및 암호화를 강화하기 위해 RADIUS 인증 서버를 두고 EAP 표준을 이용한다.

019 □□□

2024년 국가직(07)

IEEE 802.11i 키 관리의 쌍별 키 계층을 바르게 나열한 것은?

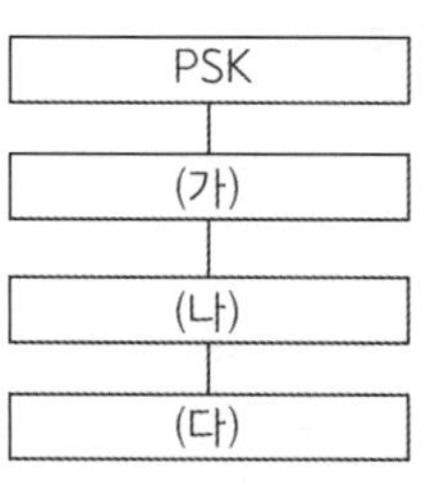

- TK(Temporal Key)
- PSK(Pre-Shared Key)
- PMK(Pairwise Master Key)
- PTK(Pairwise Transient Key)

	(가)	(나)	(다)
①	PMK	TK	PTK
②	PMK	PTK	TK
③	PTK	TK	PMK
④	PTK	PMK	TK

CHAPTER 10 스캔

정답 및 해설 p.19

001 □□□ 2017년 국가직(추가)(06)

TCP 표준을 준수하는 서버의 열린 포트와 닫힌 포트를 판별하기 위한 TCP FIN, TCP N ULL, TCP Xmas 포트 스캔 공격 시, 대상 포트가 닫힌 경우 세 가지 공격에 대하여 동일하게 서버가 응답하는 것은 무엇인가?

① SYN/ACK ② RST/ACK
③ RST ④ 응답 없음

002 □□□ 2019년 국가직(04)

다음에서 설명하는 스캔방법은 무엇인가?

> 공격자가 모든 플래그가 세트되지 않은 TCP 패킷을 보내고, 대상 호스트는 해당 포트가 닫혀 있을 경우 RST 패킷을 보내고, 열려 있을 경우 응답을 하지 않는다.

① TCP Half Open 스캔
② NULL 스캔
③ FIN 패킷을 이용한 스캔
④ 시간차를 이용한 스캔

003 □□□ 2024년 지방직(07)

포트 스캔 방식 중에서 포트가 열린 서버로부터 SYN + ACK 패킷을 받으면 로그를 남기지 않기 위하여 RST 패킷을 보내 즉시 연결을 끊는 스캔 방식은?

① TCP Half Open 스캔
② UDP 스캔
③ NULL 스캔
④ X-MAS 스캔

CHAPTER 11 SNMP

CHAPTER 12 IDS/IPS

정답 및 해설 p.19

001 □□□ 2014년 서울시(17)

IDS에 관한 설명으로 옳지 않은 것은?

① IDS를 이용하면 공격 시도를 사전에 차단할 수 있다.
② 기존 공격의 패턴을 이용해 공격을 감지하기 위해 signature 기반 감지 방식을 사용한다.
③ 알려지지 않았지만 비정상적인 공격 행위를 감지해서 경고하기 위해 anomaly 기반 감지 방식을 사용한다.
④ DoS 공격, 패킷 조작 등의 공격을 감지하기 위해서는 network IDS를 사용한다.
⑤ IDS는 방화벽과 상호보완적으로 사용될 수 있다.

002 □□□ 2015년 지방직(06)

침입탐지시스템(IDS)의 탐지 기법 중 하나인 비정상행위(anomaly) 탐지 기법의 설명으로 옳지 않은 것은?

① 이전에 알려지지 않은 방식의 공격도 탐지가 가능하다.
② 통계적 분석 방법, 예측 가능한 패턴 생성 방법, 신경망 모델을 이용하는 방법 등이 있다.
③ 새로운 공격 유형이 발견될 때마다 지속적으로 해당 시그니처(signature)를 갱신해 주어야 한다.
④ 정상행위를 가려내기 위한 명확한 기준을 설정하기 어렵다.

003 □□□

2015년 서울시(04)

다음 오용탐지(misuse detection)와 이상탐지(anomaly detection)에 대한 설명 중 이상탐지에 해당되는 것을 모두 고르면?

> ㄱ. 통계적 분석 방법 등을 활용하여 급격한 변화를 발견하면 침입으로 판단한다.
> ㄴ. 미리 축적한 시그니처와 일치하면 침입으로 판단한다.
> ㄷ. 제로데이 공격을 탐지하기에 적합하다.
> ㄹ. 임계값을 설정하기 쉽기 때문에 오탐률이 낮다.

① ㄱ, ㄷ ② ㄱ, ㄹ
③ ㄴ, ㄷ ④ ㄴ, ㄹ

004 □□□

2016년 국가직(12)

침입 탐지 시스템(IDS)에서 알려지지 않은 공격을 탐지하는 데 적합한 기법은 무엇인가?

① 규칙 기반의 오용 탐지
② 통계적 분석에 의한 이상(anomaly) 탐지
③ 전문가 시스템을 이용한 오용 탐지
④ 시그니처 기반(signature based) 탐지

005 □□□

2017년 서울시(01)

다음에서 설명하는 개념은 무엇인가?

> ㄱ. 전자금융거래에서 사용되는 단말기 정보, 접속 정보, 거래 내용 등을 종합적으로 분석하여 의심 거래를 탐지하고 이상금융거래를 차단하는 시스템이다.
> ㄴ. 보안 프로그램에서 방지하지 못하는 전자금융사기에 대한 이상거래를 탐지하여 조치를 할 수 있도록 지원하는 시스템이다.

① MDM ② FDS
③ MDC ④ RPO

006 □□□

2017년 지방교행(12)

다음 중 침입 탐지 시스템의 탐지 단계를 순서대로 바르게 나열한 것은?

> ㄱ. 데이터 수집(data collection)
> ㄴ. 침입 탐지(intrusion detection)
> ㄷ. 보고 및 대응(reporting and response)
> ㄹ. 데이터 필터링 및 축약(data filtering and reduction)

① ㄱ → ㄴ → ㄷ → ㄹ ② ㄱ → ㄹ → ㄴ → ㄷ
③ ㄹ → ㄴ → ㄱ → ㄷ ④ ㄹ → ㄷ → ㄱ → ㄴ

007 □□□

2017년 지방직(추가)(19)

다음 침입탐지시스템의 탐지 분석 기법에 대한 설명 중 ㉠ ~ ㉣에 들어갈 내용이 바르게 연결된 것은?

> 침입탐지시스템에서 (㉠)은 이미 발견되고 정립된 공격 패턴을 미리 입력해 두었다가 해당하는 패턴이 탐지되면 알려주는 것이다. 상대적으로 (㉡)가 높고, 새로운 공격을 탐지하기에는 부적합하다는 단점이 있다. (㉢)은 정상적이고 평균적인 상태를 기준으로 하여, 상대적으로 급격한 변화를 일으키거나 확률이 낮은 일이 발생하면 침입탐지로 알려주는 것이다. 정량적인 분석, 통계적인 분석 등이 포함되며, 상대적으로 (㉣)가 높다.

	㉠	㉡	㉢	㉣
①	이상탐지기법	False Positive	오용탐지기법	False Negative
②	이상탐지기법	False Negative	오용탐지기법	False Positive
③	오용탐지기법	False Negative	이상탐지기법	False Positive
④	오용탐지기법	False Positive	이상탐지기법	False Negative

008 □□□

2018년 서울시(08)

침입탐지시스템의 비정상행위 탐지 방법에 대한 설명으로 가장 옳지 않은 것은?

① 정상적인 행동을 기준으로 하여 여기서 벗어나는 것을 비정상으로 판단한다.
② 정량적인 분석, 통계적인 분석 등을 사용한다.
③ 오탐률이 높으며 수집된 다양한 정보를 분석하는 데 많은 학습 시간이 소요된다.
④ 알려진 공격에 대한 정보 수집이 어려우며, 새로운 취약성 정보를 패턴화하여 지식데이터베이스로 유지 및 관리하기가 쉽지 않다.

009 □□□

2018년 지방교행(17)

다음 중 네트워크 기반 침입탐지시스템(Intrusion Detection System)의 특징에 대한 설명으로 <보기>에서 옳은 것만을 모두 고른 것은?

<보기>

ㄱ. 어플리케이션 서버에 설치되어 관리가 간단하다.
ㄴ. 네트워크상의 패킷을 분석하여 침입을 탐지한다.
ㄷ. 방화벽 내부의 내부 네트워크와 방화벽 외부의 DMZ에 모두 배치 가능하다.

① ㄱ　　② ㄴ
③ ㄱ, ㄷ　　④ ㄴ, ㄷ

010 □□□

2019년 서울시(03)

침입탐지시스템(IDS)에 대한 설명으로 가장 옳지 않은 것은?

① 오용탐지는 새로운 침입 유형에 대한 탐지가 가능하다.
② 기술적 구성요소는 정보 수집, 정보 가공 및 축약, 침입 분석 및 탐지, 보고 및 조치 단계로 이루어진다.
③ 하이브리드 기반 IDS는 호스트 기반 IDS와 네트워크 기반 IDS가 결합한 형태이다.
④ IDS는 공격 대응 및 복구, 통계적인 상황 분석 보고 기능을 제공한다.

011 □□□

2020년 지방직(03)

침입탐지시스템(IDS)에 대한 설명으로 옳지 않은 것은?

① 호스트 기반 IDS와 네트워크 기반 IDS로 구분한다.
② 오용 탐지 방법은 알려진 공격 행위의 실행 절차 및 특징 정보를 이용하여 침입 여부를 판단한다.
③ 비정상 행위 탐지 방법은 일정 기간 동안 사용자, 그룹, 프로토콜, 시스템 등을 관찰하여 생성한 프로파일이나 통계적 임계치를 이용하여 침입 여부를 판단한다.
④ IDS는 방화벽처럼 내부와 외부 네트워크 경계에 위치해야 한다.

012 □□□

2021년 국가직(18)

침입탐지시스템의 비정상(anomaly) 탐지 기법에 대한 설명으로 옳지 않은 것은?

① 상대적으로 급격한 변화나 발생 확률이 낮은 행위를 탐지한다.
② 정상 행위를 예측하기 어렵고 오탐률이 높지만 알려지지 않은 공격에도 대응할 수 있다.
③ 수집된 다양한 정보로부터 생성한 프로파일이나 통계적 임계치를 이용한다.
④ 상태전이 분석과 패턴 매칭 방식이 주로 사용된다.

013 □□□

2021년 국회직(17)

다음 네트워크 기반과 호스트 기반 IDS(침입탐지시스템)의 특징 중 옳지 않은 것만을 모두 고르면?

<네트워크 기반(Network-based)>

ㄱ. 전체 네트워크에 대한 침입탐지가 가능하다.
ㄴ. 탐지된 침입의 실제 공격 성공 여부를 네트워크단에서는 알지 못한다.
ㄷ. 기존 네트워크 환경을 크게 변경하여야만 설치가 가능하다.

<호스트 기반(Host-based)>

ㄹ. 네트워크 기반 IDS가 탐지 불가능한 로컬 시스템에 대한 공격을 탐지할 수 있다.
ㅁ. 모든 개별 호스트에 대한 설치 및 관리를 하기 때문에 네트워크 기반 IDS보다 설치 및 관리가 쉽다.
ㅂ. 고부하 · 스위치 네트워크에서도 적용이 가능하며, 우회 가능성이 거의 없다.

① ㄱ, ㄹ
② ㄴ, ㅁ
③ ㄴ, ㅂ
④ ㄷ, ㅁ
⑤ ㄷ, ㅂ

CHAPTER 13

VPN

정답 및 해설 p.21

001 □□□ 2014년 지방직(18)

가상사설망의 터널링 기능을 제공하는 프로토콜에 대한 설명으로 옳은 것은?

① IPSec은 OSI 3계층에서 동작하는 터널링 기술이다.
② PPTP는 OSI 1계층에서 동작하는 터널링 기술이다.
③ L2F는 OSI 3계층에서 동작하는 터널링 기술이다.
④ L2TP는 OSI 1계층에서 동작하는 터널링 기술이다.

002 □□□ 2014년 국가직(02)

보안 프로토콜인 IPSec(IP Security)의 프로토콜 구조로 옳지 않은 것은?

① Change Cipher Spec
② Encapsulating Security Payload
③ Security Association
④ Authentication Header

003 □□□ 2014년 서울시(14)

IPsec에 대한 설명으로 옳지 않은 것은?

① IPsec은 network layer에서 동작한다.
② Tunnel mode에서는 기존 패킷 앞에 IPsec 헤더 정보가 추가된다.
③ IKE 프로토콜은 SA를 협의하기 위해 사용된다.
④ AH 프로토콜은 메시지에 대한 인증과 무결성을 제공하기 위해 사용된다.
⑤ ESP 헤더는 메시지의 기밀성을 제공하기 위해 사용된다.

004 □□□ 2015년 지방직(15)

IPSec에 대한 설명으로 옳지 않은 것은?

① 네트워크 계층에서 패킷에 대한 보안을 제공하기 위한 프로토콜이다.
② 인터넷을 통해 지점들을 안전하게 연결하는 데 이용될 수 있다.
③ 전송 모드와 터널 모드를 지원한다.
④ AH(Authentication Header)는 인증 부분과 암호화 부분 모두를 포함한다.

005 □□□

2015년 서울시(16)

가설사설망(VPN)이 제공하는 보안 서비스에 해당하지 않는 것은?

① 패킷 필터링
② 데이터 암호화
③ 접근제어
④ 터널링

006 □□□

2015년 서울시(18)

다음 <보기>에서 설명하는 것은 무엇인가?

<보기>

IP 데이터그램에서 제공하는 선택적 인증과 무결성, 기밀성 그리고 재전송 공격 방지 기능을 한다. 터널 종단 간에 협상된 키와 암호화 알고리즘으로 데이터그램을 암호화한다.

① AH(Authentication Header)
② ESP(Encapsulation Security Payload)
③ MAC(Message Authentication Code)
④ ISAKMP(Internet Security Association & Key Management Protocol)

007 □□□

2015년 국회직(17)

IPSec에 대한 설명으로 옳지 않은 것은?

① Tunnel Mode는 IP 헤더를 포함한 모든 Payload를 암호화 한다.
② Transport Mode에서 송·수신자의 IP 주소는 바뀌게 된다.
③ ESP 프로토콜은 인증을 사용하지 않을 수도 있다.
④ ESP 프로토콜의 경우 암호화 알고리즘으로 DES, 3DES, AES 등을 사용할 수 있다.
⑤ AH 프로토콜의 경우 기밀성을 보장하지 못한다.

008 □□□

2016년 국가직(14)

가상사설망(VPN)에 대한 설명으로 옳지 않은 것은?

① 공중망을 이용하여 사설망과 같은 효과를 얻기 위한 기술로서, 별도의 전용선을 사용하는 사설망에 비해 구축 비용이 저렴하다.
② 사용자들 간의 안전한 통신을 위하여 기밀성, 무결성, 사용자 인증의 보안 기능을 제공한다.
③ 네트워크 종단점 사이에 가상터널이 형성되도록 하는 터널링 기능은 SSH와 같은 OSI 모델 4계층의 보안 프로토콜로 구현해야 한다.
④ 인터넷과 같은 공공 네트워크를 통해서 기업의 재택근무자나 이동 중인 직원이 안전하게 회사 시스템에 접근할 수 있도록 해준다.

009 □□□

2016년 국회직(07)

IPsec에 대한 설명으로 옳지 않은 것은?

① IPsec 정책 설정 과정에서 송·수신자의 IP 주소를 입력한다.

② AH(Authentication Header) 프로토콜은 무결성을 제공한다.

③ 트랜스포트(Transport) 모드에서는 IP 헤더도 암호화된다.

④ 재전송 공격을 막기 위해 IP 패킷별로 순서번호를 부여한다.

⑤ IKE(Internet Key Exchange) 프로토콜로 세션키를 교환한다.

010 □□□

2017년 국가직(07)

IPSec에서 두 컴퓨터 간의 보안 연결 설정을 위해 사용되는 것은 무엇인가?

① Authentication Header

② Encapsulating Security Payload

③ Internet Key Exchange

④ Extensible Authentication Protocol

011 □□□

2017년 국가직(11)

가상사설망에서 사용되는 프로토콜이 아닌 것은?

① L2F　　② PPTP

③ TFTP　　④ L2TP

012 □□□

2017년 서울시(12)

인터넷망에서 안전하게 정보를 전송하기 위하여 사용되고 있는 네트워크 계층 보안 프로토콜인 IPSec에 대한 설명으로 옳지 않은 것은?

① DES-CBC, RC5, Blowfish 등을 이용한 메시지 암호화를 지원

② 방화벽이나 게이트웨이 등에 구현

③ IP 기반의 네트워크에서만 동작

④ 암호화/인증방식이 지정되어 있어 신규 알고리즘 적용이 불가능

013 □□□

2017년 지방직(추가)(10)

IPSec 표준은 네트워크상의 패킷을 보호하기 위하여 AH(Authentication Header)와 ESP(Encapsulating Security Payload)로 구성된다. AH와 ESP 프로토콜에 대한 설명으로 옳지 않은 것은?

① AH 프로토콜의 페이로드 데이터와 패딩 내용은 기밀성 범위에 속한다.

② AH 프로토콜은 메시지의 무결성을 검사하고 재연(Replay) 공격 방지 서비스를 제공한다.

③ ESP 프로토콜은 메시지 인증 및 암호화를 제공한다.

④ ESP는 전송 및 터널 모드를 지원한다.

014 □□□

2019년 지방직(15)

IPsec의 캡슐화 보안 페이로드(ESP) 헤더에서 암호화되는 필드가 아닌 것은?

① SPI(Security Parameter Index)

② Payload Data

③ Padding

④ Next Header

015 □□□

2020년 국가직(12)

IPsec의 ESP(Encapsulating Security Payload)에 대한 설명으로 옳지 않은 것은?

① 인증 기능을 포함한다.
② ESP는 암호화를 통해 기밀성을 제공한다.
③ 전송 모드의 ESP는 IP 헤더를 보호하지 않으며, 전송계층으로부터 전달된 정보만을 보호한다.
④ 터널 모드의 ESP는 Authentication Data를 생성하기 위해 해시함수와 공개키를 사용한다.

016 □□□

2020년 지방직(09)

IPSec에 대한 설명으로 옳지 않은 것은?

① 전송(transport) 모드에서는 전송 계층에서 온 데이터만을 보호하고 IP 헤더는 보호하지 않는다.
② 인증 헤더(Authentication Header) 프로토콜은 발신지 호스트를 인증하고 IP 패킷으로 전달되는 페이로드의 무결성을 보장하기 위해 설계되었다.
③ 보안상 안전한 채널을 만들기 위한 보안 연관(Security Association)은 양방향으로 통신하는 호스트 쌍에 하나만 존재한다.
④ 일반적으로 호스트는 보안 연관 매개변수들을 보안 연관 데이터베이스에 저장하여 사용한다.

017 □□□

2020년 국회직(12)

OSI 7계층 중 2계층 암호화 프로토콜로 짝지어진 것은?

① PPTP - SSL
② PPTP - IPSec
③ L2TP - IPSec
④ L2TP - SSL
⑤ PPTP - L2TP

018 □□□

2020년 국회직(17)

IPsec 보안 프로토콜에 대한 설명으로 옳지 않은 것은?

① IPsec 설정 시 송·수신자가 상대방의 IP 주소를 입력해야 한다.
② 전송모드는 원래의 IP 헤더에 새로운 IP 헤더를 추가한다.
③ ESP 프로토콜은 IP 패킷을 암호화하고 무결성까지 보장할 수 있다.
④ IKE 프로토콜은 인증된 Diffie-Hellman 키 교환 방식을 사용한다.
⑤ VPN(Virtual Private Network)을 구성하는 한 가지 방법이다.

019 □□□

2021년 국가직(16)

IPv4 패킷에 대하여 터널 모드의 IPSec AH(Authentication Header) 프로토콜을 적용하여 산출된 인증 헤더가 들어갈 위치로 옳은 것은?

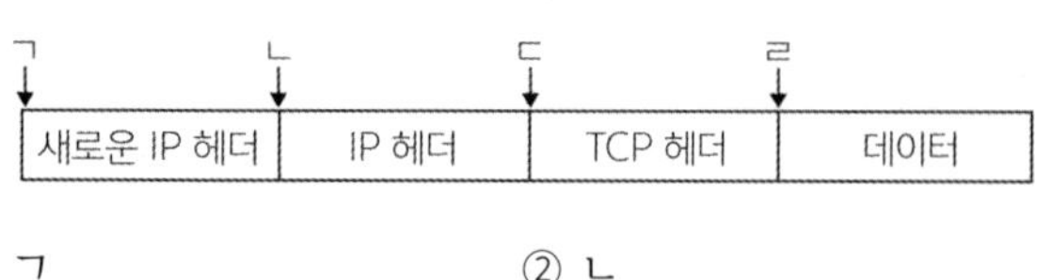

① ㄱ ② ㄴ

③ ㄷ ④ ㄹ

020 □□□

2021년 국회직(14)

인터넷 환경에서 많이 사용 중인 보안 프로토콜에 대한 설명으로 옳지 않은 것은?

① ISAKMP 프로토콜은 IPsec에서 보안 연관을 생성하기 위해 사용된다.

② IPsec은 IPv4와 IPv6에서 사용할 수 있는 보안 프로토콜이므로 상위계층 보안이 필요한 VPN을 제공하지 못한다.

③ IPsec에서 제공하는 Transport 모드는 두 엔드포인트 장치 간에 Point-to-point 연결을 제공한다.

④ IPsec은 데이터 보호를 위해 AH와 ESP 보안 프로토콜을 제공한다.

⑤ IPsec는 상호간 안전한 키 분배를 위해 Diffie-Hellman 키 분배 프로토콜을 사용할 수 있다.

021 □□□

2022년 지방직(14)

IPSec에 대한 설명으로 옳지 않은 것은?

① AH는 인증 기능을 제공한다.

② ESP는 암호화 기능을 제공한다.

③ 전송 모드는 IP 헤더를 포함한 전체 IP 패킷을 보호한다.

④ IKE는 Diffie-Hellman 키 교환 알고리즘을 기반으로 한다.

022 □□□

2023년 지방직(07)

IPSec의 터널 모드를 이용한 VPN에 대한 설명으로 옳지 않은 것은?

① 인터넷상에서 양측 호스트의 IP 주소를 숨기고 새로운 IP 헤더에 VPN 라우터 또는 IPSec 게이트웨이의 IP 주소를 넣는다.

② IPSec의 터널 모드는 새로운 IP 헤더를 추가하기 때문에 전송 모드 대비 전체 패킷이 길어진다.

③ ESP는 원래 IP 패킷 전부와 원래 IP 패킷 앞뒤로 붙는 ESP 헤더와 트레일러를 모두 암호화한다.

④ ESP 인증 데이터는 패킷의 끝에 추가되며, ESP 터널 모드의 경우 인증은 목적지 VPN 라우터 또는 IPSec 게이트웨이에서 이루어진다.

CHAPTER 14 IoT 보안

정답 및 해설 p.24

001 □□□ 2019년 국회직(07)

보안 프로토콜에 대한 설명으로 옳지 않은 것은?

① 경량 프로토콜인 CoAP는 DTLS를 사용하여 보안성을 제공한다.

② 사물인터넷 프로토콜인 MQTT는 TLS 프로토콜을 사용한다.

③ TLS 프로토콜은 UDP상에서 동작하므로 많은 인터넷 응용에서 사용된다.

④ HTTPS는 HTTP 프로토콜에 SSL/TLS를 적용한 것이다.

⑤ SSH은 TCP 프로토콜상에서 사용되며, telnet의 안전성 보장에 사용된다.

CHAPTER 15

네트워크 보안 동향

정답 및 해설 p.24

001 □□□ 2014년 국가직(03)

DRM(Digital Right Management)에 대한 설명으로 옳지 않은 것은?

① 디지털 컨텐츠의 불법 복제와 유포를 막고, 저작권 보유자의 이익과 권리를 보호해 주는 기술과 서비스를 말한다.
② DRM은 파일을 저장할 때, 암호화를 사용한다.
③ DRM 탬퍼 방지(tamper resistance) 기술은 라이센스 생성 및 발급관리를 처리한다.
④ DRM은 온라인 음악서비스, 인터넷 동영상 서비스, 전자책, CD/DVD 등의 분야에서 불법 복제 방지 기술로 활용된다.

002 □□□ 2014년 서울시(06)

다음에서 설명하고 있는 기술은 무엇인가?

> 이것은 디지털 컨텐츠의 저작권을 보호하기 위한 기술로 DVD와 다운로드된 음원, 유료 소프트웨어 등에 적용된다. 이는 주로 컨텐츠의 불법적인 복제나 허가받지 않은 기기에서의 컨텐츠 소비를 방지한다.

① DRM ② IPS
③ GPL ④ VPN
⑤ DOM

003 □□□ 2015년 국회직(06)

특정한 목표를 겨냥해서 사전에 치밀하게 계획한 다음 장기적으로 집중적이고 은밀하게 공격하는 수법은 무엇인가?

① DDoS 공격 ② 리버스 엔지니어링 공격
③ 레이스 컨디션 공격 ④ 세션 하이재킹 공격
⑤ APT 공격

004 □□□ 2017년 서울시(02)

APT(Advanced Persistent Threat) 공격에 대한 설명으로 옳지 않은 것은?

① 사회 공학적 방법을 사용한다.
② 공격대상이 명확하다.
③ 가능한 방법을 총동원한다.
④ 불분명한 목적과 동기를 가진 해커 집단이 주로 사용한다.

005 □□□

2017년 서울시(18)

리눅스 커널 보안 설정 방법으로 옳지 않은 것은?

① 핑(ping) 요청을 응답하지 않게 설정한다.
② 싱크 어택(SYNC Attack) 공격을 막기 위해 백로그 큐를 줄인다.
③ IP 스푸핑된 패킷을 로그에 기록한다.
④ 연결 종료 시간을 줄인다.

006 □□□

2017년 지방직(추가)(11)

스마트폰 보안을 위한 사용자 지침으로 옳지 않은 것은?

① 관리자 권한으로 단말기 관리
② 스마트폰과 연결되는 PC에도 백신 프로그램 설치
③ 블루투스 기능은 필요시에만 활성
④ 의심스러운 앱 애플리케이션 다운로드하지 않기

007 □□□

2019년 서울시(06)

다음에서 설명하는 DRM 구성요소는 무엇인가?

> DRM의 보호 범위에서 유통되는 콘텐츠의 배포 단위로서 암호화된 콘텐츠 메타 데이터, 전자서명 등의 정보로 구성되어 있다. 또한, MPEG-21 DID 규격을 따른다.

① 식별자 ② 클리어링 하우스
③ 애플리케이션 ④ 시큐어 컨테이너

008 □□□

2019년 국회직(06)

다음 설명에서 제시하는 목적으로 활용되는 네트워크 보안 기술은 무엇인가?

> 조직 내에 운영되는 다양한 정보보안 장비 및 IT 시스템들의 이벤트 로그를 수집, 분석하여 이상 징후 및 위험사항을 파악한다. 이렇게 파악된 결과를 인지하기 쉬운 형태로 가공하여 경영진에 보고하기도 한다. 이상 징후의 도출에 전문가의 경험을 활용하거나 인공지능 기술을 활용한다.

① SIEM ② DLP
③ VPN ④ NAT
⑤ IPS

009 □□□

2020년 국회직(02)

NAC(Network Access Control) 시스템의 기능이 아닌 것은?

① PC 및 네트워크 장치 통제
② 데이터 패킷 암호화
③ 접근 제어
④ 해킹, 웜, 유해 트래픽 탐지 및 차단
⑤ 접근 인증

010 □□□

2021년 국회직(19)

악성코드에 대한 설명으로 옳지 않은 것은?

① Backdoor는 비인가된 접근을 허용하는 것으로 공격자가 사용자 인증 과정 등의 정상 절차를 거치지 않고 프로그램이나 시스템에 접근하도록 지원한다.
② Rootkit은 보안 관리자나 보안 시스템의 탐지를 피하면서 시스템을 제어하기 위해 공격자가 설치하는 악성파일이다.
③ Ransomware는 사용자의 파일을 암호화하여 사용자가 실행하거나 읽을 수 없도록 한 뒤 자료복구 대가로 돈을 요구한다.
④ Launcher는 Downloader나 Dropper 등으로 생성된 파일을 실행하는 기능을 가지고 있다.
⑤ Exploit은 악성코드에 감염되지 않았는데도 악성코드를 탐지했다고 겁을 주어 자사의 안티바이러스 제품으로 제거해야 한다는 식으로 구매를 유도한다.

011 □□□

2022년 지방직(10)

다음에서 설명하는 보안 공격은 무엇인가?

- 정상적인 HTTP GET 패킷의 헤더 부분의 마지막에 입력되는 2개의 개행 문자(\r\n\r\n) 중 하나(\r\n)를 제거한 패킷을 웹 서버에 전송할 경우, 웹 서버는 아직 HTTP 헤더 정보가 전달되지 않은 것으로 판단하여 계속 연결을 유지하게 된다.
- 제한된 연결 수를 모두 소진하게 되어 결국 다른 클라이언트가 해당 웹 서버에 접속할 수 없게 된다.

① HTTP Cache Control　② Smurf
③ Slowloris　④ Replay

012 □□□

2024년 국가직(20)

디지털 콘텐츠의 불법 복제와 유포를 막고 저작권 보유자의 이익과 권리를 보호해 주는 기술은?

① PGP(Pretty Good Privacy)
② IDS(Intrusion Detection System)
③ DRM(Digital Rights Management)
④ PIMS(Personal Information Management System)

CHAPTER 16 MITM 공격

정답 및 해설 p.27

001 □□□ 2019년 국회직(13)

다음 설명에서 제시하고 있는 공격기법과 연관된 네트워크 프로토콜은 무엇인가?

> 중간자(MITM: Man-In-The-Middle) 공격의 일종으로 같은 네트워크에 설치된 컴퓨터에 피해 대상 IP 주소를 소유한 컴퓨터의 MAC 주소를 공격자의 MAC 주소로 대체하는 공격을 수행한다. 피해 대상 컴퓨터로 전달되는 메시지는 공격자 컴퓨터를 통해서 피해 대상 컴퓨터에 전달된다.

① TCP
② IP
③ ARP
④ ICMP
⑤ HTTP

CHAPTER 17

네트워크 장비의 이해

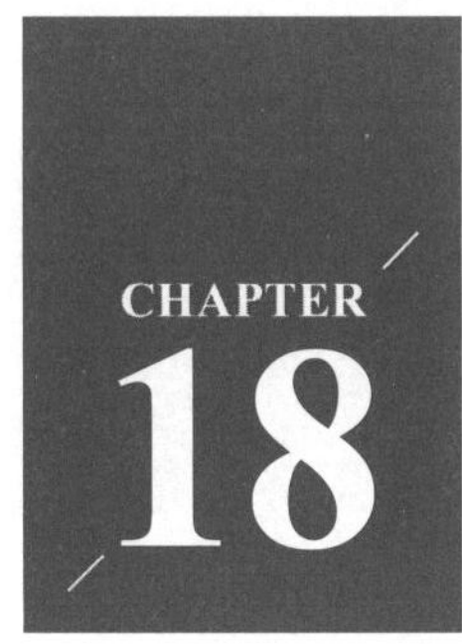

그 외

정답 및 해설 p.27

001 □□□ 2015년 서울시(11)

허니팟(honeypot)이 갖는 고유 특징에 대한 설명으로 옳지 않은 것은?

① 시스템을 관찰하고 침입을 방지할 수 있는 규칙이 적용된다.
② 중요한 시스템을 보호하기 위해서 잠재적 공격자를 유혹한다.
③ 공격자의 행동 패턴에 대한 유용한 정보를 수집할 수 있다.
④ 대응책을 강구하기에 충분한 시간 동안 공격자가 머물게 한다.

002 □□□ 2017년 서울시(16)

정부는 사이버테러를 없애기 위하여 2012년 8월 정보통신망법 시행령 개정으로 100만 명 이상 이용자의 개인 정보를 보유했거나 전년도 정보통신서비스 매출이 100억 원 이상인 정보통신서비스 사업자의 경우 망분리를 도입할 것을 법으로 의무화했다. 다음 중 망분리 기술로 옳지 않은 것은?

① DMZ ② OS 커널분리
③ VDI ④ 가상화기술

003 □□□ 2019년 국회직(12)

공공기관의 보안성 강화를 위한 망분리 기술에 대한 설명으로 옳지 않은 것은?

① 물리적 망분리와 논리적 망분리 기법이 존재한다.
② 물리적 망분리가 되었다 하더라도 USB와 같은 저장 매체를 통한 악성 코드 침입이 가능하다.
③ 논리적 망분리 기법으로는 SBC 및 CBC 기반의 망분리 기법이 존재한다.
④ 애플리케이션 가상화 및 데스크톱 가상화를 통해 물리적 망분리 실현이 가능하다.
⑤ 데이터 다이오드 기반 데이터 일방향성을 이용하여 망분리 실현이 가능하다.

004 □□□ 2023년 국가직(12)

허니팟에 대한 설명으로 옳지 않은 것은?

① 공격자가 중요한 시스템에 접근하지 못하도록 실제 시스템처럼 보이는 곳으로 유인한다.
② 공격자의 행동 패턴에 관한 정보를 수집한다.
③ 허니팟은 방화벽의 내부망에는 설치할 수 없다.
④ 공격자가 가능한 한 오랫동안 허니팟에서 시간을 보내도록 하고 그 사이 관리자는 필요한 대응을 준비한다.

PART 2

암호학

CHAPTER 01 정보보호

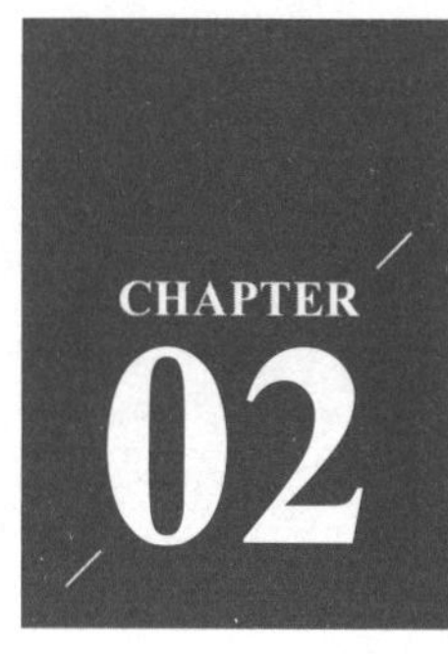

CHAPTER 02 개요

정답 및 해설 p.29

001 □□□ 2014년 국회직(16)

사진이나 텍스트 메시지 속에 데이터를 잘 보이지 않게 은닉하는 기법으로서, 9.11 테러 당시 테러리스트들이 그들의 대화를 은닉하기 위해 사용한 기법은 무엇인가?

① 전자서명
② 대칭키 암호
③ 스테가노그라피(Steganography)
④ 영지식 증명
⑤ 공개키 암호

002 □□□ 2016년 지방직(04)

다음 중 ㉠과 ㉡에 들어갈 용어로 옳은 것은?

> • (㉠)은/는 디지털 콘텐츠를 구매할 때 구매자의 정보를 삽입하여 불법 배포 발견 시 최초의 배포자를 추적할 수 있게 하는 기술이다.
> • (㉡)은/는 원본의 내용을 왜곡하지 않는 범위 내에서 사용자가 인식하지 못하도록 저작권 정보를 디지털 콘텐츠에 삽입하는 기술이다.

	㉠	㉡
①	크래커(Cracker)	커버로스(Kerberos)
②	크래커(Cracker)	워터마킹(Watermarking)
③	핑거프린팅(Fingerprinting)	커버로스(Kerberos)
④	핑거프린팅(Fingerprinting)	워터마킹(Watermarking)

003 □□□

2016년 지방직(10)

정보보호 시스템에서 사용된 보안 알고리즘 구현 과정에서 곱셈에 대한 역원이 사용된다. 잉여류 Z_{26}에서 법(modular) 26에 대한 7의 곱셈의 역원으로 옳은 것은?

① 11　　② 13
③ 15　　④ 17

004 □□□

2016년 서울시(17)

ROT13 암호로 info를 암호화한 결과는?

① jvxv　　② foin
③ vasb　　④ klmd

005 □□□

2017년 지방교행(08)

다음 디지털 콘텐츠 저작권 보호에 활용되는 기술에 대한 설명 중 빈칸 ㉠에 공통으로 들어갈 용어로 옳은 것은?

> 디지털 (㉠)은 디지털 콘텐츠를 구매할 때 구매자의 정보를 삽입하여 불법 배포 발견 시 최초의 배포자를 추적할 수 있게 하는 기술이다. 이 기술을 사용하면 판매되는 콘텐츠마다 구매자의 정보가 들어있으므로, 불법적으로 재배포된 콘텐츠 내에서 (㉠)된 정보를 추출하여 구매자를 식별할 수 있다.

① 스미싱(smishing)　　② 노마디즘(nomadism)
③ 패러다임(paradigm)　　④ 핑거프린팅(fingerprinting)

006 □□□

2017년 지방직(추가)(12)

다음에서 설명하는 것은 무엇인가?

> • 전달하려는 정보를 이미지 또는 문장 등의 파일에 인간이 감지할 수 없도록 숨겨서 전달하는 기술이다.
> • 이미지 파일의 경우 원본 이미지와 대체 이미지의 차이를 육안으로 구별하기 어렵다.

① 인증서(Certificate)
② 스테가노그래피(Steganography)
③ 전자서명(Digital Signature)
④ 메시지 인증 코드(Message Authentication Code)

007 □□□

2018년 서울시(15)

오일러 함수 ϕ( )를 이용해 정수 n = 15에 대한 ϕ(n)을 구한 값으로 옳은 것은? [단, 여기서 오일러 함수 ϕ( )는 RSA 암호 알고리즘에 사용되는 함수이다]

① 1　　② 5

③ 8　　④ 14

008 □□□

2019년 지방직(04)

스테가노그래피에 대한 설명으로 옳지 않은 것은?

① 스테가노그래피는 민감한 정보의 존재 자체를 숨기는 기술이다.

② 원문 데이터에 비해 더 많은 정보의 은닉이 가능하므로 암호화보다 공간효율성이 높다.

③ 텍스트 · 이미지 파일 등과 같은 디지털화된 데이터에 비밀 이진(Binary) 정보가 은닉될 수 있다.

④ 고해상도 이미지 내 각 픽셀의 최하위 비트들을 변형하여 원본의 큰 손상 없이 정보를 은닉하는 방법이 있다.

009 □□□

2023년 국가직(16)

보안 서비스와 이를 제공하기 위한 보안 기술을 잘못 연결한 것은?

① 데이터 무결성 - 암호학적 해시

② 신원 인증 - 인증서

③ 부인 방지 - 메시지 인증 코드

④ 메시지 인증 - 전자 서명

010 □□□

2024년 국가직(02)

원본 파일에 숨기고자 하는 정보를 삽입하고 숨겨진 정보의 존재 여부를 알기 어렵게 하는 기술은?

① 퍼징(Fuzzing)

② 스캐닝(Scanning)

③ 크립토그래피(Cryptography)

④ 스테가노그래피(Steganography)

암호의 역사

정답 및 해설 p.30

001 □□□ 2017 지방직(추가)(02)

다음에서 설명하는 것은 무엇인가?

> 평문을 암호화하거나 암호화된 문장을 복호화하는 전기 · 기계 장치로 자판에 문장을 입력하면 회전자가 돌아가면서 암호화된 문장 · 복호화된 평문을 만들어낸다.

① 스키테일(Scytale) ② 아핀(Affine)
③ 에니그마(Enigma) ④ 비제니어(Vigenere)

CHAPTER

04 대칭키(비밀키) 암호

정답 및 해설 p.31

001 □□□ 2014년 서울시(10)

DES에 대한 설명으로 옳지 않은 것은?

① 1970년대에 표준화된 블록 암호 알고리듬(Algorithm)이다.
② 한 블록의 크기는 64비트이다.
③ 한번의 암호화를 위해 10라운드를 거친다.
④ 내부적으로는 56비트의 키를 사용한다.
⑤ Feistel 암호 방식을 따른다.

002 □□□ 2014년 국회직(20)

대칭키 암호에 대한 설명으로 옳지 않은 것은?

① 공개키 암호 방식보다 암호화 속도가 빠르다.
② 비밀키 길이가 길어질수록 암호화 속도는 빨라진다.
③ 대표적인 대칭키 암호 알고리즘으로 AES, SEED 등이 있다.
④ 송신자와 수신자가 동일한 비밀키를 공유해야 된다.
⑤ 비밀키 공유를 위해 공개키 암호 방식이 사용될 수 있다.

003 □□□ 2015년 국가직(17)

사용자와 인증 서버 간 대칭키 암호를 이용한 시도-응답(Challenge-Response) 인증방식에 대한 설명으로 옳지 않은 것은?

① 재전송 공격으로부터 안전하게 사용자를 인증하는 기법이다.
② 인증 서버는 사용자 인증을 위해 사용자의 비밀키를 가지고 있다.
③ 사용자 시간과 인증 서버의 시간이 반드시 동기화되어야 한다.
④ Response 값은 사용자의 비밀키를 사용하여 인증 서버에서 전달받은 Challenge 값을 암호화한 값이다.

004 □□□ 2015년 서울시(03)

현재 10명이 사용하는 암호시스템을 20명이 사용할 수 있도록 확장하려면 필요한 키의 개수도 늘어난다. 대칭키 암호 시스템과 공개키 암호시스템을 채택할 때 추가로 필요한 키의 개수를 각각 구분하여 순서대로 나열한 것은?

① 20개, 145개 ② 20개, 155개
③ 145개, 20개 ④ 155개, 20개

005 □□□ 2015년 서울시(07)

AES(Advanced Encryption Standard) 암호에 대한 설명으로 옳지 않은 것은?

① 1997년 미 상무성이 주관이 되어 새로운 블록 암호를 공모했고, 2000년 Rijndael을 최종 AES 알고리즘으로 선정하였다.
② 라운드 횟수는 한 번의 암·복호화를 반복하는 라운드 함수의 수행 횟수이고, 10/12/14 라운드로 이루어져 있다.
③ 128비트 크기의 입·출력 블록을 사용하고, 128/192/256 비트의 가변크기 키 길이를 제공한다.
④ 입력을 좌우 블록으로 분할하여 한 블록을 라운드 함수에 적용시킨 후에 출력값을 다른 블록에 적용하는 과정을 좌우 블록에 대해 반복적으로 시행하는 SPN(Substitution-Permutation Network) 구조를 따른다.

006 □□□ 2015년 서울시(14)

블록 암호는 평문을 일정한 단위(블록)로 나누어서 각 단위마다 암호화 과정을 수행하여 암호문을 얻는 방법이다. 블록암호 공격에 대한 설명으로 옳지 않은 것은?

① 선형 공격: 알고리즘 내부의 비선형 구조를 적당히 선형화시켜 키를 찾아내는 방법이다.
② 전수 공격: 암호화할 때 일어날 수 있는 모든 가능한 경우에 대해 조사하는 방법으로 경우의 수가 적을 때는 가장 정확한 방법이지만 일반적으로 경우의 수가 많은 경우에는 실현 불가능한 방법이다.
③ 차분 공격: 두 개의 평문 블록들의 비트 차이에 대응되는 암호문 블록들의 비트 차이를 이용하여 사용된 키를 찾아내는 방법이다.
④ 수학적 분석: 암호문에 대한 평문이 각 단어의 빈도에 관한 자료를 포함하는 지금까지 모든 통계적인 자료를 이용하여 해독하는 방법이다.

007 □□□ 2015년 국회직(01)

AES 암호 알고리즘에 대한 설명으로 옳지 않은 것은?

① Rijndael 알고리즘이 AES로 선정되었다.
② 블록 길이가 128비트인 대칭 블록 암호이다.
③ 키의 길이에 따라 10, 12, 14라운드를 가진다.
④ 키의 길이는 128, 192, 256비트를 지원한다.
⑤ 페이스텔(Feistel) 구조를 기반으로 작성되었다.

008 □□□ 2016년 서울시(12)

다음에서 설명하는 암호화 알고리즘으로 옳은 것은?

- Ron Rivest가 1987년에 RSA Security에 있으면서 설계한 스트림 암호이다.
- 바이트 단위로 작동되도록 만들어진 다양한 크기의 키를 사용한다.
- 사용되는 알고리즘은 랜덤 치환에 기초해서 만들어진다.
- 하나의 바이트를 출력하기 위해서 8번에서 16번의 기계연산이 필요하다.

① RC5 ② SEED
③ SKIPJACK ④ RC4

009 □□□

2017년 국가직(03)

AES 알고리즘의 블록크기와 키길이에 대한 설명으로 옳은 것은?

① 블록크기는 64비트이고 키길이는 56비트이다.
② 블록크기는 128비트이고 키길이는 56비트이다.
③ 블록크기는 64비트이고 키길이는 128/192/256비트이다.
④ 블록크기는 128비트이고 키길이는 128/192/256비트이다.

010 □□□

2017년 지방교행(06)

다음에서 공격자의 암호 해독 방법으로 옳은 것은?

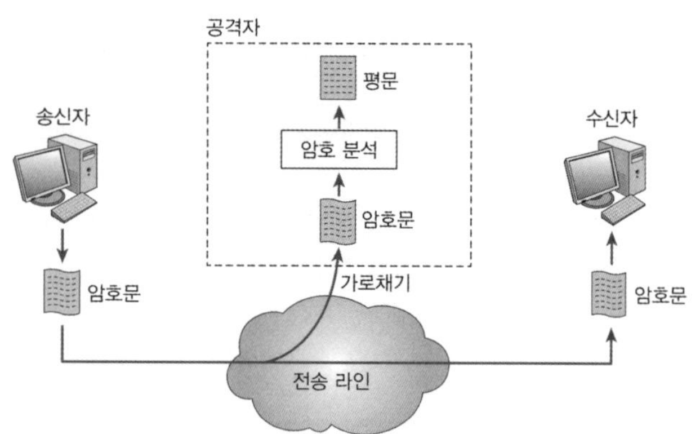

① 선택 평문 공격
② 선택 암호문 공격
③ 암호문 단독 공격
④ 알려진(기지) 평문 공격

011 □□□

2017년 국가직(추가)(01)

AES(Advanced Encryption Standard)에 대한 설명으로 옳지 않은 것은?

① 128, 192, 256비트 길이의 키를 사용할 수 있다.
② Feistel 구조를 사용한다.
③ 128비트 크기의 블록 대칭키 암호 알고리즘이다.
④ 미국 NIST(National Institute of Standards and Technology)의 공모에서 Rijndael이 AES로 채택되었다.

012 □□□

2017년 지방직(추가)(09)

일정 크기의 평문 블록을 반으로 나누고 블록의 좌우를 서로 다른 규칙으로 계산하는 페이스텔(Feistel) 암호 원리를 따르는 알고리즘은 무엇인가?

① DES(Data Encryption Standard)
② AES(Advanced Encryption Standard)
③ RSA
④ Diffie-Hellman

013 □□□

2018년 지방직(11)

다음 중 대칭키 암호 알고리즘에 대한 설명으로 옳은 것만을 모두 고르면?

> ㄱ. AES는 128/192/256비트 키길이를 지원한다.
> ㄴ. DES는 16라운드 Feistel 구조를 가진다.
> ㄷ. ARIA는 128/192/256비트 키길이를 지원한다.
> ㄹ. SEED는 16라운드 SPN(Substitution Permutation Network) 구조를 가진다.

① ㄱ, ㄹ ② ㄴ, ㄷ
③ ㄱ, ㄴ, ㄷ ④ ㄱ, ㄴ, ㄹ

014 □□□

2018년 서울시(05)

Feistel 암호 방식에 대한 설명으로 가장 옳지 않은 것은?

① Feistel 암호 방식의 암호 강도는 평문 블록의 길이, 키의 길이, 라운드의 수에 의하여 결정된다.
② Feistel 암호 방식의 복호화 과정과 암호화 과정은 동일하다.
③ AES 암호 알고리즘은 Feistel 암호 방식을 사용한다.
④ Feistel 암호 방식은 대칭키 암호 알고리즘에서 사용된다.

015 □□□

2018년 국회직(02)

대칭키 암호에 대한 설명으로 옳지 않은 것은?

① DES, AES는 대칭키 암호 알고리즘에 속한다.
② 대칭키 암호는 두 개의 키 값(비밀키, 공개키)이 서로 대칭적으로 존재해야 한다.
③ AES는 SPN(Substitution-Permutation Network) 기반 대칭키 암호이다.
④ AES는 128비트 라운드 키를 사용한다.
⑤ ARIA, SEED는 우리나라 대칭키 암호이다.

016 □□□

2018년 지방교행(06)

다음은 DES(Data Encryption Standard)에서 S-Box를 통과하는 과정이다. 입력 값이 001111(2)일 때 출력 비트 ㉠은 무엇인가?

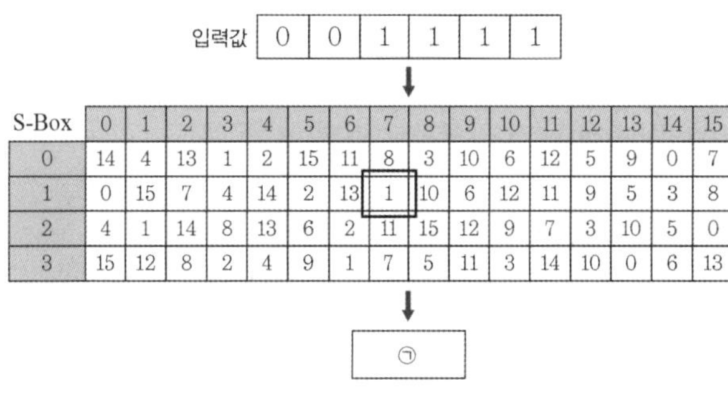

S-Box	0	1	2	3	4	5	6	7	8	9	10	11	12	13	14	15
0	14	4	13	1	2	15	11	8	3	10	6	12	5	9	0	7
1	0	15	7	4	14	2	13	1	10	6	12	11	9	5	3	8
2	4	1	14	8	13	6	2	11	15	12	9	7	3	10	5	0
3	15	12	8	2	4	9	1	7	5	11	3	14	10	0	6	13

① 0001(2) ② 0010(2)
③ 0110(2) ④ 0111(2)

017 □□□

2018년 지방교행(16)

다음은 AES(Advanced Encryption Standard) 알고리즘에서 사용되는 함수들이다. 암호화 과정의 마지막 라운드에서 수행되는 함수를 <보기>에서 옳은 것만을 모두 골라, 호출 순서대로 옳게 나열한 것은?

<보기>

ㄱ. SubBytes( ) /* 바이트 치환 */
ㄴ. ShiftRows( ) /* 행 이동 */
ㄷ. MixColumns( ) /* 열 혼합 */
ㄹ. AddRoundKey( ) /* 라운드 키 더하기 */

① ㄱ → ㄷ
② ㄱ → ㄴ → ㄹ
③ ㄴ → ㄱ → ㄹ
④ ㄹ → ㄱ → ㄴ → ㄷ

018 □□□

2019년 지방직(07)

암호화 기법들에 대한 설명으로 옳지 않은 것은?

① Feistel 암호는 전치(Permutation)와 대치(Substitution)를 반복시켜 암호문에 평문의 통계적인 성질이나 암호키와의 관계가 나타나지 않도록 한다.
② Kerckhoff의 원리는 암호 해독자가 현재 사용되고 있는 암호 방식을 알고 있다고 전제한다.
③ AES는 암호키의 길이를 64비트, 128비트, 256비트 중에서 선택한다.
④ 2중 DES(Double DES) 암호 방식은 외형상으로는 DES에 비해 2배의 키 길이를 갖지만, 중간일치공격 시 키의 길이가 1비트 더 늘어난 효과 밖에 얻지 못한다.

019 □□□

2020년 국가직(11)

NIST의 AES(Advanced Encryption Standard) 표준에 따른 암호화 시 암호키(cipher key) 길이가 256비트일 때 필요한 라운드 수는?

① 8
② 10
③ 12
④ 14

020 □□□

2020년 지방직(02)

AES(Advanced Encryption Standard)에 대한 설명으로 옳은 것은?

① DES(Data Encryption Standard)를 대신하여 새로운 표준이 된 대칭 암호 알고리즘이다.
② Feistel 구조로 구성된다.
③ 주로 고성능의 플랫폼에서 동작하도록 복잡한 구조로 고안되었다.
④ 2001년에 국제표준화기구인 IEEE가 공표하였다.

021 □□□

2020년 국회직(11)

대칭키 암호에 대한 설명으로 옳지 않은 것은?

① 부인방지 기능을 제공한다.
② 비대칭키 암호에 비해 속도가 빠르다.
③ 송신자와 수신자가 동일한 비밀키를 사용한다.
④ IDEA는 대칭키 암호 알고리즘이다.
⑤ RC4는 스트림 암호 알고리즘이다.

022 □□□

2021년 국가직(15)

대칭키 암호시스템에 대한 암호 분석 방법과 암호 분석가에게 필수적으로 제공되는 모든 정보를 연결한 것으로 옳지 않은 것은?

① 암호문 단독(ciphertext only) 공격: 암호 알고리즘, 해독할 암호문
② 기지 평문(known plaintext) 공격: 암호 알고리즘, 해독할 암호문, 임의의 평문
③ 선택 평문(chosen plaintext) 공격: 암호 알고리즘, 해독할 암호문, 암호 분석가에 의해 선택된 평문과 해독할 암호문에 사용된 키로 생성한 해당 암호문
④ 선택 암호문(chosen ciphertext) 공격: 암호 알고리즘, 해독할 암호문, 암호 분석가에 의해 선택된 암호문과 해독할 암호문에 사용된 키로 복호화한 해당 평문

023 □□□

2021년 지방직(03)

DES(Data Encryption Standard)에 대한 설명으로 옳지 않은 것은?

① 1977년에 미국 표준 블록 암호 알고리즘으로 채택되었다.
② 64비트 평문 블록을 64비트 암호문으로 암호화한다.
③ 페이스텔 구조(Feistel structure)로 구성된다.
④ 내부적으로 라운드(round)라는 암호화 단계를 10번 반복해서 수행한다.

024 □□□

2022년 국가직(07)

AES 알고리즘에 대한 설명으로 옳지 않은 것은?

① 대먼과 리즈먼이 제출한 Rijndael이 AES 알고리즘으로 선정되었다.
② 암호화 과정의 모든 라운드에서 SubBytes, ShiftRows, MixColumns, AddRoundKey 연산을 수행한다.
③ 키의 길이는 128, 192, 256bit의 크기를 사용한다.
④ 입력 블록은 128bit이다.

025 □□□

2022년 지방직(07)

AES 알고리즘에 대한 설명으로 옳지 않은 것은?

① 블록 암호 체제를 갖추고 있다.
② 128/192/256bit 키 길이를 제공하고 있다.
③ DES 알고리즘을 보완하기 위해 고안된 알고리즘이다.
④ 첫 번째 라운드를 수행하기 전에 먼저 초기 평문과 라운드 키의 NOR 연산을 수행한다.

026 □□□

2022년 국회직(06)

공격자가 일정 부분의 평문과 이에 대응하는 암호문을 모두 알고 있을 때 비밀키를 알아내기 위한 공격은 무엇인가?

① 기지 평문 공격
② 선택 암호문 공격
③ 선택 평문 공격
④ 암호문 단독 공격
⑤ 전수조사 공격

027 □□□

2023년 지방직(04)

대칭키 암호 알고리즘이 아닌 것은?

① SEED
② ECC
③ IDEA
④ LEA

028 □□□

2024년 국가직(16)

128비트 키를 이용한 AES 알고리즘 연산 수행에 필요한 내부 라운드 수는?

① 10
② 12
③ 14
④ 16

블록 암호 모드

정답 및 해설 p.34

001 □□□ 2014년 서울시(08)

다음의 블록 암호 모드 중 각 평문 블록을 이전 암호문 블록과 XOR한 후 암호화되어 안전성을 높이는 모드는 무엇인가?

① ECB 모드 ② CBC 모드
③ CTR 모드 ④ OFB 모드
⑤ CFB 모드

002 □□□ 2015년 국회직(02)

다음 그림이 나타내는 블록 암호 운용 모드는 무엇인가?

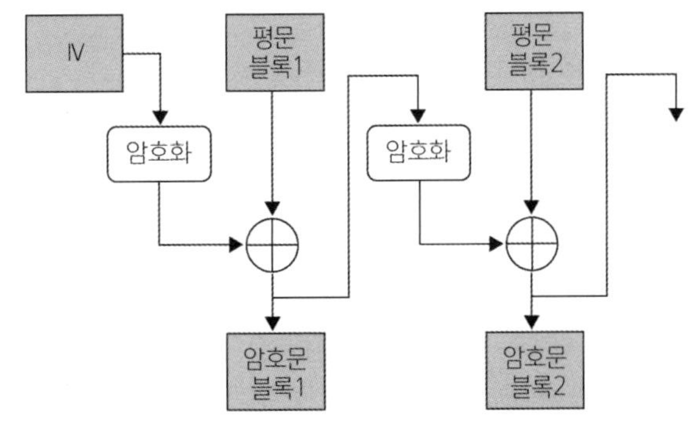

① ECB ② CBC
③ CFB ④ OFB
⑤ CTR

003 □□□ 2016년 지방직(05)

다음에 해당하는 암호블록 운용 모드를 옳게 나열한 것은?

> ㄱ. 코드북(codebook)이라 하며, 가장 간단하게 평문을 동일한 크기의 평문블록으로 나누고 키로 암호화하여 암호블록을 생성한다.
> ㄴ. 현재의 평문블록과 바로 직전의 암호블록을 XOR한 후 그 결과를 키로 암호화하여 암호블록을 생성한다.
> ㄷ. 각 평문블록별로 증가하는 서로 다른 카운터 값을 키로 암호화하고 평문블록과 XOR하여 암호블록을 생성한다.

	ㄱ	ㄴ	ㄷ
①	CBC	ECB	OFB
②	CBC	ECB	CTR
③	ECB	CBC	OFB
④	ECB	CBC	CTR

004 □□□ 2016년 서울시(10)

다음 중 Cipher Block Chaining 운용 모드의 암호화 수식을 제대로 설명한 것은? (단, P_i는 i번째 평문 블록을, C_i는 i번째 암호문 블록을 의미한다)

① $C_i = E_k(P_i)$ ② $C_i = E_k(P_i \oplus C_{i-1})$
③ $C_i = E_k(C_{i-1}) \oplus P_i$ ④ $C_i = E_k(P_i) \oplus C_{i-1}$

005 □□□

2017년 국회직(15)

다음에서 설명하는 블록 암호 운영 모드로 옳은 것은?

- '한 단계 앞의 암호 알고리즘의 출력을 암호화한 값'과 '평문 블록'을 XOR 연산하여 암호문 블록을 생성하는 운영 모드이다.
- 암호화와 복호화가 같은 구조를 가지고 있다.
- 비트 단위의 에러가 있는 암호문을 복호화하면, 평문의 대응하는 비트에만 에러가 발생한다.

① ECB ② CBC
③ CFB ④ OFB
⑤ CTR

006 □□□

2018년 국가직(14)

대칭키 블록 암호 알고리즘의 운영 모드 중에서 한 평문 블록의 오류가 다른 평문 블록의 암호 결과에 영향을 미치는 오류 전이(error propagation)가 발생하지 않는 모드만을 묶은 것은? (단, ECB; Electronic Code Book, CBC; Cipher Block Chaining, CFB; Cipher Feedback, OFB; Output Feedback이다)

① CFB, OFB ② ECB, OFB
③ CBC, CFB ④ ECB, CBC

007 □□□

2018년 지방직(20)

다음에서 설명하는 블록암호 운용 모드는 무엇인가?

- 암·복호화 모두 병렬 처리가 가능하다.
- 블록 암호 알고리즘의 암호화 로직만 사용한다.
- 암호문의 한 비트 오류는 복호화되는 평문의 한 비트에만 영향을 준다.

① ECB ② CBC
③ CFB ④ CTR

008 □□□

2018년 지방교행(07)

블록암호 운영모드 중 CTR(counter) 모드에 대한 설명으로 <보기>에서 옳은 것만을 모두 고른 것은?

<보기>

ㄱ. 운영모드에서 시프트 레지스터를 사용한다.
ㄴ. 패딩이 필요 없으며 평문 블록과 키 스트림을 XOR 연산하여 암호문을 생성한다.
ㄷ. 암호화는 각 블록에 독립적으로 적용되기 때문에, 블록 단위 에러 발생 시 해당 블록에 영향을 준다.

① ㄱ ② ㄱ, ㄴ
③ ㄴ, ㄷ ④ ㄱ, ㄴ, ㄷ

009 □□□

2019년 지방직(11)

다음의 블록 암호 운용 모드는 무엇인가?

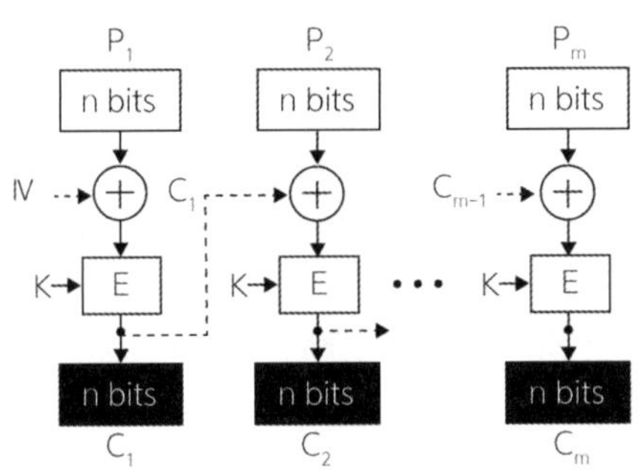

E: 암호화	K: 암호화 키
P1, P2, ..., Pm: 평문 블록	C1, C2, ..., Cm: 암호 블록
IV: 초기화 벡터	⊕: XOR

① 전자 코드북 모드(Electronic Code Book Mode)
② 암호 블록 연결 모드(Cipher Block Chaining Mode)
③ 암호 피드백 모드(Cipher Feedback Mode)
④ 출력 피드백 모드(Output Feedback Mode)

010 □□□

2019년 서울시(04)

다음 <보기>에서 블록암호 모드 중 초기 벡터(Initialization Vector)가 필요하지 않은 모드를 모두 고른 것은?

<보기>

ㄱ. CTR 모드　　ㄴ. CBC 모드　　ㄷ. ECB 모드

① ㄱ　　② ㄷ
③ ㄴ, ㄷ　　④ ㄱ, ㄴ, ㄷ

011 □□□

2019년 서울시(05)

스트림 암호(Stream Cipher)에 대한 설명으로 가장 옳지 않은 것은?

① Key Stream Generator 출력값을 입력값(평문)과 AND 연산하여, 암호문을 얻는다.
② 절대 안전도를 갖는 암호로 OTP(One-Time Pad)가 존재한다.
③ LFSR(Linear Feedback Shift Register)로 스트림 암호를 구현할 수 있다.
④ Trivium은 현대적 스트림 암호로 알려져 있다.

012 □□□

2019년 국회직(08)

블록 암호(Block Cipher) 모드에 대한 설명으로 옳지 않은 것은?

① ECB(Electronic CodeBook) 모드는 평문 블록을 암호화한 것이 그대로 암호문 블록이 된다.
② CBC(Cipher Block Chaining) 모드는 암호화 전에 XOR 연산을 수행한다.
③ CFB(Cipher FeedBack) 모드는 평문 블록을 암호 알고리즘으로 직접 암호화한다.
④ OFB(Output FeedBack) 모드는 암호 알고리즘의 출력을 암호 알고리즘의 입력으로 피드백한다.
⑤ CTR(CounTeR) 모드는 스트림 암호의 일종으로 카운터의 값이 암호화의 입력이 된다.

013 □□□

2020년 국가직(06)

키 k에 대한 블록 암호 알고리즘 E_k, 평문블록 M_i, Z_0는 초기 벡터, $Z_i = E_k(Z_{i-1})$가 주어진 경우, 이때 i = 1, 2, ..., n에 대해 암호블록 C_i를 $C_i = Z_i \oplus M_i$로 계산하는 운영모드는 무엇인가? (단, ⊕는 배타적 논리합이다)

① CBC ② ECB
③ OFB ④ CTR

015 □□□

2020년 국회직(05)

다음 중 대칭키 암호 운영모드로서 평문 블록 $(P_1, P_2, \ldots, P_n)$을 암호화 하는 CBC(Cipher Block Chaining) 모드에 대한 설명으로 옳은 것만을 <보기>에서 모두 고르면?

<보기>

ㄱ. 평문이 달라지면 초기벡터는 매번 새롭게 랜덤으로 생성된다.
ㄴ. 평문 블록이 동일하면 대응하는 암호문 블록도 동일하다.
ㄷ. P_2에 발생한 에러는 P_2블록 이후의 모든 암호화 과정에 파급된다.
ㄹ. 암호화 과정은 평문 블록 P_1부터 P_n까지 순차적으로 진행된다.
ㅁ. 암호화 및 복호화를 하는데 암호화 알고리즘만 있어도 된다.

① ㄱ, ㄴ, ㄹ ② ㄱ, ㄴ, ㅁ
③ ㄱ, ㄷ, ㄹ ④ ㄴ, ㄷ, ㄹ
⑤ ㄷ, ㄹ, ㅁ

014 □□□

2020년 지방직(14)

블록 암호 운용 모드에 대한 설명으로 옳지 않은 것은?

① CFB는 블록 암호화를 병렬로 처리할 수 없다.
② ECB는 IV(Initialization Vector)를 사용하지 않는다.
③ CBC는 암호문 블록에 오류가 발생한 경우 복호화 시 해당 블록만 영향을 받는다.
④ CTR는 평문 블록마다 서로 다른 카운터 값을 사용하여 암호문 블록을 생성한다.

016 □□□

2021년 지방직(02)

스트림 암호에 대한 설명으로 옳지 않은 것은?

① 데이터의 흐름을 순차적으로 처리해 가는 암호 알고리즘이다.
② 이진화된 평문 스트림과 이진 키스트림 수열의 XOR 연산으로 암호문을 생성하는 방식이다.
③ 스트림 암호 알고리즘으로 RC5가 널리 사용된다.
④ 구현이 용이하고 속도가 빠르다는 장점이 있다.

017 □□□

2021년 지방직(19)

다음에서 설명하는 블록암호 운영 모드는 무엇인가?

- 단순한 모드로 평문이 한 번에 하나의 평문 블록으로 처리된다.
- 각 평문 블록은 동일한 키로 암호화된다.
- 주어진 하나의 키에 대하여 평문의 모든 블록에 대한 유일한 암호문이 존재한다.

① CBC(Cipher Block Chaining Mode)
② CTR(Counter Mode)
③ CFB(Cipher-Feed Back Mode)
④ ECB(Electronic Code Book Mode)

018 □□□

2022년 국가직(06)

블록암호 카운터 운영모드에 대한 설명으로 옳지 않은 것은?

① 암호화와 복호화는 같은 구조로 구성되어 있다.
② 병렬로 처리할 수 있는 능력에 따라 처리속도가 결정된다.
③ 카운터를 암호화하고 평문블록과 XOR하여 암호블록을 생성한다.
④ 블록을 순차적으로 암호화·복호화한다.

019 □□□

2022년 국회직(09)

다음에서 설명하는 AES 운영 모드는 무엇인가?

- 블록단위로 동작한다.
- 각 블록을 병렬적으로 처리할 수 있다.
- 블록이 독립적으로 동작하여 한 블록에서의 에러가 다른 블록에 영향을 주지 않는다.

① CTR ② OFB
③ CFB ④ CBC
⑤ ECB

020 □□□

2023년 지방직(16)

다음과 같이 암호화를 수행하는 블록 암호 운용 모드는 무엇인가? (단, ⊕: XOR, K: 암호키이다)

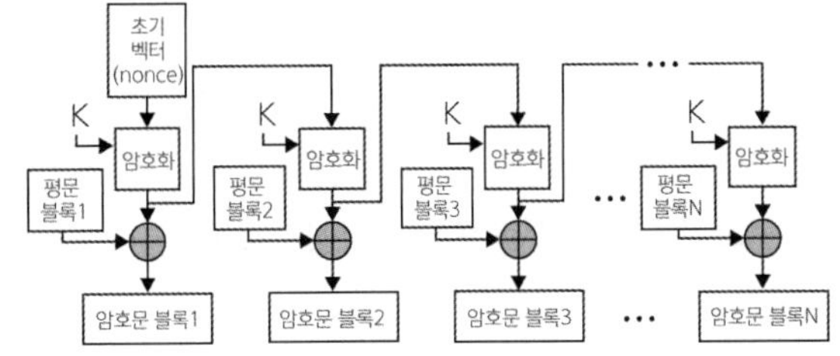

① CBC ② CFB
③ OFB ④ ECB

021 □□□

2024년 국가직(04)

블록 암호의 운영 모드 중 ECB 모드와 CBC 모드에 대한 설명으로 옳은 것은?

① ECB 모드는 블록의 변화가 다른 블록에 영향을 주지 않아 안전하다.
② ECB 모드는 암호화할 때, 같은 데이터 블록에 대해 같은 암호문 블록을 생성한다.
③ CBC 모드는 블록의 변화가 이전 블록에 영향을 주므로 패턴을 추적하기 어렵다.
④ CBC 모드는 암호화할 때, 이전 블록의 결과가 필요하지 않다.

비대칭키(공개키) 암호

정답 및 해설 p.37

001 □□□ 2014년 국가직(05)

공개키 암호에 대한 설명으로 옳지 않은 것은?

① 공개키 인증서를 공개키 디렉토리에 저장하여 공개한다.
② 사용자가 증가할수록 필요한 비밀키의 개수가 증가하는 암호 방식의 단점을 해결할 수 있다.
③ 일반적으로 대칭키 암호방식보다 암호화 속도가 느리다.
④ n명의 사용자로 구성된 시스템에서는 $\frac{n(n-1)}{2}$개의 키가 요구된다.

002 □□□ 2014년 서울시(05)

공개키 암호(public key cryptosystem)에 대한 설명으로 옳은 것은?

① 대표적인 암호로 AES, DES 등이 있다.
② 대표적인 암호로 RSA가 있다.
③ 일반적으로 같은 양의 데이터를 암호화하기 위한 연산이 대칭키 암호(symmetric key cryptosystem)보다 현저히 빠르다.
④ 대칭키 암호(symmetric key cryptosystem)보다 수백 년 앞서 고안된 개념이다.
⑤ 일반적으로 같은 양의 데이터를 암호화한 암호문(ciphertext)이 대칭키 암호(symmetric key cryptosystem)보다 현저히 짧다.

003 □□□ 2014년 국회직(06)

다음 중 소인수 분해 문제의 어려움에 기초한 암호 알고리즘은 무엇인가?

① Diffie-Hellman ② SHA-1
③ AES ④ DES
⑤ RSA

004 □□□ 2015년 국회직(03)

키 분배 문제를 해결하기 위한 방법으로 옳지 않은 것은?

① 키를 사전에 공유
② 공개키 암호를 사용
③ Diffie-Hellman 알고리즘을 이용
④ 키배포센터(KDC)를 이용
⑤ SEED 암호 알고리즘을 이용

005 □□□

2015년 국회직(13)

공개키 암호인 RSA의 특징에 대한 설명으로 옳지 않은 것은?

① 매우 큰 소수를 사용하여 키를 만든다.
② 암·복호화 과정에 계산량이 많다.
③ 개인 인증서에도 사용한다.
④ 키를 교환해야 하는 불편함이 있다.
⑤ 디지털 서명에도 사용한다.

006 □□□

2016년 국가직(03)

공개키 암호 알고리즘에 대한 설명으로 옳은 것은?

① Diffie-Hellman 키 교환 방식은 중간자(man-in-the-middle) 공격에 강하고 실용적이다.
② RSA 암호 알고리즘은 적절한 시간 내에 인수가 큰 정수의 소인수분해가 어렵다는 점을 이용한 것이다.
③ 타원곡선 암호 알고리즘은 타원곡선 대수문제에 기초를 두고 있으며, RSA 알고리즘과 동일한 안전성을 제공하기 위해서 더 긴 길이의 키를 필요로 한다.
④ ElGamal 암호 알고리즘은 많은 큰 수들의 집합에서 선택된 수들의 합을 구하는 것은 쉽지만, 주어진 합으로부터 선택된 수들의 집합을 찾기 어렵다는 점을 이용한 것이다.

007 □□□

2016년 국회직(11)

공개키 암호와 대칭키 암호에 대한 설명으로 옳은 것은?

① 공개키를 교환하기 위해 대칭키 암호를 이용한다.
② 128비트 RSA 공개키와 2,048비트 대칭키는 안전도가 비슷하다.
③ 두 암호 모두 기밀성과 무결성을 동시에 보장한다.
④ 긴 메시지 암호화에는 하이브리드 방식의 암호가 효율적이다.
⑤ 공개키 암호는 대칭키 암호에 비해 처리속도가 빠르다.

008 □□□

2017년 국가직(10)

다음 공개키 암호시스템에 대한 설명 중 ㉠ ~ ㉢에 들어갈 말로 옳게 짝지어진 것은?

- (㉠)의 안전성은 유한체의 이산대수 계산의 어려움에 기반을 둔다.
- (㉡)의 안전성은 타원곡선군의 이산대수 계산의 어려움에 기반을 둔다.
- (㉢)의 안전성은 소인수분해의 어려움에 기반을 둔다.

	㉠	㉡	㉢
①	ElGamal 암호시스템	DSS	RSA 암호시스템
②	Knapsack 암호시스템	ECC	RSA 암호시스템
③	Knapsack 암호시스템	DSS	Rabin 암호시스템
④	ElGamal 암호시스템	ECC	Rabin 암호시스템

009 □□□

2017년 지방직(03)

비대칭키 암호화 알고리즘으로만 묶은 것은?

① RSA, ElGamal ② DES, AES

③ RC5, Skipjack ④ 3DES, ECC

010 □□□

2017년 서울시(13)

다음은 RSA 알고리즘의 키생성 적용 순서를 설명한 것이다. ㉮ ~ ㉰를 옳게 연결한 것은?

ㄱ. 두 개의 큰 소수, p와 q를 생성한다. ($p \neq q$)
ㄴ. 두 소수를 곱하여, $n = p \cdot q$를 계산한다.
ㄷ. (㉮)을 계산한다.
ㄹ. $1 < A < \phi(n)$이면서 A, $\phi(n)$이 서로소가 되는 A를 선택한다. $A \cdot B$를 $\phi(n)$으로 나눈 나머지가 1임을 만족하는 B를 계산한다.
ㅁ. 공개키로 (㉯), 개인키로 (㉰)를 각각 이용한다.

	㉮	㉯	㉰
①	$\phi(n) = (p-1)(q-1)$	(n, A)	(n, B)
②	$\phi(n) = (p+1)(q+1)$	(n, B)	(n, A)
③	$\phi(n) = (p-1)(q-1)$	(n, B)	(n, A)
④	$\phi(n) = (p+1)(q+1)$	(n, A)	(n, B)

011 □□□

2017년 국회직(06)

ECC(Elliptic Curve Cryptography) 암호시스템에 대한 설명으로 옳지 않은 것은?

① 타원곡선상의 이산대수 문제에 기반을 둔다.

② 키 교환, 암호화, 전자서명에 모두 사용 가능하다.

③ RSA 보다 짧은 공개키를 이용하여 비슷한 수준의 보안 레벨을 제공한다.

④ 임베디드 플랫폼 등과 같은 경량 응용 분야에는 적합하지 않다.

⑤ 비슷한 수준의 보안 레벨에서는 RSA보다 전자서명 생성 속도가 빠르다.

012 □□□

2017년 지방교행(15)

다음은 RSA 공개키 알고리즘에서 공개키와 개인키를 구하는 과정이다. 단계 4의 값으로 적절한 것은?

<알고리즘>

- 단계 1: 두 소수 $p = 5$, $q = 11$을 선정한다.
- 단계 2: $n = p \times q$를 계산한다.
- 단계 3: $\phi(n) = (p-1) \times (q-1)$을 계산한다[단, $\phi(n)$은 오일러의 Totient 함수이다].
- 단계 4: $\phi(n)$과 서로소의 관계를 갖는 임의의 e 값을 선택한다.
- 단계 5: $e \times d \bmod \phi(n) = 1$의 관계를 갖는 d를 계산한다(단, mod는 나머지를 구하는 연산자이다).
- 단계 6: (e, n)을 공개키로 하고, (d, n)을 개인키로 한다.

① 12 ② 13

③ 15 ④ 18

013 □□□

2017년 지방교행(19)

다음 설명을 모두 만족하는 암호화 알고리즘은 무엇인가?

- 공개키 암호 알고리즘이다.
- 이산대수 문제의 어려움에 기반을 둔다.
- Diffie-Hellman 키 교환 프로토콜의 확장이다.

① SEED 암호　② Rabin 암호
③ ElGamal 암호　④ Blowfish 암호

014 □□□

2017년 국가직(추가)(19)

RSA 암호 시스템에서 어떤 사용자의 공개키를 {e, n}이라 할 때, 평문 블록 M과 암호문 블록 C는 수식, C = Me mod n을 만족한다. n을 두 소수 11과 13의 곱이라 할 때, e로 선택할 수 있는 것만을 모두 고른 것은?

ㄱ. 9	ㄴ. 17
ㄷ. 19	ㄹ. 127

① ㄴ, ㄷ　② ㄱ, ㄴ, ㄷ
③ ㄴ, ㄷ, ㄹ　④ ㄱ, ㄴ, ㄷ, ㄹ

015 □□□

2018년 서울시(20)

RSA에 대한 설명으로 가장 옳지 않은 것은?

① AES에 비하여 암, 복호화 속도가 느리다.
② 키 길이가 길어지면 암호화 및 복호화 속도도 느려진다.
③ 키 생성에 사용되는 서로 다른 두 소수(p, q)의 길이가 길어질수록 개인키의 안전성은 향상된다.
④ 중간자(man-in-the-middle) 공격으로부터 안전하기 위해서는 2,048비트 이상의 공개키를 사용하면 된다.

016 □□□

2019년 국가직(11)

다음 알고리즘 중 공개키 암호 알고리즘에 해당하는 것은?

① SEED 알고리즘　② RSA 알고리즘
③ DES 알고리즘　④ AES 알고리즘

017 □□□

2019년 서울시(09)

타원곡선 암호에 대한 설명으로 가장 옳지 않은 것은?

① 타원곡선 암호의 단점은 보안성 향상을 위하여 키 길이가 길어진다는 것이다.
② 타원곡선에서 정의된 연산은 덧셈이다.
③ 타원곡선을 이용하여 디피-헬먼(Diffie-Hellman) 키 교환을 수행할 수 있다.
④ 타원곡선은 공개키 암호에 사용된다.

018 □□□

2019년 국회직(03)

RSA 암호 시스템에서 밥이 앨리스의 공개키 (e, N) = (11, 143)을 취득하여 앨리스에게 평문 4를 암호화하여 보내고자 한다. 이때 전송되는 암호문은 무엇인가?

① 11^{4} mod 143
② 4^{11} mod 143
③ 4^{143} mod 11
④ 11^{143} mod 7
⑤ 4^{143} mod 7

019 □□□

2020년 국가직(02)

공개키 암호화에 대한 설명으로 옳지 않은 것은?

① ECC(Elliptic Curve Cryptography)와 Rabin은 공개키 암호 방식이다.
② RSA는 소인수 분해의 어려움에 기초를 둔 알고리즘이다.
③ 전자서명 할 때는 서명하는 사용자의 공개키로 암호화한다.
④ ElGamal은 이산대수 문제의 어려움에 기초를 둔 알고리즘이다.

020 □□□

2020년 지방직(04)

RSA 암호 알고리즘에서 두 소수, p = 17, q = 23과 키 값 e = 3을 선택한 경우, 평문 m = 8에 대한 암호문 c로 옳은 것은?

① 121
② 160
③ 391
④ 512

021 □□□

2021년 국가직(09)

타원곡선 암호시스템(ECC)은 타원곡선 이산대수의 어려움을 이용한다. 그림과 같이 실수 위에 정의된 타원곡선과 타원곡선상의 두 점 P와 R이 주어진 경우, R = kP를 만족하는 정수 k의 값은? (단, 점선은 타원곡선의 접선, 점을 연결하는 직선 또는 수직선을 나타낸다)

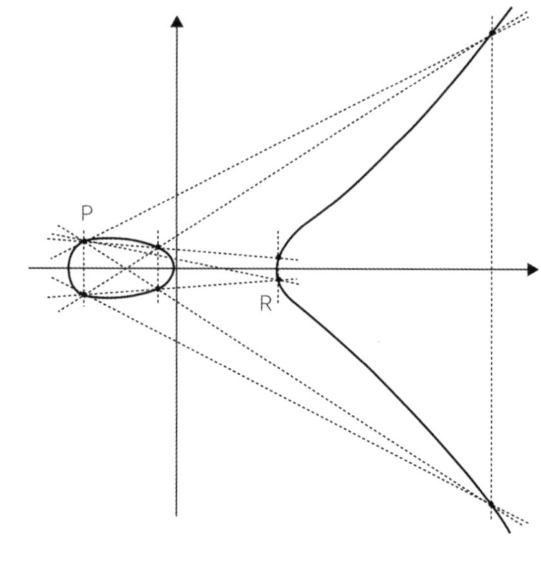

① 2
② 3
③ 4
④ 5

022 □□□

2021년 국가직(12)

다음 중 공개키 암호시스템에 대한 설명으로 옳은 것만을 모두 고르면?

ㄱ. 한 쌍의 공개키와 개인키 중에서 개인키만 비밀로 보관하면 된다.
ㄴ. 동일한 안전성을 가정할 때 ECC는 RSA보다 더 짧은 길이의 키를 필요로 한다.
ㄷ. 키의 분배와 관리가 대칭키 암호시스템에 비하여 어렵다.
ㄹ. 일반적으로 암호화 및 복호화 처리 속도가 대칭키 암호시스템에 비하여 빠르다.

① ㄱ, ㄴ
② ㄱ, ㄹ
③ ㄴ, ㄷ
④ ㄷ, ㄹ

023 □□□

2021년 지방직(06)

암호화 알고리즘과 복호화 알고리즘에서 각각 다른 키를 사용하는 것은 무엇인가?

① SEED ② ECC
③ AES ④ IDEA

024 □□□

2021년 국회직(09)

RSA 암호 시스템에서 오일러 Totient 함수는 $\varnothing(n)$ ={n보다 작은 양의 정수 중에서 n과 서로소인 양의 정수의 개수}로 정의할 수 있다. p와 q가 각각 서로 다른 소수(Prime Number)라고 가정할 때, 옳지 않은 것은?

① $\varnothing(p) = p - 1$
② $\varnothing(p \cdot q) = \varnothing(p)\varnothing(q)$
③ $a^{\varnothing(2 \cdot p)} \not\equiv a^{\varnothing(p)} (\bmod p)$: 만일 p가 2보다 큰 소수이고, a는 p에 의하여 나누어지지 않는 양의 정수일 때
④ $a^{\varnothing(n)} \equiv 1 (\bmod n)$: 서로소인 a와 n에 대하여
⑤ $\varnothing(35) = 24$

025 □□□

2022년 국가직(03)

암호 알고리즘에 대한 설명으로 옳지 않은 것은?

① 일반적으로 대칭키 암호 알고리즘은 비대칭키 암호 알고리즘에 비하여 빠르다.
② 대칭키 암호 알고리즘에는 Diffie-Hellman 알고리즘이 있다.
③ 비대칭키 암호 알고리즘에는 타원 곡선 암호 알고리즘이 있다.
④ 인증서는 비대칭키 암호 알고리즘에서 사용하는 공개키 정보를 포함하고 있다.

026 □□□

2023년 국가직(14)

RSA를 적용하여 7의 암호문 11과 35의 암호문 42가 주어져 있을 때, 알고리즘의 수학적 특성을 이용하여 계산한 245(= 7 * 35)의 암호문은? (단, RSA 공개 모듈 n = 247, 공개 지수 e = 5이다)

① 2 ② 215
③ 239 ④ 462

하이브리드 암호 시스템

정답 및 해설 p.40

001 □□□

2015년 서울시(02)

대칭키 암호시스템과 공개키 암호시스템의 장점을 조합한 것을 하이브리드 암호시스템이라고 부른다. 하이브리드 암호시스템을 사용하여 송신자가 수신자에게 문서를 보낼 때의 과정을 순서대로 나열하면 다음과 같다. 각 시점에 적용되는 암호시스템을 순서대로 나열하면?

> ㄱ. 키를 사용하여 문서를 암호화할 때
> ㄴ. 문서를 암·복호화하는 데 필요한 키를 암호화할 때
> ㄷ. 키를 사용하여 암호화된 문서를 복호화할 때

	ㄱ	ㄴ	ㄷ
①	공개키 암호시스템	대칭키 암호시스템	공개키 암호시스템
②	공개키 암호시스템	공개키 암호시스템	대칭키 암호시스템
③	대칭키 암호시스템	대칭키 암호시스템	공개키 암호시스템
④	대칭키 암호시스템	공개키 암호시스템	대칭키 암호시스템

002 □□□

2019년 서울시(10)

영지식 증명(Zero-Knowledge Proof)에 대한 설명으로 가장 옳지 않은 것은?

① 영지식 증명은 증명자(Prover)가 자신의 비밀 정보를 노출하지 않고 자신의 신분을 증명하는 기법을 의미한다.
② 영지식 증명에서 증명자 인증 수단으로 X.509 기반의 공개키 인증서를 사용할 수 있다.
③ 최근 블록 체인상에서 영지식 증명을 사용하여 사용자의 프라이버시를 보호하고자 하며, 이러한 기술로 zk-SNARK가 있다.
④ 영지식 증명은 완정성(Completeness), 건실성(Soundness), 영지식성(Zero-Knowledgeness) 특성을 가져야 한다.

003 □□□

2019년 국회직(16)

공개키 암호 시스템과 대칭키 암호 시스템의 장점을 조합한 하이브리드 암호 시스템에 대한 설명으로 옳지 않은 것은?

① 메시지 자체를 암호화 또는 복호화할 때는 속도가 빠른 대칭키 암호 시스템을 사용한다.
② 암호화에 사용된 대칭키(세션키)를 상대방에게 전달할 때 상대방의 공개키를 사용한다.
③ 하이브리드 암호 시스템은 대칭키 암호의 키 교환 문제가 존재한다.
④ 공개키 알고리즘을 사용하여 공개키와 개인키를 생성하고, 공개키를 상대방에게 전달한다.
⑤ 수신자는 암호화된 대칭키를 수신자의 개인키로 복호화할 수 있다.

004 □□□

2020년 지방직(12)

하이브리드 암호 시스템에 대한 설명으로 옳지 않은 것은?

① 메시지는 대칭 암호 방식으로 암호화한다.
② 일반적으로 대칭 암호에 사용하는 세션키는 의사 난수 생성기로 생성한다.
③ 생성된 세션키는 무결성 보장을 위하여 공개키 암호 방식으로 암호화한다.
④ 메시지 송신자와 수신자가 사전에 공유하고 있는 비밀키가 없어도 사용할 수 있다.

005 □□□

2022년 국회직(19)

공개키 암호방식의 성능문제와 대칭키 암호방식의 키 관리 문제를 상호 보완하여 하이브리드 암호화 환경을 구축하고자 한다. 다음 중 <보기>의 ㉠, ㉡에 해당하는 알고리즘으로 옳게 연결된 것은?

<보기>

㉠ 키 생성 및 교환을 위한 알고리즘
㉡ 데이터 암호화 알고리즘

	㉠	㉡
①	SHA	RSA
②	RSA	AES
③	AES	SHA
④	SEED	RSA
⑤	RSA	SHA

006 □□□

2023년 국가직(15)

사용자 A가 사전에 비밀키를 공유하고 있지 않은 사용자 B에게 기밀성 보장이 요구되는 문서 M을 보내기 위한 메시지로 옳은 것은?

- KpuX: 사용자 X의 공개키
- KprX: 사용자 X의 개인키
- KS: 세션키
- H(): 해시함수
- E(): 암호화
- ||: 연결(concatenation) 연산자

① $M \| E_{KprA}(H(M))$
② $E_{KprA}(M \| H(M))$
③ $E_{KS}(M) \| E_{KpuB}(KS)$
④ $E_{KS}(M) \| E_{KprA}(KS)$

007 □□□

2024년 지방직(04)

하이브리드 암호 시스템에 대한 설명으로 옳지 않은 것은?

① 대칭키 암호와 공개키 암호의 장점을 조합한 방법이다.
② 메시지의 기밀성과 세션키의 기밀성을 제공한다.
③ 송신자의 공개키를 이용하여 메시지를 암호화한다.
④ 수신자의 공개키를 이용하여 세션키를 암호화한다.

해시함수(Hash)

정답 및 해설 p.41

001 □□□ 2014년 국가직(15)

해시함수(hash function)에 대한 설명으로 옳지 않은 것은?

① 임의 길이의 문자열을 고정된 길이의 문자열로 출력하는 함수이다.

② 대표적인 해시함수는 MD5, SHA-1, HAS-160 등이 있다.

③ 해시함수는 메시지 인증과 메시지 부인방지 서비스에 이용된다.

④ 해시함수의 충돌회피성은 동일한 출력을 산출하는 서로 다른 두 입력을 계산적으로 찾기 가능한 성질을 나타낸다.

002 □□□ 2014년 국회직(19)

정보보호를 위해 사용되는 해시함수(Hash function)에 대한 설명으로 옳지 않은 것은?

① 주어진 해시값에 대응하는 입력값을 구하는 것이 계산적으로 어렵다.

② 무결성을 제공하는 메시지 인증 코드(MAC) 및 전자서명에 사용된다.

③ 해시값의 충돌은 출력공간이 입력공간보다 크기 때문에 발생한다.

④ 동일한 해시값을 갖는 서로 다른 입력값들을 구하는 것이 계산적으로 어렵다.

⑤ 입력값의 길이가 가변이더라도 고정된 길이의 해시값을 출력한다.

003 □□□ 2015년 지방직(07)

보안 해시함수가 가져야 하는 성질 중 하나인 강한 충돌 저항성(strong collision resistance)에 대한 설명으로 옳은 것은?

① 주어진 해시 값에 대해, 그 해시 값을 생성하는 입력 값을 찾는 것이 어렵다.

② 주어진 입력 값과 그 입력 값에 해당하는 해시 값에 대해, 동일한 해시 값을 생성하는 다른 입력 값을 찾는 것이 어렵다.

③ 같은 해시 값을 생성하는 임의의 서로 다른 두 개의 입력 값을 찾는 것이 어렵다.

④ 해시함수의 출력은 의사 난수이어야 한다.

004 □□□ 2015년 서울시(10)

해시함수의 설명으로 옳은 것은?

① 입력은 고정길이를 갖고 출력은 가변길이를 갖는다.

② 해시함수(H)는 다대일(n : 1) 대응 함수로 동일한 출력을 갖는 입력이 두 개 이상 존재하기 때문에 충돌(collision)을 피할 수 있다.

③ 해시함수는 일반적으로 키를 사용하지 않는 MAC(Message Authentication Code) 알고리즘을 사용한다.

④ MAC는 데이터의 무결성과 데이터 발신지 인증 기능도 제공한다.

005 □□□

2015년 국회직(05)

다음 중 충돌 저항성(Collision Resistance)과 관련이 높은 알고리즘은 무엇인가?

① AES ② DES
③ SHA-1 ④ RSA
⑤ ECC

006 □□□

2015년 국회직(12)

해시함수의 설명으로 옳지 않은 것은?

① 양방향성을 가진다.
② 메시지가 다르면 매우 높은 확률로 해시값도 다르다.
③ 임의의 길이 메시지로부터 고정 길이의 해시값을 계산한다.
④ 해시값을 고속으로 계산할 수 있다.
⑤ MD5, RIPEMD-160, SHA-512 등이 있다.

007 □□□

2016년 지방직(02)

암호학적 해시함수가 가져야 할 특성으로 옳지 않은 것은?

① 서로 다른 두 입력 메시지에 대해 같은 해시값이 나올 가능성은 있으나, 계산적으로 같은 해시값을 갖는 서로 다른 두 입력 메시지를 찾는 것은 불가능해야 한다.
② 해시값을 이용하여 원래의 입력 메시지를 찾는 것은 계산상으로 불가능해야 한다.
③ 입력 메시지의 길이에 따라 출력되는 해시값의 길이는 비례해야 한다.
④ 입력 메시지와 그 해시값이 주어졌을 때, 이와 동일한 해시값을 갖는 다른 메시지를 찾는 것은 계산상으로 불가능해야 한다.

008 □□□

2016년 국회직(10)

암호학적 해시함수에 대한 설명으로 옳지 않은 것은?

① MD5나 SHA-1은 취약점이 발견되어 더 이상 사용하지 않는 것이 바람직하다.
② 해시함수는 출력값에 대응하는 입력값을 구하기 어렵다.
③ 해시함수의 내부 알고리즘에 관계없이 충돌저항성을 분석하는 방법으로 생일 공격(Birthday Attack)이 있다.
④ 패스워드와 난수를 해시한 값을 전송할 때, 난수가 노출되어도 사전 공격(Dictionary Attack)에 안전하다.
⑤ 최근에는 가상화폐인 비트코인(Bitcoin)을 채굴하는 알고리즘에 사용된다.

009 □□□

2017년 지방직(06)

다음 중 해시(Hash) 함수에 대한 설명으로 옳은 것으로만 묶은 것은?

> ㄱ. 입력데이터의 길이가 달라도 동일한 해시함수에서 나온 해시 결과값 길이는 동일하다.
> ㄴ. 일방향 함수를 사용해서 해시함수를 구성할 수 있다.
> ㄷ. 최대 128비트까지 해시함수의 입력으로 지원한다.
> ㄹ. SHA-256의 해시 결과값 길이는 512비트이다.

① ㄱ, ㄴ　　② ㄴ, ㄷ
③ ㄷ, ㄹ　　④ ㄱ, ㄹ

010 □□□

2017년 국회직(07)

다음 <보기>에서 설명하는 해시함수(H)의 특성으로 옳은 것은?

<보기>

> 주어진 메시지 x에 대해, H(x) = H(y)인 x ≠ y를 만족하는 두 개의 메시지 x, y를 찾는 것이 어려울 때, 해시함수가 이 성질을 가지고 있다고 한다.

① Second Pre-image Resistance
② Collision Resistance
③ Integrity
④ Onewayness
⑤ Uniform Distribution

011 □□□

2017년 지방교행(14)

일방향 해시함수(one-way hash function)에 대한 설명으로 옳은 것은?

① 데이터 암호화에 사용된다.
② 주어진 해시값으로 원래의 입력 메시지를 구할 수 있다.
③ 임의 길이의 메시지를 입력받아 고정 길이의 해시 값을 출력한다.
④ IDEA(International Data Encryption Algorithm)는 일방향 해시함수이다.

012 □□□

2018년 국가직(12)

메시지 인증에 사용되는 해시함수의 요건으로 옳지 않은 것은?

① 임의 크기의 메시지에 적용될 수 있어야 한다.
② 해시를 생성하는 계산이 비교적 쉬워야 한다.
③ 다양한 길이의 출력을 생성할 수 있어야 한다.
④ 하드웨어 및 소프트웨어에 모두 실용적이어야 한다.

013 □□□

2018년 지방직(13)

기밀성을 제공하는 암호 기술이 아닌 것은?

① RSA
② SHA-1
③ ECC
④ IDEA

014 □□□

2018년 서울시(12)

사회 공학적 공격 방법에 해당하지 않는 것은?

① 피싱
② 파밍
③ 스미싱
④ 생일 공격

015 □□□

2018년 국회직(15)

해시함수에 대한 설명으로 옳지 않은 것은?

① 해시함수를 사용하면 임의 길이의 메시지에 대해 특정 길이를 갖는 출력값을 얻을 수 있다.
② 해시함수는 일방향 함수에 해당한다.
③ 동일한 출력값을 갖는 임의의 두 입력 메시지를 찾기 어렵다는 것을 강한 충돌 저항성(strong collision resistance)이라고 한다.
④ 해시함수는 블록체인에서 체인 형태로 사용되어 데이터의 신뢰성을 보장한다.
⑤ 해시함수는 대칭키 암호와 달리 키 값을 적용할 수 없기 때문에 MAC(Message Authentication Code)로 사용할 수 없다.

016 □□□

2018년 지방교행(08)

해시함수 SHA-512를 이용하여 해시값을 구하려고 한다. 원래 메시지가 3940 비트일 때, 다음 중 ㉠ 패딩의 비트 수는?

3940bits	㉠	128bits
원래 메시지	패딩	원래 메시지 길이

① 24
② 28
③ 32
④ 36

017 □□□

2019년 지방직(06)

해시함수의 충돌에 대한 설명으로 옳은 것은?

① 해시함수의 입력 메시지가 길어짐에 따라 생성되는 해시값이 길어지는 것을 의미한다.
② 서로 다른 해시함수가 서로 다른 입력 값에 대해 동일한 출력 값을 내는 것을 의미한다.
③ 동일한 해시함수가 서로 다른 두 개의 입력 값에 대해 동일한 출력 값을 내는 것을 의미한다.
④ 동일한 해시함수가 동일한 입력 값에 대해 다른 출력 값을 내는 것을 의미한다.

018 □□□

2020년 국가직(04)

일방향 해시함수를 사용하여 비밀번호를 암호화할 때 salt라는 난수를 추가하는 이유는 무엇인가?

① 비밀번호 사전공격(Dictionary attack)에 취약한 문제를 해결할 수 있다.
② 암호화된 비밀번호 해시 값의 길이를 줄일 수 있다.
③ 비밀번호 암호화의 수행 시간을 줄일 수 있다.
④ 비밀번호의 복호화를 빠르게 수행할 수 있다.

019 □□□

2020년 지방직(13)

해시함수의 충돌저항성을 위협하는 공격 방법은 무엇인가?

① 생일 공격
② 사전 공격
③ 레인보우 테이블 공격
④ 선택 평문 공격

020 □□□

2021년 국가직(07)

SHA 알고리즘에서 사용하는 블록 크기와 출력되는 해시의 길이를 바르게 연결한 것은?

	알고리즘	블록 크기	해시 길이
①	SHA-1	256비트	160비트
②	SHA-256	512비트	256비트
③	SHA-384	1024비트	256비트
④	SHA-512	512비트	512비트

021 □□□

2021년 국회직(04)

암호 알고리즘에 대한 설명으로 옳지 않은 것은?

① Adaptive Chosen-plaintext Attack은 Ciphertext-only Attack보다 공격자 입장에서 더 높은 자유도를 갖는다.
② Differential Cryptanalysis는 평문과 암호문 간의 차분 정보를 사용하는 암호 공격 기법이다.
③ Side-channel Attack은 소비 전력이나 실행 시간 등 암호의 구현상 특성을 활용하는 공격 기법이다.
④ Birthday Attack은 공개키 암호 알고리즘의 암호 안전도를 측정하는 데 사용된다.
⑤ 해시함수는 Collision Resistance를 가져야 한다.

022 □□□

2022년 국회직(10)

암호학적 해시 알고리즘에 대한 설명으로 옳지 않은 것은?

① 해시 결과값을 이용하여 해시 입력값을 역으로 찾아내는 것은 계산상으로 불가능해야 한다.
② MD5 및 SHA-1 알고리즘은 취약점이 발견되지 않아 지금도 많이 사용되고 있다.
③ 충돌 저항성(Collision Resistance)은 동일한 출력값(해시값)을 생성하는 두 가지 입력값을 구하는 것이 계산적으로 어렵다는 것을 의미한다.
④ SHA-224은 출력의 길이가 224비트이다.
⑤ 해시 알고리즘은 어떠한 길이의 입력값이 들어오더라도 일정한 길이의 해시값을 출력한다.

023 □□□

2023년 지방직(15)

SHA-512 알고리즘의 수행 라운드 수와 처리하는 블록의 크기(비트 수)를 바르게 짝지은 것은?

	라운드 수	블록의 크기
①	64	512
②	64	1024
③	80	512
④	80	1024

024 □□□

2024년 지방직(01)

사용자 A가 사용자 B에게 보내는 메시지 M의 해시값을 A와 B가 공유하는 비밀키로 암호화하고 이를 M과 함께 보냄으로써 보장하려는 것은?

① 무결성
② 기밀성
③ 가용성
④ 부인방지

025 □□□

2024년 지방직(05)

암호학적 해시 함수 H에 대한 설명으로 옳은 것은?

① 임의의 크기의 데이터 블록 x에 대해서 가변적 길이의 해시값 H(x)를 생성한다.
② 주어진 h로부터 h = H(x)인 x를 찾는 것은 계산적으로 불가능하다.
③ 임의의 크기의 데이터 블록 x에 대해 H(x)를 구하는 계산은 어려운 연산이 포함되어 계산이 비효율적이다.
④ H(x) = H(y)를 만족하는 서로 다른 x, y는 존재하지 않는다.

메시지 인증 코드(MAC)

정답 및 해설 p.44

001 □□□

2015년 국가직(07)

메시지 인증 코드(MAC; Message Authentication Code)를 이용한 메시지 인증 방법에 대한 설명으로 옳지 않은 것은?

① 메시지의 출처를 확신할 수 있다.
② 메시지와 비밀키를 입력받아 메시지 인증 코드를 생성한다.
③ 메시지의 무결성을 증명할 수 있다.
④ 메시지의 복제 여부를 판별할 수 있다.

002 □□□

2016년 국가직(05)

메시지의 무결성을 검증하는 데 사용되는 해시와 메시지 인증 코드(MAC)의 차이점에 대한 설명으로 옳은 것은?

① MAC는 메시지와 송·수신자만이 공유하는 비밀키를 입력받아 생성되는 반면에, 해시는 비밀키 없이 메시지로부터 만들어진다.
② 해시의 크기는 메시지 크기와 무관하게 일정하지만, MAC는 메시지와 크기가 같아야 한다.
③ 메시지 무결성 검증 시, 해시는 암호화되어 원본 메시지와 함께 수신자에게 전달되는 반면에, MAC의 경우에는 MAC로부터 원본 메시지 복호화가 가능하므로 MAC만 전송하는 것이 일반적이다.
④ 송·수신자만이 공유하는 비밀키가 있는 경우, MAC를 이용하여 메시지 무결성을 검증할 수 있으나 해시를 이용한 메시지 무결성 검증은 불가능하다.

003 □□□

2017년 서울시(03)

메시지 인증 코드(MAC: Message Authentication Code)에 대한 설명으로 옳은 것은?

① 메시지 무결성을 제공하지는 못한다.
② 비대칭키를 이용한다.
③ MAC는 가변 크기의 인증 태그를 생성한다.
④ 부인 방지를 제공하지 않는다.

004 □□□

2017년 국회직(10)

메시지 인증 코드(MAC; Message Authentication Code)에 대한 설명으로 옳지 않은 것은?

① MAC 검증을 통하여 메시지의 위조 여부를 판별할 수 있다.
② MAC을 이용하여 송신자 인증이 가능하다.
③ MAC 검증을 위해서는 메시지와 공개키가 필요하다.
④ 해시함수를 이용하여 MAC을 생성할 수 있다.
⑤ MAC 생성자와 검증자는 동일한 키를 사용한다.

005 □□□

2017년 지방교행(10)

다음 중 메시지 인증 코드(MAC; Message Authentication Code)를 이용하여 제공할 수 있는 보안 서비스로 옳은 것을 <보기>에서 고른 것은?

<보기>

ㄱ. 트래픽 패딩
ㄴ. 메시지 무결성
ㄷ. 메시지 복호화
ㄹ. 메시지 송신자에 대한 인증

① ㄱ, ㄴ
② ㄱ, ㄷ
③ ㄴ, ㄹ
④ ㄷ, ㄹ

006 □□□

2017년 국가직(추가)(14)

전송할 메시지에서 메시지 무결성 검증을 위한 고정 크기의 출력물을 만드는 방법으로 적합한 것만을 고른 것은?

① 난수 생성기, 코덱
② 메시지 인증 코드 생성기, 코덱
③ 의사 난수 생성기, 해시함수
④ 메시지 인증 코드 생성기, 해시함수

007 □□□

2017년 지방직(추가)(03)

RFC 2104 인터넷 표준에서 정의한 메시지 인증 코드를 생성하는 알고리즘은 무엇인가?

① Elliptic Curve Cryptography
② ElGamal
③ RC4
④ HMAC-SHA1

008 □□□

2018년 국회직(03)

다음 중 메시지 인증 코드(MAC; Message Authentication Code)가 제공하는 기능들로 짝지어진 것은?

ㄱ. 부인 방지 ㄴ. 상호 인증
ㄷ. 접근 제어 ㄹ. 무결성 보장

① ㄱ, ㄴ
② ㄱ, ㄷ
③ ㄴ, ㄷ
④ ㄴ, ㄹ
⑤ ㄷ, ㄹ

009 □□□

2019년 서울시(01)

다음 중 해시와 메시지 인증코드에 대한 <보기>의 설명에서 ㉠, ㉡에 들어갈 말을 순서대로 나열한 것은?

<보기>

해시와 메시지 인증코드는 공통적으로 메시지의 (㉠)을 검증할 수 있지만, 메시지 인증코드만 (㉡) 인증에 활용될 수 있다.

	㉠	㉡
①	무결성	상호
②	무결성	서명자
③	비밀성	상호
④	비밀성	서명자

010 □□□

2021년 지방직(09)

다음에서 설명하는 보안 기술은 무엇인가?

- 해시함수를 이용하여 메시지 인증 코드를 구현한다.
- SHA-256을 사용할 수 있다.

① HMAC(Hash based Message Authentication Code)
② Block Chain
③ RSA(Rivest-Shamir-Adleman)
④ ARIA(Academy, Research Institute, Agency)

CHAPTER 10

디지털 서명/전자 서명

정답 및 해설 p.45

001 □□□

2014년 지방직(09)

소인수분해 문제의 어려움에 기초하여 큰 안전성을 가지는 전자 서명 알고리즘은 무엇인가?

① RSA
② ElGamal
③ KCDSA
④ ECDSA

002 □□□

2015년 지방직(05)

공개키를 사용하는 전자 서명에 대한 설명으로 옳지 않은 것은?

① 송신자는 자신의 개인키로 서명하고 수신자는 송신자의 공개키로 서명을 검증한다.
② 메시지의 무결성과 기밀성을 보장한다.
③ 신뢰할 수 있는 제3자를 이용하면 부인봉쇄를 할 수 있다.
④ 메시지로부터 얻은 일정 크기의 해시 값을 서명에 이용할 수 있다.

003 □□□

2015년 서울시(17)

전자서명(digital signature)은 내가 받은 메시지를 어떤 사람이 만들었는지를 확인하는 인증을 말한다. 다음 중 전자서명의 특징으로 옳지 않은 것은?

① 서명자 인증: 서명자 이외의 타인이 서명을 위조하기 어려워야 한다.
② 위조 불가: 서명자 이외의 타인의 서명을 위조하기 어려워야 한다.
③ 부인 불가: 서명자는 서명 사실을 부인할 수 없어야 한다.
④ 재사용 가능: 기존의 서명을 추후에 다른 문서에도 재사용할 수 있어야 한다.

004 □□□

2016년 국가직(19)

공개키 기반 전자서명에서 메시지에 서명하지 않고 메시지의 해시값과 같은 메시지 다이제스트에 서명하는 이유는 무엇인가?

① 공개키 암호화에 따른 성능 저하를 극복하기 위한 것이다.
② 서명자의 공개키를 쉽게 찾을 수 있도록 하기 위한 것이다.
③ 서명 재사용을 위한 것이다.
④ 원본 메시지가 없어 도서명을 검증할 수 있도록 하기 위한 것이다.

005 □□□

2016년 지방직(20)

전자서명 방식에 대한 설명으로 옳지 않은 것은?

① 은닉 서명(blind signature)은 서명자가 특정 검증자를 지정하여 서명하고, 이 검증자만이 서명을 확인할 수 있는 방식이다.

② 부인방지 서명(undeniable signature)은 서명을 검증할 때 반드시 서명자의 도움이 있어야 검증이 가능한 방식이다.

③ 위임 서명(proxy signature)은 위임 서명자로 하여금 서명자를 대신해서 대리로 서명할 수 있도록 한 방식이다.

④ 다중 서명(multisignature)은 동일한 전자문서에 여러 사람이 서명하는 방식이다.

006 □□□

2016년 국회직(03)

메시지 인증 코드와 전자서명에 대한 설명으로 옳은 것은?

① 전자서명은 대칭키가 사전에 교환되어야 사용할 수 있다.

② 메시지 인증 코드와 전자서명 모두 무결성과 부인 방지 기능을 제공한다.

③ 전자서명은 서명 생성자를 인증하는 기능이 있다.

④ 메시지 인증 코드 값을 검증하는데 공개키가 필요하다.

⑤ 전자서명은 서명 - 후 - 해시(Sign-then-Hash) 방식이다.

007 □□□

2017년 지방직(07)

A가 B에게 공개키 알고리즘을 사용하여 서명과 기밀성을 적용한 메시지(M)를 전송하는 그림이다. 다음 중 ㉠ ~ ㉣에 들어갈 용어로 옳은 것은?

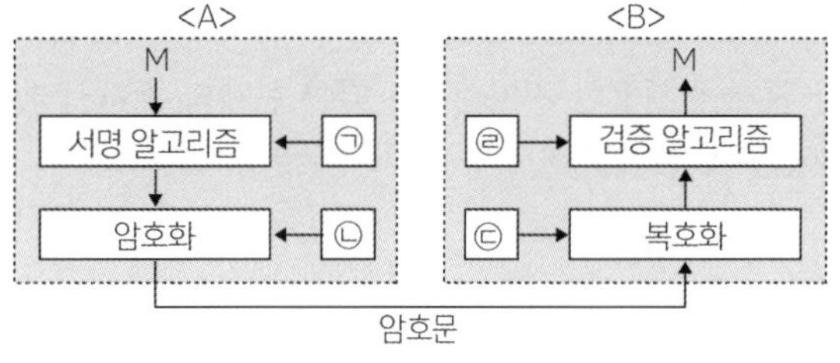

	㉠	㉡	㉢	㉣
①	A의 공개키	B의 공개키	A의 개인키	B의 개인키
②	A의 개인키	B의 개인키	A의 공개키	B의 공개키
③	A의 개인키	B의 공개키	B의 개인키	A의 공개키
④	A의 공개키	A의 개인키	B의 공개키	B의 개인키

008 □□□

2017년 지방직(11)

전자서명이 제공하는 기능으로 옳지 않은 것은?

① 부인 방지(Non Repudiation)

② 변경 불가(Unalterable)

③ 서명자 인증(Authentication)

④ 재사용 가능(Reusable)

009 □□□

2017년 지방교행(11)

공개키를 이용하는 전자서명에 대한 설명으로 옳지 않은 것은?

① 전자서명은 위조 불가능해야 한다.

② 전자서명은 부인봉쇄(nonrepudiation)에 사용된다.

③ DSS(Digital Signature Standard)는 전자서명 알고리즘이다.

④ 한 문서에 사용한 전자서명은 다른 문서의 전자서명으로 재사용할 수 있다.

010 □□□

2018년 국가직(13)

사용자 A가 사용자 B에게 보낼 메시지 M을 공개키 기반의 전자서명을 적용하여 메시지의 무결성을 검증하도록 하였다. A가 보낸 서명이 포함된 전송 메시지를 다음 표기법에 따라 바르게 표현한 것은?

- PU_X: X의 공개키
- PR_X: X의 개인키
- E(K, M): 메시지 M을 키 K로 암호화
- H(M): 메시지 M의 해시
- ||: 두 메시지의 연결

① $E(PU_B, M)$　② $E(PR_A, M)$

③ $M \| E(PU_B, H(M))$　④ $M \| E(PR_A, H(M))$

011 □□□

2018년 지방직(15)

DSA(Digital Signature Algorithm)에 대한 설명으로 옳지 않은 것은?

① 기밀성과 부인방지를 동시에 보장한다.

② NIST에서 발표한 전자서명 표준 알고리즘이다.

③ 전자서명의 생성 및 검증 과정에 해시함수가 사용된다.

④ 유한체상의 이산대수문제의 어려움에 그 안전성의 기반을 둔다.

012 □□□

2018년 서울시(06)

다음 중 디지털 서명에 대한 설명으로 옳은 것을 <보기>에서 모두 고른 것은?

<보기>

ㄱ. 디지털 서명은 부인방지를 위해 사용할 수 있다.

ㄴ. 디지털 서명 생성에는 개인키를 사용하고 디지털 서명 검증에는 공개키를 사용한다.

ㄷ. 해시함수와 공개키 암호를 사용하여 생성된 디지털 서명은 기밀성, 인증, 무결성을 위해 사용할 수 있다.

① ㄱ, ㄴ　② ㄱ, ㄷ

③ ㄴ, ㄷ　④ ㄱ, ㄴ, ㄷ

013 □□□ 2018년 국회직(11)

전자문서에 대한 인증 및 부인 방지에 활용하는 암호화 방식은 무엇인가?

① SEED ② HIGHT
③ AES ④ RC6
⑤ RSA

014 □□□ 2019년 국가직(10)

사용자 A가 사용자 B에게 해시함수를 이용하여 인증, 전자서명, 기밀성, 무결성이 모두 보장되는 통신을 할 때, 다음 중 구성해야 하는 함수로 옳은 것은?

- K: 사용자 A와 B가 공유하고 있는 비밀키
- KS_a: 사용자 A의 개인키
- KP_a: 사용자 A의 공개키
- H: 해시함수
- E: 암호화
- M: 메시지
- ||: 두 메시지의 연결

① $E_K[M \| H(M)]$ ② $M \| E_K[H(M)]$
③ $M \| E_{KSa}[H(M)]$ ④ $E_K[M \| E_{KSa}[H(M)]]$

015 □□□ 2020년 지방직(01)

전자서명(digital signature) 보안 메커니즘이 제공하는 보안 서비스가 아닌 것은?

① 근원 인증 ② 메시지 기밀성
③ 메시지 무결성 ④ 부인 방지

016 □□□ 2020년 국회직(01)

전자서명의 활용 사례로 적합하지 않은 것은?

① 인증서 로그인을 통해 사용자의 신원을 증명한다.
② 다운로드하는 소프트웨어의 위변조 여부를 확인한다.
③ 이메일 내용이 중간 메일서버에 노출되지 않도록 한다.
④ 웹브라우저로 통신하는 서버의 사이트가 유효한지 검증한다.
⑤ 폐기된 인증서들을 모아서 인증서 폐기 목록(CRL)을 발행한다.

017 □□□

2020년 국회직(14)

전자서명 알고리즘 중 하나인 ECDSA(Elliptic Curve Digital Signature Algorithm)에 대한 설명으로 옳지 않은 것은?

① 타원곡선상에서 이산대수 문제가 어렵다는 사실에 안전성의 근거를 두고 있다.
② 서명할 메시지를 해싱(Hashing)한 후 그 해시값을 ECDSA 서명 알고리즘에 입력한다.
③ 동일한 비도에서 RSA 전자서명보다 공개키 길이가 짧고 복호화가 빠르다는 장점을 갖는다.
④ 블록체인 환경에서 거래의 진위 여부를 검증하기 위해 사용된다.
⑤ 서명 생성 시 사용되는 난수는 메시지에 관계없이 동일하게 사용해야 안전하다.

018 □□□

2021년 국가직(04)

부인방지 서비스를 제공하기 위한 전자서명에 대한 설명으로 옳지 않은 것은?

① 서명할 문서에 의존하는 비트 패턴이어야 한다.
② 다른 문서에 사용된 서명을 재사용하는 것이 불가능해야 한다.
③ 전송자(서명자)와 수신자(검증자)가 공유한 비밀 정보를 이용하여 서명하여야 한다.
④ 서명한 문서의 내용을 임의로 변조하는 것이 불가능해야 한다.

019 □□□

2024년 국가직(01)

사용자 A가 사용자 B에게 보낼 메시지에 대한 전자서명을 생성하는 데 필요한 키는?

① 사용자 A의 개인키
② 사용자 A의 공개키
③ 사용자 B의 개인키
④ 사용자 B의 공개키

020 □□□

2024년 지방직(19)

NIST 표준(FIPS 186)인 전자서명 표준(DSS)에 대한 설명으로 옳지 않은 것은?

① DSA(Digital Signature Algorithm)는 DSS에서 명세한 알고리즘으로 ElGamal과 Schnorr에 의해 제안된 기법을 기반으로 한다.
② 서명자는 공개키와 개인키의 쌍을 생성하고 검증에 필요한 매개 변수들을 공개해야 한다.
③ 서명 과정을 거치고 나면 두 개의 요소로 이루어진 서명이 생성되는데 서명자는 이를 메시지와 함께 수신자(검증자)에게 보낸다.
④ 검증 과정에서 검증자는 서명으로부터 추출한 값과 수신한 메시지로부터 얻은 해시값을 비교하여 일치하는가를 확인함으로써 서명을 검증한다.

공개키 기반 구조(PKI)

정답 및 해설 p.48

001 □□□

2014년 지방직(08)

공개키 기반 구조(PKI, Public Key Infrastructure)에 대한 설명으로 옳지 않은 것은?

① 공개키 암호시스템을 안전하게 사용하고 관리하기 위한 정보 보호 방식이다.
② 인증서의 폐지 여부는 인증서 폐지목록(CRL)과 온라인 인증서 상태 프로토콜(OCSP) 확인을 통해서 이루어진다.
③ 인증서는 등록기관(RA)에 의해 발행된다.
④ 인증서는 버전, 일련번호, 서명, 발급자, 유효 기간 등의 데이터 구조를 포함하고 있다.

002 □□□

2014년 서울시(09)

PKI에 대한 설명으로 옳지 않은 것은?

① PKI란 Public Key Infrastructure의 약어로 공개키 암호 알고리듬(Algorithm)을 적용하고 인증서를 관리하기 위한 기반시스템이다.
② 주로 X.509인증서를 사용하고 있다.
③ 인증서를 발급하는 역할을 하는 기관을 CA라 한다.
④ 인증서는 대상과 공개키를 묶어주는 역할을 하며 변조를 막기 위해 대상의 서명이 추가된다.
⑤ 인증서의 폐기 여부를 확인하기 위해 사용되는 프로토콜은 OCSP이다.

003 □□□

2014년 국회직(15)

다음 중 공인인증서에 포함되지 않는 것은?

① 가입자의 이름
② 가입자의 전자서명검증정보
③ 공인인증기관의 서명키
④ 공인인증서의 일련번호
⑤ 공인인증서의 유효기간

004 □□□

2015년 국가직(05)

다음 중 공개키 기반 구조(PKI; Public Key Infrastructure)의 인증서에 대한 설명으로 옳은 것만을 모두 고른 것은?

ㄱ. 인증기관은 인증서 및 인증서 취소목록 등을 관리한다.
ㄴ. 인증기관이 발행한 인증서는 공개키와 공개키의 소유자를 공식적으로 연결해 준다.
ㄷ. 인증서에는 소유자 정보, 공개키, 개인키, 발행일, 유효기간 등의 정보가 담겨 있다.
ㄹ. 공인인증서는 인증기관의 전자서명 없이 사용자의 전자 서명만으로 공개키를 공증한다.

① ㄱ, ㄴ　　② ㄱ, ㄷ
③ ㄴ, ㄷ　　④ ㄷ, ㄹ

005 □□□

2015년 서울시(13)

공개키 기반 구조(PKI)에 대한 정의로 옳지 않은 것은?

① 네트워크 환경에서 보안 요구사항을 만족시키기 위해 공개키 암호화 인증서 사용을 가능하게 해 주는 기반 구조이다.

② 암호화된 메시지를 송신할 때에는 수신자의 개인키를 사용하며, 암호화된 서명 송신 시에는 송신자의 공개키를 사용한다.

③ 공개키 인증서를 발행하여 기밀성, 무결성, 인증, 부인 방지, 접근 제어를 보장한다.

④ 공개키 기반 구조의 구성요소로는 공개키 인증서, 인증기관, 등록기관, 디렉터리(저장소), 사용자 등이 있다.

006 □□□

2016년 지방직(03)

다음 내용에 해당하는 공개키 기반 구조(PKI)의 구성요소로 옳은 것은?

> • 사용자에 대한 공개키 인증서를 생성하고 이를 발급한다.
> • 필요 시 사용자 인증서에 대한 갱신 및 폐기 기능을 수행한다.
> • 인증서 폐기 목록(certificate revocation list)을 작성한다.

① 사용자　　② 등록기관
③ 인증기관　　④ 디렉토리

007 □□□

2016년 서울시(01)

다음 중 X.509 v3 표준 인증서에 포함되지 않는 것은?

① 인증서의 버전(Version)

② 서명 알고리즘 식별자(Signature Algorithm ID)

③ 유효기간(Validity Period)

④ 디렉토리 서비스 이름(Directory Service Name)

008 □□□

2016년 서울시(07)

공개키 기반구조(Public Key Infrastructure, PKI)를 위한 요소 시스템으로 옳지 않은 것은?

① 인증서와 인증서 폐지 목록을 공개하기 위한 디렉토리

② 사용자 신원을 확인하는 등록기관

③ 인증서 발행업무를 효율적으로 수행하기 위한 인증기관 웹 서버

④ 인증서를 발행 받는 사용자(최종 개체)

009 □□□ 2017년 국가직(02)

공개키기반구조(PKI)에서 관리나 보안상의 문제로 폐기된 인증서들의 목록은 무엇인가?

① Online Certificate Status Protocol
② Secure Socket Layer
③ Certificate Revocation List
④ Certification Authority

010 □□□ 2017년 지방교행(04)

암호 시스템의 키 관리에 대한 설명으로 옳은 것은?

① X.509 인증서는 개인키를 포함한다.
② PKI(Public Key Infrastructure) 환경에서 사용자는 공개키를 생성하여 배포한다.
③ 대칭키를 사용하는 환경에서 키 배포 센터와 구성원 간의 통신은 세션키를 사용한다.
④ PKI 환경에서 공개키 암호를 이용할 경우 CA(Certification Authority)는 인증서를 발급한다.

011 □□□ 2017년 국가직(추가)(13)

인증기관에서 사용자에게 발급한 인증서의 생성 방법에 대한 설명으로 옳은 것은?

① 사용자의 공개키를 포함한 인증 정보를 인증기관의 공개키로 암호화 한다.
② 사용자의 개인키를 포함한 인증 정보를 인증기관의 개인키로 암호화 한다.
③ 사용자의 공개키를 포함한 인증 정보를 인증기관이 자신의 개인키로 서명한다.
④ 사용자의 공개키를 포함한 인증 정보를 인증기관의 독자적인 해시함수로 해시한다.

012 □□□ 2018년 국가직(17)

인증서를 발행하는 인증기관, 인증서를 보관하고 있는 저장소, 공개키를 등록하거나 등록된 키를 다운받는 사용자로 구성되는 PKI(Public Key Infrastructure)에 대한 설명으로 옳지 않은 것은?

① 인증기관이 사용자의 키 쌍을 생성할 경우, 인증기관은 사용자의 개인키를 사용자에게 안전하게 보내는 일을 할 필요가 있다.
② 사용자의 공개키에 대해 인증기관이 전자서명을 해서 인증서를 생성한다.
③ 사용자의 인증서 폐기 요청에 대하여 인증기관은 해당 인증서를 저장소에서 삭제함으로써 인증서의 폐기 처리를 완료한다.
④ 한 인증기관의 공개키를 다른 인증기관이 검증하는 일이 발생할 수 있다.

013 □□□

2018년 국회직(16)

공개키 기반 구조(PKI; Public Key Infrastructure)에 대한 설명으로 옳지 않은 것은?

① 공개키 인증서는 특정 사용자의 신원과 그 사용자의 공개키를 바인딩 시키는 기술이다.
② 공개키 인증서를 생성할 때는 인증기관(CA: Certificate Authority)의 공개키를 사용하여 서명할 수 있다.
③ CA 간에는 인증 체인을 형성할 수 있기 때문에 특정 CA에 의해 서명된 인증서는 인증 체인상의 다른 CA에 의해서도 보장될 수 있다.
④ 공개키 인증서 서명에는 RSA나 ECDSA를 사용할 수 있다.
⑤ PKI에서 RA(Registration Authority)는 인증서 발급을 요청한 사용자의 신원을 검증하는 역할을 한다.

014 □□□

2018년 지방교행(12)

다음 설명을 모두 만족하는 공개키 기반구조(PKI)의 구성요소는 무엇인가?

> • LDAP을 이용하여 X.500 디렉터리 서비스 제공
> • 인증서와 사용자 관련 정보, 상호 인증서 쌍, CRL 등을 저장하고 검색하는 데이터베이스

① 사용자(user)
② 저장소(repository)
③ 등록기관(registration authority)
④ 인증기관(certification authority)

015 □□□

2019년 지방직(20)

X.509 인증서(버전 3)의 확장(Extensions) 영역에 포함되지 않는 항목은 무엇인가?

① 인증서 정책(Certificate Policies)
② 기관키 식별자(Authority Key Identifier)
③ 키 용도(Key Usage)
④ 서명 알고리즘 식별자(Signature Algorithm Identifier)

016 □□□

2020년 국가직(03)

X.509 인증서 형식 필드에 대한 설명으로 옳은 것은?

① Issuer name: 인증서를 사용하는 주체의 이름과 유효기간 정보
② Subject name: 인증서를 발급한 인증기관의 식별 정보
③ Signature algorithm ID: 인증서 형식의 버전 정보
④ Serial number: 인증서 발급 시 부여된 고유번호 정보

017 □□□

2020년 지방직(11)

인증기관이 사용자의 공개키에 대한 인증을 수행하기 위해 X.509 형식의 인증서를 생성할 때, 서명에 사용하는 키는 무엇인가?

① 인증기관의 공개키
② 인증기관의 개인키
③ 사용자의 개인키
④ 인증기관과 사용자 간의 세션키

018 □□□

2020년 국회직(03)

X.509 인증서를 구성하는 필드에 대한 설명으로 옳지 않은 것은?

① Version: 현재 사용 중인 X.509의 버전 정보
② Serial number: 인증기관이 부여한 고유번호
③ Issuer name: 인증서를 발급한 인증기관 식별 정보
④ Subject name: 공개키의 소유자 정보
⑤ Signature: 공개키 소유자가 생성한 서명 정보

019 □□□

2020년 국회직(15)

Bob이 Alice의 공개키를 인증하는 과정이다. 다음 중 이를 순서대로 나열한 것으로 옳은 것은?

ㄱ. Alice는 자신의 공개키와 인증서를 Bob에게 전송한다.
ㄴ. Alice는 자신의 공개키를 인증기관에 보낸다.
ㄷ. Bob은 인증기관의 공개키로 Alice의 인증서를 검증한다.
ㄹ. Alice는 자신의 공개키와 개인키를 생성한다.
ㅁ. 인증기관은 Alice의 공개키에 대응하는 인증서를 발급한다.

① ㄹ → ㄱ → ㄴ → ㄷ → ㅁ
② ㄹ → ㄴ → ㄷ → ㄱ → ㅁ
③ ㄹ → ㄴ → ㅁ → ㄱ → ㄷ
④ ㅁ → ㄹ → ㄱ → ㄷ → ㄴ
⑤ ㅁ → ㄹ → ㄷ → ㄱ → ㄴ

020 □□□

2022년 지방직(06)

X.509 인증서 폐기 목록(Certificate Revocation List) 형식 필드에 포함되지 않는 것은?

① 발행자 이름(Issuer name)
② 사용자 이름(Subject name)
③ 폐지된 인증서(Revoked certificate)
④ 금번 업데이트 날짜(This update date)

021 □□□

2022년 지방직(20)

(가) ~ (다)에 해당하는 트리형 공개키 기반 구조의 구성 기관을 바르게 연결한 것은? (단, PAA는 Policy Approval Authorities, RA는 Registration Authority, PCA는 Policy Certification Authorities를 의미한다)

(가) PKI에 대한 정책을 결정하고 하위 기관의 정책을 승인하는 기관
(나) Root CA 인증서를 발급하고 CA가 준수해야 할 기본 정책을 수립하는 기관
(다) CA를 대신하여 PKI 인증 요청을 확인하고, CA 간 인터페이스를 제공하는 기관

	(가)	(나)	(다)
①	PAA	RA	PCA
②	PAA	PCA	RA
③	PCA	RA	PAA
④	PCA	PAA	RA

022 □□□

2022년 국회직(04)

공개키 기반 구조(PKI)의 특징으로 옳지 않은 것은?

① 디지털 서명의 검증
② 전송 메시지의 암호화
③ 공개키를 인증기관에 등록
④ 등록한 공개키의 암호화
⑤ 공개키와 개인키 쌍의 생성

CHAPTER 12

국내 암호

정답 및 해설 p.51

001 □□□ 2014년 지방직(07)

국내 기관에서 주도적으로 개발한 암호 알고리즘은 무엇인가?

① IDEA ② ARIA
③ AES ④ Skipjack

002 □□□ 2017년 국가직(04)

우리나라 국가 표준으로 지정되었으며 경량 환경 및 하드웨어 구현에서의 효율성 향상을 위해 개발된 128비트 블록암호 알고리즘은 무엇인가?

① IDEA ② 3DES
③ HMAC ④ ARIA

003 □□□ 2017년 서울시(17)

다음에서 설명하는 것은 무엇인가?

- 국내의 학계, 연구소, 정부 기관이 공동으로 개발한 블록 암호이다.
- 경량 환경 및 하드웨어 구현을 위해 최적화된 Involutional SPN 구조를 갖는 범용 블록 암호 알고리즘이다.

① ARIA ② CAST
③ IDEA ④ LOKI

CHAPTER 13 Kerberos

정답 및 해설 p.52

001 □□□ 2014년 서울시(04)

kerberos 인증 프로토콜에 대한 설명으로 옳지 않은 것은?

① Needham-Schroeder 프로토콜을 기반으로 만들어졌다.
② 대칭키 암호 알고리듬(Algorithm)을 이용한다.
③ 중앙 서버의 개입 없이 분산 형태로 인증을 수행한다.
④ 티켓 안에는 자원 활용을 위한 키와 정보가 포함되어 있다.
⑤ TGT를 이용해 자원 사용을 위한 티켓을 획득한다.

002 □□□ 2014년 국회직(13)

커버로스(Kerberos)에 대한 설명으로 옳은 것은?

① 커버로스는 공개키 암호를 사용하기 때문에 확장성이 좋다.
② 커버로스 서버는 서버인증을 위해 X.509 인증서를 이용한다.
③ 커버로스 서버는 인증 서버와 티켓 발행서버로 구성된다.
④ 인증 서버가 사용자에게 발급한 티켓은 재사용할 수 없다.
⑤ 커버로스는 two party 인증 프로토콜로 사용 및 설치가 편리하다.

003 □□□ 2015년 지방직(16)

커버로스(Kerberos)에 대한 설명으로 옳지 않은 것은?

① 네트워크 기반 인증 시스템으로 공개키 기반구조를 이용하여 사용자 인증을 수행한다.
② 인증 서버는 사용자를 인증하며 TGS(Ticket Granting Server)를 이용하기 위한 티켓을 제공한다.
③ TGS는 클라이언트가 서버로부터 서비스를 받을 수 있도록 티켓을 발급한다.
④ 인증 서버나 TGS로부터 받은 티켓은 클라이언트가 그 내용을 볼 수 없도록 암호화되어 있다.

004 □□□ 2015년 서울시(09)

커버로스(Kerberos)에 대한 설명으로 옳지 않은 것은?

① 커버로스는 개방형 분산 통신망에서 클라이언트와 서버 간의 상호인증을 지원하는 인증 프로토콜이다.
② 커버로스는 시스템을 통해 패스워드를 평문 형태로 전송한다.
③ 커버로스는 네트워크 응용 프로그램이 상대방의 신분을 식별할 수 있게 한다.
④ 기본적으로 비밀키 알고리즘인 DES를 기반으로 하는 상호인증시스템으로 버전 4가 일반적으로 사용된다.

005 □□□

2016년 서울시(15)

중앙집중식 인증 방식인 커버로스(Kerberos)에 대한 설명으로 옳은 것은?

① TGT(Ticket Granting Ticket)는 클라이언트가 서비스를 받을 때마다 발급 받아야 한다.
② 커버로스는 독립성을 증가시키기 위해 키 교환에는 관여하지 않아 별도의 프로토콜을 도입해야 한다.
③ 커버로스 방식에서는 대칭키 암호화 방식을 사용하여 세션 통신을 한다.
④ 공격자가 서비스 티켓을 가로채어 사용하는 공격에는 취약한 방식이다.

006 □□□

2018년 국가직(19)

사용자 워크스테이션의 클라이언트, 인증서버(AS), 티켓발행서버(TGS), 응용서버로 구성되는 Kerberos에 대한 설명으로 옳은 것은? (단, Kerberos 버전 4를 기준으로 한다)

① 클라이언트는 AS에게 사용자의 ID와 패스워드를 평문으로 보내어 인증을 요청한다.
② AS는 클라이언트가 TGS에 접속하는 데 필요한 세션키와 TGS에 제시할 티켓을 암호화하여 반송한다.
③ 클라이언트가 응용서버에 접속하기 전에 TGS를 통해 발급받은 티켓은 재사용될 수 없다.
④ 클라이언트가 응용서버에게 제시할 티켓은 AS와 응용서버의 공유 비밀키로 암호화되어 있다.

007 □□□

2019년 국회직(05)

커버로스(Kerberos)에 대한 설명으로 옳지 않은 것은?

① 신뢰받는 제3자인 키 배포 기관이 구성원들 중간에 개입하는 방법이다.
② 커버로스는 세션 키를 이용한 티켓 기반 인증 기법을 제공한다.
③ 토큰을 이용한 인증 프로토콜이다.
④ 인증 서버가 사용자에게 발급한 티켓(즉, 티켓 - 승인 티켓)은 유효기간 내에 재사용할 수 있다.
⑤ 분산 시스템 환경에서 SSO(Single Sign On) 시스템을 구축할 수 없다.

008 □□□

2020년 국가직(18)

커버로스(Kerberos) 프로토콜에 대한 설명으로 옳지 않은 것은?

① 양방향 인증방식의 문제점을 보완하여 신뢰하는 제3자 인증 서비스를 제공한다.
② 사용자의 패스워드를 추측하거나 캡처하지 못하도록 일회용 패스워드를 제공한다.
③ 버전 5에서는 이전 버전과 달리 DES가 아닌 다른 암호 알고리즘을 사용할 수 있다.
④ 클라이언트는 사용자의 식별정보를 평문으로 인증 서버(Authentication Server)에 전송한다.

009 □□□

2021년 국회직(15)

Kerberos 보안 프로토콜에 대한 설명으로 옳지 않은 것은?

① 발급 받은 TGT(Ticket Granting Ticket)는 일회성으로 재사용이 불가능하다.

② Kerberos의 정상적인 동작을 위해서는 관련된 호스트의 시간 동기화가 필요하다.

③ Kerberos는 SSO(Single Sign On)와 상호 인증 기능을 제공한다.

④ Kerberos에 참여하는 인증서버는 클라이언트에 TGT(Ticket Granting Ticket)를 발급한다.

⑤ Kerberos는 대칭키 암호 기반의 인증 프로토콜로 신뢰할 수 있는 제3자를 필요로 한다.

010 □□□

2022년 지방직(09)

커버로스(Kerberos) 버전 4에 대한 설명으로 옳지 않은 것은?

① 사용자를 인증하기 위해 사용자의 패스워드를 중앙집중식 DB에 저장하는 인증 서버를 사용한다.

② 사용자는 인증 서버에게 TGS(Ticket Granting Server)를 이용하기 위한 TGT(Ticket Granting Ticket)를 요청한다.

③ 인증 서버가 사용자에게 발급한 TGT는 유효기간 동안 재사용할 수 있다.

④ 네트워크 기반 인증 시스템으로 비대칭 키를 이용하여 인증을 수행한다.

011 □□□

2024년 지방직(06)

커버로스(Kerberos)에 대한 설명으로 옳지 않은 것은?

① 네트워크를 이용한 인증 프로토콜이다.

② 세션키를 분배하는 데 사용될 수 있다.

③ 세션키를 이용하여 데이터의 기밀성을 제공할 수 있다.

④ 버전 5에서는 비표(nonce)를 사용하지 않기 때문에 재생(replay) 공격에 취약하다.

키(Key)

정답 및 해설 p.53

001 □□□ 2019년 국회직(18)

CEK(Contents Encrypting Key)와 KEK(Key Encrypting Key)에 대한 설명으로 옳지 않은 것은?

① KEK를 이용하여 지켜야 할 키의 개수를 줄일 수 있다.
② 통상적으로 CEK에는 세션 키(Session Key)가, KEK에는 마스터 키(Master Key)가 사용된다.
③ 암호문과 KEK만 있다면 원래의 콘텐츠를 알 수 있다.
④ KEK를 이용하여 CEK를 암호화한다.
⑤ KEK의 기밀성을 유지하기 위하여 PBE(Password Based Encryption)를 이용하기도 한다.

CHAPTER 15

Diffie-Hellman

정답 및 해설 p.53

001 □□□

2015년 지방직(09)

사용자 A와 B가 Diffie-Hellman 키 교환 알고리즘을 이용하여 비밀키를 공유하고자 한다. A는 3을, B는 2를 각각의 개인키로 선택하고, A는 B에게 21(= 7^3 mod 23)을, B는 A에게 3(= 7^2 mod 23)을 전송한다면, A와 B가 공유하게 되는 비밀키 값은 무엇인가? (단, 소수 23과 그 소수의 원시근 7을 사용한다)

① 4
② 5
③ 6
④ 7

002 □□□

2015년 서울시(12)

Diffie-Hellman 알고리즘은 비밀키를 공유하는 과정에서 특정 공격에 취약할 가능성이 존재한다. 다음 중 Diffie-Hellman 알고리즘에 가장 취약한 공격으로 옳은 것은?

① DDoS(Distributed Denial of Service) 공격
② 중간자 개입(Man-in-the-middle) 공격
③ 세션 하이재킹(Session Hijacking) 공격
④ 강제지연(Forced-delay) 공격

003 □□□

2015년 국회직(19)

다음 중 이산 대수 문제의 어려움에 기초한 암호 알고리즘은 무엇인가?

① DES
② AES
③ Diffie-Hellman
④ RSA
⑤ SHA-2

004 □□□

2017년 국회직(02)

Diffie-Hellman 키 교환 알고리즘에 대한 설명으로 옳은 것은?

① 공개된 채널을 통하여 서로 정보를 교환하는 것만으로 공통의 비밀키를 만들어 낼 수 있다.
② 부인방지를 제공하는 전자서명이 가능하다.
③ 인수분해 문제에 기반한 알고리즘이다.
④ 중간자 공격을 수행하는 것이 불가능하다.
⑤ 키 생성 시 사용된 난수가 노출되어도 비밀키는 안전하다.

005 □□□

2017년 국가직(추가)(12)

Diffie-Hellman 키 교환 알고리즘에 대한 설명으로 옳은 것은?

① 두 사용자가 메시지 암호화에 사용할 공개키를 안전하게 교환하기 위한 것이다.
② 중간자(MITM) 공격에 안전하다.
③ 키를 교환하는 두 사용자 간의 상호 인증 기능을 제공한다.
④ 이산대수 문제를 푸는 것이 어렵다는 점을 활용한 것이다.

006 □□□

2018년 국가직(09)

다음에 설명한 Diffie-Hellman 키 교환 프로토콜의 동작 과정에서 공격자가 알지 못하도록 반드시 비밀로 유지해야 할 정보만을 모두 고른 것은?

> 소수 p와 p의 원시근 g에 대하여, 사용자 A는 p보다 작은 양수 a를 선택하고, $x = g^a \bmod p$를 계산하여 x를 B에게 전달한다. 마찬가지로 사용자 B는 p보다 작은 양수 b를 선택하고, $y = g^b \bmod p$를 계산하여 y를 A에게 전달한다. 그러면 A와 B는 $g^{ab} \bmod p$를 공유하게 된다.

① a, b
② p, g, a, b
③ a, b, g^{ab} mod p
④ p, g, a, b, g^{ab} mod p

007 □□□

2018년 국회직(09)

Diffie-Hellman 알고리즘은$(G^a \bmod P)^b \bmod P$와 $(G^b \bmod P)^a \bmod P$를 계산한 값이 같다는 대수적인 성질을 활용한다. 다음 설명 중 옳지 않은 것은?

① a와 b는 비밀값이다.
② P는 소수이다.
③ 두 개의 키를 합성하면 새로운 키가 생성된다.
④ 중간자 공격을 방지한다.
⑤ 암호화와 복호화에 필요한 키를 분배하거나 교환하기 위한 것이다.

[008 ~ 009] 그림은 Diffie-Hellman의 키 교환 방법이다. 다음 그림을 보고 물음에 답하시오.

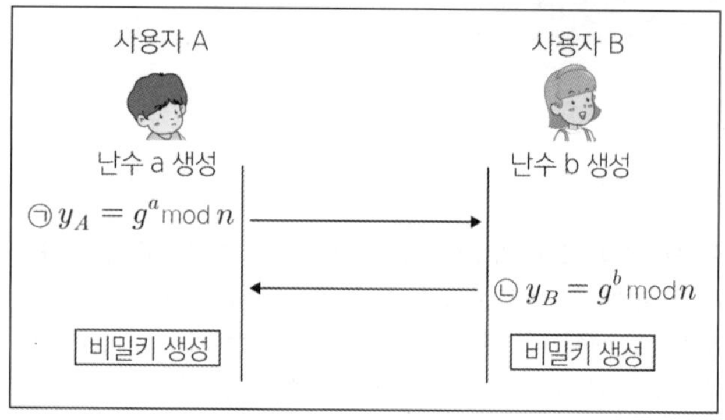

008 □□□

2018년 지방교행(13)

위 그림의 식 ㉠, ㉡에서 n이 7일 때, g로 사용할 수 있는 것은 무엇인가?

① 2
② 3
③ 4
④ 7

009 □□□

2018년 지방교행(14)

위 그림에서 사용자 A, B가 생성하는 비밀키 값과 동일한 값을 구하는 식은? [단, mod 는 나머지를 구하는 연산자이고, ϕ(n)는 오일러의 Totient 함수이다]

① $g^{a \times b}$ mod n
② g^{a+b} mod n
③ $g^{a \times b}$ mod $\phi(n)$
④ g^{a+b} mod $\phi(n)$

010 □□□

2020년 국가직(10)

소수 p = 13, 원시근 g = 2, 사용자 A와 B의 개인키가 각각 3, 2일 때, Diffie-Hellman 키 교환 알고리즘을 사용하여 계산한 공유 비밀키는 무엇인가?

① 6
② 8
③ 12
④ 16

CHAPTER 16 난수

정답 및 해설 p.55

001 □□□ 2018년 국가직(18)

암호학적으로 안전한 의사(pseudo) 난수 생성기에 대한 설명으로 옳은 것은?

① 생성된 수열의 비트는 정규 분포를 따라야 한다.

② 생성된 수열의 어느 부분 수열도 다른 부분 수열로부터 추정될 수 없어야 한다.

③ 시드(seed)라고 불리는 입력 값은 외부에 알려져도 무방하다.

④ 비결정적(non-deterministic) 알고리즘을 사용하여 재현 불가능한 수열을 생성해야 한다.

CHAPTER 17

PGP

정답 및 해설 p.55

001 □□□

2014년 국가직(08)

PGP(Pretty Good Privacy)에 대한 설명으로 옳지 않은 것은?

① PGP는 전자우편용 보안 프로토콜이다.
② 공개키 암호 알고리즘을 사용하지 않고, 대칭키 암호화 알고리즘으로 메시지를 암호화한다.
③ PGP는 데이터를 압축해서 암호화한다.
④ 필 짐머만(Philip Zimmermann)이 개발하였다.

002 □□□

2016년 국회직(15)

PGP(Pretty Good Privacy)에 대한 설명으로 옳지 않은 것은?

① 이메일 보안이나 파일 암호화에 사용된다.
② 공개키 인증을 위해 PGP 인증서를 사용한다.
③ 자신의 공개키를 전달하는 데 인증기관의 서명이 필요하다.
④ 이메일에 서명할 때, 서명자의 패스워드를 요구한다.
⑤ 이메일 관리 프로그램에 플러그인도 가능하다.

003 □□□

2019년 국회직(15)

PGP(Pretty Good Privacy)에 대한 설명으로 옳지 않은 것은?

① 사용할 수 있는 대칭 암호 알고리즘에는 IDEA, CAST, 트리플 DES 등이 있다.
② 공개키의 취소 증명서를 발행할 수 있다.
③ 데이터의 압축은 ZIP 형식을 사용한다.
④ RSA, MD5 등의 알고리즘을 이용하여 전자서명을 한다.
⑤ 한 명의 사용자는 다수의 공개키/개인키 쌍을 사용할 수 없다.

004 □□□

2020년 국회직(07)

이메일 보안을 위하여 사용하는 PGP(Pretty Good Privacy)에 대한 설명으로 옳지 않은 것은?

① 송신 부인방지는 지원하지만 수신 부인방지는 미지원
② 기밀성 제공을 위하여 대칭키 방식과 공개키 방식 사용
③ 인증받을 메시지나 파일에 전자서명을 생성, 확인 작업을 수행
④ 이메일 어플리케이션에 플러그인 기능으로 확장 불가능
⑤ 공개키에는 RSA 버전과 Diffie-Hellman 버전이 존재

005 □□□

2021년 지방직(18)

PGP(Pretty Good Privacy)에 대한 설명으로 옳지 않은 것은?

① RSA를 이용하여 메시지 다이제스트를 서명한다.
② 세션 키는 여러 번 사용된다.
③ 수신자는 자신의 개인키를 이용하여 세션 키를 복호화한다.
④ 세션 키를 이용하여 메시지를 암·복호화한다.

CHAPTER 18

SSL/TLS

정답 및 해설 p.56

001 □□□

2014년 지방직(12)

웹 브라우저와 웹 서버 간에 안전한 정보 전송을 위해 사용되는 암호화 방법은 무엇인가?

① PGP ② SSH
③ SSL ④ S/MIME

002 □□□

2015년 국가직(09)

전송계층 보안 프로토콜인 TLS(Transport Layer Security)가 제공하는 보안 서비스에 해당하지 않는 것은?

① 메시지 부인 방지
② 클라이언트와 서버 간의 상호 인증
③ 메시지 무결성
④ 메시지 기밀성

003 □□□

2015년 국회직(15)

TLS 서브 프로토콜 중에서 데이터를 분할, 압축, 암호 등의 기능을 수행하는 프로토콜은 무엇인가?

① Handshake Protocol
② Change Cipher Spec Protocol
③ Alert Protocol
④ Record Protocol
⑤ Heartbeat Protocol

004 □□□

2015년 국회직(20)

다음 괄호 안에 들어갈 말로 옳은 것은?

> (   )은/는 HTTP 기반의 통신 서비스에서 보안 기능을 제공하기 위한 한 방안의 오픈 소스 라이브러리이다. C언어로 작성되어 있는 중심 라이브러리 안에는, 기본적인 암호화 기능 및 여러 유틸리티 함수들이 구현되어 있다.

① IPSec ② OpenSSL
③ Kerberos ④ MySQL
⑤ PGP

005 □□□

2016년 국회직(04)

다음 그림은 TLS(Transport Layer Security)를 통해 쇼핑몰에 로그인하는 화면이다. 이에 대한 설명으로 옳지 않은 것은?

https:// www.shoppingmall.com/

쇼핑몰 로그인

ID

비밀 번호

① TLS는 현재 1.1 버전까지 발표되었다.
② TLS는 SSL을 기반으로 한 IETF 인터넷 표준이다.
③ 서버 인증서를 통해 서버를 인증하고 키 교환을 한다.
④ 상호 교환된 키로 사용자의 패스워드는 암호화 된다.
⑤ 주소 창에 있는 자물쇠를 클릭하면 서버 인증서를 볼 수 있다.

006 □□□

2017년 국회직(20)

다음에서 설명하는 SSL 프로토콜로 옳은 것은?

> 이 프로토콜을 이용하여 서버와 클라이언트가 서로를 인증하고, 암호와 MAC 알고리즘, 그리고 SSL 레코드 안에 보낼 데이터를 보호하는 데 사용할 암호키를 협상할 수 있다.

① Alert Protocol
② Handshake Protocol
③ Record Protocol
④ Change Cipher Spec Protocol
⑤ Encapsulating Security Payload Protocol

007 □□□

2018년 국가직(11)

SSL(Secure Socket Layer)에서 메시지에 대한 기밀성을 제공하기 위해 사용되는 것은 무엇인가?

① MAC(Message Authentication Code)
② 대칭키 암호 알고리즘
③ 해시함수
④ 전자서명

008 □□□

2018년 지방직(14)

SSL 프로토콜에 대한 설명으로 옳지 않은 것은?

① 전송계층과 네트워크계층 사이에서 동작한다.
② 인증, 기밀성, 무결성 서비스를 제공한다.
③ Handshake Protocol은 보안 속성 협상을 담당한다.
④ Record Protocol은 메시지 압축 및 암호화를 담당한다.

009 □□□

2018년 서울시(01)

2009년 Moxie Marlinspike가 제안한 공격 방식이며, 중간자 공격을 통해 사용자와 서버 사이의 HTTPS 통신을 HTTP로 변경해서 비밀번호 등을 탈취하는 공격 방식으로 가장 옳은 것은?

① SSL stripping ② BEAST attack
③ CRIME attack ④ Heartbleed

010 □□□

2018년 국회직(19)

전송 계층 보안(TLS; Transport Layer Security) 프로토콜에 대한 설명으로 옳지 않은 것은?

① TLS는 TCP 프로토콜상에서 사용되며, DTLS는 UDP 프로토콜상에서 사용된다.
② TLS 프로토콜에서는 레코드 프로토콜 단계에서 공개키 인증서를 사용한다.
③ TLS는 SSL을 기초로 개발되었다.
④ FTPS에서는 FTP 파일 전송 프로토콜에서 안전한 전송을 위해 TLS를 사용한다.
⑤ TLS 프로토콜에서 대칭키 암호인 ARIA를 사용할 수 있다.

011 □□□

2018년 지방교행(05)

그림은 SSL/TLS에서 상호인증을 요구하지 않는 경우의 핸드쉐이크(handshake) 과정이다. ㉠, ㉡에 들어갈 SSL/TLS 메시지를 바르게 짝지은 것은?

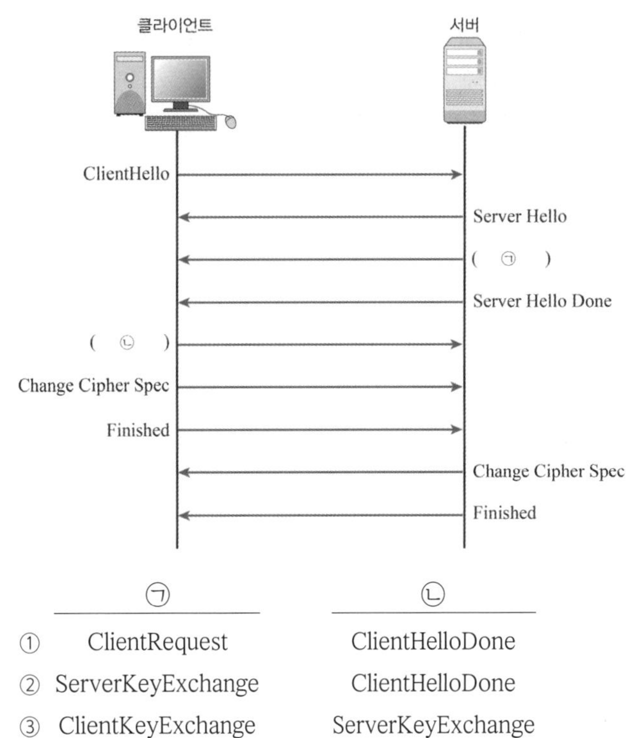

	㉠	㉡
①	ClientRequest	ClientHelloDone
②	ServerKeyExchange	ClientHelloDone
③	ClientKeyExchange	ServerKeyExchange
④	ServerKeyExchange	ClientKeyExchange

012 □□□

2019년 국가직(05)

SSL(Secure Socket Layer) 프로토콜에 대한 설명으로 옳지 않은 것은?

① ChangeCipherSpec: Handshake 프로토콜에 의해 협상된 암호 규격과 암호키를 이용하여 추후의 레코드 계층의 메시지를 보호할 것을 지시한다.
② Handshake: 서버와 클라이언트 간 상호인증 기능을 수행하고, 암호화 알고리즘과 이에 따른 키 교환 시 사용된다.
③ Alert: 내부적 및 외부적 보안 연관을 생성하기 위해 설계된 프로토콜이며, Peer가 IP 패킷을 송신할 필요가 있을 때, 트래픽의 유형에 해당하는 SA가 있는지를 알아보기 위해 보안 정책 데이터베이스를 조회한다.
④ Record: 상위계층으로부터(Handshake 프로토콜, Change CipherSpec 프로토콜, Alert 프로토콜 또는 응용층) 수신하는 메시지를 전달하며 메시지는 단편화되거나 선택적으로 압축 된다.

013 □□□

2019년 지방직(16)

SSL 프로토콜에 대한 설명으로 옳지 않은 것은?

① 서버와 클라이언트 간 양방향 통신에 동일한 암호화 키를 사용한다.

② 웹 서비스 이외에 다른 응용 프로그램에도 적용할 수 있다.

③ 단편화, 압축, MAC 추가, 암호화, SSL 레코드 헤더 추가의 과정으로 이루어진다.

④ 암호화 기능을 사용하면 주고 받는 데이터가 인터넷상에서 도청되는 위험성을 줄일 수 있다.

014 □□□

2019년 서울시(13)

TLS 및 DTLS 보안 프로토콜에 대한 설명으로 가장 옳지 않은 것은?

① TLS 프로토콜에서는 인증서(Certificate)를 사용하여 인증을 수행할 수 있다.

② DTLS 프로토콜은 MQTT 응용 계층 프로토콜의 보안에 사용될 수 있다.

③ TLS 프로토콜은 Handshake · Change Cipher Spec · Alert 프로토콜과 Record 프로토콜 등으로 구성되어 있다.

④ TCP 계층 보안을 위해 TLS가 사용되며, UDP 계층 보안을 위해 DTLS가 사용된다.

015 □□□

2020년 국가직(08)

SSL(Secure Socket Layer)의 Handshake 프로토콜에서 클라이언트와 서버 간에 논리적 연결 수립을 위해 클라이언트가 최초로 전송하는 ClientHello 메시지에 포함되는 정보가 아닌 것은?

① 세션 ID　　② 클라이언트 난수

③ 압축 방법 목록　　④ 인증서 목록

016 □□□

2020년 국회직(06)

TLS(Transport Layer Security) 프로토콜에서 TLS 세션을 처음 시작할 때 클라이언트와 서버 간에 안전한 연결을 위하여 상호 인증을 수행하고 암호 메커니즘의 정보를 교환하여 세션키를 생성하는 하부 프로토콜은 무엇인가?

① One Time Password 프로토콜

② Secure Electronic Transaction 프로토콜

③ Handshake 프로토콜

④ Document Object Model 프로토콜

⑤ Change Cipher Spec 프로토콜

017 □□□

2021년 국회직(13)

SSL Record 프로토콜의 처리 순서로 옳은 것은?

① 압축 → 단편화 → 암호화 → MAC → 전송
② 압축 → 단편화 → MAC → 암호화 → 전송
③ MAC → 암호화 → 압축 → 단편화 → 전송
④ 암호화 → MAC → 단편화 → 압축 → 전송
⑤ 단편화 → 압축 → MAC → 암호화 → 전송

018 □□□

2021년 국회직(16)

다음 <보기>에 해당하는 계층별 보안 프로토콜과 세부 프로토콜은 무엇인가?

<보기>

이 프로토콜의 각 메시지는 2바이트로 되어 있으며, 첫 바이트는 발생한 메시지 오류의 심각성을 알려주기 위해 경고(warning) 또는 치명적(fatal) 값을 가진다. 만약 레벨이 치명적이라면, 계층 보안 프로토콜은 즉시 연결을 종결시킨다. 동일 세션상의 다른 연결들은 지속될 수 있지만, 이 세션에서 새로운 연결이 만들어질 수는 없다. 두 번째 바이트에는 구체적인 경보를 나타내는 코드가 들어있다.

① IPsec에서의 경보 프로토콜(Alert Protocol)
② SSL에서의 경보 프로토콜(Alert Protocol)
③ SSH에서의 경보 프로토콜(Alert Protocol)
④ S/MIME에서의 경보 프로토콜(Alert Protocol)
⑤ SSH에서의 연결 프로토콜(Connection Protocol)

019 □□□

2022년 국회직(15)

SSL/TLS에 대한 설명으로 옳지 않은 것은?

① TCP 프로토콜 상위계층에 위치하여, TCP 프로토콜을 통해 전송하는 데이터를 안전하게 전달하는 것을 목적으로 한다.
② Heartbleed 취약점은 OpenSSL 라이브러리에서 발견된 바 있다.
③ 레코드 프로토콜은 상위계층에서 오는 데이터를 전달한다.
④ TLS 1.3에서는 더 이상 RSA를 키 교환 알고리즘으로 지원하지 않는다.
⑤ TLS 1.3은 TLS 1.2 혹은 그 이하 버전과 비교하여 Handshake 과정에서 주고 받는 메시지 교환 횟수가 더 많아졌다.

020 □□□

2023년 국가직(06)

SSL을 구성하는 프로토콜에 대한 설명으로 옳은 것은?

① Handshake는 두 단계로 이루어진 메시지 교환 프로토콜로서 클라이언트와 서버 사이의 암호학적 비밀 확립에 필요한 정보를 교환하기 위한 것이다.
② 클라이언트와 서버는 각각 상대방에게 ChangeCipherSpec 메시지를 전달함으로써 메시지의 서명 및 암호화에 필요한 매개변수가 대기 상태에서 활성화되어 비로소 사용할 수 있게 된다.
③ 송신 측의 Record 프로토콜은 응용 계층 또는 상위 프로토콜의 메시지를 단편화, 암호화, 압축, 서명, 헤더 추가의 순서로 처리하여 전송 프로토콜에 전달한다.
④ Alert 프로토콜은 Record 프로토콜의 하위 프로토콜로서 처리 과정의 오류를 알리는 메시지를 전달한다.

021 □□□

2024년 국가직(17)

SSL에서 기밀성과 메시지 무결성을 제공하기 위해 단편화, 압축, MAC 첨부, 암호화를 수행하는 프로토콜은?

① 경고 프로토콜
② 레코드 프로토콜
③ 핸드셰이크 프로토콜
④ 암호 명세 변경 프로토콜

022 □□□

2024년 지방직(12)

(가)와 (나)에 들어갈 내용을 바르게 연결한 것은?

> 하트블리드(Heartbleed)는 [(가)]를 구현한 공개 소프트웨어인 OpenSSL의 심각한 보안 취약점으로, 수신한 요청 메시지의 실제 [(나)]을/를 제대로 확인하지 않은 것에 기인한 것이다.

	(가)	(나)
①	SSH	길이
②	SSH	유형
③	TLS	길이
④	TLS	유형

CHAPTER 19

비트코인/블록체인

정답 및 해설 p.59

001 □□□

2017년 지방교행(02)

다음은 신문 기사의 일부이다. 빈칸 ㉠에 공통으로 들어갈 용어로 옳은 것은?

> <○○일보>
>
> (㉠)은/는 널리 활용되고 있는 암호화 화폐로서 디지털 비트와 암호화를 이용해 개방된 네트워크에서 결제를 처리하는 수단이다. 가상화폐 지갑은 가상화폐를 관리하고 주고받을 수 있는 일종의 계좌이다. 사용자는 가상화폐를 송금할 때 계좌번호에 해당하는 '공개키(public key)'를 입력하고 송금액을 적은 다음, 계좌 비밀번호에 해당하는 '개인키(private key)'를 사용한다. 최근에는 컴퓨터에 담긴 데이터 파일을 암호화한 뒤 사용자에게 300달러를 (㉠)(으)로 지불하라고 요구하며, 3일 안에 지불하지 않으면 금액은 두 배로 늘어나고, 7일 내에 지불하지 않게 되면 암호화된 파일은 삭제된다고 경고하고 있는 악의적인 공격사례들이 증가하고 있다.
>
> - 2017년 ○월 ○일자 -

① 비트코인(bitcoin) ② 허니 팟(honey pot)
③ 랜섬웨어(ransomware) ④ 비트 채움(bit padding)

002 □□□

2018년 국회직(13)

블록체인(Blockchain) 관련 보안 기술에 대한 설명으로 옳지 않은 것은?

① 블록체인은 해시함수를 사용하여 데이터에 대한 무결성을 보장한다.
② 블록체인 기술은 데이터의 신뢰성 및 투명성을 제공한다.
③ 공개형 블록체인 기술은 공개키 암호를 사용하기 때문에 권한이 있는 피어(peer)만 참여할 수 있다.
④ 블록체인 기술의 한 예인 하이퍼레저 패브릭(Hyperledger Fabric)에서는 공개키 인증서를 이용하여 피어에 대한 신원(identity) 정보를 제공한다.
⑤ 블록체인 기술에서는 작업 증명이나 지분 증명 등과 같은 합의 알고리즘을 사용한다.

003 □□□

2019년 국가직(06)

블록체인에 대한 설명으로 옳지 않은 것은?

① 하나의 블록은 트랜잭션의 집합과 헤더(header)로 이루어져 있다.
② 앞 블록의 내용을 변경하면 뒤에 이어지는 블록은 변경할 필요가 없다.
③ 블록체인의 한 블록에는 앞의 블록에 대한 정보가 포함되어 있다.
④ 금융 분야에만 국한되지 않고 분산 원장으로 각 분야에 응용할 수 있다.

004 □□□

2019년 국가직(17)

블록체인(Blockchain) 기술과 암호화폐(Cryptocurrency) 시스템에 대한 설명으로 옳지 않은 것은?

① 블록체인에서는 각 트랜잭션에 한 개씩 전자서명이 부여된다.
② 암호학적 해시를 이용한 어려운 문제의 해를 계산하여 블록체인에 새로운 블록을 추가할 수 있고 일정량의 암호화폐로 보상받을 수도 있다.
③ 블록체인의 과거 블록 내용을 조작하는 것은 쉽다.
④ 블록체인은 작업 증명(Proof-of-work)과 같은 기법을 이용하여 합의에 이른다.

005 □□□

2019년 지방직(19)

전자화폐 및 가상화폐에 대한 설명으로 옳지 않은 것은?

① 전자화폐는 전자적 매체에 화폐의 가치를 저장한 후 물품 및 서비스 구매 시 활용하는 결제수단이며, 가상화폐는 전자화폐의 일종으로 볼 수 있다.
② 전자화폐는 발행, 사용, 교환 등의 절차에 관하여 법률에서 규정하고 있으나, 가상화폐는 별도로 규정하고 있지 않다.
③ 가상화폐인 비트코인은 분산 원장 기술로 알려진 블록체인을 이용한다.
④ 가상화폐인 비트코인은 전자화폐와 마찬가지로 이중 지불(Double Spending) 문제가 발생하지 않는다.

006 □□□

2020년 지방직(20)

다음에서 설명하는 블록체인 합의 알고리즘은 무엇인가?

> • 비트코인에서 사용하는 방식이 채굴 경쟁으로 과도한 자원 소비를 발생시킨다는 문제를 해결하기 위한 대안으로 등장하였다.
> • 채굴 성공 기회를 참여자에 따라 차등적으로 부여한다.
> • 다수결로 의사 결정을 해서 블록을 추가하는 방식이 아니므로 불특정 다수가 참여하는 환경에서 유효하다.

① Paxos
② PoW(Proof of Work)
③ PoS(Proof of Stake)
④ PBFT(Practical Byzantine Fault Tolerance)

007 □□□

2020년 국회직(10)

암호화폐를 주고 받는 블록체인 네트워크에 대한 설명으로 옳지 않은 것은?

① 거래 내역들의 최상위 해시값은 머클 루트(Merkle Root)로서 블록 헤더에 포함된다.
② 채굴(Mining)은 주어진 난이도에 따라 해시값의 역상을 구하는 과정이다.
③ 공개키의 해시값이 암호화폐를 주고 받는 주소값으로 사용된다.
④ 블록체인 내의 원장을 수정하기 위해서는 개인키를 사용해야 한다.
⑤ 이중 지불을 방지하기 위해 송신자는 자신의 주소값에 대응하는 전자서명을 생성한다.

008 □□□

2022년 국가직(08)

비트코인 블록 헤더의 구조에서 머클 루트에 대한 설명으로 옳지 않은 것은?

① 머클 트리 루트의 해시값이다.
② 머클 트리는 이진트리 형태이다.
③ SHA-256으로 해시값을 계산한다.
④ 필드의 크기는 64바이트이다.

009 □□□

2023년 국가직(07)

블록체인 기술의 하나인 하이퍼레저 패브릭에 대한 설명으로 옳지 않은 것은?

① 허가형 프라이빗 블록체인의 형태로 MSP(Membership Service Provider)라는 인증 관리 시스템에 등록된 사용자만 참여할 수 있다.
② 체인코드라는 스마트 컨트랙트를 통해서 분산 원장의 데이터를 읽고 쓸 수 있다.
③ 분산 원장은 원장의 현재 상태를 나타내는 월드 스테이트와 원장의 생성 시점부터 현재까지의 사용 기록을 저장하는 블록체인 두 가지로 구성된다.
④ 트랜잭션을 정해진 순서로 정렬하는 과정을 합의로 정의하고, 이를 위해 지분 증명 방식과 BFT(Byzantine Fault Tolerance) 알고리즘을 사용한다.

CHAPTER 20

암호 기술

CHAPTER 21

TPM

정답 및 해설 p.61

001 □□□ 2016년 국회직(05)

TPM(Trusted Platform Module)에 대한 설명으로 옳지 않은 것은?

① 하드웨어 기반으로 안전한 저장 공간과 실행영역을 제공한다.
② 난수발생기, 암 · 복호화 엔진, RSA 키 생성기 등을 포함한다.
③ 비휘발성 메모리 영역에 최상위 루트키가 탑재된다.
④ 단계적으로 인증된 절차로 운영체제가 부팅되도록 한다.
⑤ 국내 공인인증서 저장 시 서명키를 저장하는 표준방식이다.

002 □□□ 2017년 국회직(08)

시스템 하드웨어 레벨에서 보안을 향상시키는 방안으로 TPM(Trusted Platform Module)이 있다. TPM이 지원하지 않는 기능은 무엇인가?

① 암호키 생성 및 저장
② 인증된 부트(Authenticated Boot)
③ 디바이스 및 플랫폼 인증
④ 원격 검증(Remote Attestation)
⑤ 감사(Audit)

003 □□□ 2018년 서울시(11)

보안 측면에서 민감한 암호 연산을 하드웨어로 이동함으로써 시스템 보안을 향상시키고자 나온 개념으로, TCG 컨소시엄에 의해 작성된 표준은 무엇인가?

① TPM ② TLS
③ TTP ④ TGT

004 □□□ 2020년 국가직(05)

윈도우 운영체제에서 TPM(Trusted Platform Module)에 대한 설명으로 옳지 않은 것은?

① TPM의 공개키를 사용하여 플랫폼 설정정보에 서명함으로써 디지털 인증을 생성한다.
② TPM은 신뢰 컴퓨팅 그룹(Trusted Computing Group)에서 표준화된 개념이다.
③ TPM은 키 생성, 난수 발생, 암 · 복호화 기능 등을 포함한 하드웨어 칩 형태로 구현할 수 있다.
④ TPM의 기본 서비스에는 인증된 부트(authenticated boot), 인증, 암호화가 있다.

PART 3

시스템 보안

CHAPTER 01

운영체제

정답 및 해설 p.62

001 □□□

2022년 국가직(17)

운영체제에 대한 설명으로 옳지 않은 것은?

① 윈도 시스템에는 FAT, FAT32, NTFS가 있다.

② 메모리 관리는 프로그램이 메모리를 요청하면 적합성을 점검하고 적합하다면 메모리를 할당한다.

③ 인터럽트는 작동 중인 컴퓨터에 예기치 않은 문제가 발생한 것이다.

④ 파일 관리는 명령어들을 체계적이고 효율적으로 실행할 수 있도록 작업스케줄링하고 사용자의 작업 요청을 수용하거나 거부한다.

악성코드

정답 및 해설 p.62

001 □□□ 2014년 국가직(09)

컴퓨터 바이러스에 대한 설명으로 옳지 않은 것은?

① 트랩 도어(Trapdoor)는 정상적인 인증 과정을 거치지 않고 프로그램에 접근하는 일종의 통로이다.
② 웜(Worm)은 네트워크 등의 연결을 통하여 자신의 복제품을 전파한다.
③ 트로이 목마(Trojan Horse)는 정상적인 프로그램으로 가장한 악성프로그램이다.
④ 루트킷(Root kit)은 감염된 시스템에서 활성화되어 다른 시스템을 공격하는 프로그램이다.

002 □□□ 2014년 국가직(20)

다음 설명에 해당하는 컴퓨터 바이러스는 무엇인가?

> 산업 소프트웨어와 공정 설비를 공격 목표로 하는 극도로 정교한 군사적 수준의 사이버 무기로 지칭된다. 공정 설비와 연결된 프로그램이 논리제어장치(Programmable Logic Controller)의 코드를 악의적으로 변경하여 제어권을 획득한다. 네트워크와 이동저장매체인 USB를 통해 전파되며, SCADA(Supervisory Control and Data Acquisition) 시스템이 공격 목표이다.

① 오토런 바이러스(Autorun virus)
② 백도어(Back door)
③ 스턱스넷(Stuxnet)
④ 봇넷(Botnet)

003 □□□ 2014년 국회직(14)

다음은 공격자가 남긴 C 프로그램 파일과 실행 파일에 관한 정보이다. 제시된 정보로부터 유추할 수 있는 공격으로 가장 적합한 것은?

```
$ ls -l
total 20
-rwsr-xr-x 1 root root 12123 Sep 11 11:11 util
-rw-rw-r-- 1 root root     70 Sep 11 11:11 util.c
$ cat util.c
# include <stdlib.h>
void main() {
  setuid(0);
  setgid(0);
  system("/bin/bash");
}
```

① Eavesdropping 공격
② Brute Force 공격
③ Scanning 공격
④ Backdoor 공격
⑤ 패스워드 유추 공격

004 □□□ 2015년 국가직(15)

해킹에 대한 설명으로 옳지 않은 것은?

① SYN Flooding은 TCP 연결설정 과정의 취약점을 악용한 서비스 거부 공격이다.
② Zero Day 공격은 시그니처(signature) 기반의 침입탐지시스템으로 방어하는 것이 일반적이다.
③ APT는 공격대상을 지정하여 시스템의 특성을 파악한 후 지속적으로 공격한다.
④ Buffer Overflow는 메모리에 할당된 버퍼의 양을 초과하는 데이터를 입력하는 공격이다.

005 □□□

2015년 지방직(12)

MS 오피스와 같은 응용 프로그램의 문서 파일에 삽입되어 스크립트 형태의 실행 환경을 악용하는 악성코드는 무엇인가?

① 애드웨어
② 트로이 목마
③ 백도어
④ 매크로 바이러스

006 □□□

2015년 국회직(14)

시스템의 보안 취약점이 발견된 뒤 이를 막을 수 있는 패치가 발표되기 전에 그 취약점을 이용한 악성코드나 해킹공격을 감행하는 수법은 무엇인가?

① APT 공격
② 스턱스넷 공격
③ DDoS 공격
④ 제로데이 공격
⑤ XSS 공격

007 □□□

2016년 서울시(06)

바이러스 발전 단계에 따른 분류에 대한 설명으로 옳지 않은 것은?

① 원시형 바이러스는 가변 크기를 갖는 단순하고 분석하기 쉬운 바이러스이다.
② 암호화 바이러스는 바이러스 프로그램 전체 또는 일부를 암호화시켜 저장하는 바이러스이다.
③ 갑옷형 바이러스는 백신 개발을 지연시키기 위하여 다양한 암호화 기법을 사용하는 바이러스이다.
④ 매크로 바이러스는 매크로를 사용하는 프로그램 데이터를 감염시키는 바이러스이다.

008 □□□

2017년 서울시(08)

다음 중 백도어(BackDoor) 공격으로 옳지 않은 것은?

① 넷버스(Netbus)
② 백오리피스(Back Orifice)
③ 무차별(Brute Force) 공격
④ 루트킷(RootKit)

009 □□□

2017년 서울시(14)

스파이웨어 주요 증상으로 옳지 않은 것은?

① 웹브라우저의 홈페이지 설정이나 검색 설정을 변경 또는 시스템 설정을 변경한다.
② 컴퓨터 키보드 입력내용이나 화면표시내용을 수집, 전송한다.
③ 운영체제나 다른 프로그램의 보안설정을 높게 변경한다.
④ 원치 않는 프로그램을 다운로드하여 설치하게 한다.

010 □□□

2017년 국가직(추가)(02)

다음 설명에 해당하는 악성 소프트웨어를 옳게 짝지은 것은?

> ㄱ. 시스템 및 응용 소프트웨어의 취약점을 악용하거나 전자우편 또는 공유 폴더를 이용하며, 네트워크를 통해서 컴퓨터에서 컴퓨터로 빠르게 전파된다.
> ㄴ. 사용자 컴퓨터 내에서 자신 또는 자신의 변형을 다른 실행 프로그램에 복제하여 그 프로그램을 감염시킨다.
> ㄷ. 겉으로 보기에는 유용해 보이지만 정상적인 프로그램 속에 숨어있는 악성 소프트웨어로, 사용자가 프로그램을 실행할 때 동작한다.

	ㄱ	ㄴ	ㄷ
①	웜	바이러스	트로이목마
②	바이러스	웜	봇
③	바이러스	웜	트로이목마
④	웜	바이러스	봇

011 □□□

2018년 국가직(02)

프로그램이나 손상된 시스템에 허가되지 않는 접근을 할 수 있도록 정상적인 보안 절차를 우회하는 악성 소프트웨어는 무엇인가?

① 다운로더(downloader) ② 키 로거(key logger)
③ 봇(bot) ④ 백도어(backdoor)

012 □□□

2018년 국가직(03)

프로그램을 감염시킬 때마다 자신의 형태뿐만 아니라 행동 패턴까지 변화를 시도하기도 하는 유형의 바이러스는 무엇인가?

① 암호화된(encrypted) 바이러스
② 매크로(macro) 바이러스
③ 스텔스(stealth) 바이러스
④ 메타모픽(metamorphic) 바이러스

013 □□□

2019년 서울시(02)

바이러스의 종류 중에서 감염될 때마다 구현된 코드의 형태가 변형되는 것은 무엇인가?

① Polymorphic Virus
② Signature Virus
③ Generic Decryption Virus
④ Macro Virus

014 □□□

2021년 국가직(01)

겉으로는 유용한 프로그램으로 보이지만 사용자가 의도하지 않은 악성 루틴이 숨어 있어서 사용자가 실행시키면 동작하는 악성 소프트웨어는 무엇인가?

① 키로거 ② 트로이목마
③ 애드웨어 ④ 랜섬웨어

015 □□□

2021년 국회직(03)

아래 표에서 ㉠과 ㉡의 특징을 갖는 주요 악성코드를 옳게 짝지은 것은?

구분	㉠	㉡
내용	컴퓨터 취약점을 이용하여 네트워크 통한 감염 및 실행	컴퓨터 사용 시 자동으로 광고를 표시하는 악성코드
자기복제	○	×
독립적인 프로그램	○	×

	㉠	㉡
①	웜	애드웨어
②	트로이 목마	애드웨어
③	애드웨어	바이러스
④	바이러스	트로이 목마
⑤	웜	트로이 목마

016 □□□

2022년 지방직(03)

공격자가 해킹을 통해 시스템에 침입하여 루트 권한을 획득한 후, 재침입할 때 권한을 쉽게 획득하기 위하여 제작된 악성 소프트웨어는 무엇인가?

① 랜섬웨어
② 논리폭탄
③ 슬래머 웜
④ 백도어

017 □□□

2022년 국회직(03)

공격자가 자신의 공격시도나 침투 흔적을 숨기기 위해 사용하는 악의적인 프로그램의 집합 혹은 악성 프로그램은 무엇인가?

① 루트킷(Rootkit)
② 스파이웨어(Spyware)
③ 트로이 목마(Trojan Horse)
④ RAT(Remote Administration Tool)
⑤ 랜섬웨어(Ransomware)

018 □□□

2023년 지방직(03)

논리 폭탄에 대한 설명으로 옳은 것은?

① 사용자 동의 없이 설치되어 컴퓨터 내의 금융 정보, 신상 정보 등을 수집 · 전송하기 위한 것이다.
② 침입자에 의해 악성 소프트웨어에 삽입된 코드로서, 사전에 정의된 조건이 충족되기 전까지는 휴지 상태에 있다가 조건이 충족되면 의도한 동작이 트리거되도록 한다.
③ 사용자가 키보드로 PC에 입력하는 내용을 몰래 가로채어 기록한다.
④ 공격자가 언제든지 시스템에 관리자 권한으로 접근할 수 있도록 비밀 통로를 지속적으로 유지시켜 주는 일련의 프로그램 집합이다.

계정과 권한

정답 및 해설 p.65

001 □□□ 2017년 국가직(13)

시스템과 관련한 보안기능 중 적절한 권한을 가진 사용자를 식별하기 위한 인증 관리로 옳은 것은?

① 세션 관리 ② 로그 관리
③ 취약점 관리 ④ 계정 관리

002 □□□ 2017년 국회직(17)

다음 지문의 ㉠에 들어갈 말로 옳은 것은?

> 리눅스 시스템에서 관리자(root) 권한이 필요 없는 프로그램에 소유자가 관리자로 되어 있으면서 (㉠)가 설정된 경우에는 시스템의 보안에 허점을 초래할 수 있다. 실제로 이것이 설정된 파일은 백도어 및 버퍼 오버플로우 등 여러 공격에 이용된다.

① SetUID ② SetGID
③ Sticky Bit ④ Finger
⑤ Shadow

003 □□□ 2017년 국가직(추가)(08)

UNIX 시스템의 특수 접근 권한에 대한 설명으로 옳은 것은?

① getuid는 접근 권한을 출력하거나 변경한다.
② setgid는 파일 소유자의 권한을 지속적으로 사용자에게 부여한다.
③ setuid가 설정된 파일은 파일 사용자의 권한으로 실행된다.
④ sticky bit가 설정된 디렉터리에 있는 파일은 소유자 외 다른 일반 사용자에 의해 삭제되지 않는다.

004 □□□ 2017년 지방직(추가)(01)

유닉스(Unix) 운영체제에서 사용자의 패스워드에 대한 해시값이 저장되어 있는 파일은 무엇인가?

① /etc/shadow ② /etc/passwd
③ /etc/profile ④ /etc/group

005 □□□

2017년 지방직(추가)(07)

다음은 유닉스에서 /etc/passwd 파일의 구성을 나타낸 것이다. ㉠ ~ ㉣에 대한 설명으로 옳은 것은?

root : x : <u>0</u> : <u>0</u> : root : <u>/root</u> : <u>/bin/bash</u>
㉠ ㉡ ㉢ ㉣

① ㉠ - 사용자 소속 그룹 GID

② ㉡ - 사용자 UID

③ ㉢ - 사용자 계정 이름

④ ㉣ - 사용자 로그인 쉘

006 □□□

2018년 국가직(07)

<보기 1>은 리눅스에서 일반 사용자(hello)가 'ls-al'을 수행한 결과의 일부분이다. <보기 2>의 설명에서 옳은 것만을 모두 고른 것은?

<보기 1>

<u>-rwxr-xr-x</u> 1 <u>hello</u> world 4096 Nov 21 15:12 abc.txt
ⓐ ⓑ

<보기 2>

ㄱ. ⓐ는 파일의 소유자, 그룹, 이외 사용자 모두가 파일을 읽고 실행할 수 있지만, 파일의 소유자만이 파일을 수정할 수 있음을 나타낸다.

ㄴ. ⓑ가 모든 사용자(파일 소유자, 그룹, 이외 사용자)에게 읽기, 쓰기, 실행 권한을 부여하려면 'chmod 777 abc.txt'의 명령을 입력하면 된다.

ㄷ. ⓑ가 해당 파일의 소유자를 root로 변경하려면 'chown root abc.txt'의 명령을 입력하면 된다.

① ㄱ ② ㄱ, ㄴ

③ ㄴ, ㄷ ④ ㄱ, ㄴ, ㄷ

007 □□□

2018년 지방직(04)

유닉스 시스템에서 파일의 접근모드 변경에 사용되는 심볼릭 모드 명령어에 대한 설명으로 옳은 것은?

① chmod u-w: 소유자에게 쓰기 권한 추가

② chmod g+wx: 그룹, 기타 사용자에게 쓰기와 실행 권한 추가

③ chmod a+r: 소유자, 그룹, 기타 사용자에게 읽기 권한 추가

④ chmod o-w: 기타 사용자에게 쓰기 권한 추가

008 □□□

2018년 지방교행(15)

다음은 리눅스에서 ls - l 명령을 실행한 결과이다. change 파일에 대한 설명으로 옳은 것은?

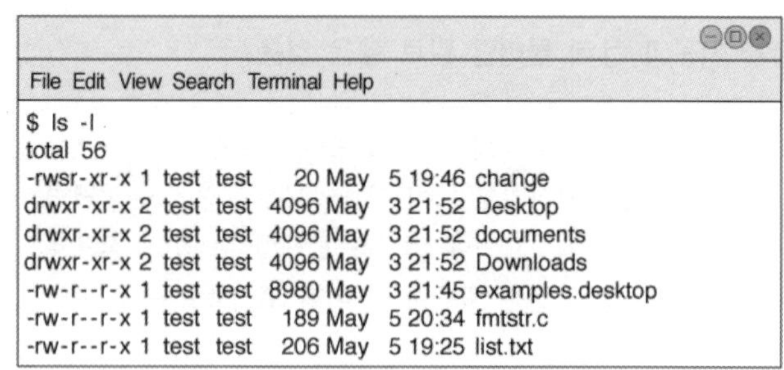

① change 파일은 setGID 비트가 설정되어 있다.

② change 파일의 접근 권한을 8진수로 표현하면 754이다.

③ test 외의 사용자는 change 파일에 대해 쓰기 권한을 가진다.

④ change 파일은 test 외의 사용자가 실행할 때 유효 사용자 ID(effective UID)는 test가 된다.

009 □□□

2019년 서울시(08)

리눅스 시스템에서 패스워드 정책이 포함되고, 사용자 패스워드가 암호화되어 있는 파일은 무엇인가?

① /etc/group
② /etc/passwd
③ /etc/shadow
④ /etc/login.defs

010 □□□

2019년 국회직(09)

파일을 실행시킬 때 사용자의 권한이 아닌 일시적으로 파일 소유자(특히 관리자)의 권한을 가지기 때문에 공격에 많이 사용되는 것은 무엇인가?

① setuid
② setgid
③ uid
④ gid
⑤ sticky bit

011 □□□

2020년 지방직(08)

유닉스/리눅스의 파일 접근 제어에 대한 설명으로 옳지 않은 것은?

① 접근 권한 유형으로 읽기, 쓰기, 실행이 있다.
② 파일에 대한 접근 권한은 소유자, 그룹, 다른 모든 사용자에 대해 각각 지정할 수 있다.
③ 파일 접근 권한 변경은 파일에 대한 쓰기 권한이 있으면 가능하다.
④ SetUID가 설정된 파일은 실행 시간 동안 그 파일의 소유자의 권한으로 실행된다.

012 □□□

2020년 국회직(18)

리눅스 서버에 저장된 first 파일의 접근 권한을 다음과 같이 설정하기 위한 명령어는 무엇인가?

```
rwsr—r--    1    test    test    8980    4월 18    14:18    first
```

① chmod 1644 first
② chmod 1744 first
③ chmod 2744 first
④ chmod 4644 first
⑤ chmod 4744 first

013 □□□

2022년 지방직(12)

리눅스 시스템에서 umask값에 따라 새로 생성된 디렉터리의 접근 권한이 'drwxr-xr-x'일 때, 기본 접근 권한을 설정하는 umask의 값은 무엇인가?

① 002
② 020
③ 022
④ 026

014 □□□

2022년 국회직(12)

다음은 리눅스의 /etc/passwd 파일의 일부이다. 이에 대한 설명으로 옳지 않은 것만을 모두 고르면?

root : x : 0 : 0 : root : /root : /bin/bash
(1) (2) (3)(4) (5) (6) (7)

ㄱ. (1)과 (5)는 사용자 계정에 관한 정보들로 반드시 동일한 값이어야 한다.
ㄴ. (2)는 패스워드가 암호화되어 shadow 파일에 저장되어 있음을 나타낸다.
ㄷ. (3)은 사용자 번호(User ID)를 나타내며, 계정마다 다른 값을 가져야 한다.
ㄹ. 이 파일을 통해 현재 시스템에 등록된 계정 정보를 확인할 수 있다.
ㅁ. (7)은 사용자의 홈 디렉터리 정보를 나타낸다.

① ㄱ, ㄴ ② ㄱ, ㄷ
③ ㄱ, ㅁ ④ ㄷ, ㄹ
⑤ ㄷ, ㅁ

015 □□□

2022년 국회직(20)

사용자가 일시적으로 파일 소유자의 권한으로 특정 기능을 실행하고자 할 때, 사용 가능한 명령어로 옳은 것은?

① chmod u+rw testfile
② chmod 666 testfile
③ chmod o+r testfile
④ chmod 4755 testfile
⑤ chmod g+w testfile

016 □□□

2024년 국가직(09)

다음 /etc/passwd 파일 내용에 대한 설명으로 옳지 않은 것은?

root : x : 0 : 0 : root : /root : /bin/bash
㉠ (root), ㉡ (첫 번째 0), ㉢ (/root), ㉣ (/bin/bash)

① ㉠은 사용자 ID이다.
② ㉡은 UID 정보이다.
③ ㉢은 사용자 홈 디렉터리 경로이다.
④ ㉣은 패스워드가 암호화되어 /bin/bash 경로에 저장되어 있음을 의미한다.

017 □□□

2024년 국가직(10)

리눅스에서 설정된 umask 값이 027일 때, 생성된 디렉터리의 기본접근 권한으로 옳은 것은?

① drw-r-----
② d---r--rw-
③ drwxr-x---
④ d---r-xrwx

CHAPTER 04 윈도우 보안

정답 및 해설 p.67

001 □□□ 2014년 지방직(20)

MS Windows 운영체제 및 Internet Explorer의 보안 기능에 대한 설명으로 옳은 것은?

① Windows 7의 각 파일과 폴더는 사용자에 따라 권한이 부여되는데, 파일과 폴더에 공통적으로 부여할 수 있는 사용 권한은 모든 권한 · 수정 · 읽기 · 쓰기의 총 4가지이며, 폴더에는 폴더 내용 보기라는 권한을 더 추가할 수 있다.

② Bit Locker 기능은 디스크 볼륨 전체를 암호화하여 데이터를 안전하게 보호하는 기능으로 Windows XP부터 탑재되었다.

③ Internet Explorer 10의 인터넷 옵션에서 개인정보 수준을 '낮음'으로 설정하는 것은 모든 쿠키를 허용함을 의미한다.

④ Windows 7 운영체제의 고급 보안이 포함된 Windows 방화벽은 인바운드 규칙과 아웃바운드 규칙을 모두 설정할 수 있다.

002 □□□ 2017년 지방교행(05)

시스템 관리자는 새로운 사용자를 추가하고 권한을 부여하기 위해 현재 시스템의 그룹을 확인하고자 한다. MS 윈도 명령 프롬프트에서 시스템의 그룹을 확인하기 위한 다음 그림의 빈칸 ㉠에 들어갈 명령어로 옳은 것은?

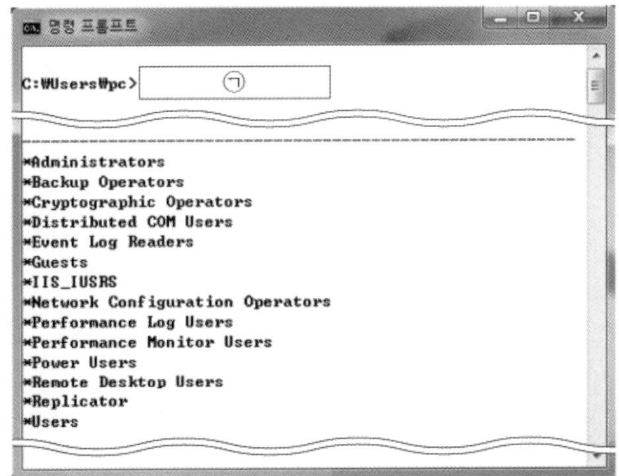

① net localgroup ② ping localgroup

③ netstat localgroup ④ tracert localgroup

003 □□□ 2020년 국가직(17)

윈도우 운영체제의 계정 관리에 대한 설명으로 옳은 것은?

① 'net accounts guest /active:no' 명령은 guest 계정을 비활성화한다.

② 'net user' 명령은 시스템 내 사용자 계정정보를 나열한다.

③ 'net usergroup' 명령은 시스템 내 사용자 그룹정보를 표시한다.

④ 컴퓨터/도메인에 모든 접근권한을 가진 관리자 그룹인 'Admin'이 기본적으로 존재한다.

유닉스 보안

정답 및 해설 p.68

001 □□□

2016년 국회직(09)

해커가 리눅스 서버에 침입 후 백도어를 설치하였다. 백도어와 연관된 포트가 열려 있는지 확인하기 위해 사용할 수 있는 프로그램으로 옳은 것은?

① ps　② nmap
③ nslookup　④ traceroute
⑤ ping

002 □□□

2017년 지방교행(03)

유닉스 시스템에 대한 설명으로 옳지 않은 것은?

① who 명령어는 utmp 로그의 내용을 사용한다.
② wtmp 로그의 내용은 ps 명령어로 확인할 수 있다.
③ 파일의 접근 권한은 ls - l 명령어로 확인할 수 있다.
④ syslog에서 서비스의 동작과 에러를 확인할 수 있다.

003 □□□

2018년 지방교행(11)

다음 그림은 DNS보다 우선 적용되는 파일로, 해커는 이 파일을 변조하여 파밍(pharming)에 사용할 수 있다. 이 파일명으로 옳은 것은?

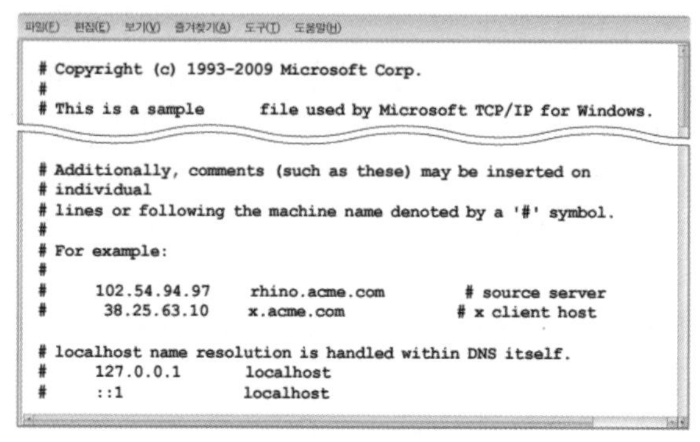

```
파일(F) 편집(E) 보기(V) 즐겨찾기(A) 도구(T) 도움말(H)
# Copyright (c) 1993-2009 Microsoft Corp.
#
# This is a sample      file used by Microsoft TCP/IP for Windows.

# Additionally, comments (such as these) may be inserted on
# individual
# lines or following the machine name denoted by a '#' symbol.
#
# For example:
#
#      102.54.94.97     rhino.acme.com          # source server
#       38.25.63.10     x.acme.com              # x client host

# localhost name resolution is handled within DNS itself.
#      127.0.0.1       localhost
#      ::1             localhost
```

① hosts　② networks
③ protocol　④ services

004 □□□

2020년 지방직(16)

SMTP 클라이언트가 SMTP 서버의 특정 사용자를 확인함으로써 계정 존재 여부를 파악하는 데 악용될 수 있는 명령어는 무엇인가?

① HELO　② MAIL FROM
③ RCPT TO　④ VRFY

패스워드 크래킹

정답 및 해설 p.68

001 □□□

2014년 지방직(02)

시스템 계정 관리에서 보안성이 가장 좋은 패스워드 구성은 무엇인가?

① flowerabc ② P1234567#

③ flower777 ④ F166ower$

002 □□□

2014년 서울시(03)

다음 중 가장 안전한 패스워드는 어떤 것인가?

① 75481235 ② abcd1234

③ korea2034 ④ honggildong

⑤ do@ssud23

003 □□□

2015년 국가직(20)

다음에서 설명하는 윈도우 인증 구성요소는 무엇인가?

- 사용자의 계정과 패스워드가 일치하는 사용자에게 고유의 SID(Security Identifier)를 부여한다.
- SID에 기반을 두어 파일이나 디렉터리에 대한 접근의 허용 여부를 결정하고 이에 대한 감사 메시지를 생성한다.

① LSA(Local Security Authority)

② SRM(Security Reference Monitor)

③ SAM(Security Account Manager)

④ IPSec(IP Security)

004 □□□

2015년 지방직(17)

사용자 패스워드의 보안을 강화하기 위한 솔트(salt)에 대한 설명으로 옳지 않은 것은?

① 여러 사용자에 의해 중복 사용된 동일한 패스워드가 서로 다르게 저장되도록 한다.

② 해시 연산 비용이 증가되어 오프라인 사전적 공격을 어렵게 한다.

③ 한 사용자가 동일한 패스워드를 두 개 이상의 시스템에 사용해도 그 사실을 알기 어렵게 한다.

④ 솔트 값은 보안 강화를 위하여 암호화된 상태로 패스워드 파일에 저장되어야 한다.

005 □□□

2015년 서울시(01)

패스워드가 갖는 취약점에 대한 대응방안으로 옳지 않은 것은?

① 사용자 특성을 포함시켜 패스워드 분실을 최소화한다.

② 서로 다른 장비들에 유사한 패스워드를 적용하는 것을 금지한다.

③ 패스워드 파일의 불법적인 접근을 방지한다.

④ 오염된 패스워드는 빠른 시간 내에 발견하고, 새로운 패스워드를 발급한다.

006 □□□

2015년 국회직(09)

암호화가 필요한 정보들 중에서 정보주체를 제외하고 정보를 다루는 관리자조차 암호화된 정보의 원래 정보가 무엇인지 알 수 없어야 하는 정보는 무엇인가?

① 은행계좌번호
② 주민등록번호
③ 신용카드번호
④ 비밀번호
⑤ 여권번호

007 □□□

2017년 지방직(08)

다음에서 설명하는 패스워드 크래킹(Cracking) 공격 방법은 무엇인가?

- 사용자가 설정하는 대부분의 패스워드에 특정 패턴이 있음을 착안한 방법으로 패스워드로 사용할 만한 것을 사전으로 만들어놓고 이를 하나씩 대입하여 일치 여부를 확인하는 방법이다.
- 패스워드에 부가적인 정보(salt)를 덧붙인 후 암호화하여 저장함으로써 이 공격에 대한 내성을 향상시킬 수 있다.

① Brute Force 공격
② Rainbow Table을 이용한 공격
③ Flooding 공격
④ Dictionary 공격

008 □□□

2022년 국회직(05)

다음 중 솔트(Salt)에 대한 설명으로 옳지 않은 것만을 모두 고르면?

ㄱ. 패스워드 원본 뒤에 추가로 덧붙이는 랜덤 데이터이다.
ㄴ. 단방향 함수에 동일한 패스워드가 입력되어도, 같이 입력된 솔트 값의 차이를 통해 서로 다른 출력 값이 생성된다.
ㄷ. 솔트 값은 패스워드의 길이와 동일하거나, 그보다 길어야 한다.
ㄹ. 솔트 값은 단방향 함수에 패스워드와 함께 입력된 다음, 저장 공간 확보를 위해 삭제된다.
ㅁ. 솔트 값을 적용하면 패스워드의 보안성이 향상된다.

① ㄱ, ㄴ
② ㄱ, ㄷ
③ ㄴ, ㄷ
④ ㄷ, ㄹ
⑤ ㄹ, ㅁ

009 □□□

2024년 지방직(08)

패스워드를 저장할 때 솔트(salt)를 사용함으로써 얻을 수 있는 이점이 아닌 것은?

① 시스템 내에 같은 패스워드를 쓰는 사용자가 복수로 존재한다는 것을 발견하지 못하게 한다.
② 오프라인 사전(dictionary) 공격을 어렵게 한다.
③ 사용자가 같은 패스워드를 여러 시스템에서 중복해서 사용하여도 그 사실을 발견하기 어렵게 한다.
④ 패스워드 파일에 솔트가 암호화된 상태로 저장되므로 인증 처리시간을 단축시킨다.

CHAPTER 07

모바일 운영체제 보안

정답 및 해설 p.70

001 □□□

2014년 지방직(16)

다음 설명에 해당하는 블루투스 공격 방법은 무엇인가?

> 블루투스의 취약점을 이용하여 장비의 임의 파일에 접근하는 공격 방법이다. 이 공격 방법은 블루투스 장치끼리 인증 없이 정보를 간편하게 교환하기 위해 개발된 OPP(OBEX Push Profile) 기능을 사용하여 공격자가 블루투스 장치로부터 주소록 또는 달력 등의 내용을 요청해 이를 열람하거나 취약한 장치의 파일에 접근하는 공격 방법이다.

① 블루스나프(BlueSnarf)　② 블루프린팅(BluePrinting)
③ 블루버그(BlueBug)　④ 블루재킹(BlueJacking)

002 □□□

2015년 국가직(13)

안드로이드 보안에 대한 설명으로 옳지 않은 것은?

① 리눅스 운영체제와 유사한 보안 취약점을 갖는다.
② 개방형 운영체제로서의 보안정책을 적용한다.
③ 응용 프로그램에 대한 서명은 개발자가 한다.
④ 응용 프로그램 간 데이터 통신을 엄격하게 통제한다.

003 □□□

2021년 국가직(20)

안드로이드 보안 체계에 대한 설명으로 옳지 않은 것은?

① 모든 응용 프로그램은 일반 사용자 권한으로 실행된다.
② 기본적으로 안드로이드는 일반 계정으로 동작하는데 이를 루트로 바꾸면 일반 계정의 제한을 벗어나 기기에 대한 완전한 통제권을 가질 수 있다.
③ 응용 프로그램은 샌드박스 프로세스 내부에서 실행되며, 기본적으로 시스템과 다른 응용 프로그램으로의 접근이 통제된다.
④ 설치되는 응용 프로그램은 구글의 인증기관에 의해 서명·배포된다.

004 □□□

2022년 국회직(16)

블루투스(Bluetooth) 연결을 통해 무선 기기에서 무단으로 정보에 접근하는 것을 말하며, 공격자가 OPP(OBEX Push Profile)를 사용하여 상대 기기에 있는 주소록이나 달력, 파일 등을 접근하는 공격은 무엇인가?

① 블루버그(Bluebug)
② 블루스나프(Bluesnarf)
③ 블루프린팅(Blueprinting)
④ 블루재킹(Bluejacking)
⑤ BIAS(Bluetooth Impersonation AttackS)

사회공학

정답 및 해설 p.70

001 □□□

2014년 지방직(06)

피싱(Phishing)에 대한 설명으로 옳지 않은 것은?

① Private Data와 Fishing의 합성어로서 유명 기관을 사칭하거나 개인 정보 및 금융 정보를 불법적으로 수집하여 금전적인 이익을 노리는 사기 수법이다.
② Wi-Fi 무선 네트워크에서 위장 AP를 이용하여 중간에 사용자의 정보를 가로채 사용자인 것처럼 속이는 수법이다.
③ 일반적으로 이메일을 사용하여 이루어지는 수법이다.
④ 방문한 사이트를 진짜 사이트로 착각하게 하여 아이디와 패스워드 등의 개인정보를 노출하게 하는 수법이다.

002 □□□

2015년 국가직(01)

다음에서 설명하는 공격방법은 무엇인가?

> 정보보안에서 사람의 심리적인 취약점을 악용하여 비밀 정보를 취득하거나 컴퓨터 접근권한 등을 얻으려고 하는 공격방법이다.

① 스푸핑 공격 ② 사회공학적 공격
③ 세션 가로채기 공격 ④ 사전 공격

003 □□□

2015년 국회직(08)

다음에서 설명하는 보안 공격은 무엇인가?

> 피싱(phishing)보다 한 단계 진화된 수법으로 진짜 사이트 주소를 입력하더라도 가짜 사이트로 접속을 유도해 개인정보를 훔치는 수법이다. 즉, 합법적으로 소유하고 있던 사용자의 도메인을 탈취하거나 도메인 네임 시스템(DNS) 또는 프락시 서버의 주소를 변조함으로써 사용자들로 하여금 진짜 사이트로 오인하여 접속하도록 유도한 뒤에 개인정보를 훔치는 공격기법이다.

① 파밍(Pharming) 공격
② 스미싱(Smishing) 공격
③ ARP 스푸핑(Spoofing) 공격
④ 세션 하이재킹(Session Hijacking) 공격
⑤ 중간자 개입(Man-in-the-middle) 공격

004 □□□

2017년 지방직(13)

다음의 사이버 공격 유형과 그에 대한 <보기>의 설명을 바르게 연결한 것은?

ㄱ. 피싱(Phishing)　　ㄴ. 파밍(Pharming)
ㄷ. 스미싱(Smishing)

<보기>

A. 공격자가 도메인을 탈취하여 사용자가 정확한 사이트 주소를 입력해도 가짜 사이트로 연결되도록 하는 방법이다.
B. 이메일 또는 메신저를 사용해서 신뢰할 수 있는 사람 또는 기업이 보낸 메시지인 것처럼 가장하여 신용정보 등의 기밀을 부정하게 얻으려는 사회공학기법이다.
C. 문자메시지로 신뢰할 수 있는 사람이 보낸 것처럼 가장하여, 링크 접속을 유도한 뒤 개인정보를 빼내는 방법이다.

	ㄱ	ㄴ	ㄷ
①	A	B	C
②	A	C	B
③	B	A	C
④	B	C	A

005 □□□

2018년 국회직(14)

파밍(Pharming) 공격에 활용하기 위해 공격자의 웹서버 IP 주소와 매핑해주는 특정 정보로 옳은 것은?

① 정상 사이트의 도메인 주소
② 정상 사이트 서버의 MAC 주소
③ 정상 사이트가 연결되어 있는 스위치의 port 번호
④ 사용자 컴퓨터의 공인 IP주소
⑤ 정상 사이트 서버의 TCP port 번호

006 □□□

2019년 국회직(01)

다음 설명에서 제시하는 공격의 명칭은 무엇인가?

사용자가 특정 웹 사이트에 접속하기 위해 올바른 URL을 입력하였지만, 실제로는 해커가 만들어 놓은 웹 사이트에 접속되었다. 해커의 웹 사이트에서는 불법적으로 개인정보가 수집되고 있었다. 사용자의 컴퓨터는 공격자에게 점유되어 정상적인 URL을 입력해도 이에 해당하는 IP 주소가 공격자의 웹 서버로 연결되도록 되어 있었다.

① Pharming　② Smishing
③ QRshing　④ Phishing
⑤ SQL Injection

007 □□□

2021년 지방직(10)

스미싱 공격에 대한 설명으로 옳지 않은 것은?

① 공격자는 주로 앱을 사용하여 공격한다.
② 스미싱은 개인 정보를 빼내는 사기 수법이다.
③ 공격자는 사용자가 제대로 된 url을 입력하여도 원래 사이트와 유사한 위장 사이트로 접속시킨다.
④ 공격자는 문자 메시지 링크를 이용한다.

008 □□□

2024년 국가직(03)

다음에서 설명하는 공격 방법은?

- 사람의 심리를 이용하여 보안 기술을 무력화시키고 정보를 얻는 공격 방법
- 신뢰할 수 있는 사람으로 위장하여 다른 사람의 정보에 접근하는 공격 방법

① 재전송 공격(Replay Attack)
② 무차별 대입 공격(Brute-Force Attack)
③ 사회공학 공격(Social Engineering Attack)
④ 중간자 공격(Man-in-the-Middle Attack)

보안위협

정답 및 해설 p.72

001 □□□

2018년 지방직(16)

무의미한 코드를 삽입하고 프로그램 실행 순서를 섞는 등 악성 코드 분석가의 작업을 방해하는 기술은 무엇인가?

① 디스어셈블(Disassemble)
② 난독화(Obfuscation)
③ 디버깅(Debugging)
④ 언패킹(Unpacking)

002 □□□

2022년 국회직(07)

백도어 탐지 방법으로 옳지 않은 것은?

① 현재 동작 중인 프로세스 및 열린 포트 확인
② SetUID 파일 검사
③ 백신 등 바이러스 탐지 툴 사용
④ 무결성 검사
⑤ 실행파일 패킹

003 □□□

2023년 국가직(09)

다음 중 (가)와 (나)에 들어갈 용어를 바르게 연결한 것은?

> 악성 코드의 정적 분석은 파일을 (가) 하여 상세한 동작을 분석하는 단계로 악성 코드 파일을 역공학 분석하여 그 구조, 핵심이 되는 명령 부분, 동작 방식 등을 알아내는 것을 목표로 한다. 이를 위하여 역공학 분석을 위한 (나) 와/과 같은 도구를 활용한다.

	(가)	(나)
①	패킹	OllyDbg
②	패킹	Regshot
③	디스어셈블링	Regshot
④	디스어셈블링	OllyDbg

004 □□□

2024년 국가직(11)

역공학을 위해 로우레벨 언어에서 하이레벨 언어로 변환할 목적을 가진 도구는?

① 디버거(Debugger)
② 디컴파일러(Decompiler)
③ 패커(Packer)
④ 어셈블러(Assembler)

CHAPTER 10

소프트웨어 개발 보안가이드

정답 및 해설 p.72

001 □□□

2018년 지방직(09)

전자정부 SW 개발·운영자를 위한 소프트웨어 개발보안 가이드상 분석·설계 단계 보안요구항목과 구현 단계 보안 약점을 연결한 것으로 옳지 않은 것은?

	분석·설계 단계 보안요구항목	구현 단계 보안 약점
①	DBMS 조회 및 결과 검증	SQL 삽입
②	디렉터리 서비스 조회 및 결과 검증	LDAP 삽입
③	웹 서비스 요청 및 결과 검증	크로스사이트 스크립트
④	보안기능 동작에 사용되는 입력값 검증	솔트 없이 일방향 해시함수 사용

002 □□□

2023년 국가직(10)

프로그램 입력 값에 대한 검증 누락, 부적절한 검증 또는 데이터의 잘못된 형식 지정으로 인해 발생할 수 있는 보안 공격이 아닌 것은?

① HTTP GET 플러딩

② SQL 삽입

③ 크로스사이트 스크립트

④ 버퍼 오버플로우

버퍼 오버플로우(Buffer Overflow)

정답 및 해설 p.73

001 □□□

2014년 서울시(19)

다음에서 설명하고 있는 공격은 무엇인가?

> 이 공격은 할당된 메모리 경계에 대한 검사를 하지 않는 프로그램의 취약점을 이용해서 공격자가 원하는 데이터를 덮어 쓰는 방식이다. 만약 실행 코드가 덮어써진다면 공격자가 원하는 방향으로 프로그램이 동작하게 할 수 있다.

① Buffer overflow 공격
② SQL injection 공격
③ IP spoofing 공격
④ Format String 공격
⑤ Privilege escalation 공격

002 □□□

2015년 지방직(18)

스택 버퍼오버플로(overflow) 공격에 대응하기 위한 방어 수단에 해당하지 않는 것은?

① 문자열 조작 루틴과 같은 불안전한 표준 라이브러리 루틴을 안전한 것으로 교체한다.
② 함수의 진입과 종료 코드를 조사하고 함수의 스택 프레임에 손상이 있는지를 검사한다.
③ 한 사용자가 프로그램에 제공한 입력이 다른 사용자에게 출력될 수 있도록 한다.
④ 매 실행 시마다 각 프로세스 안의 스택이 다른 곳에 위치하도록 한다.

003 □□□

2016년 국가직(11)

버퍼 오버플로우에 대한 설명으로 옳지 않은 것은?

① 프로세스 간의 자원 경쟁을 유발하여 권한을 획득하는 기법으로 활용된다.
② C 프로그래밍 언어에서 배열에 기록되는 입력 데이터의 크기를 검사하지 않으면 발생할 수 있다.
③ 버퍼에 할당된 메모리의 경계를 침범해서 데이터 오류가 발생하게 되는 상황이다.
④ 버퍼 오버플로우 공격의 대응책 중 하나는 스택이나 힙에 삽입된 코드가 실행되지 않도록 하는 것이다.

004 □□□

2016년 지방직(07)

다음 중 스택 버퍼 오버플로우 공격의 수행 절차를 순서대로 바르게 나열한 것은?

> ㄱ. 특정 함수의 호출이 완료되면 조작된 반환 주소인 공격 쉘 코드의 주소가 반환된다.
> ㄴ. 루트 권한으로 실행되는 프로그램상에서 특정 함수의 스택 버퍼를 오버플로우 시켜서 공격 쉘 코드가 저장되어 있는 버퍼의 주소로 반환 주소를 변경한다.
> ㄷ. 공격 쉘 코드를 버퍼에 저장한다.
> ㄹ. 공격 쉘 코드가 실행되어 루트 권한을 획득하게 된다.

① ㄱ → ㄴ → ㄷ → ㄹ
② ㄱ → ㄷ → ㄴ → ㄹ
③ ㄷ → ㄴ → ㄱ → ㄹ
④ ㄷ → ㄱ → ㄴ → ㄹ

005 □□□

2016년 서울시(03)

Stack에 할당된 Buffer overflow Attack에 대응할 수 있는 안전한 코딩(Secure Coding) 기술에 대한 설명으로 옳지 않은 것은?

① 프로그램이 버퍼가 저장할 수 있는 것보다 많은 데이터를 입력하지 않는다.
② 프로그램은 할당된 버퍼 경계 밖의 메모리 영역은 참조하지 않으므로 버퍼 경계 안에서 발생될 수 있는 에러를 수정해 주면 된다.
③ gets()나 strcpy()와 같이 버퍼 오버플로우에 취약한 라이브러리 함수는 사용하지 않는다.
④ 입력에 대해서 경계 검사(Bounds Checking)를 수행해 준다.

006 □□□

2016년 국회직(06)

CPU의 NX(No-Execute) 비트 기술을 활용하여 효과적으로 차단할 수 있는 공격 유형으로 옳은 것은?

① Cross-Site Scripting 공격
② Denial of Service 공격
③ ARP Spoofing 공격
④ SQL Injection 공격
⑤ Buffer Overflow 공격

007 □□□

2017년 국가직(12)

메모리 영역에 비정상적인 데이터나 비트를 채워 시스템의 정상적인 동작을 방해하는 공격 방식은 무엇인가?

① Spoofing ② Buffer overflow
③ Sniffing ④ Scanning

008 □□□

2017년 국회직(18)

다음 중 버퍼 오버플로우(Buffer Overflow)에 취약한 C언어 함수로 옳지 않은 것은?

① int scanf(const char *format , ...);
② char *gets(char *buf);
③ int strcmp(const char *str1, const char *str2);
④ char *realpath(const char *path, char *resolved_path);
⑤ char *strcat(char *dest, const char *src);

009 □□□

2018년 서울시(09)

메모리 변조 공격을 방지하기 위한 기술 중 하나로, 프로세스의 중요 데이터 영역의 주소를 임의로 재배치하여 공격자가 공격 대상 주소를 예측하기 어렵게 하는 방식으로 가장 옳은 것은?

① canary ② ASLR
③ no-execute ④ Buffer overflow

010 □□□

2018년 지방교행(20)

다음은 C 언어 소스코드의 일부이다. 이 소스코드 ㉠ ~ ㉣에서 오버플로우 취약점을 가진 행은?

```
#include <stdio.h>
#include <stdlib.h>
#include <string.h>
#define BUFSIZE 10
int main(int argc, char **argv)
{
    char *dest = NULL; ---------------- ㉠
    dest = (char *)malloc(BUFSIZE); ---- ㉡
    strcpy(dest, argv[1]); ---------------- ㉢
    free(dest);
    return 0; --------------------------- ㉣
}
```

① ㉠ ② ㉡
③ ㉢ ④ ㉣

PART 3 해커스공무원 곽후근 정보보호론 단원별 기출문제집

011 □□□

2019년 국가직(16)

버퍼 오버플로우(Buffer Overflow) 공격에 대한 대응으로 해당하지 않는 것은?

① 스택 스매싱(Stack Smashing)
② 스택 가드(Stack Guard)
③ Non-Executable 스택
④ 안전한 함수 사용

012 □□□

2019년 지방직(09)

버퍼 오버플로우 공격 대응 방법 중 ASLR(Address Space Layout Randomization)에 대한 설명으로 옳은 것은?

① 함수의 복귀 주소 위조 시, 공격자가 원하는 메모리 공간의 주소를 지정하기 어렵게 한다.
② 함수의 복귀 주소와 버퍼 사이에 랜덤(Random) 값을 저장하여 해당 주소의 변조 여부를 탐지한다.
③ 스택에 있는 함수 복귀 주소를 실행 가능한 임의의 libc 영역 내 주소로 지정하여 공격자가 원하는 함수의 실행을 방해한다.
④ 함수 호출 시 복귀 주소를 특수 스택에 저장하고 종료 시 해당 스택에 저장된 값과 비교하여 공격을 탐지한다.

013 □□□

2020년 국회직(04)

다음 프로그램이 취약한 공격 유형은 무엇인가?

```
#define BUFSIZE 256
int main(int argc, char **argv) {
   char *buf;
   buf = (char *)malloc(sizeof(char)*BUFSIZE);
   strcpy(buf, argv[1]);
}
```

① 스택 버퍼 오버플로우 공격
② 힙 버퍼 오버플로우 공격
③ 포맷 스트링 공격
④ 정수 오버플로우 공격
⑤ 레이스 컨디션 공격

014 □□□

2022년 국회직(13)

버퍼 오버플로(Buffer Overflow) 공격에 대한 설명으로 옳지 않은 것은?

① 데이터 길이에 대한 불명확한 정의를 악용한 공격이다.
② 버퍼 오버플로 공격에 취약한 함수로 strcpy, strcat, gets, scanf 등이 있다.
③ printf와 같은 함수에서 포맷스트링이 포함된 문자열을 통해 공격이 이루어진다.
④ 스택 버퍼 오버플로 공격으로 해커의 공격 코드가 실행되지 않도록, 스택 가드(Stack Guard), 스택 쉴드(Stack Shield) 등의 방어 기법이 적용될 수 있다.
⑤ 입력 데이터의 길이에 대한 정의를 포함하는 snprintf, fgets 등의 함수 사용이 권장된다.

레이스 컨디션(Race Condition)

정답 및 해설 p.76

001 □□□ 2017년 지방직(09)

다음에서 설명하는 보안 공격 기법은 무엇인가?

- 두 프로세스가 자원을 서로 사용하려고 하는 것을 이용한 공격이다.
- 시스템 프로그램과 공격 프로그램이 서로 자원을 차지하기 위한 상태에 이르게 하여 시스템 프로그램이 갖는 권한으로 파일에 접근을 가능하게 하는 공격방법을 말한다.

① Buffer Overflow 공격
② Format String 공격
③ MITB(Man-In-The-Browser) 공격
④ Race Condition 공격

CHAPTER 13

윈도우 로그 분석

유닉스 로그 분석

정답 및 해설 p.76

001 □□□ 2015년 국가직(08)

다음 중 유닉스(Unix)의 로그 파일과 기록되는 내용을 바르게 연결한 것은?

ㄱ. history - 명령창에 실행했던 명령 내역
ㄴ. sulog - su 명령어 사용 내역
ㄷ. xferlog - 실패한 로그인 시도 내역
ㄹ. loginlog - FTP 파일 전송 내역

① ㄱ, ㄴ
② ㄱ, ㄷ
③ ㄴ, ㄷ
④ ㄷ, ㄹ

002 □□□ 2016년 서울시(05)

Linux system의 바이너리 로그파일인 btmp(솔라리스의 경우는 loginlog 파일)를 통해 확인할 수 있는 공격은 무엇인가?

① Password Dictionary Attack
② SQL Injection Attack
③ Zero Day Attack
④ SYN Flooding Attack

003 □□□
2018년 국가직(15)

유닉스/리눅스 시스템의 로그 파일에 기록되는 정보에 대한 설명으로 옳지 않은 것은?

① utmp: 로그인, 로그아웃 등 현재 시스템 사용자의 계정 정보
② loginlog: 성공한 로그인에 대한 내용
③ pacct: 시스템에 로그인한 모든 사용자가 수행한 프로그램 정보
④ btmp: 실패한 로그인 시도

004 □□□
2018년 지방교행(04)

다음 중 리눅스 시스템에서 침해사고 분석 시 wtmp 로그파일에서 확인할 수 있는 정보로 <보기>에서 옳은 것만을 모두 고른 것은?

<보기>

ㄱ. 재부팅 시간 정보
ㄴ. 사용자의 로그인/로그아웃 정보
ㄷ. 로그인에 실패한 사용자의 IP 주소

① ㄱ　　② ㄴ
③ ㄱ, ㄴ　　④ ㄱ, ㄴ, ㄷ

005 □□□
2019년 국가직(07)

다음의 결과에 대한 명령어로 옳은 것은?

```
Thu Feb 7 20:33:56 20191 198.188.2.2 861486
/tmp/12-67-ftp1.bmp b_o r freeexam ftp 0 * c 861486 0
```

① cat /var/adm/messages
② cat /var/log/xferlog
③ cat /var/adm/loginlog
④ cat /etc/security/audit_event

006 □□□
2020년 국회직(08)

리눅스 시스템에서 사용자 로그인 실패 정보가 저장되는 파일은 무엇인가?

① btmp　　② extmp
③ wtmp　　④ utmp
⑤ atmp

007 □□□
2021년 국가직(11)

시스템 내 하드웨어의 구동, 서비스의 동작, 에러 등의 다양한 이벤트를 선택·수집하여 로그로 저장하고 이를 다른 시스템에 전송할 수 있도록 해 주는 유닉스의 범용 로깅 메커니즘은 무엇인가?

① utmp　　② syslog
③ history　　④ pacct

CHAPTER 15

침입 추적

정답 및 해설 p.77

001 □□□ 2014년 국회직(08)

NTFS 파일시스템에 대한 설명으로 옳지 않은 것은?

① 파티션에 대한 접근 권한 설정이 가능
② 사용자별 디스크 사용 공간 제어 가능
③ 기본 NTFS 보안 변경 시 사용자별 NTFS 보안 적용 가능
④ 미러(Mirror)와 파일 로그가 유지되어 비상 시 파일 복구 가능
⑤ 파일에 대한 압축과 암호화를 지원하지 않음

CHAPTER 16

그 외

정답 및 해설 p.77

001 □□□

2018년 지방직(03)

다음 중 보안 관리 대상에 대한 설명으로 ㉠ ~ ㉢에 들어갈 용어는?

> ㉠ 시스템과 네트워크의 접근 및 사용 등에 관한 중요 내용이 기록되는 것을 말한다.
> ㉡ 사용자와 시스템 또는 두 시스템 간의 활성화된 접속을 말한다.
> ㉢ 자산에 손실을 초래할 수 있는 원치 않는 사건의 잠재적 원인이나 행위자를 말한다.

	㉠	㉡	㉢
①	로그	세션	위험
②	로그	세션	위협
③	백업	쿠키	위험
④	백업	쿠키	위협

002 □□□

2019년 서울시(16)

윈도우 운영체제에서의 레지스트리(Registry)에 대한 설명으로 가장 옳은 것은?

① 레지스트리 변화를 분석함으로써 악성코드를 탐지할 수 있다.
② 레지스트리는 운영체제가 관리하므로 사용자가 직접 조작할 수 없다.
③ 레지스트리 편집기를 열었을 때 보이는 다섯 개의 키를 하이브(Hive)라고 부른다.
④ HKEY_CURRENT_CONFIG는 시스템에 로그인하고 있는 사용자와 관련된 시스템 정보를 저장한다.

003 □□□

2023년 지방직(17)

윈도우 최상위 레지스트리에 대한 설명으로 옳지 않은 것은?

① HKEY_LOCAL_MACHINE은 로컬 컴퓨터의 하드웨어와 소프트웨어의 설정을 저장한다.
② HKEY_CLASSES_ROOT는 파일 타입 정보와 관련된 속성을 저장하는 데 사용된다.
③ HKEY_CURRENT_USER는 현재 로그인한 사용자의 설정을 저장한다.
④ HKEY_CURRENT_CONFIG는 커널, 실행 중인 드라이버 또는 프로그램과 서비스에 의해 제공되는 성능 데이터를 실시간으로 제공한다.

PART 4

관리체계

개요

정답 및 해설 p.78

001 □□□ 2015년 지방직(10)

ISO 27001의 ISMS(Information Security Management System) 요구사항에 대한 내용으로 옳지 않은 것은?

① 자산 관리: 정보 보호 관련 사건 및 취약점에 대한 대응
② 보안 정책: 보안 정책, 지침, 절차의 문서화
③ 인력 자원 보안: 인력의 고용 전, 고용 중, 고용 만료 후 단계별 보안의 중요성 강조
④ 준거성: 조직이 준수해야 할 정보 보호의 법적 요소

002 □□□ 2016년 국가직(04)

ISO/IEC 27001의 보안 위험 관리를 위한 PDCA 모델에 대한 설명으로 옳지 않은 것은?

① IT기술과 위험 환경의 변화에 대응하기 위하여 반복되어야 하는 순환적 프로세스이다.
② Plan 단계에서는 보안 정책, 목적, 프로세스 및 절차를 수립한다.
③ Do 단계에서는 수립된 프로세스 및 절차를 구현하고 운영한다.
④ Act 단계에서는 성과를 측정하고 평가한다.

003 □□□ 2016년 국가직(15)

ISO/IEC 27002 보안 통제의 범주에 대한 설명으로 옳지 않은 것은?

① 보안 정책: 비즈니스 요구사항, 관련 법률 및 규정을 준수하여 관리 방향 및 정보 보안 지원을 제공
② 인적 자원 보안: 조직 내의 정보 보안 및 외부자에 의해 사용되는 정보 및 자원 관리
③ 자산 관리: 조직의 자산에 대한 적절한 보호를 성취하고 관리하며, 정보가 적절히 분류될 수 있도록 보장
④ 비즈니스 연속성 관리: 비즈니스 활동에 대한 방해에 대처하고, 중대한 비즈니스 프로세스를 정보 시스템 실패 또는 재난으로부터 보호하며, 정보 시스템의 시의 적절한 재개를 보장

004 □□□ 2016년 지방직(13)

다음 설명에 해당하는 OECD 개인정보보호 8 원칙으로 옳은 것은?

개인정보는 이용 목적상 필요한 범위 내에서 개인정보의 정확성, 완전성, 최신성이 확보되어야 한다.

① 이용 제한의 원칙(Use Limitation Principle)
② 정보 정확성의 원칙(Data Quality Principle)
③ 안전성 확보의 원칙(Security Safeguards Principle)
④ 목적 명시의 원칙(Purpose Specification Principle)

005 □□□

2016년 서울시(19)

ISO 27001의 통제 영역별 주요 내용으로 옳은 것은?

① 정보보안 조직: 정보보호에 대한 경영진의 방향성 및 지원을 제공
② 인적 자원 보안: 정보에 대한 접근을 통제
③ 정보보안 사고 관리: 사업장의 비인가된 접근 및 방해 요인을 예방
④ 통신 및 운영 관리: 정보처리시설의 정확하고 안전한 운영을 보장

006 □□□

2017년 국가직(추가)(18)

ISO 27001:2013의 통제 항목에 해당하지 않는 것은?

① 정보보호 정책(information security policy)
② 자산 관리(asset management)
③ 모니터링과 검토(monitoring and review)
④ 정보보호 사고관리(information security incident management)

007 □□□

2018년 지방직(01)

ISO/IEC 27001에서 제시된 정보보안관리를 위한 PDCA 모델에서 ISMS의 지속적 개선을 위해 시정 및 예방 조치를 하는 단계는?

① Plan ② Do
③ Check ④ Act

008 □□□

2019년 지방직(02)

OECD 개인정보보호 8개 원칙 중 다음에서 설명하는 것은 무엇인가?

개인정보 침해, 누설, 도용을 방지하기 위한 물리적·조직적·기술적인 안전조치를 확보해야 한다.

① 수집 제한의 원칙(Collection Limitation Principle)
② 이용 제한의 원칙(Use Limitation Principle)
③ 정보 정확성의 원칙(Data Quality Principle)
④ 안전성 확보의 원칙(Security Safeguards Principle)

009 □□□
2020년 지방직(19)

ISO/IEC 27001:2013 보안관리 항목을 PDCA 모델에 적용할 때, 점검(check)에 해당하는 항목은 무엇인가?

① 성과평가(performance evaluation)
② 개선(improvement)
③ 운영(operation)
④ 지원(support)

010 □□□
2021년 국가직(14)

국제 정보보호 표준(ISO 27001:2013 Annex)은 14개 통제 영역에 대하여 114개 통제 항목을 정의하고 있다. 통제 영역의 하나인 물리적 및 환경적 보안에 속하는 통제 항목에 대한 설명에 해당하지 않는 것은?

① 보안 구역은 인가된 인력만의 접근을 보장하기 위하여 적절한 출입 통제로 보호한다.
② 자연 재해, 악의적인 공격 또는 사고에 대비한 물리적 보호를 설계하고 적용한다.
③ 데이터를 전송하거나 정보 서비스를 지원하는 전력 및 통신 배선을 도청, 간섭, 파손으로부터 보호한다.
④ 정보보호에 영향을 주는 조직, 업무 프로세스, 정보 처리 시설, 시스템의 변경을 통제한다.

011 □□□
2021년 지방직(05)

ISO 27001의 정보보호영역(통제 분야)에 해당하지 않은 것은?

① 소프트웨어 품질 보증(Software Quality Assurance)
② 접근통제(Access Control)
③ 암호화(Cryptography)
④ 정보보안 사고관리(Information Security Incident Management)

012 □□□
2022년 국가직(15)

ISO/IEC 27001의 통제영역에 해당하지 않은 것은?

① 정보보호 조직
② IT 재해복구
③ 자산 관리
④ 통신 보안

013 □□□
2024년 지방직(17)

다음은 「OECD 프라이버시 프레임워크」(2013)에서 제시한 개인정보보호 원칙을 설명한 것이다. (가)와 (나)에 해당하는 것을 A ~ D에서 바르게 연결한 것은?

> (가) 개인 데이터의 수집에는 제한이 있어야 하고 그러한 정보는 적법하고 공정한 방법에 의해 얻어져야 하며, 정보주체의 적절한 인지 또는 동의가 있어야 한다.
> (나) 개인 데이터는 사용목적과 관계가 있어야 하고 그 목적에 필요한 한도 내에서 정확하고, 완전하며, 최신의 것이어야 한다.

> A. 수집 제한의 원칙(collection limitation principle)
> B. 목적 명확화의 원칙(purpose specification principle)
> C. 데이터 품질 원칙(data quality principle)
> D. 개인 참여의 원칙(individual participation principle)

	(가)	(나)
①	A	B
②	A	C
③	D	B
④	D	C

ISMS/PIMS

정답 및 해설 p.80

001 □□□ 2014년 지방직(04)

다음 설명에 해당하는 것은 무엇인가?

> 기업이 개인정보 보호 활동을 체계적·지속적으로 수행하기 위해 필요한 보호조치 체계를 구축하였는지 점검하여 일정 수준 이상의 기업에 인증을 부여하는 제도로서, 한국인터넷진흥원(KISA)에서 시행 중인 인증제도

① TCSEC ② CC
③ PIMS ④ ITSEC

002 □□□ 2015년 국가직(14)

개인정보 보호인증(PIPL) 제도에 대한 설명으로 옳은 것은?

① 물리적 안전성 확보조치 심사 영역에는 악성 소프트웨어 통제 심사 항목이 있다.
② 인증절차는 인증심사 준비 단계, 심사 단계, 인증 단계로 구성되며, 인증유지관리를 위한 유지관리 단계가 있다.
③ 개인정보 보호를 위해 관리계획수립과 조직 구축은 정보주체 권리보장 심사 영역에 속한다.
④ 인증을 신청할 수 있는 기관은 공공기관에 한정한다.

003 □□□ 2016년 국가직(18)

국내 정보보호관리체계(ISMS)의 관리 과정 5단계 중 위험 관리 단계의 통제 항목에 해당하지 않는 것은?

① 위험 관리 방법 및 계획 수립
② 정보보호 대책 선정 및 이행 계획 수립
③ 정보보호 대책의 효과적 구현
④ 위험 식별 및 평가

004 □□□ 2016년 지방직(14)

현행 우리나라의 정보보호 관리체계(ISMS) 인증에 대한 설명으로 옳지 않은 것은?

① 정보통신망 이용 촉진 및 정보보호 등에 관한 법률에 근거를 두고 있다.
② 인증 심사의 종류에는 최초 심사, 사후 심사, 갱신 심사가 있다.
③ 인증에 유효 기간은 정해져 있지 않다.
④ 정보통신망의 안정성·신뢰성 확보를 위하여 관리적·기술적·물리적 보호조치를 포함한 종합적 관리체계를 수립·운영하고 있는 자에 대하여 인증 기준에 적합한지에 관하여 인증을 부여하는 제도이다.

005 □□□

2016년 서울시(14)

다음 중 ISMS(Information Security Management System)의 각 단계에 대한 설명으로 옳은 것은?

① 계획: ISMS 모니터링과 검토
② 조치: ISMS 관리와 개선
③ 수행: ISMS 수립
④ 점검: ISMS 구현과 운영

006 □□□

2016년 국회직(19)

국내 정보보호 관리체계(ISMS) 인증에 관한 평가 기준 중 시스템 개발 보안에 대한 통제사항으로 옳지 않은 것은?

① 정보시스템 설계 시 사용자 인증에 관한 보안 요구사항을 고려하여야 한다.
② 알려진 기술적 보안 취약성에 대한 노출 여부를 점검하고 이에 대한 보안대책을 수립하여야 한다.
③ 소스 프로그램은 운영 환경에 보관하는 것을 원칙으로 하고, 인가된 사용자만 소스 프로그램에 접근하여야 한다.
④ 개발 및 시험 시스템은 운영 시스템에 대한 비인가 접근 및 변경의 위험을 감소하기 위해 원칙적으로 분리하여야 한다.
⑤ 운영 환경으로의 이관은 통제된 절차에 따라 이루어져야 하고, 실행 코드는 시험과 사용자 인수 후 실행하여야 한다.

007 □□□

2017년 국가직(05)

'정보시스템과 네트워크의 보호를 위한 OECD 가이드라인' (2002)에서 제시한 원리(principle) 중 "참여자들은 정보시스템과 네트워크 보안의 필요성과 그 안전성을 향상하기 위하여 할 수 있는 사항을 알고 있어야 한다."에 해당하는 것은?

① 인식(Awareness)
② 책임(Responsibility)
③ 윤리(Ethics)
④ 재평가(Reassessment)

008 □□□

2017년 지방직(추가)(17)

다음에서 설명하는 것은 무엇인가?

> 개인정보 처리자의 자율적인 개인정보 보호활동을 촉진하고 지원하기 위한 인증 업무이며, 공공 기관, 민간기업, 법인, 단체 및 개인 등 모든 공공 기관 및 민간 개인정보 처리자를 대상으로 개인정보보호 관리체계 구축 및 개인정보보호 조치 사항을 이행하고 일정한 보호 수준을 갖춘 경우 인증마크를 부여하는 제도이다.

① SECU-STAR(Security Assessment for Readiness)
② PIPL(Personal Information Protection Level)
③ EAL(Evaluation Assurance Level)
④ ISMS(Information Security Management System)

009 □□□ 2017년 지방직(추가)(18)

개인정보보호 관리체계(PIMS) 인증에 대한 설명으로 옳지 않은 것은?

① 한국인터넷진흥원이 PIMS 인증기관으로 지정되어 있다.
② PIMS 인증 후, 2년간의 유효 기간이 있다.
③ PIMS 인증 신청은 민간 기업 자율에 맡긴다.
④ PIMS 인증 취득 기업은 개인정보 사고 발생 시 과징금 및 과태료를 경감 받을 수 있다.

010 □□□ 2018년 국회직(12)

정보통신망의 안전성 확보를 위해 수립하는 기술적, 물리적, 관리적 보호조치 등 종합적인 정보보호 관리체계 인증 제도는 무엇인가?

① PIMS(Personal Information Management System)
② ISMS(Information Security Management System)
③ ITSEC(Information Technology Security Evaluation Criteria)
④ CMVP(Cryptographic Module Validation Program)
⑤ KCMVP(Korea Cryptographic Module Validation Program)

011 □□□ 2019년 지방직(10)

국내의 기관이나 기업이 정보 및 개인정보를 체계적으로 보호할 수 있도록 통합된 관리체계 인증제도는 무엇인가?

① PIPL-P ② ISMS-I
③ PIMS-I ④ ISMS-P

012 □□□ 2019년 서울시(20)

정보보호 및 개인정보보호 관리체계인증(ISMS-P)에 대한 설명으로 가장 옳지 않은 것은?

① 정보보호 관리체계 인증만 선택적으로 받을 수 있다.
② 개인정보 제공 시 뿐만 아니라 파기 시의 보호조치도 포함한다.
③ 위험 관리 분야의 인증기준은 보호대책 요구사항 영역에서 규정한다.
④ 관리 체계 수립 및 운영 영역은 Plan, Do, Check, Act의 사이클에 따라 지속적이고 반복적으로 실행되는지 평가한다.

013 □□□

2021년 지방직(17)

정보보호 및 개인정보보호 관리체계 인증에 대한 설명으로 옳은 것은?

① 인증기관 지정의 유효기간은 2년이다.
② 사후심사는 인증 후 매년 사후관리를 위해 실시된다.
③ 인증심사 기준은 12개 분야 92개 통제 사항이다.
④ 인증심사원은 2개 등급으로 구분된다.

014 □□□

2023년 국가직(04)

다음에서 설명하는 국내 인증 제도는 무엇인가?

- 「정보통신망 이용촉진 및 정보보호 등에 관한 법률」에 의한 정보보호 관리체계 인증과 「개인정보 보호법」에 의한 개인정보보호 관리체계 인증에 관한 사항을 통합하여 한국인터넷진흥원과 금융보안원에서 인증하고 있다.
- 한국정보통신진흥협회, 한국정보통신기술협회, 개인정보보호협회에서 인증심사를 수행하고 있다.

① CC ② BS7799
③ TCSEC ④ ISMS-P

015 □□□

2023년 지방직(10)

ISMS-P 인증 기준의 세 영역 중 하나인 관리체계 수립 및 운영에 해당하지 않는 것은?

① 관리체계 기반 마련
② 위험 관리
③ 관리체계 점검 및 개선
④ 정책, 조직, 자산 관리

016 □□□

2023년 지방직(20)

다음 ISMS-P 인증 기준 중 사고 예방 및 대응 분야의 점검 항목만을 모두 고르면?

ㄱ. 백업 및 복구 관리
ㄴ. 취약점 점검 및 조치
ㄷ. 이상행위 분석 및 모니터링
ㄹ. 재해 복구 시험 및 개선

① ㄱ, ㄴ ② ㄱ, ㄹ
③ ㄴ, ㄷ ④ ㄷ, ㄹ

017 □□□

2024년 국가직(19)

다음에서 설명하는 ISMS-P의 단계는?

- 조직의 업무특성에 따라 정보자산 분류기준을 수립하여 관리체계 범위 내 모든 정보자산을 식별 · 분류하고, 중요도를 산정한 후 그 목록을 최신으로 관리하여야 한다.
- 관리체계 전 영역에 대한 정보서비스 및 개인정보 처리 현황을 분석하고 업무 절차와 흐름을 파악하여 문서화하며, 이를 주기적으로 검토하여 최신성을 유지하여야 한다.
- 위험 평가 결과에 따라 식별된 위험을 처리하기 위하여 조직에 적합한 보호대책을 선정하고, 보호대책의 우선순위와 일정 · 담당자 · 예산 등을 포함한 이행계획을 수립하여 경영진의 승인을 받아야 한다.

① 위험 관리
② 관리체계 운영
③ 관리체계 기반 마련
④ 관리체계 점검 및 개선

018 □□□

2024년 지방직(18)

ISMS-P의 보호대책 요구사항 중 '외부자 보안' 인증 항목에 해당하지 않는 것은?

① 보호 구역 지정
② 외부자 현황 관리
③ 외부자 보안 이행 관리
④ 외부자 계약 변경 및 만료 시 보안

CHAPTER 03 보안 조직과 보안 정책

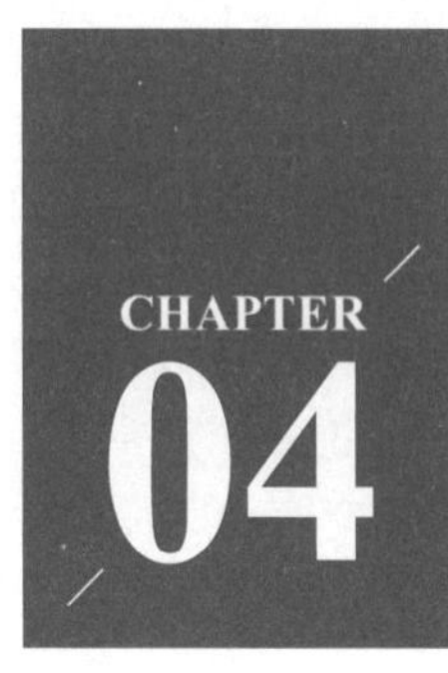

CHAPTER 04 위험 관리

정답 및 해설 p.83

001 □□□ 2014년 국가직(19)

위험 관리 요소에 대한 설명으로 옳지 않은 것은?

① 위험은 위협 정도, 취약성 정도, 자산 가치 등의 함수관계로 산정할 수 있다.

② 취약성은 자산의 약점(weakness) 또는 보호대책의 결핍으로 정의할 수 있다.

③ 위험 회피로 조직은 편리한 기능이나 유용한 기능 등을 상실할 수 있다.

④ 위험 관리는 위협 식별, 취약점 식별, 자산 식별 등의 순서로 이루어진다.

002 □□□ 2015년 국가직(06)

위험 분석에 대한 설명으로 옳지 않은 것은?

① 자산의 식별된 위험을 처리하는 방안으로는 위험 수용, 위험 회피, 위험 전가 등이 있다.

② 자산의 가치 평가를 위해 자산구입비용, 자산유지보수비용 등을 고려할 수 있다.

③ 자산의 적절한 보호를 위해 소유자와 책임소재를 지정함으로써 자산의 책임추적성을 보장받을 수 있다.

④ 자산의 가치 평가 범위에 데이터베이스, 계약서, 시스템 유지 보수 인력 등은 제외된다.

003 □□□
2016년 국가직(02)

다음 중 보안 요소에 대한 설명과 용어가 바르게 짝지어진 것은?

> ㄱ. 자산의 손실을 초래할 수 있는 원하지 않는 사건의 잠재적인 원인이나 행위자
> ㄴ. 원하지 않는 사건이 발생하여 손실 또는 부정적인 영향을 미칠 가능성
> ㄷ. 자산의 잠재적인 속성으로서 위협의 이용 대상이 되는 것

	ㄱ	ㄴ	ㄷ
①	위협	취약점	위험
②	위협	위험	취약점
③	취약점	위협	위험
④	위험	위협	취약점

004 □□□
2016년 국가직(09)

식별된 위험에 대처하기 위한 정보보안 위험 관리의 위험 처리 방안 중, 불편이나 기능 저하를 감수하고라도 위험을 발생시키는 행위나 시스템 사용을 하지 않도록 조치하는 방안은 무엇인가?

① 위험 회피 ② 위험 감소
③ 위험 수용 ④ 위험 전가

005 □□□
2016년 지방직(18)

다음 중 위험 분석 방법에 대한 설명을 바르게 나열한 것은?

> ㄱ. 시스템에 관한 전문적인 지식을 가진 전문가 집단을 구성하고 토론을 통해 정보시스템이 직면한 다양한 위협과 취약성을 분석하는 방법이다.
> ㄴ. 자산의 가치 분석, 위협 분석, 취약점 분석을 수행하여 위험을 분석하는 방법이다.
> ㄷ. 표준화된 보호대책의 세트를 체크리스트 형태로 구현하여 이를 기반으로 보호대책을 식별하는 방법이다.

	ㄱ	ㄴ	ㄷ
①	시나리오법	기준선 접근법	상세위험분석 접근법
②	시나리오법	상세위험분석 접근법	기준선 접근법
③	델파이법	기준선 접근법	상세위험분석 접근법
④	델파이법	상세위험분석 접근법	기준선 접근법

006 □□□
2016년 국회직(20)

ISO/IEC 17799와 같은 정보보호 관리체계 표준에서 나열된 보안 통제 사항들을 근거로 시스템에 대한 보안 위험을 분석하는 방법으로 옳은 것은?

① 비정형화된 접근법(Informal Approach)
② 기준 접근법(Baseline Approach)
③ 상세위험 분석 (Detailed Risk Analysis)
④ 통합 접근법(Combined Approach)
⑤ 시나리오 접근법(Scenario Approach)

007 □□□

2017년 국가직(16)

위험 분석 및 평가방법론 중 성격이 다른 것은?

① 확률분포법 ② 시나리오법
③ 순위결정법 ④ 델파이법

008 □□□

2017년 지방직(12)

다음 중 위험 관리 과정에 대한 설명으로 ㉠, ㉡에 들어갈 용어로 옳은 것은?

> (가) (㉠) 단계는 조직의 업무와 연관된 정보, 정보시스템을 포함한 정보자산을 식별하고, 해당 자산의 보안성이 상실되었을 때의 결과가 조직에 미칠 수 있는 영향을 고려하여 가치를 평가한다.
> (나) (㉡) 단계는 식별된 자산, 위협 및 취약점을 기준으로 위험도를 산출하여 기존의 보호대책을 파악하고, 자산별 위협, 취약점 및 위험도를 정리하여 위험을 평가한다.

	㉠	㉡
①	자산식별 및 평가	위험 평가
②	자산식별 및 평가	취약점 분석 및 평가
③	위험 평가	가치 평가 및 분석
④	가치 평가 및 분석	취약점 분석 및 평가

009 □□□

2017년 지방직(추가)(13)

조직의 정보자산을 보호하기 위하여 정보자산에 대한 위협과 취약성을 분석하여 비용 대비 적절한 보호 대책을 마련함으로써 위험을 감수할 수 있는 수준으로 유지하는 일련의 과정은 무엇인가?

① 업무연속성 계획 ② 위험 관리
③ 정책과 절차 ④ 탐지 및 복구 통제

010 □□□

2017년 지방직(추가)(20)

위험 분석 방법 중 손실 크기를 화폐 가치로 측정할 수 없어서 위험을 기술 변수로 표현하는 정성적 분석 방법이 아닌 것은?

① 델파이법 ② 퍼지 행렬법
③ 순위 결정법 ④ 과거자료 접근법

011 □□□

2018년 지방직(18)

정보자산에 대한 위험분석에서 사용하는 ALE(Annualized Loss Expectancy, 연간예상손실액), SLE(Single Loss Expectancy, 1회 손실 예상액), ARO(Annualized Rate of Occurrence, 연간발생빈도) 사이의 관계로 옳은 것은?

① ALE = SLE + ARO　② ALE = SLE × ARO
③ SLE = ALE + ARO　④ SLE = ALE × ARO

012 □□□

2019년 국회직(14)

전문가의 경험과 지식을 활용하여 빠르게 진행되는 위험 분석 접근법은 무엇인가?

① 비정형 접근법(Informal Approach)
② 상세 위험 분석 접근법(Detailed Risk Analysis)
③ 기준 접근법(Baseline Approach)
④ 수학 공식 접근법(Math Formula Approach)
⑤ 단위 접근법(Unit Approach)

013 □□□

2020년 국가직(01)

정보보호 위험관리에 대한 설명으로 옳지 않은 것은?

① 자산은 조직이 보호해야 할 대상으로 정보, 하드웨어, 소프트웨어, 시설 등이 해당한다.
② 위험은 자산에 손실이 발생할 가능성과 관련되어 있으나 이로 인한 부정적인 영향을 미칠 가능성과는 무관하다.
③ 취약점은 자산이 잠재적으로 가진 약점을 의미한다.
④ 정보보호대책은 위협에 대응하여 자산을 보호하기 위한 관리적, 기술적, 물리적 대책을 의미한다.

014 □□□

2020년 국가직(14)

다음 설명에 해당하는 위험분석 및 평가 방법을 옳게 짝지은 것은?

ㄱ. 전문가 집단의 토론을 통해 정보시스템의 취약성과 위협 요소를 추정하여 평가하기 때문에 시간과 비용을 절약할 수 있지만, 정확도가 낮다.
ㄴ. 이미 발생한 사건이 앞으로 발생한다는 가정하에 수집된 자료를 통해 위험 발생 가능성을 예측하며, 자료가 많을수록 분석의 정확도가 높아진다.
ㄷ. 어떤 사건도 기대하는 대로 발생하지 않는다는 사실에 근거하여 일정 조건에서 위협에 대해 발생 가능한 결과들을 예측하며, 적은 정보를 가지고 전반적인 가능성을 추론할 수 있다.

	ㄱ	ㄴ	ㄷ
①	순위 결정법	과거자료 분석법	기준선 접근법
②	순위 결정법	점수법	기준선 접근법
③	델파이법	과거자료 분석법	시나리오법
④	델파이법	점수법	시나리오법

015 □□□

2021년 국가직(05)

다음은 IT 보안 관리를 위한 국제 표준(ISO/IEC 13335)의 위험 분석 방법에 대한 설명이다. ㉠ ~ ㉢에 들어갈 용어를 바르게 연결한 것은?

> (㉠)은 가능한 빠른 시간 내에 적정 수준의 보호를 제공한 후 시간을 두고 중요 시스템에 대한 보호 수단을 조사하고 조정하는 것을 목표로 한다. 이 방법은 모든 시스템에 대하여 (㉡)에서 제시하는 권고 사항을 구현하는 것으로 시작한다. 중요 시스템을 대상으로 위험에 즉각적으로 대응하기 위하여 비정형 접근법이 적용될 수 있다. 그리고 (㉢)에 의한 단계별 프로세스를 적절하게 수행한다. 결과적으로 시간이 흐름에 따라 비용 대비 효과적인 보안 통제가 선택되도록 할 수 있다.

	㉠	㉡	㉢
①	상세 위험 분석	기준선 접근법	복합 접근법
②	상세 위험 분석	복합 접근법	기준선 접근법
③	복합 접근법	기준선 접근법	상세 위험 분석
④	복합 접근법	상세 위험 분석	기준선 접근법

016 □□□

2022년 국회직(17)

위험분석 및 평가를 통해 도출된 위험에 대해 적절한 처리를 하고자 할 때, 접근 방법으로 옳지 않은 것은?

① 위험 수용
② 위험 감소
③ 위험 회피
④ 위험 전가
⑤ 위험 검사

017 □□□

2023년 국가직(13)

다음에서 설명하는 위험 분석 방법은 무엇인가?

> • 구조적인 방법론에 기반하지 않고 분석가의 경험이나 지식을 사용하여 위험 분석을 수행한다.
> • 중소 규모의 조직에는 적합할 수 있으나 분석가의 개인적 경험에 지나치게 의존한다는 단점이 있다.

① 기준선 접근법
② 비정형 접근법
③ 상세 위험 분석
④ 복합 접근법

018 □□□

2023년 지방직(09)

위험 평가 접근방법에 대한 설명으로 옳지 않은 것은?

① 기준(baseline) 접근법은 기준 문서, 실무 규약, 업계 최신 실무를 이용하여 시스템에 대한 가장 기본적이고 일반적인 수준에서의 보안 통제 사항을 구현하는 것을 목표로 한다.
② 비정형(informal) 접근법은 구조적인 방법론에 기반하지 않고 전문가의 지식과 경험에 따라 위험을 분석하는 것으로, 비교적 신속하고 저비용으로 진행할 수 있으나 특정 전문가의 견해 및 편견에 따라 왜곡될 우려가 있다.
③ 상세(detailed) 위험 분석은 정형화되고 구조화된 프로세스를 사용하여 상세한 위험 평가를 수행하는 것으로, 많은 시간과 비용이 드는 단점이 있는 반면에 위험에 따른 손실과 보안 대책의 비용 간의 적절한 균형을 이룰 수 있는 장점이 있다.
④ 복합(combined) 접근법은 상세 위험 분석을 제외한 기준 접근법과 비정형 접근법 두 가지를 조합한 것으로 저비용으로 빠른 시간 내에 필요한 통제 수단을 선택해야 하는 상황에서 제한적으로 활용된다.

019 □□□ 2024년 국가직(12)

위험 평가 방법에 대한 설명으로 옳지 않은 것은?

① 정성적 위험 평가는 자산에 대한 화폐가치 식별이 어려운 경우 이용한다.

② 정량적 분석법에는 델파이법, 시나리오법, 순위결정법, 브레인스토밍 등이 있다.

③ 정성적 분석법은 위험 평가 과정과 측정기준이 주관적이어서 사람에 따라 결과가 달라질 수 있다.

④ 정량적 위험 평가 방법에 의하면 연간 기대 손실은 위협이 성공했을 경우의 예상 손실액에 그 위협의 연간 발생률을 곱한 값이다.

침해 대응과 포렌식

정답 및 해설 p.86

001 □□□ 2014년 지방직(10)

디지털 포렌식의 기본 원칙에 대한 설명으로 옳지 않은 것은?

① 정당성의 원칙: 모든 증거는 적법한 절차를 거쳐서 획득되어야 한다.

② 신속성의 원칙: 컴퓨터 내부의 정보 획득은 신속하게 이루어져야 한다.

③ 연계보관성의 원칙: 증거 자료는 같은 환경에서 같은 결과가 나오도록 재현이 가능해야 한다.

④ 무결성의 원칙: 획득된 정보는 위·변조되지 않았음을 입증할 수 있어야 한다.

002 □□□ 2014년 지방직(15)

침해사고가 발생하였을 경우 조직 내의 모든 사람들이 신속하게 대처하여 침해사고로 인한 손상을 최소화하고 추가적인 손상을 막기 위한 단계는 무엇인가?

① 보안 탐지 단계 ② 대응 단계
③ 사후 검토 단계 ④ 조사와 분석 단계

003 □□□ 2015년 지방직(19)

디지털 증거의 법적 효력을 인정받기 위해 포렌식 과정에서 지켜야 하는 원칙으로 옳지 않은 것은?

① 정당성의 원칙 ② 무결성의 원칙
③ 재현의 원칙 ④ 연계추적불가능의 원칙

004 □□□ 2015년 서울시(20)

컴퓨터 포렌식(forensics)은 정보처리기기를 통하여 이루어지는 각종 행위에 대한 사실 관계를 확정하거나 증명하기 위해 행하는 각종 절차와 방법이라고 정의할 수 있다. 다음 중 컴퓨터 포렌식에 대한 설명으로 옳지 않은 것은?

① 컴퓨터 포렌식 중 네트워크 포렌식은 사용자가 웹상의 홈페이지를 방문하여 게시판 등에 글을 올리거나 읽는 것을 파악하고 필요한 증거물을 확보하는 것 등의 인터넷 응용 프로토콜을 사용하는 분야에서 증거를 수집하는 포렌식 분야이다.

② 컴퓨터 포렌식은 단순히 과학적인 컴퓨터 수사 방법 및 절차뿐만 아니라 법률, 제도 및 각종 기술 등을 포함하는 종합적인 분야라고 할 수 있다.

③ 컴퓨터 포렌식 처리 절차는 크게 증거 수집, 증거 분석, 증거 제출과 같은 단계들로 이루어진다.

④ 디스크 포렌식은 정보기기의 주·보조기억장치에 저장되어 있는 데이터 중에서 어떤 행위에 대한 증거 자료를 찾아서 분석한 보고서를 제출하는 절차와 방법을 말한다.

005 □□□

2017년 서울시(10)

포렌식의 기본 원칙 중 증거는 획득되고, 이송 · 분석 · 보관 · 법정 제출의 과정이 명확해야 함을 말하는 원칙은 무엇인가?

① 정당성의 원칙 ② 재현의 원칙
③ 연계 보관성의 원칙 ④ 신속성의 원칙

006 □□□

2017년 국회직(12)

디지털 포렌식(Digital Forensic)을 통해 획득된 증거가 법적인 효력을 갖기 위해서는 증거를 발견(Discovery), 기록(Recording), 획득(Collection), 보관(Preservation)하는 절차가 적절해야 한다. 이를 만족하기 위해 지켜야하는 기본 원칙으로 옳지 않은 것은?

① 최량 증거의 원칙 ② 재현의 원칙
③ 정당성의 원칙 ④ 신속성의 원칙
⑤ 연계보관성의 원칙

007 □□□

2017년 지방직(추가)(04)

다음에서 설명하는 디지털 포렌식(Digital Forensics)은 무엇인가?

자신에게 불리한 증거 자료를 사전에 차단하려는 활동이나 기술로 데이터 은닉, 데이터 암호화 등이 있다.

① 항포렌식(Anti Forensic)
② 임베디드 포렌식(Embedded Forensic)
③ 디스크 포렌식(Disk Forensic)
④ 시스템 포렌식(System Forensic)

008 □□□

2018년 국가직(04)

증거의 수집 및 분석을 위한 디지털 포렌식의 원칙에 대한 설명으로 옳지 않은 것은?

① 정당성의 원칙: 증거 수집의 절차가 적법해야 한다.
② 연계 보관성의 원칙: 획득한 증거물은 변조가 불가능한 매체에 저장해야 한다.
③ 신속성의 원칙: 휘발성 정보 수집을 위해 신속히 진행해야 한다.
④ 재현의 원칙: 동일한 조건에서 현장 검증을 실시하면 피해 당시와 동일한 결과가 나와야 한다.

009 □□□

2019년 지방직(01)

정보통신망 등의 침해사고에 대응하기 위해 기업이나 기관의 업무 관할 지역 내에서 침해사고의 접수 및 처리 지원을 비롯해 예방, 피해 복구 등의 임무를 수행하는 조직은 무엇인가?

① CISO ② CERT
③ CPPG ④ CPO

010 □□□

2019년 지방직(08)

다음 디지털 포렌식에 대한 설명 중 ㉠, ㉡에 들어갈 용어는?

> (㉠) 공간은 물리적으로 파일에 할당된 공간이지만 논리적으로 사용할 수 없는 낭비 공간이기 때문에, 공격자가 의도적으로 정보를 은닉할 가능성이 있다. 또한, 이전에 저장 되었던 데이터가 남아 있을 가능성이 있어 파일 복구와 삭제된 파일의 파편 조사에 활용할 수 있다. 이때, 디지털 포렌 식의 파일 (㉡) 과정을 통해 디스크 내 비구조화된 데이터 스트림을 식별하고 의미 있는 내용을 추출할 수 있다.

	㉠	㉡
①	실린더(Cylinder)	역어셈블링(Disassembling)
②	MBR(Master Boot Record)	리버싱(Reversing)
③	클러스터(Cluster)	역컴파일(Decompiling)
④	슬랙(Slack)	카빙(Carving)

011 □□□

2021년 지방직(11)

디지털 포렌식을 통해 획득한 증거가 법적인 효력을 갖기 위해 만족해야 할 원칙이 아닌 것은?

① 정당성의 원칙 ② 재현의 원칙
③ 무결성의 원칙 ④ 기밀성의 원칙

012 □□□

2021년 국회직(12)

다음과 관련된 디지털 포렌식의 기본 원칙은 무엇인가?

> • 적법한 절차를 따르지 않고 수집한 증거는 위법수집 증거에 해당되기 때문에 이를 사용할 수 없다.
> • 독수독과이론(Fruit of the Poisonous Tree) 또는 독과수 이론이다.

① 기밀성의 원칙 ② 무결성의 원칙
③ 정당성의 원칙 ④ 가용성의 원칙
⑤ 연계보관성의 원칙

013 □□□ 2023년 국가직(03)

디지털포렌식의 원칙에 대한 설명으로 옳지 않은 것은?

① 연계성의 원칙: 수집된 증거가 위변조되지 않았음을 증명해야 한다.

② 정당성의 원칙: 법률에서 정하는 적법한 절차와 방식으로 증거가 입수되어야 하며 입수 경위에서 불법이 자행되었다면 그로 인해 수집된 2차적 증거는 모두 무효가 된다.

③ 재현의 원칙: 불법 해킹 용의자의 해킹 도구가 증거 능력을 가지기 위해서는 같은 상황의 피해 시스템에 도구를 적용할 경우 피해 상황과 일치하는 결과가 나와야 한다.

④ 신속성의 원칙: 컴퓨터 내부의 정보는 휘발성을 가진 것이 많기 때문에 신속하게 수집되어야 한다.

014 □□□ 2024년 국가직(15)

증거물의 "획득 → 이송 → 분석 → 보관 → 법정 제출" 과정에 대한 추적성을 보장하기 위하여 준수해야 하는 원칙은?

① 연계 보관성의 원칙

② 정당성의 원칙

③ 재현의 원칙

④ 무결성의 원칙

CHAPTER 06

보안 인증

정답 및 해설 p.89

001 □□□

2014년 국가직(18)

국제공통평가기준(Common Criteria)에 대한 설명으로 옳지 않은 것은?

① 정보보호 측면에서 정보보호 기능이 있는 IT 제품의 안전성을 보증·평가하는 기준이다.

② 국제공통평가기준은 소개 및 일반모델, 보안기능요구사항, 보증요구사항 등으로 구성되고, 보증 등급은 5개이다.

③ 보안기능요구사항과 보증요구사항의 구조는 클래스로 구성된다.

④ 상호인정협정(CCRA: Common Criteria Recognition Arrangement)은 정보보호제품의 평가인증결과를 가입 국가 간 상호 인정하는 협정으로서 미국, 영국, 프랑스 등을 중심으로 시작되었다.

002 □□□

2014년 지방직(19)

미국의 NIST와 캐나다의 CSE가 공동으로 개발한 평가체계로 암호 모듈의 안전성을 검증하는 것은 무엇인가?

① CMVP　② COBIT

③ CMM　④ ITIL

003 □□□

2014년 국회직(10)

다음 설명에 해당하는 정보보호 평가기준은 무엇인가?

- 국제적으로 통용되는 제품 평가 기준
- 현재 ISO 표준으로 제정되어 있음
- 일반적인 소개와 일반 모델, 보안기능 요구사항, 보증 요구 사항 등으로 구성되어 있음

① CC　② BS 7799

③ ITSEC　④ TCSEC

⑤ TNI

004 □□□

2015년 국가직(18)

국제공통평가기준(Common Criteria)에 대한 설명으로 옳지 않은 것은?

① 국가마다 서로 다른 정보보호시스템 평가기준을 연동하고 평가결과를 상호인증하기 위해 제정된 평가기준이다.

② 보호프로파일(Protection Profiles)은 특정 제품이나 시스템에만 종속되어 적용하는 보안기능 수단과 보증 수단을 기술한 문서이다.

③ 평가보증등급(EAL; Evaluation Assurance Level)에서 가장 엄격한 보증(formally verified) 등급은 EAL7이다.

④ 보안 요구조건을 명세화하고 평가기준을 정의하기 위한 ISO/IEC 15408 표준이다.

005 □□□

2016년 서울시(11)

공통평가기준(Common Criteria, CC)에 대한 설명으로 옳지 않은 것은?

① 보호프로파일(Protection Profile)과 보안목표명세서(Security Target) 중 제품군에 대한 요구사항 중심으로 기술되어 있는 것은 보안목표명세서(Security Target)이다.
② 평가대상에는 EAL 1에서 EAL 7까지 보증등급을 부여할 수 있다.
③ CC의 개발은 오렌지북이라는 기준서를 근간으로 하였다.
④ CC의 요구사항은 class, family, component로 분류한다.

006 □□□

2016년 국회직(14)

TCSEC(Trusted Computer System Evaluation Criteria)에 따라 보안 등급을 평가할 때 보안 수준이 높은 순서대로 나열한 것으로 옳은 것은?

① Structured Protection > Labeled Security Protection > Controlled Access Protection
② Discretionary Security Protection > Controlled Access Protection > Minimal Protection
③ Minimal Protection > Structured Protection > Labeled Security Protection
④ Discretionary Security Protection > Labeled Security Protection > Minimal Protection
⑤ Controlled Access Protection > Discretionary Security Protection > Structured Protection

007 □□□

2017년 지방직(20)

다음에서 설명하는 국제공통평가기준(CC)의 구성 요소는 무엇인가?

- 정보제품이 갖추어야 할 공통적인 보안요구사항을 모아 놓은 것이다.
- 구현에 독립적인 보안요구사항의 집합이다.

① 평가보증등급(EAL) ② 보호프로파일(PP)
③ 보안목표명세서(ST) ④ 평가대상(TOE)

008 □□□

2017년 서울시(07)

다음에서 설명하는 TCOSEC 보안등급은 무엇인가?

- 각 계정별 로그인이 가능하며 그룹 ID에 따라 통제가 가능한 시스템이다.
- 보안감사가 가능하며 특정 사용자의 접근을 거부할 수 있다.
- 윈도우 NT 4.0과 현재 사용되는 대부분의 유닉스 시스템이 이에 해당한다.

① C1 ② C2
③ B1 ④ B2

009 □□□

2017년 지방직(추가)(16)

영국, 독일, 네덜란드, 프랑스 등의 유럽 국가가 평가 제품의 상호 인정 및 정보보호평가 기준의 상이함에서 오는 시간과 인력 낭비를 줄이기 위해 제정한 유럽형 보안 기준은 무엇인가?

① CC(Common Criteria) ② TCSEC(Orange Book)
③ ISO/IEC JTC 1 ④ ITSEC

010 □□□

2018년 국가직(08)

다음은 CC(Common Criteria)의 7가지 보증 등급 중 하나에 대한 설명이다. 시스템이 체계적으로 설계되고, 테스트되고, 재검토되도록(methodically designed, tested and reviewed) 요구하는 것은 무엇인가?

> 낮은 수준과 높은 수준의 설계 명세를 요구한다. 인터페이스 명세가 완벽할 것을 요구한다. 제품의 보안을 명시적으로 정의한 추상화 모델을 요구한다. 독립적인 취약점 분석을 요구한다. 개발자 또는 사용자가 일반적인 TOE의 중간 수준부터 높은 수준까지의 독립적으로 보증된 보안을 요구하는 곳에 적용 가능하다. 또한 추가적인 보안 관련 비용을 감수할 수 있는 곳에 적용 가능하다.

① EAL 2 ② EAL 3
③ EAL 4 ④ EAL 5

011 □□□

2018년 지방직(05)

정보가 안전한 정도를 평가하는 TCSEC(Trusted Computer System Evaluation Criteria)의 보안등급 중에서 검증된 설계(Verified Design)를 의미하는 보안등급은 무엇인가?

① A 등급 ② B 등급
③ C 등급 ④ D 등급

012 □□□

2018년 국회직(04)

CC(Common Criteria) 인증 제도에 대한 설명으로 옳지 않은 것은?

① CC에서 TOE는 Target of Evaluation의 약자로서 평가 대상을 의미한다.
② CC에서 정보보호시스템은 EAL(Evaluation Assurance Level)로 보안수준을 평가받는다.
③ CC는 미국 NIST FIPS PUB 197 자료를 참고해서 만들어진 제도이다.
④ CC에서 PP는 Protection Profile을 의미하는 것으로 보안 요구 사항을 정의한다.
⑤ CC는 CCRA(Common Criteria Recognition Arrangement)라는 국제상호인정협정을 가지며, CCRA 수준으로 평가를 수행한다.

013 □□□

2019년 국가직(13)

공통평가기준은 IT 제품이나 특정 사이트의 정보시스템의 보안성을 평가하는 기준이다. '보안기능요구사항'과 '보증요구사항'을 나타내는 보호프로파일(PP), 보호목표명세서(ST)에 대한 설명으로 옳지 않은 것은?

① 보호프로파일은 오퍼레이션이 완료되지 않을 수 있으나, 보호목표명세서는 모든 오퍼레이션이 완료되어야 한다.
② 보호프로파일은 여러 시스템 · 제품을 한 개 유형의 보호프로파일로 수용할 수 있으나, 보호목표명세서는 한 개의 시스템 · 제품을 한 개의 보호목표명세서로 수용해야 한다.
③ 보호프로파일은 보호목표명세서를 수용할 수 있고, 보호목표 명세서는 보호프로파일을 수용할 수 있다.
④ 보호프로파일은 구현에 독립적이고, 보호목표명세서는 구현에 종속적이다.

014 □□□

2019년 지방직(17)

KCMVP에 대한 설명으로 옳은 것은?

① 보안 기능을 만족하는 신뢰도 인증 기준으로 EAL 1부터 EAL 7까지의 등급이 있다.
② 암호 알고리즘이 구현된 프로그램 모듈의 안전성과 구현 적합성을 검증하는 제도이다.
③ 개인정보보호활동을 체계적 · 지속적으로 수행하기 위한 관리체계의 구축과 이행 여부를 평가한다.
④ 조직의 정보자산을 효과적으로 보호하고 있는지 평가하여 일정 수준 이상의 기업에 인증을 부여한다.

015 □□□

2019년 서울시(19)

<보기>는 TCSEC(Trusted Computer System Evaluation Criteria)에 의하여 보안 등급을 평가할 때 만족해야 할 요건들에 대한 설명이다. 다음 중 보안 등급이 높은 것부터 순서대로 나열된 것은?

<보기>

ㄱ. 강제적 접근 제어가 구현되어야 한다.
ㄴ. 정형화된 보안 정책을 일정하게 유지하여야 한다.
ㄷ. 사용자가 자신의 파일에 대한 접근 권한을 설정할 수 있어야 한다.

① ㄱ - ㄴ - ㄷ
② ㄱ - ㄷ - ㄴ
③ ㄴ - ㄱ - ㄷ
④ ㄴ - ㄷ - ㄱ

016 □□□

2020년 국가직(07)

정보보호 시스템 평가 기준에 대한 설명으로 옳은 것은?

① ITSEC의 레인보우 시리즈에는 레드 북으로 불리는 TNI (Trusted Network Interpretation)가 있다.
② ITSEC은 None부터 B2까지의 평가 등급으로 나눈다.
③ TCSEC의 EAL 2 등급은 기능시험 결과를 의미한다.
④ TCSEC의 같은 등급에서는 뒤에 붙는 숫자가 클수록 보안 수준이 높다.

017 □□□

2020년 지방직(06)

다음 중 CC(Common Criteria) 인증 평가 단계를 순서대로 바르게 나열한 것은?

> 가. PP(Protection Profile) 평가
> 나. ST(Security Target) 평가
> 다. TOE(Target Of Evaluation) 평가

① 가 → 나 → 다
② 가 → 다 → 나
③ 나 → 가 → 다
④ 다 → 나 → 가

018 □□□

2021년 지방직(14)

국제 공통 평가기준(Common Criteria)에 대한 설명으로 옳지 않은 것은?

① CC는 국제적으로 평가 결과를 상호 인정한다.
② CC는 보안기능수준에 따라 평가 등급이 구분된다.
③ 보안목표명세서는 평가 대상에 해당하는 정보보호 시스템의 보안 요구 사항, 보안 기능 명세 등을 서술한 문서이다.
④ 보호프로파일은 보안 문제를 해결하기 위해 작성한 제품군별 구현에 독립적인 보안요구사항 등을 서술한 문서이다.

019 □□□

2022년 국가직(13)

유럽의 국가들에 의해 제안된 것으로, 자국의 정보보호 시스템을 평가하기 위하여 제정된 기준은 무엇인가?

① TCSEC
② ITSEC
③ PIMS
④ ISMS-P

020 □□□

2022년 지방직(08)

정보기술과 보안 평가를 위한 CC(Common Criteria)의 보안 기능적 요구 조건에 해당하지 않는 것은?

① 암호 지원
② 취약점 평가
③ 사용자 데이터 보호
④ 식별과 인증

021 □□□

2022년 국회직(14)

보안 제품 평가 및 기준에 대한 설명으로 옳은 것은?

① CC는 EAL 1부터 EAL 6까지 6개의 등급으로 구분한다.
② ITSEC에서 최상위 레벨의 보안등급은 A1이다.
③ TCSEC은 유럽 4개국이 작성한 보안 기준이다.
④ ITSEC은 기밀성, 무결성, 가용성을 포괄하는 표준안을 제시한다.
⑤ CC 보증 등급에서 EAL 4는 준정형적 설계 및 시험을 요구한다.

022 □□□

2024년 국가직(08)

CC(Common Criteria)의 보증 요구사항(Assurance Requirements)에 해당하는 것은?

① 개발
② 암호 지원
③ 식별과 인증
④ 사용자 데이터 보호

023 □□□

2024년 지방직(13)

정보보호제품 평가 · 인증제도에 대한 설명으로 옳지 않은 것은?

① 정보보호제품 평가 · 인증제도는 「지능정보화 기본법」 제58조(정보보호시스템에 관한 기준 고시 등)에 근거한다.
② 인증기관은 국가보안기술연구소이다.
③ 「정보보호시스템 공통평가기준」은 최고의 평가보증등급인 EAL 1부터 최저의 평가보증등급인 EAL 7까지 보증등급을 정의하고 있다.
④ 보호 프로파일은 정보보호시스템이 사용될 환경에서 필요한 보안기능 및 보증 요구사항을 공통평가기준에 근거하여 서술한 것이다.

BCP/DRP

정답 및 해설 p.93

001 □□□ 2015년 국가직(03)

다음에서 설명하는 재해복구시스템의 복구 방식은 무엇인가?

> 재해복구센터에 주 센터와 동일한 수준의 시스템을 대기 상태로 두어, 동기적 또는 비동기적 방식으로 실시간 복제를 통하여 최신의 데이터 상태를 유지하고 있다가, 재해 시 재해복구센터의 시스템을 활성화 상태로 전환하여 복구하는 방식이다.

① 핫 사이트(Hot Site) ② 미러 사이트(Mirror Site)
③ 웜 사이트(Warm Site) ④ 콜드 사이트(Cold Site)

002 □□□ 2017년 지방직(15)

재해복구시스템의 복구 수준별 유형에 대한 설명으로 옳은 것은?

① Warm site는 Mirror site에 비해 전체 데이터 복구 소요 시간이 빠르다.
② Cold site는 Mirror site에 비해 높은 구축 비용이 필요하다.
③ Hot site는 Cold site에 비해 구축 비용이 높고, 데이터의 업데이트가 많은 경우에 적합하다.
④ Mirror site는 Cold site에 비해 구축 비용이 저렴하고, 복구에 긴 시간이 소요된다.

003 □□□ 2019년 국가직(19)

업무연속성(BCP)에 대한 설명으로 옳지 않은 것은?

① 재난복구 서비스인 웜 사이트(Warm Site)는 구축 및 유지비용이 콜드 사이트(Cold Site)에 비해서 높다.
② 콜드 사이트(Cold Site)는 주 전산센터의 장비와 동일한 장비를 구비한 백업 사이트이다.
③ 재해 복구 시스템의 백업센터 중 미러 사이트(Mirror Site)는 백업센터 중 가장 짧은 시간 안에 시스템을 복구 한다.
④ 업무연속성은 장애에 대한 예방을 통한 중단 없는 서비스 체계와 재난 발생 후에 경영 유지 · 복구 방법을 명시해야 한다.

004 □□□ 2021년 지방직(20)

BCP(Business Continuity Planning)에 대한 설명으로 옳지 않은 것은?

① BCP는 사업의 연속성을 유지하기 위한 업무지속성 계획과 절차이다.
② BCP는 비상시에 프로세스의 운영 재개에 필요한 조치를 정의한다.
③ BIA는 조직의 필요성에 의거하여 시스템의 중요성을 식별한다.
④ DRP(Disaster Recovery Plan)는 최대허용중단시간(Maximum Tolerable Downtime)을 산정한다.

005 □□□ 2021년 국회직(18)

재해복구시스템의 복구 수준별 유형을 비교한 설명으로 옳지 않은 것은?

① Mirror Site는 주센터와 동일한 수준의 정보 기술 자원을 원격지에 구축하고 Active-Active 상태로 운영한다.
② Hot Site는 주센터와 동일한 수준의 정보 기술 자원을 원격지에 구축하여 대기(Standby) 상태로 유지한다.
③ Warm Site는 중요성이 높은 정보기술 자원만 부분적으로 재해복구센터에 보유한다.
④ Cold Site는 데이터만 원격지에 보관하고 이의 서비스를 위한 정보자원을 확보하지 않거나 장소 등 최소한으로만 확보한다.
⑤ 재해발생 시 RTO(Recovery Time Objective)가 빠른 것은 Hot Site → Mirror Site → Warm Site → Cold Site 순서이다.

PART 5

접근제어

사용자 인증

정답 및 해설 p.94

001 □□□

2014년 서울시(18)

사용자 인증(user authentication)에 대한 설명으로 옳은 것은?

① 인터넷 뱅킹에 활용되는 OTP 단말(One Time Password Token)은 지식 기반 인증(authentication by what the entity knows)의 일종이다.

② 패스워드에 대한 사전 공격(dictionary attack)을 막기 위해 전통적으로 salt가 사용되어 왔다.

③ 통장 비밀번호로 흔히 사용되는 4자리 PIN(Personal Identification Number)은 소유 기반 인증(authentication by what the entity has)의 일종이다.

④ 지식 기반 인증(authentication by what the entity knows)의 가장 큰 문제는 오인식(False Acceptance), 오거부(False Rejection)가 존재한다는 것이다.

⑤ 건물 출입시 사용되는 ID 카드는 사람의 신체 또는 행위 특성을 활용하는 바이오 인식(biometric verification)의 일종이다.

002 □□□

2014년 국회직(05)

다음 중 사이버 환경에서 사용자 인증의 수단으로 가장 적절하지 않은 것은?

① 패스워드

② 지문

③ OTP(One Time Password)

④ 보안 카드

⑤ 주민등록번호

003 □□□

2015년 국가직(11)

다음에 제시된 <보기 1>의 사용자 인증방법과 <보기 2>의 사용자 인증도구를 바르게 연결한 것은?

<보기 1>

ㄱ. 지식 기반 인증　　ㄴ. 소지 기반 인증

ㄷ. 생체 기반 인증

<보기 2>

A. OTP 토큰　　B. 패스워드

C. 홍채

	ㄱ	ㄴ	ㄷ
①	A	B	C
②	A	C	B
③	B	A	C
④	B	C	A

004 □□□

2015년 국회직(11)

디바이스 인증 수단으로 옳지 않은 것은?

① One Time Password

② MAC 주소값

③ 802.1x, WPA 표준 암호프로토콜

④ X.homesec-2

⑤ SSID

005 □□□

2016년 국가직(01)

사용자 인증에 사용되는 기술이 아닌 것은?

① Snort ② OTP(One Time Password)
③ SSO(Single Sign On) ④ 스마트 카드

006 □□□

2016년 국회직(12)

사용자 인증 방식에 대한 설명으로 옳지 않은 것은?

① 패스워드 인증은 서버 측에서 인증 시스템 구축이 용이하다는 장점이 있다.
② 시각 동기화 OTP(One Time Password)는 두 사용자가 사전에 대칭키를 공유해야 한다.
③ 전자서명 방식은 도전 - 응답(Challenge-Response) 프로토콜과 결합하여 사용자를 인증한다.
④ 생체인증은 생체 정보를 인식할 때마다 발생할 수 있는 에러 처리가 중요하다.
⑤ I-PIN은 주민등록번호 대신 사용할 수 있는 일회용 사용자 식별번호이다.

007 □□□

2018년 국회직(05)

OTP(One Time Password)에 대한 설명으로 옳지 않은 것은?

① OTP는 비밀번호 예측 공격을 막기 위한 방법으로 사용 가능하다.
② 패킷 스니핑을 통한 비밀번호 재사용 공격의 대응책으로 활용 가능하다.
③ 동기화 방식 OTP에서는 시간과 인증 횟수를 기반으로 비밀번호를 동기화한다.
④ 비동기화 방식 OTP는 인증서버에서 전송된 난수를 기반으로 비밀번호를 생성한다.
⑤ 시간 동기화 방식 OTP는 인증서버와 OTP 생성기의 시간 오차범위를 허용하지 않는다.

008 □□□

2018년 지방교행(18)

다음 설명을 모두 만족하는 OTP(One-Time Password) 생성 방식은 무엇인가?

- 해시체인 방식으로 계산된다.
- 생성된 일회용 패스워드의 사용 횟수가 제한된다.
- 검증 시 계산량이 적기 때문에 스마트카드와 같은 응용에 적합하다.

① S/KEY 방식
② 시간 동기화 방식
③ 이벤트 동기화 방식
④ Challenge-Response 방식

009 □□□

2022년 지방직(04)

다음에서 설명하는 용어는 무엇인가?

> • 한 번의 시스템 인증을 통해 다양한 정보시스템에 재인증 절차 없이 접근할 수 있다.
> • 이 시스템의 가장 큰 약점은 일단 최초 인증 과정을 거치면, 모든 서버나 사이트에 접속할 수 있다는 것이다.

① NAC(Network Access Control)
② SSO(Single Sign On)
③ DRM(Digital Right Management)
④ DLP(Data Leak Prevention)

010 □□□

2023년 지방직(11)

OTP 토큰이 속하는 인증 유형은?

① 정적 생체정보　② 동적 생체정보
③ 가지고 있는 것　④ 알고 있는 것

CHAPTER 02

접근제어 모델

정답 및 해설 p.95

001 □□□

2014년 국가직(04)

다음 설명에 해당하는 접근제어 모델은 무엇인가?

> 조직의 사용자가 수행해야 하는 직무와 직무 권한 등급을 기준으로 객체에 대한 접근을 제어한다. 접근 권한은 직무에 허용된 연산을 기준으로 허용함으로 조직의 기능 변화에 따른 관리적 업무의 효율성을 높일 수 있다. 사용자가 적절한 직무에 할당되고, 직무에 적합한 접근 권한이 할당된 경우에만 접근할 수 있다.

① 강제적 접근제어(Mandatory Access Control)
② 규칙 기반 접근제어(Rule-Based Access Control)
③ 역할 기반 접근제어(Role-Based Access Control)
④ 임의적 접근제어(Discretionary Access Control)

002 □□□

2014년 서울시(16)

다음의 접근 제어 모델 중 대상 기반의 접근 제어가 아니라 특정한 역할들을 정의하고 각 역할에 따라 접근 권한을 지정하고 제어하는 방식은 무엇인가?

① ACL ② DAC
③ RBAC ④ MAC
⑤ Capability

003 □□□

2015년 지방직(02)

데이터 소유자가 다른 사용자의 식별자에 기초하여 자신의 의지대로 데이터에 대한 접근 권한을 부여하는 것은 무엇인가?

① 강제적 접근 제어(MAC)
② 임의적 접근 제어(DAC)
③ 규칙 기반 접근 제어(Rule-based AC)
④ 역할 기반 접근 제어(RBAC)

004 □□□

2015년 서울시(06)

접근통제(access control) 기법에 대한 설명 중 강제 접근 제어(Mandatory Access Control)에 해당되는 것은?

① 각 주체와 객체 쌍에 대하여 접근통제 방법을 결정함
② 정보에 대하여 비밀 등급이 정해지며 보안 레이블을 사용함
③ 주체를 역할에 따라 분류하여 접근권한을 할당함
④ 객체의 소유자가 해당 객체의 접근통제 방법을 변경할 수 있음

005 □□□

2016년 국가직(08)

임의접근제어(DAC)에 대한 설명으로 옳지 않은 것은?

① 사용자에게 주어진 역할에 따라 어떤 접근이 허용되는지를 말해주는 규칙들에 기반을 둔다.
② 주체 또는 주체가 소속되어 있는 그룹의 식별자(ID)를 근거로 객체에 대한 접근을 승인하거나 제한한다.
③ 소유권을 가진 주체가 객체에 대한 권한의 일부 또는 전부를 자신의 의지에 따라 다른 주체에게 부여한다.
④ 전통적인 UNIX 파일 접근제어에 적용되었다.

006 □□□

2016년 국회직(16)

자원의 접근 제어 방법 중 강제적 접근 제어(Mandatory Access Control)에 해당하는 것으로 옳은 것은?

① 자원마다 보안 등급이 부여된다.
② 사용자별로 접근 권리를 이전할 수 있다.
③ UNIX 운영체제의 기본 접근 제어 방식이다.
④ 조직의 역할에 따라 접근 권한을 부여하는 방식이다.
⑤ 자원의 소유자가 자원에 대한 접근 권한을 설정한다.

007 □□□

2017년 국가직(19)

각 주체가 각 객체에 접근할 때 마다 관리자에 의해 사전에 규정된 규칙과 비교하여 그 규칙을 만족하는 주체에게만 접근 권한을 부여하는 기법은 무엇인가?

① Mandatory Access Control
② Discretionary Access Control
③ Role Based Access Control
④ Reference Monitor

008 □□□

2017년 서울시(11)

다음 설명에 해당하는 접근제어방식은 무엇인가?

> 주체나 그것이 속해 있는 그룹의 신원에 근거하여 객체에 대한 접근을 제한하는 방법으로 자원의 소유자 혹은 관리자가 보안관리자의 개입 없이 자율적 판단에 따라 접근 권한을 다른 사용자에게 부여하는 기법이다.

① RBAC ② DAC
③ MAC ④ LBAC

009 □□□

2017년 국회직(14)

접근제어 모델에 대한 설명으로 옳지 않은 것은?

① DAC(Discretionary Access Control)는 정보의 소유자가 보안 등급을 결정하고 이에 대한 정보의 접근제어도 설정하는 모델이다.

② MAC(Mandatory Access Control)는 사용자 계정에 기반하며, 자원의 소유자가 다른 사용자의 보안 레벨을 수정할 수 있다.

③ BLP(Bell-LaPadula) 모델은 자신보다 높은 보안 레벨의 문서에 쓰기는 가능하지만, 보안 레벨이 낮은 문서에는 쓰기 권한이 없다.

④ BLP의 보안 목적은 기밀성이지만, Biba 모델은 정보의 무결성을 높이는데 있다.

⑤ RBAC(Role Based Access Control)는 정보에 대한 사용자의 접근을 개별적인 신분이 아니라 조직 내 개인 역할에 따라 허용 여부를 결정하는 모델이다.

010 □□□

2020년 국가직(19)

임의적 접근 통제(Discretionary Access Control) 모델에 대한 설명으로 옳은 것은?

① 주체가 소유권을 가진 객체의 접근 권한을 다른 사용자에게 부여할 수 있으며, 사용자 신원에 따라 객체의 접근을 제한한다.

② 주체와 객체가 어떻게 상호 작용하는지를 중앙 관리자가 관리하며, 사용자 역할을 기반으로 객체의 접근을 제한한다.

③ 주체와 객체에 각각 부여된 서로 다른 수준의 계층적인 구조의 보안등급을 비교하여 객체의 접근을 제한한다.

④ 주체가 접근할 수 있는 상위와 하위의 경계를 설정하여 해당 범위 내 임의 객체의 접근을 제한한다.

011 □□□

2020년 국회직(13)

다음 설명에서 제시하는 접근 제어 정책은 무엇인가?

> 주체 또는 소속 그룹의 아이디(ID)에 근거하여 객체에 대한 접근 제한을 설정한다. 객체별로 세분화된 접근 제어가 가능하고, 유연한 접근 제어 서비스를 제공할 수 있어 다양한 환경에서 폭넓게 사용되고 있다.

① 강제적 접근 제어(Mandatory Access Control)

② 규칙 기반 접근 제어(Rule Based Access Control)

③ 역할 기반 접근 제어(Role Based Access Control)

④ 임의적 접근 제어(Discretionary Access Control)

⑤ 래티스 기반 접근 제어(Lattice Based Access Control)

012 □□□

2022년 국회직(02)

접근제어 모델에 대한 설명으로 옳지 않은 것은?

① 임의적 접근제어 기법은 자원의 소유자가 접근 주체를 결정한다.

② 강제적 접근제어 기법은 자원이 소속된 조직의 관리자가 접근권한을 결정한다.

③ 임의적 접근제어 기법은 보안 레이블을 기반으로 접근 가능 여부를 판단한다.

④ 강제적 접근제어 기법은 원래의 객체에 부여된 허가권이 복사된 객체에서도 동일하게 유지된다.

⑤ 임의적 접근제어 기법은 대부분의 운영체제에서 파일의 접근규칙을 정의할 때 활용한다.

접근제어 모델 - 기타

정답 및 해설 p.98

001 □□□

2014년 국회직(03)

Bell-LaPadula 보안 모델은 다음 중 어느 요소에 가장 많은 관심을 가지는 모델인가?

① 비밀성(Confidentiality)
② 무결성(Integrity)
③ 부인방지(Non-repudiation)
④ 가용성(Availability)
⑤ 인증(Authentication)

002 □□□

2016년 국가직(10)

Bell-LaPadula 보안 모델의 *-속성(star property)이 규정하고 있는 것은?

① 자신과 같거나 낮은 보안 수준의 객체만 읽을 수 있다.
② 자신과 같거나 낮은 보안 수준의 객체에만 쓸 수 있다.
③ 자신과 같거나 높은 보안 수준의 객체만 읽을 수 있다.
④ 자신과 같거나 높은 보안 수준의 객체에만 쓸 수 있다.

003 □□□

2016년 지방직(08)

접근통제(access control) 모델에 대한 설명으로 옳지 않은 것은?

① 임의적 접근통제는 정보 소유자가 정보의 보안 레벨을 결정하고 이에 대한 정보의 접근제어를 설정하는 모델이다.
② 강제적 접근통제는 중앙에서 정보를 수집하고 분류하여, 각각의 보안 레벨을 붙이고 이에 대해 정책적으로 접근제어를 설정하는 모델이다.
③ 역할 기반 접근통제는 사용자가 아닌 역할이나 임무에 권한을 부여하기 때문에 사용자가 자주 변경되는 환경에서 유용한 모델이다.
④ Bell-LaPadula 접근통제는 비밀노출 방지보다는 데이터의 무결성 유지에 중점을 두고 있는 모델이다.

004 □□□

2017년 지방직(01)

정보시스템의 접근제어 보안 모델로 옳지 않은 것은?

① Bell LaPadula 모델
② Biba 모델
③ Clark-Wilson 모델
④ Spiral 모델

005 □□□ 2017년 국가직(추가)(04)

컴퓨터 보안의 형식 모델에 대한 설명으로 옳은 것은?

① Bell-LaPadular 모델은 다중 수준 보안에서 높은 수준의 주체가 낮은 수준의 주체에게 정보를 전달하는 것을 다루기 위한 것이다.

② Biba 모델은 데이터 무결성을 위한 것으로, 사용자 자신과 같거나 자신보다 낮은 무결성 수준의 데이터에만 쓸 수 있고, 자신과 같거나 자신보다 높은 무결성 수준의 데이터만 읽을 수 있도록 한 것이다.

③ Bell-LaPadular 모델은 이해 충돌이 발생할 수 있는 상업용 응용프로그램을 위해 개발되었으며, 강제적 접근 개념을 배제하고 임의적 접근 개념을 이용한 것이다.

④ Clark-Wilson 모델은 강력한 기밀성 모델을 제안하며, 데이터 및 데이터를 조작하는 트랜잭션에 높은 수준의 기밀성을 제공한다.

006 □□□ 2018년 서울시(13)

접근 제어 방식 중, 주체의 관점에서 한 주체가 접근 가능한 객체와 권한을 명시한 목록으로 안드로이드 플랫폼과 분산 시스템 환경에서 많이 사용되는 방식은 무엇인가?

① 접근 제어 행렬(Access Control Matrix)

② 접근 가능 목록(Capability List)

③ 접근 제어 목록(Access Control List)

④ 방화벽(Firewall)

007 □□□ 2018년 서울시(18)

BLP(Bell & La Padula) 모델에 대한 설명으로 가장 옳지 않은 것은?

① 다단계 등급 보안(Multi Level Security) 정책에 근간을 둔 모델이다.

② 기밀성을 강조한 모델이다.

③ 수학적 모델이다.

④ 상업용 보안구조 요구사항을 충족하는 범용 모델이다.

008 □□□ 2018년 국회직(07)

BLP(Bell-La Padula) 모델이 가지고 있는 특성과 규칙에 대한 설명으로 옳지 않은 것은?

① 비밀정보가 허가되지 않은 방식으로 접근되는 것을 방지하고자 하는 것을 목표로 한다.

② 강제적 접근통제를 하고자 하는 경우 본 모델을 기반으로 통제 규칙을 정의한다.

③ 단순 보안 규칙은 주체가 객체를 읽기 위해서는 주체의 비밀취급 허가 수준이 객체의 보안 분류 수준보다 높거나 같아야 한다.

④ 스타 보안 규칙은 주체가 객체에 쓰기 위해서는 주체의 비밀 취급 허가 수준이 객체의 보안 분류 수준보다 높거나 같아야 한다.

⑤ 강한 스타 보안 규칙은 주체의 읽기/쓰기는 하위 혹은 상위가 아닌 동일한 보안 분류 수준의 객체에 대해서만 가능하다.

009 □□□

2019년 지방직(13)

다음에서 설명하는 접근 제어 모델은 무엇인가?

> 군사용 보안구조의 요구사항을 충족시키기 위해 개발된 최초의 수학적 모델로 알려져 있다. 불법적 파괴나 변조보다는 정보의 기밀성 유지에 초점을 두고 있다. '상위 레벨 읽기 금지 정책(No-Read-Up Policy)'을 통해 인가받은 비밀 등급이 낮은 주체는 높은 보안 등급의 정보를 열람할 수 없다. 또한, 인가 받은 비밀 등급 이하의 정보 수정을 금지하는 '하위 레벨 쓰기 금지 정책(No-Write-Down Policy)'을 통해 비밀 정보의 유출을 차단 한다.

① DAC(Discretionary Access Control) 모델
② Bell-LaPadula 모델
③ Biba 모델
④ RBAC(Role-Based Access Control) 모델

010 □□□

2022년 국가직(16)

접근제어 모델에 대한 설명으로 옳지 않은 것은?

① 접근제어 모델은 강제적 접근제어, 임의적 접근제어, 역할기반 접근제어로 구분할 수 있다.
② 임의적 접근제어 모델에는 Biba 모델이 있다.
③ 강제적 접근제어 모델에는 Bell-LaPadula 모델이 있다.
④ 역할기반 접근제어 모델은 사용자의 역할에 권한을 부여한다.

011 □□□

2022년 지방직(11)

다음 중 (가), (나)에 들어갈 접근통제 보안모델을 바르게 연결한 것은?

> • (가) 은 허가되지 않은 방식의 접근을 방지하는 모델로 정보 흐름 모델 최초의 수학적 보안모델이다.
> • (나) 은 비즈니스 입장에서 직무분리 개념을 적용하고, 이해가 충돌되는 회사 간의 정보의 흐름이 일어나지 않도록 접근통제 기능을 제공하는 보안모델이다.

	(가)	(나)
①	Bell-LaPadula Model	Biba Integrity Model
②	Bell-LaPadula Model	Brewer-Nash Model
③	Clark-Wilson Model	Biba Integrity Model
④	Clark-Wilson Model	Brewer-Nash Model

012 □□□

2023년 국가직(11)

정보의 무결성에 중점을 둔 보안 모델은 무엇인가?

① Biba ② Bell-LaPadula
③ Chinese Wall ④ Lattice

CHAPTER 04 그 외

정답 및 해설 p.99

001 □□□ 2014년 국회직(07)

인터넷 뱅킹 등에서 숫자를 화면에 무작위로 배치하여 마우스나 터치로 비밀번호를 입력하게 하는 가상 키보드의 사용 목적으로 가장 적절한 것은?

① 키보드 오동작 방지
② 키보드 입력 탈취에 대한 대응
③ 데이터 입력 속도 개선
④ 비밀번호의 무결성 보장
⑤ 해당 서비스의 가용성 보장

PART 6

어플리케이션 보안

CHAPTER 01

웹 보안

정답 및 해설 p.100

001 □□□

2014년 국가직(06)

웹 서버 보안에 대한 설명으로 옳지 않은 것은?

① 웹 애플리케이션은 SQL 삽입공격에 안전하다.
② 악성 파일 업로드를 방지하기 위하여 필요한 파일 확장자만 업로드를 허용한다.
③ 웹 애플리케이션의 취약점을 방지하기 위하여 사용자의 입력 값을 검증한다.
④ 공격자에게 정보 노출을 막기 위하여 웹 사이트의 맞춤형 오류 페이지를 생성한다.

002 □□□

2014년 서울시(12)

다음은 무엇에 대한 설명인가?

> 이것은 네트워크상의 트랜잭션에 대한 상태 정보를 포함하는 일종의 토큰으로 주로 웹서버가 웹브라우저로 전송하여 클라이언트 쪽에 저장하고 나서 사용자가 해당 사이트를 재방문할 경우 웹브라우저가 웹서버에 재전송하는 형태로 많이 이용된다. 그러나 이는 원하지 않는 보안상의 취약점을 야기할 수 있으므로 사용자가 이것을 주기적으로 삭제해 주는 것이 바람직하다.

① 애플릿(applet)
② URL(Uniform Resource Locator)
③ 공개키 인증서(public key certificate)
④ DOI(Digital Object Identifier)
⑤ 쿠키(Cookie)

003 □□□

2014년 국회직(11)

웹 쿠키에 대한 설명으로 가장 옳지 않은 것은?

① 웹 서비스 사용자의 PC 저장소에 저장된다.
② 웹 서비스의 세션을 유지하는 데 사용 될 수 있다.
③ 서버에서 웹 서비스 사용자의 접근 기록을 추적할 수 있다.
④ 쿠키는 Java Script 같은 웹 개발 언어를 통해서는 접근이 불가하다.
⑤ 상태 정보를 저장하지 않는 HTTP를 보완하기 위한 기술이다.

004 □□□

2014년 서울시(13)

다음은 어떤 공격에 대한 설명인가?

> 웹사이트에서 입력을 엄밀하게 검증하지 않는 취약점을 이용하는 공격으로 사용자로 위장한 공격자가 웹사이트에 프로그램 코드를 삽입하여 나중에 이 사이트를 방문하는 다른 사용자의 웹 브라우저에서 해당 코드가 실행되도록 한다.

① HTTP 세션 탈취(session hijacking)
② 피싱(phishing)
③ 클릭 탈취(click jacking)
④ 사이트 간 스크립팅(Cross-site scripting: XSS)
⑤ 파밍(pharming)

005 □□□

2015년 국가직(16)

다음에서 설명하는 웹 서비스 공격은 무엇인가?

> 공격자가 사용자의 명령어나 질의어에 특정한 코드를 삽입하여 DB 인증을 우회하거나 데이터를 조작한다.

① 직접 객체 참조
② Cross Site Request Forgery
③ Cross Site Scripting
④ SQL Injection

006 □□□

2015년 서울시(15)

다음은 웹사이트와 브라우저에 대한 주요 공격 유형 중 하나이다. 무엇에 대한 설명인가?

> 웹페이지가 웹사이트를 구성하는 방식과 웹사이트가 동작하는 데 필요한 기본과정을 공략하는 공격으로, 브라우저에서 사용자 몰래 요청이 일어나게 강제하는 공격이다. 다른 공격과 달리 특별한 공격 포인트가 없다. 즉, HTTP 트래픽을 변조하지도 않고, 문자나 인코딩 기법을 악의적으로 사용할 필요도 없다.

① 크로스사이트 요청 위조
② 크로스사이트 스크립팅
③ SQL 인젝션
④ 비트플리핑 공격

007 □□□

2015년 국회직(07)

XSS(Cross Site Scripting)에 대한 설명으로 옳지 않은 것은?

① 웹페이지가 사용자에게 입력 받은 데이터를 필터링 하지 않고 그대로 동적으로 생성된 웹페이지에 포함하여 사용자에게 재전송할 때 발생한다.
② 해킹을 통해 시스템 권한을 획득한 후 시스템에 직접 명령을 입력할 수 있는 쉘을 실행한다.
③ 쿠키를 통해 웹페이지 사용자의 정보 추출을 할 수 있다.
④ 클라이언트에서 실행되는 언어로 작성된 악성 스크립트 코드를 게시판, 이메일 등에 포함시켜 전달한다.
⑤ 웹사이트에 방문하는 사용자를 악성코드가 포함되어 있는 사이트로 리다이렉션 시킬 수도 있다.

008 □□□

2015년 국회직(10)

소프트웨어 보안 약점의 유형과 그러한 약점을 이용한 공격의 예로 옳지 않은 것은?

① DB와 연동된 웹 어플리케이션에서 입력값에 대한 유효성 검증 누락: SQL 삽입 공격
② 검증되지 않은 외부 입력이 웹서버의 동적 웹페이지 생성에 사용: XSS 공격
③ 사용자 입력값을 외부사이트 주소로 사용하여 자동 연결: 피싱(Phishing) 공격
④ XQuery를 사용하여 XML 데이터에 대한 동적 쿼리 생성 시 외부 입력에 대한 유효성 검증 누락: 인증 우회 공격
⑤ 검증 되지 않은 외부 입력이 XPath 쿼리문 생성 시 문자열로 사용: 리버스 엔지니어링 공격

009 □□□

2016년 서울시(16)

다음 중 시스템 내부의 트로이목마 프로그램을 감지하기 위한 도구로 가장 적절한 것은?

① Saint ② Snort

③ Nmap ④ Tripwire

010 □□□

2017년 서울시(06)

다음은 무엇을 설명한 것인가?

> 안전한 소프트웨어 개발을 위해 소스코드 등에 존재할 수 있는 잠재적인 보안 취약점을 제거하고, 보안을 고려하여 기능을 설계 및 구현하는 등 소프트웨어 개발 과정에서 지켜야 할 보안 활동이다.

① 시큐어코딩(Secure Coding)

② 스캐빈징(Scavenging)

③ 웨어하우스(Warehouse)

④ 살라미(Salami)

011 □□□

2017년 서울시(15)

다음 설명에 해당하는 취약점 점검도구는 무엇인가?

> 어느 한 시점에서 시스템에 존재하는 특정경로 혹은 모든 파일에 관한 정보를 DB화해서 저장한 후 차후 삭제, 수정 혹은 생성된 파일에 관한 정보를 알려주는 툴이다. 이 툴은 MD5, SHA 등의 다양한 해시함수를 제공하고 파일들에 대한 DB를 만들어 이를 통해 해커들에 의한 파일들의 변조여부를 판별하므로 관리자들이 유용하게 사용할 수 있다.

① Tripwire

② COPS(Computer Oracle and Password System)

③ Nipper

④ MBSA(Microsoft Baseline Security Analyzer)

012 □□□

2017년 서울시(19)

다음 중 XSS(Cross-Site Scripting) 공격에서 불가능한 공격은?

① 서버에 대한 서비스 거부(Denial of Service) 공격

② 쿠키를 이용한 사용자 컴퓨터 파일 삭제

③ 공격대상에 대한 쿠키 정보 획득

④ 공격대상에 대한 피싱 공격

013 □□□

2017년 국회직(05)

<보기>는 XSS(Cross-site Scripting) 공격을 수행하기 위한 각 단계들을 나타낸다. 다음 중 ㄱ ~ ㅁ을 순서에 맞게 나열한 것으로 옳은 것은?

<보기>

ㄱ. 사용자 시스템에서 XSS 코드가 실행된다.
ㄴ. 웹 사용자는 공격자가 작성해 놓은 XSS 코드를 포함한 게시판의 글에 접근한다.
ㄷ. 공격자는 XSS 코드를 포함한 게시판의 글을 웹 서버에 저장한다.
ㄹ. 결과가 공격자에게 전달된다.
ㅁ. XSS 코드를 포함한 게시판의 글이 웹 서버에서 사용자에게 전달된다.

① ㄴ → ㄱ → ㄷ → ㄹ → ㅁ
② ㄴ → ㄱ → ㄹ → ㄷ → ㅁ
③ ㄴ → ㄷ → ㅁ → ㄱ → ㄹ
④ ㄷ → ㄴ → ㄱ → ㅁ → ㄹ
⑤ ㄷ → ㄴ → ㅁ → ㄱ → ㄹ

014 □□□

2017년 지방교행(09)

다음은 SQL 삽입(injection) 공격을 위한 SQL 명령문이다. 빈칸 ㉠에 들어갈 명령어로 옳은 것은?

(㉠) user_id FROM member WHERE
(user_id=' ' OR '1'='1') AND
(user_pw=' ' OR '1'='1');

- member: 테이블명
- user_id: 필드명
- user_pw: 필드명

① DROP　② CREATE
③ INSERT　④ SELECT

015 □□□

2017년 국가직(추가)(09)

다음에 열거된 순서대로 진행되는 공격은 무엇인가?

- 취약점이 존재하는 웹 서버의 애플리케이션에 악성 코드를 삽입
- 해당 웹 서비스 사용자가 공격자가 작성하여 저장한 악성 코드에 접근
- 웹 서버는 사용자가 접근한 악성 코드가 포함된 게시판의 글을 사용자에게 전달
- 사용자 브라우저에서 악성스크립트가 실행
- 실행 결과가 공격자에게 전달되고 공격자는 공격을 종료

① 저장(stored) Cross-Site Scripting
② 반사(reflected) Cross-Site Scripting
③ 명령어 삽입(command injection)
④ SQL 삽입(injection)

016 □□□

2017년 지방직(추가)(15)

XSS 공격에 대한 설명으로 옳은 것은?

① 자료실에 올라간 파일을 다운로드할 때 전용 다운로드 프로그램이 파일을 가져오는데, 이 때 파일 이름을 필터링하지 않아서 취약점이 발생한다.
② 악성 스크립트를 웹페이지의 파라미터 값에 추가하거나, 웹 게시판에 악성 스크립트를 포함시킨 글을 등록하여 이를 사용자의 웹 브라우저 내에서 적절한 검증 없이 실행되도록 한다.
③ 네트워크 통신을 조작하여 통신 내용을 도청하거나 조작하는 공격 기법이다.
④ 데이터베이스를 조작할 수 있는 스크립트를 웹서버를 이용하여 데이터베이스로 전송한 후 데이터베이스의 반응을 이용하여 기밀 정보를 취득하는 공격 기법이다.

017 □□□

2018년 서울시(02)

XSS(Cross Site Scripting) 공격에 대한 설명으로 가장 옳지 않은 것은?

① 게시판 등의 웹페이지에 악의적인 코드 삽입이 가능하다는 취약점이 있다.
② 공격 코드를 삽입하는 부분에 따라 저장 XSS 방식과 반사 XSS 방식이 있다.
③ 악성코드가 실행되면서 서버의 정보를 유출하게 된다.
④ Javascript, VBScript, HTML 등이 사용될 수 있다.

018 □□□

2018년 국회직(08)

웹 공격의 유형에 대한 설명으로 옳지 않은 것은?

① XSS(Cross-Site Scripting): 저장 XSS 공격, 반사 XSS 공격, DOM 기반 XSS 공격으로 분류되며, 이에 대응하기 위해서는 웹 어플리케이션의 개발단계에서 XSS에 대비한 입출력값을 검증하고 적절하게 인코딩하는 방법을 선택하는 것이 중요하다.
② SQL injection: 웹에서 사용자가 입력하는 값이 DB 질의어와 연동이 되는 경우에는 클라이언트 측에서만 자바스크립트 등을 통해 사용자의 입력값을 검증하는 것으로 해결된다.
③ CSRF(Cross-Site Request Forgery): 사용자가 자신의 의도와는 무관하게 공격자가 의도한 웹사이트 사용 행위(수정, 삭제, 등록 등)를 특정 웹사이트에 요청하게 만드는 공격이다.
④ 쿠키획득 공격: 로그인된 사용자의 쿠키값을 XSS 등의 공격으로 획득하여 로그인을 할 수 있다.
⑤ 인증우회 공격: 인증되지 않은 사용자가 접근할 수 없는 페이지를 접근할 수 있는 URL을 획득하여 인증 없이 접근하는 공격방법이다.

019 □□□

2019년 국가직(01)

쿠키(Cookie)에 대한 설명으로 옳지 않은 것은?

① 쿠키는 웹사이트를 편리하게 이용하기 위한 목적으로 만들어졌으며, 많은 웹사이트가 쿠키를 이용하여 사용자의 정보를 수집하고 있다.
② 쿠키는 실행파일로서 스스로 디렉터리를 읽거나 파일을 지우는 기능을 수행한다.
③ 쿠키에 포함되는 내용은 웹 응용프로그램 개발자가 정할 수 있다.
④ 쿠키 저장 시 타인이 임의로 쿠키를 읽어 들일 수 없도록 도메인과 경로 지정에 유의해야 한다.

020 □□□

2019년 지방직(03)

취약한 웹 사이트에 로그인한 사용자가 자신의 의지와는 무관하게 공격자가 의도한 행위(수정, 삭제, 등록 등)를 일으키도록 위조된 HTTP 요청을 웹 응용 프로그램에 전송하는 공격은 무엇인가?

① DoS 공격
② 취약한 인증 및 세션 공격
③ SQL 삽입 공격
④ CSRF 공격

021 □□□

2019년 국회직(17)

<보기>에서 XSS 공격을 수행하는 과정을 나타낸 다음 설명 중 옳지 않은 것은?

<보기>

ㄱ. 공격자는 XSS 코드를 포함한 게시판의 글을 웹 서버에 저장한다.
ㄴ. 웹 사용자는 공격자가 작성해 놓은 XSS 코드를 포함한 게시판의 글에 접근한다.
ㄷ. XSS 코드를 포함한 게시판의 글이 웹 서버에서 사용자에게 전달된다.
ㄹ. 웹 서버에서 XSS 코드가 실행된다.
ㅁ. 공격 결과가 공격자에게 전달된다.

① ㄱ
② ㄴ
③ ㄷ
④ ㄹ
⑤ ㅁ

022 □□□

2020년 지방직(07)

SQL 삽입 공격에 대한 설명으로 옳지 않은 것은?

① 사용자 요청이 웹 서버의 애플리케이션을 거쳐 데이터베이스에 전달되고 그 결과가 반환되는 구조에서 주로 발생한다.
② 공격이 성공하면 데이터베이스에 무단 접근하여 자료를 유출하거나 변조시키는 결과가 초래될 수 있다.
③ 사용자의 입력값으로 웹 사이트의 SQL 질의가 완성되는 약점을 이용한 것이다.
④ 자바스크립트와 같은 CSS(Client Side Script) 기반 언어로 사용자 입력을 필터링하는 방법으로 공격에 대응하는 것이 바람직하다.

023 □□□

2020년 국회직(20)

다음 설명에서 제시하는 공격 유형은 무엇인가?

게시판의 글에 원본과 함께 악성 코드를 삽입하여 글을 읽을 경우 악성코드가 실행되도록 하여 클라이언트의 정보를 유출하는 공격기법이다. 웹 페이지가 사용자로부터 입력 받은 데이터를 필터링하지 않고 그대로 동적으로 생성된 웹 페이지에 포함하여 사용자에게 재전송할 때 발생한다.

① SQL Injection
② XSS(Cross Site Scripting)
③ 파일 업로드 취약점
④ CSRF(Cross Site Request Forgery)
⑤ 쿠키/세션 위조

024 □□□

2021년 국가직(06)

다음에서 설명하는 크로스사이트 스크립팅(XSS) 공격의 유형은 무엇인가?

공격자는 XSS 코드를 포함한 URL을 사용자에게 보낸다. 사용자가 그 URL을 요청하고 해당 웹 서버가 사용자 요청에 응답한다. 이때 XSS 코드를 포함한 스크립트가 웹 서버로부터 사용자에게 전달되고 사용자 측에서 스크립트가 실행된다.

① 세컨드 오더 XSS
② DOM 기반 XSS
③ 저장 XSS
④ 반사 XSS

025 □□□

2023년 국가직(01)

SSS(Server Side Script) 언어에 해당하지 않는 것은?

① IIS ② PHP
③ ASP ④ JSP

026 □□□

2023년 국가직(17)

웹 서버와 클라이언트 간의 쿠키 처리 과정으로 옳지 않은 것은?

① HTTP 요청 메시지의 헤더 라인을 통한 쿠키 전달
② HTTP 응답 메시지의 상태 라인을 통한 쿠키 전달
③ 클라이언트 브라우저의 쿠키 디렉터리에 쿠키 저장
④ 웹 서버가 클라이언트에 관해 수집한 정보로부터 쿠키를 생성

027 □□□

2023년 지방직(06)

CSRF 공격에 대한 설명으로 옳지 않은 것은?

① 사용자가 자신의 의지와는 무관하게 공격자가 의도한 행위를 특정 웹사이트에 요청하게 하는 공격이다.
② 특정 웹사이트가 사용자의 웹 브라우저를 신뢰하는 점을 노리고 사용자의 권한을 도용하려는 것이다.
③ 사용자에게 전달된 데이터의 악성 스크립트가 사용자 브라우저에서 실행되면서 해킹을 하는 것으로, 이 악성 스크립트는 공격자가 웹 서버에 구현된 애플리케이션의 취약점을 이용하여 서버 측 또는 URL에 미리 삽입해 놓은 것이다.
④ 웹 애플리케이션의 요청 내에 세션별 · 사용자별로 구별 가능한 임의의 토큰을 추가하도록 하여 서버가 정상적인 요청과 비정상적인 요청을 판별하는 방법으로 공격에 대응할 수 있다.

028 □□□

2024년 지방직(09)

다음에서 설명하는 보안 공격은?

> 사용자 요청이 웹 서버의 애플리케이션을 거쳐 데이터베이스에 전달되고 그 결과가 반환되는 구조에서 주로 발생하는 것으로, 공격자가 악의적으로 질의에 포함시킨 특수 문자를 제대로 필터링하지 않으면 데이터베이스 자료가 무단으로 유출 · 변조될 수 있다.

① 버퍼 오버플로우
② SQL 삽입
③ XSS
④ CSRF

CHAPTER 02

데이터베이스 보안

정답 및 해설 p.105

001 □□□

2014년 지방직(17)

데이터베이스 보안 요구사항 중 비기밀 데이터에서 기밀 데이터를 얻어내는 것을 방지하는 요구사항은 무엇인가?

① 암호화 ② 추론 방지
③ 무결성 보장 ④ 접근통제

002 □□□

2015년 지방직(13)

데이터베이스 보안의 요구사항이 아닌 것은?

① 데이터 무결성 보장
② 기밀 데이터 관리 및 보호
③ 추론 보장
④ 사용자 인증

003 □□□

2017년 서울시(04

다음 중 데이터베이스 관리자(Database Administrator)가 부여할 수 있는 SQL기반 접근권한 관리 명령어로 옳지 않은 것은?

① REVOKE ② GRANT
③ DENY ④ DROP

004 □□□

2018년 서울시(01)

다음 중 <보기>와 관련된 데이터베이스 보안 요구 사항으로 가장 옳은 것은?

<보기>

서로 다른 트랜잭션이 동일한 데이터 항목에 동시적으로 접근하여도 데이터의 일관성이 손상되지 않도록 하기 위해서는 로킹(locking) 기법 등과 같은 병행 수행 제어 기법 등이 사용되어야 한다.

① 데이터 기밀성 ② 추론 방지
③ 의미적 무결성 ④ 운영적 무결성

005 □□□

2018년 지방교행(09)

데이터베이스 서버와 어플리케이션 서버로 분리하여 운용할 경우, 데이터베이스 암호화 방식 중 암·복호화가 데이터베이스 서버에서 수행되는 방식으로 다음 <보기>에서 옳은 것만을 모두 고른 것은?

<보기>

ㄱ. API 방식
ㄴ. 플러그-인 방식
ㄷ. 필터(filter) 방식
ㄹ. TDE(Transparent Data Encryption) 방식

① ㄱ, ㄴ ② ㄱ, ㄷ
③ ㄴ, ㄹ ④ ㄴ, ㄷ, ㄹ

006 □□□

2021년 국가직(08)

데이터베이스 접근 권한 관리를 위한 DCL(Data Control Language)에 속하는 명령으로 그 설명이 옳은 것은?

① GRANT: 사용자가 테이블이나 뷰의 내용을 읽고 선택한다.
② REVOKE: 이미 부여된 데이터베이스 객체의 권한을 취소한다.
③ DROP: 데이터베이스 객체를 삭제한다.
④ DENY: 기존 데이터베이스 객체를 다시 정의한다.

CHAPTER

03 전자우편 보안

정답 및 해설 p.106

001 □□□

2016년 국가직(17)

전자우편의 보안 강화를 위한 S/MIME(Secure/MulTipurpose Internet Mail Extension)에 대한 설명으로 옳은 것은?

① 메시지 다이제스트를 수신자의 공개키로 암호화하여 서명한다.
② 메시지를 대칭키로 암호화하고 이 대칭키를 발신자의 개인키로 암호화한 후 암호화된 메시지와 함께 보냄으로써 전자우편의 기밀성을 보장한다.
③ S/MIME를 이용하면 메시지가 항상 암호화되기 때문에 S/MIME 처리 능력이 없는 수신자는 전자우편 내용을 볼 수 없다.
④ 국제 표준 X.509 형식의 공개키 인증서를 사용한다.

002 □□□

2017년 지방직(04)

전자우편 서비스의 보안 기술로 옳지 않은 것은?

① PGP(Pretty Good Privacy)
② S/MIME(Secure/MulTipurpose Internet Mail Extension)
③ SET(Secure Electronic Transaction)
④ PEM(Privacy Enhanced Mail)

003 □□□

2018년 국가직(01)

전자우편 보안 기술이 목표로 하는 보안 특성이 아닌 것은?

① 익명성 ② 기밀성
③ 인증성 ④ 무결성

004 □□□

2018년 국회직(17)

다음 중 <보기>에서 설명하는 것은 무엇인가?

<보기>

IETF의 작업 그룹에서 RSADSI(RSA Data Security Incorporation)의 기술을 기반으로 개발한 전자우편 보안 기술이며, RFC 3850, 3851 등에서 정의되어 있다. 전자우편에 대한 암호화 및 전자서명을 통하여 메시지 기밀성, 메시지 무결성, 사용자 인증, 송신 사실 부인 방지, 프라이버시 보호 등의 보안 기능을 제공한다.

① MIME(MulTipurpose Internet Mail Extensions)
② SMTP(Simple Mail Transfer Protocol)
③ PGP(Pretty Good Privacy)
④ PEM(Privacy Enhanced Mail)
⑤ S/MIME(Secure/MulTipurpose Internet Mail Extensions)

005 □□□

2021년 국가직(13)

이메일의 보안을 강화하기 위한 기술이 아닌 것은?

① IMAP ② S/MIME
③ PEM ④ PGP

006 □□□

2022년 지방직(19)

메일 보안 기술에 대한 설명으로 옳지 않은 것은?

① PGP는 중앙 집중화된 키 인증 방식이고, PEM은 분산화된 키 인증 방식이다.
② PGP를 이용하면 수신자가 이메일을 받고서도 받지 않았다고 발뺌할 수 없다.
③ PGP는 인터넷으로 전송하는 이메일을 암호화 또는 복호화하여 제3자가 알아볼 수 없게 하는 보안 프로그램이다.
④ PEM에는 메시지를 암호화하여 통신 내용을 보호하는 기능, 메시지 위·변조, 검증 및 메시지 작성자를 인증하는 보안 기능이 있다.

전자상거래 보안

정답 및 해설 p.107

001 □□□ 2014년 국회직(18)

다음 중 전자 상거래를 위한 신용 카드 기반의 전자지불 프로토콜은 무엇인가?

① SSL(Secure Socket Layer)
② PGP(Pretty Good Privacy)
③ OTP(One Time Password)
④ SSO(Single Sign On)
⑤ SET(Secure Electronic Transaction)

002 □□□ 2015년 서울시(08)

SET(Secure Electronic Transaction)의 설명으로 옳은 것은?

① SET 참여자들이 신원을 확인하지 않고 인증서를 발급한다.
② 오프라인상에서 금융거래 안전성을 보장하기 위한 시스템이다.
③ 신용카드 사용을 위해 상점에서 소프트웨어를 요구하지 않는다.
④ SET는 신용카드 트랜젝션을 보호하기 위해 인증, 기밀성 및 메시지 무결성 등의 서비스를 제공한다.

003 □□□ 2016년 서울시(04)

전자화폐(Electronic Cash)에 대한 설명으로 옳지 않은 것은?

① 전자화폐의 지불 과정에서 물품 구입 내용과 사용자 식별 정보가 어느 누구에 의해서도 연계되어서는 안 된다.
② 전자화폐는 다른 사람에게 즉시 이전할 수 있어야 한다.
③ 일정한 가치를 가지는 전자화폐는 그 가치만큼 자유롭게 분산이용이 가능해야 한다.
④ 대금 지불 시 전자화폐의 유효성 확인은 은행이 개입하여 즉시 이루어져야 한다.

004 □□□ 2017년 국가직(추가)(07)

SET(Secure Electronic Transaction)에 대한 설명으로 옳지 않은 것은?

① 신용 카드를 이용한 인터넷상의 전자결제를 안전하게 할 수 있게 하는 기술이다.
② 대칭키 암호화 방식과 공개키 암호화 방식이 모두 사용된다.
③ 신용카드 정보를 판매자가 알 수 있도록 단일 서명 방식을 사용한다.
④ 신용조회 네트워크와 인터넷 사이에 설치된 지불 게이트웨이가 지불 명령을 처리한다.

005 □□□

2017년 지방직(추가)(05)

안전한 전자상거래를 구현하기 위해서 필요한 요건들에 대한 설명으로 옳은 것은?

① 무결성(Integrity): 정보가 허가되지 않은 사용자(조직)에게 노출되지 않는 것을 보장하는 것을 의미한다.

② 인증(Authentication): 각 개체 간에 전송되는 정보는 암호화에 의한 비밀 보장이 되어 권한이 없는 사용자에게 노출되지 않아야 하며 저장된 자료나 전송 자료를 인가받지 않은 상태에서는 내용을 확인할 수 없어야 한다.

③ 접근제어(Access Control): 허가된 사용자가 허가된 방식으로 자원에 접근하도록 하는 것이다.

④ 부인봉쇄(Non-repudiation): 어떠한 행위에 관하여 서명자나 서비스로부터 부인할 수 있도록 해주는 것을 의미한다.

006 □□□

2022년 국가직(09)

SET에 대한 설명으로 옳지 않은 것은?

① 인터넷에서 신용카드를 지불수단으로 이용하기 위한 기술이다.

② 인증기관은 SET에 참여하는 모든 구성원의 정당성을 보장한다.

③ 고객등록에서는 지불 게이트웨이를 통하여 고객의 등록과 인증서의 처리가 이루어진다.

④ 상점등록에서는 인증 허가 기관에 등록하여 자신의 인증서를 만들어야 한다.

007 □□□

2023년 지방직(14)

전자상거래에서 소비자의 주문 정보와 지불 정보를 보호하기 위한 SET의 이중 서명은 소비자에서 상점으로 그리고 상점에서 금융기관으로 전달된다. 금융기관에서 이중 서명을 검증하는데 필요하지 않은 것은?

① 소비자의 공개키

② 주문 정보의 해시

③ 상점의 공개키

④ 지불 정보

PART 7

개요

CHAPTER 01

개념

정답 및 해설 p.109

001 □□□

2014년 국가직(12)

정보보호의 주요 목적에 대한 설명으로 옳지 않은 것은?

① 기밀성(confidentiality)은 인가된 사용자만이 데이터에 접근할 수 있도록 제한하는 것을 말한다.
② 가용성(availability)은 필요할 때 데이터에 접근할 수 있는 능력을 말한다.
③ 무결성(integrity)은 식별, 인증 및 인가 과정을 성공적으로 수행했거나 수행 중일 때 발생하는 활동을 말한다.
④ 책임성(accountability)은 제재, 부인방지, 오류 제한, 침입 탐지 및 방지, 사후 처리 등을 지원하는 것을 말한다.

002 □□□

2014년 지방직(01)

정보보호의 주요 목표 중 하나인 인증성(Authenticity)을 보장하는 사례를 설명한 것으로 옳은 것은?

① 대학에서 개별 학생들의 성적이나 주민등록번호 등 민감한 정보는 안전하게 보호되어야 한다. 따라서 이러한 정보는 인가된 사람에게만 공개되어야 한다.
② 병원에서 특정 환자의 질병 관련 기록을 해당 기록에 관한 접근 권한이 있는 의사가 이용하고자 할 때 그 정보가 정확하며 오류 및 변조가 없었음이 보장되어야 한다.
③ 네트워크를 통해 데이터를 전송할 때는 데이터를 송신한 측이 정당한 송신자가 아닌 경우 수신자가 이 사실을 확인할 수 있어야 한다.
④ 회사의 웹 사이트는 그 회사에 대한 정보를 얻고자 하는 허가받은 고객들이 안정적으로 접근할 수 있어야 한다.

003 □□□

2014년 지방직(05)

보안 공격 중 적극적 보안 공격의 종류가 아닌 것은?

① 신분위장(masquerade): 하나의 실체가 다른 실체로 행세를 한다.
② 재전송(replay): 데이터를 획득하여 비인가된 효과를 얻기 위하여 재전송한다.
③ 메시지 내용 공개(release of message contents): 전화 통화, 전자우편 메시지, 전송 파일 등에 기밀 정보가 포함되어 있으므로 공격자가 전송 내용을 탐지하지 못하도록 예방해야 한다.
④ 서비스 거부(denial of service): 통신 설비가 정상적으로 사용 및 관리되지 못하게 방해한다.

004 □□□

2014년 서울시(01)

정보보호의 목적 중 기밀성을 보장하기 위한 방법만을 묶은 것은?

① 데이터 백업 및 암호화
② 데이터 백업 및 데이터 복원
③ 데이터 복원 및 바이러스 검사
④ 접근통제 및 암호화
⑤ 접근통제 및 바이러스 검사

005 □□□

2014년 서울시(02)

정보보호의 요소들에 대한 설명으로 옳은 것은?

① 부인방지(non-repudiation)란 정보가 비인가된 방식으로 변조되는 것을 방지하는 것을 의미한다.
② 무결성(integrity)이란 특정한 작업 또는 행위에 대해 책임 소재를 확인 가능함을 의미한다.
③ 인증성(authenticity)이란 인가된 사용자가 필요 시 정보를 접근하고 변경하는 것이 가능함을 의미한다.
④ 가용성(availability)이란 정보나 해당 정보의 주체가 진짜임을 의미한다.
⑤ 기밀성(confidentiality)이란 정보의 비인가된 유출이 불가능함을 의미한다.

006 □□□

2014년 서울시(07)

다음 중 공격자가 통신 프로토콜에 직접 개입하지 않고 감청(eavesdropping) 또는 감시(monitoring)만을 수행하는 수동적 공격(passive attack)으로 분류될 수 있는 것은?

① 가장(masquerade)
② 재사용(replay)
③ 서비스 거부(denial of service)
④ 메시지 변조(modification of message)
⑤ 트래픽 분석(traffic analysis)

007 □□□

2014년 국회직(17)

다음은 정보보호의 3대 기본 목표 중 무엇에 대한 설명인가?

권한이 없는 사용자들은 컴퓨터 시스템상의 데이터 또는 컴퓨터 시스템 간에 통신 회선을 통하여 전송되는 데이터의 내용을 볼 수 없게 하는 기능

① 비밀성(Confidentiality)
② 가용성(Availability)
③ 신뢰성(Reliability)
④ 무결성(Integrity)
⑤ 책임추적성(Accountability)

008 □□□

2015년 국가직(02)

다음 중 능동적 보안 공격에 해당하는 것만을 모두 고른 것은?

ㄱ. 도청	ㄴ. 감시
ㄷ. 신분위장	ㄹ. 서비스 거부

① ㄱ, ㄴ　② ㄱ, ㄷ
③ ㄴ, ㄷ　④ ㄷ, ㄹ

009 □□□

2015년 국가직(04)

정보보안의 기본 개념에 대한 설명으로 옳지 않은 것은?

① Kerckhoff의 원리에 따라 암호 알고리즘은 비공개로 할 필요가 없다.

② 보안의 세 가지 주요 목표에는 기밀성, 무결성, 가용성이 있다.

③ 대칭키 암호 알고리즘은 송수신자 간의 비밀키를 공유하지 않아도 된다.

④ 가용성은 인가된 사용자에게 서비스가 잘 제공되도록 보장하는 것이다.

010 □□□

2015년 국회직(18)

IT 시스템에 발생할 수 있는 다음의 보안 이슈들과 밀접한 관계를 가진 정보보호 요소는 무엇인가?

- IT 시스템의 저장된 데이터 변경
- IT 시스템 메모리 변경
- IT 시스템 간 메시지 전송 중 내용 변경

① 기밀성(Confidentiality)

② 무결성(Integrity)

③ 가용성(Availability)

④ 신뢰성(Reliability)

⑤ 책임추적성(Accountability)

011 □□□

2016년 지방직(01)

보안 공격 유형 중 소극적 공격으로 옳은 것은?

① 트래픽 분석(traffic analysis)

② 재전송(replaying)

③ 변조(modification)

④ 신분 위장(masquerading)

012 □□□

2016년 지방직(15)

다음 중 보안 서비스에 대한 설명을 바르게 나열한 것은?

ㄱ. 메시지가 중간에서 복제·추가·수정되거나 순서가 바뀌거나 재전송 됨이 없이 그대로 전송되는 것을 보장한다.
ㄴ. 비인가된 접근으로부터 데이터를 보호하고 인가된 해당 개체에 적합한 접근 권한을 부여한다.
ㄷ. 송·수신자 간에 전송된 메시지에 대해서, 송신자는 메시지 송신 사실을, 수신자는 메시지 수신 사실을 부인하지 못하도록 한다.

	ㄱ	ㄴ	ㄷ
①	데이터 무결성	부인 봉쇄	인증
②	데이터 가용성	접근통제	인증
③	데이터 기밀성	인증	부인 봉쇄
④	데이터 무결성	접근통제	부인 봉쇄

013 □□□

2016년 국회직(01)

다음 중 정보보호시스템이 제공하는 보안서비스 개념과 그에 대한 설명으로 옳은 것은?

> ㄱ. 기밀성(Confidentiality): 데이터가 위·변조 되지 않아야 한다.
> ㄴ. 무결성(Integrity): 권한이 있는 자는 서비스를 사용 하여야 한다.
> ㄷ. 인증(Authentication): 정당한 자임을 상대방에게 입증하여야 한다.
> ㄹ. 부인방지(Nonrepudiation): 거래사실을 부인할 수 없어야 한다.
> ㅁ. 가용성(Availability): 비 인가자에게는 메시지를 숨겨야 한다.

① ㄱ, ㄴ
② ㄱ, ㅁ
③ ㄴ, ㄷ
④ ㄷ, ㄹ
⑤ ㄹ, ㅁ

014 □□□

2017년 국가직(01)

컴퓨터 시스템 및 네트워크 자산에 대한 위협 중에서 기밀성 침해에 해당하는 것은?

① 장비가 불능 상태가 되어 서비스가 제공되지 않음
② 통계적 방법으로 데이터 내용이 분석됨
③ 새로운 파일이 허위로 만들어짐
④ 메시지가 재정렬됨

015 □□□

2017년 지방직(02)

정보보안에 대한 설명으로 옳은 것은?

① 보안공격 유형 중 소극적 공격은 적극적 공격보다 탐지하기 매우 쉽다.
② 공개키 암호 시스템은 암호화 키와 복호화 키가 동일하다.
③ 정보보호의 3대 목표는 기밀성, 무결성, 접근제어이다.
④ 부인 방지는 송신자나 수신자가 메시지를 주고받은 사실을 부인하지 못하도록 방지하는 것을 의미한다.

016 □□□

2017년 국회직(01)

다음 중 정보 보안 시스템을 설계하거나 운영할 때의 목표로 옳지 않은 것은?

① 기밀성 보장
② 무결성 보장
③ 가용성 보장
④ 책임회피성 보장
⑤ 사용자 인증

017 □□□ 2017년 국회직(11)

다음 중 수동적 보안 공격에 해당하는 것을 <보기>에서 모두 고르면?

<보기>

ㄱ. 신분 위장　　ㄴ. 메시지 변경
ㄷ. 도청　　ㄹ. 트래픽 분석
ㅁ. 서비스 거부

① ㄱ, ㄴ　　② ㄴ, ㅁ
③ ㄷ, ㄹ　　④ ㄱ, ㄷ, ㄹ
⑤ ㄷ, ㄹ, ㅁ

018 □□□ 2017년 지방교행(01)

다음 중 정보보호의 목표와 그에 대한 설명 (가) ~ (다)를 바르게 짝지은 것은?

(가) 내부 정보 및 전송되는 정보에 대하여 허가되지 않은 사용자 또는 객체가 정보의 내용을 알 수 없도록 한다.
(나) 정보에 대한 접근 권한이 있는 사용자가 방해받지 않고 언제든지 정보와 정보시스템을 사용할 수 있도록 보장한다.
(다) 접근 권한이 없는 사용자에 의해 정보가 변경되지 않도록 보호하여 정보의 정확성과 완전성을 확보한다.

	(가)	(나)	(다)
①	기밀성	가용성	무결성
②	기밀성	무결성	가용성
③	무결성	가용성	기밀성
④	무결성	기밀성	가용성

019 □□□ 2017년 국가직(추가)(11)

보안의 3대 요소 중 가용성에 대한 직접적인 위협 행위는 무엇인가?

① 트래픽 분석(traffic analysis)
② 신분 위장(masquerading)
③ 패킷 범람(packet flooding)
④ 데이터 변조(modification)

020 □□□ 2018년 지방직(01)

정보보호의 3대 요소 중 가용성에 대한 설명으로 옳은 것은?

① 권한이 없는 사람은 정보자산에 대한 수정이 허락되지 않음을 의미한다.
② 권한이 없는 사람은 정보자산에 대한 접근이 허락되지 않음을 의미한다.
③ 정보를 암호화하여 저장하면 가용성이 보장된다.
④ DoS(Denial of Service) 공격은 가용성을 위협한다.

021 □□□

2018년 서울시(03)

다음에서 설명하는 보안 목적으로 가장 옳은 것은?

정보가 허가되지 않은 방식으로 바뀌지 않는 성질

① 무결성(Integrity) ② 가용성(Availability)
③ 인가(Authorization) ④ 기밀성(Confidentiality)

022 □□□

2018년 서울시(16)

능동적 공격으로 가장 옳지 않은 것은?

① 재전송 ② 트래픽 분석
③ 신분위장 ④ 메시지 변조

023 □□□

2018년 국회직(01)

정보보호의 침해 유형을 소극적 공격과 적극적 공격으로 구분했을 때, 적극적 공격에 해당하는 것은?

① 특정 서버에 대한 접속을 마비시킨다.
② 문서들을 분석하여 개인 정보를 추출한다.
③ 패스워드 파일로부터 패스워드를 추측한다.
④ 특정 사용자의 전자우편 메시지를 분석한다.
⑤ 특정 서버와의 트래픽을 선택적으로 감시한다.

024 □□□

2018년 지방교행(01)

다음 설명을 모두 만족하는 정보보호의 목표는 무엇인가?

- 인터넷을 통해 전송되는 데이터 암호화
- 데이터베이스와 저장 장치에 저장되는 데이터 암호화
- 인가된 사용자들만이 정보를 볼 수 있도록 암호화

① 가용성 ② 기밀성
③ 무결성 ④ 신뢰성

025 □□□

2019년 국가직(03)

정보보호 서비스에 대한 설명으로 옳지 않은 것은?

① Availability: 행위나 이벤트의 발생을 증명하여 나중에 행위나 이벤트를 부인할 수 없도록 한다.
② Integrity: 네트워크를 통하여 송수신되는 정보의 내용이 불법적으로 생성 또는 변경되거나 삭제되지 않도록 보호한다.
③ Confidentiality: 온 · 오프라인 환경에서 인가되지 않은 상대방에게 저장 및 전송되는 중요정보의 노출을 방지한다.
④ Authentication: 정보교환에 의해 실체의 식별을 확실하게 하거나 임의 정보에 접근할 수 있는 객체의 자격이나 객체의 내용을 검증하는 데 사용한다.

026 □□□

2019년 지방직(12)

무결성을 위협하는 공격이 아닌 것은?

① 스누핑 공격(Snooping Attack)
② 메시지 변조 공격(Message Modification Attack)
③ 위장 공격(Masquerading Attack)
④ 재전송 공격(Replay Attack)

027 □□□

2021년 국가직(02)

다음 중 능동적 공격에 해당하는 것만을 모두 고르면?

ㄱ. 도청	ㄴ. 서비스 거부
ㄷ. 트래픽 분석	ㄹ. 메시지 변조

① ㄱ, ㄷ　② ㄴ, ㄷ
③ ㄴ, ㄹ　④ ㄷ, ㄹ

028 □□□

2021년 지방직(01)

보안의 3대 요소 중 적절한 권한을 가진 사용자가 인가한 방법으로만 정보를 변경할 수 있도록 하는 것은 무엇인가?

① 무결성(integrity)
② 기밀성(confidentiality)
③ 가용성(availability)
④ 접근성(accessability)

029 □□□

2022년 국가직(01)

사용자의 신원을 검증하고 전송된 메시지의 출처를 확인하는 정보보호 개념은 무엇인가?

① 무결성 ② 기밀성
③ 인증성 ④ 가용성

030 □□□

2022년 지방직(05)

보안 공격 유형에는 적극적 공격과 소극적 공격이 있는데, 다음 중 공격 유형이 다른 하나는?

① 메시지 내용 공개(release of message contents)
② 신분 위장(masquerade)
③ 메시지 수정(modification of message)
④ 서비스 거부(denial of service)

031 □□□

2023년 국가직(02)

정보나 정보시스템을 누가, 언제, 어떤 방법을 통하여 사용했는지 추적할 수 있도록 하는 것은 무엇인가?

① 인증성 ② 가용성
③ 부인방지 ④ 책임추적성

032 □□□

2023년 지방직(01)

데이터의 위·변조를 방어하는 기술이 목표로 하는 것은 무엇인가?

① 기밀성 ② 무결성
③ 가용성 ④ 책임추적성

033 □□□

2024년 국가직(05)

컴퓨터 보안의 3요소가 아닌 것은?

① 무결성(Integrity)
② 확장성(Scalability)
③ 가용성(Availability)
④ 기밀성(Confidentiality)

CHAPTER 02

그 외

정답 및 해설 p.113

001 □□□ 2014년 국회직(02)

다음 중 로봇 프로그램과 사람을 구분하는 방법의 하나로 사람이 인식할 수 있는 문자나 그림을 활용하여 자동 회원 가입 및 게시글 포스팅을 방지하는 데 사용하는 방법은 무엇인가?

① 해시함수 ② 캡차(CAPTCHA)
③ 전자서명 ④ 인증서
⑤ 암호문

002 □□□ 2015년 지방직(04)

시스템 침투를 위한 일반적인 해킹 과정 중 마지막 순서에 해당하는 것은 무엇인가?

① 공격 ② 로그 기록 등의 흔적 삭제
③ 취약점 분석 ④ 정보 수집

003 □□□ 2016년 국가직(16)

OWASP(The Open Web Application Security Project)에서 발표한 2013년도 10대 웹 애플리케이션 보안 위험 중 발생 빈도가 높은 상위 3개에 속하지 않는 것은?

① Injection
② Cross-Site Scripting
③ Unvalidated Redirects and Forwards
④ Broken Authentication and Session Management

004 □□□ 2016년 서울시(09)

다음 지문은 신문에서 발췌한 기사이다. 빈칸에 들어갈 단어로 적절한 것은?

> 취업준비생 김다정(28)씨는 지난 5월 7일 [　　　] 공격으로 취업을 위해 모아뒀던 학습 및 준비 자료가 모두 암호화돼 버렸다. 컴퓨터 화면에는 암호를 알려주는 대가로 100달러(약 11만 5000원)를 요구하는 문구가 떴지만, 결제해도 데이터를 되찾을 수 없다는 지인의 조언에 데이터복구 업체를 통해 일부 자료만 복구해 보기로 했다. 그런데 업체를 통해 데이터 일부를 복구한지 하루 만인 지난 10일 또 다시 [　　　] 공격을 받아 컴퓨터가 먹통이 돼 버렸다.

① 하트블리드(Heart bleed)
② 랜섬웨어(Ransomware)
③ 백오리피스(Back Orifice)
④ 스턱스넷(Stuxnet)

005 □□□

2016년 국회직(17)

다음 용어에 대한 설명으로 옳지 않은 것은?

① Rootkit: 시스템 침입 후의 공격을 도와주는 프로그램들의 집합
② Obfuscation: 코드를 분석하기 어렵도록 변조하는 행위
③ Ransomware: 복호화를 조건으로 금전을 요구하기 위해 피해자의 데이터를 암호화하는 악성코드
④ Cross-Site Scripting: 웹 애플리케이션의 데이터를 악성 스크립트 코드로 변조하는 공격
⑤ Sandbox: 악성코드가 시스템 자원에 쉽게 접근하도록 만든 백도어

006 □□□

2017년 국가직(08)

다음 설명에 해당하는 것은 무엇인가?

> PC나 스마트폰을 해킹하여 특정 프로그램이나 기기 자체를 사용하지 못하도록 하는 악성코드로서 인터넷 사용자의 컴퓨터에 설치되어 내부 문서나 스프레드시트, 이미지 파일 등을 암호화하여 열지 못하도록 만든 후 돈을 보내주면 해독용 열쇠 프로그램을 전송해 준다며 금품을 요구한다.

① Web Shell　　② Ransomware
③ Honeypot　　④ Stuxnet

007 □□□

2017년 국가직(17)

보안 침해 사고에 대한 설명으로 옳은 것은?

① 크라임웨어는 온라인상에서 해당 소프트웨어를 실행하는 사용자가 알지 못하게 불법적인 행동 및 동작을 하도록 만들어진 프로그램을 말한다.
② 스니핑은 적극적 공격으로 백도어 등의 프로그램을 사용하여 네트워크상의 남의 패킷 정보를 도청하는 해킹 유형의 하나이다.
③ 파밍은 정상적으로 사용자들이 접속하는 도메인 이름과 철자가 유사한 도메인 이름을 사용하여 위장 홈페이지를 만든 뒤 사용자로 하여금 위장된 사이트로 접속하도록 한 후 개인 정보를 빼내는 공격 기법이다.
④ 피싱은 해당 사이트가 공식적으로 운영하고 있던 도메인 자체를 탈취하는 공격 기법이다.

008 □□□

2017년 국가직(18)

다음 설명에 해당하는 것은 무엇인가?

> • 응용 프로그램이 실행될 때 일종의 가상 머신 안에서 실행되는 것처럼 원래의 운영체제와 완전히 독립되어 실행되는 형태를 말한다.
> • 컴퓨터 메모리에서 애플리케이션 호스트 시스템에 해를 끼치지 않고 작동하는 것이 허락된 보호받는 제한 구역을 가리킨다.

① Whitebox　　② Sandbox
③ Middlebox　　④ Bluebox

009 □□□

2017년 국가직(20)

임의로 발생시킨 데이터를 프로그램의 입력으로 사용하여 소프트웨어의 안전성 및 취약성 등을 검사하는 방법은 무엇인가?

① Reverse Engineering ② Canonicalization
③ Fuzzing ④ Software Prototyping

010 □□□

2017년 국회직(03)

OWASP(The Open Web Application Security Project)에서 2013년에 발표한 10대 웹 취약점에 속하지 않는 것은?

① 인젝션
② 크로스 사이트 요청 변조
③ 인증 및 세션 관리 취약점
④ 취약한 간접 객체 참조
⑤ 검증되지 않은 리다이렉트 및 포워드

011 □□□

2017년 국가직(추가)(16)

쿠키에 대한 설명으로 옳지 않은 것은?

① 웹 사이트 접속 시 HTTP의 무상태성(statelessness)을 보완하기 위해 사용되는 정보이다.
② 사용자가 웹 사이트에 접속할 때 사용자 컴퓨터에서 생성되어 해당 웹 서버에 임시 파일로 전송·저장된다.
③ 보존 기간에 따라 임시(또는 세션) 쿠키와 영구(persistent) 쿠키로 분류 할 수 있다.
④ 사용자가 인식하지 못하는 사이에 사용자의 다양한 정보가 쿠키에 담겨 웹 서버로 전송될 수 있기 때문에 개인정보에 대한 피해가 발생할 수 있다.

012 □□□

2018년 국가직(05)

웹 애플리케이션의 대표적인 보안 위협의 하나인 인젝션 공격에 대한 대비책으로 옳지 않은 것은?

① 보안 프로토콜 및 암호 키 사용 여부 확인
② 매개변수화된 인터페이스를 제공하는 안전한 API 사용
③ 입력 값에 대한 적극적인 유효성 검증
④ 인터프리터에 대한 특수 문자 필터링 처리

013 □□□

2018년 지방직(06)

다음에서 설명하는 공격 기술은 무엇인가?

> 암호 장비의 동작 과정 중에 획득 가능한 연산시간, 전력 소모량, 전자기파 방사량 등의 정보를 활용하여 암호 알고리즘의 비밀 정보를 찾아내는 기술

① 차분 암호 분석 공격(Differential Cryptanalysis Attack)
② 중간자 공격(Man-In-The-Middle Attack)
③ 부채널 공격(Side-Channel Attack)
④ 재전송 공격(Replay Attack)

014 □□□

2018년 서울시(10)

퍼징(fuzzing)에 대한 설명으로 가장 옳은 것은?

① 사용자를 속여서 사용자의 비밀정보를 획득하는 방법이다.
② 실행코드를 난독화하여 안전하게 보호하는 방법이다.
③ 소프트웨어 테스팅 방법 중 하나로 난수를 발생시켜서 대상 시스템에 대한 결함이 발생하는 입력을 주입하는 방법이다.
④ 소스 코드를 분석하는 정적 분석 방법이다.

015 □□□

2019년 국가직(02)

악성프로그램에 대한 설명으로 옳지 않은 것은?

① Bot: 인간의 행동을 흉내 내는 프로그램으로 DDoS 공격을 수행한다.
② Spyware: 사용자 동의 없이 설치되어 정보를 수집하고 전송하는 악성 소프트웨어로서 금융정보, 신상정보, 암호 등을 비롯한 각종 정보를 수집한다.
③ Netbus: 소프트웨어를 실행하거나 설치 후 자동적으로 광고를 표시하는 프로그램이다.
④ Keylogging: 사용자가 키보드로 PC에 입력하는 내용을 몰래 가로채 기록하는 행위이다.

016 □□□

2019년 국가직(12)

정보보안 관련 용어에 대한 설명으로 옳지 않은 것은?

① 부인방지(Non-repudiation): 사용자가 행한 행위 또는 작업을 부인하지 못하는 것이다.
② 최소 권한(Least Privilege): 계정이 수행해야 하는 작업에 필요한 최소한의 권한만 부여한다.
③ 키 위탁(Key Escrow): 암호화 키가 분실된 경우를 대비하여 키를 보관하는 형태를 의미한다.
④ 차분 공격(Differential Attack): 대용량 해시 테이블을 이용하여 충분히 작은 크기로 줄여 크랙킹하는 방법이다.

017 □□□

2019년 서울시(18)

최근 알려진 Meltdown 보안 취약점에 대한 설명으로 가장 옳은 것은?

① CPU가 사용하는 소비 전력 패턴을 사용하여 중요한 키 값이 유출되는 보안 취약점이다.

② CPU의 특정 명령어가 실행될 때 소요되는 시간을 측정하여 해당 명령어와 주요한 키 값이 유출될 수 있는 보안 취약점이다.

③ SSL 설정 시 CPU 실행에 영향을 미쳐 CPU 과열로 인해 오류를 유발하는 보안 취약점이다.

④ CPU를 고속화하기 위해 사용된 비순차적 명령어 처리(Out-of-Order Execution) 기술을 악용한 보안 취약점이다.

018 □□□

2019년 국회직(10)

개인정보 비식별화 조치로 볼 수 없는 것은?

① 가명 처리

② 총계 처리

③ 데이터 값 삭제

④ 범주화 수행

⑤ 공개키 암호 기반 서명값 생성

019 □□□

2020년 국가직(16)

다음 설명에 해당하는 악성코드 분석도구를 옳게 짝지은 것은?

> ㄱ. 가상화 기술 기반으로 악성코드의 비정상 행위를 유발하는 실험과정에서 발생할 수 있는 분석시스템으로의 침해를 방지하여 통제된 환경과 분석 기능을 제공한다.
> ㄴ. 악성코드의 행위를 추출하기 위해 실제로 해당 코드를 실행함으로써 발생하는 비정상 행위 혹은 시스템 동작 환경의 변화를 살펴볼 수 있는 동적 분석 기능을 제공한다.

	ㄱ	ㄴ
①	Sandbox	Process Explorer
②	Sandbox	Burp Suite
③	Blackbox	IDA Pro
④	Blackbox	OllyDBG

020 □□□

2020년 국회직(09)

최근 발생한 보안 위협에 대한 설명으로 옳은 것은?

① 블루킵(Bluekeep): 원격 데스크톱 서비스를 인증 없이 조작할 수 있는 취약점

② 다크웹(Dark Web): 피싱 메일을 통해 유포되며 금융정보 탈취를 시도하는 악성코드

③ 딥페이크(Deepfake): 특정 웹브라우저를 통해 익명성이 보장되는 인터넷 영역

④ 이모텟(Emotet): 한글로 작성된 메일 내부에 정상파일로 위장한 랜섬웨어

⑤ 소디노키비(Sodinokibi): 인공지능을 기반으로 실제처럼 조작한 음성, 영상 등을 통칭함

021 □□□

2020년 국회직(16)

OWASP(Open Web Application Security Project) 2020에서 발표된 10가지 보안 위협에 속하지 않는 것은?

① Abuse of Cloud Computing
② Injection
③ XML External Entities
④ Broken Authentication
⑤ Sensitive Data Exposure

022 □□□

2021년 지방직(04)

다음 중 (가) ~ (다)에 해당하는 악성코드를 옳게 짝지은 것은?

> (가) 사용자의 문서와 사진 등을 암호화시켜 일정 시간 안에 일정 금액을 지불하면 암호를 풀어주는 방식으로 사용자에게 금전적인 요구를 하는 악성코드
> (나) 운영체제나 특정 프로그램의 취약점을 이용하여 공격하는 악성코드
> (다) 외부에서 파일을 내려받는 다운로드와 달리 내부 데이터로부터 새로운 파일을 생성하여 공격을 수행하는 악성코드

	(가)	(나)	(다)
①	드로퍼	익스플로잇	랜섬웨어
②	드로퍼	랜섬웨어	익스플로잇
③	랜섬웨어	익스플로잇	드로퍼
④	랜섬웨어	드로퍼	익스플로잇

023 □□□

2021년 국회직(01)

선택된 폴더의 데이터를 완전 백업(Full Backup)한 후, 다음 번 완전 백업(Full Backup)을 시행하기 전까지는 변경, 추가된 데이터만 백업하는 방식은 무엇인가?

① 일반 백업(Normal Backup)
② 매일 백업(Daily Backup)
③ 복사본 백업(Copy Backup)
④ 차등 백업(Differential Backup)
⑤ 증분 백업(Incremental Backup)

024 □□□

2021년 국회직(05)

양자내성암호(Post-Quantum Cryptography)에 대한 설명으로 옳지 않은 것은?

① 양자컴퓨터의 실현 가능성이 높아짐에 따라 기존 대칭키 암호를 대체하는 목적으로 만들어지고 있다.
② RSA는 양자내성암호로 볼 수 없다.
③ 양자내성암호의 종류로는 격자 기반 암호, 코드 기반 암호, 해시 기반 암호 등이 있다.
④ 양자내성암호는 알고리즘의 종류에 따라 키 교환 목적, 전자서명 목적으로 사용된다.
⑤ 양자내성암호는 NIST에 의해 표준화가 진행되고 있다.

025 □□□

2023년 국가직(19)

다음 중 함수 P에서 호출한 함수 Q가 자신의 작업을 마치고 다시 함수 P로 돌아가는 과정에서의 스택 버퍼 운용 과정을 순서대로 바르게 나열한 것은?

> (가) 스택에 저장되어 있는 복귀 주소(return address)를 pop한다.
> (나) 스택 포인터를 프레임 포인터의 값으로 복원시킨다.
> (다) 이전 프레임 포인터 값을 pop하여 스택 프레임 포인터를 P의 스택 프레임으로 설정한다.
> (라) P가 실행했던 함수 호출(function call) 인스트럭션 다음의 인스트럭션을 실행한다.

① (가) → (나) → (다) → (라)
② (가) → (다) → (라) → (나)
③ (나) → (가) → (라) → (다)
④ (나) → (다) → (가) → (라)

026 □□□

2023년 지방직(19)

리눅스 배시 셸(Bash shell) 특수 문자와 그 기능에 대한 설명이 옳지 않은 것은?

	특수 문자	기능
①	~	작업 중인 사용자의 홈 디렉터리를 나타냄
②	" "	문자(" ") 안에 있는 모든 셸 특수 문자의 기능을 무시
③	;	한 행의 여러 개 명령을 구분하고 왼쪽부터 차례로 실행
④	|	왼쪽 명령의 결과를 오른쪽 명령의 입력으로 전달

027 □□□

2024년 지방직(14)

소켓은 통신의 한 종점을 추상화한 것으로, 통신 상대를 식별하기 위한 것이다. TCP 연결을 위한 소켓 정의에 사용되는 것은?

① MAC 주소, IP 주소
② IP 주소, Port 번호
③ Port 번호, URL
④ URL, MAC 주소

028 □□□

2024년 지방직(15)

개인정보 보호위원회의 「가명정보 처리 가이드라인」(2024.2.)에 있는 정형데이터 가명처리 기술로 다음에서 설명하는 암호화 기법은?

> • 암호화된 상태에서의 연산이 가능한 암호화 방식으로 원래의 값을 암호화한 상태로 연산 처리를 하여 다양한 분석에 이용 가능한 기술이다.
> • 암호화된 상태의 연산값을 복호화하면 원래의 값을 연산한 것과 동일한 결과를 얻을 수 있는 4세대 암호화기법이다.

① 동형 암호화(homomorphic encryption)
② 다형성 암호화(polymorphic encryption)
③ 순서보존 암호화(order-preserving encryption)
④ 형태보존 암호화(format-preserving encryption)

생체인식(Biometrics)

정답 및 해설 p.118

001 □□□ 2015년 지방직(03)

생체 인증 기법에 대한 설명으로 옳지 않은 것은?

① 정적인 신체적 특성 또는 동적인 행위적 특성을 이용할 수 있다.
② 인증 정보를 망각하거나 분실할 우려가 거의 없다.
③ 지식 기반이나 소유 기반의 인증 기법에 비해 일반적으로 인식 오류 발생 가능성이 매우 낮다.
④ 인증 시스템 구축 비용이 비교적 많이 든다.

002 □□□ 2018년 국가직(20)

생체인식 시스템은 저장되어 있는 개인의 물리적 특성을 나타내는 생체정보 집합과 입력된 생체정보를 비교하여 일치 정도를 판단한다. 다음 그림은 사용자 본인의 생체정보 분포와 공격자를 포함한 타인의 생체정보 분포, 그리고 본인 여부를 판정하기 위한 한계치를 나타낸 것이다. 그림 및 생체인식 응용에 대한 설명으로 옳은 것만을 고른 것은?

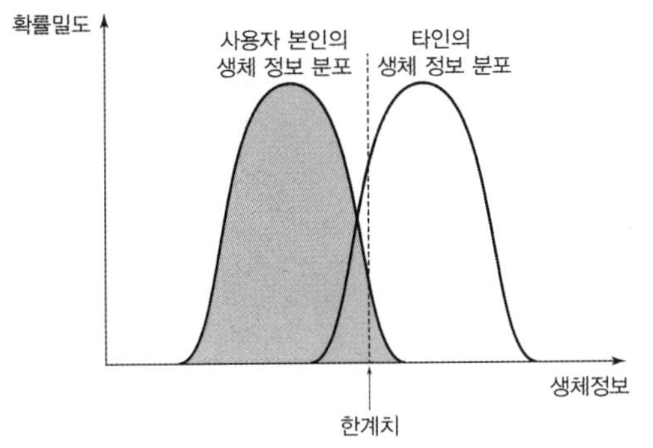

ㄱ. 타인을 본인으로 오인하는 허위일치의 비율(false match rate, false acceptance rate)이 본인을 인식하지 못하고 거부하는 허위불일치의 비율(false non-match rate, false rejection rate)보다 크다.
ㄴ. 한계치를 우측으로 이동시키면 보안성은 강화되지만 사용자 편리성은 저하된다.
ㄷ. 보안성이 높은 응용 프로그램은 낮은 허위일치비율을 요구한다.
ㄹ. 가능한 용의자를 찾는 범죄학 응용 프로그램의 경우 낮은 허위일치비율이 요구된다.

① ㄱ, ㄷ　② ㄱ, ㄹ
③ ㄴ, ㄷ　④ ㄴ, ㄹ

003 □□□ 2021년 지방직(15)

생체인증(Biometrics)에 대한 설명으로 옳지 않은 것은?

① 생체 인증은 불변의 신체적 특성을 활용한다.
② 생체 인증은 지문, 홍채, 망막, 정맥 등의 특징을 활용한다.
③ 얼굴은 행동적 특성을 이용한 인증 수단이다.
④ 부정허용률(false acceptance rate)은 인증되지 않아야 할 사람을 인증한 값이다.

004 □□□ 2022년 국가직(05)

생체 인증 측정에 대한 설명으로 옳지 않은 것은?

① FRR는 권한이 없는 사람이 인증을 시도했을 때 실패하는 비율이다.
② 생체 인식 시스템의 성능을 평가하는 지표로는 FAR, EER, FRR 등이 있다.
③ 생체 인식 정보는 신체적 특징과 행동적 특징을 이용하는 것들로 분류한다.
④ FAR는 권한이 없는 사람이 인증을 시도했을 때 성공하는 비율이다.

PART 8

관련법규

정보통신망법

정답 및 해설 p.120

001 □□□ 2014년 지방직(13)

「정보통신망 이용촉진 및 정보보호 등에 관한 법률」상 정보통신서비스 제공자는 임원급의 정보보호 최고책임자를 지정할 수 있도록 정하고 있다. 정보통신서비스 제공자의 정보보호 최고책임자가 총괄하는 업무에 해당하지 않는 것은? (단, 이 법에 명시된 것으로 한정한다)

① 정보보호관리체계 수립 및 관리 · 운영
② 주요정보통신기반시설의 지정
③ 정보보호 취약점 분석 · 평가 및 개선
④ 정보보호 사전 보안성 검토

002 □□□ 2014년 국회직(09)

「정보통신망 이용촉진 및 정보보호 등에 관한 법률」은 정보통신망의 안전성을 확보하기 위한 목적으로 정보보호 최고책임자의 업무를 규정하고 있다. 다음 중 정보보호 최고책임자의 업무에 해당 되지 않은 것은?

① 보안서버 적합성 검토
② 사전 정보보호 대책 마련
③ 침해사고의 예방 및 대응
④ 정보보호 관리체계의 인증 심사
⑤ 정보보호 사전 보안성 검토

003 □□□ 2015년 국가직(12)

「정보통신망 이용촉진 및 정보보호 등에 관한 법률」상 용어의 정의에 대한 설명으로 옳지 않은 것은?

① 정보통신서비스: 전기통신사업법 제2조 제6호에 따른 전기통신역무와 이를 이용하여 정보를 제공하거나 정보의 제공을 매개하는 것
② 정보통신망: 전기통신사업법 제2조 제2호에 따른 전기통신 설비를 이용하거나 전기통신설비와 컴퓨터 및 컴퓨터의 이용 기술을 활용하여 정보를 수집 · 가공 · 저 장 · 검색 · 송신 또는 수신하는 정보통신체제
③ 통신과금서비스이용자: 정보보호제품을 개발 · 생산 또는 유통하는 사람이나 정보보호에 관한 컨설팅 등과 관련된 사람
④ 침해사고: 해킹, 컴퓨터바이러스, 논리 폭탄, 메일 폭탄, 서비스 거부 또는 고출력 전자기파 등의 방법으로 정보통신망 또는 이와 관련된 정보시스템을 공격하는 행위를 하여 발생한 사태

004 □□□ 2015년 지방직(20)

「정보통신망 이용촉진 및 정보보호 등에 관한 법률」에서 규정하고 있는 내용이 아닌 것은?

① 주요정보통신기반시설의 보호체계
② 정보통신망에서의 이용자 보호 등
③ 정보통신망의 안정성 확보 등
④ 개인정보의 보호

005 □□□ 2016년 국가직(07)

「정보통신망 이용촉진 및 정보보호 등에 관한 법률」상 정보통신 서비스 제공자가 이용자의 개인정보를 이용하려고 수집하는 경우 이용자들에게 알리고 동의를 받아야 하는 내용이 아닌 것은?

① 개인정보의 수집 · 이용 목적
② 수집하는 개인정보의 항목
③ 개인정보의 보유 · 이용 기간
④ 개인정보 처리의 위탁 기관명

006 □□□ 2016년 지방직(19)

「정보통신망 이용촉진 및 정보보호 등에 관한 법률」상 개인정보 취급 방침에 포함되어야 할 사항이 아닌 것은?

① 이용자 및 법정대리인의 권리와 그 행사 방법
② 개인정보에 대한 내부관리계획
③ 인터넷 접속 정보 파일 등 개인정보를 자동으로 수집하는 장치의 설치 · 운영 및 그 거부에 관한 사항
④ 개인정보의 수집 · 이용 목적, 수집하는 개인정보의 항목 및 수집 방법

007 □□□ 2016년 국회직(08)

「정보통신망 이용촉진 및 정보보호 등에 관한 법률」이 규정하는 정보보호 관리체계의 인증권자와 개인정보보호 관리체계의 인증권자를 순서대로 나열한 것으로 옳은 것은?

① 미래창조과학부장관, 방송통신위원회
② 미래창조과학부장관, 한국인터넷진흥원
③ 방송통신위원회, 방송통신위원회
④ 방송통신위원회, 한국인터넷진흥원
⑤ 한국인터넷진흥원, 한국인터넷진흥원

008 □□□ 2016년 국회직(18)

「정보통신망 이용촉진 및 정보보호 등에 관한 법률」에서 정한 개인정보의 보호 조치로 옳지 않은 것은?

① 개인정보를 안전하게 저장할 수 있는 암호화 기술 등을 이용
② 개인정보에 대한 불법적인 접근을 차단하기 위한 접근 통제 장치의 설치
③ 접속기록의 변조 방지를 위한 조치
④ 개인정보를 안전하게 취급하기 위한 내부관리계획의 공개
⑤ 컴퓨터 바이러스에 의한 침해 방지 조치

009 □□□

2017년 국가직(06)

「정보통신망 이용촉진 및 정보보호 등에 관한 법률」상 정보통신 서비스 제공자 등이 이용자 개인정보의 국외 이전을 위한 동의 절차에서 이용자에게 고지해야 할 사항에 해당하지 않는 것은?

① 이전되는 개인정보 항목
② 개인정보가 이전되는 국가, 이전일시 및 이전방법
③ 개인정보를 이전받는 자의 개인정보 이용 목적 및 보유·이용 기간
④ 개인정보를 이전하는 자의 성명(법인인 경우는 명칭 및 정보관리책임자의 연락처)

010 □□□

2017년 국가직(15)

정보통신 관계 법률의 목적에 대한 설명으로 옳지 않은 것은?

① 「정보통신기반 보호법」은 전자적 침해 행위에 대비하여 주요정보통신기반시설의 보호에 관한 대책을 수립·시행함으로써 동시설을 안정적으로 운영하도록 하여 국가의 안전과 국민 생활의 안정을 보장하는 것을 목적으로 한다.
② 「전자서명법」은 전자문서의 안전성과 신뢰성을 확보하고 그 이용을 활성화하기 위하여 전자서명에 관한 기본적인 사항을 정함으로써 국가사회의 정보화를 촉진하고 국민 생활의 편익을 증진함을 목적으로 한다.
③ 「통신비밀보호법」은 통신 및 대화의 비밀과 자유에 대한 제한은 그 대상을 한정하고 엄격한 법적절차를 거치도록 함으로써 통신비밀을 보호하고 통신의 자유를 신장함을 목적으로 한다.
④ 「정보통신산업 진흥법」은 정보통신망의 이용을 촉진하고 정보통신서비스를 이용하는 자의 개인정보를 보호함과 아울러 정보통신망을 건전하고 안전하게 이용할 수 있는 환경을 조성하여 국민생활의 향상과 공공 복리의 증진에 이바지함을 목적으로 한다.

011 □□□

2017년 지방직(19)

다음 중 「정보통신망 이용촉진 및 정보보호 등에 관한 법률」상 ㉠, ㉡에 들어갈 용어로 옳은 것은?

> 제23조의2【주민등록번호의 사용 제한】① 정보통신서비스 제공자는 다음 각 호의 어느 하나에 해당하는 경우를 제외하고는 이용자의 주민등록번호를 수집·이용할 수 없다.
> 1. 제23조의3에 따라 (㉠)으로 지정받은 경우
> 2. 법령에서 이용자의 주민등록번호 수집·이용을 허용하는 경우
> 3. 영업상 목적을 위하여 이용자의 주민등록번호 수집·이용이 불가피한 정보통신서비스 제공자로서 (㉡)가 고시하는 경우

	㉠	㉡
①	개인정보처리기관	개인정보보호위원회
②	개인정보처리기관	방송통신위원회
③	본인확인기관	개인정보보호위원회
④	본인확인기관	방송통신위원회

012 □□□

2017년 국회직(19)

「정보통신망 이용촉진 및 정보보호 등에 관한 법률」에서 정보통신서비스 제공자가 이용자의 개인정보를 제3자에게 제공하는 경우, 이용자에게 알리고 동의를 받아야하는 내용으로 옳지 않은 것은?

① 개인정보를 제공 받는 자
② 제공하는 개인정보의 항목
③ 개인정보를 제공 받는 자의 개인정보 이용 목적
④ 개인정보를 제공 받는 자의 개인정보 보호책임자
⑤ 개인정보를 제공 받는 자의 개인정보 보유 및 이용 기간

013 □□□

2017년 지방교행(20)

다음은 「정보통신망 이용촉진 및 정보보호 등에 관한 법률」 제45조의3 내용 중 일부이다. 빈칸 ㉠에 공통으로 들어갈 내용으로 옳은 것은?

> 제45조의3【(㉠)의 지정 등】① 정보통신 서비스 제공자는 정보통신시스템 등에 대한 보안 및 정보의 안전한 관리를 위하여 임원급의 (㉠)을/를 지정할 수 있다. 다만 종업원 수, 이용자 수 등이 대통령령으로 정하는 기준에 해당하는 정보통신서비스 제공자의 경우에는 (㉠)을/를 지정하고 미래창조과학부장관에게 신고하여야 한다.

① 개인정보 처리자
② 정보보호 담당관
③ 정보보호 정책관
④ 정보보호 최고책임자

014 □□□

2017년 국가직(추가)(15)

「정보통신망 이용촉진 및 정보보호 등에 관한 법률」 제52조에 의거하여 정부가 정보통신망의 고도화(정보통신망의 구축 · 개선 및 관리에 관한 사항을 제외한다)와 안전한 이용촉진 및 방송 통신과 관련한 국제 협력 · 국외 진출 지원을 효율적으로 추진하기 위하여 설립한 기관은 무엇인가?

① 방송통신위원회 ② 한국인터넷진흥원
③ 한국정보화진흥원 ④ 정보통신산업진흥원

015 □□□

2020년 국가직(15)

「정보통신망 이용촉진 및 정보보호 등에 관한 법률 시행령」 제19조(국내대리인 지정 대상자의 범위)에 명시된 자가 아닌 것은?

① 전년도[법인인 경우에는 전(前) 사업연도를 말한다] 매출액이 1,000억 원 이상인 자
② 정보통신서비스 부문 전년도(법인인 경우에는 전 사업연도를 말한다) 매출액이 100억 원 이상인 자
③ 전년도 말 기준 직전 3개월간 그 개인정보가 저장 · 관리되고 있는 이용자 수가 일일평균 100만 명 이상인 자
④ 이 법을 위반하여 개인정보 침해 사건 · 사고가 발생하였거나 발생할 가능성이 있는 경우로서 법 제64조 제1항에 따라 방송통신위원회로부터 관계 물품 · 서류 등을 제출하도록 요구받은 자

016 □□□

2020년 국가직(20)

「정보통신망 이용촉진 및 정보보호 등에 관한 법률」 제45조(정보통신망의 안정성 확보 등)에 정보보호조치에 관한 지침에 포함되어야 할 보호조치로 명시되지 않은 것은?

① 정보의 불법 유출 · 위조 · 변조 · 삭제 등을 방지하기 위한 기술적 보호조치
② 사전 정보보호대책 마련 및 보안조치 설계 · 구현 등을 위한 기술적 보호조치
③ 정보통신망의 지속적인 이용이 가능한 상태를 확보하기 위한 기술적 · 물리적 보호조치
④ 정보통신망의 안정 및 정보보호를 위한 인력 · 조직 · 경비의 확보 및 관련 계획수립 등 관리적 보호조치

017 □□□

2020년 지방직(17)

다음 법 조문의 출처는?

> 제47조【정보보호 관리체계의 인증】① 과학기술정보통신부장관은 정보통신망의 안정성 · 신뢰성 확보를 위하여 관리적 · 기술적 · 물리적 보호조치를 포함한 종합적 관리체계(이하 "정보보호 관리체계"라 한다)를 수립 · 운영하고 있는 자에 대하여 제4항에 따른 기준에 적합한지에 관하여 인증을 할 수 있다.

①「국가정보화 기본법」
②「개인정보 보호법」
③「정보통신망 이용촉진 및 정보보호 등에 관한 법률」
④「정보통신산업 진흥법」

018 □□□

2021년 국가직(17)

정보보호 관련 법률과 소관 행정기관을 잘못 짝지은 것은?

①「전자정부법」 – 행정안전부
②「신용정보의 이용 및 보호에 관한 법률」 – 금융위원회
③「정보통신망 이용촉진 및 정보보호 등에 관한 법률」 – 개인정보보호위원회
④「정보통신기반 보호법」 – 과학기술정보통신부

019 □□□

2021년 지방직(16)

「정보통신망 이용촉진 및 정보보호 등에 관한 법률」 제45조의3(정보보호 최고책임자의 지정 등)에 따른 정보보호 최고책임자의 업무가 아닌 것은?

① 정보보호 사전 보안성 검토
② 정보보호 취약점 분석 · 평가 및 개선
③ 중요 정보의 암호화 및 보안서버 적합성 검토
④ 정보통신시설을 안정적으로 운영하기 위하여 대통령령으로 정하는 바에 따른 보호조치

020 □□□

2022년 국가직(18)

「정보통신망 이용촉진 및 정보보호 등에 관한 법률」의 용어에 대한 설명으로 옳지 않은 것은?

① "정보통신서비스 제공자"란 「전기통신사업법」 제2조 제8호에 따른 전기통신사업자와 영리를 목적으로 전기통신사업자의 전기통신역무를 이용하여 정보를 제공하거나 정보의 제공을 매개하는 자를 말한다.
② "통신과금서비스이용자"란 정보통신서비스 제공자가 제공하는 정보통신서비스를 이용하는 자를 말한다.
③ "전자문서"란 컴퓨터 등 정보처리능력을 가진 장치에 의하여 전자적인 형태로 작성되어 송수신되거나 저장된 문서형식의 자료로서 표준화된 것을 말한다.
④ 해킹, 컴퓨터바이러스, 논리폭탄, 메일폭탄, 서비스거부 또는 고출력 전자기파 등의 방법으로 정보통신망 또는 이와 관련된 정보시스템을 공격하는 행위로 인하여 발생한 사태는 "침해사고"에 해당한다.

021 □□□

2022년 지방직(18)

「정보통신망 이용촉진 및 정보보호 등에 관한 법률」 제23조의4(본인확인업무의 정지 및 지정취소)상 본인확인업무에 대해 전부 또는 일부의 정지를 명하거나 본인확인기관 지정을 취소할 수 있는 사유에 해당하지 않는 것은?

①「정보통신망 이용촉진 및 정보보호 등에 관한 법률」 제23조의3 제4항에 따른 지정기준에 적합하지 아니하게 된 경우
② 거짓이나 그 밖의 부정한 방법으로 본인확인기관의 지정을 받은 경우
③ 본인확인업무의 정지명령을 받은 자가 그 명령을 위반하여 업무를 정지하지 아니한 경우
④ 지정받은 날부터 3개월 이내에 본인확인업무를 개시하지 아니하거나 3개월 이상 계속하여 본인확인업무를 휴지한 경우

022 □□□

2023년 국가직(08)

「정보통신망 이용촉진 및 정보보호 등에 관한 법률」 제23조의3(본인확인기관의 지정 등)에 의거하여 다음의 사항을 심사하여 대체수단의 개발 · 제공 · 관리 업무(이하 "본인확인업무"라 한다)를 안전하고 신뢰성 있게 수행할 능력이 있다고 인정되는 자를 본인확인기관으로 지정할 수 있는 기관은 무엇인가?

> 1. 본인확인업무의 안전성 확보를 위한 물리적 · 기술적 · 관리적 조치계획
> 2. 본인확인업무의 수행을 위한 기술적 · 재정적 능력
> 3. 본인확인업무 관련 설비규모의 적정성

① 과학기술정보통신부 ② 개인정보보호위원회
③ 방송통신위원회 ④ 금융위원회

023 □□□

2023년 지방직(05)

「정보통신망 이용촉진 및 정보보호 등에 관한 법률」에서 규정하고 있는 사항이 아닌 것은?

① 정보통신망의 표준화 및 인증
② 정보통신망의 안정성 확보
③ 고정형 영상정보처리기기의 설치 · 운영 제한
④ 집적된 정보통신시설의 보호

024 □□□

2023년 지방직(13)

「정보통신망 이용촉진 및 정보보호 등에 관한 법률」 제48조의4(침해사고의 원인 분석 등)의 내용으로 옳지 않은 것은?

① 정보통신서비스 제공자 등 정보통신망을 운영하는 자는 침해사고가 발생하면 침해사고의 원인을 분석하고 그 결과에 따라 피해의 확산 방지를 위하여 사고대응, 복구 및 재발 방지에 필요한 조치를 하여야 한다.
② 과학기술정보통신부장관은 정보통신서비스 제공자의 정보통신망에 침해사고가 발생하면 그 침해사고의 원인을 분석하고 피해 확산 방지, 사고대응, 복구 및 재발 방지를 위한 대책을 마련하여 해당 정보통신서비스 제공자에게 필요한 조치를 하도록 권고할 수 있다.
③ 과학기술정보통신부장관은 정보통신서비스 제공자의 정보통신망에 발생한 침해사고의 원인 분석 및 대책 마련을 위하여 필요하면 정보통신서비스 제공자에게 정보통신망의 접속기록 등 관련 자료의 보전을 명할 수 있다.
④ 과학기술정보통신부장관이나 민 · 관합동조사단은 관련 규정에 따라 정보통신서비스 제공자로부터 제출받은 침해사고 관련 자료와 조사를 통하여 알게 된 정보를 재발 방지 목적으로 필요한 경우 원인 분석이 끝난 후에도 보존할 수 있다.

025 □□□

2024년 국가직(18)

「정보통신망 이용촉진 및 정보보호 등에 관한 법률」 제45조(정보통신망의 안정성 확보 등)에서 정보보호지침에 포함되어야 하는 사항으로 명시적으로 규정한 것이 아닌 것은?

① 정보통신망연결기기등의 정보보호를 위한 물리적 보호조치
② 정보의 불법 유출 · 위조 · 변조 · 삭제 등을 방지하기 위한 기술적 보호조치
③ 정보통신망의 지속적인 이용이 가능한 상태를 확보하기 위한 기술적 · 물리적 보호조치
④ 정보통신망의 안정 및 정보보호를 위한 인력 · 조직 · 경비의 확보 및 관련 계획수립 등 관리적 보호조치

정보통신기반 보호법

정답 및 해설 p.124

001 □□□ 2014년 국가직(16)

「정보통신기반 보호법」에 대한 설명으로 옳지 않은 것은?

① 주요정보통신기반시설을 관리하는 기관의 장은 침해사고가 발생하여 소관 주요정보통신기반시설이 교란·마비 또는 파괴된 사실을 인지한 때에는 관계 행정기관, 수사기관 또는 한국인터넷진흥원에 그 사실을 통지하여야 한다.
② "전자적 침해행위"라 함은 정보통신기반시설을 대상으로 해킹, 컴퓨터 바이러스, 서비스 거부 또는 고출력 전자기파 등에 의한 공격행위를 말한다.
③ 관리기관의 장은 소관분야의 정보통신기반시설 중 전자적 침해행위로부터의 보호가 필요하다고 인정되는 시설을 주요정보통신기반시설로 지정할 수 있다.
④ 주요정보통신기반시설의 취약점 분석·평가 방법 등에 관하여 필요한 사항은 대통령령으로 정한다.

002 □□□ 2014년 지방직(03)

다음은 「정보통신기반 보호법」의 일부이다. 본 조의 규정 목적으로 옳은 것은?

> 제12조【주요정보통신기반시설 침해행위 등의 금지】누구든지 다음 각 호의 1에 해당하는 행위를 하여서는 아니된다.
> … 중략 …
> 2. 주요정보통신기반시설에 대하여 데이터를 파괴하거나 주요정보통신기반시설의 운영을 방해할 목적으로 컴퓨터 바이러스·논리폭탄 등의 프로그램을 투입하는 행위
>
> 제28조【벌칙】① 제12조의 규정을 위반하여 주요정보통신기반시설을 교란·마비 또는 파괴한 자는 10년 이하의 징역 또는 1억 원 이하의 벌금에 처한다.
> ② 제1항의 미수범은 처벌한다.

① 명예훼손 방지 ② 개인정보 보호 침해 방지
③ 인터넷 사기 방지 ④ 웜 피해 방지

003 □□□ 2019년 국가직(18)

「정보통신기반 보호법」상 주요정보통신기반 시설의 보호체계에 대한 설명으로 옳지 않은 것은?

① 주요정보통신기반 시설 관리기관의 장은 정기적으로 소관 주요정보통신시설의 취약점을 분석·평가하여야 한다.
② 중앙행정기관의 장은 소관 분야의 정보통신기반 시설을 필요한 경우 주요정보통신기반 시설로 지정할 수 있다.
③ 지방자치단체의 장이 관리·감독하는 기관의 정보통신기반시설은 지방자치단체의 장이 주요정보통신기반 시설로 지정한다.
④ 과학기술정보통신부장관과 국가정보원장 등은 특정한 정보통신기반시설을 주요정보통신기반 시설로 지정할 필요가 있다고 판단하면 중앙행정기관의 장에게 해당 정보통신기반시설을 주요정보통신기반 시설로 지정하도록 권고할 수 있다.

CHAPTER 03

전자서명법

정답 및 해설 p.125

001 □□□

2014년 국회직(12) ▶ 폐지

다음은 「전자서명법」에서 공인인증기관의 업무 수행에 관한 조항이다. 괄호 안에 들어갈 말은?

> (　　)은 인증 업무의 안전성과 신뢰성 확보를 위하여 공인인증기관이 인증 업무 수행에 있어 지켜야 할 구체적 사항을 전자서명인증업무지침으로 정하여 고시할 수 있다.

① 미래창조과학부장관　　② 개인정보보호위원장
③ 국가정보원장　　④ 산업통상자원부장관
⑤ 공정거래위원장

002 □□□

2015년 지방직(08) ▶ 폐지

「전자서명법」상 공인인증기관이 발급하는 공인인증서에 포함되어야 하는 사항이 아닌 것은?

① 가입자의 전자서명검증정보
② 공인인증기관의 전자서명생성정보
③ 공인인증서의 유효기간
④ 공인인증기관의 명칭 등 공인인증기관임을 확인할 수 있는 정보

003 □□□

2016년 국가직(13) ▶ 폐지

「전자서명법」상 공인인증기관이 발급한 공인인증서의 효력 소멸 또는 폐지의 사유에 해당하지 않는 것은?

① 공인인증서의 유효 기간이 경과한 경우
② 가입자의 전자서명검증정보가 유출된 경우
③ 공인인증기관이 가입자의 사망·실종 선고 또는 해산 사실을 인지한 경우
④ 가입자 또는 그 대리인이 공인인증서의 폐지를 신청한 경우

004 □□□

2017년 서울시(20) ▶ 폐지

「전자서명법」 제15조(공인인증서발급)의 "공인인증기관은 공인인증서를 발급받고자 하는 자에게 공인인증서를 발급한다." 라는 조문에서 공인인증서에 포함되지 않는 것은?

① 가입자의 전자서명검증정보
② 가입자와 공인인증기관이 이용하는 전자서명 방식
③ 공인인증서의 재발급 고유번호
④ 공인인증서의 이용범위 또는 용도를 제한하는 경우 이에 관한 사항

005 □□□

2018년 지방직(08)

「전자서명법」상 용어의 정의로 옳지 않은 것은?

① '전자서명'이라 함은 서명자를 확인하고 서명자가 당해 전자문서에 서명을 하였음을 나타내는 데 이용하기 위하여 당해 전자문서에 첨부되거나 논리적으로 결합된 전자적 형태의 정보를 말한다.

② '인증서'라 함은 전자서명생성정보가 가입자에게 유일하게 속한다는 사실 등을 확인하고 이를 증명하는 전자적 정보를 말한다.

③ '서명자'라 함은 전자서명검증정보를 보유하고 자신이 직접 또는 타인을 대리하여 서명을 하는 자를 말한다.

④ '전자서명생성정보'라 함은 전자서명을 생성하기 위하여 이용하는 전자적 정보를 말한다.

006 □□□

2021년 국가직(19)

「전자서명법」상 과학기술정보통신부장관이 정하여 고시하는 전자서명인증업무 운영기준에 포함되어 있는 사항이 아닌 것은?

① 전자서명 관련 기술의 연구·개발·활용 및 표준화

② 전자서명 및 전자문서의 위조·변조 방지대책

③ 전자서명인증서비스의 가입·이용 절차 및 가입자 확인 방법

④ 전자서명인증업무의 휴지·폐지 절차

007 □□□

2023년 지방직(08)

「전자서명법」상 전자서명인증사업자에 대한 전자서명인증업무 운영기준 준수사실의 인정(이하 "인정"이라 한다)에 대한 설명으로 옳지 않은 것은?

① 인정을 받으려는 전자서명인증사업자는 국가기관, 지방자치단체 또는 공공기관이어야 한다.

② 인정을 받으려는 전자서명인증사업자는 평가기관으로부터 평가를 먼저 받아야 한다.

③ 평가기관은 평가를 신청한 전자서명인증사업자의 운영기준 준수 여부에 대한 평가를 하고, 그 결과를 인정기관에 제출하여야 한다.

④ 인정기관은 평가 결과를 제출받은 경우 그 평가 결과와 인정을 받으려는 전자서명인증사업자가 법정 자격을 갖추었는지 여부를 확인하여 인정 여부를 결정하여야 한다.

CHAPTER 04

개인정보 보호법

정답 및 해설 p.127

001 □□□

2014년 국가직(07)

다음 중 「개인정보 보호법」상 개인정보 유출 시 개인정보처리자가 정보 주체에게 알려야 할 사항으로 옳은 것만을 모두 고르면?

> ㄱ. 유출된 개인정보의 위탁 기관 현황
> ㄴ. 유출된 시점과 그 경위
> ㄷ. 개인정보처리자의 개인정보 보관·폐기 기간
> ㄹ. 정보주체에게 피해가 발생한 경우 신고 등을 접수할 수 있는 담당부서 및 연락처

① ㄱ, ㄴ　　② ㄷ, ㄹ
③ ㄱ, ㄷ　　④ ㄴ, ㄹ

002 □□□

2014년 국가직(17)

「개인정보 보호법」상 공공기관에서의 영상정보처리기기 설치 및 운영에 대한 설명으로 옳지 않은 것은?

① 공공기관의 사무실에서 민원인의 폭언·폭행 방지를 위해 영상정보처리기기를 설치 및 녹음하는 것이 가능하다.
② 영상정보처리기기의 설치 목적과 다른 목적으로 영상정보 처리기기를 임의로 조작하거나 다른 곳을 비춰서는 안된다.
③ 영상정보처리기기 운영자는 영상정보처리기기의 설치·운영에 관한 사무를 위탁할 수 있다.
④ 「개인정보 보호법」에서 정하는 사유를 제외하고는 공개된 장소에 영상정보처리기기를 설치하는 것은 금지되어 있다.

003 □□□

2014년 지방직(14)

「개인정보 보호법」상 자신의 개인정보 처리와 관련한 정보주체의 권리에 대한 설명으로 옳지 않은 것은?

① 개인정보의 처리에 관한 정보를 제공받을 수 있다.
② 개인정보의 처리에 관한 동의 여부, 동의 범위 등을 선택하고 결정할 수 있다.
③ 개인정보의 처리로 인하여 발생한 피해를 신속하고 공정한 절차에 따라 구제받을 수 있다.
④ 개인정보에 대하여 열람을 할 수 있으나, 사본의 발급은 요구할 수 없다.

004 □□□

2014년 서울시(20)

「개인정보 보호법」에 대한 설명으로 옳은 것은?

① 개인정보 보호위원회의 위원은 대통령이 임명한다.
② 정보주체란 개인정보를 생성 및 처리하는 자를 의미한다.
③ 개인정보는 어떠한 경우에도 제3자에게 제공되거나 공유되어서는 안된다.
④ 개인정보의 처리 목적이 달성된 이후에는 개인정보를 1년간 보관하여야 한다.
⑤ 보호 대상이 되는 개인정보는 주민등록번호 등을 포함하여 생존 및 사망한 개인을 식별할 수 있는 정보를 의미한다.

005 □□□

2015년 국가직(19)

「개인정보 보호법」상 주민등록번호 처리에 대한 설명으로 옳지 않은 것은?

① 주민등록번호를 목적 외의 용도로 이용하거나 이를 제3자에게 제공하지 아니하면 다른 법률에서 정하는 소관 업무를 수행할 수 없는 경우, 개인인 개인정보처리자는 개인정보보호위원회의 심의 · 의결을 거쳐 목적 외의 용도로 이용하거나 이를 제3자에게 제공할 수 있다.

② 행정자치부장관은 개인정보처리자가 처리하는 주민등록번호가 유출된 경우에는 5억 원 이하의 과징금을 부과 · 징수할 수 있으나, 주민등록번호가 유출되지 아니하도록 개인정보처리자가 「개인정보 보호법」에 따른 안전성 확보에 필요한 조치를 다한 경우에는 그러하지 아니하다.

③ 개인정보처리자는 정보주체가 인터넷 홈페이지를 통하여 회원으로 가입하는 단계에서는 주민등록번호를 사용하지 아니하고도 회원으로 가입할 수 있는 방법을 제공하여 야 한다.

④ 개인정보처리자는 주민등록번호가 분실 · 도난 · 유출 · 변조 또는 훼손되지 아니하도록 암호화 조치를 통하여 안전하게 보관하여야 한다.

006 □□□

2015년 국회직(16)

「개인정보 보호법」에 대한 설명으로 옳지 않은 것은?

① 제3조 '개인정보 보호원칙'에 따르면, 개인정보는 목적 외의 용도로 활용해서는 안된다.

② 제4조 '정보주체의 권리'에 따르면, 정보주체는 자신의 개인정보의 처리에 관한 동의여부, 동의범위 등을 선택하고 결정할 수 있다.

③ 제15조 '개인정보의 수집 · 이용'에 따르면, 모든 개인정보의 수집은 정보주체의 동의를 받아야 한다.

④ 제21조 '개인정보의 파기'에 따르면, 개인정보의 보유기간이 경과하거나, 더 이상 불필요한 경우 지체 없이 그 개인정보를 파기해야 한다. 단, 다른 법령에 따라 보존해야 하는 경우도 있다.

⑤ 제34조 '개인정보 유출 통지 등'에 따르면, 개인정보 유출이 확인된 경우 지체없이 정보주체에게 유출된 항목과 시점, 경위 등을 통보해야 한다.

007 □□□

2016년 지방직(12)

「개인정보 보호법」상 용어 정의로 옳지 않은 것은?

① 개인정보: 살아 있는 개인에 관한 정보로서 성명, 주민등록번호 및 영상 등을 통하여 개인을 알아볼 수 있는 정보(해당 정보만으로는 특정 개인을 알아볼 수 없더라도 다른 정보와 쉽게 결합하여 알아볼 수 있는 것을 포함한다)

② 정보주체: 업무를 목적으로 개인정보 파일을 운용하기 위하여 스스로 또는 다른 사람을 통하여 개인정보를 처리하는 공공 기관, 법인, 단체 및 개인

③ 처리: 개인정보의 수집, 생성, 연계, 연동, 기록, 저장, 보유, 가공, 편집, 검색, 출력, 정정, 복구, 이용, 제공, 공개, 파기, 그 밖에 이와 유사한 행위

④ 개인정보 파일: 개인정보를 쉽게 검색할 수 있도록 일정한 규칙에 따라 체계적으로 배열하거나 구성한 개인정보의 집합물

008 □□□

2016년 서울시(20)

「개인정보 보호법」에 따르면 주민등록번호를 처리하기 위해서는 법에서 정하는 바에 따라야 하는데, 그에 대한 내용 중 옳지 않은 것은?

① 주민등록번호 처리는 원칙적으로 금지되고 예외적인 경우에만 허용한다.

② 주민등록번호는 암호화 조치를 통해 보관해야 한다.

③ 개인정보처리자는 법령에서 주민등록번호의 처리를 허용한 경우에도 주민등록번호를 사용하지 않는 인터넷 회원 가입 방법을 정보주체에게 제공해야 한다.

④ 기 보유한 주민등록번호는 수집 시 동의 받은 보유기간까지만 보유하고 이후에는 즉시 폐기해야 한다.

009 □□□ 2017년 지방직(14)

「개인정보 보호법」상 정보주체가 자신의 개인정보처리와 관련하여 갖는 권리로 옳지 않은 것은?

① 개인정보의 처리에 관한 동의 여부, 동의 범위 등을 선택하고 결정할 권리
② 개인정보의 처리 정지, 정정 · 삭제 및 파기를 요구할 권리
③ 개인정보의 처리로 인하여 발생한 피해를 신속하고 공정한 절차에 따라 구제받을 권리
④ 개인정보 처리를 수반하는 정책이나 제도를 도입 · 변경하는 경우에 개인정보보호위원회에 개인정보 침해 요인 평가를 요청할 권리

010 □□□ 2017년 지방교행(16)

다음의 내용을 목적으로 규정하고 있는 법은 무엇인가?

> 제1조【목적】이 법은 개인정보의 처리 및 보호에 관한 사항을 정함으로써 개인의 자유와 권리를 보호하고, 나아가 개인의 존엄과 가치를 구현함을 목적으로 한다.

①「개인정보 보호법」
②「국가인권위원회법」
③「공공기관의 정보공개에 관한 법률」
④「정보보호 산업의 진흥에 관한 법률」

011 □□□ 2017년 국가직(추가)(05)

「개인정보 보호법」 제24조의2(주민등록번호 처리의 제한)에서 개인정보처리자가 주민등록번호를 처리할 수 있도록 허용하는 경우는?

① 정보주체에게 별도로 동의를 받은 경우
② 시민단체에서 주민등록번호 처리를 요구한 경우
③ 정보주체 또는 제3자의 급박한 생명, 신체, 재산의 이익을 위하여 명백히 필요하다고 인정되는 경우
④ 개인정보처리자가 주민등록번호 처리가 불가피하다고 판단한 경우

012 □□□ 2017년 지방직(추가)(14)

「개인정보 보호법」상 다음 업무를 수행하는 자는 누구인가?

> 개인정보파일의 보호 및 관리 · 감독하는 임원(임원이 없는 경우에는 개인 정보를 담당하는 부서의 장)을 말한다.

① 수탁자
② 정보통신서비스 제공자
③ 개인정보 취급자
④ 개인정보 보호책임자

013 □□□

2018년 국가직(06)

「개인정보 보호법」상의 개인정보의 수집·이용 및 수집 제한에 대한 설명으로 옳지 않은 것은?

① 개인정보처리자는 정보주체의 동의를 받은 경우에는 개인정보를 수집할 수 있으며 그 수집 목적의 범위에서 이용할 수 있다.

② 개인정보처리자는 개인정보 보호법에 따라 개인정보를 수집하는 경우에는 그 목적에 필요한 최소한의 개인정보를 수집하여야 한다. 이 경우 최소한의 개인정보 수집이라는 입증책임은 개인정보처리자가 부담한다.

③ 개인정보처리자는 정보주체의 동의를 받아 개인정보를 수집하는 경우 필요한 최소한의 정보 외의 개인정보 수집에는 동의하지 아니할 수 있다는 사실을 구체적으로 알리고 개인정보를 수집하여야 한다.

④ 개인정보처리자는 정보주체가 필요한 최소한의 정보 외의 개인정보 수집에 동의하지 아니하는 경우 정보주체에게 재화 또는 서비스의 제공을 거부할 수 있다.

014 □□□

2018년 국가직(16)

「개인정보 보호법」상 개인정보처리자가 개인정보가 유출되었음을 알게 되었을 때에 지체 없이 해당 정보주체에게 알려야 할 사항에 해당하지 않는 것은?

① 유출된 개인정보의 항목

② 유출된 시점과 그 경위

③ 조치 결과를 행정안전부장관 또는 대통령령으로 정하는 전문기관에 신고한 사실

④ 정보주체에게 피해가 발생한 경우 신고 등을 접수할 수 있는 담당부서 및 연락처

015 □□□

2018년 지방직(19)

「개인정보 보호법」상 개인정보 보호원칙으로 옳지 않은 것은?

① 개인정보 처리자는 개인정보의 처리 목적을 명확하게 하여야 하고 그 목적에 필요한 범위에서 최소한의 개인정보만을 적법하고 정당하게 수집하여야 한다.

② 개인정보 처리자는 개인정보의 처리 목적에 필요한 범위에서 적합하게 개인정보를 처리하여야 하며, 그 목적 외의 용도로 활용하여서는 아니 된다.

③ 개인정보 처리자는 개인정보의 익명 처리가 가능한 경우에는 익명에 의하여 처리될 수 있도록 하여야 한다.

④ 개인정보 처리자는 개인정보 처리방침 등 개인정보의 처리에 관한 사항을 비밀로 하여야 한다.

016 □□□

2018년 서울시(04)

「개인정보 보호법」상 용어 정의로 가장 옳지 않은 것은?

① 개인정보: 살아 있는 개인에 관한 정보로서 성명, 주민등록번호 및 영상 등을 통하여 개인을 알아볼 수 있는 정보

② 정보주체: 처리되는 정보에 의하여 알아볼 수 있는 사람으로서 그 정보의 주체가 되는 사람

③ 처리: 개인정보의 수집, 생성, 연계, 연동, 기록, 저장, 보유, 가공, 편집, 검색, 출력, 정정(訂正), 복구, 이용, 제공, 공개, 파기(破棄), 그 밖에 이와 유사한 행위

④ 개인정보관리자: 업무를 목적으로 개인정보파일을 운용하기 위하여 스스로 또는 다른 사람을 통하여 개인정보를 처리하는 공공기관, 법인, 단체 및 개인

017 □□□

2018년 국회직(10)

「개인정보 보호법」의 개인정보 영향평가에 대한 설명으로 옳지 않은 것은?

① 공공기관의 장은 개인정보 영향평가를 하고 그 결과를 한국인터넷진흥원장에게 제출하여야 한다.
② 개인정보 영향평가는 대통령령으로 정하는 기준에 해당하는 개인정보파일 운용으로 인하여 정보주체의 개인정보 침해가 우려되는 경우, 그 위험요인의 분석과 개선 사항 도출을 위한 평가를 말한다.
③ 개인정보 영향평가를 하는 경우에는 처리하는 개인정보의 수, 개인정보의 제3자 제공 여부, 정보주체의 권리를 해할 가능성 및 그 위험 정도 등에 대하여 고려하여야 한다.
④ 평가기관의 지정기준 및 지정취소, 평가기준, 평가의 방법·절차 등에 관하여 필요한 사항은 대통령령으로 정한다.
⑤ 공공기관 외의 개인정보 처리자는 개인정보파일 운용으로 인하여 정보주체의 개인정보 침해가 우려되는 경우에는 개인정보 영향 평가를 하기 위하여 적극 노력하여야 한다.

018 □□□

2018년 지방교행(10)

다음의 「개인정보 보호법」 제17조 제1항에 따라 개인정보처리자가 정보주체의 개인정보를 수집한 목적범위 안에서 제3자에게 제공할 수 있는 경우로 <보기>에서 옳은 것만을 모두 고른 것은?

> 제17조【개인정보의 제공】① 개인정보처리자는 다음 각 호의 어느 하나에 해당되는 경우에는 정보주체의 개인 정보를 제3자에게 제공(공유를 포함한다. 이하 같다)할 수 있다.

<보기>

ㄱ. 정보주체와의 계약의 체결 및 이행을 위하여 불가피하게 필요한 경우
ㄴ. 공공기관이 법령 등에서 정하는 소관 업무의 수행을 위하여 불가피한 경우
ㄷ. 법률에 특별한 규정이 있거나 법령상 의무를 준수하기 위하여 불가피한 경우

① ㄱ
② ㄷ
③ ㄴ, ㄷ
④ ㄱ, ㄴ, ㄷ

019 □□□

2019년 지방직(18)

「개인정보 보호법」상 개인정보 분쟁조정위원회에 대한 설명으로 옳지 않은 것은?

① 분쟁조정위원회는 위원장 1명을 포함한 20명 이내의 위원으로 구성한다.
② 위원장은 행정안전부·방송통신위원회·금융위원회 및 개인정보보호위원회의 고위공무원단에 속하는 일반직공무원 중에서 위촉한다.
③ 분쟁조정위원회는 재적위원 과반수의 출석으로 개의하며 출석위원 과반수의 찬성으로 의결한다.
④ 위원은 자격정지 이상의 형을 선고받거나 심신상의 장애로 직무를 수행할 수 없는 경우를 제외하고는 그의 의사에 반하여 면직되거나 해촉되지 아니 한다.

020 □□□

2019년 서울시(11)

「개인정보 보호법」상 주민등록 번호의 처리에 대한 설명으로 가장 옳지 않은 것은?

① 개인정보처리자는 주민등록번호가 분실·도난·유출·위조·변조 또는 훼손되지 아니하도록 암호화 조치를 통하여 안전하게 보관하여야 한다.
② 행정안전부장관은 개인정보처리자가 처리하는 주민등록번호가 분실·도난·유출·위조·변조 또는 훼손된 경우에는 5억 원 이하의 과징금을 부과·징수할 수 있으나, 개인정보처리자가 안전성 확보에 필요한 조치를 다한 경우에는 그러하지 아니하다.
③ 개인정보처리자는 정보 주체가 인터넷 홈페이지를 통하여 회원으로 가입하는 단계에서는 주민등록번호를 사용하지 아니하고도 회원으로 가입할 수 있는 방법을 제공하여야 한다.
④ 개인정보처리자로부터 주민등록번호를 제공받은 자는 개인정보보호위원회의 심의·의결을 거쳐 제공받은 주민등록번호를 목적 외의 용도로 이용하거나 이를 제3자에게 제공할 수 있다.

021 □□□

2019년 국회직(20)

「개인정보 보호법」 제38조 권리행사의 방법 및 절차에 대한 설명으로 옳지 않은 것은?

① 정보주체는 제35조에 따른 열람, 제36조에 따른 정정 · 삭제, 제37조에 따른 처리정지 등의 요구(이하 "열람등요구"라 한다)를 문서 등 대통령령으로 정하는 방법 · 절차에 따라 대리인에게 하게 할 수 있다.

② 만 14세 미만 아동의 법정대리인은 개인정보처리자에게 그 아동의 개인정보 열람등요구를 할 수 없다.

③ 개인정보처리자는 열람등요구를 하는 자에게 대통령령으로 정하는 바에 따라 수수료와 우송료(사본의 우송을 청구하는 경우에 한한다)를 청구할 수 있다.

④ 개인정보처리자는 정보주체가 열람등요구를 할 수 있는 구체적인 방법과 절차를 마련하고, 이를 정보주체가 알 수 있도록 공개하여야 한다.

⑤ 개인정보처리자는 정보주체가 열람등요구에 대한 거절 등 조치에 대하여 불복이 있는 경우 이의를 제기할 수 있도록 필요한 절차를 마련하고 안내하여야 한다.

022 □□□

2020년 국가직(09)

「개인정보 보호법」상 기본계획에 대한 조항의 일부이다. 다음 중 ㉠, ㉡에 들어갈 내용을 바르게 연결한 것은?

> 제9조 【기본계획】 ① 보호위원회는 개인정보의 보호와 정보주체의 권익 보장을 위하여 (㉠)년마다 개인정보 보호 기본계획(이하 "기본계획"이라 한다)을 관계 중앙행정기관의 장과 협의하여 수립한다.
> ② 기본계획에는 다음 각 호의 사항이 포함되어야 한다.
> 1. 개인정보 보호의 기본목표와 추진방향
> 2. 개인정보 보호와 관련된 제도 및 법령의 개선
> 3. 개인정보 침해 방지를 위한 대책
> 4. (㉡)
> 5. 개인정보 보호 교육 · 홍보의 활성화
> 6. 개인정보 보호를 위한 전문인력의 양성
> 7. 그 밖에 개인정보 보호를 위하여 필요한 사항

	㉠	㉡
①	1	개인정보 보호 자율규제의 활성화
②	3	개인정보 보호 자율규제의 활성화
③	1	개인정보 활용 · 폐지를 위한 계획
④	3	개인정보 활용 · 폐지를 위한 계획

023 □□□

2020년 지방직(15)

「개인정보 보호법」상 공개된 장소에 영상정보처리기기를 설치 · 운영할 수 있는 경우가 아닌 것은?

① 범죄의 예방 및 수사를 위하여 필요한 경우

② 공공기관의 장이 허가한 경우

③ 교통정보의 수집 · 분석 및 제공을 위하여 필요한 경우

④ 시설안전 및 화재 예방을 위하여 필요한 경우

024 □□□

2020년 국회직(19)

2020년 8월 5일 개정된 「개인정보 보호법」에 대한 설명으로 옳지 않은 것은?

① 개인정보처리자는 당초 수집 목적과 합리적으로 관련된 범위 내에서 정보주체에게 불이익이 발생하는지 여부 등을 고려하여 정보주체의 동의 없이 개인정보를 이용하거나 제공할 수 없도록 한다.

② 개인정보의 일부를 삭제하거나 일부 또는 전부를 대체하는 등의 방법으로 추가 정보가 없이는 특정개인을 알아볼 수 없도록 처리하는 것을 가명처리로 정의한다.

③ 개인정보처리자는 통계작성, 과학적 연구, 공익적 기록보존 등을 위하여 정보주체의 동의 없이 가명정보를 처리할 수 있도록 한다.

④ 서로 다른 개인정보처리자 간의 가명정보의 결합은 개인정보보호위원회 또는 관계 중앙행정기관의 장이 지정하는 전문기관이 수행하도록 한다.

⑤ 개인정보처리자는 가명정보를 처리하는 경우 해당 정보가 분실, 도난, 유출, 위조, 변조 또는 훼손되지 않도록 안전성 확보에 필요한 기술적, 관리적 및 물리적 조치를 하도록 한다.

025 □□□ 2021년 국가직(10)

「개인정보 보호법」상 가명정보의 처리에 관한 특례에 대한 사항으로 옳지 않은 것은?

① 개인정보처리자는 통계작성, 과학적 연구, 공익적 기록보존 등을 위하여 정보주체의 동의 없이 가명정보를 처리할 수 있다.
② 개인정보처리자는 가명정보를 처리하는 과정에서 특정 개인을 알아볼 수 있는 정보가 생성된 경우에는 내부적으로 해당 정보를 처리 보관하되, 제3자에게 제공해서는 아니 된다.
③ 개인정보처리자는 가명정보를 처리하고자 하는 경우에는 가명정보의 처리 목적, 제3자 제공 시 제공받는 자 등 가명정보의 처리 내용을 관리하기 위하여 대통령령으로 정하는 사항에 대한 관련 기록을 작성하여 보관하여야 한다.
④ 통계작성, 과학적 연구, 공익적 기록보존 등을 위한 서로 다른 개인정보처리자 간의 가명정보의 결합은 개인정보 보호위원회 또는 관계 중앙행정기관의 장이 지정하는 전문기관이 수행한다.

026 □□□ 2021년 지방직(12)

「개인정보 보호법」상의 개인정보에 대한 설명으로 옳지 않은 것은?

① 개인정보 보호위원회의 위원 임기는 3년이다.
② 개인정보는 가명처리를 할 수 없다.
③ 개인정보 보호위원회의 위원은 대통령이 임명 또는 위촉한다.
④ 개인정보처리자는 개인정보파일의 운용을 위하여 다른 사람을 통하여 개인정보를 처리할 수 있다.

027 □□□ 2021년 국회직(11)

「개인정보 보호법」상 민감정보에 해당하지 않는 것은?

① 건강 및 성생활에 관한 정보
② 사상, 신념 및 정치적 견해
③ 유전정보
④ 인종, 민족에 관한 정보
⑤ 사번, 학번, 법인등록번호, 사업자등록번호에 관한 정보

028 □□□ 2022년 국가직(10)

「개인정보 보호법」 제26조(업무위탁에 따른 개인정보의 처리 제한)에 대한 설명으로 옳지 않은 것은?

① 위탁자가 재화 또는 서비스를 홍보하거나 판매를 권유하는 업무를 위탁하는 경우에는 대통령령으로 정하는 방법에 따라 위탁하는 업무의 내용과 수탁자를 정보주체에게 알려야 한다.
② 위탁자는 업무 위탁으로 인하여 정보주체의 개인정보가 분실·도난·유출·위조·변조 또는 훼손되지 아니하도록 수탁자를 교육하고, 처리 현황 점검 등 대통령령으로 정하는 바에 따라 수탁자가 개인정보를 안전하게 처리하는지를 감독하여야 한다.
③ 수탁자는 개인정보처리자로부터 위탁받은 해당 업무 범위를 초과하여 개인정보를 이용하거나 제3자에게 제공할 수 있다.
④ 수탁자가 위탁받은 업무와 관련하여 개인정보를 처리하는 과정에서 「개인정보 보호법」을 위반하여 발생한 손해배상책임에 대하여 수탁자를 개인정보처리자의 소속 직원으로 본다.

029 □□□

2022년 국가직(14)

「개인정보 보호법」 제3조(개인정보 보호 원칙)에 대한 설명으로 옳지 않은 것은?

① 개인정보의 처리 목적을 명확하게 하여야 하고 그 목적에 필요한 범위에서 최소한의 개인정보만을 적법하고 정당하게 수집하여야 한다.

② 개인정보의 처리 목적에 필요한 범위에서 개인정보의 정확성, 완전성 및 최신성이 보장되도록 하여야 한다.

③ 개인정보 처리방침 등 개인정보의 처리에 관한 사항을 비공개로 하여야 하며, 열람청구권 등 정보주체의 권리를 보장하여야 한다.

④ 개인정보를 익명 또는 가명으로 처리하여도 개인정보 수집목적을 달성할 수 있는 경우 익명처리가 가능한 경우에는 익명에 의하여, 익명처리로 목적을 달성할 수 없는 경우에는 가명에 의하여 처리될 수 있도록 하여야 한다.

030 □□□

2022년 국회직(11)

「개인정보 보호법」 제25조에 따라 공개된 장소에서의 영상정보 처리기기 설치가 예외적으로 허용되는 경우가 아닌 것은?

① 법령에서 구체적으로 허용하고 있는 경우

② 범죄의 예방 및 수사를 위하여 필요한 경우

③ 시설안전 및 화재 예방을 위하여 필요한 경우

④ 교통단속을 위하여 필요한 경우

⑤ 통계작성 · 과학적 연구 · 공익적 기록보존 등을 위하여 필요한 경우

031 □□□

2023년 국가직(05)

다음 중 「개인정보 보호법」 제28조의2(가명정보의 처리 등)의 내용으로서 (가)와 (나)에 들어갈 용어를 바르게 연결한 것은?

- 제1항: 개인정보처리자는 통계작성, 과학적 연구, 공익적 기록보존 등을 위하여 정보주체의 [(가)] 가명정보를 처리할 수 있다.
- 제2항: 개인정보처리자는 제1항에 따라 가명정보를 제3자에게 제공하는 경우에는 특정 개인을 알아보기 위하여 사용될 수 있는 정보를 포함[(나)].

	(가)	(나)
①	동의를 받아	할 수 있다
②	동의를 받아	해서는 아니 된다
③	동의 없이	해서는 아니 된다
④	동의 없이	할 수 있다

032 □□□

2023년 국가직(18)

「개인정보 보호법」 제15조(개인정보의 수집 · 이용)에서 개인정보처리자가 개인정보를 수집할 수 있으며 그 수집 목적의 범위에서 이용할 수 있는 경우에 해당하지 않는 것은?

① 정보주체의 동의를 받은 경우

② 법률에 특별한 규정이 있거나 법령상 의무를 준수하기 위하여 불가피한 경우

③ 공공기관이 법령 등에서 정하는 소관 업무의 수행을 위하여 불가피한 경우

④ 공공기관과의 계약의 체결 및 이행을 위하여 불가피하게 필요한 경우

033 □□□

2024년 국가직(13)

「개인정보 보호법」 제30조(개인정보 처리방침의 수립 및 공개)에 따라 개인정보처리자가 정해야 하는 '개인정보 처리방침'에 포함되는 사항이 아닌 것은?

① 개인정보의 처리 목적
② 개인정보의 처리 및 보유 기간
③ 정보주체와 법정대리인의 권리 · 의무 및 그 행사방법에 관한 사항
④ 개인정보처리자의 성명 또는 개인정보를 활용하는 부서의 명칭과 전화번호 등 연락처

034 □□□

2024년 국가직(14)

「개인정보 보호법」 제4조(정보주체의 권리)에 따른 정보주체의 권리가 아닌 것은?

① 개인정보의 처리에 관한 정보를 제공받을 권리
② 개인정보의 처리 정지, 정정 · 삭제 및 파기를 요구할 권리
③ 개인정보의 처리로 인하여 발생한 피해를 신속하고 공정한 절차에 따라 구제받을 권리
④ 완전히 자동화된 개인정보 처리에 따른 결정을 승인하거나 그에 대한 회복 등을 요구할 권리

035 □□□

2024년 지방직(16)

「개인정보 보호법」에서 규정하고 있는 사항이 아닌 것은?

① 개인정보의 수집 · 이용
② 위치정보사업자의 개인위치정보 제공
③ 고정형 영상정보처리기기의 설치 · 운영 제한
④ 개인정보 처리방침의 수립 및 공개

036 □□□

2024년 지방직(20)

「개인정보 보호법」 제31조(개인정보 보호책임자의 지정 등)에서 규정한 개인정보 보호책임자의 수행 업무가 아닌 것은?

① 개인정보 보호 계획의 수립 및 시행
② 개인정보 처리 실태 및 관행의 정기적인 조사 및 개선
③ 개인정보 유출 및 오용 · 남용 방지를 위한 내부통제시스템의 구축
④ 정보주체의 권리침해에 대한 조사 및 이에 따른 처분에 관한 사항

개인정보 보호법 시행령

정답 및 해설 p.134

001 □□□ 2016년 지방직(09)

개인정보 보호법령상 개인정보 영향 평가에 대한 설명으로 옳지 않은 것은?

① 공공기관의 장은 대통령령으로 정하는 기준에 해당하는 개인정보 파일의 운용으로 인하여 정보주체의 개인정보 침해가 우려 되는 경우에는 위험 요인분석과 개선 사항 도출을 위한 평가를 하고, 그 결과를 행정자치부장관에게 제출하여야 한다.
② 개인정보 영향 평가의 대상에 해당하는 개인정보 파일은 공공기관이 구축·운용 또는 변경하려는 개인정보 파일로서 50만 명 이상의 정보주체에 관한 개인정보 파일을 말한다.
③ 영향 평가를 하는 경우에는 처리하는 개인정보의 수, 개인정보의 제3자 제공 여부, 정보주체의 권리를 해할 가능성 및 그 위험 정도, 그 밖에 대통령령으로 정한 사항을 고려하여야 한다.
④ 행정자치부장관은 제출 받은 영향 평가 결과에 대하여 보호위원회의 심의·의결을 거쳐 의견을 제시할 수 있다.

002 □□□ 2017년 국가직(09)

「개인정보 보호법 시행령」상 개인정보처리자가 하여야 하는 안전성 확보 조치에 해당하지 않는 것은?

① 개인정보의 안전한 처리를 위한 내부 관리계획의 수립·시행
② 개인정보가 정보주체의 요구를 받아 삭제되더라도 이를 복구 또는 재생할 수 있는 내부 방안 마련
③ 개인정보를 안전하게 저장·전송할 수 있는 암호화 기술의 적용 또는 이에 상응하는 조치
④ 개인정보 침해사고 발생에 대응하기 위한 접속 기록의 보관 및 위조·변조 방지를 위한 조치

003 □□□ 2018년 지방직(10)

개인정보 보호법령상 영업 양도 등에 따른 개인정보의 이전 제한에 대한 내용으로 옳지 않은 것은?

① 영업 양수자등은 영업의 양도·합병 등으로 개인정보를 이전 받은 경우에는 이전 당시의 본래 목적으로만 개인정보를 이용하거나 제3자에게 제공할 수 있다.
② 영업 양수자 등이 과실 없이 서면 등의 방법으로 개인정보를 이전 받은 사실 등을 정보주체에게 알릴 수 없는 경우에는 해당 사항을 인터넷 홈페이지에 10일 이상 게재하여야 한다.
③ 개인정보 처리자는 영업의 전부 또는 일부의 양도·합병 등으로 개인정보를 다른 사람에게 이전하는 경우에는 미리 개인정보를 이전하려는 사실 등을 서면 등의 방법에 따라 해당 정보주체에게 알려야 한다.
④ 영업 양수자 등은 개인정보를 이전받았을 때에는 지체 없이 그 사실을 서면 등의 방법에 따라 정보주체에게 알려야 한다. 다만, 개인정보 처리자가 「개인정보 보호법」 제27조 제1항에 따라 그 이전 사실을 이미 알린 경우에는 그러하지 아니하다.

004 □□□ 2018년 국회직(20)

「개인정보 보호법 시행령」에서 정한 고유식별정보의 범위에 포함되지 않는 것은?

① 「주민등록법」 제7조의2 제1항에 따른 주민등록번호
② 「여권법」 제7조 제1항 제1호에 따른 여권번호
③ 「도로교통법」 제80조에 따른 운전면허의 면허번호
④ 「국가연구개발사업의 관리 등에 관한 규정」 제25조 제11항에 따른 과학기술인 등록번호
⑤ 「출입국관리법」 제31조 제4항에 따른 외국인등록번호

005 □□□

2019년 국가직(15)

「개인정보 보호법 시행령」상 개인정보 영향평가의 대상에 대한 규정의 일부이다. 다음 중 ㉠, ㉡에 들어갈 내용으로 옳은 것은?

> 제35조【개인정보 영향평가의 대상】「개인정보 보호법」제33조 제1항에서 "대통령령으로 정하는 기준에 해당하는 개인정보 파일"이란 개인정보를 전자적으로 처리할 수 있는 개인정보 파일로서 다음 각 호의 어느 하나에 해당하는 개인정보파일을 말한다.
> 1. 구축·운용 또는 변경하려는 개인정보파일로서 (㉠) 이상의 정보 주체에 관한 민감 정보 또는 고유식별정보의 처리가 수반되는 개인정보파일
> 2. 구축·운용하고 있는 개인정보파일을 해당 공공기관 내부 또는 외부에서 구축·운용하고 있는 다른 개인정보파일과 연계하려는 경우로서 연계 결과 50만 명 이상의 정보 주체에 관한 개인정보가 포함되는 개인정보파일
> 3. 구축·운용 또는 변경하려는 개인정보파일로서 (㉡) 이상의 정보 주체에 관한 개인정보파일

	㉠	㉡
①	5만 명	100만 명
②	10만 명	100만 명
③	5만 명	150만 명
④	10만 명	150만 명

006 □□□

2019년 국가직(20)

「개인정보 보호법 시행령」의 내용으로 옳지 않은 것은?

① 공공기관의 영상정보처리기기는 재위탁하여 운영할 수 없다.

② 개인정보처리자가 전자적 파일 형태의 개인정보를 파기하여야 하는 경우 복원이 불가능한 형태로 영구 삭제하여야 한다.

③ 개인정보처리자는 개인정보의 처리에 대해서 전화를 통하여 동의 내용을 정보주체에게 알리고 동의 의사표시를 확인하는 방법으로 동의를 받을 수 있다.

④ 공공기관이 개인정보를 목적 외의 용도로 이용하는 경우에는 '이용하거나 제공하는 개인정보 또는 개인정보파일의 명칭'을 개인정보의 목적 외 이용 및 제3자 제공 대장에 기록하고 관리하여야 한다.

007 □□□

2024년 지방직(10)

「개인정보 보호법 시행령」에서 규정한 민감정보에 해당하지 않는 것은? (단, 공공기관이 관련 규정에 따라 해당 정보를 처리하는 경우는 제외한다)

① 유전자검사 등의 결과로 얻어진 유전정보

② 「형의 실효 등에 관한 법률」 제2조 제5호에 따른 범죄경력자료에 해당하는 정보

③ 개인의 신체적, 생리적, 행동적 특징에 관한 정보로서 특정 개인을 알아보지 못하도록 일정한 기술적 수단을 통해 생성한 정보

④ 인종이나 민족에 관한 정보

기타 법규

정답 및 해설 p.137

001 □□□

2014년 국가직(10) ▶ 정보보호 및 개인정보보호 관리체계 인증 등에 관한 고시

「정보보호 관리체계 인증 등에 관한 고시」에 의거한 정보보호 관리체계(ISMS)에 대한 설명으로 옳지 않은 것은?

① 정보보호관리과정은 정보보호정책 수립 및 범위설정, 경영진 책임 및 조직구성, 위험 관리, 정보보호대책 구현 등 4단계 활동을 말한다.

② 인증기관이 조직의 정보보호 활동을 객관적으로 심사하고, 인증한다.

③ 정보보호 관리체계는 조직의 정보 자산을 평가하는 것으로 물리적 보안을 포함한다.

④ 정보 자산의 기밀성, 무결성, 가용성을 실현하기 위하여 관리적 · 기술적 수단과 절차 및 과정을 관리, 운용하는 체계이다.

002 □□□

2017년 지방직(18)

「개인정보의 기술적 · 관리적 보호 조치 기준」상 정보통신서비스 제공자 등이 준수해야 하는 사항으로 옳지 않은 것은?

① 개인정보 처리시스템에 주민번호, 계좌번호를 저장할 때 안전한 암호알고리즘으로 암호화한다.

② 개인정보 처리시스템에 개인정보 취급자의 권한부여, 변경 또는 말소에 대한 내역을 기록하고, 그 기록을 최소 3년간 보관한다.

③ 개인정보 처리시스템에 대한 개인정보 취급자의 접속이 필요한 시간 동안만 최대 접속 시간제한 등의 조치를 취한다.

④ 이용자의 비밀번호 작성규칙은 영문, 숫자, 특수문자 중 2종류 이상을 조합하여 최소 10자리 이상 또는 3종류 이상을 조합하여 최소 8자리 이상의 길이로 구성하도록 수립한다.

003 □□□

2017년 국가직(추가)(10)

정보보호 관련 법률에서 규정한 인증 제도에 대한 설명으로 옳지 않은 것은?

① 정보보호 관리체계 인증은 「정보통신망 이용 촉진 및 정보보호 등에 관한 법률」상 과학기술정보통신부장관이 정보통신망의 안정성 · 신뢰성 확보를 위하여 관리적 · 기술적 · 물리적 보호 조치를 포함한 종합적 관리체계를 수립 · 운영하고 있는 자에 대하여 정해진 기준에 적합한지에 관하여 인증할 수 있도록 한 것이다.

② 개인정보보호 관리체계 인증은 「정보통신망 이용 촉진 및 정보보호 등에 관한 법률」상 방송통신위원회가 정보통신망에서 개인정보보호 활동을 체계적이고 지속적으로 수행하기 위하여 필요한 관리적 · 기술적 · 물리적 보호조치를 포함한 종합적 관리체계를 수립 · 운영하고 있는 자에 대하여 정해진 기준에 적합한지에 관하여 인증을 할 수 있도록 한 것이다.

③ 정보보호제품 평가 · 인증은 「정보통신기반 보호법」상 행정안전부장관이 관계 기관의 장과 협의하여 정보보호시스템의 성능과 신뢰도에 관한 기준을 정하여 고시하고, 정보보호 시스템을 제조하거나 수입하는 자에게 그 기준을 지킬 것을 권고할 수 있도록 한 것이다.

④ 개인정보보호 인증은 「개인정보 보호법」상 행정안전부장관이 개인정보처리자의 개인정보 처리 및 보호와 관련한 일련의 조치가 같은 법에 부합하는지 등에 관하여 인증할 수 있도록 한 것이다.

004 □□□

2017년 지방직(추가)(08) ▶ 「지능정보화 기본법」

「국가정보화 기본법」상 ㉠, ㉡에 들어갈 용어가 바르게 연결된 것은?

- 정부는 국가정보화의 효율적, 체계적 추진을 위하여 (㉠)마다 국가정보화 기본계획을 수립하여야 한다.
- 국가정보화 기본계획은 (㉡)이 국가와 지방자치단체의 부문계획을 종합하여 정보통신 진흥 및 융합 활성화 등에 관한 특별법 제7조에 따른 정보통신 전략위원회의 심의를 거쳐 수립 · 확정한다.

	㉠	㉡
①	3년	행정안전부장관
②	3년	과학기술정보통신부장관
③	5년	과학기술정보통신부장관
④	5년	행정안전부장관

005 □□□

2019년 지방직(14)

유럽의 일반개인정보보호법(GDPR)에 대한 설명으로 옳은 것은?

① EU 회원국들 간 개인정보의 자유로운 이동을 금지하기 위한 목적을 갖는다.

② 그 자체로는 EU의 모든 회원국에게 직접적인 법적 구속력을 갖지 않는다.

③ 중요한 사항 위반 시 직전 회계 연도의 전 세계 매출액 4% 또는 2천만 유로 중 높은 금액이 최대한도 부과 금액이다.

④ 만 19세 미만 미성년자의 개인정보 수집 시 친권자의 동의를 얻어야 한다.

006 □□□

2019년 국회직(19)

「개인정보의 안전성 확보 조치 기준 고시」에서 5만 명의 고유식별정보를 공공기관의 내부망에 저장할 경우, 해당 고유식별정보의 암호화 의무 여부를 결정하기 위해 필요한 조치에 해당하는 용어는 무엇인가?

① ISMS　　② 취약점 점검

③ 침투 테스트　　④ 개인정보 영향평가

⑤ 자산 평가

007 □□□

2020년 지방직(10)

「클라우드컴퓨팅 발전 및 이용자 보호에 관한 법률」 제25조(침해사고 등의 통지 등), 제26조(이용자 보호 등을 위한 정보 공개), 제27조(이용자 정보의 보호)에 명시된 것으로 옳지 않은 것은?

① 클라우드컴퓨팅서비스 제공자는 이용자 정보가 유출된 때에는 즉시 그 사실을 과학기술정보통신부장관에게 알려야 한다.

② 이용자는 클라우드컴퓨팅서비스 제공자에게 이용자 정보가 저장되는 국가의 명칭을 알려 줄 것을 요구할 수 있다.

③ 클라우드컴퓨팅서비스 제공자는 법원의 제출명령이나 법관이 발부한 영장에 의하지 아니하고는 이용자의 동의 없이 이용자 정보를 제3자에게 제공하거나 서비스 제공 목적 외의 용도로 이용할 수 없다. 클라우드컴퓨팅서비스 제공자로부터 이용자 정보를 제공받은 제3자도 또한 같다.

④ 클라우드컴퓨팅서비스 제공자는 이용자와의 계약이 종료되었을 때에는 이용자에게 이용자 정보를 반환하여야 하고 클라우드컴퓨팅서비스 제공자가 보유하고 있는 이용자 정보를 파기할 수 있다.

008 □□□

2022년 국가직(20)

「정보보호 및 개인정보보호 관리체계 인증 등에 관한 고시」에서 인증심사원에 대한 설명으로 옳지 않은 것은?

① 인증심사원의 자격 유효기간은 자격을 부여 받은 날부터 3년으로 한다.
② 인증심사 과정에서 취득한 정보 또는 서류를 관련 법령의 근거나 인증신청인의 동의 없이 누설 또는 유출하거나 업무목적 외에 이를 사용한 경우에는 인증심사원의 자격이 취소될 수 있다.
③ 인증위원회는 자격 유효기간 동안 1회 이상의 인증심사를 참여한 인증심사원에 대하여 자격유지를 위해 자격 유효기간 만료 전까지 수료하여야 하는 보수 교육시간 전부를 이수한 것으로 인정할 수 있다.
④ 인증심사원의 등급별 자격요건 중 선임심사원은 심사원 자격취득자로서 정보보호 및 개인정보보호 관리체계 인증심사를 3회 이상 참여하고 심사일수의 합이 15일 이상인 자이다.

009 □□□

2022년 지방직(16)

다음은 「지능정보화 기본법」 제6조(지능정보사회 종합계획의 수립)의 일부이다. (가), (나)에 들어갈 내용을 바르게 연결한 것은?

> 제6조 【지능정보사회 종합계획의 수립】 ① 정부는 지능정보사회 정책의 효율적 · 체계적 추진을 위하여 지능정보사회 종합계획(이하 "종합계획"이라 한다)을 [(가)] 단위로 수립하여야 한다.
> ② 종합계획은 [(나)]이 관계 중앙행정기관(대통령 소속 기관 및 국무총리 소속 기관을 포함한다. 이하 같다)의 장 및 지방자치단체의 장의 의견을 들어 수립하며, 「정보통신 진흥 및 융합 활성화 등에 관한 특별법」 제7조에 따른 정보통신 전략위원회(이하 "전략위원회"라 한다)의 심의를 거쳐 수립 · 확정한다. 종합계획을 변경하는 경우에도 또한 같다.

	(가)	(나)
①	3년	과학기술정보통신부장관
②	3년	행정안전부장관
③	5년	과학기술정보통신부장관
④	5년	행정안전부장관

010 □□□

2022년 지방직(17)

「개인정보 영향평가에 관한 고시」상 용어의 정의로 옳지 않은 것은?

① "대상시스템"이란 「개인정보 보호법 시행령」 제35조에 해당하는 개인정보파일을 구축 · 운용, 변경 또는 연계하려는 정보시스템을 말한다.
② "대상기관"이란 「개인정보 보호법 시행령」 제35조에 해당하는 개인정보파일을 구축 · 운용, 변경 또는 연계하려는 공공기관 및 민간기관을 말한다.
③ "개인정보 영향평가 관련 분야 수행실적"이란 「개인정보 보호법 시행령」 제37조 제1항 제1호에 따른 영향평가 업무 또는 이와 유사한 업무, 정보보호 컨설팅 업무 등을 수행한 실적을 말한다.
④ "개인정보 영향평가"란 「개인정보 보호법」 제33조 제1항에 따라 공공기관의 장이 「개인정보 보호법 시행령」 제35조에 해당하는 개인정보파일의 운용으로 인하여 정보주체의 개인정보 침해가 우려되는 경우에 그 위험요인의 분석과 개선 사항 도출을 위한 평가를 말한다.

2025 대비 최신개정판

해커스공무원

곽후근 정보보호론 단원별 기출문제집

개정 2판 1쇄 발행 2024년 11월 1일

지은이	곽후근 편저
펴낸곳	해커스패스
펴낸이	해커스공무원 출판팀
주소	서울특별시 강남구 강남대로 428 해커스공무원
고객센터	1588-4055
교재 관련 문의	gosi@hackerspass.com 해커스공무원 사이트(gosi.Hackers.com) 교재 Q&A 게시판 카카오톡 플러스 친구 [해커스공무원 노량진캠퍼스]
학원 강의 및 동영상강의	gosi.Hackers.com
ISBN	979-11-7244-402-0 (13560)
Serial Number	02-01-01

2025 대비 최신개정판

해커스공무원

곽후근 정보보호론

단원별 기출문제집

약점 보완 해설집

해커스공무원

해커스공무원

곽후근 정보보호론

단원별 기출문제집

약점 보완 해설집

해커스공무원

PART 1 네트워크 보안

CHAPTER 01 | 네트워크 개요

정답 p.10

001	④	002	②	003	④

001 답 ④

생성 시간: 패킷의 헤더에는 통신을 위해 필요한 필수 정보가 들어가야 한다. 보기의 TCP 패킷의 생성 시간은 어디에도 사용할 수 없는 의미 없는 정보이다.

선지분석

①, ②, ③ TCP 패킷의 헤더는 다음과 같다.

필드	크기(비트)	설명
송신측의 포트 번호	16	데이터를 보내는 애플리케이션의 포트 번호
수신측의 포트 번호	16	데이터를 받을 애플리케이션의 포트 번호
순서번호	32	송신하는 데이터의 일련번호로 선두 위치를 나타냄
인정(ACK) 번호	32	수신된 데이터의 순서 번호에 수신된 데이터 크기를 더한 값
데이터 오프셋	4	데이터가 시작되는 위치
예약 필드	6	사용하지 않음
제어 비트	6	SYN, ACK, FIN 등의 제어 번호
윈도위 크기	16	수신측에서 수신할 수 있는 데이터의 크기
체크섬	16	데이터 오류 검사에 필요한 정보
긴급 위치	16	긴급하게 처리할 데이터의 위치
옵션	가변길이	기타 정보를 위한 부분

003 답 ②

㉠ POP3: 메일을 받을 때는 POP3 또는 IMAP을 사용한다. POP3는 메일 서버에 메일 복사본을 남기지 않고, IMAP은 메일 서버에 메일 복사본을 남긴다(나중을 위한 백업용).
㉡ SSL: 메일을 암호화하기 위해 SSL/TLS(4계층에서 암호화)를 사용한다.
㉢ SMTP: 메일을 보낼 때는 SMTP를 사용한다. 메일 서버끼리 메일을 주고받을 때도 SMTP를 사용한다.

002 답 ④

TELNET은 인증과 무결성 문제를 해결할 수 없고 파일 전송도 할 수 없다. TELNET 대신에 SSH를 사용해야 한다.

선지분석

① FTP는 다른 프로토콜과 다르게 2개의 포트를 사용한다. 하나는 제어용(21번 포트)이고, 나머지 하나는 데이터용(20번 포트)이다.
② 익명 로그인을 이용하여 FTP임에도 불구하고 ID/PW를 사용하지 않아도 된다.
③ FTP는 암호화가 안되어 있기 때문에 ID/PW에 대한 도청이 가능하다.

CHAPTER 02 | TCP/IP

정답 p.11

001	③	002	①	003	④

001 답 ③

IPv4는 13개의 필드로 구성된다.

선지분석

① IPv4와 IPv6가 존재한다.
② 네트워크는 대표 주소를 의미하고, 호스트를 개별 주소를 의미한다.
④ A(0), B(10), C(110), D(1110), E(1111) 클래스로 구분된다.
⑤ 네트워크 주소가 1110으로 시작하고 멀티캐스트용으로 사용된다.

002 답 ①

연결 지향이다.

003 답 ④

브로드캐스트 대신 멀티캐스트를 제공한다.

CHAPTER 03 | 네트워크 기반 공격의 이해

정답 p.12

001	③	002	④	003	①	004	②	005	②
006	④	007	③	008	①	009	③	010	①
011	①	012	④	013	②	014	③	015	③
016	②	017	⑤	018	①	019	①	020	①
021	②	022	②	023	④	024	②	025	②
026	③	027	②	028	④	029	④	030	①
031	③	032	①	033	①	034	③	035	②
036	①	037	①	038	①	039	④	040	④
041	③	042	①	043	③	044	③	045	②

001 답 ③

데몬 프로그램을 변조하거나 파괴: DoS 혹은 DDoS는 취약점을 공격하거나 자원을 고갈시키는 공격 형태이다. 바이러스처럼 프로그램을 변조하거나 파괴하지 않는다.

(선지분석)

① TCP SYN이 DoS 공격에 활용: SYN flooding 공격에 해당한다. 다른 공격에 비해 적은 수의 패킷으로 서버를 무력화 시킬 수 있다.

② 시스템 자원에 과다한 부하를 가중: DoS의 공격 유형에는 취약점 공격형과 자원 고갈형이 존재한다. 취약점 공격형은 teardrop, land attack이 해당되고, 자원 고갈형은 flooding 공격이 해당된다.

④ 네트워크 대역폭 고갈: DoS 혹은 DDoS에서 flooding 공격을 하게 되면 네트워크 대역폭을 고갈하게 된다.

002 답 ④

스푸핑(Spoofing): 승인받은 사용자인 것처럼 시스템에 접근하거나 네트워크상에서 허가된 주소로 가장하여 접근 제어를 우회하는 공격 행위이다. 일례로, IP Spoofing 공격은 서버와 트러스트(Trust)로 관계를 맺고 있는 클라이언트에 DoS 공격을 수행해 클라이언트가 사용하는 IP가 네트워크에 출현하지 못하도록 한 뒤, 공격자 자신이 해당 IP로 설정을 변경한 후 서버에 접속하는 형태로 이루어진다. IP Spoofing 이외에도 ARP, Port, Content(Payload), DNS Spoofing 등이 존재한다.

(선지분석)

① 패킷 스니핑(Packet Sniffing): 패킷을 태핑(Tapping)이나 미러링(Mirroring)을 통해 도청하는 것을 의미한다. 도청만 수행하므로 소극적 공격에 해당한다.

② 스미싱(Smishing): SMS(문자 메시지)와 Phishing의 약자이다. Phishing은 Private Data(개인 정보)와 Fishing(낚시)의 약자이다. 공격자가 문자 메시지에 URL을 보내고, 사용자가 이를 클릭하면 해킹 툴이 스마트폰에 설치되어 개인 정보가 탈취된다.

③ 버퍼 오버플로우(Buffer Overflow): 스택에는 복귀 주소(return address)가 저장되는데, 오버플로우가 발생하면 복귀 주소가 공격자가 원하는 주소로 바뀌어 공격자가 원하는 코드가 실행된다.

003 답 ①

Land: 해당 설명은 Teardrop, Boink, Bonk가 해당되고, Land는 패킷을 전송할 때 출발지 IP 주소와 목적지 IP 주소를 똑같이 만들어서 공격 대상에게 보내는 공격이다(포트 번호도 같을 수 있다).

(선지분석)

② DDoS: 악성코드(봇)에 의한 에이전트를 전파하고, 좀비 PC에 의한 공격을 수행한다. 좀비 PC로 구성된 네트워크를 봇넷(Botnet)이라고 한다. DoS는 1:1로 공격하지만, DDoS는 N:1로 공격을 수행한다.

③ Trinoo: DDoS 공격을 수행하는 컴퓨터 프로그램들의 모음이다. 2000년도에 야후 웹사이트를 공격한 것으로 유명하다.

④ SYN Flooding: 클라이언트가 SYN 패킷을 보내고 서버는 이에 응답해서 SYN+ACK 패킷을 보낸다. 서버는 클라이언트가 ACK 패킷을 보내올 때까지 SYN Received 상태로 일정 시간을 기다려야 하고, 그동안 공격자는 가상의 클라이언트로 위조한 SYN 패킷을 수없이 만들어 서버에 보냄으로써 서버의 가용 동시 접속자 수를 모두 SYN Received 상태로 만들 수 있다.

004 답 ②

DDoS 공격: 해당 설명은 해킹에 해당된다. 해킹은 IP Spoofing 등을 이용한다.

(선지분석)

① 좀비 PC(프로그램 설치): DDoS에서 봇(Bot, 악성 코드)에 감염된 컴퓨터를 말한다.

③ 좀비 PC(특정 사이트 공격): 공격자가 마스터를 통해 좀비 PC를 제어하여 특정 사이트를 공격한다.

④ 서비스 중지: DDoS 공격의 목적이 서버를 무력화해서 Denial of Service(서비스 거부) 상태를 만드는 것이다.

⑤ 좀비 PC(하드디스크 손상): 하드디스크와 데이터를 파괴해 정상적으로 부팅할 수 없게 만든다.

005 답 ②

초기 연결설정 단계: 클라이언트가 SYN 패킷을 보내고 서버는 이에 응답해서 SYN+ACK 패킷을 보낸다. 서버는 클라이언트가 ACK 패킷을 보내올 때까지 SYN Received 상태로 일정 시간을 기다려야 하고, 그동안 공격자는 가상의 클라이언트로 위조한 SYN 패킷을 수없이 만들어 서버에 보냄으로써 서버의 가용 동시 접속자 수를 모두 SYN Received 상태로 만들 수 있다.

(선지분석)

① 브로드캐스트 주소: Smurf(ping flooding) 공격에 해당한다.
③ 패킷의 내용: 스니핑(Sniffing) 공격에 해당한다.
④ 사용자의 권한 탈취: 세션 하이재킹(Session Hijacking) 공격에 해당한다.
⑤ 무결성: 세션 하이재킹(Session Hijacking) 공격에 해당한다.

006 답 ④

ARP Spoofing: 근거리 통신망(LAN) 하에서 주소 결정 프로토콜(ARP) 메시지를 이용하여 상대방의 데이터 패킷을 중간에서 가로채는 중간자 공격 기법이다. 즉, 공격자가 가짜 MAC 주소를 서버와 클라이언트에게 알려준다.

(선지분석)

① Smurf: 희생자의 스푸핑된 원본 IP를 가진 수많은 인터넷 제어 메시지 프로토콜(ICMP) 패킷들이 IP 브로드캐스트 주소를 사용하여 컴퓨터 네트워크로 브로드캐스트하는 분산 서비스 거부 공격이다. 네트워크의 대부분의 장치들은 기본적으로 원본 IP 주소에 응답을 보냄으로써 이에 응답한다. 원본 IP 주소를 컴퓨터는 대량의 ICMP 패킷을 받게 되므로 서비스 거부 상태에 빠지게 된다.
② Teardrop: 데이터의 송수신과정에서 데이터의 송신한계를 넘으면 MTU(1500byte) 조각으로 나누어 fragment number를 붙여 송신하고, 수신측에는 fragment 넘버로 재조합하여 분석한다. fragment 내의 나누어진 byte 정보인 fragmentation offset을 위조하여 offset을 중복되게 하거나 공간을 두면 수신측에서 재조합이 안 되어 다운이 되게 하는 공격이다(즉, 간단하게 정리하면 시퀀스 넘버를 겹치게 하는 공격이다).
③ DDoS: 악성코드(봇)에 의한 에이전트를 전파하고, 좀비 PC에 의한 공격을 수행한다. 좀비 PC로 구성된 네트워크를 봇넷(Botnet)이라고 한다. DoS는 1:1로 공격하지만, DDoS는 N:1로 공격을 수행한다.
⑤ Phishing: Private data(개인 정보)와 fishing(낚는다)의 합성어이다. 불특정 다수에게 메일을 발송해 위장된 홈페이지로 접속하도록 한 뒤 인터넷 이용자들의 금융정보와 같은 개인정보를 빼내는 사기기법을 말한다.

007 답 ③

Decoy: 스니핑 공격을 하는 공격자의 주요 목적은 ID와 패스워드의 획득에 있다. 가짜 ID와 패스워드를 네트워크에 계속 뿌리고, 공격자가 이 ID와 패스워드를 이용하여 접속을 시도할 때 스니퍼를 탐지한다(유인).

(선지분석)

① ARP: 위조된 ARP Request를 보냈을 때 ARP Response가 오면 프러미스큐어스 모드(스니핑 모드)로 설정되어 있는 것이다.
② DNS: 일반적으로 스니핑 프로그램은 사용자의 편의를 위해, 스니핑한 시스템의 IP 주소에 대한 DNS 이름 해석 과정(Inverse-DNS lookup)을 수행한다(로깅). 테스트 대상 네트워크로 Ping Sweep(여러 대상에 대한 연속적인 ping)을 보내고, 들어오는 Inverse-DNS lookup(IP에 대한 호스트 이름)을 감시하여 스니퍼를 탐지한다.
④ ARP watch: MAC 주소와 IP 주소의 매칭 값을 초기에 저장하고 ARP 트래픽을 모니터링하여, 이를 변하게 하는 패킷이 탐지되면 관리자(network administrator)에게 메일로 알려주는 툴이다.

008 답 ①

ARP spoofing: 무결성 또는 기밀성 침해 공격이다. 근거리 통신망(LAN)하에서 주소 결정 프로토콜(ARP) 메시지를 이용하여 상대방의 데이터 패킷을 중간에서 가로채는 중간자 공격 기법이다. 즉, 공격자가 가짜 MAC 주소를 서버와 클라이언트에게 알려준다. 도청만 하면 기밀성 공격이고, 수정을 포함하면 무결성 공격이다.

(선지분석)

② Smurf: 가용성 침해 공격이다. 희생자의 스푸핑된 원본 IP를 가진 수많은 인터넷 제어 메시지 프로토콜(ICMP) 패킷들이 IP 브로드캐스트 주소를 사용하여 컴퓨터 네트워크로 브로드캐스트하는 분산 서비스 거부 공격이다. 네트워크의 대부분의 장치들은 기본적으로 원본 IP 주소에 응답을 보냄으로써 이에 응답한다. 원본 IP 주소를 컴퓨터는 대량의 ICMP 패킷을 받게 되므로 서비스 거부 상태에 빠지게 된다.
③ SYN flooding: 가용성 침해 공격이다. 클라이언트가 SYN 패킷을 보내고 서버는 이에 응답해서 SYN+ACK 패킷을 보낸다. 서버는 클라이언트가 ACK 패킷을 보내올 때까지 SYN Received 상태로 일정 시간을 기다려야 하고, 그동안 공격자는 가상의 클라이언트로 위조한 SYN 패킷을 수없이 만들어 서버에 보냄으로써 서버의 가용 동시 접속자 수를 모두 SYN Received 상태로 만들 수 있다.
④ UDP flooding: 가용성 침해 공격이다. 대량의 UDP 패킷을 위조된 소스 주소와 함께 공격 대상 호스트의 임의의 포트로 전송한다. 호스트는 이러한 데이터그램과 연계된 애플리케이션을 점검하고 아무 것도 발견하지 못하곤 "도달할 수 없는 목적지(Destination Unreachable)" 패킷으로 응답한다. 공격자는 호스트가 압도당해 더 이상 합법적인 사용자에게 응답할 수 없을 때까지 더 많은 패킷을 보낸다.

009 답 ③

제한: SYN 패킷의 수를 제한하기 때문에 문제가 발생한다.

(선지분석)

① 무력화: 서버가 더 이상의 SYN 패킷을 받을 수가 없다.
② 소스 주소: 공격자로부터 SYN 패킷을 받고 서버가 SYN+ACK 패킷을 보내지만 공격자의 주소가 인터넷상에서 사용되지 않는 주소이기 때문에 서버는 ACK 응답을 받지 못한다.

④ 적은 수의 패킷: 예를 들어, UDP flooding은 공격자가 공격 대상보다 좋은 성능의 컴퓨터로 UDP 패킷을 많이 보내야 하는데, SYN flooding은 서버의 제한된 SYN 패킷 수만큼만 보내면 된다.

010 답 ①

Spoofing: 해당 설명은 Sniffing(Snooping)이고, Spoofing은 승인받은 사용자인 것처럼 시스템에 접근하거나 네트워크상에서 허가된 주소로 가장하여 접근 제어를 우회하는 공격 행위이다. 일례로, IP Spoofing 공격은 서버와 트러스트(Trust)로 관계를 맺고 있는 클라이언트에 DoS 공격을 수행해 클라이언트가 사용하는 IP가 네트워크에 출현하지 못하도록 한 뒤, 공격자 자신이 해당 IP로 설정을 변경한 후 서버에 접속하는 형태로 이루어진다. IP Spoofing 이외에도 ARP, Port, Content(Payload), DNS Spoofing 등이 존재한다.

(선지분석)

② Session hijacking: TCP는 클라이언트와 서버 간 통신을 할 때 패킷의 연속성을 보장하기 위해 클라이언트와 서버는 각각 시퀀스 넘버를 사용한다. 이 시퀀스 넘버가 잘못되면 이를 바로 잡기 위한 작업을 하는데, 세션 하이재킹은 서버와 클라이언트에 각각 잘못된 시퀀스 넘버를 위조해서 연결된 세션에 잠시 혼란을 준 뒤 자신이 끼어 들어가는 방식이다.

③ Teardrop: 데이터의 송수신과정에서 데이터의 송신한계를 넘으면 MTU(1500byte) 조각으로 나누어 fragment number를 붙여 송신하고, 수신측에는 fragment 넘버로 재조합하여 분석한다. fragment 내의 나누어진 byte 정보인 fragmentation offset을 위조하여 offset을 중복되게 하거나 공간을 두면 수신측에서 재조합이 안 되어 다운이 되게 하는 공격이다(즉, 간단하게 정리하면 순서 번호를 겹치게 하는 공격 방법이다).

④ Denial of Service: DoS(서버를 서비스 거부 상태로 만듦)의 공격 유형에는 취약점 공격형과 자원 고갈형이 존재한다. 취약점 공격형은 teardrop, land attack이 해당되고, 자원 고갈형은 flooding 공격이 해당된다.

011 답 ①

Session Hijacking: TCP는 클라이언트와 서버 간 통신을 할 때 패킷의 연속성을 보장하기 위해 클라이언트와 서버는 각각 시퀀스 넘버를 사용한다. 이 시퀀스 넘버가 잘못되면 이를 바로 잡기 위한 작업을 하는데, 세션 하이재킹은 서버와 클라이언트에 각각 잘못된 시퀀스 넘버를 위조해서 연결된 세션에 잠시 혼란을 준 뒤 자신이 끼어 들어가는 방식이다. 다른 보기는 DoS 공격(서비스 거부 공격)인데, Session Hijacking은 MITM 공격(중간자 공격)이다.

(선지분석)

② Targa: 여러 종류의 서비스 DoS 공격을 실행할 수 있도록 만든 '공격 도구'로 이미 나와 있는 여러 DoS 공격 소스들을 사용해 통합된 '공격 도구'를 만든 것이다. Targa에는 bonk, joit, land, nestea, newtear, syndrop, teardrop, winnuke 등이 있다.

③ Ping of Death: 네트워크에서는 패킷을 전송하기 적당한 크기로 잘라서 보내는데, Ping of Death는 네트워크의 이런 특성을 이용한 것이다. 네트워크의 연결 상태를 점검하기 위한 ping 명령을 보낼 때, 패킷을 최대한 길게 하여(최대 65,500바이트) 공격 대상에게 보내면 패킷은 네트워크에서 수백 개의 패킷으로 잘게 쪼개져 보내진다(DoS 공격).

④ Smurf: 희생자의 스푸핑된 원본 IP를 가진 수많은 인터넷 제어 메시지 프로토콜(ICMP) 패킷들이 IP 브로드캐스트 주소를 사용하여 컴퓨터 네트워크로 브로드캐스트하는 분산 서비스 거부(DDoS) 공격이다. 네트워크의 대부분의 장치들은 기본적으로 원본 IP 주소에 응답을 보냄으로써 이에 응답한다. 원본 IP 주소를 컴퓨터는 대량의 ICMP 패킷을 받게 되므로 서비스 거부 상태에 빠지게 된다.

012 답 ④

ICMP Redirect: 해당 설명은 IP Spoofing을 의미하고, ICMP Redirect는 3계층에서 스니핑 시스템을 ICMP Redirect 메시지를 통해 네트워크에 존재하는 또 다른 라우터라고 알림으로써 패킷의 흐름을 바꾸는 공격이다.

(선지분석)

① ARP Spoofing: 근거리 통신망(LAN) 하에서 주소 결정 프로토콜(ARP) 메시지를 이용하여 상대방의 데이터 패킷을 중간에서 가로채는 중간자 공격 기법이다. 즉, 공격자가 가짜 MAC 주소를 서버와 클라이언트에게 알려준다.

② IP Spoofing: 트러스트(Trust)로 접속하고 있는 클라이언트에 DoS 공격을 수행해 클라이언트가 사용하는 IP가 네트워크에 출현하지 못하도록 한 뒤, 공격자 자신이 해당 IP로 설정을 변경한 후 서버에 접속하는 형태로 이루어진다.

③ DNS Spoofing: 실제 DNS 서버보다 빨리 공격 대상에게 DNS Response 패킷을 보내, 공격 대상이 잘못된 IP 주소로 웹 접속을 하도록 유도하는 공격이다.

013 답 ②

Zero Day: 서비스 거부를 위한 공격이 아니라 프로그램에 문제(보안취약점)가 알려지고 난 후 보안패치가 나올 때까지 시간차를 이용해 공격하는 기법을 말한다(exploit 공격 유형).

(선지분석)

① Ping Flooding: 서버에 대량의 Ping을 보내 서비스 거부 상태로 만든다(서비스 거부 공격 중 자원고갈형이다).

③ Teardrop: 순서 번호를 겹치게 전송하여 서버가 재전송을 요구하게 된다. 이로 인해 서버가 과부하가 되어 서비스 거부 상태가 된다(서비스 거부 공격 중 취약점공격형이다).

④ SYN Flooding: 서버에 SYN 패킷을 보내고, 서버의 SYN+ACK에 대한 응답이 ACK 패킷을 보내지 않아 서버가 메모리(백로그 큐)를 할당한 상태에서 계속 기다린다. 연결이 위한 메모리를 더 이상 사용할 수 없어 서버가 서비스 거부 상태가 된다(서비스 거부 공격 중 자원고갈형이다).

014

답 ③

Mail Bomb: 흔히 폭탄 메일이라고 하고 스팸 메일도 여기에 해당한다. 메일 서버는 각 사용자에게 일정한 양의 디스크 공간을 할당하는데, 메일이 폭주하여 디스크 공간을 가득 채우면 정작 받아야 하는 메일을 받을 수 없다. 즉 스팸 메일도 서비스 거부 공격이 될 수 있다. DoS 공격이지 스니핑(sniffing)과는 무관하다.

(선지분석)

① ARP Spoofing: 단거리 통신망(LAN) 하에서 주소 결정 프로토콜(ARP) 메시지를 이용하여 상대방의 데이터 패킷을 중간에서 가로채는 중간자 공격 기법(sniffing)이다. 즉, 공격자가 가짜 MAC 주소를 서버와 클라이언트에게 알려준다.

② ICMP Redirect: 3계층에서 스니핑(sniffing) 시스템을 ICMP Redirect 메시지를 통해 네트워크에 존재하는 또 다른 라우터라고 알림으로써 패킷의 흐름을 바꾸는 공격이다.

④ Switch Jamming: 스위치의 주소 테이블의 기능을 마비시키는 공격이다. MACOF(MAC Flooding) 공격이라고도 한다. 스위치에 랜덤한 형태로 생성한 MAC을 가진 패킷을 무한대로 보내면, 스위치의 MAC 테이블은 자연스레 저장 용량을 넘게 되고, 스위치의 원래 기능을 잃고 더미 허브(패킷을 받으면 브로드캐스팅 한다)처럼 작동하게 된다. 공격자가 자연스럽게 브로드캐스팅된 패킷을 스니핑(sniffing)할 수 있다.

015

답 ③

TCP는 클라이언트와 서버 간 통신을 할 때 패킷의 연속성을 보장하기 위해 클라이언트와 서버는 각각 시퀀스 넘버를 사용한다. 이 시퀀스 넘버가 잘못되면 이를 바로 잡기 위한 작업을 하는데, TCP 세션 하이재킹은 서버와 클라이언트에 각각 잘못된 시퀀스 넘버를 위조해서 연결된 세션에 잠시 혼란을 준 뒤 자신이 끼어 들어가는 방식이다.

- 클라이언트와 서버 사이의 패킷을 통제한다. ARP 스푸핑 등을 통해 클라이언트와 서버 사이의 통신 패킷이 모두 공격자를 지나가게 하도록 하면 된다.
- 서버에 클라이언트 주소로 연결을 재설정하기 위한 RST(Reset) 패킷을 보낸다. 서버는 해당 패킷을 받고, 클라이언트의 시퀀스 넘버가 재설정된 것으로 판단하고, 다시 TCP 쓰리웨이 핸드셰이킹을 수행한다.
- 공격자는 클라이언트 대신 연결되어 있던 TCP 연결을 그대로 물려받는다.

016

답 ②

SYN Flooding: 클라이언트가 SYN 패킷을 보내고 서버는 이에 응답해서 SYN+ACK 패킷을 보낸다. 서버는 클라이언트가 ACK 패킷을 보내올 때까지 SYN Received 상태로 일정 시간을 기다려야 하고, 그동안 공격자는 가상의 클라이언트로 위조한 SYN 패킷을 수없이 만들어 서버에 보냄으로써 서버의 가용 동시 접속자 수를 모두 SYN Received 상태로 만들 수 있다.

(선지분석)

① Ping of Death: 네트워크에서는 패킷을 전송하기 적당한 크기로 잘라서 보내는데, Ping of Death는 네트워크의 이런 특성을 이용한 것이다. 네트워크의 연결 상태를 점검하기 위한 ping 명령을 보낼 때, 패킷을 최대한 길게 하여(최대 65,500바이트) 공격 대상에게 보내면 패킷은 네트워크에서 수백 개의 패킷으로 잘게 쪼개져 보내진다(DoS 공격).

③ Boink: 처음에는 정상적인 순서의 단편을 보내다가 점검 순서 번호가 어긋난 패킷을 보내는 방법으로, Bonk(순서번호가 1번인 단편을 계속 보내는 공격)보다 개선된 방식의 공격이다(순서 번호를 중간에 동일하게 보낸다).

④ TearDrop: 데이터의 송수신과정에서 데이터의 송신한계를 넘으면 MTU(1500byte) 조각으로 나누어 fragment number를 붙여 송신하고, 수신측에는 fragment 넘버로 재조합하여 분석한다. fragment 내의 나누어진 byte 정보인 fragmentation offset을 위조하여 offset을 중복되게 하거나 공간을 두면 수신측에서 재조합이 안 되어 다운이 되게 하는 공격이다(즉, 한마디로 정리하면 순서 번호를 겹치게 보내는 공격이다).

⑤ Smurf: 희생자의 스푸핑된 원본 IP를 가진 수많은 인터넷 제어 메시지 프로토콜(ICMP) 패킷들이 IP 브로드캐스트 주소를 사용하여 컴퓨터 네트워크로 브로드캐스트하는 분산 서비스 거부 공격이다. 네트워크의 대부분의 장치들은 기본적으로 원본 IP 주소에 응답을 보냄으로써 이에 응답한다. 원본 IP 주소를 가진 컴퓨터는 대량의 ICMP 패킷을 받게 되므로 서비스 거부 상태에 빠지게 된다.

017

답 ⑤

HTTP CC: HTTP 1.1 버전의 CC(Cache-Control) 헤더 옵션은 자주 변경되는 데이터에 대해 새롭게 HTTP 요청 및 응답을 요구하기 위하여 캐시(Cache) 기능을 사용하지 않게 할 수 있다. 서비스 거부 공격 기법에 이를 응용하기 위해 'Cache-Control: no-store, mustrevalidate' 옵션을 사용하면 웹 서버는 캐시를 사용하지 않고 응답해야 하므로 웹 서비스의 부하가 증가하게 된다.

(선지분석)

① Slowloris: 최소 대역폭과 사용하지 않는 서비스와 포트를 이용해서 서버에 많은 연결을 맺고 최대한 길게 연결을 지속한다. 주기적으로 HTTP 요청을 하고 요청을 멈추거나 끝내지 않는다.

② HTTP GET Flooding: 서버에 TCP 3-웨이 핸드셰이킹 과정을 통해 정상적인 접속을 한 뒤, 특정한 페이지를 HTTP의 GET Method를 통해 무한대로 실행하는 것이다.

③ ARP Spoofing: 근거리 통신망(LAN) 하에서 주소 결정 프로토콜(ARP) 메시지를 이용하여 상대방의 데이터 패킷을 중간에서 가로채는 중간자 공격 기법이다. 즉, 공격자가 가짜 MAC 주소를 서버와 클라이언트에게 알려준다.

④ DNS Spoofing: 실제 DNS 서버보다 빨리 공격 대상에게 DNS Response 패킷을 보내, 공격 대상이 잘못된 IP 주소로 웹 접속을 하도록 유도하는 공격이다.

018 답 ①

(가) DoS: DoS(서버를 서비스 거부 상태로 만듦)의 공격 유형에는 취약점 공격형과 자원 고갈형이 존재한다. 취약점 공격형은 teardrop, land attack이 해당되고, 자원 고갈형은 flooding(대량의 패킷을 이용함) 공격이 해당된다.
(나) sniffing: 패킷을 태핑(Tapping)이나 미러링(Mirroring)을 통해 도청하는 것을 의미한다. 도청만 수행하므로 소극적 공격에 해당한다.
(다) spoofing: 승인받은 사용자인 것처럼 시스템에 접근하거나 네트워크상에서 허가된 주소로 가장하여 접근 제어를 우회하는 공격 행위이다. 일례로, IP Spoofing 공격은 서버와 트러스트(Trust)로 관계를 맺고 있는 클라이언트에 DoS 공격을 수행해 클라이언트가 사용하는 IP가 네트워크에 출현하지 못하도록 한 뒤, 공격자 자신이 해당 IP로 설정을 변경한 후 서버에 접속하는 형태로 이루어진다. IP Spoofing 이외에도 ARP, Port, Content(Payload), DNS Spoofing 등이 존재한다.

019 답 ①

트러스트(Trust)로 접속하고 있는 클라이언트에 DoS 공격을 수행해 클라이언트가 사용하는 IP가 네트워크에 출현하지 못하도록 한 뒤, 공격자 자신이 해당 IP로 설정을 변경한 후 서버에 접속하는 형태로 이루어진다.

(선지분석)

② 문제의 설명은 ARP spoofing으로 근거리 통신망(LAN) 하에서 주소 결정 프로토콜(ARP) 메시지를 이용하여 상대방의 데이터 패킷을 중간에서 가로채는 공격 기법이다. 즉, 공격자가 가짜 MAC 주소를 서버와 클라이언트에게 알려준다.
③ ARP spoofing을 하는 이유는 sniffing을 하기 위해서이다.
④ ARP spoofing은 전형적인 중간자 공격(MITM) 기법이다.

020 답 ①

㉠ Smurf: 희생자의 스푸핑된 원본 IP를 가진 수많은 인터넷 제어 메시지 프로토콜(ICMP) 패킷들이 IP 브로드캐스트 주소를 사용하여 컴퓨터 네트워크로 브로드캐스트하는 분산 서비스 거부 공격이다. 네트워크의 대부분의 장치들은 기본적으로 원본 IP 주소에 응답을 보냄으로써 이에 응답한다. 원본 IP 주소를 컴퓨터는 대량의 ICMP 패킷을 받게 되므로 서비스 거부 상태에 빠지게 된다.
㉡ Land: 패킷을 전송할 때 출발지 IP 주소와 목적지 IP 주소를 똑같이 만들어서 공격 대상에게 보내는 공격이다.

(선지분석)

Ping of Death: 네트워크에서는 패킷을 전송하기 적당한 크기(1,500바이트)로 잘라서 보내는데, Ping of Death는 네트워크의 이런 특성을 이용한 것이다. 네트워크의 연결 상태를 점검하기 위한 ping 명령을 보낼 때, 패킷을 최대한 길게 하여(최대 65,500바이트) 공격 대상에게 보내면 패킷은 네트워크에서 수백 개의 패킷으로 잘게 쪼개져 보내진다(DoS 공격).

021 답 ②

ARP Spoofing은 근거리 통신망(LAN) 하에서 주소 결정 프로토콜(ARP) 메시지를 이용하여 상대방의 데이터 패킷을 중간에서 가로채는 중간자 공격 기법이다. 즉, 공격자가 가짜 MAC 주소를 서버와 클라이언트에게 알려준다. 그러므로 악용되는 매핑 정보는 IP 주소와 MAC 주소이다.

(선지분석)

① DNS Spoofing을 나타낸다.

022 답 ②

봇넷: DDoS에서 악성 코드(봇)에 감염된 좀비 PC로 구성된 네트워크이다.

(선지분석)

① 웜: 인터넷 또는 네트워크를 통해서 컴퓨터에서 컴퓨터로 전파되는 악성 프로그램이다. 윈도우의 취약점 또는 응용 프로그램의 취약점을 이용하거나 이메일이나 공유 폴더를 통해 전파되며, 최근에는 공유 프로그램(P2P)을 이용하여 전파되기도 한다. 바이러스와 달리 스스로 전파되는 특성이 있다.
③ 루트킷: 시스템 침입 후 침입 사실을 숨긴 채 차후의 침입을 위한 백도어, 트로이목마 설치, 원격 접근, 내부 사용 흔적 삭제, 관리자 권한 획득 등 주로 불법적인 해킹에 사용되는 기능들을 제공하는 프로그램의 모음이다.
④ 랜섬웨어: 컴퓨터 시스템을 감염시켜 접근을 제한하고 일종의 몸값을 요구하는 악성 소프트웨어의 한 종류이다. 컴퓨터로의 접근이 제한되기 때문에 제한을 없애려면 해당 악성 프로그램을 개발한 자에게 지불을 강요받게 된다.

023 답 ④

(가) DNS 스푸핑: 공격자가 실제 DNS 서버보다 빨리 공격 대상에게 DNS Response 패킷을 보내, 공격 대상이 잘못된 IP 주소로 웹 접속을 하도록 유도하는 공격이다.
(나) IP 스푸핑: 트러스트(Trust)로 접속하고 있는 클라이언트에 DoS 공격을 수행해 클라이언트가 사용하는 IP가 네트워크에 출현하지 못하도록 한 뒤, 공격자 자신이 해당 IP로 설정을 변경한 후 서버에 접속하는 형태로 이루어진다.
(다) ARP 스푸핑: 근거리 통신망(LAN)하에서 주소 결정 프로토콜(ARP) 메시지를 이용하여 상대방의 데이터 패킷을 중간에서 가로채는 중간자 공격 기법이다. 즉, 공격자가 가짜 MAC 주소를 서버와 클라이언트에게 알려준다.

024

답 ②

ㄱ. Smurf attack: ICMP 패킷과 네트워크에 존재하는 임의의 시스템들을 이용하여 패킷을 확장시켜서 서비스 거부 공격을 수행하는 방법이다. Ping flooding이라고도 한다.
ㄴ. SYN Flooding attack: 존재하지 않는 클라이언트가 서버별로 한정되어 있는 접속 가능한 공간에 접속한 것처럼 속여 다른 사용자가 서버의 서비스를 제공받지 못하게 하는 공격이다.
ㄷ. Land attack: 패킷을 전송할 때 출발지 IP 주소와 목적지 IP 주소값을 똑같이 만들어서 공격 대상에게 보내는 공격이다.

025

답 ②

4계층: SYN 플러딩 → 클라이언트가 SYN 패킷을 보내고 서버는 이에 응답해서 SYN+ACK 패킷을 보낸다. 서버는 클라이언트가 ACK 패킷을 보내올 때까지 SYN Received 상태로 일정 시간을 기다려야 하고, 그동안 공격자는 가상의 클라이언트로 위조한 SYN 패킷을 수없이 만들어 서버에 보냄으로써 서버의 가용 동시 접속자 수를 모두 SYN Received 상태로 만들 수 있다(syn cookie를 이용해서 막을 수 있다).

(선지분석)

①, ③ 2계층: L2TP(PPTP+L2F), PPTP(1:1 연결) → VPN에서 사용하는 터널링 프로토콜, L2F(1:N 연결)도 존재한다.
④ 2계층: ARP 스푸핑 → 근거리 통신망(LAN)하에서 주소 결정 프로토콜(ARP) 메시지를 이용하여 상대방의 데이터 패킷을 중간에서 가로채는 중간자 공격 기법이다. 즉, 공격자가 가짜 MAC 주소를 서버와 클라이언트에게 알려준다(3계층과 경계가 애매하나 가장 옳지 않은 답은 아님).

026

답 ③

Sniffing: 패킷을 도청함(계정과 암호 도청)

(선지분석)

① NESSUS: 원격지에서 다양한 방법을 통해 시스템이나 네트워크의 알려진 취약성에 대하여 점검을 수행
② SAINT: 관리자용 네트워크 진단도구
④ IPS: 능동형(active) 침입 방지 시스템

027

답 ②

Land: 출발지 IP와 목적지 IP가 같고, 출발지 port와 목적지 port가 같은 공격이다.

(선지분석)

① Smurf: direct broadcasting과 ping flooding을 이용한 공격이다.
③ Teardrop: sequence number가 겹치는 공격이다.
④ Ping of death: ping을 보낼 때 패킷을 최대 길이(65,500바이트)로 보낸다.

028

답 ④

DoS가 아닌 IP spoofing에 대한 설명이다.

(선지분석)

① Smurf attack(자원 고갈형 DoS)
② 17(Quotd - 오늘의 인용문), 135(TCP RPC), 137(UDP NetBIOS), UDP 포트스캔: 자주 사용되는 것이 아니면 UDP flooding으로 간주(많이 보냄)(자원 고갈형 DoS)
③ Teardrop attack(취약점 공격형 DoS)

029

답 ④

- promiscuous: 자신의 IP와 MAC에 상관없이 패킷을 수신한다.
- ifconfig: 유닉스 혹은 리눅스에서 일반적으로 네트워크 인터페이스의 IP 주소와 넷마스크의 설정 및 인터페이스의 활성화/비활성화 등을 위해 사용된다.

(선지분석)

- non-promiscuous: 자신의 IP와 MAC을 비교해서 일치하지 않으면 패킷을 수신하지 않는다.
- netstat: 유닉스, 리눅스, 윈도우에서 전송 제어 프로토콜, 라우팅 테이블, 수많은 네트워크 인터페이스, 네트워크 프로토콜 통계를 위한 네트워크 연결을 보여주는 명령 줄 도구이다. 예를 들면, 현재 내 컴퓨터가 맺고 있는 TCP/UDP 연결 정보를 확인하기 위해 사용한다.
- ipconfig: ifconfig와 동일한 기능을 수행하지만 윈도우에서 사용하는 명령어이다.

030

답 ①

ping of death는 대량의 ping을 보내므로 자원을 고갈하고 Smurf도 대량의 ICMP request/reply를 보내므로 자원을 고갈한다.

(선지분석)

②, ③, ④ Heartbleed는 오픈소스 암호화 라이브러리인 OpenSSL에서 발견된 심각한 보안 결함이고, Sniffing은 도청을 의미한다.

031

답 ③

ACK가 올 경우 쿠키값을 검증하여 제대로 된 값인 경우 연결을 형성한다.

(선지분석)

① SYN 쿠키가 포함된 ACK 패킷을 보내오면 TCP 연결 테이블에 기록한다(메모리를 할당한다).
② SYN-ACK 패킷의 순서 번호로 하여 클라이언트에게 전송한다.
④ 연결이 완성되지 않은 엔트리는 TCP 연결 테이블에 존재하지 않는다. 그러므로 대기 시간을 결정할 필요가 없다.

032 답 ①

여럿의 공격 지점에서 하나의 사이트를 동시에 공격한다.

(선지분석)

② DDoS 공격을 받으면 서버는 서비스를 할 수 없다.
③ 봇넷(좀비PC로 구성된 네트워크)이 DDoS에서 사용된다.
④ 자원 고갈 또는 취약점 공격을 통해 공격을 수행한다.

033 답 ①

한정된 자원을 이용하려는 여러 프로세스가 서로 경쟁을 벌이는 상황에서, 프로세스들이 여러 번 실행되는 과정에서 실행 순서가 뒤바뀌어 실행자가 원하는 결과를 얻는 것이다. 즉, DoS와 무관하다.

(선지분석)

② 취약점 공격형 DoS이다(중간부터 순서 번호를 겹치게 하는 공격 방법).
③ 자원 고갈형 DoS이다(존재하지 않는 클라이언트가 서버별로 한정되어 있는 접속 가능한 공간에 접속한 것처럼 속여 다른 사용자가 서버의 서비스를 제공받지 못하게 하는 공격).
④ 취약점 공격형 DoS이다(패킷을 전송할 때 출발지 IP 주소와 목적지 IP 주소값을 똑같이 만들어서 공격 대상에게 보내는 공격).

034 답 ③

암호화는 기밀성 공격의 대응책으로, DoS 공격(가용성 공격)의 대응책이 아니다.

(선지분석)

① 방화벽 및 침입 탐지 시스템을 이용하여 이상 탐지를 수행한다(임계값을 설정하여 임계값 이상의 패킷은 버림).
② 시스템을 패치하면 시스템이 좀비 PC(취약점 공격)로 사용되는 것을 막을 수 있다.
④ 안정적인 네트워크를 설계하면 자원 고갈이 발생했을 때 이를 효과적으로 대처할 수 있다.

035 답 ②

패킷을 전송할 때 출발지 IP 주소와 목적지 IP 주소를 똑같이 만들어서 공격 대상에게 보내는 공격이다.

(선지분석)

① 네트워크에서는 패킷을 전송하기 적당한 크기로 잘라서 보내는데, Ping of Death는 네트워크의 이런 특성을 이용한 것이다. 네트워크의 연결 상태를 점검하기 위한 ping 명령을 보낼 때, 패킷을 최대한 길게 하여(최대 65,500바이트) 공격 대상에게 보내면 패킷은 네트워크에서 수백 개의 패킷으로 잘게 쪼개져 보내진다(DoS 공격).
③ 클라이언트가 SYN 패킷을 보내고 서버는 이에 응답해서 SYN+ACK 패킷을 보낸다. 서버는 클라이언트가 ACK 패킷을 보내올 때까지 SYN Received 상태로 일정 시간을 기다려야 하고, 그 동안 공격자는 가상의 클라이언트로 위조한 SYN 패킷을 수없이 만들어 서버에 보냄으로써 서버의 가용 동시 접속자 수를 모두 SYN Received 상태로 만들 수 있다.
④ 희생자의 스푸핑된 원본 IP를 가진 수많은 인터넷 제어 메시지 프로토콜(ICMP) 패킷들이 IP 브로드캐스트 주소를 사용하여 컴퓨터 네트워크로 브로드캐스트하는 분산 서비스 거부(DDoS) 공격이다. 네트워크의 대부분의 장치들은 기본적으로 원본 IP 주소에 응답을 보냄으로써 이에 응답한다. 원본 IP 주소를 컴퓨터는 대량의 ICMP 패킷을 받게 되므로 서비스 거부 상태에 빠지게 된다.
⑤ 흔히 폭탄 메일이라고 하고 스팸 메일도 여기에 해당한다. 메일 서버는 각 사용자에게 일정한 양의 디스크 공간을 할당하는데, 메일이 폭주하여 디스크 공간을 가득 채우면 정작 받아야 하는 메일을 받을 수 없다. 즉 스팸 메일도 서비스 거부 공격이 될 수 있다.

036 답 ①

MITM 공격이다.

(선지분석)

② boink, bonk, teardrop에 해당한다.
③ 버퍼 오버플로우에 해당한다.
④ 랜섬웨어에 해당한다.

037 답 ①

스위치는 LAN에 설치되므로 ARP 스푸핑이 가능하다.

038 답 ①

송 · 수신자에게 공격자의 MAC을 알려준다.

039 답 ④

해당 방법은 존재하지 않는다.

040 답 ④

순서 번호를 겹치게 하는 공격이다.

041 답 ③

- SYN Flooding: TCP 3-way handshaking에서 발생한다.
- ARP Spoofing: 공격자의 가짜 MAC을 알려준다.

042 답 ①

land attack이다.

043 답 ③

공격자의 MAC으로 속이는 것은 ARP 스푸핑 공격이다.

044 답 ③

DNS spoofing과 관련된 사회공학 관련 공격이다.

045 답 ②

DNS 스푸핑과 TCP 세션 하이재킹은 관련성이 없다.

CHAPTER 04 | DRDoS(Distributed Reflection Denial of Service)

정답 p.24

001	③

001 답 ③

해당 설명은 DDoS에 대한 설명이다.

(선지분석)

① TCP 3-way handshake의 취약점과 반사 서버(라우터 등)를 이용한다.
② 출발지 IP를 공격 대상의 IP로 위조하므로 공격자의 추적이 어렵다.
④ 출발지 IP를 공격 대상의 IP로 위조한다.

CHAPTER 05 | 방화벽(Firewall)

정답 p.24

001	②	002	④	003	②	004	③	005	④
006	②	007	④	008	④	009	①	010	③
011	⑤	012	④	013	①	014	①	015	⑤

001 답 ②

패킷 필터링 기법: 패킷 필터링 기법은 응용 계층이 아니라 전송 계층에서 동작한다. Application Level Gateway가 응용 계층에서 동작한다.

(선지분석)

① 패킷 필터링 방화벽: 특정한 프로토콜이나 IP 주소, 포트 번호 등을 이용하여 접근을 통제하도록 구성된 형태이다.
③ NAT: 방화벽 구축 시 내부 네트워크와 외부 네트워크를 분리시킨 후, 내부 네트워크에 존재하는 사용자(private network)와 공개용 서버를 위해 가상 Network IP 주소를 부여한다.
④ 자체의 결함: 이것은 방화벽뿐만이 아니라 네트워크 장비라면 모두가 가지는 취약점이다.

002 답 ④

모든 공격: 어떤 네트워크 보안 장비(Firewall, IDS, IPS, DPI)도 침입자의 모든 공격을 완벽하게 대처할 수 없다. 왜냐하면 대부분의 장비가 기존에 알려진 공격을 막고, 알려지지 않는 공격을 막을 수 있다고 하더라도 정상적인 패킷을 막을 수 있는 가능성이 존재한다. 그러므로 침입자의 모든 공격을 완벽하게 막는 것은 불가능하다. 미래에 인공지능과 빅데이터가 완벽하게 활성화되면 가능할지도 모른다.

TIP '모든' 또는 '절대'라는 단어는 어떠한 지문에도 옳지 않은 지문이라고 보는 것이 맞다.

(선지분석)

① 하드웨어와 소프트웨어: 컴퓨터에 소프트웨어적으로 동작할 수도 있고(예 MS 윈도우 방화벽), 하드웨어적으로 장비를 만들어 동작할 수도 있다.
② IP 필터링: 기본적으로 IP와 Port를 기반으로 필터링을 수행한다.
③ 내부 정보유출: 방화벽은 외부 네트워크와 내부 네트워크 사이에서 동작하므로 내부에서 발생하는 정보유출을 막을 수 없다.
⑤ 라우터 또는 컴퓨터: 컴퓨터는 소프트웨어 방화벽에 사용되고, 라우터는 예전에 사용되던 방식이다. 현재는 독립적인 방화벽 장비로서 네트워크에서 동작한다.

003 답 ②

응용 계층: 7계층에서 동작한다.

(선지분석)

① 패킷 필터링: 4계층에서 동작한다.
③ 스테이트풀 인스펙션: 데이터를 요청하는 트래픽이 들어오면 서버로 전달하면서 동시에 세션 테이블을 만들어서, 서버와 클라이언트 간의 통신 내역을 모니터링하고 제어한다.
④ 서킷 레벨 게이트웨이: 5계층에서 7계층 사이에서 동작한다.

004 답 ③

ㄴ. 서버: DMZ에서는 외부에서 접근 가능한 서버들이 위치한다. 예를 들면, 웹 서버, DNS 서버, 메일 서버, FTP 서버 등이 위치할 수 있다.
ㄹ. 방화벽: 일반적으로 DMZ는 내부 방화벽과 외부 방화벽 사이에 위치한다.

선지분석

ㄱ. 접근: 내부 네트워크에서 외부 네트워크에 공개하기 위한 서버들이 위치하므로 외부 네트워크에서 접근할 수 있다.
ㄷ. 내부 사용자: 내부 사용자가 DMZ에 접속하기 위해서는 내부 방화벽을 거쳐야 한다. 외부 사용자는 외부 방화벽을 거친다.

005 답 ④

스크린 호스트 게이트웨이: 베스천 호스트(Screened Host)와 스크린 라우터(Screening Router, 패킷 필터링 라우터)를 혼합하여 사용한 방화벽이다. 외부 네트워크와 내부 네트워크 사이에 스크린 라우터를 설치하고, 스크린 라우터와 내부 네트워크 사이에 베스천 호스트를 설치한다.

선지분석

① 응용 레벨 게이트웨이: 응용 계층(layer 7)에서 동작하고, 패킷 필터링 방식(layer 4)과는 달리 외부와 내부 네트워크 간의 직접적인 패킷 교환을 허용하지 않는다.
② 회로 레벨 게이트웨이: OSI 참조 모델의 응용 계층(Layer 7)과 세션 계층(Layer 5) 사이에서 동작하며, 각 서비스별로(specific) 프록시가 존재하는 응용 수준 게이트웨이(application level gateway) 방식과 달리, 어느 응용 프로그램에서도 사용할 수 있는 일반적인(general) 프락시를 사용한다.
③ 듀얼 홈드 게이트웨이: 두 개의 NIC를 가진 베스천 호스트(Bastion Host)를 말하며, 하나의 NIC는 외부 네트워크에 연결되고 다른 하나의 NIC은 보호하고자 하는 내부 네트워크에 연결된다. 네트워크 간의 직접적인 접근은 허용되지 않는다. 라우팅 기능이 활성화되어 있을 때, 문제가 되는 방화벽 유형이다(비정상 패킷도 포워딩 가능성 존재).

006 답 ②

ㄴ. 21번은 FTP의 제어 신호에 사용되는 포트이므로 옳은 설명이다.
ㄷ. 80번 포트, 즉 HTTP의 패킷을 허용한다.

선지분석

ㄱ. 25번은 SMTP이므로, Telnet 패킷(23번)을 허용하는 것이 아니다.
ㄹ. 143은 IMAP이므로, POP3 패킷(110번)을 허용하는 것이 아니다.

007 답 ④

스크린드 서브넷 게이트웨이: 스크린 호스트 게이트웨이와 듀얼 홈 게이트웨이의 변형으로, 두 개 이상의 스크린 라우터의 조합을 이용하며 베스천 호스트(Screened Host)는 격리된 네트워크인 스크린 서브넷(DMZ) 상에 위치하게 된다. 비록 베스천 호스트를 통과하여 스크린 서브넷에 접근하였다 할지라도, 내부의 스크린 라우터를 통과하여야 하므로 내부 네트워크는 매우 안정적이다.

선지분석

① 베스천 호스트: 네트워크에 접근하거나 떠나려고 하는 모든 실제들(entities)에 의해 접근되는 시스템 구조를 가진다. 오고 가는 트래픽에, 사전에 보안 관리자에 의해 구성된 IP 패킷에 대한 필터링(filtering) 규칙을 적용할 수 있다. 베스천 호스트는 그 자체보다는, 좀 더 정교한 네트워크 보안을 구현하기 위한 하나의 기본적인 모듈로써 이용한다.
② 듀얼 홈드 게이트웨이: 두 개의 NIC를 가진 베스천 호스트(Bastion Host)를 말하며, 하나의 NIC은 외부 네트워크에 연결되고 다른 하나의 NIC은 보호하고자 하는 내부 네트워크에 연결된다. 네트워크 간의 직접적인 접근은 허용되지 않는다. 라우팅 기능이 활성화되어 있을 때, 문제가 되는 방화벽 유형이다.
③ 패킷 필터링: 나머지 지문은 방화벽 구축 형태(전체적인 구조)이고, 패킷 필터링은 방화벽 구성 방식(방화벽이 네트워크의 몇 계층에서 동작하는가?)이다. 특정한 프로토콜이나 IP 주소, 포트 번호 등을 이용하여 접근을 통제하도록 구성된 형태이다(4계층에서 동작한다).

방화벽의 구축 형태

구분	설명
베스천 호스트	네트워크에 접근하거나 떠나려고 하는 모든 실제들(entities)에 의해 접근되는 시스템 구조를 가진다. 오고 가는 트래픽에, 사전에 보안 관리자에 의해 구성된 IP 패킷에 대한 필터링(filtering) 규칙을 적용할 수 있다. 베스천 호스트는 그 자체보다는, 좀 더 정교한 네트워크 보안을 구현하기 위한 하나의 기본적인 모듈로써 이용한다.
스크리닝 라우터	3계층과 4계층에서 실행되며 IP 주소와 포트에 대한 접근통제가 가능하다. 네트워크 수준의 IP 데이터그램에서는 출발지 주소 및 목적지 주소에 의한 스크린 기능, TCP/UDP 수준의 패킷에서는 포트 번호에 의한 스크린, 프로토콜별 스크린 기능을 가진다.
듀얼 홈드 게이트웨이	두 개의 NIC를 가진 베스천 호스트를 말하며, 하나의 NIC는 외부 네트워크에 연결되고 다른 하나의 NIC는 보호하고자 하는 내부 네트워크에 연결된다. 네트워크 간의 직접적인 접근은 허용되지 않는다. 라우팅 기능이 활성화되어 있을 때, 문제가 되는 방화벽 유형이다. 한 개의 NIC을 가지면 싱글 홈드 게이트웨이가 된다.
스크린드 호스트 게이트웨이	베스천 호스트와 스크린 라우터를 혼합하여 사용한 방화벽이다. 외부 네트워크와 내부 네트워크 사이에 스크린 라우터를 설치하고, 스크린 라우터와 내부 네트워크 사이에 베스천 호스트를 설치한다.
스크린드 서브넷 게이트웨이	스크린 호스트 게이트웨이와 듀얼 홈 게이트웨이의 변형으로, 두 개 이상의 스크린 라우터의 조합을 이용하며 베스천 호스트(Screened Host)는 격리된 네트워크인 스크린 서브넷(DMZ)상에 위치하게 된다. 비록 베스천 호스트를 통과하여 스크린 서브넷에 접근하였다 할지라도, 내부의 스크린 라우터를 통과하여야 하므로 내부 네트워크는 매우 안정적이다.

008 　답 ④

정책 1에 해당한다.

(선지분석)

① 정책 2는 모든 접근을 차단(deny)하는 정책이다.
② 정책 1을 적용한 후 정책 2를 적용하게 된다. 순서가 바뀌면 모든 패킷이 차단된다.
③ 접근제어를 수행하기 위하여 IP 주소와 포트를 사용한다.

009 　답 ①

NAT: 방화벽 구축 시 내부 네트워크와 외부 네트워크를 분리시킨 후 내부 네트워크에 존재하는 사용자(private network)와 공개용 서버(public network)를 위해 가상 Network IP 주소를 부여한다.

(선지분석)

② System Active Request: 출제자가 어떤 의도로 사용 했는지 모르지만 굳이 해석하자면(일반적으로 사용하지 않는 단어) "시스템이 현재 처리중인 요청"을 의미한다.
③ Timestamp request: ICMP 질의 메시지, 두 시스템 사이에서 IP 데이터그램이 왕복하는데 필요한 시간(RTT)을 알아내거나, 두 시스템의 시각을 동기화하는데 사용한다.
④ Fragmentation offset: 큰 IP 패킷들이 적은 MTU(Maximum Transmission Unit)를 갖는 링크를 통하여 전송되려면 여러 개의 작은 패킷으로 쪼개어/조각화(Fragmentation)되어 전송되어야 한다. Fragmentation offset은 8바이트 단위(2 워드)로 최초 분열 조각으로부터 어떤 곳에 붙여야하는 위치를 나타낸다. 각 조각들이 순서가 바뀌어 도착할 수도 있기 때문에 이 필드가 중요하다.

010 　답 ③

dual-homed host: 베스천 호스트가 손상되면 무조건적인 접속을 허용한다(1 bastion host).

(선지분석)

① screened subnet: 구축 비용이 많이 든다(2 screening routers + 1 bastion host).
② screening router: 인증 기능은 제공하지 않는다(3, 4 계층의 필터링만을 제공)(1 screening router).
④ screened host: 베스천 호스트를 침입하면 내부 네트워크를 보호할 수 없다(1 screening router + 1 bastion host).

011 　답 ⑤

- NAT: 대부분의 가정에서 설치된 유무선 공유기나 방화벽에서 동작한다. 유무선 공유기 내부인 가정에서는 사설 IP를 사용하고 해당 패킷이 외부로 나갈 때는 공유기를 통해 NAT 과정을 거쳐 공인 IP로 변환되어 나간다. 외부에서 패킷이 들어올 때는 공인 IP가 NAT에 의해 사설 IP로 바뀐다.
- DLP(Data Loss Prevention): 기업 내에서 이용하는 다양한 주요 정보인 기술 정보, 프로젝트 계획, 사업 내용, 영업 비밀, 고객 정보 등을 보호하고 외부 유출을 방지하기 위해서 사용된다.

(선지분석)

- VPN: 인터넷망(public network)을 전용선(private network)처럼 사용할 수 있도록 특수 통신체계와 암호화기법을 제공하는 서비스로 기업 본사와 지사 또는 지사 간에 전용망을 설치한 것과 같은 효과를 거둘 수 있으며, 기존 사설망의 고비용 부담을 해소하기 위해 사용한다.
- IPS: 수동적인 방어 개념의 침입 차단 시스템(Firewall)이나 침입 탐지 시스템(IDS)과 달리 침입 경고 이전에 공격을 중단시키는 데 초점을 둔, 침입 유도 기능과 자동 대처 기능이 합쳐진 개념의 솔루션이다.
- SSL: 웹 브라우저와 웹 서버 간에 데이터를 안전하게 주고받기 위한 업계 표준 프로토콜이다. 웹 제품뿐만 아니라 파일 전송 규약(FTP) 등 다른 TCP/IP 애플리케이션에 적용할 수 있다.

012 　답 ④

1개의 배스천 호스트와 1개의 스크린 라우터로 구성된다.

(선지분석)

① ②, ③, ④의 기본 모듈로 사용된다.
② 1개의 배스천 호스트로 구성된다(2개의 NIC을 가짐).
③ 1개의 배스천 호스트와 2개의 스크린 라우터로 구성된다.

013 　답 ①

주소 변환이 수행되므로 투명성을 제공하지 않고, 빠른 속도를 제공하지 않는다.

(선지분석)

② 사설 IP주소를 사용한다.
③ 사설 IP와 공인 IP 간의 주소 변환을 제공한다.
④ 일반적으로 외부 컴퓨터에서 내부 컴퓨터로 접근하기 어렵다.
⑤ 내부 컴퓨터의 사설 IP는 외부로 노출되지 않는다.

014 　답 ①

응용은 개별 프록시를 사용하고, 회선은 공통 프록시를 사용한다.

015 　답 ⑤

IDS의 기능이다.

(선지분석)

① 스크리닝 라우터의 기능이다.
②, ③ 베스천 호스트의 기능이다.
④ VPN의 기능이다.

CHAPTER 06 | 네트워크 각 계층별 프로토콜

정답 　p.28

001	②	002	④	003	①	004	④	005	③
006	③	007	②	008	②	009	①		

001 　답 ②

FTP: 응용 프로그램 계층(application layer)이고, 파일 전송을 위한 프로토콜로 보안 프로토콜이 아니다.

(선지분석)

① IPSec: 네트워크 계층(network layer)으로 IP 계층을 보호하기 위한 프로토콜이다.
③ SSH: 응용 프로그램 계층(application layer)이고, Telnet 혹은 FTP의 보안 버전이다.
④ S/MIME: 응용 프로그램 계층(application layer)으로 이메일 보안 프로토콜이다.

002 　답 ④

TCSEC: 1983년에 미국에서 제정되었고, 표지가 오렌지색이라 오렌지북이라 불린다. 보안등급은 크게는 A, B, C, D 4단계, 세부적으론 A1, B3, B2, B1, C2, C1, D 총 7단계로 나뉜다. 4가지 요구사항은 정책(Security Policy), 책임성(Accountability), 보증(Assurance), 문서(Documentation)이다. 정보보호 시스템의 평가 기준에 사용되며, TNI, TDI, CSSI 등 시스템 분류에 따라 적용 기준이 다르다.

(선지분석)

① SSL: 웹 브라우저와 웹 서버 간에 데이터를 안전하게 주고받기 위한 업계 표준 프로토콜이다. 웹 제품뿐만 아니라 파일 전송 규약(FTP) 등 다른 TCP/IP 애플리케이션에 적용할 수 있다.
② HTTPS: HTTP의 보안이 강화된 버전이다(443 포트). HTTPS는 통신의 인증과 암호화를 위해 넷스케이프 커뮤니케이션즈 코퍼레이션이 개발했으며, 전자 상거래에서 널리 쓰인다.
③ S/MIME: 안전한 전자메일 전송을 위한 산업체 표준 규약이다. 기존 MIME 형식의 전자메일 서비스에 암호 및 보안 서비스가 추가된 구조이다.

003 　답 ①

Kerberos: 응용 계층

(선지분석)

② IPSec: 네트워크 계층
③ TLS: 전송 계층(정확하게 정의하면 전송 계층과 응용 계층 사이에 존재한다)
④ SSL: 전송 계층(정확하게 정의하면 전송 계층과 응용 계층 사이에 존재한다)
⑤ SET: 응용 계층

> **MACSec와 양자 암호**
> 1. MACSec: 데이터 링크 계층
> 2. 양자 암호: 물리 계층

004 　답 ④

SNMP: 해당 설명은 SMTP이고, SNMP는 네트워크 장비 관리와 모니터링을 위해 사용된다.

(선지분석)

① FTP: 파일을 전송하기 위한 프로토콜이다.
② DNS: 도메인 혹은 호스트 이름을 IP 주소로 변환해 준다. Inverse DNS는 IP 주소를 도메인 혹은 호스트 이름으로 변환한다.
③ POP3: 클라이언트가 메일 서버로부터 메일을 받을 때 사용하는데, 메일 서버에 메일 사본을 저장하지 않는다.

005 　답 ③

ㄱ. 2계층: L2TP, PPTP, L2F가 있다. 암호화를 별로도 제공하지는 않지만 터널링을 제공하고 3계층 혹은 4계층과 결합하여 암호화를 제공한다.
ㄴ. 3계층: IPSec은 네트워크 계층에 보안을 제공한다.
ㄷ. 4계층: SSL/TLS는 전송 계층에 보안을 제공한다.

006 　답 ③

ㄴ. PGP: 응용 계층에서 동작하는 이메일 보안 프로토콜이다.
ㄷ. S/MIME: 응용 계층에서 동작하는 이메일 보안 프로토콜이다.

(선지분석)

ㄱ. FTP: 응용 계층에서 동작하나 보안 프로토콜이 아닌 파일 전송 프로토콜이다.
ㄹ. UDP: 전송 계층에서 동작하고 보안 프로토콜이 아닌 신뢰성을 보장하지 않는 패킷 전송 프로토콜이다.

007

답 ②

실시간으로 음성이나 동화상을 송수신하기 위한 전송 계층 통신 규약이다. RFC 1889에 RTCP(RTP control protocol)와 함께 규정되어 있다. 자원 예약 프로토콜(RSVP)과는 달리 라우터 등의 통신망 기기에 의지하지 않고 단말 간에 실행되는 것이 특징이다. RTP는 보통 사용자 데이터그램 프로토콜(UDP)의 상위 통신 규약으로 이용된다.

(선지분석)

① 메일 클라이언트가 메일 서버로부터 메일을 받을 때 사용하는데, 메일 서버에 메일 사본을 저장한다.
③ 메일 클라이언트가 메일 서버로부터 메일을 받을 때 사용하는데, 메일 서버에 메일 사본을 저장하지 않는다.
④ 별도의 메일 클라이언트와 메일 서버를 사용하지 않고, 웹 브라우저와 웹 서버를 이용해서 메일을 전송하고 확인하는 방식이다(예 네이버 메일 또는 구글 메일).

008

답 ②

MPEG은 표현계층이지만, Telnet은 응용계층이다.

(선지분석)

① HTTP, SMTP, SNMP, FTP 등이 존재한다.
③ TCP, UDP, RTP, RSVP 등이 존재한다.
④ IP, ICMP, IGMP 등이 존재한다.
⑤ Ethernet, HDLC, PPP 등이 존재한다.

009

답 ①

TCP 헤더에 속한다.

CHAPTER 07 | 라우팅

CHAPTER 08 | 네트워크 관리

정답

p.30

001	④	002	②	003	②	004	⑤	005	②
006	②	007	④	008	①	009	④	010	④

001

답 ④

nslookup: 해당 명령어는 net user이고, nslookup은 인터넷 서버 관리자나 사용자가 호스트 이름을 입력하면 그 IP 주소를 알려주는 프로그램이다. 그 반대의 경우에도 가능하다.

(선지분석)

① route: IP 라우팅 테이블을 출력하거나 조작한다.
② netstat: 사용 포트를 확인할 때 사용한다.
③ tracert: 최종 목적지 컴퓨터(서버)까지 중간에 거치는 여러 개의 라우터에 대한 경로 및 응답속도를 표시해 준다. 리눅스에서는 traceroute를 사용한다.

002

답 ②

SSH Session Layer Protocol은 존재하지 않는다. SSH User Authentication Protocol은 사용자 인증을 위해 사용되고, SSH Connection Protocol은 로그인 세션, 명령어 원격 실행, 연결 포워딩을 수행한다(멀티플렉싱, 다중화). 그리고 SSH Transport Layer Protocol은 서버 인증, 기밀성, 무결성, 압축 등을 제공한다.

003

답 ②

tcpdump(명령 줄에서 실행하는 일반적인 패킷 가로채기 소프트웨어)의 출력을 분석하면 다음과 같다.

> 13:07:13.639870 // 패킷 수집 시간을 나타낸다.
> 192.168.1.73.2321 > 192.168.1.73.http // 출발지 IP.포트번호 > 목적지 IP.포트번호(또는 서비스 이름), 포트번호가 /etc/services 파일에 등록이 되어 있는 경우라면 서비스 이름으로 표시된다.

tcpdump를 분석하면 출발지 IP와 목적지 IP가 같음을 알 수 있고, Land 공격은 패킷을 전송할 때 출발지 IP 주소와 목적지 IP 주소를 똑같이 만들어서 공격 대상에게 보내는 공격이므로 해당 문제의 답임을 알 수 있다.

(선지분석)

① 스마트폰 혹은 태블릿 PC의 터치스크린에 묻어 있는 손가락의 자국(얼룩)을 이용해서 패스워드를 알아내는 수법이다. 일반적으로 자주 사용하는 패스워드에만 자국이 집중적으로 묻어 있을 것이기 때문에 해당 수법으로 공격하는 것이 가능하다.
③ 네트워크에서는 패킷을 전송하기 적당한 크기로 잘라서 보내는데, Ping of Death는 네트워크의 이런 특성을 이용한 것이다. 네트워크의 연결 상태를 점검하기 위한 ping 명령을 보낼 때, 패킷을 최대한 길게 하여(최대 65,500바이트) 공격 대상에게 보내면 패킷은 네트워크에서 수백 개의 패킷으로 잘게 쪼개져 보내진다(DoS 공격).
④ 희생자의 스푸핑된 원본 IP를 가진 수많은 인터넷 제어 메시지 프로토콜(ICMP) 패킷들이 IP 브로드캐스트 주소를 사용하여 컴퓨터 네트워크로 브로드캐스트하는 분산 서비스 거부(DDoS) 공격이다. 네트워크의 대부분의 장치들은 기본적으로 원본 IP 주소에 응답을 보냄으로써 이에 응답한다. 원본 IP 주소를 가진 컴퓨터는 대량의 ICMP 패킷을 받게 되므로 서비스 거부 상태에 빠지게 된다.

⑤ 공격을 수행하기 위한 전단계로 포트를 스캔하다. 포트 스캔이란 공격 대상의 컴퓨터에서는 어떤 포트들이 열려있는지 확인하는 작업이다. 포트 스캔 후에 열려져 있는 포트를 대상으로 공격을 수행한다.

TIP tcpdump는 네트워크 장비에서 패킷을 분석할 때 사용하는 굉장히 유명한 툴이다. 일반적으로 리눅스에서 사용되나, 윈도우 버전도 존재한다. 해당 내용을 외우지 말고 설치 후 꼭 한 번 사용해 보기 바란다.

004 답 ⑤

DNSSEC은 cache poisoning은 막을 수 있지만, 피싱, DoS(DDoS) 등은 막을 수 없다.

(선지분석)

① DNS 캐시의 데이터를 조작해서 공격자가 원하는 주소로 가게끔 하는 것이다.
② 실제 DNS보다 가짜 DNS가 먼저 응답하여 공격자가 원하는 주소로 가게끔 하는 것이다.
③ DNS 서버가 응답에 서명을 해서 보내면 사용자는 검증을 함으로써 인증과 무결성을 보장한다.
④ 계층적 구조의 DNS 서버에서 서로 간에 전자서명을 이용해서 인증과 무결성을 보장한다.

005 답 ②

arp: IP 주소(논리 주소)에 대한 MAC 주소(물리 주소)를 제공한다. 참고로, rarp는 MAC 주소에 대한 IP 주소를 제공한다.

(선지분석)

① ping: tracert에 대한 설명을 의미한다.
③ tracert: ipconfig에 대한 설명을 의미한다.
④ ipconfig: ping에 대한 설명을 의미한다.

006 답 ②

traceroute: 리눅스에서 최종 목적지 컴퓨터(서버)까지 중간에 거치는 여러 개의 라우터에 대한 경로 및 응답속도를 표시해 준다. 윈도우에서는 tracert를 사용한다.

(선지분석)

① ipconfig: 윈도우에서 일반적으로 네트워크 인터페이스의 IP 주소와 넷마스크의 설정 및 인터페이스의 활성화/비활성화 등을 위해 사용된다.
③ nslookup: 인터넷 서버 관리자나 사용자가 호스트 이름을 입력하면 그 IP 주소를 알려 주는 프로그램이고, 그 반대의 경우에도 가능하다. DNS에 비해 다양한 정보를 확인할 수 있다.
④ netstat: 유닉스, 리눅스, 윈도우에서 전송 제어 프로토콜, 라우팅 테이블, 수많은 네트워크 인터페이스, 네트워크 프로토콜 통계를 위한 네트워크 연결을 보여주는 명령 줄 도구이다. 예를 들면, 현재 내 컴퓨터가 맺고 있는 TCP/UDP 연결 정보를 확인하기 위해 사용한다.

⑤ telnet: 인터넷을 통하여 원격지의 호스트 컴퓨터에 접속할 때 지원되는 인터넷 표준 프로토콜이다.

007 답 ④

TTL은 라우터 등을 통과할 때마다 1씩 감소한다.

(선지분석)

① 203.252.224.69를 의미한다.
② time을 의미한다.
③ bytes를 의미한다.
⑤ Lost를 의미한다.

008 답 ①

연결, 전송계층, 사용자 인증 프로토콜로 구성된다.

(선지분석)

② 사용자 인증 프로토콜에 대한 설명이다.
③ 연결 프로토콜에 대한 설명이다.
④ 사용자인증만을 제공한다.

009 답 ④

SSH Connection Protocol에서 지원한다(대화형 로그인 세션, 원격 명령 실행, 포워딩된 TCP/IP 연결).

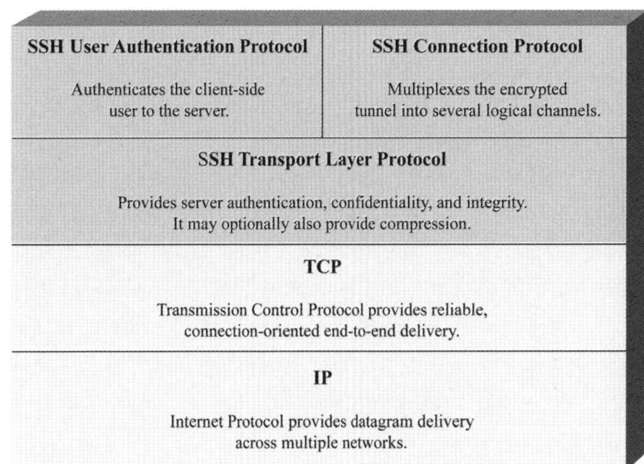

(선지분석)

① 서버의 공개키를 저장하고, 서버 접속시 마다 공개키를 확인한다.

010 답 ④

traceroute는 Linux이고, tracert는 Windows이다. ICMP에 기반한다.

CHAPTER 09 | 무선통신 보안

정답

p.33

001	③	002	③	003	②	004	③	005	③
006	④	007	③	008	④	009	①	010	②
011	⑤	012	①	013	④	014	④	015	②
016	④	017	①	018	④	019	②		

001

답 ③

WPA-PSK: WEP처럼 AP와 통신해야 할 클라이언트에 암호화키를 기본으로 등록해 두고 있다. 암호화키를 이용해 128비트인 통신용 암호화키를 생성하고, 이 암호화키를 10,000개 패킷마다 바꾼다.

(선지분석)

① WEP: 1997년 재정된 802.11 표준에서 도입되었던 WEP는 전통적인 유선 네트워크와 비슷한 데이터 보안성을 제공하기 위해 만들어졌다. 64비트 또는 128비트 키값을 사용하는 WEP는, 한때 매우 보편적으로 사용되었으며 라우터의 보안 설정에서 가장 우선적으로 표시되는 옵션이었다. 2001년 초, 암호학자들이 몇 가지 치명적인 취약점을 발견하였으며, 이를 이용하면 누구나 구할 수 있는 소프트웨어를 사용해 몇 십 분만에 WEP 연결을 크랙할 수 있다.

② TKIP: WEP의 취약성을 보완하기 위해 RC4 암호 알고리즘의 입력 키 길이를 128비트로 늘리고 패킷당 키 할당, 키값 재설정 등 키 관리 방식을 개선하였다. 네트워크에 접근하는 사람을 제한할 수 있는 기능도 있다.

④ EAP: EAP는 EAP 방식들이 만들어내는 키 요소와 매개변수의 전송 및 이용을 제공하기 위한 인증 프레임워크이다. RFC가 정의하는 방식들의 수는 많으며 수많은 업체에 특화된 방식들과 새로운 제안들이 존재한다. EAP는 유선 프로토콜이 아니며 단지 메시지 포맷을 정의하기만 할 뿐이다. EAP를 사용하는 개별 프로토콜은 프로토콜의 메시지 내의 EAP 메시지들을 캡슐화하는 방법을 정의한다. 예를 들면, EAP-TLS, EAP-MD5, EAP-PSK 등이 있다.

002

답 ③

WEP는 RC4 암호화 방식을 이용한다.

(선지분석)

① WEP는 24비트 초기벡터를 사용하는데, WPA는 48비트 초기벡터를 사용한다.

② WPA는 RC4를 사용하나, WPA2는 AES를 사용한다.

④ WEP는 키의 비트 길이가 짧기 때문에 보안에 약하다.

003

답 ②

Rogue AP: 회사 내의 보안 정책을 따르지 않는 개인적으로 설치된 액세스 포인트(AP)이다. 특히 기업의 무선 랜 환경에서는 일반 사용자가 개인적으로 설치한 무선 AP를 통해 외부나 불법 침입자가 들어와 내부 직원과 같은 자격으로 모든 자원에 접촉할 수 있게 되기 때문에 아무리 기업이 보안 시설에 투자를 했어도 한순간에 무용지물이 될 수 있다.

(선지분석)

① WPA-Enterprise: WPA-Personal은 WPA-PSK를 사용하고, 별도의 인증 서버를 두지 않고 유무선공유기(개인 환경에서)에서 많이 사용한다. WPA-Enterprise는 WPA-802.1x와 RADIUS를 사용하고, 별도의 인증 서버를 두고 기업 환경에서 많이 사용한다.

③ WPA: WEP의 취약점 때문에 그 대안으로 나온 것이다. IEEE 802.11i(WPA2)의 주요 부분을 구현하는 프로토콜이고, 802.11i가 완성되기까지, WEP의 대안으로 일시적으로 사용하기 위해 개발되었다. 48비트 초기벡터를 사용하고, RC4를 사용한다.

④ WEP: 1997년 재정된 802.11 표준에서 도입되었던 WEP는 전통적인 유선 네트워크와 비슷한 데이터 보안성을 제공하기 위해 만들어졌다. 64비트 또는 128비트 키값을 사용하는 WEP는, 한때 매우 보편적으로 사용되었으며 라우터의 보안 설정에서 가장 우선적으로 표시되는 옵션이었다. 2001년 초, 암호학자들이 몇 가지 치명적인 취약점을 발견하였으며, 이를 이용하면 누구나 구할 수 있는 소프트웨어를 사용해 몇 십 분만에 WEP 연결을 크랙할 수 있다.

004

답 ③

AP 검색 시에 SSID가 검색되지 않도록 하는 것이 좋다. 이를 SSID hiding이라고 한다.

(선지분석)

① 해당 기능을 MAC filtering이라고 한다.

② AP의 관리자는 ID/PW는 고정되어 있으므로 초기에 재설정하고, 주기적으로 재설정해주는 것이 좋다.

④ 무선랜을 기업에서 사용할 때는 별도의 인증 서버(RADIUS)와 인증 프로토콜(802.1x)을 사용하여 사용자를 인증하는 것이 좋다.

005

답 ③

MAC 주소 인증 프로토콜은 단말의 MAC 주소를 미리 AP에 등록해 놓고, 단말이 접속을 요청하면 요청 MAC과 저장해 놓은 MAC을 비교해서 인증을 수행한다. 802.1x, EAP 인증 프로토콜에 사용한다(WPA, WPA2).

(선지분석)

① IEEE 802.11과 802.11i를 기반으로 한다.

② WEP의 경우 비밀키의 비트 길이가 작고(64비트) 고정 암호키를 사용하기 때문에 보안에 취약하다.

④ WPA는 TKIP(암호키 동적 변경)를 사용한다.

⑤ WPA2는 CCMP(암호키 동적 변경)과 AES 등 강력한 블록 암호 알고리즘을 사용한다.

무선랜 보안 표준(현재는 WPA3까지 나와 있는 상태)

구분	WEP (Wired Equivalent Privacy)	WPA (Wi-Fi Protected Access)	WPA2 (Wi-Fi Protected Access2)
개요	1997년 제정 (2003년 삭제)	WEP 방식 보완 (Wi-Fi Alliance)	IEEE 802.11i (2004년) 준수
인증	사전 공유된 비밀키 사용 (64비트, 128비트)	• 별도의 인증서버를 이용하는 EAP 인증 프로토콜(802.1x) • WPA-PSK(사전 공유된 비밀키)	• 별도의 인증서버를 이용하는 EAP 인증 프로토콜(802.1x) • WPA-PSK(사전 공유된 비밀키)
암호화	• 고정 암호키 사용 (인증키와 동일) • RC4 알고리즘 사용	• 암호키 동적 변경 (TKIP) • RC4 알고리즘 사용	• 암호키 동적 변경 (CCMP) • AES 등 강력한 블록 암호 알고리즘 사용
보안성	• 64비트 WEP 키는 수분 내 노출 • 취약하여 널리 쓰이지 않음	WEP 방식보다 안전하나 불완전한 RC4 알고리즘 사용	가장 강력한 보안 가능 제공

006 답 ④

암호학에서 공개키 인증서와 인증알고리즘의 표준 가운데에서 공개키 기반(PKI)의 ITU-T 표준이다.

(선지분석)

① 1997년 재정된 802.11 표준에서 도입되었던 WEP는 전통적인 유선 네트워크와 비슷한 데이터 보안성을 제공하기 위해 만들어졌다. 64비트 또는 128비트 키값을 사용하는 WEP는, 한때 매우 보편적으로 사용되었으며 라우터의 보안 설정에서 가장 우선적으로 표시되는 옵션이었다. 2001년 초, 암호학자들이 몇 가지 치명적인 취약점을 발견하였으며, 이를 이용하면 누구나 구할 수 있는 소프트웨어를 사용해 몇 십 분만에 WEP 연결을 크랙할 수 있다.

② WEP처럼 AP와 통신해야 할 클라이언트에 암호화키를 기본으로 등록해 두고 있다. 암호화키를 이용해 128비트인 통신용 암호화키를 생성하고, 이 암호화키를 10,000개 패킷마다 바꾼다. WPA는 WPA-Personal(개인용)과 WPA-Enterprise(기업용)로 나뉘는데 WPA-PSK는 WPA-Personal에 속한다.

③ 802.11i는 WPA2를 나타내고, WPA2는 CCMP(암호키 동적 변경)과 AES 등 강력한 블록 암호 알고리즘을 사용한다.

007 답 ③

종단간(통신 당사자들)이 아니라 단말과 AP(유무선공유기) 사이의 보안 기법에 해당한다.

(선지분석)

① WPA2는 Four-way handshake를 수행한다. AP(유무선공유기)는 단말(STA)에게 난수(ANonce)를 전송한다. 단말은 이를 이용해서 PTK[쌍별키, MIC(무결성 코드)를 계산하는 데 사용]를 만든다. 그리고 단말은 난수(SNonce)와 무결성 코드(MIC)를 전송한다. AP는 이를 이용해서 PTK를 만들고, 단말에게 GTK(멀티캐스팅을 위한 그룹키, 멀티캐스트와 브로드캐스트 패킷을 암호화/복호화하는 데 사용)와 무결성 코드(MIC)를 전송한다. 단말은 수신을 잘 받았다는 의미에서 Ack를 보낸다.

② WPA2에서는 WPA에서 사용한 TKIP와 새로운 방식은 CCMP를 모두 지원한다.

④ WPA-Enterprise(기업용)에서는 802.1x와 EAP를 이용하여 무선 단말과 인증 서버(AS) 간의 상호 인증을 수행한다(challenge-response).

008 답 ④

WEP: 1997년 재정된 802.11 표준에서 도입되었던 WEP는 전통적인 유선 네트워크와 비슷한 데이터 보안성을 제공하기 위해 만들어졌다. 64비트 또는 128비트 키값을 사용하는 WEP는, 한때 매우 보편적으로 사용되었으며 라우터의 보안 설정에서 가장 우선적으로 표시되는 옵션이었다. 2001년 초, 암호학자들이 몇 가지 치명적인 취약점을 발견하였으며, 이를 이용하면 누구나 구할 수 있는 소프트웨어를 사용해 몇 십분만에 WEP 연결을 크랙할 수 있다. 암호화를 위해 RC4를 사용한다.

(선지분석)

① AH: IPSec에서 인증과 무결성을 제공하기 위해서 사용된다.

② SSH: 두 호스트(Host) 사이의 통신 암호화 관련 인증 기술들을 사용하여, 안전한 접속과 통신을 제공하는 프로토콜을 의미한다. 안전한 FTP 혹은 Telnet을 사용할 수 있다.

③ WAP: 휴대 전화 등의 장비에서 인터넷을 하는 것과 같은, 무선 통신을 사용하는 응용 프로그램의 국제 표준이다. WAP은 매우 작은 이동 장비에 웹 브라우저와 같은 서비스를 제공하기 위해 설계되었다. WAP의 구조는 네트워크, 전송, 보안(기존 유선 구조에서는 없음), 세션, 응용 계층 등으로 구성된다.

009 답 ①

KRACK: Key Reinstallation Attack으로 치명적인 재전송 공격이다. WPA2 핸드쉐이크의 3단계에서 전송되는 난수를 반복적으로 리셋을 수행하여 암호화된 패킷을 매칭해 봄으로써 암호화에 사용했던 키를 알아낼 수 있다.

(선지분석)

② Ping of Death: 네트워크에서는 패킷을 전송하기 적당한 크기(1,500바이트)로 잘라서 보내는데, Ping of Death는 네트워크의 이런 특성을 이용한 것이다. 네트워크의 연결 상태를 점검하기 위한 ping 명령을 보낼 때, 패킷을 최대한 길게 하여(최대 65,500바이트) 공격 대상에게 보내면 패킷은 네트워크에서 수백 개의 패킷으로 잘게 쪼개져 보내진다(DoS 공격).

③ Smurf: 희생자의 스푸핑된 원본 IP를 가진 수많은 인터넷 제어 메시지 프로토콜(ICMP) 패킷들이 IP 브로드캐스트 주소를 사용하여 컴퓨터 네트워크로 브로드캐스트하는 분산 서비스 거부 공격이다. 네트워크의 대부분의 장치들은 기본적으로 원본 IP 주소에 응답을 보냄으로써 이에 응답한다. 원본 IP 주소를 컴퓨터는 대량의 ICMP 패킷을 받게 되므로 서비스 거부 상태에 빠지게 된다.
④ Slowloris: 최소 대역폭과 사용하지 않는 서비스와 포트를 이용해서 서버에 많은 연결을 맺고 최대한 길게 연결을 지속한다. 주기적으로 HTTP 요청을 하고 요청을 멈추거나 끝내지 않는다.

010 답 ②

ㄱ. WEP는 RC4 암호 알고리즘을 사용한다.
ㄷ. WPA2는 802.1x에서 EAP 인증 프로토콜을 사용한다.

(선지분석)

ㄴ. WPA는 RC4 암호 알고리즘을 사용하고, WPA2가 AES 암호 알고리즘을 사용한다.

011 답 ⑤

WPA-PSK는 미리 키를 공유하는 방식이다. 즉, 공개키 인증서를 사용하지 않는다.

(선지분석)

① WEP의 경우 비밀키의 비트 길이가 작고(64비트) 고정 암호키를 사용하기 때문에 보안에 취약하다.
② WPA2는 CCMP(암호키 동적 변경)과 AES 등 강력한 블록 암호 알고리즘을 사용한다.
③ 기업 환경에서 RADIUS 프로토콜(별도의 인증 서버)을 사용한다.
④ Diameter 프로토콜은 앞서 사용된 RADIUS 프로토콜에서 훨씬 더 유용하게 진화되었고 RADIUS 프로토콜을 대체하고 있다. Diameter는 새로운 명령어나 EAP와 함께 사용하기 위한 속성 등을 추가하여 확장할 수 있다.

012 답 ①

SSID는 다른 AP와 겹치지 않는다면 관리자가 언제든지 변경이 가능하다.

(선지분석)

② SSID 알림을 사용하면 클라이언트가 SSID를 볼 수 있다.
③ SSID 알림을 사용하지 않으면 클라이언트가 SSID를 볼 수 없다. 클라이언트가 직접 타이핑해야 접속이 가능하다.
④ WPA2PSK는 암호화 방식으로 AES(강력한 대칭키)를 사용한다.

013 답 ④

WPA2는 AES 알고리즘을 암호화에 사용하고, 동적 암호키를 사용한다.

(선지분석)

① WPA는 동적 암호키를 사용하여 고정 암호키를 사용하는 WEP보다 훨씬 더 강화된 암호화 세션을 제공한다.
② 64비트 WEP 키에 대해 전사 공격(brute-force attack)을 수행하면 수분 내 노출되어 보안이 매우 취약하다.
③ WPA는 별도의 인증 서버를 이용하는 EAP 프로토콜(802.1x)과 사전 공유된 비밀키를 사용하는 WPA-PSK를 사용한다.

014 답 ④

64비트 WEP 키는 전사 공격에 의해 수분 내에 깨진다.

(선지분석)

① WPA2는 AES, CCMP를 사용한다.
② WPA, WPA2에서 802.1x를 이용해서 Radius를 사용한다. 현재는 개선된 Tacacs+, Diameter를 사용한다.
③ SSID 노출(브로드캐스팅되는 SSID에 접속), MAC 필터링(인가된 MAC으로 변조)

015 답 ②

CCMP는 데이터 기밀성 보장을 위해 AES를 CTR 블록 암호 운용 모드를 사용하고, 무결성 보장을 위해 CBC-MAC을 이용한다.

(선지분석)

① 해당 설명은 EAP이고, TKIP는 데이터 기밀성을 보장한다.
③ 해당 설명은 TKIP이고, EAP는 WPA2-Enterprise에서 인증을 위해 사용한다.
④ 해당 설명은 CCMP이고, 802.1x는 WAP2-Enterprise에서 별도의 인증 서버를 사용한다.

016 답 ④

CCMP(암호키 동적 변경)과 AES 등 강력한 블록 암호 알고리즘을 사용한다.

(선지분석)

①, ② 대칭키이다(블록 암호).
③ 대칭키이다(스트림 암호).
⑤ EAP 방식들이 만들어내는 키 요소와 매개변수의 전송 및 이용을 제공하기 위한 인증 프레임워크이다. EAP는 유선 프로토콜이 아니며 단지 메시지 포맷을 정의하기만 할 뿐이다. EAP를 사용하는 개별 프로토콜은 프로토콜의 메시지 내의 EAP 메시지들을 캡슐화하는 방법을 정의한다. 예를 들면, EAP-TLS, EAP-MD5, EAP-PSK 등이 있다.

017 답 ①

전사 공격에 취약하다.

(선지분석)

②, ③ 128비트 키를 사용한다(전사 공격 대비 최소 비트수).

④ WPA에서 사용된다.
⑤ WPA2에서 사용된다.

018 답 ④

WPA-Personal에서는 PSK를 사용하고, WPA-Enterprise에서는 802.1x를 사용한다.

선지분석

② TKIP는 패킷 위조를 방지하기 위해 MIC 또는 Michael(평문에 해시를 적용하여 8바이트의 코드를 얻어냄)이라는 암호화 메시지 무결성 코드를 추가하였다.

019 답 ②

- PMK: 무선단말과 AP 간에 공유되는 키이다.
- PTK: PMK로부터 만들어지는 키이다.
- TK: PTK로부터 만들어지는 키이다.

CHAPTER 10 | 스캔

정답 p.37

001	③	002	②	003	①

001 답 ③

대상 포트가 닫힌 경우 RST 패킷을 보낸다.

선지분석

① TCP Open, TCP Half Open에서 열린 경우의 응답이다.
② TCP Open, TCP Half Open에서 닫힌 경우의 응답이다.
④ 대상 포트가 열린 경우 어떤 응답도 하지 않는다.

002 답 ②

NULL 스캔: 공격자가 모든 플래그가 세트되지 않은 TCP 패킷을 보낸다.

선지분석

① TCP half open 스캔: 처음 SYN 패킷을 보낸다. 열려 있는 경우에는 서버로부터 SYN+ACK 패킷을 받은 후 공격자가 RST 패킷을 보내 연결을 끊는다. 닫혀 있는 경우에는 서버로부터 SYN+RST 패킷을 받는다.
③ FIN 패킷을 이용한 스캔: 공격자가 FIN 플래그를 세트한 TCP 패킷을 보낸다.
④ 시간차를 이용한 스캔: 서버의 스캔 공격 탐지에 대한 대응 방법이다. 아주 짧은 시간 동안 많은 패킷을 보내는 방법과, 아주 긴 시간 동안 패킷을 보내는 방법이다. 아주 짧은 시간 동안 많은 패킷을 보내는 방법은 방화벽과 IDS의 처리 용량의 한계를 넘기고, 아주 긴 시간 동안 걸쳐서 패킷을 보내는 방법은 방화벽과 IDS가 패킷 패턴에 대한 정보를 얻기 힘들게 만든다.

TIP 이외에도 TCP Xmas 스캔은 공격자가 모든 플래그를 세트한 TCP 패킷을 보낸다.

003 답 ①

TCP Half Open 스캔에 해당한다.

선지분석

②, ③, ④ 포트가 열린 서버로부터 아무 응답도 받지 못한다.

CHAPTER 11 | SNMP

CHAPTER 12 | IDS/IPS

정답 p.38

001	①	002	③	003	①	004	②	005	②
006	②	007	③	008	④	009	④	010	①
011	④	012	④	013	④				

001 답 ①

IDS(사전 차단): IDS는 탐지 기능만 있고, 사전 차단 기능은 IPS 혹은 DPI에 있다.

선지분석

② signature 기반 감지 방식: 패킷의 페이로드(payload, 7계층 정보)를 시그너처(웜이나 바이러스가 가지는 특정 문자열)와 비교하여 일치하면 해당 패킷을 폐기한다.
③ anomaly 기반 감지 방식: 비정상적인 패킷을 차단하다. 예를 들어, 초당 100개의 syn 패킷을 받기로 설정하면 초과하는 패킷은 비정상 패킷이므로 해당 패킷은 버린다.
④ network IDS: 네트워크상에서 오고 가는 패킷들을 검사할 수 있으므로 네트워크 관련 공격(DoS 공격 등)을 감지할 수 있다.
⑤ 상호보완적: 방화벽에서 1차로 차단하고 나머지를 IDS에서 차단하는 방식으로 동작한다. 현재는 모든 네트워크 보안 기술을 하나의 장비에 넣는다.

002

답 ③

시그너처: 시그너처는 비정상행위(anomaly)가 아니라 오용행위(misuse) 탐지 기법에 해당한다.

(선지분석)

① 알려지지 않은 공격: 초당 100개의 이상의 syn 패킷을 받지 않겠다고 하면 알려지지 않은 공격도 막을 수 있다.
② 방법: 통계적 접근(과거의 통계 자료를 바탕으로 사용자의 행위를 관찰하여 프로파일을 작성하고 프로파일과 사용자 행위의 비교를 통해 비정상 정도를 측정), 예측 가능 패턴 생성(현재까지 발생한 사건들을 바탕으로 다음 사건을 예측), 신경망 방식(신경망을 이용하여 현재까지의 사용자의 행동이나 명령이 주어졌을 때 다음 행동이나 명령을 예측) 등이 존재한다.
④ 명확한 기준: 초당 100개의 이상의 syn 패킷을 받지 않겠다고 하면 정상 패킷도 막을 가능성이 존재한다. 즉, 명확한 기준을 잡기가 어렵다.

003

답 ①

ㄱ. 통계적 분석 방법 등을 활용하여 급격한 변화를 발견하면 침입으로 판단한다: 이상 탐지
ㄷ. 제로데이 공격을 탐지하기에 적합하다: 이상 탐지

(선지분석)

ㄴ. 미리 축적한 시그너처와 일치하면 침입으로 판단한다: 오용 탐지
ㄹ. 임계값을 설정하기 쉽기 때문에 오탐률이 낮다: 오용 탐지

004

답 ②

이상 탐지: 통계적 분석, 예측 가능 패턴 생성, 신경망 방식 등은 모두 이상 탐지에 해당된다.

(선지분석)

①, ③, ④ 오용 탐지: 규칙 기반, 전문가 시스템, 키 모니터링, 상태 전이 분석, 시그니처 기반(패턴 매칭) 등은 모두 오용 탐지에 해당된다.

005

답 ②

FDS(Fraud Detection System): 전자금융거래에서 사용되는 단말기 정보, 접속 정보, 거래 내용 등을 종합적으로 분석하여 의심거래를 탐지하고 이상금융거래를 차단하는 시스템을 말한다.

(선지분석)

① MDM(Mobile Device Management): MDM은 통상 IT 부서가 기기를 완전히 제어할 수 있도록, 직원의 스마트패드와 스마트폰에 잠금 · 제어 · 암호화 · 보안 정책 실행을 할 수 있는 기능을 제공한다.
③ MDC(Modification Detection Code): 메시지의 무결성(메시지가 변하지 않았다는 것) 보장하는 메시지 다이제스트(해시값)이다. 이와 비슷한 개념인 MAC(Message Authentication Code)은 무결성과 인증을 보장한다. 즉, MDC는 인증을 보장하지는 않는다.
④ RPO(Recovery Point Objective): 목표 복구 시점을 의미한다. 조직에서 발생한 여러 가지 재난 상황으로 IT 시스템이 마비되었을 때 각 업무에 필요한 데이터를 여러 백업 순간을 활용하여 복구할 수 있는 기준점이다. 예를 들어, RPO가 3분이면 3분전의 시점으로 복구할 수 있다는 의미이다.

006

답 ②

ㄱ. 데이터 수집: HIDS(윈도우나 유닉스 등의 운영체제에 부가적으로 설치, 운용되거나 일반 클라이언트에 설치)는 호스트에서 데이터를 수집하고, NIDS(네트워크에서 하나의 독립된 시스템으로 운용)는 네트워크에서 데이터를 수집한다.
ㄹ. 데이터 필터링 및 축약: HIDS와 NIDS로 수집한 침입 관련 데이터를 상호 연관시켜 좀 더 효과적으로 분석하면 공격에 빠르게 대응 가능하다(모든 데이터를 분석할 수는 없다).
ㄴ. 침입 탐지: 오용 탐지 기법(이미 발견되고 정립된 공격 패턴을 미리 입력해두었다가 해당하는 패턴이 탐지되면 알려주는 것)과 이상 탐지 기법(정상적이고 평균적인 상태를 기준으로 급격한 변화를 일으키거나 확률이 낮은 일이 발생하면 알려주는 것)을 수행한다.
ㄷ. 보고 및 대응: 침입을 알려주거나 공격을 역추적하여 침입자의 시스템이나 네트워크를 사용하지 못하게 한다(IPS)(탐지만 하면 IDS이고, 대응도 하면 IPS이다).

007

답 ③

㉠ 오용탐지기법: 이미 발견되고 정립된 공격 패턴을 미리 입력해두었다가 해당하는 패턴이 탐지되면 알려주는 것이다.
㉡ False Negative: 실제로는 거짓(true)인 것이 참(false)으로 잘못 판정되는 검사 결과의 오류이다(새로운 공격은 거짓임에도 참으로 판별함).
㉢ 이상탐지기법: 정상적이고 평균적인 상태를 기준으로 급격한 변화를 일으키거나 확률이 낮은 일이 발생하면 알려주는 것이다.
㉣ False Positive: 실제로는 참(true)인 것이 거짓(false)으로 잘못 판정되는 검사 결과의 오류이다(통계에 기반하기 때문에 정상적인 패킷임에도 거짓으로 구분할 가능성이 존재).

008

답 ④

해당 설명은 비정상행위(anomaly)가 아니라 오용(misuse) 탐지에 해당 설명이다.

(선지분석)

① 비정상적인 패킷을 차단하다. 예를 들어, 초당 100개의 syn 패킷을 받기로 설정하면 초과하는 패킷은 비정상 패킷이므로 해당 패킷은 버린다.

② 통계적 접근(과거의 통계 자료를 바탕으로 사용자의 행위를 관찰하여 프로파일을 작성하고 프로파일과 사용자 행위의 비교를 통해 비정상 정도를 측정), 예측 가능 패턴 생성(현재까지 발생한 사건들을 바탕으로 다음 사건을 예측), 신경망 방식(신경망을 이용하여 현재까지의 사용자의 행동이나 명령이 주어졌을 때 다음 행동이나 명령을 예측) 등이 존재한다.
③ 비정상적인 패킷을 차단하므로 정상적인 패킷도 차단할 확률이 존재한다. 비정상적인 패킷을 차단하기 위해 분석을 하는데 수집된 데이터의 양이 많으므로 많은 학습 시간이 소요된다.

009 답 ④

ㄴ. IDS는 passive(수동적) 보안 장비로, 네트워크상의 패킷을 7계층(payload or content) 레벨에서 분석하여 침입을 탐지한다.
ㄷ. IDS는 호스트 IDS와 네트워크 IDS가 존재한다. 호스트 IDS는 보호 대상이 되는 PC에 설치하며, 네트워크 IDS는 패킷의 전송 경로가 되는 네트워크의 어디에든(방화벽 내부, 방화벽 외부 등) 설치가 가능하다.

(선지분석)

ㄱ. 네트워크 기반이므로 어플리케이션 서버에 설치되지 않고, 호스트 기반이라면 호스트에 설치된다.

010 답 ①

해당 설명은 이상탐지에 속하고, 오용탐지는 알려진 패턴(시그너처)에 기반한 것으로 알려지지 않은 침입 유형에 대한 탐지는 어렵다.

(선지분석)

② 정보 수집, 정보 가공 및 축약(모든 정보를 탐지할 수 없음), 침입 분석 및 탐지, 보고 및 조치
③ 호스트 기반(호스트에 설치) vs. 네트워크 기반(네트워크 중간에 설치)
④ passive 보안에 속한다. IPS는 active 보안이다.

011 답 ④

네트워크 기반 IDS는 내부와 외부 네트워크 경계에 위치하나, 호스트 기반 IDS는 내부 네트워크 안의 호스트에 위치한다.

(선지분석)

① 호스트, 네트워크 그리고 하이브리드로 구분한다.
② 오용 탐지는 오용을 탐지하기 위해 패턴 또는 지식 정보(실행 절차 및 특징 정보)를 이용한다.
③ 비정상 행위 탐지는 비정상 행위를 탐지하기 위해 프로파일이나 통계적 임계치, 인공지능 등을 이용한다.

012 답 ④

해당 방식은 오용 탐지 기법에 해당한다.

(선지분석)

① 임계값을 정해놓고 임계값을 넘으면 비정상으로 탐지한다.
② 임계값을 이용하면 알려지지 않은 공격에도 대응할 수 있다.
③ 통계를 이용하여 임계값을 만든다.

013 답 ④

ㄷ. 기존 네트워크 환경을 크게 변경하지 않고 설치가 가능하다.
ㅁ. 네트워크 기반 IDS 보다 설치 및 관리가 어렵다.

(선지분석)

ㄱ. 네트워크 중간에 설치되므로 전체 네트워크에 대한 탐지가 가능하다.
ㄴ. 실제 공격 성공 여부는 호스트 단에서 알 수 있다.
ㄹ. 로컬 시스템(호스트)에 대한 공격을 탐지할 수 있다.
ㅂ. 호스트에 설치하므로 고부하/스위치 네트워크에서도 적용이 가능하고, 우회 가능성이 거의 없다.

CHAPTER 13 | VPN

정답 p.42

001	①	002	①	003	모두정답	004	④	005	①
006	②	007	②	008	③	009	③	010	③
011	③	012	④	013	①	014	①	015	④
016	③	017	⑤	018	②	019	②	020	②
021	③	022	③						

001 답 ①

IPSec: IP 망에서 안전하게 정보를 전송하는 표준화된 OSI 3계층 프로토콜이다.

(선지분석)

② PPTP: Microsoft사에서 제안한 프로토콜로 OSI 2계층에서 동작한다. 처음에는 1:1 연결을 지원하고 현재는 1:N 연결을 지원한다.
③ L2F: Cisco사에서 제안한 프로토콜로 OSI 2계층에서 동작한다. 1:N 연결을 지원한다.
④ L2TP: PPTP와 L2F의 장점을 통합하여 제안되었고 OSI 2계층에서 동작한다.

002 답 ①

Change Cipher Spec: SSL/TLS에서 암호 방법을 변경하는 신호를 통신 상대에게 전달한다.

선지분석

② Encapsulating Security Payload: IPSec에서 기밀성(암호화)을 제공하기 위해서 사용한다.
③ Security Association: IPSec에서 데이터의 안전한 전달을 위해 통신의 쌍방 간의 약속으로 암호 알고리즘, 키 교환 방법, 암호화 키 교환 주기 등에 대한 합의를 수행한다.
④ Authentication Header: IPSec에서 인증과 무결성을 제공하기 위해서 사용된다.

003 답 모두 정답

문제 오류로서 모두 정답이다.

선지분석

① IPsec: OSI 3계층(network layer)에서 동작한다.
② Tunnel mode: IP 헤더를 포함한 전체 IP 패킷에 대한 보호, 즉 네트워크, 전송, 응용 계층의 전체 데이터에 대한 보호를 목적으로 한다.
③ IKE: 인터넷 표준 암호키 교환 프로토콜이다. 송신 측에서 수신 측이 생성한 암호키를 상대방에게 안전하게 송신하기 위한 방법이다.
④ AH: IPSec에서 인증과 무결성을 제공하기 위해서 사용된다.
⑤ ESP: IPSec에서 기밀성(암호화)을 제공하기 위해서 사용한다.

004 답 ④

AH: AH는 인증 부분을 포함하고, ESP가 암호화 부분을 포함한다.

선지분석

① 네트워크 계층: IP 계층을 보호하기 위해 OSI 3계층(network layer)에서 동작한다.
② 안전하게 연결: VPN에서 사용된다.
③ 모드: 전송 모드(네트워크 계층 상위 계층인 전송, 응용 계층의 데이터에 대한 보호를 목적으로 하며, IP 패킷의 원본(payload)에 필드를 추가함으로서 구현)와 터널 모드(IP 헤더를 포함한 전체 IP 패킷에 대한 보호, 즉 네트워크, 전송, 응용 계층의 전체 데이터에 대한 보호를 목적)를 지원한다.

005 답 ①

패킷 필터링: VPN이 아닌 방화벽에서 제공하는 기능이다.

선지분석

② 암호화: IPSec(3계층), SSL(4계층)에서 제공한다.
③ 접근제어: 암호화하지 않은 IP 패킷 정보에서만 필터링 수행 가능하다. 인증을 통해 접근제어를 수행한다.
④ 터널링: L2F, PPTP, L2TP(2계층)에서 제공한다. 터널링 자체에서 보안 기능을 제공하지는 않지만 터널링 자체를 보안으로 보는 견해가 존재하므로 가장 옳지 않은 답은 아니다.

006 답 ②

ESP: 기밀성, 무결성, 인증, 재사용 방지를 제공한다.

선지분석

① AH: 무결성과 인증을 제공한다.
③ MAC: 무결성과 인증을 제공한다.
④ ISAKMP: RFC 2408에 규정되어 있으며, 구체적으로는 어떠한 인증 알고리듬, 암호화 기술, 암호 키 교환 규약을 사용할 것인지 등의 보안 수단을 상대방에게 알리기 위한 메시지 형식이다. 인터넷 표준 암호 키 교환 프로토콜인 IKE의 일부로 규정되어 있다.

007 답 ②

Transport: 네트워크 계층 상위 계층인 전송, 응용 계층의 데이터에 대한 보호를 목적으로 하며, IP 패킷의 원본(payload)에 필드를 추가함으로서 구현하므로 IP 주소를 바뀌지 않는다.

선지분석

① Tunnel: IP 헤더를 포함한 전체 IP 패킷에 대한 보호, 즉 네트워크, 전송, 응용 계층의 전체 데이터에 대한 보호를 목적으로 한다.
③ ESP, 인증: 기밀성, 무결성, 인증을 제공한다. ESP는 기밀성만 제공할 수도 있고, 인증만 제공할 수도 있다.
④ ESP, 암호화: DES, 3DES, 3IDEA, Blowfish, AES 등이 사용된다.
⑤ AH: 무결성과 인증을 제공한다.

008 답 ③

터널링

- 1차 견해: SSL/TLS와 같은 OSI 모델 4계층의 보안 프로토콜로 구현해야 한다(VPN 터널링과 SSH 터널링이 다른 경우)
- 2차 견해: SSH와 같은 OSI 모델 7계층의 보안 프로토콜로 구현해야 한다(SSH 터널링을 VPN에 적용할 수 있는 경우).

선지분석

① 공중망, 사설망: VPN은 공중망을 이용해서 비용을 절감할 수 있고, 사설망을 구성해서 안전하게 사용할 수 있다.
② 기밀성, 무결성, 인증: IPSec 혹은 SSL을 사용하여 VPN을 구성하면 기밀성, 무결성, 인증 등을 제공할 수 있다.
④ 회사 시스템: VPN은 회사 시스템에 사용될 수 있다(본사와 지사의 연결).

009 답 ③

터널 모드에서는 IP 헤더도 암호화되지만, 트랜스포트(전송) 모드에서는 IP 헤더가 암호화되지 않는다. 트랜스포트 모드는 네트워크(IP) 계층 상위 계층인 전송(port), 응용(payload) 계층의 데이터에 대한 보호를 목적으로 하며, IP 패킷의 원본(payload)에 필드를 추가함으로서 구현되기 때문이다.

(선지분석)

① IPSec 정책(policy)은 어떤 IP 트래픽을 보호하고, 어떤 IP 트래픽을 보호하지 않을 것인지를 결정하는 것이다. 이때 IP 필터를 사용하는데 해당 필터에 송수신지 IP가 들어가게 된다.
② AH는 인증과 무결성을 제공한다.
④ AH, ESP에서 순서번호(sequence number)를 이용해서 재전송 공격을 막는다.
⑤ 인터넷 표준 암호키 교환 프로토콜이다. 송신 측에서 수신 측이 생성한 암호키(세션키)를 상대방에게 안전하게 송신하기 위한 방법이다.

010 답 ③

IKE: 인터넷 표준 암호키 교환 프로토콜이다. 송신 측에서 수신 측이 생성한 암호키를 상대방에게 안전하게 송신하기 위한 방법이다.

(선지분석)

① AH: IPSec에서 인증과 무결성을 제공하기 위해서 사용된다.
② ESP: IPSec에서 기밀성(암호화), 무결성, 인증, 재사용 방지를 제공하기 위해서 사용한다.
④ EAP: EAP는 EAP 방식들이 만들어내는 키 요소와 매개변수의 전송 및 이용을 제공하기 위한 인증 프레임워크이다. RFC가 정의하는 방식들의 수는 많으며 수많은 업체에 특화된 방식들과 새로운 제안들이 존재한다. EAP는 유선 프로토콜이 아니며 단지 메시지 포맷을 정의하기만 할 뿐이다. EAP를 사용하는 개별 프로토콜은 프로토콜의 메시지 내의 EAP 메시지들을 캡슐화하는 방법을 정의한다. 예를 들면, EAP-TLS, EAP-MD5, EAP-PSK 등이 있다.

011 답 ③

TFTP: FTP와 마찬가지로 파일을 전송하기 위한 프로토콜이지만, FTP보다 더 단순한 방식(인증을 사용하지 않음)으로 파일을 전송한다(예 임의의 시스템이 원격 시스템으로부터 부팅 코드를 다운로드).

(선지분석)

① L2F: Cisco사에서 제안한 프로토콜로 OSI 2계층에서 동작한다. 1:N 연결을 지원한다.
② PPTP: Microsoft사에서 제안한 프로토콜로 OSI 2계층에서 동작한다. 처음에는 1:1 연결을 지원하고 현재는 1:N 연결을 지원한다.
④ L2TP: PPTP와 L2F의 장점을 통합하여 제안되었고 OSI 2계층에서 동작한다.

012 답 ④

IKE(Internet Key Exchange)를 통해 신규 알고리즘을 적용할 수 있다.

(선지분석)

① 메시지 암호화에 DES-CBC, 3DES, CAST-128, IDEA, RC5, Blowfish 등을 사용할 수 있다.
② 방화벽, 게이트웨이, 라우터 등에 구현할 수 있다.
③ IP 기반의 네트워크에서만 동작하기 때문에 IPSec(IP Security)이다.

013 답 ①

해당 설명은 ESP에 해당하고, AH에는 페이로드와 패딩이 포함되지 않는다.

(선지분석)

② AH는 인증, 무결성, 재연(replay) 공격 방지 서비스를 제공한다.
③ ESP는 인증, 무결성, 기밀성(암호화), 재연 공격 방지 서비스를 제공한다.
④ AH와 ESP는 전송(기존 패킷) 및 터널(새로운 패킷) 모드를 지원한다.

014 답 ①

SPI: 암호화 방법 및 키의 비트 길이 등의 정보 이므로 굳이 암호화할 필요가 없다(커크호프의 원리).

(선지분석)

② Payload: 원본 IP 패킷의 내용이므로 암호화해야 한다.
③ Padding: Payload를 암호화하기 위해(블록 길이) 들어가는 패딩이므로 암호화한다.
④ Next Header: 다음 패킷의 유형(IP 프로토콜 번호)이므로 암호화한다.

015 답 ④

터널 모드의 ESP는 Authentication Data를 생성하기 위해 해시함수와 대칭키를 사용한다(HMAC).

(선지분석)

①, ② ESP는 인증, 무결성, 기밀성(암호화), 재전송공격 방지를 제공한다.
③ 전송 모드는 기존 패킷만을 보호하므로 전송계층으로부터 전달된 정보만을 보호한다.

016 답 ③

SA는 양방향으로 통신하는 호스트 쌍에 여러 개가 존재한다.

선지분석
① 전송 모드는 기존 패킷에 적용하므로 IP 헤더는 보호하지 않는다.
② AH는 인증과 무결성을 제공한다.
④ 일반적으로 SA를 위해 SPI를 사용한다.

017 답 ⑤

터널링 프로토콜로서 2계층이다.

선지분석
①, ④ SSL은 4계층이다.
②, ③ IPSec는 3계층이다.

018 답 ②

전송모드는 기존 패킷을 사용하므로 원래의 IP 헤더를 사용한다.

선지분석
① 정책 설정 과정에서 송·수신자의 IP 주소를 입력한다.
③ ESP는 암호화, 인증, 무결성을 제공한다.
④ IKE는 Diffie-Hellman을 사용한다(Oakley).
⑤ VPN은 IPSec 또는 SSL 등을 이용하여 구성할 수 있다.

019 답 ②

AH Tunnel mode: IP 헤더는 패킷의 시작이므로 맨 앞에 와야 한다.

020 답 ②

IPsec은 VPN에서 암호화를 위해 사용된다(IPv4 - 선택, IPv6 - 필수).

선지분석
① IKE(Internet Key Exchange)는 SA(AH와 ESP를 위한 파라미터 제공)를 협상하고 ISAKMP(인증, 키 교환)를 제공한다.
③ Transport 모드는 호스트 대 호스트 간에 주로 사용하고, Tunnel 모드는 두 라우터 간에, 호스트와 라우터 간에 또는 두 게이트웨이 간에 주로 사용한다.
④ AH는 인증, 무결성을 제공하고, ESP는 인증, 무결성, 기밀성을 제공한다.
⑤ Diffie-Hellman은 IPsec에서 사용된다.

021 답 ③

터널 모드에 대한 설명이다.

022 답 ③

전체가 아닌 일부분(Payload Data, Padding, Next Header)을 암호화한다.

CHAPTER 14 | IoT 보안

정답 p.47

001	③

001 답 ③

TLS는 TCP상에서 동작하고, DTLS는 UDP상에서 동작한다.

선지분석
① CoAP(리소스 제약이 있는 기기들이 인터넷상에서 TCP 대신 UDP를 사용해 커뮤니케이션 할 수 있도록 개발)는 DTLS를 사용한다.
② MQTT(퍼블리시/섭스크라이브 메시징 프로토콜로, 자원 제약이 있는 기기를 타깃으로 개발)는 TLS를 사용한다.
④ HTTPS는 HTTP의 보안이 강화된 버전이다(443 포트, SSL/TLS를 적용). HTTPS는 통신의 인증과 암호화를 위해 넷스케이프 커뮤니케이션즈 코퍼레이션이 개발했으며, 전자 상거래에서 널리 쓰인다.
⑤ SSH는 두 호스트(Host) 사이의 통신 암호화 관련 인증 기술들을 사용하여, 안전한 접속과 통신을 제공하는 프로토콜을 의미한다. 안전한 ftp 혹은 telnet을 사용할 수 있다.

TIP XMPP는 TLS를 사용한다.

CHAPTER 15 | 네트워크 보안 동향

정답 p.48

001	③	002	①	003	⑤	004	④	005	②
006	①	007	④	008	①	009	②	010	⑤
011	③	012	③						

001 답 ③

해당 설명은 Policy Management이고, 탬퍼 방지(tamper resistance)는 크랙에 의해 라이선스에 정의되지 않은 용도의 콘텐츠 사용을 방지하는 기술이다.

선지분석
① 저작권 보유자의 이익과 권리를 보호: 콘텐츠 제공자의 권리와 이익을 안전하게 보호하며 불법복제를 막고 사용료 부과와 결제대행 등 콘텐츠의 생성에서 유통·관리까지를 일괄적으로 지원하는 기술이다.
② 암호화: DRM 핵심 기술 중에 암호화(Encryption), 암호화 파일 생성(Packager), 암호화 파일(Secure Container) 기술 등이 존재한다.

④ 불법 복제 방지 기술: 콘텐츠 식별자인 DOI(Digital Object Identifier), 전자상거래에 필요한 데이터를 기록하는 인덱스(INDECS), 불법복제와 변조방지를 위한 워터마킹 기술을 뒷받침으로 하고 있다.

002 답 ①

DRM: 콘텐츠 제공자의 권리와 이익을 안전하게 보호하며 불법복제를 막고 사용료 부과와 결제대행 등 콘텐츠의 생성에서 유통 · 관리까지를 일괄적으로 지원하는 기술이다.

(선지분석)

② IPS: 수동적인 방어 개념의 침입 차단 시스템(Firewall)이나 침입 탐지 시스템(IDS)과 달리 침입 경고 이전에 공격을 중단시키는 데 초점을 둔, 침입 유도 기능과 자동 대처 기능이 합쳐진 개념의 솔루션이다.
③ GPL: 공개운영체계인 GNU 프로젝트로부터 제공되는 소프트웨어에 적용되는 라이센스. 사용자들이 소프트웨어를 자유롭게 공유하고 내용을 수정하도록 보증하는 것을 말한다.
④ VPN: 인터넷망(public network)을 전용선(private network)처럼 사용할 수 있도록 특수 통신체계와 암호화기법을 제공하는 서비스로 기업 본사와 지사 또는 지사 간에 전용망을 설치한 것과 같은 효과를 거둘 수 있으며, 기존 사설망의 고비용 부담을 해소하기 위해 사용한다.
⑤ DOM: 텍스트 파일로 만들어져 있는 웹 문서를 브라우저에 렌더링하려면 웹 문서를 브라우저가 이해할 수 있는 구조로 메모리에 올려야 한다. 브라우저의 렌더링 엔진은 웹 문서를 로드한 후, 파싱하여 웹 문서를 브라우저가 이해할 수 있는 구조로 구성하여 메모리에 적재하는데 이를 DOM이라 한다. 즉, 모든 요소와 요소의 어트리뷰트, 텍스트를 각각의 객체로 만들고 이들 객체를 부자 관계를 표현할 수 있는 트리 구조로 구성한 것이 DOM이다. 이 DOM은 자바스크립트를 통해 동적으로 변경할 수 있으며 변경된 DOM은 렌더링에 반영된다.

003 답 ⑤

APT: 특정 기업 또는 기관의 핵심 정보통신 설비에 대한 중단 또는 핵심정보의 획득을 목적으로 공격자는 장기간 동안 공격 대상에 대해 IT인프라, 업무환경, 임직원 정보 등 다양한 정보를 수집하고, 이를 바탕으로 제로 데이 공격, 사회공학적 기법 등을 이용하여 공격 대상이 보유한 취약점을 수집 · 악용해 공격을 실행하는 것을 말한다.

(선지분석)

① DDoS: 악성코드(봇)에 의한 에이전트를 전파하고, 좀비 PC에 의한 공격을 수행한다. 좀비 PC로 구성된 네트워크를 봇넷(Botnet)이라고 한다. DoS는 1:1로 공격하지만, DDoS는 N:1로 공격을 수행한다.
② 리버스 엔지니어링: 장치나 시스템의 구조를 분석하여 원리를 발견하는 과정이다. 예를 들면, 실행 파일을 분석해서 소스 코드를 얻는 작업이다. 이미 만들어진 프로그램 동작 원리를 이해하거나 바이러스 또는 웜을 제작할 때 사용한다.
③ 레이스 컨디션: 한정된 자원을 동시에 이용하려는 여러 프로세스가 자원의 이용을 위해 경쟁을 벌이는 현상이다. 레이스 컨디션을 이용하여 root 권한을 얻는 공격을 의미한다.
④ 세션 하이재킹: TCP는 클라이언트와 서버 간 통신을 할 때 패킷의 연속성을 보장하기 위해 클라이언트와 서버는 각각 시퀀스 넘버를 사용한다. 이 시퀀스 넘버가 잘못되면 이를 바로 잡기 위한 작업을 하는데, 세션 하이재킹은 서버와 클라이언트에 각각 잘못된 시퀀스 넘버를 위조해서 연결된 세션에 잠시 혼란을 준 뒤 자신이 끼어들어가는 방식이다.

004 답 ④

단계1에서처럼 공격대상이 명확하며 이에 따라 분명한 목적과 동기를 가진다(아래의 단계를 참고한다).

(선지분석)

① 단계3에서처럼 사회 공학적 방법을 사용한다.
② 단계1에서처럼 공격대상이 명확하다.
③ 단계2에서처럼 가능한 방법을 총동원한다.

APT 공격의 단계

단계	내용
단계1 - 사전조사 (Reconnaissance)	공격자는 공격 목표에 대한 킬 체인(Kill Chain: 취약점들)을 구성하기 위해 공격 목표의 홈페이지, 외부 공개자료, 조직도, 주요 임직원 정보, 협력업체, 정보시스템 유형 및 버전, 어플리케이션의 종류 및 버전 등 공격목표에 대해 전방위적으로 정보를 수집하고 공격에 활용할 수 있는 취약점을 식별한다.
단계2 - 제로데이 (Zero-Day) 공격	사전 조사된 정보를 바탕으로 정보시스템, 웹 어플리케이션 등의 알려지지 않은 취약점 및 보안 시스템에서 탐지되지 않는 악성코드 등을 감염시키는 것이다.
단계3 - 사회공학 (Social Engineering)	공격목표의 중요 임직원 및 외부 유명인사 등을 가장하여 제로데이 취약점을 악용한 악성코드, 프로그램 등을 이메일, SNS, App 등을 통해 전송한다.
단계4 - 은닉 (Covert)	트로이목마 등 악성 프로그램을 설치하고 정상적인 이용자로 가장하여 시스템 접속정보 등에 대한 정보수집과 서비스 이용패턴, 방법 등에 대한 모니터링을 수행하는 것으로, 관리자 계정의 확보를 시도하여 관리자 권한으로 상승 후 수집 가능한 모든 정보를 수집한다.
단계5 - 적응 (Adaption)	권한상승을 통해 목표로 한 정보를 획득한 이후 공격대상의 내부 서버에 암호화하여 저장하거나 압축파일로 저장하여 비정기적으로 공격자의 단말기로 유출하는 등 공격이 탐지되지 않도록 하는 활동, 공격이 탐지 되었는지를 지속적으로 모니터링 하는 활동, 공격이 탐지된 경우 대응을 하는 활동 등을 포함한다.
단계6 - 지속 (Persistent)	공격자가 핵심정보를 지속적으로 유출시키기 위해 백도어 등의 프로그램을 설치하여 표적대상에 지속적으로 접근할 수 있도록 한다.

005 답 ②

싱크 어택(sync attack) 혹은 syn flooding 공격을 막기 위해 백로그 큐를 늘려준다. 일시적인 해결책으로, 계속된 공격을 막기 위해서는 syn cookie를 사용한다.

(선지분석)

① 핑(ping) 처리도 부하이므로 요청에 응답하지 않게 설정한다.
③ 스푸핑된 패킷이나 소스 라우팅, Redirect 패킷에 대해 로그 파일에 정보를 남긴다.
④ TCP 연결 종료 시간을 줄인다.

006 답 ①

단말기는 일반 사용자 권한으로 사용하는 것이 좋다(관리자 권한이 공격자에게 탈취될 가능성을 염두에 두어야 함).

(선지분석)

② PC를 통해서 스마트폰에 감염이 가능하므로 PC에도 백신 프로그램을 설치해야 한다.
③ 블루투스를 이용한 공격이 가능하므로 필요시에만 활성화를 한다.
④ 트로이 목마 형태의 공격이 가능하므로 의심스러운 앱은 다운로드하지 않는다.

007 답 ④

- 시큐어 컨테이너: 암호화된 콘텐츠에 대한 구조 표현 기술(메타데이터, 전자 서명 등)
- MPEG-21 DID(Digital Item Declaration): 기본 처리단위가 되는 디지털 아이템을 표현하는 방법을 정의한다. 디지털 아이템은 멀티미디어 자원(소리, 동영상 등), 메타데이터(MPEG-7), 식별자(URI, ISBN 등)로 구성된 멀티미디어 객체이다.

(선지분석)

① 식별자: DOI(Digital Object Identifier), 콘텐츠 식별자
② 클리어링 하우스: 키 관리 및 라이선스 발급 관리
③ 애플리케이션: 응용 프로그램(DRM 대상물)

008 답 ①

SIEM(Security Information and Event Management): 로그 분석해서 이상 징후 파악한 후 결과를 경영진에게 보고할 수 있도록 해주는 시스템이다. 이벤트 로그 데이터를 실시간 수집/분석한다. 침해 공격 로그에 대한 포렌식(디지털 증거)과 컴플라이언스(보안에 대한 방향성 제시) 또는 법적 조사를 위해 해당 데이터의 신속한 검색, 리포팅한다. 원본 이벤트 정보 분석하기보다, 정규화 과정을 통해 데이터 표준화해서 분석한다.

(선지분석)

② DLP(Data Loss Prevention): 기업 내에서 이용하는 다양한 주요 정보인 기술 정보, 프로젝트 계획, 사업 내용, 영업 비밀, 고객 정보 등을 보호하고 외부 유출을 방지하기 위해서 사용된다.
③ VPN: 인터넷망(public network)을 전용선(private network)처럼 사용할 수 있도록 특수 통신체계와 암호화기법을 제공하는 서비스로 기업 본사와 지사 또는 지사 간에 전용망을 설치한 것과 같은 효과를 거둘 수 있으며, 기존 사설망의 고비용 부담을 해소하기 위해 사용한다.
④ NAT: 대부분의 가정에서 설치된 유무선 공유기나 방화벽에서 동작한다. 유무선 공유기 내부인 가정에서는 사설 IP를 사용하고 해당 패킷이 외부로 나갈 때는 공유기를 통해 NAT 과정을 거쳐 공인 IP로 변환되어 나간다. 외부에서 패킷이 들어올 때는 공인 IP가 NAT에 의해 사설 IP로 바뀐다.
⑤ IPS: 수동적인 방어 개념의 침입 차단 시스템(Firewall)이나 침입 탐지 시스템(IDS)과 달리 침입 경고 이전에 공격을 중단시키는 데 초점을 둔, 침입 유도 기능과 자동 대처 기능이 합쳐진 개념의 솔루션이다.

009 답 ②

NAC은 접근 제어를 수행하는 장치로 암호화 기능을 제공하지 않는다.

(선지분석)

① 백신 관리, 패치 관리, 자산 관리(비인가 시스템 자동 검출) 등을 수행한다.
③, ⑤ 내부 직원에 대한 역할 기반의 접근 제어와 네트워크의 모든 IP 기반 장치의 접근을 제어 및 인증한다.
④ 유해 트래픽 탐지 및 차단, 해킹 행위 차단, 완벽한 증거 수집 등을 수행한다.

NAC의 주요 기능

구분	기능
접근 제어 및 인증	• 내부 직원에 대한 역할 기반의 접근 제어 • 네트워크의 모든 IP 기반 장치 접근 제어
PC 및 네트워크 장치 통제 (무결성 확인)	• 백신 관리 • 패치 관리 • 자산 관리(비인가 시스템 자동 검출)
해킹, 웜, 유해 트래픽 탐지 및 차단	• 유해 트래픽 탐지 및 차단 • 해킹 행위 차단 • 완벽한 증거 수집

010 답 ⑤

해당 설명은 Scareware이고, Exploit는 컴퓨터 소프트웨어와 하드웨어의 버그나 취약점 등을 이용하여 공격자가 원하는 악의적 동작을 하도록 하는 공격 방법이다.

(선지분석)

① 운영체제나 프로그램을 생성할 때 정상적인 인증 과정을 거치지 않고, 운영체제나 프로그램 등에 접근할 수 있도록 만든 일종의 통로이다.
② 트로이목마 설치, 원격 접근, 내부 사용 흔적 삭제, 관리자 권한 획득 등 주로 불법적인 해킹에 사용되는 기능들을 제공하는 프로그램의 모음이다.

③ 컴퓨터 시스템을 감염시켜 접근을 제한하고 일종의 몸값을 요구하는 악성 소프트웨어의 한 종류이다. 컴퓨터로의 접근이 제한되기 때문에 제한을 없애려면 해당 악성 프로그램을 개발한 자에게 지불을 강요받게 된다.
④ 추가적인 악성 행위를 하기 위해서 새로운 파일을 실행하기 위한 기능을 수행한다.

011 답 ③

Slow HTTP Header DOS라고 한다.

012 답 ③

DRM에 해당한다.

CHAPTER 16 | MITM 공격

정답 p.51

001	③

001 답 ③

ARP: IP 주소(논리 주소)에 대한 MAC 주소(물리 주소)를 제공한다. 참고로, rarp는 MAC 주소에 대한 IP 주소를 제공한다.

(선지분석)

① TCP: 근거리 통신망이나 인트라넷, 인터넷에 연결된 컴퓨터에서 실행되는 프로그램 간에 일련의 옥텟을 안정적으로, 순서대로, 에러없이 교환할 수 있게 한다. 연결 설정을 수행하고, 흐름 제어와 혼잡 제어를 수행한다. TCP는 웹 브라우저들이 월드 와이드 웹에서 서버에 연결할 때 사용되며, 이메일 전송이나 파일 전송에도 사용된다.
② IP: 1개의 패킷에 대한 E2E(end-to-end) 전송을 담당하며, 논리적인 주소 지정(주소를 바꿀 수 있음)과 경로 설정(best route)을 담당하는 네트워크 계층 프로토콜이다.
④ ICMP: 인터넷 제어 메시지 프로토콜은 RFC 792에서 정의한 인터넷 프로토콜 모음 중의 하나이다. ICMP 메시지들은 일반적으로 IP 동작에서 진단이나 제어로 사용되거나 오류에 대한 응답으로 만들어진다. 예를 들어, 핑(ping) 유틸리티는 ICMP "에코 요청(Echo request)"과 "에코 응답(Echo reply)" 메시지를 사용해 구현할 수 있다.
⑤ HTTP: 웹 브라우저와 웹 서버 사이에서 웹 문서(HTML)을 전송하기 위한 프로토콜이다.

CHAPTER 17 | 네트워크 장비의 이해

CHAPTER 18 | 그 외

정답 p.52

001	①	002	①	003	④	004	③

001 답 ①

규칙 적용: 정보를 수집하거나 대응책을 강구할 뿐 규칙을 적용하여 침입을 방지하지는 않는다.

(선지분석)

② 유혹: 크래커를 유인하는 함정을 꿀단지(곰을 유인)에 비유한 것에서 명칭이 유래한다.
③ 정보 수집: 마치 실제로 공격을 당하는 것처럼 보이게 하여 크래커를 추적하고 정보를 수집하는 역할을 한다.
④ 대응책 강구: 침입자를 오래 머물게 하여 추적이 가능하므로 능동적으로 방어할 수 있고, 침입자의 공격을 차단할 수 있다.

002 답 ①

DMZ: 기업의 내부 네트워크와 외부 네트워크 사이에 일종의 중립 지역이 설치되는 호스트 또는 네트워크이다. 외부 사용자가 기업의 정보를 담고 있는 내부 서버에 직접 접근하는 것을 방지하며, 외부 사용자가 DMZ 호스트의 보안을 뚫고 들어오더라도 기업 내부의 정보는 유출되지 않는다.

(선지분석)

② OS 커널분리: VDI 방식과는 다르게 운영체제를 이중화시켜 논리적으로 망을 분리하는 OS 커널 분리 솔루션도 많이 이용되고 있다. OS 커널 분리 솔루션의 경우 VDI를 구축하는 것보다 가격이 훨씬 저렴하다. 특히 VDI는 시스템 장애 시 전체 이용자가 피해를 보지만, OS 커널 분리 방식은 하나의 PC만 장애가 발생하기 때문에 위험 관리 측면에서 우수하다.
③ VDI: 데스크톱 가상화(VDI, Virtual Desktop Infrastructure)란 물리적으로 존재하진 않지만 실제 작동하는 컴퓨터 안에서 작동하는 또 하나의 컴퓨터를 만들 수 있는 기술이다. 한마디로 컴퓨터 속에 또 다른 가상 컴퓨터를 만들 수 있게 돕는 기술이다.
④ 가상화기술: 물리적인 컴퓨터 리소스(자원)의 특징을 다른 시스템, 응용 프로그램, 최종 사용자들이 리소스와 상호 작용하는 방식으로부터 감추는 기술이다. 간단하게 말하면 가상화를 적용하면 하나의 컴퓨터에서 동시에 1개 이상의 운영체제를 가동시킬 수 있다.

003

답 ④

애플리케이션 가상화 및 데스크톱 가상화는 물리적 망분리가 아니라 논리적 망분리이다.

(선지분석)

① 물리적 망분리는 물리적으로 2대의 PC를 사용하고, 논리적 망분리는 SBC, CBC를 이용하여 논리적으로 1대의 PC를 사용한다.
② 물리적으로 2대의 PC를 사용한다고 하더라도 USB와 같은 저장 매체를 통해 악성 코드 침입이 가능하다(예 사회공학기법: 누군가 회사앞에 USB를 떨어뜨려놓고 회사 사람이 그것을 주워 자신의 회사 PC에 꽂아봄).
③ 논리적 망분리에서는 SBC(서버 기반 가상화)와 CBC(클라이언트 기반 가상화) 기법이 존재한다.
⑤ 데이터 다이오드(Data Diode, 단방향 네트워크, 단방향 보안 게이트웨이)는 오로지 한 방향으로 데이터가 흐르며 정보의 보안을 보증하기 위해 사용되는 네트워크 장비 또는 데이터를 허용하는 기기이다. 해당 기술을 망분리에 적용할 수 있다.

004

답 ③

방화벽의 내부망에 설치할 수 있다.

PART 2 암호학

CHAPTER 01 | 정보보호

CHAPTER 02 | 개요

정답 p.56

001	③	002	④	003	③	004	③	005	④
006	②	007	③	008	②	009	③	010	④

001 답 ③

스테가노그라피: 메시지의 내용을 읽지 못하게 하는 것이 아니라, 메시지의 존재 자체를 숨기는 기법이다. 메시지를 숨겨 넣는 방법을 알게 되면 메시지의 내용은 금방 노출된다.

(선지분석)

① 전자서명: 서명자를 확인하고 서명자가 당해 전자문서에 서명했다는 사실을 나타내는 데 이용하려고, 특정 전자문서에 첨부되거나 논리적으로 결합된 전자적 형태의 정보를 말한다. 공개 키 기반구조(PKI) 기술측면에서 전자서명이란 전자문서의 해시(HASH)값을 서명자의 개인키(전자서명생성정보)로 변환(암호화)한 것으로서 RSA사에서 만든 PKCS#7의 표준(또는 X.509) 표준이 널리 사용되고 있다. 디지털 서명은 송신자가 자신의 신원을 증명하는 절차이고, 전자서명은 그 절차의 특정 단계에서 사용하는 정보이다.

② 대칭키 암호: 암호화키(비밀키, 비공개)와 복호화키(비밀키, 비공개)가 동일한 암호를 의미한다. 속도가 빠르나 키 배송 문제가 있다.

④ 영지식 증명: 암호학에서 누군가가 상대방에게 어떤 사항(statement)이 참이라는 것을 증명할 때, 그 문장의 참 거짓 여부를 제외한 어떤 것도 노출되지 않는 interactive한 절차를 뜻한다. 예를 들어, 관리자에게 패스워드를 노출하지 않고 패스워드를 알고 있다는 사실을 증명하는 것을 의미한다.

⑤ 공개키 암호: 암호화키(공개키, 공개)와 복호화키(개인키, 비공개)가 옳지 않은 암호를 의미한다. 속도가 느리나 키 배송 문제가 없다.

002 답 ④

㉠ 핑거프린팅: 디지털 콘텐츠를 구매할 때 구매자의 정보를 삽입하여 불법 배포 발견 시 최초의 배포자를 추적할 수 있게 하는 기술이다. 판매되는 콘텐츠마다 구매자의 정보가 들어 있으므로 불법적으로 재배포된 콘텐츠 내에서 핑거프린팅된 정보를 추출하여 구매자를 식별하고, 법적인 조치를 가할 수 있게 된다.

㉡ 워터마킹: 동영상이나 음성 데이터에 사용자가 알 수 없는 형태로 저작권 정보를 기록하는 장치이다. 디지털 워터마킹에는 작성자, 저작권자, 작성일 등이 인간의 눈이나 귀로는 알지 못하도록 숨겨져 있으며, 만약 불법 복제를 위해 디지털 워터마킹 정보를 삭제하려 하면 원래의 동영상이나 음성 정보가 삭제되도록 설계되어 있다.

(선지분석)

- 크래커: 고의 또는 악의적으로 다른 사람의 컴퓨터에 불법적으로 침입하여 데이터나 프로그램을 엿보거나 변경하는 등의 컴퓨터 범죄 행위를 저지르는 사람을 가리킨다. 소프트웨어를 불법으로 복사하여 배포하는 사람을 가리키기도 한다.
- 커버로스: MIT에서 개발한 비밀키(대칭키) 암호 기반 키 분배 및 사용자 인증 시스템이다. 클라이언, AS(TGT 발행), TGS(Ticket 발행), 서버로 구성되고, 중앙 집중형 인증 방식이다.

003 답 ③

Z_m은 0보단 크고 m보단 작은 수의 집합을 나타낸다. 그리고 Z_m^*는 0보단 크고 m보단 작은 수 중에서 m과 최대공약수가 1인 수의 집합(서로소인 집합)을 의미한다. a에 대한 덧셈의 역원은 $(a + b) \bmod m = 0$을 만족하는 b를 의미하고, a에 대한 곱셈의 역원은 $(a \times b) \bmod m = 1$을 만족하는 b를 의미한다. 주어진 조건으로 문제를 풀면 $(7 \times b) \bmod 26 = 1$을 만족하는 b를 찾으면 된다. 주어진 보기에서 15를 대입하면 $(7 \times 15) \bmod 26 = 1 \rightarrow 105 \bmod 26 = 1$이 되어 조건을 만족하게 된다.

004 답 ③

ROT13(Rotate by 13)은 단순한 카이사르 암호의 일종으로 영어 알파벳을 13글자씩 밀어서 만든다. 흔히 ROT-13 혹은 rot13이라고도 쓴다. 아래 그림에서 보는 바와 같이 "info"를 암호화하면 "vasb"가 된다.

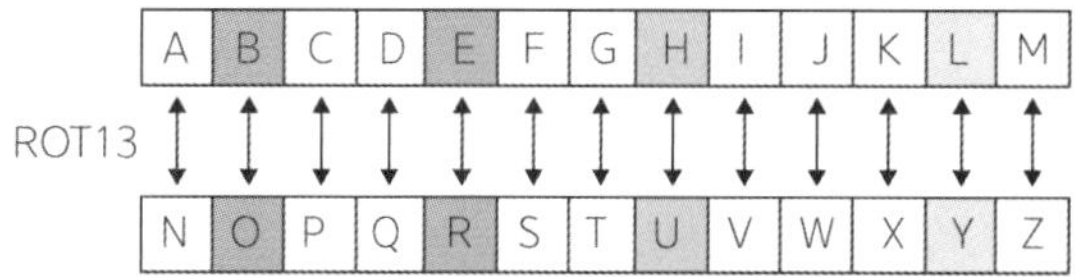

TIP ROT13은 ROT(N)으로 응용이 가능하기 때문에 해당 문제가 출제되면 첫 번째 글자면 밀어보면 답을 찾을 수 있을 것이다.

005 답 ④

핑거프린팅: 디지털 콘텐츠를 구매할 때 구매자의 정보를 삽입하여 불법 배포 발견 시 최초의 배포자를 추적할 수 있게 하는 기술이다. 판매되는 콘텐츠마다 구매자의 정보가 들어 있으므로 불법적으로 재배포된 콘텐츠 내에서 핑거프린팅된 정보를 추출하여 구매자를 식별하고, 법적인 조치를 가할 수 있게 된다.

선지분석

① 스미싱: SMS(문자 메시지)와 Phishing의 약자이다. Phishing은 Private Data(개인 정보)와 Fishing(낚시)의 약자이다. 공격자가 문자 메시지에 URL을 보내고, 사용자가 이를 클릭하면 해킹 툴이 스마트폰에 설치되어 개인 정보가 탈취된다.
② 노마디즘: 특정한 방식이나 삶의 가치관에 얽매이지 않고 끊임없이 새로운 자아를 찾아가는 것을 뜻하는 말로, 살 곳을 찾아 끊임없이 이동하는 유목민(노마드, Nomad)에서 나온 말이다. 디지털 노마드라는 용어가 자주 사용된다.
③ 패러다임: 어떤 한 시대 사람들의 견해나 사고를 근본적으로 규정하고 있는 테두리로서의 인식의 체계, 또는 사물에 대한 이론적인 틀이나 체계를 의미하는 개념이다. 시대가 바뀌면 패러다임도 바뀐다.

006

답 ②

메시지의 내용을 읽지 못하게 하는 것이 아니라, 메시지의 존재 자체를 숨기는 기법이다. 메시지를 숨겨 넣는 방법을 알게 되면 메시지의 내용은 금방 노출된다.

선지분석

① 사용자 공개키의 정당성을 증명하기 위해 사용한다(인증기관이 서명함).
③ 인증, 무결성, 부인 방지를 제공하기 위해 사용한다.
④ 인증과 무결성을 제공하기 위해 사용한다.

007

답 ③

오일러 피 함수(Euler's phi(totient) function) $\phi(n)$는 n이 양의 정수일 때, n과 서로소인 1부터 n − 1까지의 정수의 개수와 같다. 즉, 오일러 피 함수는 1부터 14까지 15와 서로소의 개수를 묻는 질문이다. 1부터 14까지 15와 서로소(1, 2, 4, 7, 8, 11, 13, 14)는 8개이다. 여기서 서로소(coprime)는 공약수(동시에 그들 모두의 약수(어떤 수가 정수로 나누어떨어지는 것)인 정수)가 1뿐인 두 정수를 의미한다. 예를 들어, 8과 15는 공약수가 1이므로 서로소이다.

008

답 ②

스테가노그래피는 원본과 부가정보가 들어가야 하므로 공간효율성이 좋지 않다. 암호화는 원본을 암호문으로 바꾼 것이므로 공간효율성이 좋다.

선지분석

① 메시지의 내용을 읽지 못하게 하는 것이 아니라, 메시지의 존재 자체를 숨기는 기법이다. 메시지를 숨겨 넣는 방법을 알게 되면 메시지의 내용은 금방 노출된다.
③ 전체 데이터에 일부분의 정보를 숨긴다(디지털 데이터 2진 데이터이므로 비밀 이진 정보를 은닉한다).
④ 고해상도 이미지의 경우 픽셀당 32비트를 사용하므로 최하위 비트들을 변형해도 원본에 큰 손상이 발생하지 않는다.

009

답 ③

부인방지는 디지털 서명에서 수행한다.

010

답 ④

내용을 숨기는 것은 스테가노그래피이다.

CHAPTER 03 | 암호의 역사

정답 p.59

001	③

001

답 ③

에니그마(enigma)는 독일의 세르비우스(Arthur Scherbius)가 20세기 초에 발명한 암호화/복호화를 수행하는 기계이다. 에니그마는 독일어로 '수수께끼'를 의미한다. 회전하는 원반과 전기회로를 써서 강력한 암호를 만들고자 시도했고, 발명 당시에는 에니그마를 상용으로 사용하였다. 그리고 나치독일 시대에는 군용으로 사용하려고 개량하였다.

선지분석

① 예를 들어 'HELP ME I AM UNDER ATTACK(도와주세요 공격당하고 있어요)'이라는 평문을 전치암호로 바꾸기 위해 가로로 한 줄에 5개씩 알파벳을 배열한다. 그러고 나서 1열부터 5열까지 위에서부터 아래로 순서대로 적으면 'HENTEIDTLAEAPMRCMUAK'가 된다.
② 아핀암호에서는 ax+b(mod 26)로 암호화를 한다. 즉, 평문의 알파벳에 해당하는 수를 a배 하고 b만큼 더한 후 26으로 나눈 나머지에 해당하는 알파벳으로 암호화하는 것이다.
④ 비게네르 암호에서는 암호화 키가 필요한데, 다음이 암호화키라고 해보자(7, 1, 11, 19). 다음 문장을 암호화해보자(C PROGRAMMING). 암호화키가 7, 1, 11, 19라는 의미는 첫 번째 글자에는 암호표에서 7번째 줄의 암호문을 적용하고, 두 번째 글자에는 1번째 줄의 암호문을, 세 번째 글자에는 11번째 줄의 암호문을, 네 번째 글자에는 19번째 줄의 암호문을 그리고 다섯 번째 글자에는 다시 처음으로 돌아가 7번째 줄의 암호문을 적용한다는 것이다(암호화키에 따라 규칙성에 벗어남).

CHAPTER 04 | 대칭키(비밀키) 암호

정답 p.60

001	③	002	②	003	③	004	③	005	④
006	④	007	⑤	008	④	009	④	010	③
011	②	012	①	013	③	014	③	015	②
016	①	017	②	018	③	019	④	020	①
021	①	022	②	023	④	024	②	025	④
026	①	027	②	028	①				

001 답 ③

10라운드: 16라운드를 거친다.

선지분석

① 1970년대: 1972년(미국 NBS(NIST)에서 필요성 절감), 1974년(IBM에서 루시퍼 알고리즘 제안), 1975년(DES 발표)
② 64비트 블록: 64비트 블록에 대응하는 키 길이가 64비트이다. 56비트의 키에 패리티 비트가 8비트 붙는다.
④ 56비트의 키: 해당 키 길이로 인해 보안 강도가 낮다.
⑤ Feistel 암호: 암호화 방식이 특정 계산 함수의 반복으로 이루어진다. 이 때, 각 과정에 사용되는 함수는 라운드 함수(round function)이라고 부른다. 예를 들어, 블로피시, SEED 등이 페이스텔 구조를 가진다.

002 답 ②

비밀키 길이: AES의 경우 비밀키의 길이가 길어지면 라운드 수가 증가하여 암호화 속도가 느려진다.

선지분석

① 암호화 속도: 공개키 암호는 두 키의 수학적 특성에 기반하기 때문에, 메시지를 암호화 및 복호화 하는 과정에 여러 단계의 산술 연산이 들어간다. 따라서 대칭키 암호에 비하여 속도가 매우 느리다는 단점을 지니고 있다.
③ 알고리즘: DES, 3-DES, AES, SEED, Blowfish, IDEA, RC4, RC5, RC6 등이 존재한다.
④ 동일한 비밀키: 암호화키와 복호화키가 동일하다.
⑤ 비밀키 공유: 공개키를 사용하면 암호화키는 공개하기 때문에 대칭키에 발생하는 키 배송 문제가 없다.

003 답 ③

동기화: 해당 방식은 Challenge 값으로 인증 서버의 시간을 전송한 경우 Response 값으로 해당 시간을 다시 전송하면 되므로 반드시 동기화를 할 필요가 없다.

선지분석

① 재전송 공격: 재전송은 보존해 준 정당한 값을 다시 송신하는 공격이므로 시도 - 응답 인증방식을 이용하면 재전송 공격을 막을 수 있다.
② 인증 서버: 사용자가 암호화한 Challenge(난수)값을 복호화해야 하기 때문에 비밀키를 가지고 있어야 한다.
④ 비밀키: 사용자는 인증 서버로부터 받은 Challenge(난수)값을 암호화하여 Response값을 만든다.

004 답 ③

대칭키 개수의 개수는 사용자가 n명이라면 n(n - 1)/2이 된다. 공개키 개수의 개수는 사용자가 n명이라면 2n이 된다. 사용자면 10명이면 대칭키는 45개가 되고 공개키는 20개가 된다. 그리고 사용자가 20명이면 대칭키는 190개가 되고 공개키는 40개가 된다. 따라서 추가로 필요한 키의 개수는 145개(= 190개 - 45개), 20개(= 40개 - 20개)가 된다.

005 답 ④

SPN: 해당 설명은 Feistel 구조이고, SPN 구조는 SubBytes(바이트 대체), ShiftRows(행 이동), MixColumns(열 섞기), AddRoundKey(라운드 키와 XOR)를 사용한다.

선지분석

① 1997년과 2000년: 1997년 1월 2일 NIST(미국 표준 기술 연구소)는 AES의 모집을 개시하였다. 2000년 10월 2일 Rijndael(라인델)이 다른 후보(MARS, RC6, Serpent, Twofish)를 누르고 NIST에 의해 AES로서 선정되었다.
② 라운드 수: 라운드 수는 10/12/14이고, 라운드 수에 따라 키 길이가 바뀐다.
③ 블록과 키 길이: 128비트의 블록 길이를 가지고, 라운드 수에 따라 128/192/256의 키 길이를 가진다.

006 답 ④

수학: 해당 설명은 통계적 분석을 의미하고, 수학적 분석은 수학적 이론을 이용하여 해독한다. 일반적으로 수학적 분석이 통계적 분석을 포함하나 가장 옳지 않은 답은 해당 지문이 된다.

선지분석

① 선형: 평문과 암호문 비트를 몇 개 정도 XOR 해서 0이 되는 확률을 조사한다.
② 전수: 가능한 모든 조합을 이용(대입)해서 공격하는 것을 의미한다.
③ 차분: 평문의 일부를 변경할 때 암호문이 어떻게 변화하는지 관찰하여 조사한다.

007 답 ⑤

Feistel 구조: SPN 구조를 기반으로 작성되었다.

(선지분석)

① Rijndael: Rijndael(라인델)이 다른 후보(MARS, RC6, Serpent, Twofish)를 누르고 NIST에 의해 AES로서 선정되었다.
② 블록 길이: 128비트의 블록 길이를 가진다.
③ 라운드: 키의 길이에 따라 10, 12, 14라운드를 가진다.
④ 키: 키의 길이는 128, 192, 256비트를 지원한다.

008 답 ④

RC4: 1987년에 로널드 리베스트(Ron Rivest)가 만든 스트림 암호로, 전송 계층 보안(TLS)이나 WEP 등의 여러 프로토콜에 사용되어 왔다. 옥텟(바이트) 단위를 기반으로 한다. 따라서 비트 단위의 암호보다 소프트웨어적인 실행 속도가 빠르다.

(선지분석)

① RC5: 미국 RSA 연구소의 리베스트(Rivest)가 개발한 것으로 블록의 크기는 32, 64, 128비트를 사용할 수 있고, 키의 크기는 0에서 2040비트까지 가변적으로 사용가능하다. 라운드 역시 0에서 255까지 가변적이고, 속도는 DES의 약 10배이다.
② SEED: SEED는 전자상거래, 금융, 무선통신 등에서 전송되는 개인정보와 같은 중요한 정보를 보호하기 위해 1999년 2월 한국인터넷진흥원과 국내 암호전문가들이 순수 국내기술로 개발한 128비트 블록 암호 알고리즘이다. 2009년 256비트 키를 지원하는 SEED 256을 개발하였다.
③ SKIPJACK: 미 국가안보국(NSA, National Security Agency)에서 개발한 Clipper 칩에 내장된 블록 알고리즘이다. 64비트의 입출력, 80비트의 키, 총 32라운드를 가진다.

009 답 ④

AES에 해당된다. 키 길이(128/192/256)에 따라 라운드 수(10/12/14)가 결정된다.

(선지분석)

① DES에 해당된다.
②, ③ AES에 해당하지 않는다.

010 답 ③

암호문 단독 공격: 해독자는 단지 암호문 C만을 갖고 이로부터 평문(P)이나 키(K)를 찾아내는 방법이다.

(선지분석)

① 선택 평문 공격: 해독자가 사용된 암호화기에 접근할 수 있어 평문(P)을 선택하여 평문에 대응하는 암호문(C)을 얻어 키(K)나 평문(P)을 해독하는 방법이다.
② 선택 암호문 공격: 해독자가 암호 복호화기에 접근할 수 있어 암호문(C)에 대응하는 평문(P)을 얻어내어 해독하는 방법이다.
④ 기지 평문 공격: 암호 해독자는 일정량의 평문(P)에 대응하는 암호문(C) 쌍을 이미 알고 있는 상태에서 암호문(C)과 평문(P)의 관계로부터 키(K)나 평문(P)을 추정한다.

011 답 ②

Feistel 구조는 DES에서 사용하고, AES는 SPN 구조를 사용한다.

(선지분석)

① 128/192/256비트 키를 사용하고, 이는 라운드 수 10/12/14와 연관을 가진다.
③ AES의 블록 크기는 128비트이다.
④ 최종 후보는 MARS, RC6, Rijndael, Serpent, Twofish이다.

012 답 ①

Feistel 구조는 별도의 복호화가 필요하지 않다.

(선지분석)

② SPN 구조에 기반한다.
③ 소인수분해 문제에 기반한다.
④ 이산 대수 문제에 기반한다.

013 답 ③

ㄱ. AES: 128비트 블록 길이, 128/192/256 비트 키 길이를 가진다. 키의 길이에 따라 10/12/14 라운드가 결정되며 SPN 구조(별도의 복호화기가 필요)를 가진다.
ㄴ. DES: 16라운드 Feistel 구조(별도의 복호화기가 필요 없음)를 가진다.
ㄷ. ARIA: 128비트 블록 길이, 128/192/256 비트 키 길이를 가진다. 키의 길이에 따라 12/14/16 라운드가 결정되며 Involutional SPN 구조(SPN 구조임에도 별도의 복호화기가 필요 없음)를 가진다.

(선지분석)

ㄹ. SEED: 16라운드 Feistel 구조(별도의 복호화기가 필요 없음)를 가진다.

014 답 ③

SPN 암호 방식을 사용한다.

(선지분석)

① 예를 들면, 평문 블록의 길이는 최소 128비트이고, 키의 길이는 최소 128비트이고, 라운드 수는 16라운드 이상으로 해야 한다.
② 별도의 복호화가 필요하지 않다.
④ 대칭키 암호인 DES, Blowfish, SEED 등에서 사용한다.

015 답 ②

대칭키는 비밀키가 서로 대칭적으로 존재하고, 비대칭키(공개키)는 개인키, 공개키가 비대칭적으로 존재한다.

(선지분석)

① DES, 3-DES, AES, IDEA, Blowfish 등은 대칭키 암호에 속한다.

③ AES는 SPN 구조를 가진다(DES는 Feistel 구조를 가진다).

④ AES는 128/192/256비트 라운드 키를 사용한다.

⑤ ARIA, SEED는 우리나라 대칭키 암호이다.

016 답 ①

S-Box에서는 입력 값의 중간 4비트(0111)로 S-Box의 수평 값(7)을 결정하고, 입력 값의 양쪽 끝 2비트(01)로 S-Box의 수직 값(1)을 결정한다. 결론적으로 아래 그림과 같이 1이 출력된다.

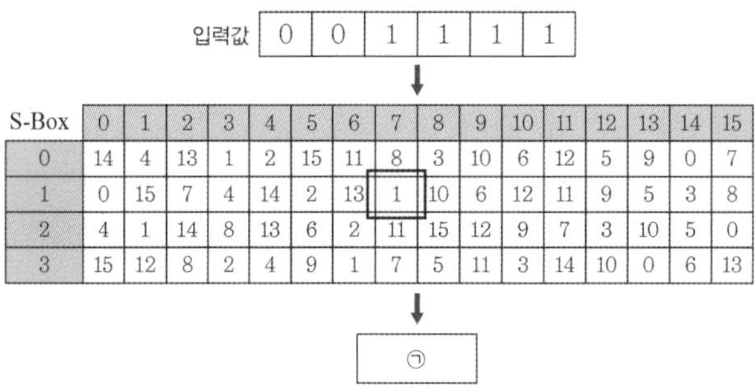

입력값	0	0	1	1	1	1

S-Box	0	1	2	3	4	5	6	7	8	9	10	11	12	13	14	15
0	14	4	13	1	2	15	11	8	3	10	6	12	5	9	0	7
1	0	15	7	4	14	2	13	1	10	6	12	11	9	5	3	8
2	4	1	14	8	13	6	2	11	15	12	9	7	3	10	5	0
3	15	12	8	2	4	9	1	7	5	11	3	14	10	0	6	13

017 답 ②

AES의 10라운드 암호화 과정의 마지막 라운드에서 MixColumns가 없다. 여기서, SubByte는 바이트 대체를 의미하며, ShiftRows는 행 이동을 의미한다. 그리고 MixColumns는 열 섞기를 의미하고, AddRoundKey는 라운드 키와 XOR를 의미한다.

018 답 ③

AES: 키의 비트 길이 → 128, 192, 256비트

(선지분석)

① Feistel: 전치와 환자(대치)를 반복한다.
- 전치(Transposition): 평문 문자의 순서를 특정 방식으로 섞어서 재배치(Permutation과 비슷한 용어이다)
- 환자(Substitution): 평문 문자를 특정한 다른 문자로 대치한다.

② Kerckhoff: 키 이외에 암호 시스템의 모든 것이 공개되어도 안전해야 한다

④ Double DES: P → E_{k1}(P) → M → E_{k2}(M) → C
- 중간 일치 공격은 다음과 같이 P에 2^{56}개의 키를 전사 공격(암호화)해보고, C에 2^{56}개의 키를 전사 공격(복호화)해봐서 같은 것(M)을 찾는 공격이다.
- $E_{k1}(P) = M = D_{k2}(C)$
- 해당 공격을 수행하면 원래 기대했던 2^{112}의 비용이 들지 않고(112 = 56 + 56), 2^{57}의 비용이 든다(57 = 56 + 1).

019 답 ④

256비트일 때 필요한 라운드 수는 14이다.

(선지분석)

① AES에 해당되지 않는다.

② 128비트일 때 필요한 라운드 수는 10이다.

③ 192비트일 때 필요한 라운드 수는 12이다.

020 답 ①

DES의 약한 보안을 대체하기 위해 만들어진 새로운 표준이다.

(선지분석)

② SPN 구조로 구성된다.

③ AES의 평가 기준은 안전성(선형/차분 공격), 비용(속도 및 메모리 요구량), 알고리즘 및 구현 특성(유연성과 단순성)이다. 그러므로 고성능의 플랫폼에서 동작하도록 복잡한 구조로 만들어진 알고리즘은 AES 후보에서 제외되었다.

④ 2001년에 NIST(미국 표준 기술 연구소)가 공표하였다.

021 답 ①

대칭키는 기밀성 또는 무결성, 인증을 제공할 수 있지만 부인방지 기능을 제공하지 않는다.

(선지분석)

② 수학 연산에 기반하지 않기 때문에 속도가 빠르다.

③ 송신자와 수신자가 동일한 비밀키를 사용한다.

④ Lai-Massey가 개발하였고, 블록 길이가 64비트, 키 길이는 128비트, 라운드 수는 8.5이다.

⑤ Rivest가 개발하였고, 40비트에서 2048비트의 키 길이를 가진다.

022 답 ②

암호 해독자가 일정량의 평문(P)에 대응하는 암호문(C) 쌍을 이미 알고 있는 상태에서 암호문(C)과 평문(P)의 관계로부터 키(K)나 평문(P)를 추정한다.

(선지분석)

① 해독자가 단지 암호문 C만을 갖고 이로부터 평문(P)이나 키(K)를 찾아내는 방법이다. 평문(P)의 통계적 성질, 문장의 특성 등을 추정하여 해독하는 방법이다.

③ 해독자가 사용된 암호화기에 접근할 수 있어 평문(P)를 선택하여 평문에 대응하는 암호문(C)를 얻어 키(K)나 평문(P)를 해독하는 방법이다.

④ 해독자가 복호화기에 접근할 수 있어 암호문(C)에 대응하는 평문(P)를 얻어내어 해독하는 방법이다. 공격자는 해독하고자 하는 암호문을 제외한 모든 암호문에 대해 평문을 획득할 수 있는 능력을 가지고 있다고 본다.

023

답 ④

16라운드로 구성된다.

(선지분석)

① 1977년에 미국의 연방 정보처리 표준 규격(FIPS)으로 채택된 대칭 암호이다.
② 64비트 평문을 64비트 암호문으로 암호화하는 대칭 암호 알고리즘이다.
③ 페이스텔 네트워크(Feistel network)를 사용한다.

024

답 ②

마지막 라운드에서 MixColumns를 수행하지 않는다.

025

답 ④

XOR 연산을 수행한다.

026

답 ①

기지 평문이란 일정 부분의 평문을 미리 알고 있었다는 뜻이다.

(선지분석)

② 해독자가 암호 복호화기에 접근할 수 있어 암호문(C)에 대응하는 평문(P)을 얻어내어 해독하는 방법이다.
③ 해독자가 사용된 암호화기에 접근할 수 있어 평문(P)을 선택하여 평문에 대응하는 암호문(C)을 얻어 키(K)나 평문(P)을 해독하는 방법이다.
④ 해독자는 단지 암호문 C만을 갖고 이로부터 평문(P)이나 키(K)를 찾아내는 방법이다.
⑤ 모든 키의 조합을 다 대입해 보는 공격이다.

027

답 ②

비대칭키이다.

028

답 ①

128/192/256키는 10/12/14라운드에 대응된다.

CHAPTER 05 | 블록 암호 모드

정답

p.67

001	②	002	③	003	④	004	②	005	④
006	②	007	④	008	③	009	②	010	②
011	①	012	③	013	③	014	③	015	③
016	③	017	④	018	④	019	⑤	020	③
021	②								

001

답 ②

CBC: 이전 단계의 암호문 블록과 현재 단계의 평문 블록을 XOR해서 암호문 블록을 만든다.

(선지분석)

① ECB: 개별적으로 평문 블록을 암호화해서 암호문 블록으로 만든다.
③ CTR: 개별적으로 카운터를 암호화한 후 평문 블록과 XOR해서 암호문 블록을 만든다.
④ OFB: 이전 단계의 출력 블록(평문 블록과 XOR해서 암호문 블록을 만들기 전 단계)을 암호화한 후 평문 블록과 XOR해서 암호문 블록을 만든다.
⑤ CFB: 이전 단계의 암호문 블록을 암호화한 후 현재 단계의 평문 블록과 XOR해서 암호문 블록을 만든다.

002

답 ③

CFB: 이전 단계의 암호문 블록을 암호화한 후 현재 단계의 평문 블록과 XOR해서 암호문 블록을 만든다.

(선지분석)

① ECB: 개별적으로 평문 블록을 암호화해서 암호문 블록으로 만든다.
② CBC: 이전 단계의 암호문 블록과 현재 단계의 평문 블록을 XOR해서 암호문 블록을 만든다.
④ OFB: 이전 단계의 출력 블록(평문 블록과 XOR해서 암호문 블록을 만들기 전 단계)을 암호화한 후 평문 블록과 XOR해서 암호문 블록을 만든다.
⑤ CTR: 개별적으로 카운터를 암호화한 후 평문 블록과 XOR해서 암호문 블록을 만든다.

003

답 ④

ㄱ. ECB: 개별적으로 평문 블록을 암호화해서 암호문 블록으로 만든다.
ㄴ. CBC: 이전 단계의 암호문 블록과 현재 단계의 평문 블록을 XOR해서 암호문 블록을 만든다.
ㄷ. CTR: 개별적으로 카운터를 암호화한 후 평문 블록과 XOR해서 암호문 블록을 만든다.

(선지분석)

①, ③ OFB: 이전 단계의 출력 블록(평문 블록과 XOR해서 암호문 블록을 만들기 전 단계)을 암호화한 후 평문 블록과 XOR해서 암호문 블록을 만든다.
② 순서가 옳지 않다.

TIP CFB는 이전 단계의 암호문 블록을 암호화한 후 현재 단계의 평문 블록과 XOR해서 암호문 블록을 만든다.

004 답 ②

$C_i = E_k(P_i \oplus C_{i-1})$: CBC

(선지분석)

① $C_i = E_k(P_i)$: ECB
③ $C_i = E_k(C_{i-1}) \oplus P_i$: CFB
④ $C_i = E_k(P_i) \oplus C_{i-1}$: 다섯 종류의 블록모드에 속하지 않는다.

TIP OFB는 $C_i = E_k(O_{i-1}) \oplus P_i$이고, CTR은 $C_i = E_k(CTR_i) \oplus P_i$이다.

005 답 ④

OFB: 이전 단계의 출력 블록(평문 블록과 XOR해서 암호문 블록을 만들기 전 단계)을 암호화한 후 평문 블록과 XOR해서 암호문 블록을 만든다. 암호화와 복호화가 같은 구조를 하고 있다(암호화만 사용한다). 비트 단위의 에러가 있는 암호문을 복호화하면, 평문의 대응하는 비트만 에러가 된다.

(선지분석)

① ECB: 개별적으로 평문 블록을 암호화해서 암호문 블록으로 만든다. 암호화와 복호화가 다른 구조를 하고 있다(암호화와 복호화를 따로 사용한다). 비트 단위의 에러가 있는 암호문을 복호화하면, 대응하는 블록이 에러가 된다.
② CBC: 이전 단계의 암호문 블록과 현재 단계의 평문 블록을 XOR해서 암호문 블록을 만든다. 암호화와 복호화가 다른 구조를 하고 있다. 비트 단위의 에러가 있는 암호문을 복호화하면, 1블록 전체와 다음 블록의 대응하는 비트가 에러가 된다.
③ CFB: 이전 단계의 암호문 블록을 암호화한 후 현재 단계의 평문 블록과 XOR해서 암호문 블록을 만든다. 암호화와 복호화가 같은 구조를 하고 있다. 비트 단위의 에러가 있는 암호문을 복호화하면, 1블록 전체와 다음 블록의 대응하는 비트가 에러가 된다.
⑤ CTR: 개별적으로 카운터를 암호화한 후 평문 블록과 XOR해서 암호문 블록을 만든다. 암호화와 복호화가 같은 구조를 하고 있다. 비트 단위의 에러가 있는 암호문을 복호화하면, 평문의 대응하는 비트만 에러가 된다.

TIP 첫 번째 조건에서 답을 나왔으므로 두 번째, 세 번째 조건을 볼 필요가 없다.

006 답 ②

- ECB: 암호화 시 오류 전이가 발생하지 않는다.
- OFB: 암호화 시 오류 전이가 발생하지 않는다.

(선지분석)

- CFB: 암호화 시 오류 전이가 발생한다.
- CBC: 암호화 시 오류 전이가 발생한다.

007 답 ④

CTR: 암호화/복호화 병렬 처리가 가능하다(이전 단계의 영향을 받지 않는다). 암호화/복호화 시 암호화 로직만 사용한다(즉, 복호화 로직을 사용하지 않는다). 암호문의 한 비트 오류는 복호화되는 평문의 한 비트에만 영향을 준다(즉, 에러가 전파되지 않는다).

(선지분석)

① ECB: 암호화/복호화 병렬 처리가 가능하다(이전 단계의 영향을 받지 않는다). 암호화시에 암호화 로직을 사용하고 복호화시에 복호화 로직을 사용한다. 암호문의 한 비트 오류는 복호화되는 평문의 한 비트에만 영향을 준다(즉, 에러가 전파되지 않는다).
② CBC: 복호화는 병렬 처리가 가능하지만 암호화는 병렬 처리가 가능하지 않다(즉, 이전 단계의 영향을 받는다). 암호화시에 암호화 로직을 사용하고 복호화시에 복호화 로직을 사용한다. 암호문의 한 비트 오류는 복호화되는 평문의 한 비트와 다음 복호화되는 평문에 영향을 준다(즉, 에러가 전파된다).
③ CFB: 복호화는 병렬 처리가 가능하지만 암호화는 병렬 처리가 가능하지 않다(즉, 이전 단계의 영향을 받는다). 암호화/복호화 시에 암호화 로직만 사용한다(즉, 복호화 로직을 사용하지 않는다). 암호문의 한 비트 오류는 복호화되는 평문의 한 비트와 다음 복호화되는 평문에 영향을 준다(즉, 에러가 전파된다).

008 답 ③

ㄴ. 평문 블록을 자체를 암호화하는 것이 아니기 때문에 패딩이 필요 없고, 평문 블록과 키 스트림(Counter)을 암호화한 값과 XOR 연산하여 암호문을 생성한다.
ㄷ. 암호화는 각 블록에 독립적으로 적용되기 때문에, 블록 단위 에러 발생 시 해당 블록에만 영향을 준다. 즉, 에러가 전파되지 않는다.

(선지분석)

ㄱ. CFB, OFB에서 시프트 레지스터를 사용한다.

009 답 ②

암호화를 나중에 한다.

(선지분석)

① 1:1로 암호화를 수행한다.
③ 암호화를 먼저 수행한다.
④ 전단계의 출력을 이용한다.

010 답 ②

ECB는 IV(난수)가 필요하지 않다.

선지분석

① CTR은 난수(CTR 또는 IV, CTR은 난수이므로 IV로 본다)가 필요하다.

③, ④ CBC는 난수(IV)가 필요하다.

011 답 ①

AND가 아니라 XOR이다.

선지분석

② OTP: 스트림 암호를 이용하여 키가 매번 바뀐다(one time password가 아님).

③ LFSR: 시프트 레지스터의 일종으로 의사 난수(키, 스트림 암호) 등을 만들 수 있다. 레지스터에 입력되는 값이 이전 상태 값들의 선형 함수(XOR)로 계산된다.

④ Trivium: 하드웨어적으로 속도와 게이트 수를 적당히 조절했고, 소프트웨어적으로 효율적인 구현을 한 동기식(현재 암호문이 이전 암호문의 영향을 받지 않음) 스트림 암호이다.

012 답 ③

CFB: 전단계의 암호문 블록을 암호화하고, 평문 블록을 직접 암호화하지 않는다.

선지분석

① ECB: 평문 블록을 암호화한 것이 그대로 암호문 블록이 된다.

② CBC: 암호화 전에 XOR 연산을 수행한다.

④ OFB: 암호 알고리즘의 출력을 암호 알고리즘의 입력으로 피드백한다.

⑤ CTR: 카운터의 값이 암호화의 입력이 된다.

013 답 ③

OFB: 전단계의 출력을 이용한다.

선지분석

① CBC: $C_i = Ek(C_{i-1} \oplus M_i)$

② ECB: $C_i = E_k(M_i)$

④ CTR: $C_i = E_k(CTR) \oplus M_i$

014 답 ③

CBC는 암호문 블록에 오류가 발생한 경우 복호화 시 해당 블록과 다음 블록에 영향을 받는다(에러 전파).

선지분석

① CFB는 암호화를 병렬 처리할 수 없고, 복호화를 병렬 처리할 수 있다.

② ECB는 블록을 개별적으로 처리하는 구조이므로 IV(초기화 벡터)를 사용하지 않는다.

④ CTR은 블록마다 서로 다른 카운터 값(+1)을 사용한다.

015 답 ③

ㄱ. 초기벡터가 같으면 공격의 대상이 된다.

ㄷ. 구조적 특징으로 인해 에러가 전파된다.

ㄹ. P_1이 끝나야 P_2가 진행되고, P_2가 끝나야 P_3가 진행된다.

선지분석

ㄴ. 평문 블록이 동일해도 대응하는 암호문 블록은 동일하지 않다.

ㅁ. 별도의 복호화 알고리즘이 필요하다.

016 답 ③

RC5는 블록 암호이고, RC4는 스트림 암호이다.

선지분석

① 데이터의 흐름을 비트 또는 바이트 단위로 순차적으로 처리한다.

② 스트림 암호에서는 XOR 연산을 사용한다.

④ ②에서 수행되는 연산으로 인해 구현이 용이하고 속도가 빠르다.

017 답 ④

평문 블록을 암호화한 것이 그대로 암호문 블록이 된다.

선지분석

① 1단계 앞에서 수행되어 결과로 출력된 암호문 블록에 평문 블록을 XOR 하고 나서 암호화를 수행한다. IV로 인해 동일 평문 블록에 대한 다른 암호문이 존재한다.

② 블록을 암호화할 때마다 1씩 증가해 가는 카운터를 암호화해서 키 스트림(key stream)을 만든다.

③ 1단계 앞의 암호문 블록을 암호 알고리즘의 입력으로 사용한다.

018 답 ④

블록을 병렬로 암호화·복호화 한다.

019 답 ⑤

ECB를 의미한다(블록단위로 동작한다가 포인트).

선지분석

① 스트림단위로 동작한다.

② 스트림단위로 동작한다. 사전 준비를 하면 병렬 처리가 가능하다.

③, ④ 암호화 시 병렬처리가 안되고, 복호화 시 에러가 전파된다.

020 답 ③

전단계의 출력을 암호화하므로 OFB이다.

021 답 ②

일반적인 내용이다.

(선지분석)

① 재전송 공격 등에 안전하지 않다.
③ 이후 블록에 영향을 준다.
④ 이전 블록의 결과가 필요하다.

CHAPTER 06 | 비대칭키(공개키) 암호

정답 p.72

001	④	002	②	003	⑤	004	⑤	005	④
006	②	007	④	008	④	009	①	010	①
011	④	012	②	013	③	014	①	015	④
016	②	017	①	018	②	019	③	020	①
021	③	022	①	023	②	024	③	025	②
026	②								

001 답 ④

n(n - 1)/2개의 키가 필요: 공개키 암호의 경우 2n개의 키가 필요하다. 해당 설명은 대칭키에 대한 설명이다.

(선지분석)

① 공개키 디렉토리에 저장: 공개키 등록자가 공개키를 등록하면 인증기관(CA)가 서명을 한 후 인증서를 저장소(디렉토리)에 저장한다. 이 후 공개키 이용자가 해당 인증서를 다운로드 한다.
② 사용자가 증가할수록 필요한 비밀키의 개수가 증가: 대칭키는 n(n - 1)/2개의 키가 필요하다.
③ 암호화 속도: 공개키 암호는 두 키의 수학적 특성에 기반하기 때문에, 메시지를 암호화 및 복호화 하는 과정에 여러 단계의 산술 연산이 들어간다. 따라서 대칭키 암호에 비하여 속도가 매우 느리다는 단점을 지니고 있다.

002 답 ②

RSA: 대표적인 공개키 암호로, 이외에도 Elgamal, Rabin, ECC 등이 있다.

(선지분석)

① AES, DES: 대표적인 대칭키 암호로, 이외에도 3-DES 등이 있다.
③ 속도: 공개키 암호는 두 키의 수학적 특성에 기반하기 때문에, 메시지를 암호화 및 복호화 하는 과정에 여러 단계의 산술 연산이 들어간다. 따라서 대칭키 암호에 비하여 속도가 매우 느리다는 단점을 지니고 있다.
④ 년도: 대칭키 암호는 고대(스키테일, 시저), 근대(제1, 2차 세계대전, Shannon, one-time pad), 현대(DES, 3-DES, AES)의 역사를 가진다. 공개키 암호는 1874년 윌리엄 스탠리 제본스가 인수 분해 문제를 거론했고, 1976년에 공개키의 시초가 된 디피-헬만 키 교환 방식이 발표되었다.
⑤ 암호문의 길이: 대칭키의 경우 블록 단위로 암호문이 생성(AES의 경우 128비트 평문이 128비트 암호문이 된다)되고 패딩만큼만 암호문의 길이가 증가한다. 공개키(RSA)의 경우 메시지를 N(예 1024bit)보다 작은 숫자로 변환 후 암호화를 수행하므로 암호문의 길이는 N보다 작다. 복호 오라클 등의 공격을 막기 위해 공개키도 패딩이 필요하다. 그러나 공개키의 암호문의 길이가 대칭키에 비해 현저히 짧지는 않다.

003 답 ⑤

RSA: 소인수 분해 문제의 어려움에 기초한다.

(선지분석)

① Diffie-Hellman: 이산대수 문제의 어려움에 기초한다.
② SHA-1: 해쉬의 특성(일방향성, 충돌 내성 등)에 기초한다.
③ AES: SPN 구조에 기초한다.
④ DES: 페이스텔 구조에 기초한다.

004 답 ⑤

SEED: 키를 SEED 알고리즘으로 암호화했다고 하더라도, 키를 암호화는데 필요한 키를 전송하는 문제가 발생한다. 즉, 해결 방법이 아니라 키 분배 문제가 발생한다.

(선지분석)

① 공유: 키를 사전에 공유하면, 키를 배송하지 않아도 된다.
② 공개키: 개인키는 가지고 있고, 공개키를 공개하면 키를 배송하지 않아도 된다.
③ Diffie-Hellman: 난수를 서로 교환하는 것만으로 비밀키를 만들어내므로, 키를 배송하지 않아도 된다.
④ KDC: KDC와 사전에 공유된 비밀키를 이용하여 세션키를 만들면, 키 배송 문제를 해결할 수 있다.

005 답 ④

키를 교환: 개인키는 가지고 있고, 공개키를 공개하면 키를 배송하지 않아도 된다.

(선지분석)

① 매우 큰 소수: N을 계산할 때, 매우 큰 소수 p와 q를 사용한다. 매우 큰 소수를 사용하기 때문에 소인수분해 문제를 가진다.
② 계산량: 두 키의 수학적 특성에 기반하기 때문에, 메시지를 암호화 및 복호화 하는 과정에 여러 단계의 산술 연산이 들어간다. 그러므로 계산량이 많다.
③ 개인 인증서: 공인 인증서와 사설(개인) 인증서에 사용이 가능하다.

⑤ 디지털 서명: 송신자의 개인키로 암호화를 암호화하고, 송신자의 공개키를 복호화를 수행하면 된다.

006

답 ②

RSA: 소인수 분해 문제의 어려움에 기초한다.

(선지분석)

① Diffie-Hellman: 상대방 난수의 진위를 파악할 수 없다.
③ ECC: RSA에 비해 키의 비트 수가 적다.
④ ElGamal: 해당 설명은 배낭 문제이고, ElGamal은 이산 대수를 구하는 것이 어렵다는 것을 이용한다.

007

답 ④

긴 메시지는 속도가 빠른 대칭키로 암호화하고, 대칭키는 속도가 느린 공개키로 암호화한다.

(선지분석)

① 대칭키 암호를 교환하기 위해 공개키를 이용한다.
② 128비트 대칭키와 2048비트 공개키는 안전도가 비슷하다(정확하지는 않지만 비슷하다고 간주한다).
③ 기밀성과 무결성을 동시에 보장하지 않는다. 예를 들어, 대칭키를 이용해서 암호화를 수행하면 기밀성을 보장하고, 대칭키를 이용해서 MAC(메시지 인증 코드)을 하면 인증과 무결성을 보장한다. 동시에 보장하려면 암호화와 MAC을 동시에 수행하여야 한다.
⑤ 공개키 암호는 수학적 계산으로 인해 대칭키 암호에 비해 처리 속도가 느리다.

TIP 기밀성과 무결성을 동시에 보장하지 않는다는 지문은 정말 중요한 지문으로 꼭 기억해 두는 것이 좋다. 그리고 구체적인 숫자는 외우지 못하더라도 비슷한 안전도를 구현하기 위해 대칭키의 비트수가 더 작다는 것에 유념하기 바란다.

008

답 ④

ElGamal(이산대수 문제에 기반), ECC(이산대수 문제에 기반), Rabin(인수분해 문제에 기반)

(선지분석)

①, ③ DSS(사용된 서명 알고리즘이 DSA라면 이산대수 문제에 기반하고, RSA라는 소인수분해 문제에 기반하고, ECDSA라면 이산대수 문제에 기반), RSA(소인수분해 문제에 기반)
②, ③ Knapsack(많은 큰 수들의 집합에서 선택한 수들의 합을 구하는 것은 쉽지만, 주어진 합으로부터 선택된 수들의 집합을 찾기 어렵다는 배낭 문제에 기반)

TIP 대부분 인수분해와 소인수분해를 동일한 것으로 다루고 있지만 약간 다르다. 어떤 값을 인수로 분해할지 소인수로 분해할지에 대한 문제이다. 그러므로 인수분해는 소인수분해를 포함한다.

009

답 ①

RSA, ElGamal, ECC, Rabin은 비대칭키(공개키) 암호화이다.

(선지분석)

② DES, AES는 대칭키 암호화이다.
③ RC5, Skipjack은 대칭키 암호화이다.
④ 3DES는 대칭키이지만, ECC는 비대칭키 암호화이다.

010

답 ①

RSA 알고리즘의 키 생성 순서는 다음과 같다.

- 단계 - 1: N을 구한다(공개키와 개인키에 사용).
  $N = p \times q$ (p, q는 큰 소수)
- 단계 - 2: L을 구한다(키쌍을 생성할 때만 사용).
  초기 버전($L = (p-1) \times (p-1)$),
  최신 버전(L = 최소공배수(p - 1, q - 1), p - 1과 q - 1의 최소공배수)
- 단계 - 3: E를 구한다(암호화키 = 공개키). $1 < E < L$의 조건과 최대공약수(E, L) = 1의 조건(서로소)을 만족해야 한다.
- 단계 - 4: D를 구한다(복호화키 = 개인키). $1 < D < L$의 조건과 $E \times D \bmod L = 1$의 조건을 만족해야 한다.

011

답 ④

RSA보다 더 짧은 키를 사용하기 때문에 임베디드 플랫폼 등과 같은 경량 응용분야에 적합하다.

(선지분석)

① 타원곡선 상의 이산대수 문제에 기반한다.
② 키 교환(ECC), 암호화(ECC), 전자서명(ECDSA)에 사용할 수 있다.
③ 예를 들어, RSA가 1024비트가 필요하면 ECC는 160비트가 필요하다.
⑤ 비슷한 수준의 보안레벨에서 ECC의 키가 더 짧기 때문에 전자서명 생성 속도가 RSA에 비해 빠르다.

012

답 ②

주어진 조건으로 오일러의 Totient 함수(피함수)를 구하면 다음과 같다.

- $40 = (5-1) \times (11-1)$
- 주어진 보기에서 40과 서로소의 관계(최대공약수가 1인 관계)를 갖는 수를 찾으면 된다.

② 13: 공약수가 1이므로 서로소가 된다.

(선지분석)

① 12: 공약수가 1, 2, 4(최대공약수가 4)이므로 서로소가 아니다.
③ 15: 공약수가 1, 5(최대공약수가 5)이므로 서로소가 아니다.
④ 18: 공약수가 1, 2(최대공약수가 2)이므로 서로소가 아니다.

013 답 ③

ElGamal: 이산 대수를 구하는 것이 어렵다는 것을 이용한다. 이산 대수란 g, x, p가 주어졌을 때 $y = g^x \bmod p$를 구하는 것은 쉽지만, g, y, p가 주어졌을 때 x를 구하는 것은 어렵다는 사실에 기반을 둔다. 또한 암호문의 길이가 평문의 2배가 되어 버린다는 결점을 가진다.

(선지분석)

① SEED: SEED는 전자상거래, 금융, 무선통신 등에서 전송되는 개인정보와 같은 중요한 정보를 보호하기 위해 1999년 2월 한국인터넷진흥원과 국내 암호전문가들이 순수 국내기술로 개발한 128비트 블록 암호 알고리즘이다. 2009년 256 비트 키를 지원하는 SEED 256을 개발하였다. Feistel 구조이다.

② Rabin: 인수 분해를 하는 것이 어렵다(mod B로 평방근(제곱근)을 구하는 것이 어렵다)는 것을 이용한다. 예를 들어, 인수분해란 p, q를 이용해서 N = p × q를 구하는 것은 쉽지만 N을 이용해서 p, q를 구하는 것은 어렵다는 사실에 기반을 둔다.

④ Blowfish: 1993년 블루스 슈나이어가 설계한 키 방식의 대칭형 블록 암호이다. 기존 암호는 클로즈드 소스(특허 있음)였으나, 슈나이어는 블로피시를 오픈 소스(특허 없음)로 만들었다.

014 답 ①

키 쌍을 생성하는 과정은 다음과 같다.

n = p × q -> p = 11, q = 13 L = lcm(p − 1, q − 1) = lcm(10, 12) = 60(최신 버전) 또는 L = (p − 1) × (q − 1) = 10 × 12 = 120(→ 처음 버전, 공무원 시험에서 계산되는 방식) 1 < E < 60 또는 120, gcd(E, L) = 1

ㄴ. 17 -> 조건에 만족

ㄷ. 19 -> 조건에 만족

(선지분석)

ㄱ. 9 -> gcd(E, L) = 1이라는 조건에 만족하지 않음(3이라는 공약수가 존재)

ㄹ. 127 -> 1 < E < 60 또는 120이라는 조건에 만족하지 않음

015 답 ④

일단 중간자 공격은 공개키 길이와 무관하다. 그러므로 공개키 길이를 늘려도 중간자 공격을 막을 수 없다.

(선지분석)

① AES(대칭키, 치환과 순열을 이용)와 다르게 RSA(공개키)는 수학적 계산에 암호화/복호화를 수행하므로 속도가 더 느리다.

② 키 길이가 길어지면 수학적 계산량이 증가하여 암호화/복호화 속도가 느려진다.

③ p와 q의 곱으로 만들어지는 N은 공개되는데, 공개되는 N은 소인수분해 공격이 가능하다. 그러므로 p와 q의 길이를 길게 하면 소인수분해 공격으로부터 안전하다.

016 답 ②

비대칭키(공개키)에는 RSA, Rabin, Elgamal, ECC 등이 있다.

(선지분석)

①, ③, ④ 대칭키에는 DES, 3-DES, AES, Blowfish, IDEA, RC6, SEED, ARIA 등이 있다.

017 답 ①

ECC의 장점: RSA에 비해 키의 비트 수가 적다(보안성 향상을 위해 RSA 만큼 길어지지는 않음).

(선지분석)

② 타원곡선에서 덧셈연산을 특별하게 정의함(암호화에 사용하기 위해)

③ 타원곡선 디피 – 헬만: 타원곡선 암호를 이용한 디피 – 헬먼 키 교환 방식

④ 공개키 암호: RSA, ECC, Rabin, ElGamal

018 답 ②

암호문 = $평문^e \bmod N = 4^{11} \bmod 143$

019 답 ③

전자서명 할 때는 서명하는 사용자의 개인키로 암호화한다.

(선지분석)

① 공개키 암호는 RSA, ElGamal, Rabin, ECC 등이 존재한다.

② RSA와 Rabin은 소인수 분해의 어려움에 기초한다.

④ ElGamal과 ECC는 이산대수 문제의 어려움에 기초한다.

020 답 ①

$n = p \times q = 17 \times 23 = 391$

$8^e \bmod n = 8^3 \bmod 391 = 512 \bmod 391 = 121$

021 답 ③

같은 값을 가지고 있는 P를 구하는 타원 곡선(P를 지나는 직선이 타원과 만나는 R)은 R = 2P(−R에서 1P, R에서 1P)로 정의한다. 그러나 문제에서는 해당 P를 지나는 직선이 2개이므로 R = 4P가 된다.

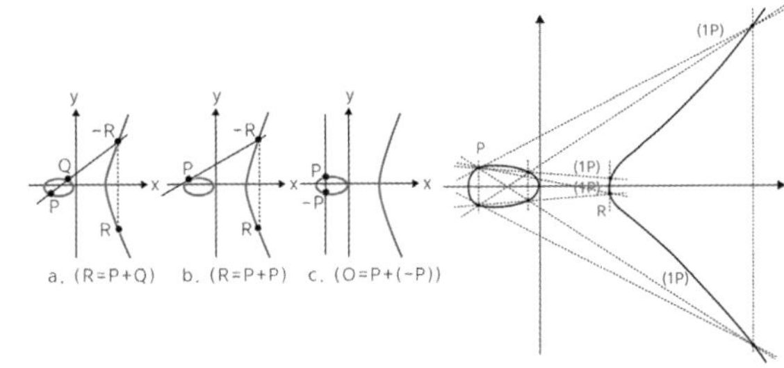

022 답 ①

ㄱ. 공개키는 공개하고, 개인키는 비밀로 한다.
ㄴ. ECC가 RSA에 비해 키 길이가 짧다.

(선지분석)

ㄷ. 공개키에서는 키 배송 문제가 발생하지 않는다.
ㄹ. 수학적 연산으로 인해 속도가 느리다.

023 답 ②

비대칭키 암호 알고리즘이다.

(선지분석)

①, ③, ④ 대칭키 암호 알고리즘이다.

024 답 ③

실제로 값을 대입하면 합동식이 성립함을 알 수 있다.

- p = 3, a = 2
- $2^{\varnothing(2 \cdot 3)} \equiv 2^{\varnothing(3)} (\mathrm{mod}\ 3) \rightarrow 2^2 \equiv 2^2 (\mathrm{mod}\ 3)$

(선지분석)

① $\varnothing(p^k) = p^{k-1}(p-1)$에 기반한다.
② 곱셈적 함수이다.
④ 오일러의 정리라고 한다.
⑤ 서로소가 아닌 5, 7, 10, 14, 15, 20, 21, 25, 28, 30을 제외한다.

025 답 ②

Diffie-Hellman은 공개키 암호 알고리즘이다.

026 답 ②

암호문 = (11 × 42) mod 247 = 462 mod 247 = 215
$(7 \times 35)^5$ mod 247 = (7^5 mod 247) × (35^5 mod 247) mod 247 = 11 × 42 mod 247

CHAPTER 07 | 하이브리드 암호 시스템

정답 p.78

001	④	002	②	003	③	004	③	005	②
006	③	007	③						

001 답 ④

하이브리드 암호시스템은 대칭키(빠른 속도)와 공개키(키 배송 문제가 없음)의 장점을 조합한다.

ㄱ. '키'를 사용하여 '문서'를 암호화할 때: 대칭키 암호시스템
ㄴ. • '문서'를 암 · 복호화하는 데 필요한 '키'를 암호화할 때: 공개키 암호시스템
 • '문서'를 암 · 복호화하는 데 필요한 '키'를 복호화할 때: 공개키 암호시스템
ㄷ. '키'를 사용하여 암호화된 '문서'를 복호화할 때: 대칭키 암호시스템

002 답 ②

공인인증서(X.509): 영지식 증명은 증명자가 자신이 알고 있는 지식과 정보를 공개하지 않으면서, 그 지식을 알고 있다는 사실을 검증자에게 증명하는 시스템이므로 X.509 인증서를 사용하면 안된다. X.509 자체가 지식과 정보를 공유하는 것이 된다.

(선지분석)

① 영지식 증명: 암호학에서 누군가가 상대방에게 어떤 사항(statement)이 참이라는 것을 증명할 때, 그 문장의 참 거짓 여부를 제외한 어떤 것도 노출되지 않는 interactive한 절차(패스워드를 알려주지 않고 패스워드를 알고 있다는 사실만을 알려줌)
③ zk-SNARK(영지식 스나크): 기존의 영지식 증명을 좀 더 간결하고(succinct) 비상호적인 환경(non-interactive)에서 적용 가능하도록 변형한 기술
④ 영지식 증명의 세가지 성질
 - 완전성: 어떤 문장이 참이면, 정직한 증명자는 정직한 검증자에게 이 사실을 납득시킬 수 있어야 한다.
 - 건실성: 어떤 문장이 거짓이면, 어떠한 부정직한 증명자라도 정직한 검증자에게 이 문장이 사실이라고 납득시킬 수 없어야 한다.
 - 영지식성: 어떤 문장이 참이면, 검증자는 문장의 참 거짓 이외에는 아무것도 알 수 없어야 한다.

003 답 ③

하이브리드 암호 시스템은 공개키 암호를 이용하여 대칭키를 암호화하므로 대칭키 암호의 키 교환 문제가 발생하지 않는다.

(선지분석)

① 메시지 암호화/복호화에는 대칭키를 사용한다.
② 암호화에 사용된 대칭키를 상대방에게 전달할 때 상대방의 공개키로 암호화를 수행한다.
④ 수신자는 공개키 알고리즘을 사용하여 공개키와 개인키를 생성하고, 공개키를 상대방에게 전달한다.
⑤ 수신자는 암호화된 대칭키를 수신자의 개인키로 복호화할 수 있다.

004 답 ③

생성된 세션키는 기밀성 보장을 위하여 공개키 암호 방식으로 암호화한다.

(선지분석)

① 메시지는 속도를 위해 대칭 암호 방식으로 암호화한다.
② 세션키는 의사 난수 생성기(소프트웨어)로 생성한다.
④ 세션키를 공개키로 암호화하기 때문에 비밀키를 사전에 공유할 필요가 없다.

005 답 ②

ㄱ. 공개키를 사용한다.
ㄴ. 대칭키를 사용한다.

(선지분석)

- SHA: 해시 알고리즘이다.
- SEED: 대칭키 알고리즘이다.

006 답 ③

메시지는 세션키로 암호화하고, 세션키는 수신자의 공개키로 암호화한다.

007 답 ③

세션키를 이용하여 메시지를 암호화한다.

CHAPTER 08 | 해시함수(Hash)

정답 p.80

001	④	002	③	003	③	004	④	005	③
006	①	007	③	008	④	009	①	010	①
011	③	012	③	013	②	014	④	015	⑤
016	②	017	③	018	①	019	①	020	②
021	④	022	②	023	④	024	①	025	②

001 답 ④

충돌 회피성: 동일한 출력을 산출하는 서로 다른 두 입력을 계산적으로 찾기 어려운 성질을 나타낸다.

(선지분석)

① 고정된 길이의 출력: 입력이 1bit 혹은 1Tbit라도 고정된 길이의 출력을 가진다.
② 대표적인 해시 함수: MD4, MD5, SHA-1, SHA-2, SHA-3, RIPEMD-160, HAS-160 등이 있다.
③ 메시지 인증과 메시지 부인방지 서비스: 해시를 이용한 메시지 인증에는 HMAC이 있고, 메시지 부인방지를 위한 디지털 서명에서 처리 시간을 단축하기 위해 해시를 사용한다.

002 답 ③

충돌: 입력공간이 출력공간보다 크기 때문에 발생한다. 즉, 입력 메시지를 계속해서 늘리면 출력값이 같은 메시지들이 존재하여 충돌이 발생한다.

(선지분석)

① 해쉬값에 대응하는 입력값: 일방향성을 의미한다.
② MAC 및 전자서명: HMAC과 같이 MAC을 만들 때 해쉬를 이용할 수 있다. 속도를 빠르게 하기 위해 메시지의 해쉬값에 서명을 한다.
④ 서로 다른 입력값: 강한 충돌 내성을 의미한다.
⑤ 고정된 길이의 해쉬값: 입력이 1bit 혹은 1Tbit라도 고정된 길이의 출력을 가진다.

003 답 ③

강한 충돌 저항성: 해시 값이 일치할 것 같은, 다른 2개의 메시지를 발견해 내는 것이 매우 곤란한 성질을 의미한다.

(선지분석)

① 주어진 해시 값: 해시 함수의 일방향성을 의미한다.
② 주어진 입력 값과 그 입력 값에 해당하는 해시 값: 약한 충돌 저항성을 의미한다.
④ 해시 함수: 해시 함수를 이용하여 의사 난수를 만들 수 있다.

004 답 ④

MAC: 해시는 무결성을 제공하고, MAC은 무결성과 인증을 제공한다.

(선지분석)

① 입력과 출력: 입력은 가변길이를 갖고, 출력은 고정길이를 갖는다.
② 충돌: 1:1 대응 함수로서 충돌을 피할 수 있다.
③ MAC: 해시는 키를 사용하지 않고, MAC은 키를 사용한다.

005 답 ③

SHA-1: 충돌 저항성(약한 충돌, 강한 충돌)은 해시 함수에서 발생한다.

(선지분석)

① AES: 대칭키 암호
② DES: 대칭키 암호
④ RSA: 공개키 암호
⑤ ECC: 공개키 암호

006 답 ①

양방향성: 일방향성을 가진다. 즉, 해시값으로부터 메시지를 얻어낼 수 없다.

(선지분석)

② 확률: 충돌 내성 혹은 충돌 회피성(동일한 출력을 산출하는 서로 다른 두 입력을 계산적으로 찾기 어려운 성질)을 가진다.
③ 임의 길이: 입력이 1bit 혹은 1Tbit라도 고정된 길이의 출력을 가진다.
④ 고속: 해시 값을 고속으로 계산할 수 있다. 즉, 어떤 암호화 알고리즘도 현실적인 시간 내에 계산이 되지 않으면 의미가 없다.
⑤ MD5, RIPEMD-160, SHA-512: MD4, MD5, SHA-1, SHA-2(SHA-256, SHA-384, SHA-512), SHA-3, RIPEMD-160, HAS-160 등이 있다.

007 답 ③

해시값 길이: 입력이 1bit 혹은 1Tbit라도 고정된 길이의 출력을 가진다.

(선지분석)

① 서로 다른 두 입력 메시지: 해시가 가져야 하는 강한 충돌 내성을 나타낸다.
② 원래의 입력 메시지: 해시가 가져야 하는 일방향성을 나타낸다.
④ 다른 메시지: 해시가 가져야 하는 약한 충돌 내성을 나타낸다.

TIP Second-preimage resistance: 메시지가 주어지면 해시값이 일치하는 다른 메시지를 찾는 것이다.

008 답 ④

난수는 salt이고 사전공격을 막는 데 사용한다. 그러므로 난수가 노출되면 사전공격에 안전하지 않다.

(선지분석)

① MD5는 내부 구조 일부에 대한 몇 가지 공격 방법이 발견되었고, SHA-1은 강한 충돌 내성(출력이 같은 서로 다른 입력이 존재)이 침해되었다.
② 해시의 일방향성을 의미한다.
③ 생일 공격(Birthday attack)이란 어떤 모임에서 사람의 수가 증가할수록 생일이 같을 확률이 증가함을 의미한다. 그러므로 해시의 입력값을 증가하면 같은 출력값을 가지는 입력값을 가지는 확률이 증가하게 된다. 해당 방법은 내부 알고리즘에 관계없이 충돌저항성(같은 출력을 갖는 다른 입력을 찾는 것)을 분석할 수 있다.
⑤ 채굴에는 SHA-256이 사용되고, 어드레스에는 SHA-256과 RIPEMD-160이 사용된다.

TIP 비트코인(최근 출제 경향)에 사용하는 해시 함수(SHA-256, RIPEMD-160)는 중요하므로 꼭 기억하기 바란다.

009 답 ①

ㄱ. 입력이 1bit 혹은 1Tbit라도 고정된 길이의 출력을 가진다.
ㄴ. 해시함수는 무조건 일방향이어야 한다(해시값으로 원본 메시지를 알 수 없다). 만약, 양방향이면 암호를 위해 사용할 수 없다.

(선지분석)

ㄷ. 몇몇 해시(SHA-1, SHA-2)를 제외하고 입력 비트의 제한은 없다.
ㄹ. SHA-256의 해시 결과값은 256비트이다.

010 답 ①

Second Pre-image Resistance(약한 충돌 내성): 메시지가 주어졌을 때, 해시값이 일치하는 다른 메시지를 찾는 것이다. 이에 반해 Pre-image Resistance는 해시값에 해당하는 동일 메시지를 찾는 것이다.

(선지분석)

② Collision Resistance(강한 충돌 내성): 해시 값이 일치할 것 같은, 다른 2개의 메시지를 발견해 내는 것이 매우 곤란한 성질이다.
③ Integrity(무결성): 정보의 내용이 불법적으로 생성 또는 변경되거나 삭제되지 않도록 보호되어야 하는 성질의 의미한다.
④ Onewayness(일방향성): 메시지에 대한 해시값을 구할 수 있지만, 해시값에 대한 메시지를 구할 수는 없다.
⑤ Uniform Distribution(연속균등분포): 해시값의 균등분포를 나타낸다.

011 답 ③

입력이 1bit 혹은 1Tbit라도 고정된 길이의 출력을 가진다.

(선지분석)

① 해시는 무결성을 보장하나 기밀성(암호화)은 보장하지 않는다.
② 해시는 일방향이라 주어진 해시값으로 원래의 입력 메시지를 구할 수 없다.
④ IDEA는 대칭키 암호 알고리즘이다.

012 답 ③

해시는 입력이 1bit 혹은 1Tbit라도 고정된 길이의 출력을 가진다. 이와 같은 특성은 절대 변하지 않는다.

(선지분석)

① 입력 크기에 제한이 있을 수 있지만(SHA-1, SHA-2) 임의 크기의 메시지에 적용될 수 있어야 한다.
② 해시를 생성하는 계산이 비교적 쉬워야 한다. 이는 계산 효율이 있어야 하고 구현이 용이해야 함을 의미한다. 아무리 좋은 해시함수라도 계산이 어렵고 구현이 용이하지 않다면 의미가 없다.
④ ②와 같은 맥락에서 CPU의 특성에 맞게 하드웨어로 구현하든 아니면 소프트웨어로 구현하든 모두 실용적이어야 한다. 실용적이라는 말은 계산의 속도가 현실적이어야 함을 의미한다.

013 답 ②

SHA-1: 해시로 무결성을 제공한다.

(선지분석)

① RSA: 공개키로 기밀성을 제공한다.
③ ECC: 공개키로 기밀성을 제공한다.
④ IDEA: 대칭키로 기밀성을 제공한다.

014 답 ④

생일 공격: 어떤 모임에서 사람이 수가 증가할수록 생일이 같을 확률이 증가함을 의미한다. 예를 들어, 해시의 입력값을 증가하면 같은 출력값을 가지는 입력값을 가지는 확률이 증가하게 된다.

(선지분석)

① 피싱: Private data(개인 정보)와 fishing(낚는다)의 합성어이다. 불특정 다수에게 메일을 발송해 위장된 홈페이지로 접속하도록 한 뒤 인터넷 이용자들의 금융정보와 같은 개인정보를 빼내는 사기기법을 말한다.
② 파밍: Phishing(개인 정보)과 farming(대규모 피해)의 합성어이다. DNS Spoofing과 같이 인터넷 주소창에 방문하고자 하는 사이트의 URL을 입력하였을 때 가짜 사이트(fake site)로 이동시키는 공격 기법이다. 해당 공격 기법을 이용하여 공격자의 웹서버 IP 주소와 정상 사이트의 도메인 주소를 매핑해 준다.
③ 스미싱: SMS(문자 메시지)와 Phishing의 약자이다. Phishing은 Private Data(개인 정보)와 Fishing(낚시)의 약자이다. 공격자가 문자 메시지에 URL을 보내고, 사용자가 이를 클릭하면 해킹 툴이 스마트폰에 설치되어 개인 정보가 탈취된다.

TIP 사회 공학적 공격이란 인간의 마음을 교묘하게 이용하는 공격기법으로, 생일 공격은 이에 해당하지 않는다.

015 답 ⑤

해시 함수는 키 값을 적용할 수 있기 때문에 MAC으로 사용될 수 있다. 이를 HMAC이라고 한다.

(선지분석)

① 입력이 1bit 혹은 1Tbit라도 고정된 길이의 출력을 가진다.
② 일방향성을 가진다. 즉, 해시값으로부터 메시지를 얻어낼 수 없다.
③ 강한 충돌 저항성: 해시 값이 일치할 것 같은, 다른 2개의 메시지를 발견해 내는 것이 매우 곤란한 성질을 의미한다.
④ 비트코인 블록체인에는 SHA-256이 사용되고, 비트코인 어드레스에는 SHA-256, RIPEMD-160이 사용된다.

016 답 ②

SHA-512는 블록의 크기(해시 연산을 수행하는 기본 단위)가 1024비트이다. 그러므로 패딩의 결과가 1024로 나누어 떨어져야 한다. 28비트의 패딩을 추가하면 4096(= 3940 + 28 + 128)비트가 되어 1024비트 4개의 블록으로 나누어진다.

017 답 ③

- 약한 충돌 내성: 어느 메시지의 해시 값이 주어졌을 때, 그 해시 값과 같은 해시 값을 갖는 다른 메시지를 발견해 내는 것이 매우 곤란한 성질이다.
- 강한 충돌 내성: 해시 값이 일치할 것 같은, 다른 2개의 메시지를 발견해 내는 것이 매우 곤란한 성질이다.

(선지분석)

① 입력 메시지의 길이에 무관하게 해시 값은 일정하고 이는 충돌과 무관하다.
② 서로 다른 해시 함수가 아니라 동일한 해시 함수가 서로 다른 입력 값에 대해 동일한 출력 값을 내는 것을 의미한다.
④ 동일한 해시 함수는 동일한 입력 값에 동일한 출력 값을 내야 한다. 만약, 다른 출력 값을 가지면 이는 해시 함수로 사용할 수 없다.

018 답 ①

비밀번호를 암호화할 때 salt를 추가하면 공격이 수행되는 키 공간(key space)이 증가하게 되어 사전공격을 해결할 수 있다.

019 답 ①

생일 공격: 입력의 개수를 늘리면 충돌이 발생하는 원리를 이용하는 해시함수 공격 방법이다.

(선지분석)

② 사전 공격: 사전 파일을 이용하여 패스워드를 크래킹한다.
③ 레인보우 테이블 공격: 패스워드의 해시값과 reduction 함수를 사용하여 패스워드를 크래킹한다.
④ 선택 평문 공격: 암호화기를 사용할 수 있다는 가정 하에 블록 암호문을 해독하기 위해 공격한다.

020 답 ②

블록 길이와 해시 길이가 정확하게 기술되어 있다.

(선지분석)

① 블록 길이가 512이다.
③ 해시 길이가 384이다.
④ 블록 길이가 1024이다.

021 답 ④

해시 알고리즘의 안전도를 측정하는데 사용된다.

(선지분석)

① 공격자는 이전의 암호화 결과를 보고 다음 평문을 선택할 수 있다.
② 평문의 일부를 변경할 때 암호문이 어떻게 변화하는지 관찰하여 조사한다.

③ 알고리즘의 약점을 찾거나(암호 해독과는 다름) 무차별 공격을 하는 대신에 암호 체계의 물리적인 구현 과정의 정보를 기반으로 하는 공격 방법이다. 예를 들어, 소요 시간 정보, 소비 전력, 방출하는 전자기파, 심지어는 소리를 통해서 시스템 파괴를 위해 악용할 수 있는 추가 정보를 얻을 수 있다.
⑤ 약한 충돌 내성과 강한 충돌 내성을 가져야 한다.

022 답 ②

취약점이 발견되어 지금은 거의 사용되지 않는다.

(선지분석)

① 일방향성 또는 pre-image attack이다.
③ 약한 충돌과 강한 충돌이 존재한다.
④ 뒤의 숫자가 출력 비트 길이다.
⑤ 입력이 8bit 또는 1Tbit라도 일정 길이의 해시값을 출력한다.

023 답 ④

SHA-512는 라운드 수가 80이고, 블록의 크기가 1024이다.

024 답 ①

해시값이므로 무결성에 해당한다.

025 답 ②

일방향성 또는 preimage attack이라고 불린다.

(선지분석)

① 고정 길이의 해시값을 생성한다.
③ 계산은 효율적이어야한다. 즉, 빠른 시간안에 해시값을 구해야 한다.
④ 강한 충돌로 인해 서로 다른 x, y가 존재할 수 있다.

CHAPTER 09 | 메시지 인증 코드(MAC)

정답 p.86

001	④	002	①	003	④	004	③	005	③
006	④	007	④	008	④	009	①	010	①

001 답 ④

복제 여부: 복제 여부는 워터마킹이나 핑거프린팅 등으로 알 수 있다.

(선지분석)

① 출처: 메시지 인증 코드는 비밀키를 이용하므로 메시지의 출처(인증)를 알 수 있다(해당 비밀키는 상대방만 가지고 있다).
② 비밀키: MAC에는 비밀키(상호 인증)가 사용된다.
③ 무결성: 메시지 인증 코드는 수신자가 MAC 값을 비교하므로 통신 중 내용 변경 유무(무결성)를 알 수 있다.

002 답 ①

비밀키: MAC은 비밀키가 필요하고, 해시는 비밀키가 필요 없다.

(선지분석)

② 메시지 크기: 해시와 MAC 모두 메시지 크기와 무관하다.
③ 전송: 해시는 해시와 원본 메시지를 전달해야 하고, MAC은 MAC과 원본 메시지를 전달해야 한다.
④ 무결성: 해시는 무결성을 검증하고, MAC은 인증과 무결성을 검증한다.

003 답 ④

MAC은 인증과 무결성만을 제공한다. 부인방지는 디지털 서명이 제공한다.

(선지분석)

① 메시지 무결성을 제공한다. 만약, MAC으로 HMAC(해시와 대칭키를 이용하여 MAC을 생성)을 사용하게 되면 해시값 자체는 무결성을 제공하는데 사용한다.
② 대칭키를 이용한다. 대칭키를 이용해서 인증을 제공한다(통신 당사자들만 가지고 있는 것이기 때문). 비대칭키를 이용할 수도 있지만(자주 사용하는 방법이 아님) 공무원 시험 특성상 가장 옳은 답은 ④가 된다.
③ 고정 크기의 인증 태그를 생성한다. 고정된 인증 태그를 통해 인증과 무결성을 제공한다.

004 답 ③

MAC을 검증하기 위해서는 메시지와 비밀키가 필요하다.

(선지분석)

① MAC에 해시를 사용한다면 해시값를 통해 무결성을 확인할 수 있다.
② MAC에 사용하는 비밀키를 통해 인증을 수행할 수 있다.
④ 해시 함수를 이용한 HMAC이 존재한다.
⑤ MAC은 인증을 위해 생성자와 검증자가 동일한 키를 사용해야 한다.

TIP 현재까지 나온 MAC 관련 시험 문제에서 MAC을 만들기 위해 '공개키를 사용할 수 없다'라고 했으나, 이론상 공개키를 사용하는 것은 가능하다. 만약, 공개키가 사용가능하다고 한다면 MAC을 검증하기 위해서는 메시지와 개인키가 필요하다.

005 답 ③

ㄴ, ㄹ. MAC은 인증과 무결성을 제공한다.

(선지분석)

ㄱ. 트래픽 패딩은 단순히 비트를 채우는 것으로 보안 서비스가 아니다.

ㄷ. 메시지 복호화는 기밀성인데 MAC은 기밀성을 제공하지 않는다. 기밀성은 대칭 암호 또는 공개키 암호가 제공한다.

006 답 ④

MAC(메시지 인증 코드)은 인증과 무결성을 제공한다. 그리고 해시 함수는 무결성을 제공한다.

(선지분석)

① 난수 생성기는 실제 난수를 생성하고, 대칭키(기밀성) 등에 이용되지만 잘 사용되지는 않는다(만들기가 어려움). 코덱은 압축을 하는데 사용한다(굳이 분류하자면 기밀성).

② 코덱은 압축을 하는데 사용한다(굳이 분류하자면 기밀성).

③ 의사 난수 생성기는 소프트웨어적으로 의사 난수를 생성하고, 대칭키(기밀성) 등에 이용된다.

007 답 ④

일방향 해시 함수(SHA-1)를 이용하여 메시지 인증 코드를 구현한 것이다. 1996년 Mihir Bellare, Ran Canetti, Hugo Krawczyk이 관련 논문을 발표하고, 1997년 RFC 2104를 작성하였다. HMAC은 IPsec과 TLS 등에서 사용한다.

(선지분석)

① ECC는 공개키 암호 방식으로 암호문 또는 서명을 생성하는 알고리즘이다.

② ElGamal은 공개키 암호 방식으로 암호문 또는 서명을 생성하는 알고리즘이다.

③ RC4는 대칭키 암호 방식(스트림 암호)으로 암호문을 생성하는 알고리즘이다.

TIP 이의 신청을 할 수 없는 답이 정해진 숫자 문제가 자주 출제되므로 정보보호론을 학습할 때 숫자에 민감하기 바란다. 여기서는 RFC 번호가 해당된다.

008 답 ④

ㄴ. MAC에서는 상호 인증을 제공하고, 디지털 서명에서는 서명자 인증을 제공한다.

ㄹ. MAC, 해시, 디지털 서명에서 제공한다.

(선지분석)

ㄱ. 디지털 서명에서 제공한다.

ㄷ. 접근 제어는 공개키 인증서에서 제공한다.

009 답 ①

- 해시함수: 무결성
- MAC: 무결성, 상호 인증(비밀키)

(선지분석)

- 전자 서명: 서명자 인증(개인키), 무결성, 부인 방지
- 대칭키, 비대칭키: 비밀성

010 답 ①

SHA-1나 MD5와 같은 일방향 해시 함수를 이용하여 메시지 인증 코드를 실현한다.

(선지분석)

② '블록(관리 대상 데이터)'이라고 하는 소규모 데이터들이 P2P 방식을 기반으로 생성된 체인 형태의 연결고리 기반 분산 데이터 저장 환경에 저장된다.

③ 비대칭키 암호 알고리즘이다.

④ 대칭키 암호 알고리즘이다.

CHAPTER 10 | 디지털 서명/전자 서명

정답 p.88

001	①	002	②	003	④	004	①	005	①
006	③	007	③	008	④	009	④	010	④
011	①	012	①	013	⑤	014	④	015	②
016	③	017	⑤	018	③	019	①	020	④

001 답 ①

RSA: 큰 수의 소인수분해를 고속으로 행하는 방법이 없다는 것을 이용한다. 소인수분해란 소수 p, q가 주어졌을 때 $n = pq$를 구하는 것은 쉽지만, n이 주어졌을 때 소수 q, q를 구하는 것은 어렵다는 사실에 기반을 둔다.

(선지분석)

② ElGamal: 이산 대수를 구하는 것이 어렵다는 것을 이용한다. 이산 대수란 g, x, p가 주어졌을 때 $y = g^x \bmod p$를 구하는 것은 쉽지만, g, y, p가 주어졌을 때 x를 구하는 것은 어렵다는 사실에 기반을 둔다.

③ KCDSA: KISA(한국인터넷진흥원)에서 개발한 인증서 기반 부가형 전자서명 알고리즘으로, ElGamal 서명 방식의 변형으로 이산대수 문제에 안전성을 두고 있다.

④ ECDSA: 전자 서명 알고리즘(DSA)에 타원 곡선 암호(ECC) 방식을 이용한 전자 서명 알고리즘이다. ECC는 이산대수 문제에 안정성을 두고 있다.

002 답 ②

무결성과 기밀성: 무결성, 인증, 부인방지(봉쇄)는 보장하나 기밀성을 보장하지는 않는다. 기밀성을 보장하기 위해서는 별도의 암호화를 해야한다.

(선지분석)

① 서명과 검증: 송신자의 개인키로 서명하고 송신자의 공개키로 검증한다. 개인키 암호화라고도 한다.
③ 제3자: 신뢰할 수 있는 제3자(인증기관)를 이용하면 부인방지(봉쇄)를 할 수 있다.
④ 해시 값: 서명 시간을 단축하기 위해 메시지의 해시 값에 서명을 한다.

003 답 ④

재사용 가능: 재사용 불가이다. 서명문의 해시값을 전자서명에 이용하므로 한 번 생성된 서명을 다른 문서의 서명으로 사용할 수 없다.

(선지분석)

① 서명자 인증: 서명문의 서명자를 확인할 수 있다.
② 위조 불가: 서명자만이 서명문을 생성할 수 있다.
③ 부인 불가: 서명자가 나중에 서명한 사실을 부인할 수 없다.

TIP 이외에도 변경 불가가 있다. 변경 불가는 서명된 문서는 내용을 변경할 수 없기 때문에 데이터가 변조되지 않았음을 보장하는 무결성을 만족한다.

004 답 ①

성능 저하: 공개키 암호는 두 키의 수학적 특성에 기반하기 때문에, 메시지를 암호화 및 복호화 하는 과정에 여러 단계의 산술 연산이 들어간다. 따라서 대칭키 암호에 비하여 속도가 매우 느리다는 단점을 지니고 있다. 그러므로 연산해야 하는 메시지의 양을 줄이기 위해 메시지의 해시 값(다이제스트)에 서명을 수행한다.

005 답 ①

은닉: 해당 설명은 수신자 지정 서명을 나타낸다. 일반적인 서명에서는 특정 검증자를 지정하는 것은 불가능(왜냐하면 검증은 공개키로 하는데 공개키를 누구에게나 공개되어 있기 때문)하나 특수 서명에서는 특정 검증자를 지정할 수 있다. 은닉 서명이란 보낸 메시지가 검증할 수 있는 메시지라는 것을 보장하면서도 보낸 사람의 익명성을 보장해준다.

(선지분석)

② 부인방지: 서명을 검증할 때 반드시 서명자의 도움이 있어야 검증이 가능한 방식이다.
③ 위임: 위임 서명자로 하여금 서명자를 대신해서 대리로 서명할 수 있도록 한 방식이다.
④ 다중: 동일한 전자문서에 여러 사람이 서명하는 방식이다.

006 답 ③

전자서명은 개인키를 이용하여 서명하므로 서명 생성자를 인증할 수 있다. 즉, 해당 개인키는 서명 생성자만이 소유하고 있다(전자서명이라는 표현보다는 디지털서명이라는 표현이 더 적당하다).

(선지분석)

① 전자서명은 공개키를 사용한다.
② 메시지 인증 코드는 인증/무결성 기능을 제공하고, 전자서명은 인증/무결성/부인방지 기능을 제공한다.
④ 메시지 인증 코드는 대칭키(비밀키)가 필요하다.
⑤ 전자서명은 해시 - 후 - 서명(Hash-then-Sign) 방식이다.

007 답 ③

- A가 서명을 하려면 자신의 개인키로 서명을 해야 하고, 암호화를 하려면 B의 공개키로 암호화를 해야 한다.
- B가 복호화를 하려면 B의 개인키로 복호화를 해야 하고, 서명을 검증하려면 A의 공개키로 서명을 검증해야 한다.

TIP 공개키 암호화는 공개키로 암호화하고, 개인키로 복호화를 하는 것이다. 이에 반해 개인키 암호화는 개인키로 암호화하고(서명), 공개키로 복호화하는 것이다(서명 검증). 같은 암호화 알고리즘을 반대로 사용한 것이라고 보면 된다.

008 답 ④

재사용 가능: 재사용 불가이다. 즉, 서명문의 해시값을 전자서명에 이용하므로 한 번 생성된 서명을 다른 문서의 서명으로 사용할 수 없다.

(선지분석)

① 부인 방지: 서명자가 나중에 서명한 사실을 부인할 수 없다.
② 변경 불가: 서명된 문서는 내용을 변경할 수 없기 때문에 데이터가 변조되지 않았음을 보장하는 무결성을 만족한다.
③ 서명자 인증: 서명문의 서명자를 확인할 수 있다.

TIP 이외에도 위조 불가가 있다. 위조 불가란 서명자만이 서명문을 생성할 수 있다.

009 답 ④

전자서명은 재사용 불가이다. 서명문의 해시값을 전자서명에 이용하므로 한 번 생성된 서명을 다른 문서의 서명으로 사용할 수 없다.

(선지분석)

① 전자서명은 위조 불가이다. 즉, 서명자만이 서명문을 생성할 수 있다.
② 전자서명은 인증, 무결성, 부인방지에 사용된다.
③ DSS는 디지털 서명에 사용되는 알고리즘 모음(suite)이다. 알고리즘에는 DSA, RSA, ECDSA가 존재한다.

010 답 ④

전자서명은 A의 개인키로 메시지 혹은 메시지의 해시값(시간 단축)에 암호화를 수행하는 것이다.

선지분석

① 암호화(기밀성)를 수행한 것이다.
② 공개키 기반의 전자 서명을 적용하여 메시지의 무결성을 검증하기 위해서는 메시지와 전자 서명을 동시에 보내야 한다. 해당 지문에서는 메시지를 보내지 않는다.
③ 메시지는 필요 없고, 해시값이 아닌 메시지에 암호화를 해야 한다.

TIP 기호가 익숙하지 않은 것을 제외하곤 아주 쉬운 문제에 속한다. 그러므로 암호학에서 기호가 나오면 기호에 익숙해지는 것이 좋다.

011 답 ①

DSA는 공개키 암호 알고리즘으로 보는 견해가 존재하지만 기밀성과 부인 방지를 동시에 보장하지 않는다.

선지분석

② NIST가 1991년에 제정한 디지털 서명 알고리즘이다.
③ SHA-1, SHA-2의 해시 함수가 사용된다.
④ DSA는 이산대수문제에 기반 한다.

012 답 ①

ㄱ. 디지털 서명은 개인키로 암호화(서명)를 수행하기 때문에 자신이 서명한 것에 대해서 부인할 수 없다.
ㄴ. 디지털 서명은 개인키 암호화(개인키로 암호화(서명), 공개키로 복호화(검증))이다. 즉, 공개키 암호화(공개키로 암호화, 개인키로 복호화)의 반대이다.

선지분석

ㄷ. 디지털 서명은 인증, 무결성, 부인방지를 제공한다. 기밀성을 제공하기 위해서는 별도의 암호화를 수행하여야 한다.

013 답 ⑤

RSA: 공개키로 암호화 또는 전자서명(디지털 서명)을 제공한다. 전자서명은 전자문서에 대한 인증 및 부인 방지에 활용할 수 있다.

선지분석

① SEED: 대칭키로 암호화를 수행한다.
② HIGHT: 대칭키로 암호화를 수행한다.
③ AES: 대칭키로 암호화를 수행한다.
④ RC6: 대칭키로 암호화를 수행한다.

014 답 ④

인증, 전자서명(부인방지), 무결성, 기밀성 제공: 메시지와 서명된 메시지의 해시값을 암호화한다.

선지분석

① 무결성, 기밀성 제공: 메시지와 메시지의 해시값을 암호화한다.
② 무결성 제공: 해시값을 암호화한다(불필요하다).
③ 인증, 전자서명(부인방지), 무결성 제공: 메시지의 해시값에 서명한다.

015 답 ②

전자 서명(디지털 서명)은 기밀성을 제공하지 않는다. 기밀성을 제공하기 위해서는 별도의 암호화를 수행해야 한다.

선지분석

① 전자 서명은 서명자 인증을 제공한다.
③ 전자 서명은 무결성을 제공한다.
④ 전자 서명은 부인 방지를 제공한다.

016 답 ③

노출을 막으려면 대칭키 또는 비대칭키를 사용해서 암호화를 수행해야 한다.

선지분석

① 공인인증서에 활용된다.
② 전자서명은 서명자 인증, 무결성, 부인방지를 제공하므로 소프트웨어의 위변조 여부를 확인할 수 있다.
④ 서버의 인증서에 전자서명이 활용된다.
⑤ CRL에 전자서명 후 저장소에 공고한다.

017 답 ⑤

메시지에 따라 서로 다른 난수를 사용해야 한다(서명을 위해 난수와 개인키가 필요).

선지분석

① 타원곡선 이산대수 문제(ECDLP)라고 한다.
② 서명 속도를 높이기 위해 해시값을 사용한다.
③ RSA에 비해 키 길이가 짧고 이로 인해 복호화가 빠르다.
④ 거래의 진위 여부를 검증하기 위해 전자서명을 사용한다.

018 답 ③

대칭키를 이용하여 서명하는 것이 아니므로 비밀 정보를 공유할 필요가 없다(공개키 이용).

선지분석

① 서명할 문서에 의존하여 서명이 발생한다.
② 서명은 재사용할 수 없다.
④ 서명을 하면 서명자 인증, 무결성, 부인방지를 보장 받게 된다.

019 답 ①

"수공암 - 송개서"에 의해 송신자 A의 개인키로 서명한다.

020 답 ④

k는 특정 서명에 대해 생성된 난수이다. s, r, H를 PU(g), public key로 추출한 값과 r을 비교한다.

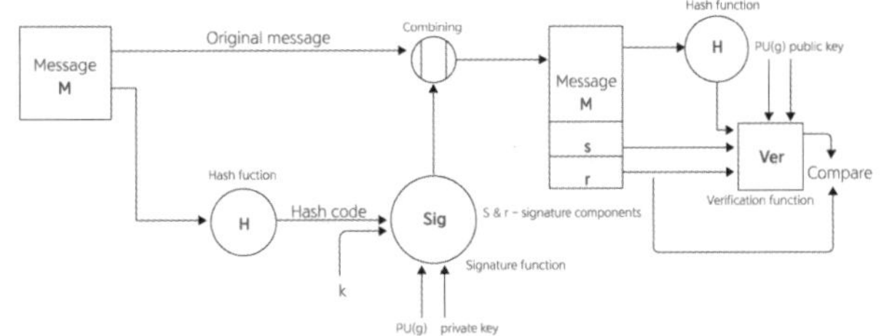

(선지분석)

① Schnorr(슈노어)의 알고리즘과 ElGamal 방식의 변종이다.
② 그림에서 글로벌 공개키 PU(g)에 해당한다.
③ 그림에서 s, r에 해당한다.

CHAPTER 11 | 공개키 기반 구조(PKI)

정답 p.93

001	③	002	④	003	③	004	①	005	②
006	③	007	④	008	③	009	③	010	④
011	③	012	③	013	②	014	②	015	④
016	④	017	②	018	⑤	019	③	020	②
021	②	022	④						

001 답 ③

등록기관(RA): 인증기관(CA)의 일 중 '공개키의 등록과 본인에 대한 인증'을 대행하는 기관이다. 인증서의 발행과 폐지는 인증기관에서 수행한다.

(선지분석)

① 공개키 암호시스템: PKI는 공개키를 효과적으로 운용하기 위해 정한 많은 규격이나 선택사양의 총칭이다.
② CRL & OCSP: CRL은 인증서 폐지 목록으로 주기적으로 갱신해야만 한다. OCSP는 인증서 폐지 및 효력 정지 상태를 파악해 사용자가 실시간으로 인증서를 검증할 수 있는 프로토콜이다.
④ 인증서 내용: 인증서의 내용은 다음과 같다.

Version	인증서의 버전
Serial Number	CA가 할당한 정수로 된 고유 번호
Signature	서명 알고리즘 식별자
Issuer	발행자
Validity	유효기간
Subject	소유자
Subject Public Key Info	소유자의 공개 키 정보
Issuer Unique Identifier (Optional)	발행자 고유 식별자
Subject Unique Identifier (Optional)	소유자 고유 식별자
Extensions (Optional)	확장

002 답 ④

대상의 서명: 변조를 막기 위해 대상의 서명이 아닌 CA(인증기관)의 서명이 추가된다.

(선지분석)

① PKI: 공개키를 효과적으로 운용하기 위해 정한 많은 규격이나 선택사양의 총칭이다.
② X.509: 암호학에서 공개키 인증서와 인증알고리즘의 표준 가운데에서 공개 키 기반(PKI)의 ITU-T 표준이다. X.500 표준안의 일환으로 시작되었다. 인증기관 고유 식별자와 주체고유 식별자가 추가된 v2가 발표되었으며, 확장 기능(Extension)을 이용해 데이터를 추가할 수 있는 v3가 발표되어 현재 쓰이고 있다.
③ CA: 인증서의 발행과 폐지는 인증기관(CA)에서 수행한다.
⑤ OCSP: 인증서 폐지 및 효력 정지 상태를 파악해 사용자가 실시간으로 인증서를 검증할 수 있는 프로토콜이다.

003 답 ③

공인인증기관의 서명키는 공인인증기관의 개인키로서 공인인증기관만이 가지고 있어야 하므로 공인인증서에 포함되면 안된다.

(선지분석)

「전자서명법」 제15조 【공인인증서의 발급】 공인인증기관이 발급하는 공인인증서에는 다음 각 호의 사항이 포함되어야 한다.
1. 가입자의 이름(법인의 경우에는 명칭을 말한다)
2. 가입자의 전자서명검증정보
3. 가입자와 공인인증기관이 이용하는 전자서명 방식
4. 공인인증서의 일련번호
5. 공인인증서의 유효기간
6. 공인인증기관의 명칭 등 공인인증기관임을 확인할 수 있는 정보
7. 공인인증서의 이용범위 또는 용도를 제한하는 경우 이에 관한 사항
8. 가입자가 제3자를 위한 대리권 등을 갖는 경우 또는 직업상 자격등의 표시를 요청한 경우 이에 관한 사항
9. 공인인증서임을 나타내는 표시

004 답 ①

ㄱ. 인증서 및 인증서 취소목록: 인증기관(CA)은 인증서의 관리를 행하는 기관으로 키 쌍을 작성하거나 공개키 등록 때 본인을 인증한다. 그리고 인증서를 작성해서 발행하고 인증서를 폐지한다.
ㄴ. 공개키와 공개키의 소유자를 연결: 공개키 이용자가 해당 공개키를 기반으로 메시지를 암호화해서 공개키 소유자에 보내면, 공개키 소유자는 자신의 개인키로 암호화된 메시지를 복호화한다.

(선지분석)

ㄷ. 개인키: 개인키는 공개키로 암호화된 메시지를 복호화하기 위해 개인이 사용하는 것으로 절대 인증서에 있으면 안되는 정보이다.
ㄹ. 공증: 공증은 신뢰할 만한 사람이나 기관이 해야 하는 것으로 사용자의 전자서명은 신뢰할 수 없다. 그러므로 인증기관의 전자서명이 필요하다.

005 답 ②

개인키와 공개키: 암호화된 메시지를 송신할 때에는 수신자의 공개키를 사용하며, 암호화된 서명 송신 시에는 송신자의 개인키를 사용한다.

(선지분석)

① 기반 구조: 공개키를 효과적으로 운용하기 위해 정한 많은 규격이나 선택사양의 총칭이다. 예를 들면, PKCS, RFC, X.509, API 사양서 등을 들 수 있다.
③ 보장: 공개키로 암호화하면 기밀성을 보장하고, 개인키로 암호화하면 무결성, 인증, 부인 방지를 보장한다.
④ 구성요소: PKI의 구성 요소는 공개키(공인) 인증서, 인증기관(CA), 등록기관(RA), 디렉터리(저장소, DB), 사용자(이용자) 등이 있다.

006 답 ③

인증 기관: 인증서의 관리를 행하는 기관으로, 키 쌍을 작성한다(이용자가 작성하는 경우도 있다). 그리고 공개 키 등록 때 본인을 인증하고, 인증서를 작성해서 발행하거나 인증서를 폐지한다.

(선지분석)

① 사용자: PKI를 사용해서 자신의 공개 키를 등록하고 싶어 하는 사람과 등록되어 있는 공개 키를 사용하고 싶어 하는 사람을 의미한다.
② 등록 기관: 인증기관의 일 중 '공개 키의 등록과 본인에 대한 인증'을 대행하는 기관이다.
④ 디렉토리: 인증서를 보존한다. PKI 이용자가 인증서를 입수할 수 있도록 한 데이터베이스이다. 인증서 저장소(repository)라고도 한다.

007 답 ④

X.509 v3 표준 인증서에는 Version, Signature Algorithm ID(CA Signature Alg.), Validity Period는 포함되어 있지만, Directory Service(컴퓨터 네트워크의 사용자와 네트워크 자원에 대한 정보를 저장하고 조직하는 응용 소프트웨어) Name은 포함되지 않는다.

008 답 ③

인증기관: 인증기관은 인증서의 관리를 행하는 기관으로, 키 쌍을 작성한다(이용자가 작성하는 경우도 있다). 그리고 공개 키 등록 때 본인을 인증하고, 인증서를 작성해서 발행하거나 인증서를 폐지한다. 인증기관은 사람 혹은 조직을 의미하고, 웹 서버를 의미하지 않는다.

(선지분석)

① 디렉토리(저장소): 인증서를 보존한다. PKI 이용자가 인증서를 입수할 수 있도록 한 데이터베이스이다.
② 등록기관: 인증기관(CA)의 일 중 '공개키의 등록과 본인에 대한 인증'을 대행하는 기관이다.
④ 사용자: PKI를 사용해서 자신의 공개 키를 등록하고 싶어 하는 사람과 등록되어 있는 공개 키를 사용하고 싶어 하는 사람을 의미한다.

009 답 ③

CRL: 인증서 폐지 목록으로 주기적으로 갱신해야만 한다.

(선지분석)

① OCSP: 인증서 폐지 및 효력 정지 상태를 파악해 사용자가 실시간으로 인증서를 검증할 수 있는 프로토콜이다.
② SSL: 웹 브라우저와 웹 서버 간에 데이터를 안전하게 주고받기 위한 업계 표준 프로토콜이다. 웹 제품뿐만 아니라 파일 전송 규약(FTP) 등 다른 TCP/IP 애플리케이션에 적용할 수 있다.
④ CA: 인증서의 관리를 행하는 기관으로, 키 쌍을 작성한다(이용자가 작성하는 경우도 있다). 그리고 공개 키 등록 때 본인을 인증하고, 인증서를 작성해서 발행하거나 인증서를 폐지한다.

010 답 ④

CA(인증기관)는 자신의 서명을 붙여 인증서를 발급한다.

(선지분석)

① X.509 인증서는 공개키를 포함한다. 개인키는 개인이 가지는 것으로 절대 인증서에 포함하면 안 된다.
② 사용자가 공개키를 생성하지만 배포는 하지 않는다. 배포는 CA(인증기관)가 저장소를 통해 수행한다. 2020년 국회직 문제에서 사용자는 공개키를 전송할 수 있다고 나왔음에 유의한다.
③ 구성원과 구성원 간의 통신에 세션키를 사용하고, 키 배포 센터와 구성원 간의 통신에는 미리 공유하고 있던 비밀키를 사용한다.

011 답 ③

사용자의 공개키를 포함한 인증 정보를 인증 기관이 자신의 개인키로 서명한다.

012 답 ③

공인인증서의 폐기는 말 그대로 더 이상 사용을 못하게 만드는 것이다. 삭제는 폐기와 별도로 수행되어야 한다.

(선지분석)

① 원래는 사용자가 공개키와 개인키를 만들어 공개키를 인증기관에 전송하는데, 만약 인증기관이 공개키와 개인키를 만들면 개인키를 사용자에게 보내주어야 한다.

② 사용자의 공개키에 인증기관의 개인키로 서명을 해서 공인인증서를 생성한다.

④ 비슷한 일을 수행하는 인증기관끼리 인증 체인을 형성할 수도 있고, 상급 인증기관의 개념을 적용하여 계층 구조를 가질 수도 있다.

013 답 ②

공개키 인증서를 생성할 때는 인증기관의 개인키를 사용하여 서명할 수 있다. 인증기관의 공개키는 서명을 검증할 때 사용한다.

(선지분석)

① 공개키 인증서(공인 인증서)는 "특정 사용자의 공개키가 신뢰할 만하다."라는 것을 알려준다.

③ CA가 계층적 구조 또는 체인 구조를 가질 수 있다. 특정 CA에 의해 서명된 인증서는 상위 계층 혹은 체인 상의 다른 CA에 의해서 보장된다.

④ 공개키 인증서 서명에는 RSA, ECDSA, DSA를 사용할 수 있다.

⑤ RA는 인증기관의 일 중 '공개 키의 등록과 본인에 대한 인증'을 대행하는 기관이다.

014 답 ②

저장소: 인증서를 보존한다. PKI 이용자가 인증서를 입수할 수 있도록 한 데이터베이스이다. LDAP(디렉터리 서비스를 조회하고 수정하는 프로토콜)을 이용하여 X.500(전자 디렉터리 서비스를 전달하는 일련의 컴퓨터 네트워크 표준) 디렉터리 서비스를 제공한다. 여기서 디렉터리 서비스란 컴퓨터 네트워크의 사용자와 네트워크 자원에 대한 정보를 저장하고 조직하는 응용 소프트웨어(응용 프로그램들의 모임)를 의미한다.

(선지분석)

① 사용자: PKI를 사용해서 자신의 공개키를 등록하고 싶어 하는 사람과 등록되어 있는 공개키를 사용하고 싶어 하는 사람을 의미한다.

③ 등록기관: 인증기관(CA)의 일 중 '공개키의 등록과 본인에 대한 인증'을 대행하는 기관이다.

④ 인증기관: 인증기관은 인증서의 관리를 행하는 기관으로, 키 쌍을 작성한다(이용자가 작성하는 경우도 있다). 그리고 공개키 등록 때 본인을 인증하고, 인증서를 작성해서 발행하거나 인증서를 폐지한다.

015 답 ④

서명 알고리즘 식별자: CA Signature Alg.

(선지분석)

① 인증서 정책: CertificatePolicies(인증기관의 인증서 정책: critical, non-critical)

② 기관 키 식별자: AuthorityKeyIdentifier(발급자 공개키 식별자: 인증서를 서명하는데 사용된 인증기관 개인키에 대응되는 공개키를 식별)

③ 키 용도: KeyUsage

TIP 해당 문제를 모르는 상태에서 문제를 풀 수 있는 방법은 중요 정보와 중요 정보가 아닌 것을 구분하는 것이다. 아무래도 중요하지 않은 정보는 확장 영역에 포함될 것이다. 지문에서 서명 알고리즘 식별자는 아주 중요한 정보이다. 왜냐하면 서명 알고리즘 식별자는 서명할 때 사용한 알고리즘에 대한 정보이므로 이것을 모른다면 서명을 검증할 수 없기 때문이다.

016 답 ④

Serial number: CA가 할당한 정수로 된 고유 번호

(선지분석)

① Issuer name: 발행자(주체의 이름 - Subject name, 유효 기간 - Validity)

② Subject name: 소유자(인증서를 발급한 인증기관의 식별 정보 - Issuer Unique Identifier)

③ Signature algorithm ID: 서명 알고리즘 식별자(버전 정보 - Version)

017 답 ②

인증서를 생성할 때 서명에 사용하는 키는 인증기관의 개인키이다.

018 답 ⑤

서명 알고리즘 식별자이다(CA가 생성한 서명 정보).

인증서 필드

Version	인증서의 버전
Serial Number	CA가 할당한 정수로 된 고유 번호
Signature	서명 알고리즘 식별자
Issuer	발행자
Validity	유효기간
Subject	소유자
Subject Public Key Info	소유자의 공개키 정보
Issuer Unique Identifier (Optional)	발행자 고유 식별자
Subject Unique Identifier (Optional)	소유자 고유 식별자
Extensions (Optional)	확장

019 답 ③

ㄹ. Alice는 자신의 공개키와 개인키를 생성한다.
ㄴ. Alice는 자신의 공개키를 인증기관에 보낸다.
ㅁ. 인증기관은 Alice의 공개키에 자신의 개인키로 서명을 붙여 인증서를 발급한다(저장소에 보관).
ㄱ. Alice는 자신의 공개키와 인증서를 Bob에게 전송한다(저장소에 있는 인증서를 Bob이 가져간다).
ㄷ. Bob은 인증기관의 공개키로 Alice의 인증서를 검증한다.

020 답 ②

X.509 CRL 형식 필드(기본)에는 Version(버전), Signature(서명 알고리즘), Issuer(발행기관), This update(발급일), Next update (다음 발급일), Revoked certificates(인증서 일련번호 및 폐지일)가 존재한다.

021 답 ②

Approval(승인), Certification Authorities(CA), RA(CA를 대리함)

022 답 ④

등록한 공개키의 서명이다.

선지분석

① 인증기관의 서명을 검증한다.
② 공인인증서로부터 얻은 공개키로 암호화를 수행한다.
③ 공개키를 등록하려는 자가 공개키를 인증기관에 등록한다.
⑤ 이용자 또는 인증기관이 생성 가능하다.

CHAPTER 12 | 국내 암호

정답 p.98

001	②	002	④	003	①

001 답 ②

ARIA: 경량 환경 및 하드웨어 구현을 위해 최적화된, Involutional SPN 구조를 갖는 범용 블록 암호 알고리즘이다.

선지분석

① IDEA: 1990년에 ETH(스위스)의 라이(Lai)와 매시(Massey)가 개발한 알고리즘이다.
③ AES: 2000년에 미국 표준 기술 연구소(NIST)에 의해 제정된 암호화 방식이다. AES의 후보로서 다수의 대칭 암호 알고리즘을 제안했지만, 그 중에서 Rijndael(라인델)이라는 대칭 암호 알고리즘이 선정되었다.
④ Skipjack: 미 국가안보국(NSA, National Security Agency)에서 개발한 Clipper 칩에 내장된 블록 알고리즘이다.

002 답 ④

ARIA: 경량 환경 및 하드웨어 구현을 위해 최적화된, Involutional SPN 구조를 갖는 범용 블록 암호 알고리즘이다. 블록 크기가 128비트이고, 키 크기가 128/192/256비트이다. 키 크기에 따라 라운드수가 12/14/16으로 결정된다.

선지분석

① IDEA: 1990년에 ETH(스위스)의 라이(Lai)와 매시(Massey)가 개발한 알고리즘이다. 128비트의 키를 사용해 64비트의 평문을 8라운드에 거쳐 64비트의 암호문으로 만든다. 모든 연산이 16비트 단위로 이루어지도록 하여 16비트 프로세서에서 구현이 용이하며 주로 키 교환에 쓰인다.
② 3DES: DES를 대신할 블록 암호가 필요했고, 이를 위해 개발된 것이 트리플 DES이다. DES보다 강력하도록 DES를 3단 겹치게 한 암호 알고리즘이다.
③ HMAC: 일방향 해시 함수를 이용하여 메시지 인증 코드(MAC)를 구성하는 방법이다. SHA-1, SHA-2, SHA-3를 사용해 HMAC 작성이 가능하다.

TIP AES는 라운드 수가 10/12/14인데, ARIA는 라운드 수가 12/14/16임에 주의해야 한다.

003 답 ①

ARIA: 경량 환경 및 하드웨어 구현을 위해 최적화된, Involutional SPN 구조를 갖는 범용 블록 암호 알고리즘이다. 블록 크기가 128비트이고, 키 크기가 128/192/256비트이다. 키 크기에 따라 라운드수가 12/14/16으로 결정된다.

(선지분석)

② CAST: Carlisle Adams와 Stafford Tavares가 개발한 대칭 암호화 알고리즘이다. 128비트와 256비트 등 대형 키를 사용하여 암호화하고, 단일 키를 사용하며, 키는 암호화한 측에서 보존되고 상대방에게 전달되어 데이터를 해독한다(캐나다).
③ IDEA: 1990년에 ETH(스위스)의 라이(Lai)와 매시(Massey)가 개발한 알고리즘이다. 128비트의 키를 사용해 64비트의 평문을 8라운드에 거쳐 64비트의 암호문으로 만든다. 모든 연산이 16비트 단위로 이루어지도록 하여 16비트 프로세서에서 구현이 용이하며 주로 키 교환에 쓰인다.
④ LOKI: DES를 대체하기 위해 만든 대칭키이다. DES와 비슷한 구조를 가지며, LOKI89, LOKI97이 존재한다(호주).

CHAPTER 13 | Kerberos

정답

p.99

001	③	002	③	003	①	004	②	005	③
006	②	007	⑤	008	②	009	①	010	④
011	④								

001

답 ③

분산 형태: 커버로스는 중앙 집중식 인증 서버를 이용한다.

(선지분석)

① Needham-Schroeder: 대칭키 프로토콜과 공개키 프로토콜이 존재한다. 대칭키는 커버로스 프로토콜의 기반이 되고, 서버와 클라이언트 사이에 세션키를 생성한다. 공개키는 서버와 클라이언트 사이에서 상호 인증을 제공한다.
② 대칭키: 커버로스는 MIT에서 개발한 비밀키(대칭키) 암호 기반 키 분배 및 사용자 인증 시스템이다.
④ 티켓: 클라이언트가 서버에 접속할 때 필요하다. 티켓에는 클라이언트와 서버의 세션키, 클라이언트 ID, 클라이언트 IP 주소, 서버의 ID, 타임스탬프, 유효기간이 있다.
⑤ TGT: 티켓을 발급받는데 필요한 티켓이다. TGT에는 클라이언트와 TGS의 세션키, 클라이언트 ID, 클라이언트 IP 주소, TGS ID, 타임스탬프, 유효기간이 있다.

002

답 ③

인증 서버와 티켓발행서버: AS(Authentication Server)와 TGS(Ticket Granting Server)로 구성된다.

(선지분석)

① 공개키 암호: 대칭키 암호를 사용한다. 전체적인 과정 중에 일부분을 공개키 암호로 사용할 수 있지만 전체적으로는 대칭키 암호를 기반으로 한다(가장 옳은 답은 아니다).
② 서버 인증: 클라이언트가 티켓(Ticket)을 통해 보내온 타임스탬프(TS)를 이용한다.
④ 티켓 재사용: 로그인 시 한번 발행되며, 유효 기간 내 재사용이 가능하다.
⑤ two party 인증 프로토콜: two party는 서버와 클라이언트만 존재하는 것이고, 커버로스는 TTP(Trusted Third Party, 신뢰된 서드 파티) 인증 프로토콜이다(클라어언, 서버, 인증 서버 및 티켓발행서버가 존재).

003

답 ①

사용자 인증: 대칭키를 이용한 Authenticator(인증자)를 이용하여 사용자 인증을 수행한다. 커버로스 구조 안에서 공개키가 사용될 여지는 있지만 해당 지문은 가장 옳지 않은 답에 해당된다.

(선지분석)

② AS, TGS: AS는 사용자가 TGS에 사용하기 위한 TGT를 발급한다.
③ TGS: TGS는 사용자가 서버에 사용하기 위한 Ticket을 발급한다.
④ 암호화: TGT는 AS와 TGS 사이의 비밀키로 암호화되어 있고, Ticket은 TGS와 서버 사이의 비밀키로 암호화되어 있어 사용자가 그 내용을 볼 수 없다.

004

답 ②

패스워드: 이전 버전에서는 패스워드를 암호화해서 전송했고, 버전 4에서는 패스워드를 클라이언트와 AS(인증 서버)가 서로 가지고 있고 전송하지 않는다(미리 공유한다).

(선지분석)

① 인증 프로토콜: 커버로스는 MIT에서 개발한 비밀키(대칭키) 암호 기반 키 분배 및 사용자 인증 시스템이다. 중앙 집중식 인증 서버를 이용한다.
③ 상대방 신분 식별: Authenticator(인증자)를 이용하여 사용자를 인증한다.
④ 버전 4: 버전 5(AES)까지 출시되었으나 버전 4(DES)를 많이 사용한다.

005

답 ③

커버로스는 비밀키(대칭키) 암호 기반 키 분배 및 사용자 인증 시스템이다. 중앙 집중식 인증 서버를 이용한다.

(선지분석)

① 해당 설명은 SGT 또는 Ticket을 의미하고, TGT는 로그인 시 한번 발행되며, 유효 기간 내 재사용이 가능하다.
② 커버로스 자체가 키 교환에 관여하기 때문에 별도의 프로토콜을 도입하지 않아도 된다.
④ 공격자가 서비스 티켓을 가로챘다고 하더라도 비밀키를 모르기 때문에 공격을 수행할 수 없다.

006

답 ②

AS는 클라이언트가 TGS에 접속하는 데 필요한 세션키와 TGS에 제시할 티켓(TGT)을 사용자 패스워드를 이용한 키로 암호화하여 전송한다.

(선지분석)

① 클라이언트는 AS에게 사용자의 ID를 평문으로 보내지만 패스워드는 보내지 않는다. 이전 버전에서는 패스워드를 평문으로 전송했지만 중간에 도청 문제가 발생하여 더 이상 패스워드를 보내지 않고 서로 사전에 공유한다.
③ 서비스 유형 당 한번 발생되며, 유효 기간 내 재사용이 가능하다.
④ 클라이언트와 서버에게 제시할 티켓은 TGS와 응용서버의 공유 비밀키로 암호화되어 있다.

007

답 ⑤

Kerberos와 Active Directory를 이용하여 SSO를 구축할 수 있다.

(선지분석)

① 신뢰받는 제3자인 AS와 TGS가 중간에 개입한다.
② 세션키인 Kc-tgs와 Kc-v를 사용한다.
③ 여기서 토큰은 티켓을 의미한다.
④ TGT는 유효기간($Lifetime_2$) 내에 재사용이 가능하다.

008

답 ②

사용자의 패스워드가 도청되지 않도록 사전에 공유하여 저장한다.

(선지분석)

① 커버로스는 two-party(클라이언트 - 서버 구조)가 아닌 third-party(인증 서버라는 제3자가 관여)이다.
③ AES 암호 알고리즘을 사용할 수 있다.
④ 클라이언트가 AS에 전송하는 정보는 평문이다.

009

답 ①

TGT는 로그인 시 한번 발생되며, 유효 기간 내 재사용이 가능하다.

(선지분석)

② 타임 스탬프 등이 전송되므로 시간 동기화가 필요하다.
③ SSO에는 Kerberos와 Active Directory가 사용된다.
④ AS는 TGT를 발급하고, TGS는 Ticket를 발급한다.
⑤ 제3자로서 AS와 TGS를 사용한다.

010

답 ④

대칭키를 이용한다.

011

답 ④

버전 5에서 nonce를 제공한다.

(선지분석)

① AS, TGS를 이용한다.
② AS, TGS가 세션키를 분배한다.
③ 클라이언트가 TGS, 서버에 데이터를 보낼 때 세션키를 사용한다.

CHAPTER 14 | 키(Key)

정답 p.102

001	③

001

답 ③

암호문, salt, 암호화된 CEK가 있다면 원래의 콘텐츠를 알 수 있다. KEK로 CEK를 복호화하고, 복호화된 CEK로 암호문을 복호화한다.

(선지분석)

① KEK는 키를 암호화는 키로서 다수의 키를 한 개의 키(KEK)로 암호화하여 보관한다.
② CEK에는 세션키(통신 때마다 한번만 사용되는 키)를 사용하고, KEK는 마스터키(반복적으로 사용되는 키)를 사용한다.
④ KEK를 이용하여 CEK를 암호화한다.
⑤ PBE란 의사난수 생성기로 솔트(salt)라는 난수를 생성하고 솔트와, 사용자가 입력한 패스워드를 순서대로 일방향 해수 함수에 입력한다. 여기서 얻어진 해시 값이 키의 암호화를 위한 키(KEK)가 되고 해당 KEK는 사전 공격에 안전하다.

CHAPTER 15 | Diffie-Hellman

정답 p.103

001	①	002	②	003	③	004	①	005	④
006	③	007	④	008	②	009	①	010	③

001

답 ①

Diffie-Hellman 키 교환 순서는 다음과 같다.

- 앨리스는 밥에게 2개의 소수 P와 한 원시근 G를 송신한다. 앨리스는 난수 A를 준비하고, 밥은 난수 B를 준비한다. 앨리스는 밥에게 G^A mod P라는 수를 송신하고, 밥은 앨리스에게 G^B mod P라는 수를 송신한다. 앨리스는 밥이 보낸 수를 A제곱해서 mod P를 계산한다.
- 앨리스가 계산한 키 = $(G^B \text{ mod } P)^A$ mod P = $G^{B \times A}$ mod P
- 밥은 앨리스가 보낸 수를 B제곱해서 mod P를 계산한다.

• 밥이 계산한 키 = $(G^A \bmod P)^B \bmod P = G^{A \times B} \bmod P$
• 앨리스가 계산한 키와 밥이 계산한 키는 동일하고 이것이 비밀키가 된다.

위의 설명대로 2가지 방식으로 비밀키가 계산된다.
• A의 비밀키: 3^3 od 23 = 27 mod 23 = 4
• B의 비밀키: 21^2 od 23 = 441 mod 23 = 4

TIP 2가지 방식 중에 계산량이 작은 것으로 구하는 것이 좋다.

002 답 ②

중간자 개입: 상대방 난수의 진위를 파악할 수 없다.

(선지분석)

① DDoS: 악성코드(봇)에 의한 에이전트를 전파하고, 좀비 PC에 의한 공격을 수행한다. 좀비 PC로 구성된 네트워크를 봇넷(Botnet)이라고 한다. DoS는 1:1로 공격하지만, DDoS는 N:1로 공격을 수행한다.
③ 세션 하이재킹: TCP는 클라이언트와 서버 간 통신을 할 때 패킷의 연속성을 보장하기 위해 클라이언트와 서버는 각각 시퀀스 넘버를 사용한다. 이 시퀀스 넘버가 잘못되면 이를 바로 잡기 위한 작업을 하는데, 세션 하이재킹은 서버와 클라이언트에 각각 잘못된 시퀀스 넘버를 위조해서 연결된 세션에 잠시 혼란을 준 뒤 자신이 끼어 들어가는 방식이다.
④ 강제지연: 공격자가 통신을 주고받는 두 송수신자 사이에 개입하여, 그들이 보내는 통신 정보를 가로채 두었다가 일정 시간이 흐른 뒤 전송하는 공격이다.

003 답 ③

Diffie-Hellman: 이산 대수 문제의 어려움에 기초한다.

(선지분석)

① DES: 페이스텔 구조에 기초한다.
② AES: SPN 구조에 기초한다.
④ RSA: 소인수 분해 문제의 어려움에 기초한다.
⑤ SHA-2: 해쉬의 특성(일방향성, 충돌 내성 등)에 기초한다.

004 답 ①

공개된 채널을 통하여 서로가 가진 난수를 포함한 정보를 교환하는 것만으로 공통의 비밀키를 만들어 낼 수 있다.

(선지분석)

② 전자서명을 하려면 공개키와 개인키가 있어야 하는데, Diffie-Hellman은 난수 관련 정보를 서로 교환해서 비밀키를 만들어 내지만 공개키가 따로 존재하지는 않는다.
③ 이산대수 문제에 기반한 알고리즘이다.
④ 중간자 공격을 수행하는 것이 가능하다.
⑤ 난수가 노출되면 비밀키가 안전하지 않다.

005 답 ④

R1(또는 R2, 도청 값), g, p를 알고 있는 상황에서 x(또는 y, 난수)를 구할 수 없다는 사실(이산대수 문제)에 기반한다.

(선지분석)

① 두 사용자가 메시지 암호화에 사용할 비밀키를 안전하게 교환하기 위한 것이다.
② 상대방 난수의 진위를 파악할 수 없다.
③ 키를 교환하는 것은 두 사용자 간의 기밀성 기능을 제공한다(비밀키를 서로 공유했으므로 상호 인증이 안되는 것은 아니나 가장 옳은 답은 아니다).

006 답 ③

Diffie-Hellman에서 공개되지 않는 정보: a, b는 최종 비밀키를 만들어내는 난수이므로 공개되거나 알려져서는 안 된다. 마찬가지로 최종 비밀키 g^{ab} mod p도 알려져서는 안 된다. 왜냐하면 최종 비밀키와 알려진 g^a mod p 혹은 g^b mod p와 g^{ab} mod p를 이용하면 a 혹은 b를 알아낼 수 있기 때문이다.

(선지분석)

①, ②, ④ Diffie-Hellman에서 공개되는 정보: 소수 p와 원시근 g는 공개되어도 무방하다(사용자 A가 만들어서 사용자 B에게 전송하는 것이기 때문에 중간에 도청되어도 상관없다). 그리고 g^a mod p 혹은 g^b mod p는 공개되어 무방하다. 만약, 도청을 해서 g^a mod p 혹은 g^b mod p를 알 수 있다고 하더라도 이산대수 문제에 의해 a 혹은 b를 알아낼 수 없다.

007 답 ④

상대방 난수의 진위를 파악할 수 없다.

(선지분석)

① a와 b는 난수로써 비밀값이다.
② P는 소수이고, G는 원시근이다.
③ 두 개의 키를 합성하면 새로운 키(공유되는 비밀키)가 생성된다.
⑤ 키를 분배하거나 교환하기 위한 것으로 공개키의 시초가 된다.

008 답 ②

g는 n의 prime root modulo(원시근)이다. 그러므로 3이 원시근이라면 3의 (1부터 6)승을 n으로 모듈로 한 결과가 0과 7을 제외한 모든 숫자가 나와야 한다. 3의 (1부터 6)승을 n으로 차례대로 모듈로 해보면 (3, 2, 6, 4, 5, 1)이라는 숫자가 나오므로 원시근의 조건을 만족한다. 예를 들어, 3^1 mod 7 = 3, 3^2 mod 7 = 2 등과 같이 계산하면 된다.

(선지분석)

① 2의 (1부터 6)승 모듈로(n) 결과가 0과 7을 제외한 모든 숫자가 나오지 않으므로 원시근이 될 수 없다.
③ 4의 (1부터 6)승 모듈로(n) 결과가 0과 7을 제외한 모든 숫자가 나오지 않으므로 원시근이 될 수 없다.

④ g는 원시근의 조건에 의해 n보다 작은 수(0부터 6)이어야 한다. 그러므로 7은 답에서 제외한다.

009 답 ①

- 사용자 A: 사용자 B로부터 수신한 $y_B = g^b \bmod n$에 자신의 난수 a를 합쳐 비밀키 $= y_B{}^a = (g^b \bmod n)^a = g^{ab} \bmod n$을 계산한다.
- 사용자 B: 사용자 A로부터 수신한 $y_A = g^a \bmod n$에 자신의 난수 b를 합쳐 비밀키 $= y_A{}^b = (g^a \bmod n)^b = g^{ba} \bmod n$을 계산한다.

결론적으로, 사용자 A, B는 동일한 비밀키 $g^{ab} \bmod n$을 가지게 된다.

010 답 ③

$g^{3\times2} \bmod p = 2^6 \bmod 13 = 64 \bmod 13 = 12$

CHAPTER 16 | 난수

정답 p.105

001	②

001 답 ②

이를 예측 불가능성이라고 한다. 예측 불가능성은 과거에 출력한 의사난수열이 공격자에게 알려져도 다음에 출력하는 의사난수를 공격자는 알아맞힐 수 없다는 성질이다.

(선지분석)

① 생성된 수열의 비트는 정규분포를 따르면 안 되고 무작성위성을 가져야 한다. 무작위성이란 의사난수열의 통계적인 성질을 조사해서 치우침이 없도록 하는 성질이다.

③ 시드라고 불리는 입력 값은 절대로 외부에 알려져서는 안 된다. 시드가 알려지면 난수를 그대로 똑같이 만들어 낼 수 있다.

④ 해당 설명은 난수 생성기의 특성(실제 난수의 특성)이지 의사난수 생성기의 특성이 아니다. 의사 난수 생성기는 주기성을 가지며 재현 가능하다.

CHAPTER 17 | PGP

정답 p.106

001	②	002	③	003	⑤	004	④	005	②

001 답 ②

공개키 암호 알고리즘을 사용하지 않는다: PGP의 기능은 대칭 암호, 공개키 암호, 디지털 서명, 일방향 해시 함수, 인증서, 압축, 텍스트 데이터, 큰 파일의 분할과 결합, 키 고리 관리 등이다.

(선지분석)

① 전자우편용 보안 프로토콜: 현재도 전 세계에서 널리 사용되고 있는 암호 소프트웨어이다.

③ 데이터를 압축해서 암호화: 메시지를 압축한 후 압축한 메시지를 세션키로 대칭 암호화를 수행한다. 암호화한 세션키와 암호화한 메시지를 결합 후 이를 텍스트 데이터로 변환한다.

④ 필 짐머만이 개발: 1991년에 필립 짐머만(Philip Zimmermann)이 제작하였다.

002 답 ③

공개키를 전달할 때 인증기관이 없는 사용자들끼리의 신뢰망(web of trust)을 사용한다. 즉, 인증기관이 공개키를 인증하는 것이 아니라 사용자 간의 서로의 신뢰도를 이용해서 공개키를 인증한다.

(선지분석)

① 처음에 파일 암호화 규격으로 개발되었고, 이후 이메일 보안에 적용되었다.

② PGP에서는 OpenPGP에서 정해진 형식의 인증서와 X.509 호환용 인증서를 사용한다.

④ 암호화되어 있는 개인키(서명을 위해 필요한 키)를 복호화하는 데 필요한 키를 만들기 위해 사용자의 패스워드(패스 프레이즈)가 사용된다.

⑤ 워드프레스(wordpress, CMS) 등에서 사용할 수 있는 플러그인(기존 소프트웨어에 별도로 장착해서 사용할 수 있는 소프트웨어 모듈)이 존재한다.

003 답 ⑤

한 명의 사용자는 다수의 공개키/개인키 쌍을 사용할 수 있다(PKI 구조가 아닌 신뢰망 방식).

(선지분석)

① 사용할 수 있는 대칭 암호 알고리즘에는 AES, IDEA, CAST, 3-DES, Blowfish, Twofish 등이 있다.

② 인증서는 OpenPGP에서 정해진 형식의 인증서와, X.509 호환용 인증서를 작성한다. 그리고 공개키의 취소 증명서(revocation certificate) 발행한다.

③ 압축에 이용되는 형식은 ZIP이다.

④ 디지털 서명 알고리즘은 RSA, DSA 등을 사용하고, 서명 시간을 단축하기 위해 MD5, SHA-1, RIPEMD-160 등의 해시를 사용한다.

004 답 ④

플러그인 기능으로 확장이 가능하다.

(선지분석)

① 송신 부인방지는 전자서명을 통해 지원하나 수신 부인방지는 별도로 지원하지 않는다.
② 기밀성을 위해 대칭키와 공개키를 사용한다.
③ PGP는 전자서명을 사용한다.
⑤ 공개키는 RSA, Diffie-Hellman, ElGamal을 사용한다.

005 답 ②

세션 키는 임시키로 한번 사용된다.

(선지분석)

① 서명 시간을 단축하기 위해 메시지 다이제스트(해시값)에 서명한다.
③ 하이브리드 암호 방법을 이용한다(키 배송 문제를 해결하기위해 공개키를 이용하여 암복호화).
④ 하이브리드 암호 방법을 이용한다(암호화 시간을 단축하기 위해 대칭키를 이용하여 암복호화).

CHAPTER 18 | SSL/TLS

정답 p.107

001	③	002	①	003	④	004	②	005	①
006	②	007	②	008	①	009	①	010	②
011	④	012	③	013	①	014	②	015	④
016	③	017	⑤	018	②	019	⑤	020	②
021	②	022	③						

001 답 ③

SSL: 웹 브라우저와 웹 서버 간에 데이터를 안전하게 주고받기 위한 업계 표준 프로토콜이다. 웹 제품뿐만 아니라 파일 전송 규약(FTP) 등 다른 TCP/IP 애플리케이션에 적용할 수 있다(TLS도 동일한 답이 될 수 있다).

(선지분석)

① PGP: 전자우편의 안전성을 위해 1991년 미국의 Phil Zimmermann에 의해 개발된 전자우편 보안 시스템이다.
② SSH: 두 호스트(Host) 사이의 통신 암호화 관련 인증 기술들을 사용하여, 안전한 접속과 통신을 제공하는 프로토콜을 의미한다.
④ S/MIME: 안전한 전자메일 전송을 위한 산업체 표준 규약이다. 기존 MIME 형식의 전자메일 서비스에 암호 및 보안 서비스가 추가된 구조이다.

002 답 ①

부인 방지: TLS에 기밀성, 무결성, 인증 기능은 있지만 부인 방지 기능은 없다.

(선지분석)

② 인증: 인증서(공개키에 디지털 서명을 붙임)를 상호 교환하여 상호 인증을 수행한다.
③ 무결성: 메시지 인증 코드를 이용한다. 메시지 인증 코드는 일방향 해시 함수를 이용한다.
④ 기밀성: 대칭키 암호를 이용한다. 대칭키는 의사난수 생성기를 이용하고 비밀키의 공유는 공개키 암호 또는 Diffie-Hellman 키 교환을 이용한다.

003 답 ④

Record: 대칭 암호를 사용해서 메시지를 암호화하고 통신하는 부분이다. 대칭 암호와 메시지 인증 코드를 이용한다. 알고리즘과 공유 키는 핸드쉐이크 프로토콜을 사용해서 서버와 클라이언트가 상담하여 결정한다.

(선지분석)

① Handshake: 클라이언트와 서버가 암호 통신에 사용할 알고리즘과 공유 키를 결정한다. 인증서를 이용한 인증을 수행한다.
② Change Cipher Spec: 암호 방법을 변경하는 신호를 통신 상대에게 전달한다.
③ Alert: 뭔가 에러가 발생했다는 것을 통신 상대에게 전달한다.
⑤ Heartbeat: SSL에서 클라이언트 또는 서버가 상대방이 살아 있는지 몇 개의 바이트를 보내서 확인한다.

004 답 ②

OpenSSL: 네트워크를 통한 데이터 통신에 쓰이는 프로토콜인 TLS와 SSL의 오픈 소스 구현판이다. C 언어로 작성되어 있는 중심 라이브러리 안에는, 기본적인 암호화 기능 및 여러 유틸리티 함수들이 구현되어 있다.

(선지분석)

① IPSec: 네트워크 계층(network layer)으로 IP 계층을 보호하기 위한 프로토콜이다.
③ Kerberos: MIT에서 개발한 비밀키(대칭키) 암호 기반 키 분배 및 사용자 인증 시스템이다. 클라이언, AS(TGT 발행), TGS(Ticket 발행), 서버로 구성되고, 중앙 집중형 인증 방식이다.
④ MySQL: 관계형 데이터베이스 관리 시스템(RDBMS)이다. 오픈 소스로 개발되며, GNU GPL(GNU General Public License)과 상업용 라이센스의 이중 라이센스로 관리되고 있다. MySQL은 데이터를 저장 및 액세스하는 스토리지 엔진(storage engine)과 SQL 파서(SQL parser)를 따로 분리하여 용도에 따라 스토리지 엔진을 선택할 수 있는 멀티 스토리지 엔진 방식을 채용하고 있다.

⑤ PGP: 전자우편의 안전성을 위해 1991년 미국의 Phil Zimmermann에 의해 개발된 전자우편 보안 시스템이다.

005 답 ①

현재 1.3버전까지 발표되었다(해당 버전은 매년 체크해봐야 한다).

(선지분석)

② SSL 3.0을 기초로 해서 IETF가 만든 프로토콜이다. 1999년에 RFC 2246으로서 발표된 TLS 1.0은 SSL 3.1이다.
③ 인증서를 통해 서버와 클라이언트가 상호 인증하고 키 교환을 한다.
④ 상호 교환된 키는 데이터(패스워드와 같은 데이터)를 암호화하는 데 사용된다.
⑤ 자물쇠를 클릭하면 인증서에 대한 상세 정보(버전, 일련 번호, 서명 알고리즘 등)를 알 수 있다.

006 답 ②

Handshake: 클라이언트와 서버가 암호 통신에 사용할 알고리즘과 공유 키를 결정한다. 인증서를 이용한 인증을 수행한다.

(선지분석)

① Alert: 뭔가 에러가 발생했다는 것을 통신 상대에게 전달한다.
③ Record: 대칭 암호를 사용해서 메시지를 암호화하고 통신하는 부분이다. 대칭 암호와 메시지 인증 코드를 이용한다. 알고리즘과 공유 키는 핸드쉐이크 프로토콜을 사용해서 서버와 클라이언트가 상담하여 결정한다.
④ Change Cipher Spec: 암호 방법을 변경하는 신호를 통신 상대에게 전달한다.
⑤ Encapsulating Security Payload(ESP): IPSec에서 기밀성(암호화), 무결성, 인증, 재사용 방지를 제공하기 위해서 사용한다(SSL과 무관하다).

007 답 ②

대칭키: 암호화(기밀성)를 위해서 사용된다. 대칭키는 의사난수 생성기를 사용하고, 대칭키 공유는 공개키 암호 또는 Diffie-Hellman을 이용한다.

(선지분석)

① MAC: SSL에서 데이터 인증에 사용된다.
③ 해시 함수: SSL에서 MAC(데이터 인증)을 생성할 때 사용한다.
④ 전자서명: 인증서에 사용되지만 직접적으로 사용되지 않는다.

008 답 ①

전송계층과 응용계층 사이에서 동작한다(표현 계층에서 동작).

(선지분석)

② 인증(인증서 – 상대, MAC – 데이터), 기밀성(대칭암호), 무결성(MAC)을 제공한다.
③ Handshake: 클라이언트와 서버가 암호 통신에 사용할 알고리즘과 공유키를 결정한다. 인증서를 이용한 인증을 수행한다.
④ Record: 대칭 암호를 사용해서 메시지를 암호화하고 통신하는 부분이다. 대칭 암호와 메시지 인증 코드를 이용한다. 알고리즘과 공유 키는 핸드쉐이크 프로토콜을 사용해서 서버와 클라이언트가 상담하여 결정한다.

009 답 ①

SSL stripping: 공격자가 중간에서 SSL로 보호되는 세션을 벗겨내는 것이다. 즉, 공격자는 MITM(중간자) 상태를 클라이언트 – 공격자 – 웹서버로 만들어서 클라이언트와 공격자 사이에서는 HTTP로 통신되게끔 유도하고 공격자와 웹서버에서는 HTTPS(SSL)로 통신한다.

(선지분석)

② BEAST attack: SSL 통신에서 브라우저가 가지는 취약점이다. 해당 공격은 CBC(블록암호 모드의 일종)의 취약점을 이용한다. CBC 취약점을 이용하면 SSL 상에서 MITM 공격(중간자 공격)이 가능하다.
③ CRIME attack: HTTPS를 사용한 연결에서 웹 쿠키의 보안 취약점이다. 인증 쿠키의 내용을 알게 되면 공격자는 웹 세션에서 세션 하이재킹을 수행할 수 있다.
④ Heartbleed: 암호 통신 라이브러리 OpenSSL(SSL의 오픈 소스 구현판)의 버그이다. 공격자는 이 취약성을 내포한 OpenSSL을 사용하고 있는 서버에 접속하여 서버의 정보를 일정 범위까지 갈취 가능하다.

010 답 ②

인증서는 핸드쉐이크 프로토콜 단계에서 사용한다.

(선지분석)

① TLS는 TCP에 기반하며, DTLS는 UDP에 기반한다.
③ TLS는 SSL 3.0을 기초로 해서 만들어졌다.
④ FTPS는 SSL/TLS에 기반하며, SFTP는 SSH에 기반한다.
⑤ TLS에서 대칭키 암호인 ARIA, AES, SEED, 3DES, IDEA, DES, RC2 등을 사용할 수 있다.

011 답 ④

SSL/TLS에서 상호인증을 요구한 경우의 핸드쉐이크 과정이다. 문제의 조건은 상호인증을 요구하지 않은 경우이므로 아래의 과정에서 ③, ⑤, ⑦, ⑨를 제외하면 문제에서 요구한 핸드쉐이크 과정이 된다. 각 과정을 테이블로 정리하면 다음과 같다.

① ClientHello	사용하는 버전 번호, 현재 시각, 클라이언트 랜덤값, 세션 ID, 사용하는 암호 스위트 목록, 사용하는 압축 방법 목록을 보낸다.
② ServerHello	사용하는 버전 번호, 현재 시각, 서버 랜덤값, 세션 ID, 사용하는 암호 스위트 목록, 사용하는 압축 방법 목록을 보낸다.
③ Certificate	인증서 목록을 보낸다.

PART 2

해커스공무원 곽후근 정보보호론 단원별 기출문제집

④ ServerKeyExchange	키 교환을 위한 정보로서 ③의 Certificate 메시지만으로는 정보가 부족할 때, 클라이언트에게 필요한 정보를 전달한다.
⑤ CertificateRequest	서버가 클라이언트에게 인증서를 요구한다.
⑥ ServerHelloDone	서버가 보낸 메시지의 끝을 나타낸다.
⑦ Certificate	서버의 CertificateRequest 메시지에 대한 응답으로 클라이언트가 서버에게 자신의 인증서를 전송한다.
⑧ ClientKeyExchange	④의 ServerKeyExchange 메시지에 대응하여 적합한 키 교환 알고리즘을 선정하여 필요한 정보를 전송한다.
⑨ CertificateVerify	서버로부터 CertificateRequest를 받은 뒤 클라이언트는 자신의 인증서 속 공개키와 쌍이 되는 정당한 개인 키를 가지고 있다는 것을 서버에게 주장하는 것이다.
⑩ ChangeChiperSpec	이 메시지를 이용해서 암호를 변경할 수 있다.
⑪ Finished	핸드쉐이크 프로토콜 종료를 요청한다.
⑫ ChangeChiperSpec	서버가 클라이언트에게 암호를 교환하자고 메시지를 전송한다.
⑬ Finished	서버도 클라이언트에게 Finished 메시지를 전송한다.

012 답 ③

Alert: 해당 설명은 VPN에서 사용하는 IKE 프로토콜에 대한 설명이고, Alert는 뭔가 에러가 발생했다는 것을 통신 상대에게 전달한다.

(선지분석)

① ChangeCipherSpec: 암호 방법을 변경하는 신호를 통신 상대에게 전달한다.
② Handshake: 클라이언트와 서버가 암호 통신에 사용할 알고리즘과 공유 키를 결정한다. 인증서를 이용한 인증을 수행한다.
④ Record: 대칭 암호를 사용해서 메시지를 암호화하고 통신하는 부분이다. 대칭 암호와 메시지 인증 코드를 이용한다. 알고리즘과 공유 키는 핸드쉐이크 프로토콜을 사용해서 서버와 클라이언트가 상담하여 결정한다.

013 답 ①

매 세션마다 서로 다른 키를 사용한다.

(선지분석)

② SMTP, POP3 등에도 적용할 수 있다.
③ 단편화, 압축, MAC 추가, 암호화, SSL 레코드 헤더 추가를 수행한다.
④ https(SSL)로 되어 있으면 패스워드를 암호화할 수 있다.

014 답 ②

MQTT가 아니라 CoAP이다. MQTT와 CoAP는 IoT 전용 프로토콜이다(IoT에서 사용하는 별도의 프로토콜).

(선지분석)

① 인증서를 사용하여 서버와 클라이언트가 상호 인증을 수행
③ TLS 프로토콜
- Handshake: 클라이언트와 서버가 암호 통신에 사용할 알고리즘과 공유 키를 결정한다. 인증서를 이용한 인증을 수행한다.
- Change Cipher Spec: 암호 방법을 변경하는 신호를 통신 상대에게 전달한다.
- Alert: 뭔가 에러가 발생했다는 것을 통신 상대에게 전달한다.
- Record: 대칭 암호를 사용해서 메시지를 암호화하고 통신하는 부분이다. 대칭 암호와 메시지 인증 코드를 이용한다. 알고리즘과 공유 키는 핸드쉐이크 프로토콜을 사용해서 서버와 클라이언트가 상담하여 결정한다.

④ TCP-TLS, UDP-DTLS(같은 Datagram을 사용)

015 답 ④

인증서 목록은 ServerHello 다음에 서버가 클라이언트에게 보내는 Certificate에 전송되는 정보이다.

(선지분석)

①, ②, ③ ClientHello에 전송되는 정보는 버전 번호, 현재 시각, 클라이언트 랜덤(난수), 세션 ID, 사용할 수 있는 암호 스위트 목록, 사용할 수 있는 압축 방법 목록이다.

016 답 ③

클라이언트와 서버가 암호 통신에 사용할 알고리즘과 공유키를 결정한다. 인증서를 이용한 인증을 수행한다.

(선지분석)

① 고정된 비밀번호 대신 사용되는 매번 새롭게 바뀌는 일회용 비밀번호이다. S/KEY 방식, 시간 동기화 방식, 챌린지/응답 방식, 이벤트 동기화 방식 등이 있다.
② 전자상거래 당사자들에게 신뢰성과 안전성을 제공하기 위하여 인증, 비밀성 등의 보안 기능과 지불 기능을 제공하는 전자상거래 전용 프로토콜이다.
④ 객체 지향 모델로써 구조화된 문서를 표현하는 형식이다(플랫폼/언어 중립적).
⑤ SSL/TLS에서 암호 방법을 변경하는 신호를 통신 상대에게 전달한다.

017 답 ⑤

단편화, 압축, MAC 추가, 암호화, SSL 레코드 헤더 추가를 수행한다.

018 답 ②

SSL에서 뭔가 에러가 발생했다는 것을 통신 상대에게 전달한다.

(선지분석)

①, ③, ④ 해당 프로토콜에서 경보는 존재하지 않는다.
⑤ 연결 관련 프로토콜이 존재하나 경보와는 무관하다.

019 답 ⑤

RTT-0(교환 횟수가 더 줄어듦)을 지원한다(기존은 RTT-1).

(선지분석)

① 암호화를 수행한다.
② Heartbeat에서 문제가 발생한다.
③ 대칭 암호를 사용해서 메시지를 암호화하고 통신하는 부분이다. 대칭 암호와 메시지 인증 코드를 이용한다. 알고리즘과 공유 키는 핸드쉐이크 프로토콜을 사용해서 서버와 클라이언트가 상담하여 결정한다.
④ DH를 이용한다.

020 답 ②

이 메시지를 이용해서 암호를 변경할 수 있다. 이 단계를 거치면서 TLS 레코드 프로토콜은 "합의된 암호를 사용한 통신" 상태가 된다.

021 답 ②

암호화를 수행하므로 레코드 프로토콜에 해당한다.

022 답 ③

TLS의 하트 비트 확장이라고 하는 기능에 요구 데이터 사이즈의 체크가 결여되는 취약점(buffer overflow)으로 인해 메모리상의 관계없는 정보가 상대에게 전달되는 것이다.

CHAPTER 19 | 비트코인/블록체인

정답 p.113

001	①	002	③	003	②	004	③	005	④
006	③	007	④	008	④	009	④		

001 답 ①

비트코인: 가상통화 또는 암호통화라고 불리는 종류의 하나이다. 물리적으로 떨어져 있더라도 인터넷을 통해 금전의 송수신이 가능하다. 수수료가 저렴하므로 소액 결제도 편리하다. 나카모토 사토시(Nakamoto satoshi)라고 하는 정체불명의 인물이 투고한 논문으로부터 시작하였다. 2009년부터 세계 각국에서 사용하고 있다. 2015년에는 미국에서 최초의 비트코인 취급소 코인베이스(Coinbase)가 오픈되었다.

(선지분석)

② 허니팟: 크래커를 유인하는 함정을 꿀단지(곰을 유인)에 비유한 것에서 명칭이 유래한다. 마치 실제로 공격을 당하는 것처럼 보이게 하여 크래커를 추적하고 정보를 수집하는 역할을 한다. 침입자를 오래 머물게 하여 추적이 가능하므로 능동적으로 방어할 수 있고, 침입자의 공격을 차단할 수 있다. 직접적인 공격을 수행하지는 않는다.
③ 랜섬웨어: 컴퓨터 시스템을 감염시켜 접근을 제한하고 일종의 몸값을 요구하는 악성 소프트웨어의 한 종류이다. 컴퓨터로의 접근이 제한되기 때문에 제한을 없애려면 해당 악성 프로그램을 개발한 자에게 지불을 강요받게 된다.
④ 비트채움: 32비트 블록이 기본 단위라고 가정하면, 메시지가 23비트일 때 블록 길이를 맞추기 위해 9비트를 0으로 비트채움한다.

002 답 ③

비공개형 블록체인은 권한이 있는 피어만 참여할 수 있지만, 공개형 블록체인은 권한이 없는 피어도 참여할 수 있다.

(선지분석)

① 예를 들어 블록체인을 활용하는 비트코인에서는 무결성을 위해 SHA-256을 사용하고, 어드레스를 위해 SHA-256과 RIPEMD-160을 사용한다.
② 신뢰성(누구도 정보를 임의로 변경할 수 없음)과 투명성(모든 사람에게 공개되어 있음)을 제공한다.
④ 하이퍼레저 패브릭은 리눅스 재단에서 주관하는 블록체인 오픈소스 프로젝트이다. 비공개형 블록체인 플랫폼으로서 기업 비즈니스를 구현하기에 적합한 환경이고, 특정 비즈니스 모델에 특화된 타 플랫폼과 달리 여러 산업에 범용적으로 도입 가능한 기술 표준을 제시한다. ECA(Enrollment Certification Authority)가 공개키 인증서를 발행하여 피어에 대한 신원 정보를 제공한다.
⑤ 작업 증명(proof-of-work)과 지분 증명(proof-of-stake) 등과 같은 합의 알고리즘을 사용한다. 이것은 누구나 쉽게 이중 지불되는 돈의 문제를 회피할 수 있게 한다.

003 답 ②

이어지는 블록은 앞 블록의 내용을 포함하고 있으므로 앞 블록의 내용을 변경하면 뒤에 이어지는 블록을 변경해야 한다.

(선지분석)

① 하나의 블록은 그림에서 보는 바와 같이 집합과 헤더로 이루어져 있다.
③ 블록체인의 한 블록에는 앞의 블록에 대한 정보가 포함되어 있다. 그러므로 ③을 통해 ②가 답임을 유추할 수 있다.
④ 분산원장(공유원장, 또는 분산원장기술): 복제, 공유 또는 동기화된 디지털 데이터에 대한 합의 기술이다. 이때 데이터들은 지리적으로 여러 사이트나, 여러 국가 또는 여러 기관에 분산되어 있게 된다. 즉, 중앙집중적인 관리자나 중앙집중의 데이터 저장소가 존재하지 않고 기능이 동작하게 된다.

004 답 ③

블록체인을 조금이라도 바꿔 쓰면 그 이후의 모든 블록 헤더를 변경해야만 하기 때문에 과거 블록 내용을 조작하는 것은 어렵다.

(선지분석)

① 예를 들어, '어드레스 A로부터 어드레스 B로의 1BTC(비트코인) 송금'이라는 트랜잭션을 만든다. 이때 개인키를 사용해서 디지털서명을 작성한다. 원래 전자서명이라는 단어보다는 디지털서명이라는 단어를 사용해야 한다.

② 비트코인에서 블록체인에 블록을 추가하는 것을 금광으로부터 채굴하는 것에 비유하는데, 채굴을 위해서는 엄청난 양의 해시를 계산하여야 한다.

④ 비트코인(블록체인)의 위조를 방지하기 위하여 채굴자는 자신의 정당한 분량의 작업을 한 것을 증명하여야 하는 데 이를 PoW(Proof-of-Work)라 한다.

005 답 ④

이중 지불(Double Spending): 100만 원의 잔고에서 100만 원을 꺼내 썼을 때 잔고가 0원으로 갱신되기 전에 100만 원을 또 쓰는 시간차 공격이다.

- 예: 인터넷 창을 두 개 띄워놓고 동시에 버튼을 누르면 두 개의 지불 요청이 동시에 날아간다.
- 전자화폐: 금융 기관이 관여하므로 이중 지불 문제가 발생하지 않는다.
- 가상화폐: 분산 구조로 인해 이중 지불 문제가 발생한다. 이를 해결하기 위해 비트코인에서는 PoW(Proof of Work)를 수행한다.

(선지분석)

① 전자화폐(IC 카드 혹은 네트워크), 가상화폐(전자화폐의 일종, 비트코인)

② 전자화폐(금융결제원), 가상화폐(분산원장, 아직 정해진바 없음)

③ 가상화폐: 분산원장기술(2019 국가직 시험 문제 참조), 블록체인

006 답 ③

PoS: 지분증명이라 부르기도 하며 채굴기 없이 본인이 소유한 코인의 지분으로 채굴되는 방식이다. 해당 코인을 가지고 있는 소유자가 현재 보유하고 있는 자산(stake) 양에 비례하여 블록을 생성할 권한을 더 많이 부여되는 방식이다. 참여에 대한 보상은 이자와 같은 방식으로 코인이 지급되며, 일정 수 이상의 코인을 보관하고 있는 지갑을 블록체인 네트워크에 연결시켜놓기만 하면 보상을 받을 수 있다. 단점은 퀀텀의 51% 지분을 갖고 있는 A라는 사람이 데이터 업데이트의 권한을 쥐고 흔들 수 있다고 볼 수 있다. 따라서 맘에 안드는 사람 B의 자산을 A가 악의적으로 기록을 삭제하여 0원으로 만들 수도 있다. PoS를 사용하는 대표 코인에는 퀀텀, 네오, 스트라티스 등이 존재한다.

(선지분석)

① Paxos: 신뢰할 수 없는 프로세서들의 네트워크에서 합의 문제(분산 컴퓨팅과 다중 에이전트 시스템에서 프로세스들이 사용할 값을 하나로 결정하는 문제)를 해결하기 위한 프로토콜 그룹이다. 합의 문제는 구성원이나 구성원 간의 통신 매체에 장애가 발생할 수 있는 경우 어려워진다. 해당 알고리즘은 블록체인 합의 알고리즘에도 사용한다.

② PoW: 작업증명으로 부르기도 하며 해시연산을 처리하는 하드웨어(GPU, ASIC 채굴기) 등을 사용해서 증명하는 방식이다. 간단하게 말해 하드웨어 장비를 사용해 코인을 채굴하는 것이다. 해시함수에서 나온 출력값을 채굴자들이 하드웨어 장비(GPU, CPU와 같은 컴퓨팅 파워)를 통해 결과를 도출하는 것이다. 이러한 방식으로 문제를 해결하면 가장 빨리 채굴된 블록만 인정을 받고 나머지는 버려지게 되기 때문에 이중지불 문제가 해결 되게 된다. PoW를 사용하는 대표 코인에는 비트코인, 라이트코인, 제트캐시, 모네로 등이 존재한다.

④ PBFT: 네오, 질리카, 하이퍼레저, R3, ITC, 텐더민트 등에서 사용하는 합의 알고리즘(다수의 참여자들이 통일된 의사결정을 하기 위해 사용하는 알고리즘)이다. 블록체인 네트워크 상에 새로운 블록들이 생성되는 과정에서 기존의 악의적인 공격으로 잘못된 블록이 생성될 수 있다.

007 답 ④

블록체인 내의 원장(기존 내용)을 수정할 수는 없다. 다만, 수정을 하게 되면 기존 내용은 보존되고 변경된 내용이 추가되는데 이때는 PoW 또는 PoS를 사용한다(개인키를 사용하지 않는다).

(선지분석)

① 머클 루트는 해당 블록에 저장되어 있는 모든 거래의 요약본(해시값)으로 블록 헤더에 포함된다.

② 채굴은 특정한 해시값을 산출해 내는 것인데, 이는 해시값의 역상을 구하는 과정(해시값으로부터 원래의 메시지를 구함)과 동일하다.

③ 암호화폐를 주고 받는 주소값은 공개키의 해시 값으로부터 작성한다.

⑤ 송신자는 자신이 보낸 것을 증명하기 위해 전자서명(디지털서명)을 사용한다. 그리고 해당 정보와 PoW(작업 증명) 또는 PoS(지분 증명)를 사용하여 이중 지불을 방지한다.

008 답 ④

필드의 크기는 32바이트이다.

009 답 ④

실행, 정렬, 검증을 통해 합의에 이르고, 특정 알고리즘(PoW, PoS, BFT)을 사용하지 않는다.

CHAPTER 20 | 암호 기술

CHAPTER 21 | TPM

정답

p.115

001	⑤	002	⑤	003	①	004	①

001

답 ⑤

개인키도 저장 가능하지만 표준 방식이 아니라 보안 모듈(하드웨어)이다.

선지분석

① 암호화된 키, 패스워드, 디지털 인증서 등을 저장하는 안전한 저장 공간을 제공하는 보안 모듈이다.
② 그림에서 보는 바와 같이 random number generator(난수 발생기), encryption-decryption signature engine(암·복호화 엔진), RSA key generator(RSA 키 생성기) 등을 포함한다.
③ 그림에서 보는 바와 같이 persistent memory(비휘발성 메모리)에 storage root key(최상위 루트 키)가 탑재된다.
④ 일반적으로 개인용 컴퓨터(PC) 주기판(main board)에 부착되며, 부팅 단계에서부터 시스템의 무결성 검증에 이용된다.

002

답 ⑤

감사: TPM은 감사를 위해 로그를 남기는 모듈이 아니다. 또한 로그를 위한 공간도 존재하지 않는다.

선지분석

① 암호키 생성 및 저장: random number generator와 RSA key generator를 이용해서 암호키를 생성하고 storage keys에 암호키를 저장할 수 있다.
② 인증된 부트: 개인용 컴퓨터(PC) 주기판(메인보드)에 부착되며, 부팅 단계에서부터 시스템의 무결성 검증에 이용된다.
③ 디바이스 및 플랫폼 인증: TPM은 디바이스 및 플랫폼에 부착되는 고유한(Unique) 보안 모듈이므로 이를 이용하여 디바이스 및 플랫폼을 인증할 수 있다.
④ 원격 검증: PCR과 AIK를 이용해서 TPM이 있는 플랫폼을 원격으로 검증할 수 있다.

003

답 ①

TPM(Trusted Platform Module): 국제산업표준단체인 TCG (Trusted Computing Group)에 의해 작성된 암호화 키 관리와 암호화 처리 등을 하드웨어로 제조된 보안 칩 내부에서만 동작하도록 함으로써 강력한 수준의 보안 환경을 제공하는 보안 칩의 표준 규격이다.

선지분석

② TLS(Transport Layer Security): Https에 사용하는 SSL/TLS(4계층에서 보안 제공)를 나타낸다.
③ TTP(Trusted Third Party): 믿을 수 있는 제3자로 PKI(공개키 기반 구조)에서 CA(인증 기관)을 나타낸다.
④ TGT(Ticket Granting Ticket): Kerberos에서 사용하는 티켓으로 클라이언트가 AS(인증서버)로부터 받아 TGS(티켓 발행 서버)로 보낸다(서버에 사용할 티켓을 제공받기 위해).

004

답 ①

AIK(인증을 위한 키)를 이용하여 PCR(플랫폼 설정정보)에 서명한다. 해당 내용을 떠나 공개키를 사용하여 서명한다는 내용은 옳지 않다.

선지분석

② 국제산업표준단체인 TCG(Trusted Computing Group)는 암호화 키 관리와 암호화 처리 등을 하드웨어로 제조된 보안 칩 내부에서만 동작하도록 함으로써 강력한 수준의 보안 환경을 제공하는 보안 칩의 표준 규격을 제공하였다.
③ 하드웨어 기반의 난수(random number) 생성, 표준 알고리즘(SHA-1, RSA, HMAC 등) 제공, 안전한 키 생성 및 보관, 암호 처리를 위한 프로세서 및 정보 저장을 위한 플랫폼 구성 레지스터(PCR: Platform Configuration Register) 및 비휘발성 메모리 등으로 구성되어 있다.
④ 일반적으로 개인용 컴퓨터(PC) 주기판에 부착되며, 부팅 단계에서부터 시스템의 무결성 검증에 이용된다.

PART 3 시스템 보안

CHAPTER 01 | 운영체제

정답 p.118

001	④

001 답 ④

해당 설명은 프로세스 관리에 대한 설명이고, 파일 관리는 사용자별로 파일 접근 권한을 부여하고 접근 권한에 따라 파일을 할당하고 해제한다.

CHAPTER 02 | 악성코드

정답 p.119

001	④	002	③	003	④	004	②	005	④
006	④	007	①	008	③	009	③	010	①
011	④	012	④	013	①	014	②	015	①
016	④	017	①	018	②				

001 답 ④

루트킷(Rootkit): 해당 내용은 좀비에 대한 설명이고, 루트킷은 트로이목마 설치, 원격 접근, 내부 사용 흔적 삭제, 관리자 권한 획득 등 주로 불법적인 해킹에 사용되는 기능들을 제공하는 프로그램의 모음이다.

(선지분석)

① 트랩도어(Trapdoor): 운영체제나 프로그램을 생성할 때 정상적인 인증 과정을 거치지 않고, 운영체제나 프로그램 등에 접근할 수 있도록 만든 일종의 통로로 백도어(Backdoor) 혹은 Administrative hook이라고도 불린다.
② 웜(Worm): 인터넷 또는 네트워크를 통해서 컴퓨터에서 컴퓨터로 전파되는 악성 프로그램이다. 윈도우의 취약점 또는 응용 프로그램의 취약점을 이용하거나 이메일이나 공유 폴더를 통해 전파되며, 최근에는 공유 프로그램(P2P)을 이용하여 전파되기도 한다. 바이러스와 달리 스스로 전파되는 특성이 있다.
③ 트로이 목마(Trojan Horse): 사용자가 의도하지 않은 코드를 정상적인 프로그램에 삽입한 형태이다.

002 답 ③

스턱스넷(Stuxnet): 국가 및 산업의 중요 기반 시설을 제어하는 SCADA(Supervisory Control And Data Acquisition) 시스템을 대상으로 한 웜이다. 전파를 위해 윈도우 서버 서비스의 취약점을 이용해 공유 폴더를 공격했으며 윈도우 쉘 .lnk(바로가기) 취약점을 이용해 USB를, 윈도우 프린트 스풀러 서비스의 취약점인 공유 프린터를 전파 개체로 활용했다.

(선지분석)

① 오토런 바이러스(Autorun virus): 'autorun.inf' 파일이나, 시스템의 레지스트리에 등록되어 자동 실행되도록 설정된 악성코드
② 백도어(Backdoor): 운영체제나 프로그램을 생성할 때 정상적인 인증 과정을 거치지 않고, 운영체제나 프로그램 등에 접근할 수 있도록 만든 일종의 통로
④ 봇넷(Botnet): DDoS에서 악성 코드(봇)에 감염된 좀비 PC로 구성된 네트워크

003 답 ④

Backdoor: 공격자가 백도어를 통해 남긴 파일은 SetUID 비트가 설정되어 있다. 이는 공격자가 해당 파일을 실행하면 루트 권한을 획득함을 의미한다. 실행 파일의 내용은 공격자(user id)를 루트로 설정하고, 공격자의 그룹(group id)을 루트로 설정한 후 쉘(bash shell)을 실행한다.

(선지분석)

① Eavesdropping: 도청을 의미한다.
② Brute Force: 가능한 모든 조합을 이용(대입)해서 공격하는 것을 의미한다.
③ Scanning: IP 혹은 포트가 열려있는지를 확인하기 위해서 사용한다.
⑤ 패스워드 유추: 주어진 정보를 이용해서 패스워드를 유추하는 것을 의미한다.

004 답 ②

Zero Day: 프로그램에 문제가 알려지고 난 후 보안패치가 나올 때까지 시간차를 이용해 공격하는 기법을 말한다. 알려지지 않은 공격이므로 보안 장비로 막을 수 없으나 IDS를 이용하고자 한다면 시그너처 기반의 오용 탐지가 아니라 이상 탐지로 방어를 해야 한다.

(선지분석)

① SYN Flooding: 클라이언트가 SYN 패킷을 보내고 서버는 이에 응답해서 SYN+ACK 패킷을 보낸다. 서버는 클라이언트가 ACK 패킷을 보내올 때까지 SYN Received 상태로 일정 시간을 기다려야 하고(메모리를 할당한 상태), 그동안 공격자는 가상의 클라이언트로 위조한 SYN 패킷을 수없이 만들어 서버에 보냄으로써 서버의 가용 동시 접속자 수를 모두 SYN Received 상태로 만들 수 있다(더 이상 SYN을 위한 메모리가 없음).

③ APT: 특정 기업 또는 기관의 핵심 정보통신 설비에 대한 중단 또는 핵심정보의 획득을 목적으로 공격자는 장기간 동안 공격 대상에 대해 IT인프라, 업무환경, 임직원 정보 등 다양한 정보를 수집하고, 이를 바탕으로 제로 데이 공격, 사회공학적 기법 등을 이용하여 공격 대상이 보유한 취약점을 수집 · 악용해 공격을 실행하는 것을 말한다.
④ Buffer Overflow: 스택에는 복귀 주소(return address)가 저장되는데, 오버플로우가 발생하면 복귀 주소가 공격자가 원하는 주소로 바뀌어 공격자가 원하는 코드가 실행된다.

005 답 ④

매크로 바이러스: 엑셀 또는 워드와 같은 문서 파일의 매크로 기능을 이용하기 때문에 워드나 엑셀 파일을 열 때 감염된다. 누구나 바이러스를 만들어 배포하는 계기가 되었다.

(선지분석)

① 애드웨어: 특정 소프트웨어를 실행할 때 또는 설치 후 자동적으로 광고가 표시되는 프로그램을 말한다. 프리웨어인 경우 불가피하게 광고 수익으로 운영되는 경우가 많으므로, 애드웨어라고 반드시 악성 소프트웨어에 속하는 것은 아니다.
② 트로이 목마: 사용자가 의도하지 않은 코드를 정상적인 프로그램에 삽입한 형태이다.
③ 백도어: 운영체제나 프로그램을 생성할 때 정상적인 인증 과정을 거치지 않고, 운영체제나 프로그램 등에 접근할 수 있도록 만든 일종의 통로로 트랩도어(Trapdoor) 혹은 Administrative hook이라고도 불린다.

006 답 ④

제로데이: 프로그램에 문제가 알려지고 난 후 보안패치가 나올 때까지 시간차를 이용해 공격하는 기법을 말한다.

(선지분석)

① APT: 특정 기업 또는 기관의 핵심 정보통신 설비에 대한 중단 또는 핵심정보의 획득을 목적으로 공격자는 장기간 동안 공격 대상에 대해 IT인프라, 업무환경, 임직원 정보 등 다양한 정보를 수집하고, 이를 바탕으로 제로 데이 공격, 사회공학적 기법 등을 이용하여 공격 대상이 보유한 취약점을 수집 · 악용해 공격을 실행하는 것을 말한다.
② 스턱스넷: 국가 및 산업의 중요 기반 시설을 제어하는 SCADA (Supervisory Control And Data Acquisition) 시스템을 대상으로 한 웜이다. 전파를 위해 윈도우 서버 서비스의 취약점을 이용해 공유 폴더를 공격했으며 윈도우 쉘 .lnk(바로가기) 취약점을 이용해 USB를, 윈도우 프린트 스풀러 서비스의 취약점인 공유 프린터를 전파 개체로 활용했다.
③ DDoS: 악성코드(봇)에 의한 에이전트를 전파하고, 좀비 PC에 의한 공격을 수행한다. 좀비 PC로 구성된 네트워크를 봇넷(Botnet)이라고 한다. DoS는 1:1로 공격하지만, DDoS는 N:1로 공격을 수행한다.
⑤ XSS: 웹사이트 관리자가 아닌 이가 웹 페이지에 악성 스크립트를 삽입할 수 있는 취약점이다. 주로 여러 사용자가 보게 되는 전자 게시판에 악성 스크립트가 담긴 글을 올리는 형태로 이루어진다. 이 취약점은 웹 애플리케이션이 사용자로부터 입력 받은 값을 제대로 검사하지 않고 사용할 경우 나타난다. 이 취약점으로 해커가 사용자의 정보(쿠키, 세션 등)를 탈취하거나, 자동으로 비정상적인 기능을 수행하게 할 수 있다. 주로 다른 웹사이트와 정보를 교환하는 식으로 작동하므로 사이트 간 스크립팅이라고 한다.

007 답 ①

원시형: 부트 바이러스(플로피 디스크나 하드 디스크의 부트 섹터에 감염되는 바이러스로, 부팅할 때 자동으로 동작)와 파일 바이러스(파일을 직접 감염시키는 바이러스)가 있다. 원시형 바이러스는 코드의 변형이나 변화 없이 고정된 크기를 가진다.

(선지분석)

② 암호화: 바이러스 코드를 쉽게 파악하고 제거할 수 없도록 암호화한 바이러스이다. 바이러스 제작자들은 백신의 진단을 우회하기 위해 자체적으로 코드를 암호화하는 방법을 사용하여 백신 프로그램이 진단하기 힘들게 만들기 시작하였다.
③ 갑옷형: 백신 프로그램이 특정 식별자를 이용하여 바이러스를 진단하는 기능을 우회하기 위해 만들어진 바이러스이다. 다형성(갑옷형) 바이러스는 코드 조합을 다양하게 할 수 있는 조합(Mutation) 프로그램을 암호형 바이러스에 덧붙인다.
④ 매크로: 엑셀 또는 워드와 같은 문서 파일의 매크로 기능을 이용하기 때문에 워드나 엑셀 파일을 열 때 감염된다. 누구나 바이러스를 만들어 배포하는 계기가 되었다.

008 답 ③

무차별 공격: 특정한 암호(암호화키 혹은 패스워드)를 풀기 위해 가능한 모든 값을 대입하는 것을 의미한다. 대부분의 암호화 방식은 이론적으로 무차별 대입 공격에 대해 안전하지 못하며, 충분한 시간이 존재한다면 암호화된 정보를 해독할 수 있다.

(선지분석)

백도어는 운영체제나 프로그램을 생성할 때 정상적인 인증 과정을 거치지 않고, 운영체제나 프로그램 등에 접근할 수 있도록 만든 일종의 통로이다.

① 넷버스: 네트워크를 통해 Microsoft Windows 컴퓨터 시스템을 원격으로 제어하기 위한 소프트웨어 프로그램 이다. 1998년에 만들어졌으며 백도어로 사용될 가능성에 대해 매우 논란의 대상이 되었다(실제 백도어로 사용됨). 1998년 3월에 출시되었다.
② 백오리피스: 원격 관리를 위하여 고안된 논의의 여지가 있는 컴퓨터 프로그램이다(백도어로 사용됨). 프로그램은 사용자가 원격지로부터 실행중인 마이크로소프트 윈도 운영 체제를 조절 가능하게 한다. 1998년 8월에 출시되었다.

④ 루트킷: 시스템 침입 후 침입 사실을 숨긴 채 차후의 침입을 위한 백도어, 트로이목마 설치, 원격 접근, 내부 사용 흔적 삭제, 관리자 권한 획득 등 주로 불법적인 해킹에 사용되는 기능들을 제공하는 프로그램의 모음이다.

009 답 ③

운영체제나 다른 프로그램의 보안설정을 낮게 변경한다.

(선지분석)

① 브라우저의 기본 설정이나 검색 또는 시스템 설정을 변경한다.
② 광고나 마케팅용 정보를 수집하거나 중요한 개인 정보를 빼낸다.
④ 다른 프로그램을 다운로드하여 설치한다.

TIP 보안설정을 높게 설정하는 것은 시스템 입장에서 좋은 것이므로 스파이웨어의 주요 증상을 몰랐다고 하더라도 맞출 수 있는 문제이다.

010 답 ①

- 웜: 인터넷 또는 네트워크를 통해서 컴퓨터에서 컴퓨터로 전파되는 악성 프로그램이다. 윈도우의 취약점 또는 응용 프로그램의 취약점을 이용하거나 이메일이나 공유 폴더를 통해 전파되며, 최근에는 공유 프로그램(P2P)을 이용하여 전파되기도 한다. 바이러스와 달리 스스로 전파되는 특성이 있다.
- 바이러스: 사용자 컴퓨터(네트워크로 공유된 컴퓨터 포함) 내에서 사용자 몰래 프로그램이나 실행 가능한 부분을 변형해 자신 또는 자신의 변형을 복사하는 프로그램이다. 가장 큰 특성은 복제와 감염이다. 다른 네트워크의 컴퓨터로 스스로 전파되지는 않는다.
- 트로이목마: 사용자가 의도하지 않은 코드를 정상적인 프로그램에 삽입한 형태이다.

(선지분석)

②, ③, ④ 봇: DDoS에서 전파되는 악성코드를 봇(Bot)이라고 한다.

011 답 ④

백도어: 운영체제나 프로그램을 생성할 때 정상적인 인증 과정을 거치지 않고, 운영체제나 프로그램 등에 접근할 수 있도록 만든 일종의 통로로 Trapdoor 혹은 Administrative hook이라고도 불린다.

(선지분석)

① 다운로더: 스파이웨어를 포함한 악성 코드를 다운로드한다.
② 키로거: 사용자가 키보드로 PC에 입력하는 내용을 몰래 가로채어 기록하는 행위를 말한다. 하드웨어, 소프트웨어를 활용한 방법에서부터 전자적, 음향기술을 활용한 기법까지 다양한 키로깅 방법이 존재한다.
③ 봇: 분산 서비스 거부 공격(DDoS)에 사용되는 악성코드를 봇(Bot)이라고 한다.

012 답 ④

메타모픽(변성): 감염시킬 때마다 변형, 모양만 변형하는 것이 아니라 행동까지 변화한다. 참고로 다형성(Polymorphic) 또는 갑옷형(Armour) 바이러스는 모양만 변경하고 행동까지 변화하지는 않는다.

(선지분석)

① 암호화: 바이러스 코드를 쉽게 파악하고 제거할 수 없도록 암호화한 바이러스이다. 바이러스 제작자들은 백신의 진단을 우회하기 위해 자체적으로 코드를 암호화하는 방법을 사용하여 백신 프로그램이 진단하기 힘들게 만들기 시작했다.
② 매크로: 기존의 바이러스는 실행할 수 있는 파일(COM이나 EXE)에 감염된 반면, 매크로 바이러스는 엑셀 또는 워드와 같은 문서 파일의 매크로 기능을 이용하기 때문에 워드나 엑셀 파일을 열 때 감염된다.
③ 스텔스(은폐형): 바이러스에 감염된 파일들이 일정 기간의 잠복기를 가지도록 만들어진 바이러스이다. 확산되기도 전에 바이러스가 활동하기 시작하면 다른 시스템으로 전파되기 힘들기 때문에 잠복기를 가진다.

013 답 ①

Polymorphic Virus: 코드 조합을 다양하게 할 수 있는 조합(Mutation) 프로그램을 암호형 바이러스에 덧붙인다(vs. Metamorphic – 행동도 변화).

(선지분석)

② Signature Virus: 바이러스가 가진 특정한 문자열
③ Generic Decryption Virus: 암호화된 바이러스가 실행을 위해 복호화 되는 것을 의미한다.
④ Macro Virus: 엑셀 또는 워드와 같은 문서 파일의 매크로 기능을 이용하기 때문에 워드나 엑셀 파일을 열 때 감염된다. 누구나 바이러스를 만들어 배포하는 계기가 되었다.

014 답 ②

사용자가 의도하지 않은 코드를 정상적인 프로그램에 삽입한 형태이다.

(선지분석)

① 사용자가 키보드로 PC에 입력하는 내용을 몰래 가로채어 기록하는 행위를 말한다. 하드웨어, 소프트웨어를 활용한 방법에서부터 전자적, 음향기술을 활용한 기법까지 다양한 키로깅 방법이 존재한다.
③ 특정 소프트웨어를 실행할 때 또는 설치 후 자동적으로 광고가 표시되는 프로그램을 말한다. 프리웨어인 경우 불가피하게 광고 수익으로 운영되는 경우가 많으므로, 애드웨어라고 반드시 악성 소프트웨어에 속하는 것은 아니다.
④ 컴퓨터 시스템을 감염시켜 접근을 제한하고 일종의 몸값을 요구하는 악성 소프트웨어의 한 종류이다. 컴퓨터로의 접근이 제한되기 때문에 제한을 없애려면 해당 악성 프로그램을 개발한 자에게 지불을 강요받게 된다.

015

답 ①

- 웜: 인터넷 또는 네트워크를 통해서 컴퓨터에서 컴퓨터로 전파되는 악성 프로그램이다.
- 애드웨어: 특정 소프트웨어를 실행할 때 또는 설치 후 자동적으로 광고가 표시되는 프로그램을 말한다.

(선지분석)

②, ③, ④, ⑤
- 트로이 목마: 사용자가 의도하지 않은 코드를 정상적인 프로그램에 삽입한 형태이다.
- 바이러스: 사용자 컴퓨터(네트워크로 공유된 컴퓨터 포함) 내에서 사용자 몰래 프로그램이나 실행 가능한 부분을 변형해 자신 또는 자신의 변형을 복사하는 프로그램이다.

016

답 ④

재침입을 위해 백도어를 설치한다.

(선지분석)

③ 2003년에 인터넷 대란을 일으킨 SQL_Overflow(일명 슬래머) 웜이 등장하였다. CAIDA(인터넷 데이터 분석 협회)에 따르면, 기준으로 2003년 1월 25일 05시 29분에 슬래머가 퍼지기 시작하여, 06시를 기준으로 전 세계의 74,855대 시스템이 감염되었다.

017

답 ①

컴퓨터 소프트웨어 중에서 악의적인 것들의 모음으로써, 자신의 또는 다른 소프트웨어의 존재를 가림과 동시에 허가되지 않은 컴퓨터나 소프트웨어의 영역에 접근할 수 있게 하는 용도로 설계되었다.

(선지분석)

② 설치된 시스템의 정보를 주기적으로 원격지의 특정한 서버에 보내는 프로그램이다.
③ 사용자가 의도치 않은 코드를 정상적인 프로그램에 삽입한 프로그램이다.
④ 원격 조정자로 하여금 해당 시스템에 물리적으로 접근권이 있는 것처럼 시스템을 제어하게 해주는 소프트웨어 및 프로그래밍 모음이다.
⑤ 컴퓨터 시스템을 감염시켜 접근을 제한하고 일종의 몸값을 요구하는 악성 소프트웨어의 한 종류이다. 컴퓨터로의 접근이 제한되기 때문에 제한을 없애려면 해당 악성 프로그램을 개발한 자에게 지불을 강요받게 된다.

018

답 ②

논리 폭탄에 대한 설명이다.

CHAPTER 03 | 계정과 권한

정답 p.123

001	④	002	①	003	④	004	①	005	④
006	②	007	③	008	④	009	③	010	①
011	③	012	⑤	013	③	014	③	015	④
016	④	017	③						

001

답 ④

계정 관리: 적절한 권한을 가진 사용자를 식별하기 위해 계정 관리(ID/PW)를 수행한다.

(선지분석)

① 세션 관리: 세션 하이재킹 등에 의해 세션이 오용되는 것을 막는다. 주기적으로 재인증을 수행한다.
② 로그 관리: 공격자는 로그를 남기므로 로그 분석을 통해 공격자를 탐지하거나 추적한다.
③ 취약점 관리: 시스템이 가지는 취약점을 목록화하고 이를 관리한다.

002

답 ①

SetUID: 8진수로 4000으로 표현한다. 사용자가 실행 파일의 사용자 권한을 가지도록 한다. 사용자가 어떤 일을 수행하기 위해 일시적으로 권한 상승을 하기 위해 사용한다.

(선지분석)

② SetGID: 8진수로 2000으로 표현한다. 사용자가 실행 파일의 그룹 권한을 가지도록 한다. 사용자가 어떤 일을 수행하기 위해 일시적으로 권한 상승을 하기 위해 사용한다.
③ Sticky Bit: 8진수로 1000으로 표현한다. 디렉토리에 sticky bit가 설정되면 디렉토리 안의 파일들은 파일 소유자, 디렉토리 소유자 또는 관리자(root)만이 수정하거나 삭제할 수 있다.
④ Finger: 서버에 현재 로그인 중인 사용자 계정 정보 확인하여, 해커가 사용자의 이용 시간 및 계정의 존재 유무 확인한다.
⑤ Shadow: 패스워드가 shadow 파일에 암호화되어 저장된다. 관리자(root)만이 접근할 수 있다.

003

답 ④

디렉토리 소유자나 파일 소유자 또는 슈퍼 유저가 아닌 사용자들은 파일을 삭제하거나 이름을 변경하지 못하도록 막는다. 파일 또는 디렉토리 생성은 누구나 할 수 있다(공유 모드).

(선지분석)

① 해당 설명은 chmod이고, getuid는 접근 권한을 출력하거나 변경하는 것이 아닌 현재 프로세스의 실제 유저 아이디를 얻어온다.

② 해당 설명은 setuid이고, setgid는 유효 그룹 ID(EGID)를 사용자의 실제 그룹 ID(RGID)에서 파일 소유자의 그룹 ID로 변경한다. 소유자 권한이 아니 소유자의 그룹 권한을 부여한다.
③ 해당 설명은 일반 파일이고, setuid는 실 사용자 ID(프로그램을 실제 실행 중인 사용자 ID)에서 프로그램 소유자의 ID로 유효 사용자 ID(EUID)가 변경된다. 즉, 설정된 파일은 파일 소유자의 권한으로 실행된다.

004 답 ①

패스워드 관련 정보(사용자 계정, 패스워드 해시값, 그 외의 7가지 패스워드 관련 정보)를 저장한 파일이다.

(선지분석)

② 사용자 관련 정보(사용자 계정, 패스워드 정보, 사용자 번호, 그룹 번호, 사용자 이름, 사용자 홈 디렉토리, 사용자의 쉘)가 저장된 파일이다.
③ 사용자가 로그인했을 때 적용되는 스크립트를 정의해놓은 파일이다.
④ 그룹 관련 정보(그룹, 그룹 비밀번호, 그룹 번호, 그룹 멤버리스트)가 저장된 파일이다.

005 답 ④

사용자의 로그인 쉘을 나타낸다.

(선지분석)

① 사용자 UID를 나타낸다.
② 사용자 소속 그룹 GID를 나타낸다.
③ 사용자의 홈 디렉토리를 나타낸다.

TIP 나머지 내용을 정리하면 다음과 같다.

- 첫 번째 root: 사용자 계정을 나타낸다.
- 두 번째 x: 패스워드가 암호화되어 shadow 파일에 저장되어 있음을 나타낸다.
- 다섯 번째 root: 사용자의 이름이다. 시스템 설정에 별다른 영향이 없는 설정으로 자신의 이름을 입력해도 된다.

006 답 ②

ㄱ. -rwxr-xr-x에서 파일의 소유자는 첫 번째 rwx(읽기/쓰기/실행 가능)를 의미하고, 그룹은 두 번째 r-x(읽기/실행 가능)를 의미하고, 이외 사용자는 마지막 r-x(읽기/실행 가능)를 의미한다. 파일의 소유자의 경우 쓰기가 가능하므로 파일을 수정할 수 있다.
ㄴ. 'chmod 777 abc.txt'를 수행하면 -rwxr-xr-x(755)가 -rwxrwxrwx(777)로 바뀐다. 이렇게 되면 모든 사용자가 읽기/쓰기/실행이 가능하다.

(선지분석)

ㄷ. 'chown root abc.txt'라는 명령어는 맞지만, 해당 명령어는 현재의 일반 사용자가 아닌 관리자(root)가 실행해야 한다.

007 답 ③

chmod a+r: 소유자, 그룹, 기타 사용자에게 읽기 권한 추가

(선지분석)

① chmod u-w: 소유자에게 쓰기 권한 제거
② chmod g+wx: 그룹 사용자에게 쓰기와 실행 권한 추가
④ chmod o-w: 기타 사용자에게 쓰기 권한 제거

파일의 접근모드 변경에 사용되는 사용자 기호와 설정 기호

1. **사용자 기호**

기호		설명
u	user	파일/디렉토리의 소유자
g	group	파일/디렉토리의 그룹
o	other	다른 사용자
a	all	소유자, 그룹, 다른 사용자 모두(아무 표시 안할 경우 기본적으로 설정됨)

2. **설정 기호**

기호		설명
+	퍼미션 허가	지정한 퍼미션을 허가한다.
-	퍼미션 금지	지정한 퍼미션을 금지시킨다.
=	퍼미션 지정	지정한 퍼미션만 허가하고 나머지는 금지시킨다.

008 답 ④

change 파일은 setUID 비트가 설정되어 있으므로 test 외의 사용자가 실행할 때 유효 사용자 ID(effective UID)는 test가 된다.

(선지분석)

① change 파일은 setUID 비트가 설정되어 있다.
② change 파일의 접근 권한을 8진수로 표현하면 4755이다.
③ test 외의 사용자는 change 파일에 대해 읽기와 실행 권한을 가진다.

009 답 ③

/etc/shadow: 사용자 패스워드가 암호화

(선지분석)

① /etc/group: 그룹이 등록되어 있는 파일
② /etc/passwd: 사용자에 대한 관리 정보
④ /etc/login.defs: 사용자 계정의 설정(쉘)과 관련된 기본 값을 정의한 파일

010 답 ①

setuid: 8진수로 4000으로 표현한다. 사용자가 실행 파일의 사용자 권한을 가지도록 한다. 사용자가 어떤 일을 수행하기 위해 일시적으로 권한 상승을 하기 위해 사용한다.

(선지분석)
② setgid: 8진수로 2000으로 표현한다. 사용자가 실행 파일의 그룹 권한을 가지도록 한다. 사용자가 어떤 일을 수행하기 위해 일시적으로 권한 상승을 하기 위해 사용한다.
③ uid: user id를 의미한다.
④ gid: group id를 의미한다.
⑤ sticky bit: 8진수로 1000으로 표현한다. 디렉토리에 sticky bit가 설정되면 디렉토리 안의 파일들은 파일 소유자, 디렉토리 소유자 또는 관리자(root)만이 수정하거나 삭제할 수 있다.

011 답 ③

파일 접근 권한 변경은 파일 소유자나 슈퍼 유저만 가능하다(chmod 명령을 사용).

(선지분석)
① 접근 권한 유형은 rwx이다.
② 접근 권한은 소유자, 그룹, 다른 사용자에 대해 개별적으로 지정할 수 있다.
④ SetUID를 사용하면 effective UID가 그 파일의 소유자 권한으로 바뀐다.

012 답 ⑤

setuid가 설정된 경우이다.
- rws: 47(참고로 rwx는 7)
- r--: 4

(선지분석)
①, ② sticky bit가 설정된 경우이다.
③ setgid로 rwxr-sr-에 해당한다(2754).
④ rws는 rwx에 setuid가 설정된 것을 의미하므로 46으로 해석되지 않는다.

013 답 ③

777 - 755 = 022

014 답 ③

ㄱ. (5)는 바꿀 수 있다.
ㅁ. 사용자의 쉘을 나타낸다.

(선지분석)
ㄴ. 예전에는 포함되었으나 보안상의 이유로 shadow로 이동하였다.
ㄷ. (4)는 Group ID이다.
ㄹ. 사용자 계정 정보를 확인할 수 있다.

015 답 ④

SetUID를 설정하기 위해 4---을 사용한다.

(선지분석)
① 사용자에게 읽기, 쓰기 권한을 준다.
② 사용자, 그룹, 제3자에게 읽기, 쓰기 권한을 준다.
③ 제3자에게 읽기 권한을 준다.
⑤ 그룹에게 쓰기 권한을 준다.

016 답 ④

사용자의 쉘을 의미한다.

017 답 ③

777 - 027 = 750

CHAPTER 04 | 윈도우 보안

정답 p.127

001	④	002	①	003	②

001 답 ④

방화벽: 인바운드(외부에서 컴퓨터로 들어오는 패킷)와 아웃바운드(컴퓨터에서 외부로 나가는 패킷)에 대한 규칙을 설정할 수 있다.

(선지분석)
① 권한: 파일은 모든 권한, 수정, 읽기 및 실행, 읽기, 쓰기, 특정 권한을 가진다. 폴더는 모든 권한, 수정, 읽기 및 실행, 폴더 내용 보기, 읽기, 쓰기, 특정 권한을 가진다. 공통적으로 부여할 수 있는 권한은 6가지다.
② BitLocker: 마이크로소프트 윈도우 비스타, 윈도우 서버 2008, 윈도우 7, 윈도우 8, 윈도우 8.1, 윈도우 10 운영 체제에 포함된 완전한 디스크 암호화 기능이다. 즉, 윈도우 비스타부터 탑재되었다.
③ Internet Explorer 10: '낮음'으로 설정하면 압축된 개인 정보 취급 방침이 없는 타사의 쿠키를 차단하고 사용자의 암시적 동의 없이 사용자에게 연락하는데 사용할 수 있는 정보를 저장하는 타사의 쿠키를 제한한다.

002 답 ①

net: 컴퓨터에서 로컬 사용자 그룹을 관리하는데 사용한다(localgroup vs. user).

(선지분석)
② ping: IP 네트워크를 통해 특정한 호스트가 도달할 수 있는지의 여부를 테스트하는 데 쓰이는 컴퓨터 네트워크 도구의 하나이다.

③ netstat: 컴퓨터 내에서 사용 중인 포트를 확인할 때 사용한다.
④ tracert: 최종 목적지 컴퓨터(서버)까지 중간에 거치는 여러 개의 라우터에 대한 경로 및 응답속도를 표시해 준다. 리눅스에서는 traceroute를 사용한다.

003 답 ②

net user: 사용자 계정 정보를 출력한다.

(선지분석)

① net user guest / active:no: guest 계정을 비활성화한다.
③ net localgroup: 사용자 그룹 정보를 출력한다.
④ Administrator: 도메인 자원이나 로컬 컴퓨터에 대한 모든 권한이 있다.

CHAPTER 05 | 유닉스 보안

정답 p.128

001	②	002	②	003	①	004	④

001 답 ②

가장 대표적인 포트 또는 IP 스캔 프로그램으로서 로컬 및 네트워크 시스템에 대한 스캔을 통해 자신이 관리하는 시스템에 자신도 알지 못하는 포트가 열려 있는지를 확인할 수 있는 도구다.

(선지분석)

① 대부분의 유닉스 계통 운영 체제에서 현재 실행되고 있는 프로세스들을 표시한다(process status).
③ 인터넷 서버 관리자나 사용자가 호스트 이름을 입력하면 그 IP 주소를 알려 주는 프로그램이고, 그 반대의 경우에도 가능하다.
④ 리눅스에서 최종 목적지 컴퓨터(서버)까지 중간에 거치는 여러 개의 라우터에 대한 경로 및 응답 속도를 표시해 준다. 윈도우에서는 tracert를 사용한다.
⑤ IP 네트워크를 통해 특정한 호스트가 도달할 수 있는지의 여부를 테스트하는 데 쓰이는 컴퓨터 네트워크 도구의 하나이다.

002 답 ②

ps는 프로세스의 상태(process status의 약자)를 확인하는 명령어로 wtmp 로그와 무관하다. wtmp 로그를 보기 위해서는 last와 같은 명령어를 사용해야 한다(로그인, 로그아웃, 재부팅 정보).

(선지분석)

① utmp 로그를 보기 위해서는 w, who, users, whodo, finger 등의 명령어를 사용한다(로그인한 사용자의 상태, IP 정보).
③ ls -l 또는 ls -al 명령어를 사용하면 파일의 접근 권한(user/group/others)을 확인할 수 있다.
④ syslog는 시스템의 로그에 대한 정보 대부분을 수집하여 로그를 남긴다. 해당 로그의 종류와 로깅 수준(레벨)은 설정 파일(syslog.conf)에서 확인할 수 있다.

003 답 ①

hosts: IP와 도메인 이름을 가지고 있다.

(선지분석)

② networks: 네트워크 대역에 대한 이름(심볼)을 가지고 있다.
③ protocol: 프로토콜 종류와 번호를 가지고 있다.
④ services: 데몬 이름, 포트 번호, 프로토콜을 가지고 있다.

004 답 ④

VRFY: 수신자의 주소를 조회하려고 사용한다.

(선지분석)

① HELO: SMTP 세션을 시작하며, 송신자의 호스트 이름을 전송하여 서버에 자신의 신분을 알려준다.
② MAIL FROM: 송신자의 메일 주소를 통지한다.
③ RCPT TO: 수신자의 메일 주소를 통지한다.

CHAPTER 06 | 패스워드 크래킹

정답 p.129

001	④	002	⑤	003	②	004	④	005	①
006	④	007	④	008	④	009	④		

001 답 ④

Fl66ower$: 대문자, 소문자, 숫자, 특수문자로 구성(9글자) (크래킹에 4주 걸림)

(선지분석)

① flowerabc: 소문자로만 구성(9글자) (크래킹에 2분 걸림)
② P1234567#: 대문자, 숫자, 특수문자로 구성(9글자) (크래킹에 16시간 걸림)
③ flower777: 소문자, 숫자로 구성(9글자) (크래킹에 42분 걸림)

TIP 패스워드는 글자 수와 어떤 문자들을 많이 섞었는지에 따라 보안의 강도가 정해진다. 크래킹에 걸리는 시간은 https://howsecureismypassword.net/에서 계산하였다.

002 답 ⑤

do@ssud23: 소문자, 특수문자, 숫자로 구성(9문자) (크래킹에 16시간 걸림)

※ 이론이 아니라 실제 시간을 측정해본 결과 정답은 5번이 아니라 4번이다. 이론상으로는 3개의 문자를 섞은 9문자가 시간이 더 걸리는 것처럼 보이지만 실제로는 1개의 문자를 가진 11문자인 4번이 더 오래 걸린다. 2014년도에 실제 크래킹 시간을 기반으로 이의 신청을 했어야 하는 것으로 보인다. 특수 문자 적용 개수에 따라 크래킹 시간이 달라진다.

선지분석

① 75481235: 숫자로 구성(9문자) (크래킹에 3밀리초 걸림)
② abcd1234: 소문자, 숫자로 구성(8문자) (크래킹에 시간이 걸리지 않음)
③ korea2034: 소문자, 숫자로 구성(9문자) (크래킹에 42분 걸림)
④ honggildong: 소문자(11문자) (크래킹에 하루 걸림) (실제로 5번보다 더 오래 걸린다)

003 답 ②

SRM: SAM이 사용자의 계정과 패스워드 일치 여부를 확인하여 알리면 사용자에게 SID(Security Identifier) 부여, SID에 기반하여 파일이나 디렉터리에 대한 접근(access) 허용 여부 결정하고, 이에 대한 감사(audit) 메시지 생성한다.

선지분석

① LSA: 모든 계정의 로그인에 대한 검증, 시스템 자원 및 파일 등에 대한 접근 권한 검사한다. 로컬, 원격 모두에 해당하고, 이름과 SID를 매칭하며, SRM이 생성한 감사(audit) 로그를 기록한다.
③ SAM: 사용자/그룹 계정 정보에 대한 데이터베이스 관리, 사용자의 로그인 입력 정보와 SAM 데이터베이스 정보를 비교해 인증 여부 결정한다. 윈도우에서 패스워드 암호화하여 보관하는 파일의 이름과 동일하다.
④ IPSec: 네트워크 계층(network layer)으로 IP 계층을 보호하기 위한 프로토콜이다.

004 답 ④

암호화된 상태: 시스템이 패스워드와 어떤 것을 합해 해시를 구한 것인지 알 수 없기 때문에 패스워드 파일에 저장 시 암호화를 하지 않고 간단한 인코딩을 통해 해시 결과 값 앞이나 뒤에 붙인다.

선지분석

① 여러 사용자, 동일한 패스워드: 동일한 패스워드에 다른 솔트를 사용하므로 서로 다르게 저장된다.
② 오프라인 사전적 공격: 오프라인 사전적 공격이란 공격자가 시스템 비밀번호 파일을 얻어(해시 등을 통해 암호화되어 있음), 흔히 사용되는 비밀번호의 해시 값과 비교하는 것이다. 솔트를 사용하면 흔히 사용되는 비밀번호의 해시 값이 바뀌므로 공격을 어렵게 한다.
③ 한 사용자, 동일한 패스워드: 동일한 패스워드에 다른 솔트를 사용하므로 서로 다르게 저장된다.

005 답 ①

사용자 특성: 패스워드에 사용자 특성을 포함하면 사회공학적으로 패스워드를 유추할 수 있다.

선지분석

② 서로 다른 장비: 서로 다른 장비에는 서로 다른 패스워드를 적용해야 한다. 유사한 패스워드를 적용하면 한 장비의 패스워드가 유출되면 나머지 장비들도 안전하지 않다.
③ 불법적인 접근: 패스워드 파일은 암호화가 되어 있다고 하더라도 불법적인 접근을 막아야 한다.
④ 오염된 패스워드: 패스워드에 문제가 생기면 새로운 패스워드를 발급해야 한다.

006 답 ④

비밀번호: 비밀번호를 분실했을 때 예전에는 관리자가 알 수 있었으나 현재는 임시 비밀번호를 설정해서 알려주거나, 아예 본인인증이 되면 새 비밀번호를 입력하도록 하는 형태로 바뀐 상태이다. 즉, 비밀번호는 자신을 제외하고 어느 누구에게도 알려져서는 안 된다.

선지분석

①, ②, ③, ⑤ 은행계좌번호, 주민등록번호, 신용카드번호, 여권번호: 공개된다고 하더라도 또 다른 증명이 없다면 어떤 일도 할 수 없다.

007 답 ④

Dictionary: 사전 파일에 주어진 패스워드를 차례대로 공격한다. 사전 파일이 얼마나 잘 만들어졌느냐에 따라 공격의 성공 여부를 결정한다.

선지분석

① Brute Force: 패스워드에 사용될 수 있는 문자열의 범위를 정하고, 그 범위 내에서 생성 가능한 모든 패스워드 생성하여 입력한다.
② Rainbow Table: 패스워드별 해시 값을 미리 생성하여 크래킹하고자 하는 해시 값을 테이블에서 검색하여 원래 패스워드를 찾는 것이다.
③ Flooding: Ping 혹은 SYN을 대량으로 보내 서버를 서비스 거부 상태로 만드는 공격이다(자원고갈형).

TIP 이외에도 패스워드 크래킹 공격 방법에는 사회공학적 기법이 존재한다. 사회공학적 기법이란 사용자의 정보(주민등록번호, 전화번호, 생일 등)를 토대로 사용자의 패스워드를 유추하는 기법이다.

008 답 ④

ㄷ. 패스워드보다 짧다.
ㄹ. 삭제되지 않는다(어떤 salt인지 모르면 패스워드를 확인할 수 없음).

선지분석

ㄱ. 뒤나 앞에 붙인다(붙인 위치만 알면 됨).

ㄴ. key space가 커지는 효과가 있다.

009 답 ④

솔트가 암호화된 상태로 저장되지 않는다.

CHAPTER 07 | 모바일 운영체제 보안

정답 p.131

001	①	002	④	003	④	004	②

001 답 ①

블루스나프: 블루투스의 취약점을 이용하여 장비의 임의 파일에 접근한다. 공격자는 블루투스 장치끼리 인증 없이 정보를 간편하게 교환할 수 있는 OPP(OBEX Push Profile)를 사용하여 정보를 열람할 수 있다.

(선지분석)

② 블루프린팅: 블루투스 공격 장치의 검색 활동이다. 블루투스는 장치 간 종류를 식별하기 위해 서비스 발견 프로토콜(SDP: Service Discovery Protocol)을 보내고 받는다. 공격자는 이를 이용해 공격이 가능한 블루투스 장치를 검색하고 모델을 확인할 수 있다.

③ 블루버그: 블루투스 장비 간 취약한 연결 관리를 악용한다. 블루투스 기기는 한 번 연결되면 이후에는 다시 연결해주지 않아도 서로 연결된다. 이 인증 취약점을 이용하여 공격이다.

④ 블루재킹: 무선이나 첨부파일 등의 형태로 휴대폰에 침입하여 프로그램이나 데이터를 파괴하는 악성 프로그램인 휴대폰바이러스의 일종이다. 전파 경로는 휴대폰에 메시지가 뜨면서 근처에 있는 다른 블루투스가 장착된 휴대폰에 이메일처럼 그 메시지를 보내 감염시킨다.

002 답 ④

엄격 통제: 애플이 응용프로그램 간 데이터 통신을 엄격하게 통제하고 안드로이드는 상대적으로 응용프로그램 간 통신과 데이터 전달이 자유롭다.

(선지분석)

① 보안 취약점: 안드로이드는 리눅스를 기반으로 하기 때문에 리눅스 운영체제와 유사한 보안 취약점을 갖는다.

② 보안정책: 사용자의 선택에 따라 보안 수준을 선택할 수 있다.

③ 서명: 안드로이드는 개발자가 서명하고 iOS는 애플이 서명한다.

003 답 ④

개발자에 의해 서명 및 배포된다.

(선지분석)

① 일반 사용자 권한으로 실행된다.

② 루트는 완전한 통제권을 가진다(루팅).

③ 샌드박스를 이용하여 접근을 통제하나 iOS에 비해서는 자유로운 편이다.

004 답 ②

OPP와 연관을 맺는다.

(선지분석)

① 취약한 연결 관리와 연관을 맺는다.

③ SDP와 연관을 맺는다.

④ 블루투스를 통한 문자 메시지 전송과 이를 통해 해킹과 연관을 맺는다.

⑤ 암호화 연결을 생성하기 위해서는 두 개의 블루투스 기기를 페어링할 때 링크 키를 사용해야 하는데, 기기와 물리적으로 근접한 무단 공격자는 이전에 페어링(연결된) 기기를 위조하여 링크 키 없이도 인증할 수 있다.

CHAPTER 08 | 사회공학

정답 p.132

001	②	002	②	003	①	004	③	005	①
006	①	007	③	008	③				

001 답 ②

위장 AP: 이블 트윈(Evil Twin, 악의적 쌍둥이) 공격 기법에 해당한다. 이블 트윈은 가짜 페이스북 ID를 의미하기도 한다.

(선지분석)

① Private Data + Fishing: 개인정보(private data)와 낚시(fishing)를 합성한 조어라고 하는 설과 그 어원은 fishing이지만 위장의 수법이 '세련되어 있다(sophisticated)'는 데서 철자를 'phishing'으로 쓰게 되었다는 설이 있다.

③ 이메일: 이메일의 발신자 이름을 금융기관의 창구 주소로 한 메일을 무차별적으로 보내는 것이 있다. 메일 본문에는 개인정보를 입력하도록 촉구하는 안내문과 웹사이트로의 링크가 기재되어 있는데, 링크를 클릭하면 그 금융기관의 정규 웹사이트와 개인정보입력용 팝업 윈도가 표시된다.

④ 진짜 사이트로 착각: 메인윈도에 표시되는 사이트는 '진짜'이지만, 팝업 페이지는 '가짜'이다. 진짜를 보고 안심한 사용자가 팝업에 표시된 입력란에 인증번호나 비밀번호, 신용카드번호 등의 비밀을 입력 · 송신하면 피싱을 하려는 자에게 정보가 송신된다.

002 답 ②

사회공학적: 컴퓨터 보안에서 인간 상호 작용의 깊은 신뢰를 바탕으로 사람들을 속여, 정상 보안 절차를 깨뜨리고 비기술적인 수단으로 정보를 얻는 행위이다. 실제로 조직 내에서 패스워드 점검 차원 등을 이유로 개인 패스워드를 물으면 상당수의 직원이 자신의 패스워드를 바로 알려주곤 한다.

(선지분석)

① 스푸핑: 승인받은 사용자인 것처럼 시스템에 접근하거나 네트워크 상에서 허가된 주소로 가장하여 접근 제어를 우회하는 공격 행위이다. 일례로, IP Spoofing 공격은 서버와 트러스트(Trust)로 관계를 맺고 있는 클라이언트에 DoS 공격을 수행해 클라이언트가 사용하는 IP가 네트워크에 출현하지 못하도록 한 뒤, 공격자 자신이 해당 IP로 설정을 변경한 후 서버에 접속하는 형태로 이루어진다. IP Spoofing 이외에도 ARP, Port, Content(Payload), DNS Spoofing 등이 존재한다.

③ 세션 가로채기: TCP는 클라이언트와 서버 간 통신을 할 때 패킷의 연속성을 보장하기 위해 클라이언트와 서버는 각각 시퀀스 넘버를 사용한다. 이 시퀀스 넘버가 잘못되면 이를 바로 잡기 위한 작업을 하는데, 세션 하이재킹은 서버와 클라이언트에 각각 잘못된 시퀀스 넘버를 위조해서 연결된 세션에 잠시 혼란을 준 뒤 자신이 끼어 들어가는 방식이다.

④ 사전: 사전(dictionary file)에 있는 단어를 입력하여 암호를 알아내거나 해독하는 컴퓨터 공격법이다. 암호를 알아내기 위한 공격은 사전의 단어를 순차적으로 입력하는 것이다. 단어를 그대로 입력할 뿐 아니라, 대문자와 소문자를 뒤섞기도 하고, 단어에 숫자를 첨부하기도 하는 등의 처리도 병행하면서 공격을 할 수 있다. 사전 파일의 퀄리티에 따라 공격 성공 여부가 결정된다.

003 답 ①

파밍: Phishing(개인 정보)과 farming(대규모 피해)의 합성어이다. DNS Spoofing과 같이 인터넷 주소창에 방문하고자 하는 사이트의 URL을 입력하였을 때 가짜 사이트(fake site)로 이동시키는 공격 기법이다.

(선지분석)

② 스미싱: SMS(문자 메시지)와 Phishing의 약자이다. Phishing은 Private Data(개인 정보)와 Fishing(낚시)의 약자이다. 공격자가 문자 메시지에 URL을 보내고, 사용자가 이를 클릭하면 해킹 툴이 스마트폰에 설치되어 개인 정보가 탈취된다.

③ ARP 스푸핑: 근거리 통신망(LAN) 하에서 주소 결정 프로토콜(ARP) 메시지를 이용하여 상대방의 데이터 패킷을 중간에서 가로채는 중간자 공격 기법이다. 즉, 공격자가 가짜 MAC 주소를 서버와 클라이언트에게 알려준다.

④ 세션 하이재킹: TCP는 클라이언트와 서버 간 통신을 할 때 패킷의 연속성을 보장하기 위해 클라이언트와 서버는 각각 시퀀스 넘버를 사용한다. 이 시퀀스 넘버가 잘못되면 이를 바로 잡기 위한 작업을 하는데, 세션 하이재킹은 서버와 클라이언트에 각각 잘못된 시퀀스 넘버를 위조해서 연결된 세션에 잠시 혼란을 준 뒤 자신이 끼어들어가는 방식이다.

⑤ 중간자 개입: 네트워크 통신을 조작하여 통신 내용을 도청하거나 조작하는 공격 기법이다. 중간자 공격은 통신을 연결하는 두 사람 사이에 중간자가 침입하여, 두 사람은 상대방에게 연결했다고 생각하지만 실제로는 두 사람은 중간자에게 연결되어 있으며 중간자가 한쪽에서 전달된 정보를 도청 및 조작한 후 다른 쪽으로 전달한다.

004 답 ③

ㄱ. 피싱: Private data(개인 정보)와 fishing(낚는다)의 합성어이다. 불특정 다수에게 메일을 발송해 위장된 홈페이지로 접속하도록 한 뒤 인터넷 이용자들의 금융정보와 같은 개인정보를 빼내는 사기기법을 말한다.

ㄴ. 파밍: Phishing(개인 정보)과 farming(대규모 피해)의 합성어이다. DNS Spoofing과 같이 인터넷 주소창에 방문하고자 하는 사이트의 URL을 입력하였을 때 가짜 사이트(fake site)로 이동시키는 공격 기법이다.

ㄷ. 스미싱: SMS(문자 메시지)와 Phishing의 약자이다. Phishing은 Private Data(개인 정보)와 Fishing(낚시)의 약자이다. 공격자가 문자 메시지에 URL을 보내고, 사용자가 이를 클릭하면 해킹 툴이 스마트폰에 설치되어 개인 정보가 탈취된다.

005 답 ①

파밍은 Phishing(개인 정보)과 farming(대규모 피해)의 합성어이다. DNS Spoofing과 같이 인터넷 주소창에 방문하고자 하는 사이트의 URL을 입력하였을 때 가짜 사이트(fake site)로 이동시키는 공격 기법이다. 해당 공격 기법을 이용하여 공격자의 웹서버 IP 주소와 정상 사이트의 도메인 주소를 매핑해 준다.

006 답 ①

Pharming: Phishing(개인 정보)과 farming(대규모 피해)의 합성어이다. DNS Spoofing과 같이 인터넷 주소창에 방문하고자 하는 사이트의 URL을 입력하였을 때 가짜 사이트(fake site)로 이동시키는 공격 기법이다.

(선지분석)

② Smishing: SMS(문자 메시지)와 Phishing의 약자이다. Phishing은 Private Data(개인 정보)와 Fishing(낚시)의 약자이다. 공격자가 문자 메시지에 URL을 보내고, 사용자가 이를 클릭하면 해킹 툴이 스마트폰에 설치되어 개인 정보가 탈취된다.

③ QRshing: QR code와 Phishing의 약자이다. QR code에 기반한 Phishing을 의미한다.

④ Phishing: rivate data(개인 정보)와 fishing(낚는다)의 합성어이다. 불특정 다수에게 메일을 발송해 위장된 홈페이지로 접속하도록 한 뒤 인터넷 이용자들의 금융정보와 같은 개인정보를 빼내는 사기기법을 말한다.
⑤ SQL Injection: 웹 주소창에 SQL 구문에 사용되는 문자 기호의 입력을 적절히 필터링하지 않아, 조작된 SQL 구문을 통해 DB에 무단 접근하여 자료를 유출/변조할 수 있는 취약점이다. 예를 들어 패스워드에 '1' or '1' = '1'를 입력하면 or의 첫 번째 문장은 패스워드와 '1'을 비교해서 false가 되고 두 번째 문장은 true가 되기 때문에 전체적인 문장은 true(or는 두 문장 중 하나라도 true면 true가 됨)가 되어 패스워드 없이 로그인에 성공하게 된다.

007 답 ③

해당 설명은 파밍에 대한 설명이다.

선지분석

① 역공학을 이용하여 앱에 악성 코드(해킹 툴)를 넣는다.
② 설치된 해킹 툴에 의해 개인 정보를 빼내간다.
④ 문자 메시지 링크를 클릭하면 앱(해킹 툴)이 설치된다.

008 답 ③

사람의 심리를 이용하는 공격은 사회공학 공격이다.

CHAPTER 09 | 보안위협

정답 p.134

001	②	002	⑤	003	④	004	②

001 답 ②

난독화: 무의미한 코드를 삽입하거나 goto 문을 사용해서 프로그램 실행 순서를 섞어서 역공학(리버싱 또는 리버스 엔지니어링, 기계어를 소스코드로 변환하는 것)을 방해하는 것이다.

선지분석

① 디스어셈블: 기계어(이진 파일, 실행 파일)를 어셈블리어로 변환하는 것을 의미한다.
③ 디버깅: 컴퓨터 프로그램이나 시스템의 정확성 또는 논리적인 오류(버그)를 검출하여 제거하는 과정이다. 디버깅을 통해 코드 흐름과 메모리 상태 등을 자세히 볼 수 있어 역공학에 이용된다.
④ 언패킹: 역공학을 어렵게 만들기 위해 패킹(압축 및 암호화)을 하고, 이를 사용하기 위해 복원하는 것을 언패킹이라고 한다.

002 답 ⑤

안티 - 리버싱을 위해서 수행한다.

선지분석

① 이상 프로세스 및 허가되지 않은 개방된 포트를 확인한다.
② 불필요하게 SetUID가 설정된 파일이 있는지 확인한다.
③ 바이러스 탐지 툴을 이용하여 백도어를 탐지한다.
④ 변경된 파일이 있는지 확인한다.

003 답 ④

- 디스어셈블링: 실행 파일에서 어셈블리어를 알아낸다.
- OllyDgb: 디버깅 유틸리티이다.

004 답 ②

디컴파일러는 실행 파일을 소스 코드로 변환해준다.

CHAPTER 10 | 소프트웨어 개발 보안가이드

정답 p.135

001	④	002	①

001 답 ④

보안기능 동작에 사용되는 입력값 검증의 구현 단계 보안 약점은 보안기능 결정에 사용되는 부적절한 입력값, 정수형 오버플로우, Null Pointer 역참조이다. 솔트 없이 일방향 해시함수 사용의 분석 · 설계 단계 보안요구항목은 암호연산이다.

선지분석

① DBMS 조회 및 결과 검증: SQL 삽입
② 디렉토리 서비스 조회 및 결과 검증: LDAP 삽입
③ 웹서비스 요청 및 결과 검증: 크로스사이트 스크립트

전자정보 SW 개발 · 운영자를 위한 소프트웨어 개발보안 가이드 상 분석 · 설계 단계 보안요구 항목과 구현 단계 보안약점

구분	분석 · 설계 단계 보안요구항목	구현 단계 보안약점
입력 데이터 검증 및 표현	DBMS 조회 및 결과 검증	SQL 삽입
	XML 조회 및 결과 검증	XQuery 삽입 XPath 삽입
	디렉터리 서비스 조회 및 결과 검증	LDAP 삽입
	시스템 자원 접근 및 명령어 수행 입력값 검증	경로조작 및 자원 삽입 운영체제 명령어 삽입
	웹서비스 요청 및 결과 검증	크로스사이트 스크립트
	웹기반 중요기능 수행 요청 유효성 검증	크로스사이트 요청 위조
	HTTP프로토콜 유효성 검증	신뢰되지 않은 URL 주소로 자동접속 연결 HTTP 응답분할
	허용된 범위 내 메모리 접근	포맷스트링 삽입 메모리 버퍼 오버플로우
	보안기능 동작에 사용되는 입력값 검증	보안기능 결정에 사용되는 부적절한 입력값 정수형 오버플로우 Null Pointer 역참조
	업로드 · 다운로드 파일 검증	위험한 형식 파일 업로드 무결성 검사 없는 코드 다운로드
보안 기능	인증대상 및 방식	적절한 인증 없는 중요기능 허용 DNS lookup에 의존한 보안결정
	인증수행 제한	반복된 인증시도 제한기능 부재
	비밀번호 관리	하드코드된 비밀번호 취약한 비밀번호 허용
	중요자원 접근 통제	부적절한 인가 중요한 자원에 대한 잘못된 권한 설정
	암호키 관리	하드코드된 암호화 키 주석문 안에 포함된 시스템 주요정보
	암호연산	취약한 암호화 알고리즘 사용 충분하지 않은 키 길이 사용 적절하지 않은 난수값 사용 솔트없이 일방향 해시함수 사용
	중요정보 저장	중요정보 평문 저장 사용자 하드디스크에 저장되는 쿠키를 통한 정보 노출
	중요정보 전송	중요정보 평문 전송
에러처리	예외 처리	오류메시지를 통한 정보노출 시스템 데이터 정보노출
세션통제	세션통제	잘못된 세션에 의한 데이터 정보노출

002 　답 ①

정상적인 연결 상태에서 발생할 수 있는 DoS 공격이다.

CHAPTER 11 | 버퍼 오버플로우(Buffer Overflow)

정답 p.136

001	①	002	③	003	①	004	③	005	②
006	⑤	007	②	008	③	009	②	010	③
011	①	012	①	013	②	014	③		

001 　답 ①

Buffer overflow: 스택에는 복귀 주소(return address)가 저장되는데, 오버플로우가 발생하면 복귀 주소가 공격자가 원하는 주소로 바뀌어 공격자가 원하는 코드가 실행된다.

선지분석

② SQL injection: 웹 주소창에 SQL 구문에 사용되는 문자 기호의 입력을 적절히 필터링하지 않아, 조작된 SQL 구문을 통해 DB에 무단 접근하여 자료를 유출/변조할 수 있는 취약점이다. 예를 들어 패스워드에 '1' or '1' = '1'를 입력하면 or의 첫 번째 문장은 패스워드와 '1'을 비교해서 false가 되고 두 번째 문장은 true가 되기 때문에 전체적인 문장은 true(or는 두 문장 중 하나라도 true면 true가 됨)가 되어 패스워드 없이 로그인에 성공하게 된다.

③ IP spoofing: 트러스트(Trust)로 접속하고 있는 클라이언트에 DoS 공격을 수행해 클라이언트가 사용하는 IP가 네트워크에 출현하지 못하도록 한 뒤, 공격자 자신이 해당 IP로 설정을 변경한 후 서버에 접속하는 형태로 이루어진다.

④ Format string: printf() 사용된 %s와 같은 문자열을 가리켜 포맷 스트링이라 한다. 포맷 스트링을 조작하면(%n을 사용) 임의의 메모리 주소의 쓰기 혹은 복귀 주소를 변경할 수 있다.

⑤ Privilege escalation: 권한 상승은 SetUID가 설정된 파일 등을 이용해서 일반 사용자로부터 보호된 리소스에 접근할 수 있는 권한을 얻기 위한 행동이다.

002 　답 ③

입력과 출력: 입력이 출력 버퍼의 크기를 초과하면 버퍼 오버플로우가 발생한다. 즉, 방어가 아니라 공격이 발생한다.

선지분석

① 문자열 조작 루틴: 예를 들면, strcpy(입력 문자열의 크기를 검사하지 않음)는 strncpy(입력 문자열의 크기를 검사함)로 교체해야 한다.

② 함수의 진입과 종료 코드: 스택 가드(컴파일러가 프로그램의 함수 호출 시에 복귀 주소 앞에 canary(밀고자) 값을 주입하고, 종료 시에 canary 값 변조 여부 확인)와 스택 쉴드(함수 호출 시 복귀 주소를 특수 스택에 저장하고 함수 종료 시 특수 스택에 저장된 복귀 주소 값과 스택의 복귀 주소 값을 비교) 방법에 해당한다.

④ 다른 곳에 위치: ASLR(메모리 공격을 방어하기 위해 주소 공간 배치를 난수화하는 기법) 방법에 해당된다.

003
답 ①

자원 경쟁: 해당 설명은 레이스 컨디션 공격 기법이다.

(선지분석)

② 배열: 해당 방법으로 함수의 복귀 주소가 공격자가 원하는 주소로 바뀌게 된다.
③ 버퍼: 해당 방법으로 함수의 복귀 주소가 공격자가 원하는 주소로 바뀌게 된다.
④ 실행: 버퍼 오버플로우에 대한 방어책으로 Non-Executable 스택(NX-bit)에 해당한다.

004
답 ③

ㄷ. 공격 쉘 코드: eggshell이라고 부른다.
ㄴ. 특정 함수: strcpy와 같은 입력 문자열의 길이를 검사하지 않는 함수를 공격한다. 함수의 복귀 주소가 eggshell의 주소로 바뀐다.
ㄱ. 복귀 주소: 함수의 호출이 완료되면 eggshell의 주소가 반환된다.
ㄹ. 루트 권한: eggshell이 실행되어 SetUID 비트가 설정된 파일을 실행한다면 루트 권한을 얻을 수 있다.

005
답 ②

버퍼 경계 안: 버퍼 오버플로우는 버퍼 경계 밖에 있는 함수의 복귀 주소에서 에러가 발생하기 때문에 버퍼 경계 밖에서 발생될 수 있는 에러를 수정해 주어야 한다.

(선지분석)

① 많은 데이터: 입력값 길이를 검사하면 버퍼가 저장할 수 있는 것보다 많은 데이터가 입력되는 것을 막을 수 있다.
③ gets(), strcpy(): 입력값 길이에 대한 검사를 할 수 있는 fgests(), strncpy()를 사용한다.
④ 경계 검사: 입력값 길이에 대한 검사를 수행하는 함수를 사용한다.

006
답 ⑤

스택에는 함수의 복귀 주소(return address)가 저장되는데, 오버플로우가 발생하면 복귀 주소가 공격자가 원하는 주소로 바뀌어 공격자가 원하는 코드(eggshell)가 실행된다. NX 비트 기술을 이용하면 스택에서 프로그램(eggshell)을 실행할 수 없게 하여 버퍼 오버플로우 문제를 해결할 수 있다.

(선지분석)

① 웹사이트 관리자가 아닌 이가 웹 페이지에 악성 스크립트를 삽입할 수 있는 취약점이다. 주로 여러 사용자가 보게 되는 전자 게시판에 악성 스크립트가 담긴 글을 올리는 형태로 이루어진다. 이 취약점은 웹 애플리케이션이 사용자로부터 입력 받은 값을 제대로 검사하지 않고 사용할 경우 나타난다. 이 취약점으로 해커가 사용자의 정보(쿠키, 세션 등)를 탈취하거나, 자동으로 비정상적인 기능을 수행하게 할 수 있다. 주로 다른 웹사이트와 정보를 교환하는 식으로 작동하므로 사이트 간 스크립팅이라고 한다. 사용자의 입력 값 등을 검사해서 방어한다.
② DoS(서버를 서비스 거부 상태로 만듦)의 공격 유형에는 취약점 공격형과 자원 고갈형이 존재한다. 취약점 공격형은 teardrop, land attack이 해당되고, 자원 고갈형은 flooding 공격이 해당된다. 네트워크 보안 장비(방화벽 등)에서 land attack을 차단할 수 있고, flooding은 ratio를 조정해서 차단할 수 있다(초당 100개 이상의 패킷은 받지 않는다).
③ 근거리 통신망(LAN) 하에서 주소 결정 프로토콜(ARP) 메시지를 이용하여 상대방의 데이터 패킷을 중간에서 가로채는 중간자 공격 기법이다. 즉, 공격자가 가짜 MAC 주소를 서버와 클라이언트에게 알려준다. 상대방의 MAC을 고정해서 방어한다.
④ 주소창에 SQL 구문에 사용되는 문자 기호의 입력을 적절히 필터링하지 않아, 조작된 SQL 구문을 통해 DB에 무단 접근하여 자료를 유출/변조할 수 있는 취약점이다. 예를 들어 패스워드에 '1' or '1' = '1'를 입력하면 or의 첫 번째 문장은 패스워드와 '1'을 비교해서 false가 되고 두 번째 문장은 true가 되기 때문에 전체적인 문장은 true(or는 두 문장 중 하나라도 true면 true가 됨)가 되어 패스워드 없이 로그인에 성공하게 된다. 사용자의 입력 값 등을 검사해서 방어한다.

007
답 ②

Buffer overflow: 스택에는 함수의 복귀 주소(return address)가 저장되는데, 오버플로우가 발생하면 복귀 주소가 공격자가 원하는 주소로 바뀌어 공격자가 원하는 코드가 실행된다.

(선지분석)

① Spoofing: 승인받은 사용자인 것처럼 시스템에 접근하거나 네트워크상에서 허가된 주소로 가장하여 접근 제어를 우회하는 공격 행위이다. 일례로, IP Spoofing 공격은 서버와 트러스트(Trust)로 관계를 맺고 있는 클라이언트에 DoS 공격을 수행해 클라이언트가 사용하는 IP가 네트워크에 출현하지 못하도록 한 뒤, 공격자 자신이 해당 IP로 설정을 변경한 후 서버에 접속하는 형태로 이루어진다. IP Spoofing 이외에도 ARP, Port, Content(Payload), DNS Spoofing 등이 존재한다.
③ Sniffing: 패킷을 태핑(Tapping)이나 미러링(Mirroring)을 통해 도청하는 것을 의미한다. 도청만 수행하므로 소극적 공격에 해당한다.
④ Scanning: IP 혹은 포트가 열려있는지를 확인하기 위해서 사용한다.

008
답 ③

strcmp: str1과 str2는 정해진 문자열이고 단순 비교이므로 버퍼 오버플로우가 발생하지 않는다.

(선지분석)

사용자 입력을 받아들이는 부분이 있고, 이의 길이를 제한하지 않으면 버퍼 오버플로우가 발생한다.

① scanf: 사용자의 입력을 buf에 받는다고 가정하면, 사용자의 입력 길이를 제한하는 부분이 없어 버퍼 오버플로우가 발생한다.
② gets: buf에 사용자 입력을 받는데, 사용자의 입력 길이를 제한하는 부분이 없어 버퍼 오버플로우가 발생한다.

④ resolved_path: path가 절대 path로 변환되고 resolved_path에 저장되는데, 해당 절대 path의 길이가 resolved_path의 길이를 초과하면 버퍼 오버플로우가 발생한다.
⑤ strcat: src 문자열을 dest 문자열 뒤에 붙이는데 src 문자열이 dest 문자열의 남아 있는 버퍼 크기를 초과하면 버퍼 오버플로우가 발생한다.

009 답 ②

ASLR: 메모리 공격을 방어하기 위해 주소 공간배치를 난수화하는 기법이다.

(선지분석)
① canary: 컴파일러가 프로그램의 함수 호출 시에 복귀 주소 앞에 canary[밀고자, Random / NULL / Terminator(CR, LF) 사용] 값을 주입하고, 종료 시에 canary 값 변조 여부 확인한다.
③ no-execute: 스택에서 프로그램(eggshell - 공격자의 쉘 코드)을 실행할 수 없게 한다.
④ Buffer overflow: 스택에는 복귀 주소(return address)가 저장되는데, 오버플로우가 발생하면 복귀 주소가 공격자가 원하는 주소로 바뀌어 공격자가 원하는 코드가 실행된다.

010 답 ③

ㄷ. strcpy(dest, argv[1]); // dest에 10바이트가 할당되어 있는데 입력으로 들어오는 argv[1]의 크기가 정해져 있지 않다. 만약, 공격자가 10바이트 이상을 입력하게 되면 dest의 버퍼를 초과하게 되어(strcpy는 argv[1]을 dest로 복사함) 스택에 저장된 복귀 주소를 공격자가 원하는 복귀 주소로 수정할 수 있다.

TIP 시큐어 코딩(secure coding)이란 안전한 소프트웨어 개발을 위해 소스 코드 등에 존재할 수 있는 잠재적인 보안 취약점을 제거하는 것이다. 즉, strcpy와 같은 함수를 사용하지 않는다.

011 답 ①

스택 스매싱: 스택 스매싱은 공격자가 의도적으로 버퍼를 오버플로우하여 컴퓨터 메모리의 금지된 영역을 접근하려는 공격이다. 스택 오버플로우는 스택 스매싱 중의 하나라로 생각하면 된다.

(선지분석)
② 스택 가드: 컴파일러가 프로그램의 함수 호출 시에 복귀 주소 앞에 canary[밀고자, Random / NULL / Terminator(CR, LF) 값 사용] 값을 주입하고, 종료 시에 canary 값 변조 여부 확인한다.
③ Non-Executable 스택: 스택에는 복귀 주소(return address)가 저장되는데, 오버플로우가 발생하면 복귀 주소가 공격자가 원하는 주소로 바뀌어 공격자가 원하는 코드(eggshell)가 실행된다. Non-Executable 스택을 이용하면 스택에서 프로그램(eggshell)을 실행할 수 없게 하여 버퍼 오버플로우 문제를 해결할 수 있다.
④ 예를 들어, strcpy(입력 문자열의 길이를 검사하지 않음) 대신에 strncpy(입력 문자열의 길이를 검사함)를 사용한다.

012 답 ①

ASLR - 메모리 공격을 방어하기 위해 주소 공간배치를 난수화하는 기법이다.

(선지분석)
② Stack Guard에 대한 설명으로 Canary(밀고자)로 Random, Null, Terminator 값을 사용한다.
③ RTL에 대한 설명으로 해당 방법은 버퍼 오버플로우에 대한 방어가 아니라 NX-bit 방어(스택에서 실행을 금지함)에 대한 우회 공격 기법이다.
④ Stack Shield에 대한 설명으로 Global RET Stack이라는 특수 스택에 복귀 주소를 저장한다.

013 답 ②

malloc을 통해 힙에 메모리가 할당되었으므로 힙 버퍼 오버플로우 공격이 된다.

(선지분석)
① 동적 메모리 할당(malloc)이 아닌 정적 메모리 할당(배열로 할당)되었다면 스택에 메모리가 할당되어 스택 버퍼 오버플로우 공격이 된다.
③ printf() 사용된 %s와 같은 문자열을 가리켜 포맷 스트링이라 한다. 포맷 스트링을 조작하면(%n을 사용) 임의의 메모리 주소의 쓰기 혹은 복귀 주소를 변경할 수 있다.
④ 정수값이 증가하면서 허용된 가장 큰 값보다 더 커져서 실제 저장되는 값은 의도하지 않게 아주 작은 수이거나 음수가 되어 프로그램이 예기치 않게 동작하는 것을 의미한다.
⑤ 한정된 자원을 동시에 이용하려는 여러 프로세스가 자원의 이용을 위해 경쟁을 벌이는 현상이다. 레이스 컨디션을 이용하여 root 권한을 얻는 공격을 의미한다.

014 답 ③

포맷 스트링 공격이다.

(선지분석)
① 데이터 길이를 정하면 버퍼 오버플로우 공격을 막을 수 있다.
② 해당 함수에는 데이터 길이에 대한 제한이 없다.
④ 가드는 카나리아를 이용하고, 쉴드는 특수 스택을 이용한다.
⑤ 취약하지 않은 함수는 strncpy, strncat 등이다.

CHAPTER 12 | 레이스 컨디션(Race Condition)

정답 p.139

001	④

001 답 ④

Race Condition: 한정된 자원을 동시에 이용하려는 여러 프로세스가 자원의 이용을 위해 경쟁을 벌이는 현상이다. 레이스 컨디션을 이용하여 root 권한을 얻는 공격을 의미한다.

(선지분석)

① Buffer Overflow: 스택에는 함수의 복귀 주소(return address)가 저장되는데, 오버플로우가 발생하면 복귀 주소가 공격자가 원하는 주소로 바뀌어 공격자가 원하는 코드가 실행된다.
② Format String: printf() 사용된 %s와 같은 문자열을 가리켜 포맷 스트링이라 한다. 포맷 스트링(%n)을 조작하면 임의의 메모리 주소의 쓰기 혹은 복귀 주소를 변경할 수 있다.
③ MITB: 브라우저의 보안 취약점을 이용하여 웹 페이지를 수정하거나 트랜잭션(웹서버와 웹브라우저 사이의 일련의 요청을 보내고 받는 과정) 내용을 수정하거나 아니면 트랜잭션을 임의로 추가하는 공격이다.

CHAPTER 13 | 윈도우 로그 분석

CHAPTER 14 | 유닉스 로그 분석

정답 p.140

001	①	002	①	003	②	004	③	005	②
006	①	007	②						

001 답 ①

ㄱ. history: 유닉스에서는 실행 명령에 대한 기록이 .sh_history, .csh_history, .bash_history 같이 '[셸의 종류]_history 파일' 형식으로 각 계정의 홈 디렉터리에 저장된다.
ㄴ. sulog: su(switch user)는 권한 변경에 대한 로그이다.

(선지분석)

ㄷ. xferlog: FTP 파일 전송 내역이다.
ㄹ. loginlog: 실패한 로그인 시도 내역이다.

002 답 ①

Password Dictionary: btmp(loginlog)는 실패한 로그인 시도에 대한 로그이므로 패스워드 사전 공격(사전 파일에 주어진 패스워드를 차례대로 공격)을 확인할 수 있다.

(선지분석)

② SQL Injection: access.log를 보면 접근 시도를 알 수 있는데, 접근 시도 파일 중에 SQL Injection 공격 문제가 없는지 살펴보아야 한다.
③ Zero Day: 프로그램에 문제가 알려지고 난 후 보안패치가 나올 때까지 시간차를 이용해 공격하는 기법을 말한다. 그러므로 로그를 통해 공격을 확인할 수 없다.
④ SYN Flooding: 공격을 당해 syncookies(SYN 패킷들을 SYN Backlog에 저장하지 않고, syncookies를 만들어 클라이언트에 보냄)가 작동할 때에는 /var/log/messages 파일에 SynFlooding 공격이 진행 중이라는 메시지가 출력된다.

003 답 ②

loginlog: 유닉스에서 사용하는 실패한 로그인 시도에 대한 로깅을 수행한다.

(선지분석)

① utmp: 유닉스에서 현재 시스템에 로그인한 사용자의 상태 출력(로깅)한다.
③ pacct: 유닉스에서 시스템에 로그인한 모든 사용자가 수행한 프로그램에 대한 정보 저장하는 로그이다.
④ btmp: 리눅스에서 실패한 로그인 정보를 담고 있는 로그 파일이다.

004 답 ③

ㄱ. 재부팅 시간 정보: wtmp에서 확인할 수 있다.
ㄴ. 사용자의 로그인/로그아웃 정보: wtmp에서 확인할 수 있다.

(선지분석)

ㄷ. 로그인에 실패한 사용자의 IP 주소: btmp에서 확인할 수 있다.

005 답 ②

/var/log/xferlog: FTP 전송시 발생하는 로그는 나타낸다. 주어진 로그는 FTP 전송 시에 발생하는 로그이다.

(선지분석)

① /var/adm/messages: 시스템에 전반적인 로그 기록을 나타낸다.
③ /var/adm/loginlog: 실패한 로그인에 대한 로그를 나타낸다.
④ /etc/security/audit_event: 일반 감사 로그를 나타낸다.

006 답 ①

리눅스에서 사용자 로그인 실패 정보가 저장된다.

(선지분석)

② 해당 로그는 존재하지 않는다.
③ 유닉스에서 사용자들의 로그인, 로그아웃, 시스템 재부팅 정보를 로그로 남긴다.
④ 유닉스에서 현재 시스템에 로그인한 사용자의 상태를 출력한다(로깅).
⑤ 해당 로그는 존재하지 않는다.

007 답 ②

시스템의 로그에 대한 정보 대부분을 수집하여 로깅한다.

(선지분석)

① 현재 시스템에 로그인한 사용자의 상태를 출력(로깅)한다.
③ 유닉스에서는 실행 명령에 대한 기록이 .sh_history, .csh_history, .bash_history 같이 '[셸의 종류]_history 파일' 형식으로 각 계정의 홈 디렉터리에 저장된다.
④ 시스템에 로그인한 모든 사용자가 수행한 프로그램에 대한 정보를 저장하는 로그이다.

CHAPTER 15 | 침입 추적

정답 p.142

001	⑤

001 답 ⑤

압축과 암호화: LZ77(1977년에 만들어낸 무손실 데이터 압축 알고리즘)의 변형된 알고리즘을 사용하여 파일 데이터를 압축한다. EFS(Encrypting File System) 기능으로 파일을 암호화하고 빠른 암호화/복호화를 위해 FEK(File Encryption Key)를 통한 대칭키 방식의 암호화를 수행한다.

(선지분석)

① 접근 권한: 2개의 ACL(Discretionary ACL, System ACL)을 이용하여 접근 권한을 설정한다.
② 사용 공간 제어: Quotas를 이용하여 사용자별 디스크 사용량을 제한한다.
③ 사용자별 NTFS 보안 적용: 사용자별 또는 그룹별 보안 적용이 가능하다.
④ 비상 시 파일 복구: USN 저널을 사용하여 파일의 모든 변경 내용을 로그로 기록한다. 시스템 오류 발생으로 재부팅될 경우 잘못된 처리 작업을 롤백(Rollback)한다.

CHAPTER 16 | 그 외

정답 p.143

001	②	002	①	003	④

001 답 ②

ㄱ. 로그: 운영 체제나 다른 소프트웨어가 실행 중에 발생하는 이벤트나 각기 다른 사용자의 통신 소프트웨어 간의 메시지를 기록한 것을 의미한다. 로그를 활용하면 공격자를 추적할 수 있다.
ㄴ. 세션: 연결 설정 과정(로그인)을 통해 연결을 맺고 있는 상태를 의미한다. 연결 해제 과정(로그오프)을 하지 않고 웹브라우저를 닫으면 세션은 남아 있는 상태가 되어 공격자가 이를 악용할 수 있다.
ㄷ. 위협: 정보자산의 보안에 부정적 영향을 줄 수 있는 외부의 환경 또는 사건(이벤트)을 의미한다.

(선지분석)

① 위험: 자산의 취약한 부분에 위협요소가 발생하여 자산의 손실, 손상을 유발한 잠재성(가능성)을 의미한다. 위험은 자산, 취약점, 위협의 상관관계(함수)로 표현할 수 있다.
③ 백업: 백업 센터나 백업 장비를 이용해서 자신이 처리하고 있는 데이터를 백업하는 것을 의미한다. 백업을 하게 되면 가용성 공격(DoS)을 막을 수 있다.
④ 쿠키: 고객이 특정 홈페이지를 접속할 때 생성되는 정보를 담은 임시 파일로 크기는 4KB 이하로 작다. 쿠키는 애초 인터넷 사용자들의 홈페이지 접속을 돕기 위해 만들어졌다. 특정 사이트를 처음 방문하면 아이디와 비밀번호를 기록한 쿠키가 만들어지고 다음에 접속했을 때 별도 절차 없이 사이트에 빠르게 연결할 수 있다.

002 답 ①

내가 아닌 누군가가 수정했다면 악성 코드의 수정으로 볼 수도 있다.

(선지분석)

② 사용자가 조작 가능하다(regedit)
③ 하이브가 아니라 루트키라고 부름, 하이브(하드디스크에 저장된 레지스트리 파일)
④ 해당 설명은 HKEY_CURRENT_USER이고, HKEY_CURRENT_CONFIG는 실행 시간에 수집한 자료(정보)를 담고 있다.

003 답 ④

실행 시간에 수집한 자료를 담고 있다.

PART 4 관리체계

CHAPTER 01 | 개요

정답 p.146

001	①	002	④	003	②	004	②	005	④
006	③	007	④	008	④	009	①	010	④
011	①	012	②	013	②				

001 답 ①

자산 관리: 해당 설명은 정보보호 사고관리를 나타내고, 자산 관리는 자산에 대한 책임과 정보 분류를 포함한다.

(선지분석)

② 보안 정책: 정보보호 정책의 문서화와 검토를 포함한다.
③ 인력 자원 보안: 고용 전, 고용 중, 고용의 종료 또는 변경을 포함한다.
④ 준거성: 법적 요구사항의 준수, 보안 정책과 표준 및 기술적 준수, 정보시스템 감사 고려사항을 포함한다.

ISO/IEC 27001

통제분야	통제항목
1. 보안 정책	정보보호 정책
2. 정보보호 조직	내부 조직
	외부자
3. 자산관리	자산에 대한 책임
	정보 분류
4. 인적보안	고용 전
	고용 중
	고용의 종료 또는 변경
5. 물리 및 환경보안	물리적 출입통제
	시설 및 방비 유지보수
6. 통신 및 운영관리	운영절차와 책임
	제3자 서비스 제공 관리
	시스템 계획 및 인수
	악성코드 및 모바일코드 보호
	백업
	네트워크 보안 관리
	매체 관리
	정보의 교환
	전자거래 서비스
	모니터링
7. 접근 통제	접근통제를 위한 사업요건
	사용자 접근 관리
	사용자 책임
	네트워크 접근 통제
	운영 시스템 접근 통제
	응용 및 정보 접근 통제
	모바일 컴퓨팅과 원격근무
8. 정보시스템 획득, 개발 및 유지보수	정보시스템의 보안요건
	응용 내의 정확한 처리
	암호 통제
	시스템 파일의 보안
	개발 및 지원 프로세스의 보호
	기술적 취약성 관리
9. 정보보호 사고관리	정보보호 사고 및 약점의 보고
	정보보호 사고 관리 및 개선
10. 사업지속성 관리	사업지속성관리의 정보보호 측면
11. 준수	법적 요구사항의 준수
	보안 정책과 표준 및 기술적 준수
	정보시스템 감사 고려사항

002 답 ④

Act: 해당 설명은 Check이고, Act는 지속적인 ISMS의 향상을 위해 내부 ISMS의 감사, 관리 리뷰, 다른 정보들에 기반하여 수정적, 예방적 행동을 수행한다.

(선지분석)

① 순환적 프로세스: PDCA 사이클 기반으로 실행된다.
② Plan: 조직 전체의 정책과 목적에 부합하도록 정보 보안을 개선하거나 위기를 관리하기 위한 ISMS 정책, 목적, 프로세스, 절차를 수립한다.
③ Do: ISMS 정책, 컨트롤, 프로세스, 절차의 구현 및 운영을 수행한다.

003 답 ②

인적 자원 보안: 해당 설명은 정보보호 조직에 해당되고, 인적 자원 보안은 고용 전, 고용 중, 고용의 종료 또는 변경을 포함한다.

(선지분석)

① 보안 정책: 정보보호 정책의 문서화와 검토를 포함한다.
③ 자산 관리: 자산에 대한 책임과 정보 분류를 포함한다.
④ 비즈니스 연속성 관리: 사업지속성관리의 정보보호 측면을 포함한다.

004 답 ②

정보 정확성의 원칙: 개인정보는 그 이용목적에 부합하는 것이어야 하고, 이용목적에 필요한 범위 내에서 정확하고 완전하며 최신의 상태로 유지하여야 한다.

(선지분석)

① 이용 제한의 원칙: 개인정보는 정보주체의 동의가 있는 경우나 법률의 규정에 의한 경우를 제외하고는 명확화된 목적 이외의 용도로 공개되거나 이용되어서는 안된다.
③ 안전성 확보의 원칙: 개인정보의 분실, 불법적인 접근, 파괴, 사용, 수정, 공개위험에 대비하여 합리적인 안전보호장치를 마련해야 한다.
④ 목적 명시의 원칙: 개인정보를 수집할 때는 목적이 명확해야 하고, 이를 이용할 경우에도 애초의 목적과 모순되지 않아야 한다.

005 답 ④

통신 및 운영 관리: 정보처리 시설의 정확하고 안전한 운영을 위한 통제항목이다.

(선지분석)

① 정보보안 조직: 해당 설명은 보안 정책에 해당되고, 정보보안 조직은 조직 내에서 정보보호를 관리하는 데 사용하는 통제항목이다.
② 인적 자원 보안: 해당 설명은 접근 통제에 해당되고, 인적 자원 보안은 인적 오류, 절도, 사기, 시설의 오용에 따른 위험을 줄이기 위한 것이다.
③ 정보보안 사고 관리: 해당 설명은 물리적 및 환경적 보안을 의미하고, 정보보안 사고 관리는 침해사고에 대한 대응 및 절차의 수립 및 이행을 위한 통제항목이다.

006 답 ③

해당 항목은 ISO 27001:2013의 요구 사항에 해당한다(통제 항목이 아님).

(선지분석)

①, ②, ④ ISO/IEC 27001:2013 개정판에서는 프로세스 부분인 PDCA가 삭제되고 기존 ISO/IEC 27001:2005의 통제항목 11개 영역 137개에서 통제항목 14개 영역 114개로 개정되었다.

007 답 ④

Act: ISMS 관리(유지)와 개선을 수행한다.

(선지분석)

① Plan: ISMS 수립(설립)을 수행한다.
② Do: ISMS 구현(실행)과 운영을 수행한다.
③ Check: ISMS 모니터링(감시)과 검토를 수행한다.

ISMS에서의 PDCA 모델

Plan(계획)	ISMS 설립: ISMS 정책, 목적, 프로세스, 위험을 관리하여 조직의 전체적인 정책 및 목적에 따른 결과를 산출하도록 정보 보안을 개선하는 적절한 절차를 수립
Do(실행)	ISMS 실행 및 운영: ISMS 정책과 통제, 프로세스와 절차의 운영
Check(평가)	ISMS 감시와 검토: ISMS 정책, 목적, 실질적인 경험을 평가 및 측정하고 검토하기 위하여 관리에 대한 결과를 보고
Act(개선)	ISMS 유지 및 개선: ISMS의 지속적인 개선을 위한 내부 ISMS 감사와 검토 또는 다른 관련 정보를 기반으로 시정이 가능하고 예방적인 행동들을 선택

008 답 ④

안정성 확보의 원칙: 개인정보의 분실, 불법적인 접근, 파괴, 사용, 수정, 공개위험에 대비하여 합리적인 안전보호장치를 마련해야 한다.

(선지분석)

① 수집 제한의 원칙: 모든 개인정보는 적법하고, 공정한 수단에 의해 수집되어야 하며, 정보주체에게 알리거나 동의를 얻은 후 수집되어야 한다.
② 이용 제한의 원칙: 개인정보는 정보주체의 동의가 있는 경우나 법률의 규정에 의한 경우를 제외하고는 명확화된 목적 이외의 용도로 공개되거나 이용되어서는 안된다.
③ 정보 정확성의 원칙: 개인정보는 그 이용목적에 부합하는 것이어야 하고, 이용목적에 필요한 범위 내에서 정확하고 완전하며 최신의 상태로 유지하여야 한다.

009 답 ①

성과 평가: Check에 해당한다.

(선지분석)

② 개선: Act에 해당한다.
③ 운영: Do에 해당한다.
④ 지원: Plan에 해당한다.

010 답 ④

운영 보안에 해당한다.

(선지분석)

① 물리적 출입 통제에 해당한다.
② 외부 및 환경 위협에 대비한 보호에 해당한다.
③ 배선 보안에 해당한다.

011

답 ①

ISO 27001:2013의 통제분야는 다음과 같다. 여기에 소프트웨어 품질 보증은 포함되지 않는다.

분야	항목
A.5 보안 정책(Information security policies)	2
A.6 정보 보호 조직(Organization of information security)	7
A.7 인적 자원 보안(Human resource security)	6
A.8 자산 관리(Asset management)	10
A.9 접근 통제(Access control)	14
A.10 암호화(Cryptography)	2
A.11 물리적 · 환경적 보안(Physical&Environmental security)	15
A.12 운영 보안(Operation security)	14
A.13 통신 보안(Communications security)	7
A.14 정보 시스템 개발 및 유지 · 보수 (System acquisition, development&maintenance)	13
A.15 공급자 관계(Supplier relationships)	5
A.16 정보 보안 사고 관리(Information security incident management)	7
A.17 정보 보호 측면 업무 연속성 관리(Information security aspects of business continuity)	4
A.18 컴플라이언스(Compliance)	8

012

답 ②

ISMS의 통제영역이다.

013

답 ②

수집 제한의 원칙과 데이터 품질 원칙에 해당한다.

선지분석

- 목적 명확화의 원칙: 개인정보는 수집 시 목적이 명확해야 하며, 이를 이용할 경우에도 수집 목적의 실현 또는 수집 목적과 양립되어야 하고 목적이 변경될 때마다 명확히 해야 한다.
- 개인 참여의 원칙: 정보주체인 개인은 자신과 관련된 정보의 존재 확인, 열람 요구, 이의 제기 및 정정, 삭제, 보완 청구권을 가진다.

CHAPTER 02 | ISMS/PIMS

정답

p.149

001	③	002	②	003	③	004	③	005	②
006	③	007	①	008	②	009	②	010	②
011	④	012	③	013	②	014	④	015	④
016	③	017	①	018	①				

001

답 ③

PIMS: 국민들에게는 개인정보를 안전하게 관리하는 조직에게 객관적으로 식별할 수 있는 기준을 제시하여 조직 스스로 개인정보 유 · 노출 및 개인정보의 수집 · 보관 · 이용 등 취급 절차상에서 발생할 수 있는 침해 요인을 파악하고 이를 미연에 방지하도록 하는 체계적이고 종합적인 관리체계이다.

선지분석

① TCSEC: 1983년에 미국에서 제정되었고, 표지가 오렌지색이라 오렌지북이라 불린다. 보안등급은 크게는 A, B, C, D 4단계, 세부적으론 A1, B3, B2, B1, C2, C1, D 총 7단계로 나뉜다. 4가지 요구사항은 정책(Security Policy), 책임성(Accountability), 보증(Assurance), 문서(Documentation)이다. TNI, TDI, CSSI 등 시스템 분류에 따라 적용 기준이 다르다.

② CC: CC라는 기준으로 TCSEC과 ITSEC은 통합되었다. 1996년에 초안이 나와 1999년에 국제 표준으로 승인되었다. PP, ST, TOE라는 인증 과정을 거친다.

④ ITSEC: 1991년 5월 유럽 국가들이 발표한 공동 보안 지침서이다. TCSEC이 기밀성만을 강조한 것과 달리 무결성과 가용성을 포괄하는 표준안을 제시하였다.

002

답 ②

인증절차: 인증 단계는 인증심사 준비 단계, 심사 단계, 인증 단계로 구성된다(인증 기관은 NIA).

선지분석

① 해당 설명은 기술적 안전성 확보조치를 나타내고, 물리적 안전성 확보조치는 CCTV의 설치 및 운영에 대한 보호조치 및 물리적 출입통제 등에 대한 보호조치 사항을 정한다.

③ 해당 설명은 정보보호 관리체계의 수립을 나타내고, 정보주체 권리보장은 정보주체의 권리보장을 위한 열람 · 정정 · 삭제, 처리정지 등의 요구에 대한 법적 요구사항 및 보호조치 사항을 정한다.

④ 인증 신청: 신청은 공공기관, 대기업, 중소기업, 소상공인 등이 할 수 있다.

003 답 ③

정보보호대책 구현(Do): 정보보호대책의 효과적 구현, 내부 공유 및 교육을 수행한다.

(선지분석)

①, ②, ④ 위험 관리(Plan): 위험관리 방법 및 계획 수립, 위험식별 및 평가, 정보보호대책 선정 및 이행계획 수립을 수행한다.

004 답 ③

유효기간: 유효기관은 3년(= 사후 + 사후 + 갱신)이다.

(선지분석)

① 법률: 「정보통신망 이용촉진 및 정보보호 등에 관한 법률」 제47조(정보보호 관리체계의 인증)에 근거를 두고 있다.
② 인증심사: 최초심사 → 사후심사(1년) → 사후심사(1년) → 갱신심사(1년)
④ 정보통신망: 「정보통신망 이용촉진 및 정보보호 등에 관한 법률」 제47조 제1항 과학기술정보통신부장관은 정보통신망의 안정성 · 신뢰성 확보를 위하여 관리적 · 기술적 · 물리적 보호조치를 포함한 종합적 관리체계를 수립 · 운영하고 있는 자에 대하여 제4항(과학기술정보통신부장관이 필요한 사항을 정함)에 따른 기준에 적합한지에 관하여 인증을 할 수 있다.

005 답 ②

조치(Act): ISMS 관리와 개선을 수행한다.

(선지분석)

① 계획(Plan): ISMS 수립을 수행한다.
③ 수행(Do): ISMS 구현과 운영을 수행한다.
④ 점검(Check): ISMS 모니터링과 검토를 수행한다.

006 답 ③

소스 프로그램은 실제 운영 환경에 보관하지 않는 것을 원칙으로 하며, 소스 프로그램 관리자는 각 운영시스템 별로 지정하여야 한다. 또한 소스 프로그램 접근에 대한 통제절차를 수립하고 이행하여야 한다.

(선지분석)

① 응용시스템 설계 시 반드시 사용자 인증에 대한 보안 요구사항을 고려하여야 한다. 중요한 메시지의 경우 무결성이 요구될 때 메시지 인증 기법을 적용하고 비밀성이 요구될 시 암호화를 적용하여야 한다.
② 보안사고로부터 얻은 정보를 활용하여, 유사 사고가 반복되지 않도록 재발 방지 대책을 수립하여야 한다. 이를 위해 필요한 경우 정책, 절차, 조직 등의 보안체계에 대한 변경을 하여야 한다.
④ 원칙적으로 개발, 시험, 운영 환경을 분리하여야 한다. 또한 응용프로그램을 개발환경으로부터 운영환경으로 이전하는 절차를 정의하고 문서화하여야 한다.
⑤ 운영 프로그램의 수정은 적절한 권한을 지닌 사람만이 시행하여야 하고, 운영시스템은 실행코드만 보유하여야 한다. 실행코드는 성공적인 시험과 사용자 인수 후에 실행하여야 한다.

007 답 ①

인식: 참여자들은 정보보호의 필요성과 정보보호 제고를 위해 각각의 역할을 인식해야 한다.

(선지분석)

② 책임: 모든 참여자들은 정보시스템과 네트워크 보호에 책임의식을 지녀야 한다.
③ 윤리: 참여자들은 타인의 적법한 이익을 존중한다.
④ 재평가: 참여자들은 변화하는 위험요소에 대응하기 위해 정보보호 실태에 대해 지속적인 재평가와 보완을 해야 한다.

TIP 9가지 원칙 중 나머지 원칙에는 대응, 민주성, 위험평가, 설계와 이행, 관리가 있다.

008 답 ②

공공기관이나 민간기업이 개인정보 유출사고 등을 예방하기 위해 추진 중인 개인정보보호 활동들이 체계적이고 지속적으로 이행될 수 있도록 촉진하는 지원체계로서, 개인정보보호 활동에 대해 객관적이고 공신력 있는 검증을 통해 개선 및 보완이 이루어질 수 있도록 자율적인 환경을 조성하는데 그 목적을 두고 있다.

(선지분석)

① 기업의 통합적인 정보보호 수준을 향상시키기 위하여 정보보호 준비도 수준을 자율적으로 진단 및 평가받을 수 있는 제도이다. "정보보호 준비도 평가" 등급을 해당 기업 전체 등급으로 부여하여 이용자에게는 기업 선택의 기준을 제공하고, 정보보호 활성화 및 투자 확대를 유도한다.
③ CC가 가지는 7개의 보증 등급을 의미한다. 보증 등급은 기능 시험(EAL-1), 구조 시험(EAL-2), 방법론적 시험과 점검(EAL-3), 방법론적 설계, 시험, 검토(EAL-4), 준정형적 설계 및 시험(EAL-5), 준정형적 검증된 설계 및 시험(EAL-6), 정형적 검증(EAL-7)으로 나눠진다.
④ 정보통신망의 안전성 및 정보의 신뢰성을 확보하고, 조직의 정보보호 수준 제고를 위하여 관리적 · 기술적 · 물리적 보호조치를 종합한 것으로, 조직의 관리체계를 효과적으로 수립하도록 2001년 모델을 개발하여 국내 표준으로 제정되었으며 관리체계의 기본 틀이자 공통 프레임워크로 활용되고 있다.

009 답 ②

PIMS 인증 후, 3년간의 유효 기간이 있다.

(선지분석)

① 한국인터넷진흥원(KISA)은 PIMS와 ISMS의 인증기관이다.

③ 인증 대상은 개인정보보호 활동을 체계적이고 지속적으로 수행하기 위하여 필요한 관리적·기술적·물리적 보호조치를 포함한 종합적 관리체계를 수립·운영하고 있는 개인정보 수집·취급 사업자로서 인증 신청은 자율에 맡긴다.
④ 「개인정보 보호법」에 근거하여 PIMS에 따른 안정성 확보에 필요한 조치를 다한 경우에는 과징금 및 과태료를 경감 받을 수 있다.

010 답 ②

ISMS: 정보통신망의 안전성 및 정보의 신뢰성을 확보하고, 조직의 정보보호 수준 제고를 위하여 관리적·기술적·물리적 보호조치를 종합한 것으로, 조직의 관리체계를 효과적으로 수립하도록 2001년 모델을 개발하여 국내 표준으로 제정되었으며 관리체계의 기본 틀이자 공통 프레임워크로 활용되고 있다.

(선지분석)
① PIMS: 국민들에게는 개인정보를 안전하게 관리하는 조직에게 객관적으로 식별할 수 있는 기준을 제시하여 조직 스스로 개인정보 유·노출 및 개인정보의 수집·보관·이용 등 취급 절차상에서 발생할 수 있는 침해 요인을 파악하고 이를 미연에 방지하도록 하는 체계적이고 종합적인 관리체계이다.
③ ITSEC: 1991년 5월 유럽 국가들이 발표한 공동 보안 지침서이다. TCSEC이 기밀성만을 강조한 것과 달리 무결성과 가용성을 포괄하는 표준안을 제시하였다.
④ CMVP: 미국(NIST)과 캐나다(CSE)에 의해 만들어진 암호 모듈(암호화 알고리즘, 키의 길이 등) 검증 프로그램이다.
⑤ KCMVP: 국산 알고리즘을 탑재한 암호모듈에 대한 구현의 적합성, 안전성 등을 검증하는 제도이다. 여기서 암호모듈이란 암호(대칭/비대칭), 난수 생성, 소수 판정, 해시, 전자서명, 인증 등 암호기능을 소프트웨어, 하드웨어, 펌웨어 또는 이를 조합하는 형태를 의미한다.

011 답 ④

ISMS → PIMS(PIPL과 PIMS 통합) → ISMS-P(ISMS와 PIMS 통합)

(선지분석)
① PIPL: 공공기관이나 민간기업이 개인정보 유출사고 등을 예방하기 위해 추진 중인 개인정보보호 활동들이 체계적이고 지속적으로 이행될 수 있도록 촉진하는 지원체계로서, 개인정보보호 활동에 대해 객관적이고 공신력 있는 검증을 통해 개선 및 보완이 이루어질 수 있도록 자율적인 환경을 조성하는데 그 목적을 두고 있다.
② ISMS: 정보통신망의 안전성 및 정보의 신뢰성을 확보하고, 조직의 정보보호 수준 제고를 위하여 관리적·기술적·물리적 보호조치를 종합한 것으로, 조직의 관리체계를 효과적으로 수립하도록 2001년 모델을 개발하여 국내 표준으로 제정되었으며 관리체계의 기본 틀이자 공통 프레임워크로 활용되고 있다.
③ PIMS: 국민들에게는 개인정보를 안전하게 관리하는 조직에게 객관적으로 식별할 수 있는 기준을 제시하여 조직 스스로 개인정보 유·노출 및 개인정보의 수집·보관·이용 등 취급 절차상에서 발생할 수 있는 침해 요인을 파악하고 이를 미연에 방지하도록 하는 체계적이고 종합적인 관리체계이다.

012 답 ③

위험 관리는 보호대책 요구사항이 아니라 관리체계 수립 및 운영이다.

(선지분석)
① 의무대상자는 ISMS, ISMS-P 인증 중 선택 가능하다.
② 개인정보 제공 시 보호조치와 개인정보 파기 시 보호조치를 포함한다.
④ 경영순환주기인 PDCA 사이클을 정보보호에 적용한 것이다.

013 답 ②

사후심사는 인증 후 매년 실시된다.

(선지분석)
① 인증기관 지정의 유효기간은 3년이다.
③ 인증심사 기준은 21개 분야 101개 통제 사항이다.
④ 인증심사원은 3개 등급(심사원보, 심사원, 선임심사원)이다.

014 답 ④

해당 설명은 ISMS-P이다.

015 답 ④

보호대책 요구사항에 속한다.

016 답 ③

2.9 시스템 및 서비스 운영관리	2.9.1 변경관리
	2.9.2 성능 및 장애관리
	2.9.3 백업 및 복구관리
	2.9.4 로그 및 접속기록 관리
	2.9.5 로그 및 접속기록 점검
	2.9.6 시간 동기화
	2.9.7 정보자산의 재사용 및 폐기
2.10 시스템 및 서비스 보안관리	2.10.1 보안시스템 운영
	2.10.2 클라우드 보안
	2.10.3 공개서버 보안
	2.10.4 전자거래 및 핀테크 보안
	2.10.5 정보전송 보안
	2.10.6 업무용 단말기기 보안
	2.10.7 보조저장매체 관리
	2.10.8 패치관리
	2.10.9 악성코드 통제

2.11 사고 예방 및 대응	2.11.1 사고 예방 및 대응체계 구축
	2.11.2 취약점 점검 및 조치
	2.11.3 이상행위 분석 및 모니터링
	2.11.4 사고 대응 훈련 및 개선
	2.11.5 사고 대응 및 복구
2.12 재해 복구	2.12.1 재해·재난 대비 안전조치
	2.12.2 재해 복구 시험 및 개선

017 답 ①

위험 평가 결과에 따라 식별된 위험을 처리한다고 했으므로 위험 관리에 해당한다.

018 답 ①

물리 보안에 해당한다.

2.3. 외부자 보안	• 2.3.1. 외부자 현황 관리 • 2.3.2. 외부자 계약 시 보안 • 2.3.3. 외부자 보안 이행 관리 • 2.3.4. 외부자 계약 변경 및 만료 시 보안
2.4. 물리 보안	• 2.4.1. 보호구역 지정 • 2.4.2. 출입통제 • 2.4.3. 정보시스템 보호 • 2.4.4. 보호설비 운영 • 2.4.5. 보호구역 내 작업 • 2.4.6. 반출입 기기 통제 • 2.4.7. 업무환경 보안

CHAPTER 03 | 보안 조직과 보안 정책

CHAPTER 04 | 위험 관리

정답 p.154

001	④	002	④	003	②	004	①	005	④
006	②	007	①	008	①	009	②	010	④
011	②	012	①	013	②	014	③	015	③
016	⑤	017	②	018	④	019	②		

001 답 ④

위험 관리: 위험 관리는 자산 식별, 취약점 식별, 위협 식별 등의 순서로 이루어진다.

(선지분석)

① 위험: 위험 = F[자산, 위협, 취약점] = F[발생가능성, 손실의 정도] 함수관계

② 취약성: 위협에 의해 보안에 부정적 영향을 줄 수 있는 정보자산의 속성이나 상태를 나타낸다.

③ 위험 회피: 위험이 존재하는 사업, 프로세스를 진행하지 않는 것을 말한다. 그러므로 조직은 편리한 기능이나 유용한 기능 등을 상실할 수 있다.

002 답 ④

데이터베이스, 계약서, 시스템 유지 보수 인력: 자산은 유형/무형의 자산 모두를 포함한다.

(선지분석)

① 위험 처리 방안: 위험 수용(위험의 잠재 손실 비용을 감수하는 것), 위험 감소(위험을 감소시킬 대책을 마련하는 것), 위험 회피(위험이 존재하는 사업, 프로세스를 진행하지 않는 것), 위험 전가(보험이나 외주 등으로 잠재적 위험을 제 3자에게 전가하는 방법)가 있다.

② 가치 평가: 자산구입비용은 당연히 필요한 것이고, 유지보수로 인해 해당 자산의 경제적 효익(benefit)이 증가했다면(예를 들어, 새로운 PC 설치 혹은 프로젝터 수리) 자산에 포함한다.

③ 소유자와 책임소재를 지정: 자산의 관리 정책 수립 과정에서 자산 관리를 위한 "책임자/소유자의 역할 정의 및 권한 부여"를 수행한다.

자산의 분류

분류		설명	예
전자정보		전자적 형태로 저장되는 데이터	데이터베이스, 데이터파일 등의 전자파일
문서		• 종이 매체로 된 정보자산 • 업무에 사용·산출되는 문서나 기록물	규정 및 지침, 각종 대장, 계약서 및 협약서 등
소프트웨어 자산		상용 또는 자체 개발된 소프트카피나 하드카피로 보관 중인 각종 소프트웨어 자산	애플리케이션 소프트웨어, 시스템 소프트웨어, 개발 도구 및 유틸리티
하드웨어 자산	서버	대내외 서비스 및 업무를 위해 사용되는 서버 자산	유닉스 서버, 윈도우 서버 등
	개인용 컴퓨터	임직원이 사용하는 개인 컴퓨터	PC, 노트북, 이동형 단말기 등
	네트워크 장비	네트워크와 관련된 장비	라우터, 스위치, 허브 등
시설		• 시스템 설치, 운영장소 • 물리적 공간 및 각종 부대시설	전산실, 사무실, 방재실, 통신 장비실 등
지원설비		전력공급, 환기시설, 방재시설 등 정보 시스템 운영을 지원하기 위한 설비	항온·항습기, UPS, 공조 장비 등
인력		소유자, 사용자, 운영자, 개발자 등 시스템 운영 및 업무 수행 중인 모든 인력	내부직원, 협력업체 등

003 답 ②

- 위협(Threats): 정보자산의 보안에 부정적 영향을 줄 수 있는 외부의 환경 또는 사건(이벤트)을 의미한다.
- 위험(Risk): 자산의 취약한 부분에 위협요소가 발생하여 자산의 손실, 손상을 유발한 잠재성(가능성)을 의미한다.
- 취약점(Vulnerability): 위협에 의해 보안에 부정적 영향을 줄 수 있는 정보자산의 속성이나 상태를 의미한다.

004 답 ①

위험 회피: 위험이 존재하는 사업, 프로세스를 진행하지 않는 것을 말한다. 그러므로 조직은 편리한 기능이나 유용한 기능 등을 상실할 수 있다.

(선지분석)

② 위험 감소: 위험을 감소시킬 대책을 마련하는 것이다. 비용이 많이 들기 때문에 비용 분석을 실시한다.
③ 위험 수용: 위험의 잠재 손실 비용을 감수하는 것이다. 일정 수준 이하로 감소시키고 사업을 계속 진행한다.
④ 위험 전가: 보험이나 외주 등으로 잠재적 위험을 제 3자에게 전가하는 방법이다.

005 답 ④

ㄱ. 델파이법: 시스템에 관한 전문적인 지식을 가진 전문가의 집단을 구성하고, 위험을 분석 및 평가하여 정보시스템이 직면한 다양한 위협과 취약성을 토론을 통해 분석하는 방법이다.
ㄴ. 상세위험 접근법: 모든 정보자산에 대해 상세 위험 분석을 하는 방법이다. 자산 가치, 위협, 취약점의 평가에 기초한 위험을 산정하므로 근거가 명확하지만, 상당힌 시간과 노력이 소요된다.
ㄷ. 기준선 접근법: 모든 시스템에 대하여 표준화 된 정보보호대책 세트를 제공(체크리스트 형태)한다. 비용 및 시간을 절약할 수 있지만 과보호 또는 부족한 보호가 될 가능성이 상존한다.

(선지분석)

①, ② 시나리오법: 어떤 사건도 기대대로 발생하지 않는다는 사실에 근거하여, 일정 조건 하에서 위협에 대한 발생 가능한 결과들을 추정(시나리오)하는 방법이다.

TIP 위험분석방법은 결과 성격에 따라 정량적, 정성적 방법이 존재하고, 요구사항(수준)에 따라 기준선 접근법, 상세 위험 접근법 등이 존재한다.

006 답 ②

보안 통제사항들은 체크리스트(정보보호대책)를 의미하므로 기준 접근법에 해당된다.

(선지분석)

① 모든 정보자산에 기업이외의 전문가 지식 및 경험을 활용하는 방법이다.
③ 모든 정보자산에 대해 상세 위험 분석(자산 가치, 위협, 취약점의 평가에 기초한 위험을 산정)을 하는 방법이다.
④ 기준선 접근법과 상세 위험 분석 접근법을 조합하여 분석하는 방법이다.
⑤ 어떤 사건도 기대대로 발생하지 않는다는 사실에 근거하여, 일정 조건 하에서 위협에 대한 발생 가능한 결과들을 추정(시나리오)하는 방법이다.

007 답 ①

확률 분포법: 정량적 분석법에 해당한다.

(선지분석)

② 시나리오법, ③ 순위결정법, ④ 델파이법: 정성적 분석법에 해당한다.

정량적 분석법과 정성적 분석법

비교	정량적 분석법	정성적 분석법
개념	위협발생확률과 손실크기를 곱해서 계산하는 기대가치분석인 경우 복잡하고 시간, 노력이 많이 들지만, 신뢰도가 있고 화폐로 표시되며 객관적임	손실크기를 화폐가치로 측정할 수 없어 위험을 기술변수로 표현하는 경우 주관적이며, 근거가 제공되지 않지만 시간, 노력, 비용이 적게 듦
유형	수학공식 접근법, 확률분포 추정법, 연간예상손실(ALE) 점수법, 과거자료접근법, 확률 지배, 몬테카를로 시뮬레이션 등	델파이법, 시나리오법, 순위결정법, 질문서법, 브레인스토밍, 스토리보딩, 퍼지 행렬법 등
장점	위험 분석결과가 금전적 가치로 표시, 정보보호대책의 비용을 정당화, 위험 분석 결과를 이해 용이, 자동화된 과정을 거쳐 일정한 객관적 결과를 산출	정보평가에 용이, 쉽게 위험 분석을 수행가능하며 위험의 우선 순위를 파악이 용이
단점	• 많은 데이터의 입력이 필요함 • 완전한 정량적인 위험 분석은 불가능 • 복잡한 계산으로 인한 분석시간 소요	• 산정된 위험을 객관적 검증이 어려움 • 위험 분석을 수행하는 사람에 따라 결과가 달라질 수 있음(주관적) • 비용 효과적인 분석의 근거를 제공할 수 없음

008 답 ①

㉠ 자산식별 및 평가: 합리적이고 효율적인 정보보호가 이루어지도록 정보 시스템에 대한 자산을 분석하고 보호할 가치가 있는 유·무형 자산을 분류한다.
㉡ 위험 평가: 위험은 자산(Asset), 위협(Threat), 취약점(Vulnerability)의 함수 관계로 나타낼 수 있다.

(선지분석)

- 취약점 분석 및 평가: 악성코드 유포, 해킹 등 사이버 위협에 대한 주요정보통신기반시설의 취약점을 종합적으로 분석 및 평가 개선하는 일련의 과정을 말한다.
- 가치 평가 및 분석: 가치 평가 및 분석은 자산식별 및 평가 단계에 포함되는 과정이다(자산의 가치를 평가).

009

답 ②

위험 관리는 위험 분석과 위험 평가라 나눠진다. 위험 분석은 위험을 분석하고 해석하는 과정으로 자산의 취약점을 식별하고 발생 가능한 위험의 내용과 정도를 결정하는 과정이고, 위험 평가는 조직에서 발생할 수 있는 손실에 대비한 보안 대책에 드는 비용 효과 분석을 통해 적은 비용으로 가장 효과적인 위험관리를 수행하기 위한 과정이다(경제학).

(선지분석)

① 각종 재해나 재난의 발생을 대비하여 핵심 시스템의 가용성과 신뢰성을 회복하고 사업의 연속성을 유지하기 위한 일련의 사업 지속성계획과 절차를 의미한다.

③ 보안 정책은 규칙으로서 지켜져야 할 정책(regulatory), 하려는 일에 부합하는 정책이 없을 때 참고하거나 지키도록 권유하는 정책(advisory), 어떠한 정보나 사실을 알리는 데 목적이 있는 정책(informative)의 특징을 가지고 실행을 위한 절차를 의미한다.

④ CERT에서 수행하는 침입에 대한 탐지 및 복구를 의미한다.

010

답 ④

과거자료 접근법은 정량적 분석 방법이다.

정량적 분석과 정성적 분석 방법

비교	정량적 분석법	정성적 분석법
개념	위협발생확률과 손실크기를 곱해서 계산하는 기대가치분석인 경우 복잡하고 시간, 노력이 많이 들지만, 신뢰도가 있고 화폐로 표시되며 객관적임	손실크기를 화폐가치로 측정할 수 없어 위험을 기술변수로 표현하는 경우 주관적이며, 근거가 제공되지 않지만 시간, 노력, 비용이 적게 듦
유형	수학공식 접근법, 확률분포 추정법, 연간예상손실(ALE) 점수법, 과거자료접근법, 확률 지배, 몬테카를로 시뮬레이션 등	델파이법, 시나리오법, 순위결정법, 질문서법, 브레인스토밍, 스토리보딩, 퍼지 행렬법 등
장점	위험 분석결과가 금전적 가치로 표시, 정보보호대책의 비용을 정당화, 위험 분석 결과를 이해 용이, 자동화된 과정을 거쳐 일정한 객관적 결과를 산출	정보평가에 용이, 쉽게 위험 분석을 수행가능하며 위험의 우선순위를 파악이 용이
단점	• 많은 데이터의 입력이 필요함 • 완전한 정량적인 위험 분석은 불가능 • 복잡한 계산으로 인한 분석시간 소요	• 산정된 위험을 객관적 검증이 어려움 • 위험 분석을 수행하는 사람에 따라 결과가 달라질 수 있음(주관적) • 비용 효과적인 분석의 근거를 제공할 수 없음

011

답 ②

ALE는 보안 투자로부터 얻을 수 있는 최대 편익을 의미한다. ALE를 넘어가는 연간 보안 투자는 비효율적이다. ALE가 20만 달러이고 연간 보안 예산이 25만 달러이면 비효율적이다. ALE는 SLE x ARO로 계산한다.

ALE

Concept	Derivation Formula	설명
Exposure Factor(EF)	% of Asset loss cuased by threat	위협에 의해 야기될 수 있는 자산 손실률 (0 ~ 100%의 백분율로 표시)
Single Loss Expectancy(SLE)	Asset Value × (EF)	단일 위협으로부터 발생되는 조직의 손실 기대치(1회 손실액) (단일 예산 손실)
Annualized Rate of Occurrence(ARO)	Frequency of threat occurrence per year	위협실현의 연간 빈도수(연간 발생 비율) (역사적 기록, 통계적 분석, 추측 등)
Annualized Loss Expectancy(ALE)	(SLE) × (ARO)	위협에 의한 조직의 연간 재정적 손실 (연간 예산 손실)

012

답 ①

비정형(비형식적) 접근법: 모든 정보자산에 기업이외의 전문가 지식 및 경험을 활용하는 방법이다. 비용 대비 효과가 우수하며 소규모 조직에 적합하고 상세 위험 분석보다 빠르게 수행된다.

(선지분석)

② 상세 위험 (분석) 접근법: 모든 정보자산에 대해 상세 위험 분석을 하는 방법이다. 자산가치, 위협, 취약점의 평가에 기초한 위험을 산정하므로 근거가 명확하지만, 상당한 시간과 노력이 소요된다.

③ 기준(선) 접근법: 모든 시스템에 대하여 표준화된 정보보호대책 세트를 제공(체크리스트 형태)한다. 비용 및 시간을 절약할 수 있지만 과보호 또는 부족한 보호가 될 가능성이 상존한다.

④ 수학 공식 접근법: 위협의 발생 빈도를 계산하는 식을 이용하여 위험을 계량하는 방법이다. 과거 자료의 획득이 어려울 경우, 위협 발생 빈도를 추정하여 분석하는데 유용하다. 위험을 정량화하여 매우 간결하게 나타낼 수 있으나, 기대 손실을 추정하는 자료의 양이 낮다는 단점이 있다.

⑤ 단위 접근법: 예를 들어 손실크기를 화폐 단위로 측정이 가능할 때 사용하는 분석법이다(과거자료, 수학공식, 확률분포).

013

답 ②

위험: 자산의 취약한 부분에 위협요소가 발생하여 자산에 발생한 손실 또는 손상을 유발할 잠재성(가능성)이다.

(선지분석)

① 자산: 유형과 무형을 모두 포함한다. 예를 들어, 소프트웨어(software), 하드웨어(hardware), 데이터(data), 인적 요소(personnel), 절차(procedure, 무형임에 유의), 네트워크(network) 등이다.
③ 취약점: 위협에 의해 보안에 부정적 영향을 줄 수 있는 정보자산의 속성이나 상태이다.
④ 정보보호대책: 위험에 대응하여 자산을 보호하기 위한 관리적, 기술적, 물리적 대책이다.

014 답 ③

- 델파이법: 시스템에 관한 전문적인 지식을 가진 전문가의 집단을 구성하고, 위험을 분석 및 평가하여 정보시스템이 직면한 다양한 위협과 취약성을 토론을 통해 분석하는 방법이다.
- 과거자료 분석법: 미래 사건의 발생 가능성을 예측하는 방법으로, 과거의 자료를 통해 위험 발생 가능성을 예측한다.
- 시나리오법: 어떤 사건도 기대대로 발생하지 않는다는 사실에 근거하여, 일정 조건하에서 위협에 대한 발생 가능한 결과들을 추정(시나리오)하는 방법이다.

(선지분석)

- 순위 결정법: 비교 우위 순위 결정표에 위험 항목들의 서술적 순위를 결정하는 방법이다.
- 기준선 접근법: 모든 시스템에 대하여 보호의 기본 수준(기준선)을 정하고, 이를 달성하기 위하여 보호대책을 선택한다.
- 점수법: 위험 발생 요인에 가중치(점수화)를 두어 위험을 추정하는 방법이다.

015 답 ③

- 복합 접근법: 먼저 조직 활동에 대한 필수적인 그리고 위험이 높은 시스템을 식별하고, 이러한 시스템에 대해서는 "상세위험 접근법"을 그렇지 않은 시스템에는 "기준선 접근법" 등을 각각 적용한다.
- 기준선 접근법: 모든 시스템에 대하여 보호의 기본 수준(기준선)을 정하고, 이를 달성하기 위하여 보호대책을 선택한다.
- 상세 위험 분석: 자산의 가치를 측정하고, 자산에 대한 위협의 정도와 취약점을 분석하여, 위험의 정도를 결정하는 방식이다.

016 답 ⑤

해당 방법은 존재하지 않는다.

(선지분석)

① 위험의 잠재 손실 비용을 감수하는 것이다.
② 위험을 감소시킬 대책을 마련하는 것이다.
③ 위험이 존재하는 사업, 프로세스를 진행하지 않는 것이다.
④ 보험이나 외주 등으로 잠재적 위험을 제3자에게 전가하는 방법이다.

017 답 ②

분석가(전문가)는 비정형 접근법이다.

018 답 ④

상세 위험 분석을 포함한다.

019 답 ②

정성적 분석법에 해당한다.

(선지분석)

④ ALE = SLE x ARO

CHAPTER 05 | 침해 대응과 포렌식

정답 p.160

001	③	002	②	003	④	004	①	005	③
006	①	007	①	008	②	009	②	010	④
011	④	012	③	013	①	014	①		

001 답 ③

연계보관성의 원칙: 해당 설명은 재현의 원칙이고, 연계보관성의 원칙은 증거는 획득되고 난 뒤 이송 · 분석 · 보관 · 법정 제출이라는 일련의 과정이 명확해야 하고, 이러한 과정에 대한 추적이 가능해야 함을 의미한다.

(선지분석)

① 정당성의 원칙: 모든 증거는 적법한 절차를 거쳐서 획득한 것이어야 함을 의미한다. 위법한 절차를 거쳐 획득한 증거는 증거능력이 없다.
② 신속성의 원칙: 컴퓨터 내부의 정보는 휘발성을 가진 것이 많기 때문에 신속하게 이뤄져야 함을 의미한다.
④ 무결성의 원칙: 수집된 정보는 연계 보관성을 만족시켜야 하고, 각 단계를 거치는 과정에서 위조 및 변조되어서는 안 되며, 이러한 사항을 매번 확인해야 함을 의미한다.

002 답 ②

대응: 침해 사고로 인한 손상을 최소화하고 추가적인 손상을 막기 위한 것으로 단기 대응, 백업 및 증거 확보, 시스템 복구 단계에 따라 수행된다.

(선지분석)

① 보안탐지: 침해 사고 발생을 실시간으로 식별하는 과정은 주로 침입 탐지 시스템(IDS)이나 침입 방지 시스템(IPS), 네트워크 트래픽 모니터링 장비(MRTG), 네트워크 관리 시스템(NMS)을 통해 이루어진다.

③ 사후검토: 침해 사고 식별과 대응 과정은 정해진 기록 문서에 따라 작성한다. 이렇게 작성된 문서와 포렌식 과정에서 획득한 자료를 기반으로 침해 사고에 대한 보고서를 작성한다. 침해 사고의 원인을 확인하고 그 대응책을 마련해야 한다(후속 조치 및 보고).

④ 조사와 분석: 최초 침해 사고 발생을 식별한 시스템 및 네트워크 이외에 추가로 침해 사고가 발생한 곳이 있는지 모두 확인하고 조치하는 단계이다(제거 및 복구).

003 답 ④

연계추적불가능: 연계추적불가능이 아니라 연계보관성이다. 연계보관성은 증거는 획득되고 난 뒤 이송/분석/보관/법정 제출이라는 일련의 과정이 명확해야 하고, 이러한 과정에 대한 추적이 가능해야 함을 의미한다.

(선지분석)

① 정당성: 모든 증거는 적법한 절차를 거쳐서 획득한 것이어야 함을 의미한다. 위법한 절차를 거쳐 획득한 증거는 증거 능력이 없다.

② 무결성: 수집된 정보는 연계 보관성을 만족시켜야 하고, 각 단계를 거치는 과정에서 위조 및 변조되어서는 안 되며, 이러한 사항을 매번 확인해야 함을 의미한다.

③ 재현: 법정에 증거를 제출하려면 똑같은 환경에서 같은 결과가 나오도록 재현할 수 있어야 함을 의미한다.

004 답 ①

네트워크: 해당 설명은 웹 포렌식이고, 네트워크 포렌식은 네트워크로 전송되는 데이터를 대상으로 한다.

(선지분석)

② 컴퓨터: 컴퓨터 관련 조사·수사를 지원하며 디지털 데이터가 법적 효력을 갖도록 하는 과학적·논리적 절차와 방법을 연구하는 학문이다.

③ 처리 절차: 수행 절차는 수사 준비, 증거물 획득(증거 수집), 보관 및 이송, 분석 및 조사, 보고서 작성이다.

④ 디스크: 비휘발성 저장매체(HDD, SSD, USB, CD 등)를 대상으로 한다(라이브 포렌식).

005 답 ③

연계 보관성의 원칙: 연계보관성의 원칙은 증거는 획득되고 난 뒤 이송/분석/보관/법정 제출이라는 일련의 과정이 명확해야 하고, 이러한 과정에 대한 추적이 가능해야 함을 의미한다.

(선지분석)

① 정당성의 원칙: 모든 증거는 적법한 절차를 거쳐서 획득한 것이어야 함을 의미한다. 위법한 절차를 거쳐 획득한 증거는 증거 능력이 없다.

② 재현의 원칙: 법정에 증거를 제출하려면 똑같은 환경에서 같은 결과가 나오도록 재현할 수 있어야 한다. 수행할 때마다 다른 결과가 나온다면 증거로 제시할 수 없다.

④ 신속성의 원칙: 컴퓨터 내부의 정보는 휘발성을 가진 것이 많기 때문에 신속하게 이뤄져야 함을 의미한다.

포렌식의 기본원칙

정당성	모든 증거는 적법한 절차를 거쳐서 획득한 것이어야 함을 의미한다. 위법한 절차를 거쳐 획득한 증거는 증거 능력이 없다.
재현	법정에 증거를 제출하려면 똑같은 환경에서 같은 결과가 나오도록 재현할 수 있어야 한다. 수행할 때마다 다른 결과가 나온다면 증거로 제시할 수 없다.
신속성	컴퓨터 내부의 정보는 휘발성을 가진 것이 많기 때문에 신속하게 이뤄져야 함을 의미한다.
연계 보관성	증거는 획득되고 난 뒤 이송/분석/보관/법정 제출이라는 일련의 과정이 명확해야 하고, 이러한 과정에 대한 추적이 가능해야 함을 의미한다.
무결성	수집된 정보는 연계 보관성을 만족시켜야 하고, 각 단계를 거치는 과정에서 위조 및 변조되어서는 안 되며, 이러한 사항을 매번 확인해야 함을 의미한다.

006 답 ①

최량 증거: 포렌식의 기본 원칙이 아니라 포렌식 수행 절차에서 분석 및 조사에 포함되는 내용이다. 최량 증거 원칙은 복사본 등의 2차적인 증거가 아닌 원본을 제출하도록 요구하는 영미 증거법상의 원칙이다. 즉, 원본이 존재하지 않으면 가장 유사하게 복사한 최초 복제물이라도 증거로 제출해야 한다.

(선지분석)

② 재현: 법정에 증거를 제출하려면 똑같은 환경에서 같은 결과가 나오도록 재현할 수 있어야 한다. 수행할 때마다 다른 결과가 나온다면 증거로 제시할 수 없다.

③ 정당성: 모든 증거는 적법한 절차를 거쳐서 획득한 것이어야 함을 의미한다. 위법한 절차를 거쳐 획득한 증거는 증거 능력이 없다.

④ 신속성: 컴퓨터 내부의 정보는 휘발성을 가진 것이 많기 때문에 신속하게 이뤄져야 함을 의미한다.

⑤ 연계보관성: 증거는 획득되고 난 뒤 이송/분석/보관/법정 제출이라는 일련의 과정이 명확해야 하고, 이러한 과정에 대한 추적이 가능해야 함을 의미한다.

007

답 ①

하드디스크의 경우, '물리적 방식'과 '소프트웨어 방식'이라는 두 가지 형태의 안티포렌식 방식을 사용한다. 물리적 방식은 망치나 파쇄기 등의 공구를 사용하여 하드디스크를 파괴하는 것을 말한다. 강력한 자력을 이용해 하드웨어 자체를 파괴하는 '디가우싱'(Degaussing)도 이에 해당된다. 소프트웨어 방식은 소프트웨어를 사용하여 남아 있는 데이터를 지우거나 기존 데이터에 새로운 데이터를 덮어씌워 해독하지 못하도록 하는 방식이다.

(선지분석)

② 휴대폰, 스마트폰, PDA, 네비게이션, 라우터 등의 모바일 기기를 대상으로 한다.
③ 비휘발성 저장매체(HDD, SSD, USB, CD 등)를 대상으로 한다.
④ 서버나 PC 등을 대상으로 한다.

008

답 ②

연계보관성: 해당 설명은 무결성의 원칙이고, 연계보관성의 원칙은 증거는 획득되고 난 뒤 이송 · 분석 · 보관 · 법정 제출이라는 일련의 과정이 명확해야 하고, 이러한 과정에 대한 추적이 가능해야 함을 의미한다.

(선지분석)

① 정당성: 모든 증거는 적법한 절차를 거쳐서 획득한 것이어야 함을 의미한다. 위법한 절차를 거쳐 획득한 증거는 증거 능력이 없다.
③ 신속성: 컴퓨터 내부의 정보는 휘발성을 가진 것이 많기 때문에 신속하게 이뤄져야 함을 의미한다.
④ 재현: 법정에 증거를 제출하려면 똑같은 환경에서 같은 결과가 나오도록 재현할 수 있어야 한다. 수행할 때마다 다른 결과가 나온다면 증거로 제시할 수 없다.

009

답 ②

CERT: 1988년 11월 22일 저녁, 미국 전역의 컴퓨터가 모리스 웜에 의해 멎어버린 사건 이후 미 정부가 적극적으로 적절한 침해 사고의 대응책을 마련했다. DARPA(The Defense Advanced Research Projects Agency)은 컴퓨터와 관련한 침해 사고에 적절히 대응하고자, 피치버그의 카네기 멜론 대학 내의 소프트웨어공학 연구소에 CERT(Computer Emergency Response Team) 팀을 만들었다.

(선지분석)

① CISO: 최고정보보안임원(Chief Information Security Officer)은 조직의 정보 및 데이터 보안을 책임지는 임원이다(CSO와 비슷한 개념이다).
③ CPPG: 개인정보보호 정책 및 대처 방법론에 대한 지식 및 능력을 갖춘 인력 또는 향후 기업 또는 기관의 개인정보 관리를 희망하는 자가 취득하는 비공인 민간 자격이다(Certified Privacy Protection General).
④ CPO: 개인정보 보호책임자(Chief Privacy Officer)로서, 홈페이지에 공개한다.

010

답 ④

• 슬랙(느슨한, 늘어진): 파일의 크기(물리 구조)가 데이터 단위 크기의 배수(논리 구조)가 되지 않아, 저장매체에서 파일이 저장되고 남은 공간을 말한다. 물리적인 구조와 논리적인 구조의 차이로 발생하는 낭비 공간을 말한다. 정보를 은닉할 수 있고, 파일의 복구 및 삭제된 파일의 파편 조사 시 유용하게 사용될 수 있으므로 포렌식 분석 시 고려해야 한다.
• 카빙(조각품, 새긴 무늬): 데이터 영역에 존재하는 파일 자체 정보(시그니처, 논리구조, 파일 형식, 고유 특성)를 이용하는 방법으로 디스크의 비 할당 영역을 처음부터 끝까지 스캔하여 삭제된 파일을 찾아 복원하는 방식이다(여기서 시그니처는 고유한 포맷 식별을 의미한다).

(선지분석)

① 실린더(HDD), 역어셈블링(실행파일 → 어셈블리어)
② MBR(부팅 정보), 리버싱(리버스 엔지니어링, 실행파일 → 소스코드)
③ 클러스터(저가의 PC들을 모아 하나의 고성능 PC로 만듦, 섹터(512byte)x8), 역컴파일(실행파일 → 소스코드)

011

답 ④

기밀성의 원칙은 보안의 3대 요소로 디지털 포렌식의 원칙이 아니다.

(선지분석)

①, ②, ③ 이외에도 신속성의 원칙, 연계 보관성의 원칙이 존재한다.

012

답 ③

모든 증거는 적법한 절차를 거쳐서 획득한 것이어야 함을 의미한다. 위법한 절차를 거쳐 획득한 증거는 증거 능력이 없다.

(선지분석)

① 해당 원칙은 존재하지 않는다.
② 수집된 정보는 연계 보관성을 만족시켜야 하고, 각 단계를 거치는 과정에서 위조 및 변조되어서는 안 되며, 이러한 사항을 매번 확인해야 함을 의미한다.
④ 해당 원칙은 존재하지 않는다.
⑤ 증거는 획득되고 난 뒤 이송 · 분석 · 보관 · 법정 제출이라는 일련의 과정이 명확해야 하고, 이러한 과정에 대한 추적이 가능해야 함을 의미한다.

013

답 ①

해당 설명은 무결성의 원칙이다.

014

답 ①

"이분보법"에 해당하므로 연계 보관성의 원칙이다.

CHAPTER 06 | 보안 인증

정답 p.164

001	②	002	①	003	①	004	②	005	①
006	①	007	②	008	②	009	④	010	③
011	①	012	③	013	③	014	②	015	③
016	④	017	①	018	②	019	②	020	②
021	④	022	①	023	③				

001 답 ②

보증 등급: 7개의 보증 등급을 가진다. 보증 등급은 기능 시험(EAL-1), 구조 시험(EAL-2), 방법론적 시험과 점검(EAL-3), 방법론적 설계, 시험, 검토(EAL-4), 준정형적 설계 및 시험(EAL-5), 준정형적 검증된 설계 및 시험(EAL-6), 정형적 검증(EAL-7)로 나눠진다.

(선지분석)

① 정의: 정보 보호 제품의 평가 기준을 규정한 국제 표준(ISO 15408). 공통평가기준(CC)은 선진 각국들이 정보 보호 제품에 서로 다른 평가 기준을 가지고 평가를 시행하여 시간과 비용 낭비 등이 초래되는 문제점을 없애기 위해 개발되었다.

③ 보안기능요구사항과 보증요구사항: 보안기능요구사항은 Functional Classes, Functional Families, Functional Components, Detailed Requirements, Functional Packages로 구성된다. 보증요구사항은 Assurance Classes, Assurance Families, Assurance Components, Detailed Requirements, Evaluation Assurance Levels로 구성된다.

④ CCRA: 회원국의 공통평가기준(CC: Common Criteria) 인증서를 획득한 정보 보호 제품은 타회원국에서도 인정하는 CC 기반의 국제 상호 인정 협정이다.

002 답 ①

CMVP: 미국(NIST)와 캐나다(CSE)에 의해 만들어진 암호 모듈(암호화 알고리즘, 키의 길이 등) 검증 프로그램이다(한국에는 KCMVP가 있다).

(선지분석)

② COBIT: 정보 기술의 보안 및 통제 지침에 관한 표준 프레임워크를 제공하는 실무 지침이다(ISACA).

③ CMM: 소프트웨어 개발 능력 측정 기준과 소프트웨어 프로세스 평가 기준을 제공함으로써 정보 및 전산 조직의 성숙수준을 평가할 수 있는 모델이다.

④ ITIL: 영국에서 태동한 정보 기술(IT) 서비스를 지원, 구축, 관리하는 프레임워크이다.

003 답 ①

CC: CC라는 기준으로 TCSEC와 ITSEC는 통합되었다. 1996년에 초안이 나와 1999년에 국제 표준으로 승인되었다. PP, ST, TOE라는 인증 과정을 거친다.

(선지분석)

② BS 7799: 정보 보안 경영 시스템의 개발, 수립 및 문서화에 대한 요구 사항들을 정한 국제 인증 규격이다. 1995년 영국 표준으로 제정된 것으로 1999년 개정을 거쳐 국제표준화기구(ISO)에 의해 국제 표준으로도 제정되었다(ISO 27001).

③ ITSEC: 1991년 5월 유럽 국가들이 발표한 공동 보안 지침서이다. TCSEC가 기밀성만을 강조한 것과 달리 무결성과 가용성을 포괄하는 표준안을 제시하였다.

④ TCSEC: 흔히 Orange Book이라고 부르며, Rainbow Series라는 미 국방부 문서 중 하나이다. 1960년대부터 시작된 컴퓨터 보안 연구를 통하여 1972년에 그 지침이 발표되었다. 1983년에 미국 정보 보안 조례로 세계에 최초로 공표되었고 1995년에 공식화되었다.

⑤ TNI: 흔히 Red Book이라고 부르며, Rainbow Series라는 미 국방부 문서 중 하나이다. LAN과 인트라넷(Intranet)의 보안을 다룬다.

004 답 ②

보호 프로파일: 사용자 또는 개발자의 요구사항을 정의한다. 특정 제품이나 시스템에만 종속되지 않는다.

(선지분석)

① 평가기준: 국제 표준화 기구(ISO)와 국제 전기 표준 회의(IEC)가 정한 최초의 정보 기술 보안에 관한 국제 표준이다.

③ EAL: 7개의 보증 등급을 가진다. 보증 등급은 기능 시험(EAL-1), 구조 시험(EAL-2), 방법론적 시험과 점검(EAL-3), 방법론적 설계, 시험, 검토(EAL-4), 준정형적 설계 및 시험(EAL-5), 준정형적 검증된 설계 및 시험(EAL-6), 정형적 검증(EAL-7)으로 나눠진다.

④ ISO/IEC 15408: 정보 보호 제품의 평가 기준을 규정한 국제 표준(ISO 15408). 공통평가기준(CC)은 선진 각국들이 정보 보호 제품에 서로 다른 평가 기준을 가지고 평가를 시행하여 시간과 비용 낭비 등이 초래되는 문제점을 없애기 위해 개발되었다.

005 답 ①

제품군에 대한 요구사항 중심으로 기술되어 있는 것은 보호프로파일(Protection Profile)이고, 보안목표명세서(Security Target)는 개발자가 작성하며 제품 평가를 위한 상세 기능을 정의한다.

(선지분석)

② 7개의 보증 등급을 가진다. 보증 등급은 기능 시험(EAL-1), 구조 시험(EAL-2), 방법론적 시험과 점검(EAL-3), 방법론적 설계, 시험, 검토(EAL-4), 준정형적 설계 및 시험(EAL-5), 준정형적 검증된 설계 및 시험(EAL-6), 정형적 검증(EAL-7)로 나눠진다.

③ CC는 TCSEC와 ITSEC는 통합했는데, TCSEC는 오렌지북이라고 불린다. 그러므로 CC는 오렌지북을 근간으로 한다.
④ 보안기능요구사항은 Functional Classes, Functional Families, Functional Components, Detailed Requirements, Functional Packages로 구성된다. 보증요구사항은 Assurance Classes, Assurance Families, Assurance Components, Detailed Requirements, Evaluation Assurance Levels로 구성된다.

006 답 ①

TCSEC에서 보안 수준이 높은 순서대로 나열하면 다음과 같다.

A1(Verified Design) > B3(Security Domains) > B2(Structured Protection) > B1(Labeled Security) > C2(Controlled Access Protection) > C1(Discretionary Security Protection) > D(Minimal Protection)

TIP 다른 보안 등급에서는 비슷한 용어를 사용하므로 중요 용어(structured, labeled, controlled, discretionary)들을 기억해 두는 것이 좋다.

007 답 ②

PP: 사용자 또는 개발자의 요구사항을 정의한다. 기술적인 구현 가능성을 고려하지 않는다. 평가는 PP의 완전성, 일치성, 기술성을 평가한다.

선지분석

① EAL: 7개의 보증 등급을 가진다. 보증 등급은 기능 시험(EAL-1), 구조 시험(EAL-2), 방법론적 시험과 점검(EAL-3), 방법론적 설계, 시험, 검토(EAL-4), 준정형적 설계 및 시험(EAL-5), 준정형적 검증된 설계 및 시험(EAL-6), 정형적 검증(EAL-7)로 나눠진다.
③ ST: 개발자가 작성하며 제품 평가를 위한 상세 기능을 정의한다. 기술적 구현 가능성을 고려한다. 평가는 ST가 PP의 요구사항을 충족하는지 평가한다.
④ TOE: 획득하고자 하는 보안 수준을 의미한다. 평가는 TOE가 ST의 요구사항을 충족하는지 평가한다.

008 답 ②

C2: 각 계정별 로그인이 가능하며 그룹 ID에 따라 통제가 가능한 시스템이다. 보안 감사가 가능하며 특정 사용자의 접근을 거부할 수 있다. 윈도우 NT 4.0과 현재 사용되는 대부분의 유닉스 시스템이 C2 등급에 해당된다.

선지분석

① C1: 일반적인 로그인 과정이 존재하는 시스템이다. 사용자 간 침범이 차단되어 있고 모든 사용자가 자신이 생성한 파일에 대해 권한을 설정할 수 있다. 특정 파일에 대해서만 접근이 가능하다. 초기의 유닉스 시스템이 C1 등급에 해당된다.
③ B1: 시스템 내의 보안 정책을 적용할 수 있고 각 데이터에 대해 보안 레벨 설정이 가능하다. 시스템 파일이나 시스템에 대한 권한을 설정할 수 있다.
④ B2: 시스템에 정형화된 보안 정책이 존재하며 B1 등급의 기능을 모두 포함한다. 일부 유닉스 시스템이 B2 인증에 성공했다.

TCSEC

D	보안 설정이 이루어지지 않은 단계이다(Minimal Protection).
C1	일반적인 로그인 과정이 존재하는 시스템이다. 사용자 간 침범이 차단되어 있고 모든 사용자가 자신이 생성한 파일에 대해 권한을 설정할 수 있다. 특정 파일에 대해서만 접근이 가능하다. 초기의 유닉스 시스템이 C1 등급에 해당된다(Discretionary Security Protection).
C2	각 계정별 로그인이 가능하며 그룹 ID에 따라 통제가 가능한 시스템이다. 보안 감사가 가능하며 특정 사용자의 접근을 거부할 수 있다. 윈도우 NT 4.0과 현재 사용되는 대부분의 유닉스 시스템이 C2 등급에 해당된다(Controlled Access Protection).
B1	시스템 내의 보안 정책을 적용할 수 있고 각 데이터에 대해 보안 레벨 설정이 가능하다. 시스템 파일이나 시스템에 대한 권한을 설정할 수 있다(Labeled Security).
B2	시스템에 정형화된 보안 정책이 존재하며 B1 등급의 기능을 모두 포함한다. 일부 유닉스 시스템이 B2 인증에 성공했다(Structured Protection).
B3	운영체제에서 보안에 불필요한 부분을 모두 제거하고, 모듈에 따른 분석 및 테스트가 가능하다. 시스템 파일 및 디렉터리에 대한 접근 방식을 지정하고, 위험 동작을 하는 사용자의 활동에 대해서는 백업까지 자동으로 이루어진다. 현재까지 B3 등급을 받은 시스템은 극히 일부이다(Security Domains).
A	수학적으로 완벽한 시스템이다. 현재까지 A1 등급을 받은 시스템은 없으므로 사실상 이상적인 시스템이다(Verified Design).

009 답 ④

1991년 5월 유럽 국가들이 발표한 공동 보안 지침서이다. TCSEC이 기밀성만을 강조한 것과 달리 무결성과 가용성을 포괄하는 표준안을 제시하였다.

선지분석

① CC라는 기준으로 TCSEC와 ITSEC는 통합되었다. 1996년에 초안이 나와 1999년에 국제 표준으로 승인되었다. PP, ST, TOE라는 인증 과정을 거친다.
② 1983년에 미국에서 제정되었고, 표지가 오렌지색이라 오렌지북이라 불린다. 보안등급은 크게는 A, B, C, D 4단계, 세부적으로 A1, B3, B2, B1, C2, C1, D 총 7단계로 나뉜다.
③ 1987년에 설립된 ISO와 IEC의 첫째 합동 기술 위원회이다. ISO의 정보 기술 표준안과 IEC의 정보 기술 표준안의 충돌을 막음으로 정보 기술의 표준화를 보다 효율적으로 추진하는 것이 주목적이다.

010 답 ③

긴 지문은 허수이고, 진수는 "methodically designed, tested and reviewed"이다.
③ EAL 4: methodically designed, tested and reviewed

(선지분석)

① EAL 2: structurally tested
② EAL 3: methodically tested and checked
④ EAL 5: semiformally designed and tested

EAL

EAL 1	functionally tested: 기능 시험
EAL 2	structurally tested: 구조 시험
EAL 3	methodically tested and checked: 방법론적 시험과 점검
EAL 4	methodically designed, tested and reviewed: 방법론적 설계, 시험, 검토
EAL 5	semiformally designed and tested: 준정형적 설계 및 시험
EAL 6	semiformally verified designed and tested: 준정형적 검증된 설계 및 시험
EAL 7	formally verified design and tested: 정형적 검증

011 답 ①

A 등급: Verified Design(검증된 설계)

(선지분석)

② B 등급: Security Domains(보안 영역), Structured Protection (구조적 보호), Labeled Security(규정된 보호)
③ C 등급: Controlled Access Protection(통제된 접근 보호), Discretionary Security Protection(임의적 보호)
④ D 등급: Minimal Protection(최소한의 보호)

012 답 ③

NIST FIPS PUB 197: AES를 나타내고, CC는 ISO/IEC 15408이다.

(선지분석)

① TOE: 획득하고자 하는 보안 수준 또는 평가 대상을 의미한다.
② EAL: 7개의 보증 등급을 가진다. 보증 등급은 기능 시험(EAL-1), 구조 시험(EAL-2), 방법론적 시험과 점검(EAL-3), 방법론적 설계, 시험, 검토(EAL-4), 준정형적 설계 및 시험(EAL-5), 준정형적 검증된 설계 및 시험(EAL-6), 정형적 검증(EAL-7)로 나눠진다.
④ PP: 사용자 또는 개발자의 요구사항을 정의한다. 기술적인 구현 가능성을 고려하지 않는다.
⑤ CCRA: 회원국의 공통평가기준(CC: Common Criteria) 인증서를 획득한 정보 보호 제품은 타회원국에서도 인정하는 CC 기반의 국제 상호 인정 협정이다.

013 답 ③

보호목표명세서가 보호프로파일의 요구사항을 충족하는지 평가하기 때문에 보호목표명세서는 보호프로파일을 수용할 수 있지만, 보호프로파일은 보호목표명세서를 수용할 수 없다.

(선지분석)

① 보호프로파일은 사용자 또는 개발자의 요구사항들이므로 오퍼레이션이 완료되지 않을 수 있지만, 보호목표명세서는 제품 평가를 위한 상세 기능이므로 모든 오퍼레이션이 완료되어야 한다.
② 보호프로파일은 사용자 또는 개발자의 요구사항들이므로 여러 시스템 · 제품을 한 개 유형의 보호프로파일로 수용할 수 있으나, 보호목표명세서는 제품 평가를 위한 상세 기능이므로 한 개의 시스템 · 제품을 한 개의 보호목표명세서로 수용해야 한다.
④ 보호프로파일은 사용자 또는 개발자의 요구사항들을 정의, 기술적인 구현 가능성을 고려하지 않는다(구현에 독립적). 그리고 보호목표명세서는 개발자가 작성하며 제품 평가를 위한 상세 기능을 정의, 기술적 구현 가능성 고려한다(구현에 종속적).

014 답 ②

KCMVP - 국산 알고리즘을 탑재한 암호모듈에 대한 구현의 적합성, 안전성 등을 검증하는 제도(CMVP는 비슷한 일을 하는 국제 제도이다)

(선지분석)

① CC는 IT 제품이나 특정 사이트의 정보 시스템에 대해 정보 보안평가 인증을 위한 평가 기준이다.
③ PIMS에 대한 설명이다.
④ ISMS에 대한 설명이다.

015 답 ③

ㄱ. 강제적 접근 제어: B1
ㄴ. 정형화된 보안 정책: B2
ㄷ. 자신의 파일에 접근 권한 설정: C1

A1(Verified Design, 완벽) > B3(Security Domains, OS에서 불필요한 것 모두 제거) > B2(Structured Protection, 인증 강화/역할 분리) > B1(Labeled Security, MAC) > C2(Controlled Access Protection, 계정별 로그인, 그룹 ID) > C1(Discretionary Security Protection, DAC) > D(Minimal Protection, 보안 설정 없음)

016 답 ④

TCSEC의 등급은 다음과 같다.

D < C1 < C2 < B1 < B2 < B3 < A1

(선지분석)

① TCSEC의 레인보우 시리즈에는 레드 북으로 불리는 TNI가 있다.
② ITSEC는 E0부터 E6까지의 평가 등급으로 나눈다(TNI).
③ CC의 EAL2 등급은 구조 시험 결과를 의미한다.

017 답 ①

- PP(Protection Profile): 사용자 또는 개발자의 요구사항을 정의한다(전체 제품). 기술적인 구현 가능성을 고려하지 않는다.
- ST(Security Target): 개발자가 작성하며 제품 평가를 위한 상세 기능을 정의한다(개별 제품). 기술적 구현 가능성을 고려한다.
- TOE: 획득하고자 하는 보안 수준을 의미한다(EAL)

018 답 ②

보안 기능이 아닌 보증 요구(보안 요구)에 따라 평가 등급이 구분된다.

(선지분석)

① CCRA를 이용한다.
③ 개발자가 작성하며 제품 평가를 위한 상세 기능을 정의한다(개별 제품). 기술적인 구현 가능성을 고려한다.
④ 사용자 또는 개발자의 요구사항을 정의한다(전체 제품). 기술적인 구현 가능성을 고려하지 않는다.

019 답 ②

유럽은 ITSEC이다.

020 답 ②

CC의 보안 기능적 요구 조건(클래스)은 다음과 같다.

CC 2부 보안기능 클래스
FAU(Security Audit) 보안 감사
FCO(Communication) 통신
FCS(Cryptographic Support) 암호 지원
FDP(User Data Protection) 사용자 데이터 보호
FIA(Identification & Authentication) 식별 및 인증
FMT(Security Management) 보안 관련
FPR(Privacy) 프라이버시
FPT(Protection of the TSF) TSF 보호
FRU(Resource Utilisation) 자원 활용
FTA(TOE Access) TOE 접근
FTA(Trusted Path/Channel) 안전한 경로/채널

021 답 ④

TCSEC는 기밀성을 강조하고, ITSEC는 기밀성, 무결성, 가용성을 강조한다.

(선지분석)

① EAL 1부터 EAL 7까지 7개의 등급으로 구분한다.
② E6이다.
③ ITSEC에 대한 설명이다.
⑤ EAL 5이다.

022 답 ①

보증 요구사항이다.

(선지분석)

②, ③, ④ 기능 요구사항이다.

CC 2부 보안기능 클래스
FAU(Security Audit) 보안 감사
FCO(Communication) 통신
FCS(Cryptographic Support) 암호 지원
FDP(User Data Protection) 사용자 데이터 보호
FIA(Identification & Authentication) 식별 및 인증
FMT(Security Management) 보안 관련
FPR(Privacy) 프라이버시
FPT(Protection of the TSF) TSF 보호
FRU(Resource Utilisation) 자원 활용
FTA(TOE Access) TOE 접근
FTA(Trusted Path/Channel) 안전한 경로/채널

023 답 ③

최고는 EAL 7이고, 최저는 EAL 1이다.

(선지분석)

① 제58조【정보보호시스템에 관한 기준 고시 등】① 과학기술정보통신부장관은 관계 기관의 장과 협의하여 정보보호시스템의 성능과 신뢰도에 관한 기준을 정하여 고시하고, 정보보호시스템을 제조하거나 수입하는 자에게 그 기준을 지킬 것을 권고할 수 있다.
② 인증기관은 국가보안기술연구소이고, 평가기관은 한국인터넷진흥원이다.

역할	기관 명칭	주요 임무
정책 기관	과학기술정보통신부(MSIT)	• CC 평가·인증 관련 법령 제·개정 • CC 평가·인증 관련 제도 수립 • CC평가·인증 관련 제도 예산 확보
인증 기관	국가보안기술연구소(NSR)의 IT보안인증사무국(ITSCC)	• 평가결과의 승인 및 인증서 발급 • 평가기관 관리 및 CC인증 정책수립 지원 • 국제상호인정협정(CCRA) 관련 국제 활동
평가 기관	• 한국인터넷진흥원(KISA) • 한국시스템보증(KoSyAs) • 한국아이티평가원(KSEL) • 한국정보통신기술협회(TTA) • 한국정보보안기술원(KOIST) • 한국기계전기전자시험연구원(KTC) • 한국화학융합시험연구원(KTR)	• KOLAS에서 승인한 공인시험기관 품질매뉴얼에 따른 평가기관 운영 • 제출물 조사 및 시험/취약성 분석 등 제품 평가 • 평가자 교육 훈련 • 신청기관 개발환경 보안점검

④ PP는 사용자 또는 개발자의 요구사항을 정의한다.

CHAPTER 07 | BCP/DRP

정답 p.170

001	①	002	③	003	②	004	④	005	⑤

001 답 ①

핫: 주 전산센터와 동일한 하드웨어, 소프트웨어 및 기타 부대 장비 등을 갖추어 놓고 관리되며, 이론적으로는 직원이나 운영자가 도보로 이동하여 최근 백업본으로부터 리스토어(restore)하여 매우 짧은 시간 안에 전체 운영을 시작하는 것이다. 즉, 사람(운영자)이 없다.

(선지분석)

② 미러: 주 전산센터와 동일한 백업 센터를 두어 평시에 실시간으로 데이터를 백업하여 주 전산센터에 재해가 발생하면 즉시 업무를 대행하게 하는 백업 체제이다. 즉, 모든 게 다 갖춰져 있다.

③ 웜: Hot Site와 Cold Site의 절충안으로, Hot Site와 같이 전원이나 HVAC(Heating, Ventilation, Air Conditioning), 컴퓨터 등이 갖추어진 컴퓨터 설비를 구축하지만, 애플리케이션은 설치되거나 구성되어 있지 않다. 즉, 사람(운영자)과 소프트웨어가 없다.

④ 콜드: 비상시 장비를 가져올 준비만 할 뿐 어떤 컴퓨터 하드웨어도 사이트에 존재하지 않는다. Cold Site는 전원과 HVAC는 설치되어 있고, 비상사태 발생 시, 컴퓨터를 이동하여 복구 작업을 수행해야 한다. 즉, 사람(운영자)과 소프트웨어, 하드웨어가 없다.

002 답 ③

Hot site(운영자, SW 없음)는 Cold site(운영자, SW, HW 없음)에 비해 구축 비용이 높고, 데이터의 업데이트가 많은 경우에 적합하다.

(선지분석)

① Mirror site(실시간 백업)는 Warm site(운영자 없음)에 비해 전체 데이터 복구 소요 시간이 빠르다.

② Mirror site(실시간 백업)는 Cold site(운영자, SW, HW 없음)에 비해 높은 구축 비용이 필요하다.

④ Cold site(운영자, SW, HW 없음)는 Mirror site(실시간 백업)에 비해 구축 비용이 저렴하고, 복구에 긴 시간이 소요된다.

재해복구시스템의 복구 수준별 유형

Mirror Site	주 전산센터와 동일한 백업 센터를 두어 평시에 실시간으로 데이터를 백업하여 주 전산센터에 재해가 발생하면 즉시 업무를 대행하게 하는 백업 체제이다.
Hot Site (운영자 없음)	주 전산센터와 동일한 하드웨어, 소프트웨어 및 기타 부대 장비 등을 갖추어 놓고 관리되며, 이론적으로는 직원이나 운영자가 도보로 이동하여 최근 백업본으로부터 리스토어하여 매우 짧은 시간 안에 전체 운영을 시작하는 것이다.
Warm Site (운영자, SW 없음)	Hot Site와 Cold Site의 절충안으로, Hot Site와 같이 전원이나 HVAC(Heating, Ventilation, Air Conditioning), 컴퓨터 등이 갖추어진 컴퓨터 설비를 구축하지만, 애플리케이션은 설치되거나 구성되어 있지 않다.
Cold Site (운영자, SW, HW 없음)	비상시 장비를 가져올 준비만 할 뿐 어떤 컴퓨터 하드웨어도 사이트에 존재하지 않는다. Cold Site는 전원과 HVAC는 설치되어 있고, 비상 사태 발생 시, 컴퓨터를 이동하여 복구 작업을 수행해야 한다.

003 답 ②

콜드 사이트는 장소만 존재하고, 나머지 사이트(웜, 핫, 미러)는 주 전산센터의 장비(하드웨어)와 동일한 장비를 구비하고 있다.

(선지분석)

① 웜 사이트는 콜드 사이트에 없는 장비(하드웨어)를 가지므로 구축 및 유지비용이 높다.

③ 미러 사이트는 주 전산센터와 동일한 백업 센터(하드웨어, 소프트웨어, 인원)이므로 가장 짧은 시간 안에 시스템을 복구한다.

④ BCP는 장애에 대한 예방을 통한 중단 없는 서비스 체계를 나타내고, DRP는 재난 발생 후에 경영 유지·복구 방법을 명시한다.

TIP 해당 문제는 BCP에 DRP 개념을 포함해서 출제하였다.

004 답 ④

MTD는 DRP가 아닌 BCP에서 산정한다.

(선지분석)

① 각종 재해나 재난의 발생을 대비하여 핵심 시스템의 가용성과 신뢰성을 회복하고 사업의 연속성을 유지하기 위한 일련의 사업 지속성계획과 절차를 의미한다.

② 중요한 사업의 기능들을 비상시를 대비하여 자산(Assets)의 우선순위를 평가하거나, 대체 장소를 선택하는 등 재해나 재난 시에 원상 복귀하고자 미리 평가 계획을 하는 단계이다.

③ 사업 중단 사태가 발생하였을 경우 기업에 미칠 수 있는 정성적(고객의 불만사항을 접수하지 못하는 경우)/정량적(경제적) 영향도를 파악하여 우선순위를 부여하고 문서화 하는 프로세스이다.

005 답 ⑤

목표 복구 시간(얼마나 빨리 복구할 수 있는가?)이 빠른 것은 Mirror Site → Hot Site → Warm Site → Cold Site 순이다.

(선지분석)

① Mirror Site는 주센터와 동일 환경이므로 Active-Active 상태로 운영한다.

② Hot Site는 주센터와 동일 환경에서 인원이 없으므로 Standby 상태로 운영한다.

③ Warm Site는 주센터와 동일 환경에서 소프트웨어와 인원이 없다.

④ Cold Site는 장소와 HVAC(Heating, Ventilation, Air Conditioning)만 존재한다.

PART 5 접근제어

CHAPTER 01 | 사용자 인증

정답 p.174

001	②	002	⑤	003	③	004	①	005	①
006	⑤	007	⑤	008	①	009	②	010	③

001 답 ②

salt: 패스워드에 salt를 추가하면 같은 패스워드라도 다르게 표현할 수 있다. 그러므로 salt는 사전 공격(사전 파일에 주어진 패스워드를 차례대로 공격)에 강하다.

(선지분석)

① OTP: OTP는 사람이 소지하고 다니므로 소유 기반 인증의 일종이다.
③ PIN: PIN은 사람이 기억해야 하므로 지식 기반 인증의 일종이다.
④ 오인식, 오거부: 바이오 인식 또는 생체인식(지문 인식, 얼굴 인식, 홍채 인식 등)에서 발생한다.
⑤ ID 카드: ID 카드는 사람이 소지하고 다니므로 소유 기반 인증의 일종이다.

002 답 ⑤

주민등록번호: 주민등록번호는 노출이 될 수 있기 때문에 주민등록번호 자체만으로는 사용자 인증이 될 수 없다. 사용자 인증의 보조 수단으로 사용될 수는 있다.

(선지분석)

① 패스워드: 지식 기반 인증에 사용한다.
② 지문: 생체 기반 인증에 사용한다.
③ OTP: 소지 기반 인증에 상용한다.
④ 보안카드: 소지 기반 인증에 상용한다.

003 답 ③

ㄱ. 지식 기반 인증: 패스워드, PIN(Personal Identification Number) 등이 있다.
ㄴ. 소지 기반 인증: 스마트 키, 스마트 카드, 신분증, 인터넷 뱅킹 카드와 OTP(One Time Password), 공인 인증서 등이 있다.
ㄷ. 생체 기반 인증: 지문, 손 모양, 망막, 홍채, 서명, 키보드, 목소리, 얼굴 등이 있다.

004 답 ①

One Time Password: OTP는 디바이스 인증 수단이 아니라 사용자 인증 수단이다.

(선지분석)

② MAC: AP에 MAC을 등록해 놓고 등록된 MAC을 가진 디바이스만 인증을 수행해준다.
③ 802.1x, WPA: 인증 서버(Radius 서버 등)를 통한 디바이스 인증을 수행한다.
④ X.homesec-2: 홈 네트워크를 위한 디바이스 인증 프로파일 표준이다. 참고로 X.homesec-1은 홈 네트워크를 위한 보안 기술의 프레임워크이고, X.homesec-3은 홈 네트워크 서비스를 위한 사용자 인증 메커니즘이다.
⑤ SSID: 디바이스(스마트폰, 노트북 등)가 AP에 접속할 때 인증을 수행한다.

005 답 ①

Snort: 스노트(Snort)는 무료의 오픈 소스 네트워크 침입 차단 시스템(IPS)이자, 네트워크 침입 탐지 시스템(IDS)으로서, 마틴 로시가 1998년에 개발하였다. 실시간 트래픽 분석과 IP에서의 패킷 로깅을 수행하는 능력을 갖고, 프로토콜 분석, 내용 검색 그리고 매칭을 수행한다. 사용자 인증과는 무관하다.

(선지분석)

② OTP: 고정된 비밀번호 대신 사용되는 매번 새롭게 바뀌는 일회용 비밀번호이다. S/KEY 방식, 시간 동기화 방식, 챌린지/응답 방식, 이벤트 동기화 방식 등이 있다. 소지 기반 인증에 사용된다.
③ SSO: 모든 인증을 하나의 시스템에서 한다는 의미이다. 시스템이 몇 대가 되어도 하나의 시스템에서 인증에 성공하면, 다른 시스템에 대한 접근 권한도 모두 얻는다. 이러한 접속 형태의 대표적인 인증 방법으로는 커버로스(Kerberos)를 이용한 윈도우의 액티브 디렉토리(Active Directory)가 있다. 지식 기반 인증에 사용된다.
④ 스마트 카드: 신용카드와 동일한 크기와 두께의 플라스틱 카드에 마이크로프로세서 칩과 메모리, 보안 알고리즘, 마이크로컴퓨터를 COB(chip on board) 형태로 내장된 전자식 카드이다. 기억소자를 탑재한 반도체 칩이 내장되어 있어 기존의 자기카드보다 저장용량이 월등하여 별도의 정보 저장이 요구되는 다양한 부가기능을 수행할 수 있으며, 독특한 장비에 의해서만 해독될 수 있어 위조는 거의 불가능하다. 소지 기반 인증에 사용된다.

006 답 ⑤

I-PIN(인터넷 가상 주민등록번호)은 주민등록번호 대신 사용할 수는 있지만 일회용은 아니다.

(선지분석)

① 패스워드 인증 방식은 보편화된 인증 방식(데이터베이스)으로 인증시스템 구축이 용이하다.

② 시각 동기화 OTP에서는 서로 동기화한 시각을 대칭키로 암호화해서 보낸다.
③ 전자서명을 이용한 도전 - 응답 프로토콜의 동작 과정은 다음과 같다. 처음에 사용자가 서버에게 자신이 인증 받기를 원한다고 요청한다. 두 번째는 서버가 도전(challenge, 난수)을 생성해서 사용자에게 보낸다. 세 번째는 사용자가 도전(challenge)에 사용자의 개인키로 서명해서 서버에게 응답(response)을 보낸다. 마지막 네 번째는 서버가 사용자의 공개키로 응답(response)을 검증하고 사용자의 접근을 허락한다.
④ 생체인식은 아직까지는 오인식률이 높기 때문에 이를 처리하는 것이 중요하다. 예를 들어, 지문 인식은 지문에 물만 묻어도 잘 인식되지 않는다.

007

답 ⑤

시간 동기화 방식은 인증 서버와 OTP 생성기의 시간오차범위(1 ~ 2분 정도)를 허용한다.

선지분석

① OTP는 비밀번호 예측 공격을 막기 위한 1회용 패스워드를 의미한다.
② 1회용 패스워드이므로 스니핑을 통한 비밀번호 재사용 공격을 막을 수 있다.
③ 동기화 방식은 시간(시간 동기화)과 인증 횟수(이벤트 동기화)를 기반으로 비밀번호를 동기화한다.
④ 비동기화 방식은 클라이언트에서 보낸 난수(S/KEY) 또는 인증 서버에서 전송된 난수(challenge-response)를 기반으로 비밀번호를 생성한다.

008

답 ①

S/KEY: 클라이언트에서 정한 임의의 비밀키를 서버로 전송한다. 클라이언트로부터 받은 비밀키를 첫 값으로 사용하여, 해시 체인 방식으로, 이전 결과 값에 대한 해시 값을 구하는 작업을 n번 반복한다. 그렇게 생성된 n개의 OTP를 서버에 저장한다. 클라이언트에서 정한 OTP에 해시 함수를 n - i번 중첩 적용하여 서버로 전송한다. 서버에서는 클라이언트로부터 받은 값에 해시 함수를 한 번 적용하여, 그 결과가 서버에 저장된 n - i + 1번째 OTP와 일치하는지 검사한다. 일치하면 인증에 성공한 것으로, 카운트를 1 증가시킨다.

선지분석

② 시간 동기화: 클라이언트는 현재 시각을 입력값으로 OTP를 생성해 서버로 전송하고, 서버 역시 같은 방식으로 OTP를 생성하여 클라이언트가 전송한 값의 유효성을 검사한다. 하지만 클라이언트와 서버의 시간 동기화가 정확하지 않으면 인증에 실패하게 된다는 단점이 있으며, 이를 보완하기 위해 일반적으로 1 ~ 2분 정도를 OTP 생성 간격으로 둔다.
③ 이벤트 동기화: 서버와 클라이언트가 카운트 값을 동일하게 증가시켜 가며, 해당 카운트 값을 입력값으로 OTP를 생성해 인증하는 방식이다.
④ Challenge-Response: 서버에서 난수 생성 등을 통해 임의의 수를 생성하고 클라이언트에 그 값을 전송하면, 클라이언트가 그 값으로 OTP를 생성해 응답한 값으로 인증하는 방식이다.

009

답 ②

대학교 학사 시스템 등에 활용된다.

010

답 ③

OTP 토큰은 가지고 있는 것이다.

CHAPTER 02 | 접근제어 모델

정답

p.177

001	③	002	③	003	②	004	②	005	①
006	①	007	①	008	②	009	②	010	①
011	④	012	③						

001

답 ③

역할 기반 접근 제어(RBAC): 기업 환경에서는 사용자가 기업 내에서 어떤 역할(Role)을 수행하고 있는가에 따라 권한이 정해진다. 이를 모델화한 것이 역할 기반 접근 제어이다.

선지분석

① 강제적 접근 제어(MAC): 주체와 객체에 적절한 보안 등급(레이블)을 부여하고, 접근 제어시 이 등급을 비교함으로써 접근의 허용 여부를 판단하게 된다. 군사 환경과 같은 엄격한 보안이 요구되는 분야에 적합하다.
② 규칙 기반 접근 제어(RBAC): 규칙에 기반한 접근 제어이다. 여기서 규칙이란 "어떤 데이터는 3:00부터 6:00까지만 접근이 허용된다"와 같은 것을 의미한다.
④ 임의적 접근 제어(DAC): 객체에 대한 소유권(ownership)에 기초해서 소유권을 가진 주체가 객체에 대한 권한의 전부 혹은 일부를 다른 주체에게 부여한다. 유닉스 혹은 관계형 데이터베이스(RDBMS)에서 사용한다.

002

답 ③

RBAC: 기업 환경에서는 사용자가 기업 내에서 어떤 역할(Role)을 수행하고 있는가에 따라 권한이 정해진다. 이를 모델화한 것이 역할 기반 접근 제어이다.

(선지분석)

① ACL: 주체의 관점에서 객체들에 대한 권한을 다루거나 객체의 관점에서 주체들의 권한을 다룬다.
② DAC: 객체에 대한 소유권(ownership)에 기초해서 소유권을 가진 주체가 객체에 대한 권한의 전부 혹은 일부를 다른 주체에게 부여한다. 유닉스 혹은 관계형 데이터베이스(RDBMS)에서 사용한다.
④ MAC: 주체와 객체에 적절한 보안 등급(레이블)을 부여하고, 접근 제어 시 이 등급을 비교함으로써 접근의 허용 여부를 판단하게 된다. 군사 환경과 같은 엄격한 보안이 요구되는 분야에 적합하다.
⑤ Capability(List): 주체의 관점에서 한 주체가 접근 가능한 객체와 권한을 명시한 목록으로 안드로이드 플랫폼과 분산 시스템 환경에서 많이 사용한다.

003

답 ②

DAC: 객체에 대한 소유권(ownership)에 기초해서 소유권을 가진 주체가 객체에 대한 권한의 전부 혹은 일부를 다른 주체에게 부여한다. 유닉스 혹은 관계형 데이터베이스(RDBMS)에서 사용한다.

(선지분석)

① MAC: 주체와 객체에 적절한 보안 등급(레이블)을 부여하고, 접근 제어 시 이 등급을 비교함으로써 접근의 허용 여부를 판단하게 된다. 군사 환경과 같은 엄격한 보안이 요구되는 분야에 적합하다.
③ Rule-based AC: 규칙에 기반한 접근 제어이다. 여기서 규칙이란 "어떤 데이터는 3:00부터 6:00까지만 접근이 허용된다"와 같은 것을 의미한다.
④ RBAC: 기업 환경에서는 사용자가 기업 내에서 어떤 역할(Role)을 수행하고 있는가에 따라 권한이 정해진다. 이를 모델화한 것이 역할 기반 접근 제어이다.

004

답 ②

보안 레이블(MAC): 주체와 객체에 적절한 보안 등급(레이블)을 부여하고, 접근 제어시 이 등급을 비교함으로써 접근의 허용 여부를 판단하게 된다. 군사 환경과 같은 엄격한 보안이 요구되는 분야에 적합하다.

(선지분석)

① ACM: 주체가 객체에 대한 접근 권한을 Matrix 형태로 정리한 것이다.
③ 역할(RBAC): 기업 환경에서는 사용자가 기업 내에서 어떤 역할(Role)을 수행하고 있는가에 따라 권한이 정해진다. 이를 모델화한 것이 역할 기반 접근 제어이다.
④ 소유자(DAC): 객체에 대한 소유권(ownership)에 기초해서 소유권을 가진 주체가 객체에 대한 권한의 전부 혹은 일부를 다른 주체에게 부여한다. 유닉스 혹은 관계형 데이터베이스(RDBMS)에서 사용한다.

005

답 ①

역할: 해당 설명은 역할기반접근제어(RBAC)이다.

(선지분석)

② 그룹의 식별자: 시스템 객체에 대한 접근을 사용자 개인 또는 그룹의 식별자를 기반으로 한다.
③ 권한: 사용자가 자신이 소유한 자원의 접근 권한을 임의로 설정한다.
④ UNIX: 유닉스의 파일 허가 등에 사용된다.

006

답 ①

자원마다 보안등급이 부여되고, 보안등급을 비교함으로써 접근 허용 여부를 결정한다.

(선지분석)

②, ③, ⑤ DAC에 해당된다.
④ RBAC에 해당된다.

007

답 ①

MAC: 주체와 객체에 적절한 보안 등급(레이블)을 부여하고, 접근 제어 시 이 등급을 비교함으로써 접근의 허용 여부를 판단하게 된다. 군사 환경과 같은 엄격한 보안이 요구되는 분야에 적합하다.

(선지분석)

② DAC: 객체에 대한 소유권(ownership)에 기초해서 소유권을 가진 주체가 객체에 대한 권한의 전부 혹은 일부를 다른 주체에게 부여한다. 유닉스 혹은 관계형 데이터베이스(RDBMS)에서 사용한다.
③ RBAC: 기업 환경에서는 사용자가 기업 내에서 어떤 역할(Role)을 수행하고 있는가에 따라 권한이 정해진다. 이를 모델화한 것이 역할 기반 접근 제어이다.
④ Reference Monitor: 사용자가 특정 객체에 액세스할 권리가 있는지, 또 해당 객체에 특정 행위를 할 수 있는지를 검사하는 기능이다. 접속 확인과 보안 정책 및 사용자 인증을 위한 감사를 시행하며, 사용자가 파일이나 디렉터리에 접근하면 사용자의 계정을 검사해서 접근 허용 여부를 결정하고 필요 시 그 결과를 감사 메시지로 생성한다.

008

답 ②

DAC: 객체에 대한 소유권(ownership)에 기초해서 소유권을 가진 주체가 객체에 대한 권한의 전부 혹은 일부를 다른 주체에게 부여한다. 유닉스 혹은 관계형 데이터베이스(RDBMS)에서 사용한다.

(선지분석)

① RBAC: 기업 환경에서는 사용자가 기업 내에서 어떤 역할(Role)을 수행하고 있는가에 따라 권한이 정해진다. 이를 모델화한 것이 역할 기반 접근 제어이다.

③ MAC: 주체와 객체에 적절한 보안 등급(레이블)을 부여하고, 접근 제어 시 이 등급을 비교함으로써 접근의 허용 여부를 판단하게 된다. 군사 환경과 같은 엄격한 보안이 요구되는 분야에 적합하다.
④ LBAC: 객체들(자원, 컴퓨터, 어플리케이션)과 주체들(개인, 그룹, 조직) 사이의 상호작용에 기반을 둔 복잡한 접근 제어 모델이다.

접근 제어 방식

ACL(리스트)	주체의 관점에서 객체들에 대한 권한을 다루거나 객체의 관점에서 주체들의 권한을 다룬다.
ACM(매트릭스)	주체와 객체 쌍에 대해 어떤 권한이 부여되었는지를 나타낸다.
MAC(강제)	주체와 객체에 적절한 보안 등급(레이블)을 부여하고, 접근 제어 시 이 등급을 비교함으로써 접근의 허용 여부를 판단하게 된다. 군사 환경과 같은 엄격한 보안이 요구되는 분야에 적합하다.
DAC(임의)	객체에 대한 소유권(ownership)에 기초해서 소유권을 가진 주체가 객체에 대한 권한의 전부 혹은 일부를 다른 주체에게 부여한다. 유닉스 혹은 관계형 데이터베이스(RDBMS)에서 사용한다.
RBAC(역할)	기업 환경에서는 사용자가 기업 내에서 어떤 역할(Role)을 수행하고 있는가에 따라 권한이 정해진다. 이를 모델화한 것이 역할 기반 접근 제어이다.
RBAC(규칙)	규칙에 기반한 접근 제어이다. 여기서 규칙이란 "어떤 데이터는 3:00부터 6:00까지만 접근이 허용된다"와 같은 것을 의미한다.
ABAC(행위)	행위에 기반한 접근 제어이다. 하려고 하는 행위에 따라 접근 권한이 달라진다.
LBAC(격자)	객체들(자원, 컴퓨터, 어플리케이션)과 주체들(개인, 그룹, 조직) 사이의 상호작용에 기반을 둔 복잡한 접근 제어 모델이다.
Capability List(목록)	주체의 관점에서 한 주체가 접근 가능한 객체와 권한을 명시한 목록으로 안드로이드 플랫폼과 분산 시스템 환경에서 많이 사용한다. ACL과 다른 점은 권한 위임이 가능하다(transferable)는 것이다.
Reference Monitor	특정 객체에 액세스할 권리가 있는지 검사한다(SRM).

009 답 ②

MAC: 해당 설명은 DAC이고, MAC는 주체와 객체에 적절한 보안 등급(레이블)을 부여하고, 접근 제어 시 이 등급을 비교함으로써 접근의 허용 여부를 판단하게 된다. 군사 환경과 같은 엄격한 보안이 요구되는 분야에 적합하다.

(선지분석)

① DAC: 객체에 대한 소유권(ownership)에 기초해서 소유권을 가진 주체가 객체에 대한 권한의 전부 혹은 일부를 다른 주체에게 부여한다. 유닉스 혹은 관계형 데이터베이스(RDBMS)에서 사용한다.
③ BLP: 미 국방부 지원 보안 모델로 보안 요소 중 기밀성 강조한다. 최초의 수학적 모델로 강제적 정책에 의해 접근 통제하는 모델이다. 보안 정책은 정보가 높은 레벨에서 낮은 레벨로 흐르는 것을 방지한다. BLP의 속성은 No Read Up(보안 수준이 낮은 주체는 보안 수준이 높은 객체를 읽어서는 안되는 정책), No Write Down(보안 수준이 높은 주체는 보안 수준이 낮은 객체에 기록해서는 안됨)이다.
④ Biba: BLP의 단점을 보완한 무결성을 보장하는 최초의 모델이다. 비바의 속성은 BLP의 반대 개념인 No Read Down(높은 등급의 주체는 낮은 등급의 객체를 읽을 수 없음), No Write Up(낮은 등급의 주체는 상위 등급의 객체를 수정할 수 없음)이다.
⑤ RBAC: 기업 환경에서는 사용자가 기업 내에서 어떤 역할(Role)을 수행하고 있는가에 따라 권한이 정해진다. 이를 모델화한 것이 역할 기반 접근 제어이다.

010 답 ①

객체에 대한 소유권(ownership)에 기초해서, 소유권을 가진 주체가 객체에 대한 권한의 전부, 혹은 일부를 다른 주체에게 부여(grant)한다.

(선지분석)

② RBAC를 나타낸다(Role).
③ MAC를 나타낸다.
④ LBAC를 나타낸다(Lattice).

011 답 ④

객체에 대한 소유권(ownership)에 기초해서 소유권을 가진 주체가 객체에 대한 권한의 전부 혹은 일부를 다른 주체에게 부여한다. 유닉스(그룹 개념을 사용) 혹은 관계형 데이터베이스(RDBMS)에서 사용한다.

(선지분석)

① 주체와 객체에 적절한 보안 등급(레이블)을 부여하고, 접근 제어 시 이 등급을 비교함으로써 접근의 허용 여부를 판단하게 된다. 군사 환경과 같은 엄격한 보안이 요구되는 분야에 적합하다.
② 규칙에 기반한 접근 제어이다. 여기서 규칙이란 "어떤 데이터는 3:00부터 6:00까지만 접근이 허용된다"와 같은 것을 의미한다.
③ 기업 환경에서는 사용자가 기업 내에서 어떤 역할(Role)을 수행하고 있는가에 따라 권한이 정해진다. 이를 모델화한 것이 역할 기반 접근 제어이다.
⑤ 객체들(자원, 컴퓨터, 어플리케이션)과 주체들(개인, 그룹, 조직) 사이의 상호작용에 기반을 둔 복잡한 접근 제어 모델이다. 주체가 접근할 수 있는 상위와 하위의 경계를 설정하여 해당 범위 내 임의 객체의 접근을 제한한다.

012 답 ③

강제적 접근제어 기법을 의미한다.

(선지분석)

① 객체에 대한 소유권(ownership)에 기초해서 소유권을 가진 주체가 객체에 대한 권한의 전부 혹은 일부를 다른 주체에게 부여한다. 유닉스 혹은 관계형 데이터베이스(RDBMS)에서 사용한다.
② 주체와 객체에 적절한 보안 등급(레이블)을 부여하고, 접근 제어시 이 등급을 비교함으로써 접근의 허용 여부를 판단하게 된다. 군사 환경과 같은 엄격한 보안이 요구되는 분야에 적합하다.
④ 제약 사항이 복사된 객체에 전파된다.
⑤ 유닉스에서 사용된다.

CHAPTER 03 | 접근제어 모델 - 기타

정답

p.180

001	①	002	④	003	④	004	④	005	②
006	②	007	④	008	④	009	②	010	②
011	②	012	①						

001

답 ①

비밀성: Bell-LaPadula 모델은 미 국방부 지원 보안 모델로 보안 요소 중 기밀성 강조한다.

(선지분석)

② 무결성: Biba 모델은 BLP의 단점을 보완한 무결성을 보장하는 최초의 모델이다. Clark-Wilson은 무결성 중심의 상업용 모델로 설계된 모델이다.
③, ④, ⑤ 해당 요소는 보안 모델에서 관심을 가지는 요소가 아니다.

002

답 ④

*-속성: 자신과 같거나 높은 보안 수준의 객체에만 쓸 수 있다. 낮은 등급의 주체가 상위 등급의 객체를 보지 않은 상태에서 수정하여 덮어쓰기가 가능하므로 문서가 비인가자로부터 변경될 가능성이 있다(No Write-Down, NWD, Confinement property).

(선지분석)

① 자신과 같거나 낮은 보안 수준의 객체만 읽을 수 있다: BLP 속성(No Read-Up, NRU, Simple Security Rule = ss - 속성)
② 자신과 같거나 낮은 보안 수준의 객체에만 쓸 수 있다: Biba 속성(No Write-Up, NWU)
③ 자신과 같거나 높은 보안 수준의 객체만 읽을 수 있다: Biba 속성(No Read-Down, NRD)

003

답 ④

Bell-LaPadula: 무결성은 Biba 또는 Clark-Wilson이고, Bell-LaPadula 모델은 미 국방부 지원 보안 모델로 보안 요소 중 기밀성(비밀성) 강조한다.

(선지분석)

① DAC: 객체에 대한 소유권(ownership)에 기초해서 소유권을 가진 주체가 객체에 대한 권한의 전부 혹은 일부를 다른 주체에게 부여한다. 유닉스 혹은 관계형 데이터베이스(RDBMS)에서 사용한다.
② MAC: 주체와 객체에 적절한 보안 등급(레이블)을 부여하고, 접근 제어 시 이 등급을 비교함으로써 접근의 허용 여부를 판단하게 된다. 군사 환경과 같은 엄격한 보안이 요구되는 분야에 적합하다.
③ RBAC: 기업 환경에서는 사용자가 기업 내에서 어떤 역할(Role)을 수행하고 있는가에 따라 권한이 정해진다. 이를 모델화한 것이 역할 기반 접근 제어이다.

004

답 ④

Spiral: 소프트웨어공학 프로세스 모델(나선형) 중에 하나이다.

(선지분석)

① Bell LaPadula(BLP): 미 국방부 지원 보안 모델로 보안 요소 중 기밀성 강조한다. 최초의 수학적 모델로 강제적 정책에 의해 접근 통제하는 모델이다. 보안 정책은 정보가 높은 레벨에서 낮은 레벨로 흐르는 것을 방지한다.
② Biba: BLP의 단점을 보완한 무결성을 보장하는 최초의 모델이다. 비바의 속성은 BLP의 반대 개념이다.
③ Clark-Wilson: 무결성 중심의 상업용 모델로 설계된 모델이다. 비인가자의 위변조 방지, 정확한 트랜잭션, 직무분리라는 3가지 무결성의 목표를 모두 구현하였다. 정확한 트랜잭션을 위해, 모든 거래사실을 기록하고 불법적인 거래사실을 방지하는 수단을 사용하여 구현하는 것이 이상적이라고 제시한다. 그리고 여러 사람이 각 부문별로 입력, 처리, 확인을 나누어서 함으로써 자료의 무결성을 보장하는 직무 분리를 제시한다. 또한 주체에서 객체로의 직접 접근을 금지하고 응용프로그램 사용을 강제한다.

TIP 보안 모델은 이외에도 Chinese-Wall(만리장성, 충돌을 야기하는 어떠한 정보의 흐름도 차단해야 한다는 모델로 이익 충돌 회피를 위한 모델) 모델도 존재한다.

005

답 ②

Biba 모델은 No Read Down, No Write Up 특성을 가진다.

(선지분석)

① BLP 모델의 보안 정책은 정보가 높은 레벨에서 낮은 레벨로 흐르는 것을 방지한다.
③ 이해 충돌은 만리장성 모델에서 사용하는 개념이고, BLP 모델은 MAC 개념을 이용한다.
④ Clark-Wilson 모델은 무결성 모델이다.

006 답 ②

접근 가능 목록(Capability List): 주체의 관점에서 한 주체가 접근 가능한 객체와 권한을 명시한 목록으로 안드로이드 플랫폼과 분산 시스템 환경에서 많이 사용한다. ACL과 다른 점은 권한 위임이 가능하다(transferable).

(선지분석)

① 접근 제어 행렬(Access Control Matrix, ACM): 주체와 객체 쌍에 대해 어떤 권한이 부여되었는지를 나타낸다.
③ 접근 제어 목록(Access Control List, ACL): 주체의 관점에서 객체들에 대한 권한을 다루거나 객체의 관점에서 주체들의 권한을 다룬다.
④ 방화벽(Firewall): 방화벽에서는 ACL을 사용한다.

007 답 ④

BLP, Biba는 상업용 관점이 아니고, Clark-Wilson, Chinese-Wall이 상업용 관점이다.

(선지분석)

① 보안 정책은 정보가 높은 레벨에서 낮은 레벨로 흐르는 것을 방지한다. 즉, 다단계 보안 레벨을 가진다.
② 미 국방부 지원 보안 모델로 보안 요소 중 기밀성 강조한다.
③ 최초의 수학적 모델로 강제적 정책에 의해 접근 통제하는 모델이다.

008 답 ④

스타 보안 규칙(star property): No Write Down으로 주체가 객체에 쓰기 위해서는 주체의 비밀 취급 허가 수준이 객체의 보안 분류 수준보다 낮거나 같아야 한다.

(선지분석)

① BLP를 기밀성을 목적으로 한다.
② MAC은 BLP를 기반으로 한다.
③ 단순 보안 규칙(simple security property): No Read Up으로 주체가 객체를 읽기 위해서는 주체의 비밀취급 허가 수준이 객체의 보안 분류 수준보다 높거나 같아야 한다.
⑤ 강한 스타 보안 규칙(strong start property): 주체는 자신과 등급이 다른 객체에 대해 읽거나 쓸 수 없다.

009 답 ②

BLP: 기밀성을 보장하는 최초의 수학적 모델이다(No Read Up, No Write Down).

(선지분석)

① DAC: 자신의 권한을 다른 사람에게 이양하고, 유닉스 등에서 사용한다.
③ Biba: 무결성을 보장하는 최초의 모델로서, BLP(Bell-LaPadula) 속성과 반대이다(No Write Up, No Read Down).
④ RBAC: 사람이 아닌 역할에 권한을 할당한다.

010 답 ②

Biba는 강제적 접근 제어 모델이다.

011 답 ②

최초의 수학적 모델은 BLP 모델이고, 이해 충돌 방지는 만리장성 모델이다.

012 답 ①

무결성은 Biba와 클락 - 윌슨이 존재한다.

CHAPTER 04 | 그 외

정답 p.183

001	②

001 답 ②

가상 키보드: 숫자를 화면에 무작위로 배치하여 마우스나 터치로 비밀번호를 입력하게 하면 동일한 자판의 배열로 입력된 것이 아니기 때문에 keylog(사용자의 키 입력을 로깅하여 해커에게 전송)와 같은 키보드 입력 탈취에 대응할 수 있다.

PART 6 어플리케이션 보안

CHAPTER 01 | 웹 보안

정답 p.186

001	①	002	⑤	003	④	004	④	005	④
006	①	007	②	008	⑤	009	④	010	①
011	①	012	②	013	⑤	014	④	015	①
016	②	017	③	018	②	019	②	020	④
021	④	022	④	023	②	024	④	025	①
026	②	027	③	028	②				

001 답 ①

SQL 삽입 공격: 현재 대부분의 웹 사이트들은 사용자로부터 입력 받은 값을 이용해, DB 접근을 위한 SQL Query를 만들고 있다. 그러므로 웹 애플리케이션은 SQL Injection 공격에 안전하지 않다.

(선지분석)

② 악성 파일 업로드: 어플리케이션 개발/운영 환경과 동일한 언어로 작성된 공격 파일을 웹 서버 측에 업로드 한 후, 원격으로 해당 파일에 접근하여 실행시키는 취약점으로, 작성된 공격 파일의 기능에 따라서 위험도가 다양해진다.

③ 사용자의 입력 값 검증: SQL Injection과 같은 공격을 막기 위해 입력 값에 대한 검증을 수행한다.

④ 맞춤형 오류 페이지 생성: 오류 페이지로 인해 많은 정보들이 노출될 수 있으므로 최소한의 정보만을 가진 맞춤형 오류 페이지를 생성한다.

002 답 ⑤

쿠키: 고객이 특정 홈페이지를 접속할 때 생성되는 정보를 담은 임시 파일로 크기는 4KB 이하로 작다. 쿠키는 애초 인터넷 사용자들의 홈페이지 접속을 돕기 위해 만들어졌다. 특정 사이트를 처음 방문하면 아이디와 비밀번호를 기록한 쿠키가 만들어지고 다음에 접속했을 때 별도 절차 없이 사이트에 빠르게 연결할 수 있다.

(선지분석)

① 애플릿: 웹 상에서는 자바와 같이 객체지향 프로그래밍 언어를 써서 웹 페이지와 함께 사용자에게 보낼 수 있도록 작게 만든 프로그램을 애플릿이라고 부른다. 자바 애플릿은 애니메이션이나, 간단한 계산 그리고 사용자가 서버에 별도의 요청을 하지 않고서도 수행할 수 있는 단순한 작업들을 수행할 수 있다.

② URL: 다양한 서비스(HTTP, FTP, 이메일, Telnet 등)를 제공하는 수많은 서버들로부터 필요한 정보를 획득하기 위해 이들의 위치를 표시하는 체계가 필요한데 이를 위해 URL이 사용된다(URL의 상위 개념으로 URI가 있다).

③ 공개키 인증서: 전자 서명의 검증에 필요한 공개키(전자서명법에는 전자서명검증정보로 표기)에 소유자 정보를 추가하여 만든 일종의 전자 신분증(증명서)이다. 공인 인증서, 공개키 증명서, 디지털 증명서, 전자 증명서 등으로도 불린다. 공인인증서는 개인키(전자서명법에는 전자서명생성정보로 표기)와 한 쌍으로 존재한다.

④ DOI: 책이나 잡지 등에 매겨진 국제표준도서번호(ISBN)와 같이 모든 디지털 콘텐츠에 부여되는 고유 식별번호로 디지털 콘텐츠(객체) 식별자라 한다.

003 답 ④

Java Script로 접근이 불가: 자바 스크립트는 document.cookie 속성으로 쿠키를 만들고, 읽고, 삭제할 수 있다.

(선지분석)

① 사용자의 PC 저장소에 저장: 인터넷 사용자가 어떠한 웹사이트를 방문할 경우 그 사이트가 사용하고 있는 서버를 통해 인터넷 사용자의 컴퓨터에 설치되는 작은(4KB) 기록 정보 파일이다.

② 세션을 유지: 쿠키는 영구 쿠키와 세션 쿠키가 있는데 세션 쿠키는 세션을 유지하는 데 사용될 수 있다.

③ 접근 기록 추적: 쿠키에는 접근 기록이 있고, 클라이언트가 서버에 접속할 때 쿠키를 전송하므로 서버가 해당 접근 기록을 추적할 수 있다.

⑤ 상태정보: 일반적으로 HTTP는 무상태(stateless)이다. 즉, 연결을 맺고 연결을 끊음으로써 어떠한 상태 정보도 가지고 있지 않는다. 이를 보완하기 위해 쿠키를 사용한다.

004 답 ④

XSS: 웹사이트 관리자가 아닌 이가 웹 페이지에 악성 스크립트를 삽입할 수 있는 취약점이다. 주로 여러 사용자가 보게 되는 전자 게시판에 악성 스크립트가 담긴 글을 올리는 형태로 이루어진다. 이 취약점은 웹 애플리케이션이 사용자로부터 입력 받은 값을 제대로 검사하지 않고 사용할 경우 나타난다. 이 취약점으로 해커가 사용자의 정보(쿠키, 세션 등)를 탈취하거나, 자동으로 비정상적인 기능을 수행하게 할 수 있다. 주로 다른 웹사이트와 정보를 교환하는 식으로 작동하므로 사이트 간 스크립팅이라고 한다.

(선지분석)

① HTTP Session hijacking: 웹 브라우징시 세션 관리를 위해 사용되는 Session ID를 스니핑이나 무작위 추측 공격을 통해서 도용하는 기법이다.

② Phishing: Private data(개인 정보)와 fishing(낚는다)의 합성어이다. 불특정 다수에게 메일을 발송해 위장된 홈페이지로 접속하도록 한 뒤 인터넷 이용자들의 금융정보와 같은 개인정보를 빼내는 사기기법을 말한다.

③ Click jacking: 웹페이지상에서 HTML의 아이프레임(iframe, 프레임 안의 프레임) 태그를 사용한 눈속임 공격 방법이다. 공격자가 사용자로 하여금 알아차리지 못하게 공격자가 원하는 어떤 것을 클릭하도록 속이는 것이다. 사용자가 어떤 웹 페이지 혹은 버튼을 클릭하지만 실제로는 다른 페이지의 콘텐츠를 클릭하게 되는 것이다.
⑤ Pharming: Phishing(개인 정보)과 farming(대규모 피해)의 합성어이다. DNS Spoofing과 같이 인터넷 주소창에 방문하고자 하는 사이트의 URL을 입력하였을 때 가짜 사이트(fake site)로 이동시키는 공격 기법이다.

005 답 ④

SQL Injection: 웹 주소창에 SQL 구문에 사용되는 문자 기호의 입력을 적절히 필터링하지 않아, 조작된 SQL 구문을 통해 DB에 무단 접근하여 자료를 유출/변조할 수 있는 취약점이다. 예를 들어 패스워드에 '1' or '1' = '1'를 입력하면 or의 첫 번째 문장은 패스워드와 '1'을 비교해서 false가 되고 두 번째 문장은 true가 되기 때문에 전체적인 문장은 true(or는 두 문장 중 하나라도 true면 true가 됨)가 되어 패스워드 없이 로그인에 성공하게 된다.

선지분석

① 직접 객체 참조: 파일, 디렉터리, 데이터베이스 키와 같이 내부적으로 구현된 객체에 대한 참조가 노출될 때 발생한다. 예를 들어, 디렉토리 탐색, 파일 업로드 제한 부재, 리버스 텔넷 등이 있다.
② CSRF: 웹 사이트 취약점 공격의 하나로, 사용자가 자신의 의지와는 무관하게 공격자가 의도한 행위(수정, 삭제, 등록 등)를 특정 웹 사이트에 요청하게 하는 공격이다. 즉, 일단 사용자가 웹 사이트에 로그인한 상태에서 CSRF 공격 코드가 삽입된 페이지를 열면, 이후에는 사용자의 행동과 관계없이 사용자의 웹 브라우저와 공격 대상 웹 사이트 간의 상호 작용이 이루어진다.
③ XSS: 웹사이트 관리자가 아닌 이가 웹 페이지에 악성 스크립트를 삽입할 수 있는 취약점이다. 주로 여러 사용자가 보게 되는 전자 게시판에 악성 스크립트가 담긴 글을 올리는 형태로 이루어진다. 이 취약점은 웹 애플리케이션이 사용자로부터 입력 받은 값을 제대로 검사하지 않고 사용할 경우 나타난다. 이 취약점으로 해커가 사용자의 정보(쿠키, 세션 등)를 탈취하거나, 자동으로 비정상적인 기능을 수행하게 할 수 있다. 주로 다른 웹 사이트와 정보를 교환하는 식으로 작동하므로 사이트 간 스크립팅이라고 한다.

006 답 ①

CSRF: 웹 사이트 취약점 공격의 하나로, 사용자가 자신의 의지와는 무관하게 공격자가 의도한 행위(수정, 삭제, 등록 등)를 특정 웹 사이트에 요청하게 하는 공격이다. 즉, 일단 사용자가 웹 사이트에 로그인한 상태에서 CSRF 공격 코드가 삽입된 페이지를 열면, 이후에는 사용자의 행동과 관계없이 사용자의 웹 브라우저와 공격 대상 웹 사이트 간의 상호 작용이 이루어진다.

선지분석

② XSS: 웹사이트 관리자가 아닌 이가 웹 페이지에 악성 스크립트를 삽입할 수 있는 취약점이다. 주로 여러 사용자가 보게 되는 전자 게시판에 악성 스크립트가 담긴 글을 올리는 형태로 이루어진다. 이 취약점은 웹 애플리케이션이 사용자로부터 입력 받은 값을 제대로 검사하지 않고 사용할 경우 나타난다. 이 취약점으로 해커가 사용자의 정보(쿠키, 세션 등)를 탈취하거나, 자동으로 비정상적인 기능을 수행하게 할 수 있다. 주로 다른 웹 사이트와 정보를 교환하는 식으로 작동하므로 사이트 간 스크립팅이라고 한다.
③ SQL Injection: 웹 주소창에 SQL 구문에 사용되는 문자 기호의 입력을 적절히 필터링하지 않아, 조작된 SQL 구문을 통해 DB에 무단 접근하여 자료를 유출/변조할 수 있는 취약점이다. 예를 들어 패스워드에 '1' or '1' = '1'를 입력하면 or의 첫 번째 문장은 패스워드와 '1'을 비교해서 false가 되고 두 번째 문장은 true가 되기 때문에 전체적인 문장은 true(or는 두 문장 중 하나라도 true면 true가 됨)가 되어 패스워드 없이 로그인에 성공하게 된다.
④ Bit flipping: 공격자가 암호문을 변경해서 평문을 바꾸는 공격 방법이다. 공격자는 동일한 메시지에서 중요 정보를 변경한다. 예를 들어, 송금 메시지 전송에서 암호문 중에 숫자 부분을 찾아서 변경할 수 있다면 평문의 송금 금액을 변경할 수 있다.

007 답 ②

해킹: XSS 공격이 아니라, 리버스 텔넷 공격에 해당한다.

선지분석

① 재전송: 반사 XSS 공격에 해당한다. 웹 애플리케이션의 지정된 변수를 이용할 때 발생하는 취약점을 이용하는 것으로, 검색 결과, 에러 메시지 등 서버가 외부에서 입력받은 값을 받아 브라우저에게 응답할 때 전송하는 과정에서 입력되는 변수의 위험한 문자를 사용자에게 그대로 돌려주면서 발생한다.
③ 쿠키: XSS 공격을 당하면 클라이언트의 쿠키가 공격자에게 전송된다.
④ 게시판, 이메일: 저장 XSS 공격에 해당한다. 웹 사이트의 게시판, 사용자 프로필 및 코멘트 필드 등에 악성 스크립트를 삽입해 놓으면, 사용자가 사이트를 방문하여 저장되어 있는 페이지에 정보를 요청할 때, 서버는 악성 스크립트를 사용자에게 전달하여 사용자 브라우저에서 스크립트가 실행되면서 공격한다.
⑤ 리다이렉션: 악성 프로그램을 다운로드 받는 사이트로 리다이렉트할 수 있다.

008 답 ⑤

XPath: 리버스 엔지니어링이 아니라 XQuery와 마찬가지로 인증 우회 공격이다.

(선지분석)

① SQL 삽입: 웹 주소창에 SQL 구문에 사용되는 문자 기호의 입력을 적절히 필터링하지 않아, 조작된 SQL 구문을 통해 DB에 무단 접근하여 자료를 유출/변조할 수 있는 취약점이다. 예를 들어 패스워드에 '1' or '1' = '1'를 입력하면 or의 첫 번째 문장은 패스워드와 '1'을 비교해서 false가 되고 두 번째 문장은 true가 되기 때문에 전체적인 문장은 true(or는 두 문장 중 하나라도 true면 true가 됨)가 되어 패스워드 없이 로그인에 성공하게 된다.
② XSS: 반사 XSS 공격에 해당한다. 웹 애플리케이션의 지정된 변수를 이용할 때 발생하는 취약점을 이용하는 것으로, 검색 결과, 에러 메시지 등 서버가 외부에서 입력받은 값을 받아 브라우저에게 응답할 때 전송하는 과정에서 입력되는 변수의 위험한 문자를 사용자에게 그대로 돌려주면서 발생한다.
③ Phishing: 사용자로부터 입력되는 값을 외부사이트의 주소로 사용하여 자동으로 연결하는 서버 프로그램은 피싱 공격에 노출되는 취약점을 가질 수 있다. 일반적으로 클라이언트에서 전송된 URL 주소로 연결하기 때문에 안전하다고 생각할 수 있으나, 해당 폼의 요청을 변조함으로써 공격자는 사용자가 위험한 URL로 접속할 수 있도록 공격할 수 있다.
④ XQuery: XML 문서를 조회할 경우 입력값 조작을 통해 XQuery나 XPath와 같은 쿼리문의 구조를 임의로 변경하여 허가되지 않은 데이터를 조회하거나 인증절차를 우회할 수 있다.

009

답 ④

Tripwire: 먼저 시스템에 존재하는 파일에 대해 DB를 만들어 저장한 후, 생성된 DB와 비교하여 추가, 삭제되거나 변조된 파일이 있는지 점검하고 관리자에게 레포팅 해주는 무결성 검사 도구이다.

(선지분석)

① Saint: 기관이 운영하는 네트워크상의 시스템 보안취약점을 진단하고 평가해주는 미국의 보안 컨설팅 업체에서 만들어낸 관리자용 네트워크 진단 도구이다. 기존의 네트워크 보안취약점진단 도구인 SATAN과 프로그램 구조가 매우 흡사하다.
② Snort: 스노트(Snort)는 무료의 오픈 소스 네트워크 침입 차단 시스템(IPS)이자, 네트워크 침입 탐지 시스템(IDS)으로서, 마틴 로시가 1998년에 개발하였다. 실시간 트래픽 분석과 IP에서의 패킷 로깅을 수행하는 능력을 갖고, 프로토콜 분석, 내용 검색 그리고 매칭을 수행한다.
③ Nmap: 가장 대표적인 포트 또는 IP 스캔 프로그램으로서 로컬 및 네트워크 시스템에 대한 스캔을 통해 자신이 관리하는 시스템에 자신도 알지 못하는 포트가 열려 있는지를 확인할 수 있는 도구다.

010

답 ①

시큐어코딩: 안전한 소프트웨어 개발을 위해 소스 코드 등에 존재할 수 있는 잠재적인 보안 취약점을 제거하고, 보안을 고려하여 기능을 설계 및 구현하는 등 소프트웨어 개발 과정에서 지켜야 할 일련의 보안 활동을 의미한다(예 시큐어코딩에 의하면 버퍼 오버플로우 공격을 발생하는 strcpy 함수를 사용할 수 없다).

(선지분석)

② 스캐빈징: 컴퓨터 시스템에서 휴지통에 버린 데이터, 프로그램 리스트, 데이터 리스트, 복사하고 버린 데이터 등을 뒤져 필요한 정보를 얻는 해킹방법을 말한다.
③ 웨어하우스: 사용자의 의사 결정에 도움을 주기 위하여, 기간시스템의 데이터베이스에 축적된 데이터를 공통의 형식으로 변환해서 관리하는 데이터베이스를 말한다.
④ 살라미: 많은 사람들로부터 눈치 채지 못할 정도의 적은 금액을 빼내는 컴퓨터 사기수법의 하나이다. 이탈리아 음식 살라미소시지를 조금씩 얇게 썰어 먹는 모습을 연상시킨다고 해서 붙은 이름이다.

011

답 ①

Tripwire: 먼저 시스템에 존재하는 파일에 대해 DB를 만들어 저장한 후, 생성된 DB와 비교하여 추가, 삭제되거나 변조된 파일이 있는지 점검하고 관리자에게 리포팅 해주는 무결성 검사 도구이다.

(선지분석)

② COPS: 시스템 보안 감시 활동을 자동화해 주는 프로그램의 집합이다. 자신의 유닉스, 리눅스 시스템에 대한 보안 감시 활동을 위한 프로그램으로써 COPS는 시스템에 침투한 외부 크래커나, 악의적인 내부 사용자들이 시스템 관리자 몰래 시스템을 변경하더라도 이 COPS 프로그램을 실행함으로써 초기에 시스템 관리자가 설정한 것과 다르게 변경된 모든 것을 보여주므로, 어느 부분이 변경되어서 시스템이 보안에 취약해졌는가를 알 수 있게 되는 것이다.
③ Nipper: 다양한 네트워크 장비의 환경 설정에서 보안 설정 상태를 점검하는 도구이며, 주어진 각각의 장비에서 보안 문제점을 발견해서 취약점에 대한 대략적인 위험도와 함께 리포트 한다. 또한 발견된 문제점 내용에 대해 자세히 소개하고, 이를 fix 할 수 있는 방법을 알려준다.
④ MBSA: 주로 Windows 기반 컴퓨터를 대상으로 일반적으로 잘못된 보안 구성을 찾아내고 검사하며, 관련 결과에 대한 보안 보고서를 생성한다. MBSA가 실행될 수 있는 환경은 Windows Server 2003, Windows Server 2000 및 Windows XP 등이 있다.

012

답 ②

공격 대상의 쿠키를 획득할 수는 있지만, 공격 대상의 쿠키를 이용해서 사용자 컴퓨터 파일을 삭제할 수 없다(쿠키는 실행 파일이 아니라 텍스트 파일이다).

(선지분석)

① 홈페이지 위변조를 통해 DoS 공격을 유발한다.
③ 공격 대상이 XSS가 포함된 이메일을 읽으면 공격 대상의 쿠키가 공격자에게 전송된다.
④ HTML과 javascript 등을 삽입하여 가짜 로그인 폼(username과 password)을 만든다. 그리고 사용자가 입력한 username과 password를 특정 주소로 전송되도록 하면 XSS를 이용해서 피싱 공격을 수행할 수 있다.

013 답 ⑤

해당 설명은 저장 XSS 공격에 해당한다.
ㄷ. 공격자가 XSS 코드를 웹 서버에 저장한다. 이와 같이 XSS 코드를 저장하기 때문에 저장 XSS 공격이다.
ㄴ. 웹 사용자가 XSS 코드에 접근한다.
ㅁ. XSS 코드가 웹 서버에서 사용자에게 전달된다.
ㄱ. 사용자 시스템에서 XSS 코드가 실행된다.
ㄹ. 결과(사용자의 쿠키)가 공격자에게 전달된다.

014 답 ④

원래 코드는 사용자로부터 아이디와 비밀번호를 입력받아서 member 테이블에서 user_id와 user_pw가 일치하는 행을 선택(select)하는 것이다(있으면 true, 없으면 false). SQL injection 공격을 수행하면 where 조건에 or를 추가하여 왼쪽 조건은 false(user_id = ' ')로 만들고, 오른쪽 조건은 무조건 true('1' = '1')가 되게 하여 일치하는 행이 있는 것처럼 만드는 것이다.

015 답 ①

웹 사이트의 게시판, 사용자 프로필 및 코멘트 필드 등에 악성 스크립트를 삽입해 놓으면, 사용자가 사이트를 방문하여 저장되어 있는 페이지에 정보를 요청할 때, 서버는 악성 스크립트를 사용자에게 전달하여 사용자 브라우저에서 스크립트가 실행되면서 공격한다.

(선지분석)

② 웹 애플리케이션의 지정된 변수를 이용할 때 발생하는 취약점을 이용하는 것으로, 검색 결과, 에러 메시지 등 서버가 외부에서 입력받은 값을 받아 브라우저에게 응답할 때 전송하는 과정에서 입력되는 변수의 위험한 문자를 사용자에게 그대로 돌려주면서 발생한다.
③ 공격자의 코드를 프로그램에 추가하여 실행 순서를 공격자가 원하는 데로 바꾸는 공격 방법이다(코드 삽입이라고도 불림). SQL, LDAP, XML, NoSQL, SMTP 등에서 발생하고, 퍼징(fuzzing) 등을 이용하면 해당 취약점을 발견할 수 있다.
④ 웹 주소창에 SQL 구문에 사용되는 문자 기호의 입력을 적절히 필터링하지 않아, 조작된 SQL 구문을 통해 DB에 무단 접근하여 자료를 유출/변조할 수 있는 취약점이다. 예를 들어 패스워드에 '1' or '1' = '1'를 입력하면 or의 첫 번째 문장은 패스워드와 '1'을 비교해서 false가 되고 두 번째 문장은 true가 되기 때문에 전체적인 문장은 true(or는 두 문장 중 하나라도 true면 true가 됨)가 되어 패스워드 없이 로그인에 성공하게 된다.

016 답 ②

저장 XSS 공격이다.

(선지분석)

① 파일 다운로드 취약점 공격이다.
③ 중간자 공격이다(MITM).
④ DB 인젝션(injection) 공격이다.

017 답 ③

악성코드가 실행되면서 클라이언트(사용자)의 정보(쿠키)를 유출한다.

(선지분석)

① 저장 XSS(접속자가 많은 웹 사이트를 대상으로 공격자가 XSS 취약점이 있는 웹 서버에 공격용 스크립트(script)를 입력시켜 놓으면, 방문자가 악성 스크립트가 삽입되어 있는 페이지를 읽는 순간 방문자의 브라우저를 공격하는 방식) 공격에 해당한다.
② 저장 XSS, 반사 XSS(악성 스크립트가 포함된 URL을 사용자가 클릭하도록 유도하여 URL을 클릭하면 URL을 반사하여 URL에 포함된 악성 스크립트를 클라이언트에서 실행), DOM 기반 XSS 공격(DOM(Document Object Model) 환경에서 악성 URL을 통해 사용자의 브라우저를 공격, 서버에 반사되지 않고 클라이언트에서 실행) 방식이 있다.
④ Client-side scripting(클라이언트에서 악성 스크립트가 실행됨)인 Javascript, VBScript, HTML 등이 사용될 수 있다.

018 답 ②

SQL Injection: 클라이언트에서 입력값 검증을 한다고 하더라도 얼마든지 우회가 가능하므로 서버쪽에서도 입력값 검증을 해야 한다.

(선지분석)

① XSS: 주로 다른 웹사이트와 정보를 교환하는 식으로 작동하므로 사이트 간 스크립팅이라고 한다.
③ CSRF: 유명 경매 사이트인 옥션에서 발생한 개인정보 유출 사건에서 사용된 공격 방식 중 하나다.
④ 쿠키획득: XSS 스크립트가 포함된 이메일을 읽으면 클라이언트의 쿠키가 공격자에게 전송된다.
⑤ 인증우회: 해당 공격의 예는 관리자가 숨겨놓은 관리자 페이지를 들 수 있다.

019 답 ②

쿠키는 실행 파일이 아니라 텍스트 파일이므로 디렉터리를 읽거나 파일을 지울 수 없다.

(선지분석)

① 고객이 특정 홈페이지를 접속할 때 생성되는 정보를 담은 임시 파일로 크기는 4KB 이하로 작다. 쿠키는 애초 인터넷 사용자들의 홈페이지 접속을 돕기 위해 만들어졌다. 특정 사이트를 처음 방문하면 아이디와 비밀번호를 기록한 쿠키가 만들어지고 다음에 접속했을 때 별도 절차 없이 사이트에 빠르게 연결할 수 있다.
③ 개발자가 자바스크립트 등을 이용하여 쿠키 내용을 변경할 수 있다.
④ 다른 사람(공격자 등)이 사용자의 쿠키를 얻을 수 없도록 도메인과 경로 지정에 유의해야 한다.

020

답 ④

CSRF: 웹 사이트 취약점 공격의 하나로, 사용자가 자신의 의지와는 무관하게 공격자가 의도한 행위(수정, 삭제, 등록 등)를 특정 웹 사이트에 요청하게 하는 공격이다.

선지분석

① DoS: flooding 공격 등을 통해 서버를 무력화시킨다.
② 취약한 인증 및 세션 공격
- URL에 세션 정보가 노출 되도록 코딩하는 경우이다.
- 공공장소의 컴퓨터에서 사용되는 어플리케이션에서 세션 타임아웃이 없고, 로그아웃을 하지 않고 단순히 브라우저만 닫아서 세션이 유지되는 경우이다.
- 쿠키 변조: 쿠키를 사용하는 웹페이지의 경우 쿠키를 암호화할 때 취약한 암호를 사용하는 경우이다.

③ SQL 삽입: 웹 주소창에 SQL 구문에 사용되는 문자 기호의 입력을 적절히 필터링하지 않아, 조작된 SQL 구문을 통해 DB에 무단 접근하여 자료를 유출/변조할 수 있는 취약점이 있다.

021

답 ④

클라이언트에서 XSS 코드가 실행된다.

선지분석

①, ②, ③ 저장 XSS 공격에 해당한다.
⑤ 사용자가의 정보(쿠키)가 공격자에게 전달된다.

022

답 ④

클라이언트와 서버 양측에서 입력값에 대해 안전한 값만 사용될 수 있도록 검증작업을 수행한다.

선지분석

① 데이터베이스에 요청하는 query를 true로 만든다.
② 공격이 성공하면 계정이 뚫리게 되므로 데이터베이스에 무단 접근이 가능하다.
③ SQL 질의 중에 select를 사용한다.

023

답 ②

웹사이트 관리자가 아닌 이가 웹 페이지에 악성 스크립트를 삽입할 수 있는 취약점이다. 주로 여러 사용자가 보게 되는 전자 게시판에 악성 스크립트가 담긴 글을 올리는 형태로 이루어진다. 이 취약점은 웹 애플리케이션이 사용자로부터 입력 받은 값을 제대로 검사하지 않고 사용할 경우 나타난다. 이 취약점으로 해커가 사용자의 정보(쿠키, 세션 등)를 탈취하거나, 자동으로 비정상적인 기능을 수행하게 할 수 있다. 주로 다른 웹사이트와 정보를 교환하는 식으로 작동하므로 사이트 간 스크립팅이라고 한다.

선지분석

① 웹 주소창에 SQL 구문에 사용되는 문자 기호의 입력을 적절히 필터링하지 않아, 조작된 SQL 구문을 통해 DB에 무단 접근하여 자료를 유출/변조할 수 있는 취약점이다. 예를 들어 패스워드에 '1' or '1' = '1'를 입력하면 or의 첫 번째 문장은 패스워드와 '1'을 비교해서 false가 되고 두 번째 문장은 true가 되기 때문에 전체적인 문장은 true(or는 두 문장 중 하나라도 true면 true가 됨)가 되어 패스워드 없이 로그인에 성공하게 된다.
③ 어플리케이션 개발/운영 환경과 동일한 언어로 작성된 공격 파일을 웹 서버 측에 업로드 한 후, 원격으로 해당 파일에 접근하여 실행시키는 취약점으로, 작성된 공격 파일의 기능에 따라서 위험도가 다양해진다.
④ 웹 사이트 취약점 공격의 하나로, 사용자가 자신의 의지와는 무관하게 공격자가 의도한 행위(수정, 삭제, 등록 등)를 특정 웹 사이트에 요청하게 하는 공격이다. 즉, 일단 사용자가 웹 사이트에 로그인한 상태에서 CSRF 공격 코드가 삽입된 페이지를 열면, 이후에는 사용자의 행동과 관계없이 사용자의 웹 브라우저와 공격 대상 웹 사이트 간의 상호 작용이 이루어진다.
⑤ 적절히 보호되지 않은 쿠키를 사용하면 Cookie Injection 등과 같은 쿠키값 변조를 통하여 다른 사용자로의 위장 및 권한 사항 등의 문제가 생길 수 있다. 또한 쿠키 및 세션은 Cookie Sniffing 및 XSS를 통한 Cookie Hijacking 등과 같은 쿠키값 복사를 통해 현재 활성화된 사용자의 권한 복제 위험성이 존재한다.

024

답 ④

악성 스크립트가 포함된 URL을 사용자가 클릭하도록 유도한 후 URL을 클릭하면 클라이언트를 공격하는 것이다.

선지분석

① 저장 또는 persistent XSS이라고 한다.
② DOM(Document Object Model) 환경에서 악성 URL을 통해 사용자의 브라우저를 공격하는 것이다.
③ 접속자가 많은 웹 사이트를 대상으로 공격자가 XSS 취약점이 있는 웹 서버에 공격용 스크립트(script)를 입력시켜 놓으면, 방문자가 악성 스크립트가 삽입되어 있는 페이지를 읽는 순간 방문자의 브라우저를 공격하는 방식이다.

025

답 ①

IIS는 SSS가 아니다.

026

답 ②

HTTP 응답 메시지의 헤더 라인(Set-Cookie)을 통해 쿠키를 전달한다.

027 답 ③

XSS에 대한 설명이다.

028 답 ②

데이터베이스이므로 SQL 삽입에 해당한다.

CHAPTER 02 | 데이터베이스 보안

정답

p.193

001	②	002	③	003	④	004	④	005	③
006	②								

001 답 ②

추론 방지: 추론(inference)은 보통의 일반적인 데이터로부터 기밀 정보를 획득할 수 있는 가능성을 의미한다. 추론 문제는 사용자가 통계적인 데이터 값으로부터 개별적인 데이터 항목에 대한 정보를 추적하지 못하도록 하여야 하는 통계 DB에 많은 영향을 미친다.

(선지분석)

① 암호화: 중요 데이터에 대한 기밀성을 보호(암호화)하고 인가된 사용자에 대해서만 접근을 허용해야 한다.

③ 무결성 보장: 데이터의 내용을 수정할 수 있는 인가되지 않은 접근, 저장 데이터를 손상시킬 수 있는 시스템의 오류, 고장 등으로부터 DB를 보호하여야 한다. 이러한 유형의 보호는 적절한 시스템 통제, 다양한 백업 및 복구 절차, 임시적인 보안 절차 등을 통하여 DBMS가 수행한다. 특히 시스템 고장 시, DB는 더 이상 일관성을 유지하지 못할 수도 있다.

④ 접근 통제: 부적절한 접근으로부터 DB를 보호하기 위해서는 승인된 사용자에게만 접근 권한을 부여하고, 사용자 혹은 응용 시스템의 접근 요청은 DBMS에 의하여 관리되어야 한다. 정당하게 권한을 부여 받은 사용자에게만 DB 접근을 허용한다.

002 답 ③

추론: 추론(inference)은 보통의 일반적인 데이터로부터 기밀 정보를 획득할 수 있는 가능성을 의미한다. 그러므로 데이터베이스에서는 추론을 방지하여야 한다.

(선지분석)

① 무결성: 데이터의 내용을 수정할 수 있는 인가되지 않은 접근, 저장 데이터를 손상시킬 수 있는 시스템의 오류, 고장 등으로부터 DB를 보호하여야 한다. 이러한 유형의 보호는 적절한 시스템 통제, 다양한 백업 및 복구 절차, 임시적인 보안 절차 등을 통하여 DBMS가 수행한다. 특히 시스템 고장 시, DB는 더 이상 일관성을 유지하지 못할 수도 있다.

② 기밀 데이터: 중요 데이터에 대한 기밀성을 보호(암호화)하고 인가된 사용자에 대해서만 접근을 허용해야 한다.

④ 인증: DBMS의 사용자 인증은 운영체제에서 수행하는 사용자 인증보다 더욱 엄격하여야 한다. 전형적으로 DBMS는 운영체제 상의 응용 프로그램으로써 실행된다. 이는 운영체제와 DBMS 사이에 신뢰할 수 있는 경로(trusted path)가 없음을 의미한다. 따라서 DBMS는 사용자 인증을 포함한 각종 데이터를 운영체제로부터 수신할 때, 신뢰할 수 있는지의 여부를 점검하여야 한다.

003 답 ④

DROP: DDL(데이터 구조를 정의하는 질의문)로써 데이터베이스 객체를 삭제한다.

(선지분석)

① REVOKE: DCL(권한 관리를 위한 질의문)로써 이미 부여된 데이터베이스 객체의 권한을 취소한다.

② GRANT: DCL(권한 관리를 위한 질의문)로써 데이터베이스 객체에 권한을 부여한다.

③ DENY: DCL(권한 관리를 위한 질의문)로써 사용자에게 해당 권한을 금지한다.

DDL과 DML, DCL

DDL에는 CREATE(객체 생성)과 ALTER(객체 변경)이 있고, DML(데이터베이스의 운영과 사용을 위한 질의문)은 SELECT(테이블이나 뷰의 내용을 읽고 선택), INSERT(데이터 입력), UPDATE(데이터 수정), DELETE(데이터 삭제)가 있다.

DDL(정의어)	CREATE, ALTER, DROP, TRUNCATE, RENAME
DML(조작어)	SELECT, INSERT, UPDATE, DELETE
DCL(제어어)	GRANT, DENY, REVOKE, COMMIT, ROLLBACK

004 답 ④

운영적 무결성: 트랜잭션의 병행 처리 동안에 데이터에 대한 논리적 일관성을 보장해야 한다.

(선지분석)

① 데이터 기밀성: 중요 데이터에 대한 기밀성을 보호하고 인가된 사용자에 대해서만 접근을 허용해야 한다.

② 추론 방지: 사용자가 통계적인 데이터 값으로부터 개별적인 데이터 항목에 대한 정보를 추적(추론)할 수 없어야 한다.

③ 의미적 무결성: 데이터에 대한 허용 값을 통제함으로써 변경 데이터의 논리적 일관성을 보장해야 한다.

데이터베이스의 보안 요구사항

보안 요구사항	내용
부적절한 접근 방지	승인된 사용자에게만 접근 권한을 부여하고, 사용자나 응용시스템의 접근 요청에 대해 정당성 여부를 검사해야 한다.
추론 방지	사용자가 통계적인 데이터 값으로부터 개별적인 데이터 항목에 대한 정보를 추적(추론)할 수 없어야 한다.
무결성 보장	인가되지 않은 접근, 저장 데이터를 손상시킬 수 있는 시스템 오류, 고장, 파업 등으로부터 데이터베이스를 보호해야 한다.
운영적 무결성 보장	트랜잭션의 병행 처리 동안에 데이터에 대한 논리적 일관성을 보장해야 한다.
의미적 무결성 보장	데이터에 대한 허용 값을 통제함으로써 변경 데이터의 논리적 일관성을 보장해야 한다.
감사 기능	데이터베이스에 대한 모든 접근이 감사 기록(로그)을 생성해야 한다.
사용자 인증	운영체제에서 수행하는 사용자 인증보다 엄격한 인증이 필요하다.
기밀성 보장	중요 데이터에 대한 기밀성을 보호하고 인가된 사용자에 대해서만 접근을 허용해야 한다.

005 답 ③

ㄴ. 플러그 - 인 방식: DB 서버에서 수행된다. DB 서버에 설치하는 방식으로써 적용성이 뛰어나지만, 암·복호화 시 DB 서버의 CPU를 사용하기 때문에 부하가 발생한다.

ㄹ. TDE 방식: DB 서버에서 수행된다. DBMS에 내장 또는 옵션으로 제공되는 암호화 기능을 이용하는 방식으로써, DBMS 종류 및 버전에 따라 지원이 가능하다.

(선지분석)

ㄱ. API 방식: 어플리케이션 서버에서 수행된다. 응용 프로그램 서버에 설치하는 방식으로써, 응용 프로그램의 수정을 동반한다.

ㄷ. 필터 방식: 어플리케이션 서버에서 수행된다. 독립된 프로세스로 구동하여 어플리케이션과 DBMS 중간에서 암·복호화 처리를 하는 방식이다.

데이터베이스 암호화 방식

유형		운영 형태	특징
컬럼(column) 암호화 방식	Plug-in	DB 서버	구축 시 일부 어플리케이션 수정이 필요하며 DB 서버의 성능에 대한 검토 필요
	API	DB & 어플리케이션 서버	Plug-in 방식에 비해 DB 서버에 영향을 주지 않으나 구축 시 어플리케이션의 수정 필요
	Hybrid (Plug-in +API)	DB & 어플리케이션 서버	Plug-in과 API 방식이 조합된 형식임
블록(block) 암호화 방식	TDE 방식	DB 서버	일반적으로 어플리케이션 수정이 필요 없음. DB 등 지원 가능 여부에 대한 고려 필요
	파일 암호화	DB & 어플리케이션 서버	일반적으로 어플리케이션 수정이 필요 없음. OS, 스토리지 등 지원 가능 확인 필요

006 답 ②

revoke는 권한을 취소한다.

(선지분석)

① grant는 권한을 부여한다(select).
③ drop은 DDL이다.
④ deny는 권한을 금지한다(alter).

CHAPTER 03 | 전자우편 보안

정답

p.194

001	④	002	③	003	①	004	⑤	005	①
006	①								

001 답 ④

X.509: 사용자 인증을 위해 공인인증서를 사용한다.

(선지분석)

① 서명: 발신자의 개인키로 암호화하여 서명한다.
② 기밀성: 대칭키를 수신자의 공개키로 암호화한다.
③ S/MIME: 메시지는 서명된 데이터(서명과 내용을 부호화한다), 클리어 서명 데이터(서명만 부호화하기 때문에 S/MIME 기능이 없는 수신자도 메시지를 볼 수 있다), 봉인된 데이터(메시지를 암호화한다), 서명 및 봉인된 데이터(메시지를 암호화하고, 암호화된 메시지에 서명한다)가 존재한다.

002 답 ③

SET: 전자상거래 보안 기술이다.

(선지분석)

① PGP: 전자우편의 안전성을 위해 1991년 미국의 Phil Zimmermann에 의해 개발된 전자우편 보안 시스템이다.
② S/MIME: 안전한 전자메일 전송을 위한 산업체 표준 규약이다. 기존 MIME 형식의 전자메일 서비스에 암호 및 보안 서비스가 추가된 구조이다.
④ PEM: 인터넷상에서 안전한 전자우편을 제공하기 위해 제안된 인터넷 표준안을 만드는 기술위원회(IETF: Internet Engineering Task Force) 표준안이다.

003 답 ①

익명성: 전자우편은 누가 보냈는지 알아야 하므로 익명성이 있으면 안 된다.

(선지분석)

② 기밀성: 전자우편은 중간에 누군가 도청을 해서는 안 된다.
③ 인증성: 전자우편은 보낸 사람이 누구인지를 알아야 한다.
④ 무결성: 전자우편은 메시지의 변조나 위조가 없어야 한다.

004 답 ⑤

S/MIME: RFC 3369, 3370, 3850, 3851에 정의되어 있다.

(선지분석)

① MIME: RFC 2045, 2046, 2047, 4288, 4289, 2049에 정의된다.
② SMTP: RFC 821, 5321에 정의되어 있다.
③ PGP: RFC 4880에 정의되어 있다.
④ PEM: RFC 7468에 정의되어 있다.

TIP 구체적인 숫자를 외우지 말고 앞자리를 외운다. 예를 들면, S/MIME은 3이고, PGP는 4이고, PEM은 7이다. 그리고 모든 이론에서 숫자와 관련된 것은 주의를 기울여야 한다.

005 답 ①

메일 클라이언트가 메일 서버로부터 메일을 내려 받을 때 사용하는 프로토콜이다(서버에 복사본 저장).

(선지분석)

②, ③, ④ 이메일 보안 프로토콜이다.

006 답 ①

PGP는 분산화된 키 인증 방식이고, PEM은 중앙 집중화된 키 인증 방식이다.

(선지분석)

② PGP는 수신방지기능을 제공하지 않는다.

CHAPTER 04 | 전자상거래 보안

정답 p.196

001	⑤	002	④	003	④	004	③	005	③
006	③	007	③						

001 답 ⑤

SET: 전자상거래 당사자들에게 신뢰성과 안전성을 제공하기 위하여 인증, 비밀성 등의 보안 기능과 지불 기능을 제공하는 전자상거래 전용 프로토콜이다.

(선지분석)

① SSL: 웹 브라우저와 웹 서버 간에 데이터를 안전하게 주고받기 위한 업계 표준 프로토콜이다. 웹 제품뿐만 아니라 파일 전송 규약(FTP) 등 다른 TCP/IP 애플리케이션에 적용할 수 있다.
② PGP: 전자우편의 안전성을 위해 1991년 미국의 Phil Zimmermann에 의해 개발된 전자우편 보안 시스템이다.
③ OTP: 고정된 비밀번호 대신 사용되는 매번 새롭게 바뀌는 일회용 비밀번호이다. S/KEY 방식, 시간 동기화 방식, 챌린지/응답 방식, 이벤트 동기화 방식 등이 있다.
④ SSO: 모든 인증을 하나의 시스템에서 한다는 의미이다. 시스템이 몇 대가 되어도 하나의 시스템에서 인증에 성공하면, 다른 시스템에 대한 접근 권한도 모두 얻는다. 이러한 접속 형태의 대표적인 인증 방법으로는 커버로스(Kerberos)를 이용한 윈도우의 액티브 디렉토리(Active Directory)가 있다.

002 답 ④

인증, 기밀성, 무결성: 기밀성, 무결성, 부인 방지, 인증 등을 보장한다.

(선지분석)

① 인증서: 거래 상대의 신원을 확인하고 인증서를 발급해야 한다.
② 오프라인: 온라인상의 전자상거래를 위해 만들어진 것이다.
③ 소프트웨어: 카드 소지자에게 전자지갑 소프트웨어의 사용을 요구하여 불편을 초래할 수 있다.

003 답 ④

은행 개입: 전자지불 시스템의 지불 서버와 같은 지불 브로커 없이 독립적인 구조로 결재를 수행하는 신용 기반으로 은행이 개입하지 않는다.

(선지분석)

① 연계: 정당한 사용자의 화폐 사용 내역은 알려져서는 안된다. 사용자의 사생활은 보호되어야 할 뿐만 아니라 사용자의 구매내역 등이 추적 불가능해야 한다.
② 이전: 전자화폐를 받은 상점이나 사용자는 다시 해당 전자화폐를 다른 상점이나 제3의 사용자에게 사용이 가능해야 한다.

③ 분산이용: 현금에 상응하는 화폐가치가 IC 카드 혹은 네트워크를 통해 결재된 후 인출된다. 이 후 해당 화폐가치는 이전이 가능하다(분산이용 된다).

004 답 ③

이중 서명 방식을 사용한다. 구매 정보와 결제 정보의 해시 값에 각각 서명하고, 이 둘을 묶은 해시 값에 다시 서명한다.

(선지분석)

① 전자상거래 당사자들에게 신뢰성과 안전성을 제공하기 위하여 인증, 비밀성 등의 보안 기능과 지불 기능을 제공하는 전자상거래 전용 프로토콜이다.
② 하이브리드 암호화 방식을 사용한다. 메시지를 대칭키로 암호화하고, 대칭키를 공개키로 암호화한다.
④ 지불 게이트웨이(payment gateway)를 통해 지불을 처리한다.

005 답 ③

접근 제어는 기밀성 또는 무결성을 위해 사용된다.

(선지분석)

① 해당 설명은 기밀성에 해당하고, 무결성은 정보의 내용이 불법적으로 생성 또는 변경되거나 삭제되지 않도록 보호되어야 하는 성질의 의미한다.
② 해당 설명은 기밀성에 해당하고, 인증은 상대방의 신원을 확인시켜주는 것을 의미한다. 예를 들어, 사용자 인증에는 시스템 접근 통제를 사용하고, 데이터 출처 인증에는 MAC(메시지 인증 코드)을 사용한다.
④ 어떠한 행위에 관하여 서명자나 서비스로부터 부인할 수 없도록 해주는 것을 의미한다.

006 답 ③

해당 설명은 인증기관이고, 지불 게이트웨이는 결재를 수행한다.

007 답 ③

이중 서명의 생성과 검증 과정은 다음과 같다.

구분	내용
검증 정보 생성	• 고객의 전자서명 생성 - 주문정보에 Hash함수를 적용하여 B을 생성 - 지불정보에 Hash함수를 적용하여 P를 생성 - 생성된 B와 P를 연접(Concatenation)한 BP에 Hash함수를 적용하여 M을 생성 - M을 고객의 개인키로 암호화 → 전자서명 • 금융기관에게 전해질 전자봉투 생성 - 대칭키를 생성하여 지불정보를 암호화 후 - 해당 대칭키를 금융기관의 공개키로 암호화 → 전자봉투 • BP, 전자서명, 주문정보, 암호화된 지불정보, 전자봉투를 상점에게 전송
상점 검증	• 상점은 주문정보에 고객과 동일 Hash함수를 적용하여 B'을 생성 • 상점은 BP 를 B'P로 대체 후, 동일 Hash함수를 적용하여 M'을 구함 • 상점은 전자서명을 고객의 공개키로 복호화하여 M을 추출 • 상점은 M과 M'를 비교하여 동일한 경우 정당한 주문요청으로 간주하여 처리 • 상점은 BP, 전자서명, 암호화된 지불정보, 전자봉투를 금융기관으로 전송
금융기관 검증	• 금융기관의 전자봉투 및 지불정보 복호화 - 금융기관의 개인키로 전자봉투를 복호화하여 대칭키 추출 - 대칭키로 암호화된 지불정보 복호화 • 금융기관의 고객 이중서명 확인 및 지불정보 확인 - 금융기관은 지불정보에 동일한 Hash함수를 적용하여 P'를 생성 - 금융기관은 BP를 BP'로 대체한 후 동일한 Hash함수를 적용하여 M"을 구함 - 금융기관은 전자서명을 고객의 공개키로 복호화하여 M을 추출 - 금융기관은 M과 M"를 비교하여 동일한 경우 정당한 지불요청으로 간주하여 처리

PART 7 개요

CHAPTER 01 | 개념

정답

p.200

001	③	002	③	003	③	004	④	005	⑤
006	⑤	007	①	008	④	009	③	010	②
011	①	012	④	013	④	014	②	015	④
016	④	017	③	018	①	019	③	020	④
021	①	022	②	023	①	024	②	025	①
026	①	027	③	028	①	029	③	030	①
031	④	032	②	033	②				

001 답 ③

무결성(integrity): 정보의 내용이 불법적으로 생성 또는 변경되거나 삭제되지 않도록 보호되어야 하는 성질의 의미한다.

선지분석

① 기밀성(confidentiality): 인가된 사람, 인가된 프로세스, 인가된 시스템만이 알 필요성에 근거하여 시스템에 접근해야 함을 의미한다.
② 가용성(availability): 인가된 사용자가 자원이 필요할 때 지체 없이 원하는 객체 또는 자원에 접근하여 사용할 수 있어야 하는 성질을 의미한다.
④ 책임성(accountability): 사용자 식별 및 활동 감사 추적을 의미하고, 책임추적성이라고도 한다.

002 답 ③

네트워크: 인증성 - 상대방의 신원을 확인시켜 준다. 사용자 인증(시스템 접근 통제)과 데이터 출처 인증(MAC)이 있다.

선지분석

① 대학: 기밀성 - 인가된 사람, 인가된 프로세스, 인가된 시스템만이 알 필요성에 근거하여 시스템에 접근해야 함을 의미한다.
② 병원: 무결성 - 정보의 내용이 불법적으로 생성 또는 변경되거나 삭제되지 않도록 보호되어야 하는 성질을 의미한다.
④ 회사: 가용성 - 인가된 사용자가 자원이 필요할 때 지체 없이 원하는 객체 또는 자원에 접근하여 사용할 수 있어야 하는 성질을 의미한다.

003 답 ③

메시지 내용 공개: 기밀성을 해치는 소극적 공격에 해당한다.

선지분석

① 신분위장: 무결성을 해치는 적극적 공격에 해당한다.
② 재전송: 무결성을 해치는 적극적 공격에 해당한다.
④ 서비스 거부: 가용성을 해치는 적극적 공격에 해당한다.

공격 방법, 적극적 · 소극적, 기밀성 · 무결성 · 가용성 관점의 비교

Attacks	*Passive/Active*	*Threatening*
Snooping(Sniffing) Traffic analysis	Passive	Confidentiality
Modification Masquerading(Spoofing) Replaying Repudiation	Active	Integrity
Denial of service	Active	Availability

004 답 ④

접근통제 및 암호화: 접근통제는 인가된 사람만이 데이터에 접근하므로 기밀성에 해당되고, 암호화는 도청을 막아주므로 기밀성에 해당된다.

선지분석

① 데이터 백업 및 암호화: 데이터 백업은 인가된 사람이 언제나 데이터에 접근할 수 있으므로 가용성에 해당된다.
② 데이터 백업 및 데이터 복원: 데이터 복원은 인가된 사람이 언제나 데이터에 접근할 수 있으므로 가용성에 해당된다.
③ 데이터 복원 및 바이러스 검사: 바이러스 검사는 데이터의 무결성을 검사한다.
⑤ 접근 통제 및 바이러스 검사: 바이러스 검사는 데이터의 무결성을 검사한다.

005 답 ⑤

기밀성: 인가된 사람, 인가된 프로세스, 인가된 시스템만이 알 필요성에 근거하여 시스템에 접근해야 함을 의미한다.

선지분석

① 부인방지: 송신부인방지(어떤 메시지가 송신되었을 때 수신자는 그 메시지가 실제로 송신자라고 주장하는 주체에 의해 송신되었음을 확인한다). 수신부인방지(어떤 메시지가 수신되었을 때 송신자는 그 메시지가 실제로 수신자라고 주장하는 주체에 의해 수신되었음을 확인한다).
② 무결성: 정보의 내용이 불법적으로 생성 또는 변경되거나 삭제되지 않도록 보호되어야 하는 성질의 의미한다.
③ 인증성: 상대방의 신원을 확인시켜 준다. 사용자 인증(시스템 접근 통제)과 데이터 출처 인증(MAC)이 있다.
④ 가용성: 인가된 사용자가 자원이 필요할 때 지체 없이 원하는 객체 또는 자원에 접근하여 사용할 수 있어야 하는 성질을 의미한다.

006 답 ⑤

트래픽 분석: 기밀성을 해치는 소극적 공격이다.

(선지분석)

① 가장: 무결성을 해치는 적극적 공격이다.
② 재사용: 무결성을 해치는 적극적 공격이다.
③ 서비스 거부: 가용성을 해치는 적극적 공격이다.
④ 메시지 변조: 무결성을 해치는 적극적 공격이다.

공격 방법, 적극적 · 소극적, 기밀성 · 무결성 · 가용성 관점의 비교

Attacks	Passive/Active	Threatening
Snooping(Sniffing) Traffic analysis	Passive	Confidentiality
Modification Masquerading(Spoofing) Replaying Repudiation	Active	Integrity
Denial of service	Active	Availability

007 답 ①

비밀성(기밀성): 인가된 사람, 인가된 프로세스, 인가된 시스템만이 알 필요성에 근거하여 시스템에 접근해야 함을 의미한다.

(선지분석)

② 가용성: 인가된 사용자가 자원이 필요할 때 지체 없이 원하는 객체 또는 자원에 접근하여 사용할 수 있어야 하는 성질을 의미한다.
③ 신뢰성: 의도된 행위에 대한 결과의 일관성을 유지하는 것으로 정보나 정보시스템을 사용함에 있어서 일관되게 오류의 발생 없이 계획된 활동을 수행하여 결과를 얻을 수 있도록 하는 환경을 유지하는 것이다.
④ 무결성: 정보의 내용이 불법적으로 생성 또는 변경되거나 삭제되지 않도록 보호되어야 하는 성질의 의미한다.
⑤ 책임추적성: 사용자 식별 및 활동 감사 추적을 의미하고, 책임성이라고도 한다.

008 답 ④

ㄷ. 신분위장: 무결성(능동적/적극적/active)
ㄹ. 서비스 거부: 가용성(능동적/적극적/active)

(선지분석)

ㄱ, ㄴ. 도청, 감시: 기밀성(수동적/소극적/passive)

009 답 ③

대칭키: 암호화키(비밀키, 비공개)와 복호화키(비밀키, 비공개)가 동일한 암호를 의미한다. 속도가 빠르나 키 배송 문제가 있다. 즉, 송수신자 간의 비밀키를 공유해야 한다.

(선지분석)

① Kerckhoff: 커크호프는 암호 시스템의 안전성에 대해 "키 이외에 암호 시스템의 모든 것이 공개되어도 안전해야 한다"고 했다. 즉, 암호 분야에서는 어떤 암호 알고리즘이 많은 암호학자들에 의해 장기간 세부적으로 수행된 분석에서도 잘 견디어낼 때까지는 그 알고리즘을 안전하다고 인정하지 않는다.
② 세 가지 주요 목표: 3가지 주요 목표에는 CIA(기밀성/비밀성, 무결성, 가용성)이 포함되고, 나머지 목표에는 인증, 부인방지, 책임추적성, 신뢰성 등이 포함된다.
④ 가용성: 인가된 사용자가 자원이 필요할 때 지체 없이 원하는 객체 또는 자원에 접근하여 사용할 수 있어야 하는 성질을 의미한다.

010 답 ②

무결성: 정보의 내용이 불법적으로 생성 또는 변경되거나 삭제되지 않도록 보호되어야 하는 성질의 의미한다.

(선지분석)

① 기밀성: 인가된 사람, 인가된 프로세스, 인가된 시스템만이 알 필요성에 근거하여 시스템에 접근해야 함을 의미한다.
③ 가용성: 인가된 사용자가 자원이 필요할 때 지체 없이 원하는 객체 또는 자원에 접근하여 사용할 수 있어야 하는 성질을 의미한다.
④ 신뢰성: 의도된 행위에 대한 결과의 일관성을 유지하는 것으로 정보나 정보시스템을 사용함에 있어서 일관되게 오류의 발생 없이 계획된 활동을 수행하여 결과를 얻을 수 있도록 하는 환경을 유지하는 것이다.
⑤ 책임추적성: 사용자 식별 및 활동 감사 추적을 의미하고, 책임성이라고도 한다.

011 답 ①

트래픽 분석: 기밀성을 해치는 소극적 공격이다.

(선지분석)

② 재전송: 무결성을 해치는 적극적 공격이다.
③ 변조: 무결성을 해치는 적극적 공격이다.
④ 신분 위장: 무결성을 해치는 적극적 공격이다.

공격 방법, 적극적 · 소극적, 기밀성 · 무결성 · 가용성 관점의 비교

Attacks	Passive/Active	Threatening
Snooping(Sniffing) Traffic analysis	Passive	Confidentiality
Modification Masquerading(Spoofing) Replaying Repudiation	Active	Integrity
Denial of service	Active	Availability

012 답 ④

ㄱ. 무결성: 정보의 내용이 불법적으로 생성 또는 변경되거나 삭제되지 않도록 보호되어야 하는 성질의 의미한다.
ㄴ. 접근통제: 인가된 사람만이 데이터에 접근하도록 하고, 접근이 정상적으로 허락되지 않은 사용자가 접근하는 것을 막는다.
ㄷ. 부인봉쇄: 송신부인방지(어떤 메시지가 송신되었을 때 수신자는 그 메시지가 실제로 송신자라고 주장하는 주체에 의해 송신되었음을 확인한다). 수신부인방지(어떤 메시지가 수신되었을 때 송신자는 그 메시지가 실제로 수신자라고 주장하는 주체에 의해 수신되었음을 확인한다).

선지분석

- 인증: 상대방의 신원을 확인시켜 준다. 사용자 인증(시스템 접근 통제)과 데이터 출처 인증(MAC)이 있다.
- 기밀성: 인가된 사람, 인가된 프로세스, 인가된 시스템만이 알 필요성에 근거하여 시스템에 접근해야 함을 의미한다.

013 답 ④

ㄷ. 상대방의 신원을 확인시켜 준다. 사용자 인증(시스템 접근 통제)과 데이터 출처 인증(MAC)이 있다.
ㄹ. 송신부인방지(어떤 메시지가 송신되었을 때 수신자는 그 메시지가 실제로 송신자라고 주장하는 주체에 의해 송신되었음을 확인한다). 수신부인방지(어떤 메시지가 수신되었을 때 송신자는 그 메시지가 실제로 수신자라고 주장하는 주체에 의해 수신되었음을 확인한다).

선지분석

ㄱ. 비인가자에게는 메시지를 숨겨야 한다.
ㄴ. 데이터가 위·변조되지 않아야 한다.
ㅁ. 권한이 있는 자는 서비스를 사용하여야 한다.

014 답 ②

단순히 데이터 내용을 보거나 분석하는 것은 기밀성 침해에 해당된다.

선지분석

① 서비스가 제공되지 않으므로 가용성을 침해한 것이다.
③ 파일이 위조되었으므로 무결성을 침해한 것이다.
④ 메시지가 변조되었으므로 무결성을 침해한 것이다.

015 답 ④

부인 방지는 송신 부인 방지와 수신 부인 방지가 존재한다.

선지분석

① 소극적 공격은 메시지의 변형 없이 도청만 하는 것이기 때문에 탐지하기가 매우 어렵다.
② 공개키는 암호화키(공개)와 복호화키(비공개)가 다르기 때문에 비대칭키라고 불린다.
③ 3대 목표는 CIA(기밀성, 무결성, 가용성)이다.

016 답 ④

책임회피성이 존재하지 않고 책임추적성(사용자 식별 및 활동 감사 추적)을 목표로 해야 한다.

선지분석

① 기밀성: 인가된 사람, 인가된 프로세스, 인가된 시스템만이 알 필요성에 근거하여 시스템에 접근해야 함을 의미한다.
② 무결성: 정보의 내용이 불법적으로 생성 또는 변경되거나 삭제되지 않도록 보호되어야 하는 성질의 의미한다.
③ 가용성: 인가된 사용자가 자원이 필요할 때 지체 없이 원하는 객체 또는 자원에 접근하여 사용할 수 있어야 하는 성질을 의미한다.
⑤ 인증: 사용자 인증(시스템 접근 통제)과 데이터 출처 인증(MAC)이 있다.

TIP 이외에도 부인 방지(송신부인방지와 수신부인방지)를 목표로 해야 한다.

017 답 ③

ㄷ. 도청: 기밀성을 해치므로 수동적 공격이다.
ㄹ. 트래픽 분석: 기밀성을 해치므로 수동적 공격이다.

선지분석

ㄱ. 신분 위장: 무결성을 해치므로 적극적 공격이다.
ㄴ. 메시지 변경: 무결성을 해치므로 적극적 공격이다.
ㅁ. 서비스 거부: 가용성을 해치므로 적극적 공격이다.

018 답 ①

(가) 기밀성: 인가된 사람, 인가된 프로세스, 인가된 시스템만이 알 필요성에 근거하여 시스템에 접근해야 함을 의미한다.
(나) 가용성: 인가된 사용자가 자원이 필요할 때 지체 없이 원하는 객체 또는 자원에 접근하여 사용할 수 있어야 하는 성질을 의미한다.
(다) 무결성: 정보의 내용이 불법적으로 생성 또는 변경되거나 삭제되지 않도록 보호되어야 하는 성질의 의미한다.

019 답 ③

패킷 범람은 DoS(서비스 거부) 공격이고, DoS 공격은 가용성을 위협한다.

선지분석

① 트래픽 분석은 기밀성을 위협한다.
② 신분 위장은 무결성을 위협한다.
④ 데이터 변조는 무결성을 위협한다.

020

답 ④

DoS 공격을 받아 데이터 서버가 다운되면 권한을 가진 사용자가 원하는 정보를 얻을 수 없어 가용성을 위협하게 된다.

선지분석

① 무결성에 대한 설명이다.
② 기밀성에 대한 설명이다.
③ 정보를 암호화하여 저장하면 기밀성이 보장된다.

021

답 ①

무결성: 정보의 내용이 불법적으로 생성 또는 변경되거나 삭제되지 않도록 보호되어야 하는 성질의 의미한다.

선지분석

② 가용성: 인가된 사용자가 자원이 필요할 때 지체 없이 원하는 객체 또는 자원에 접근하여 사용할 수 있어야 하는 성질을 의미한다.
③ 인가: 인증은 사용자의 신원을 증명하는 것이고, 인가는 특정 리소스에 접근할 수 있는 권한을 부여한 것이다.
④ 기밀성: 인가된 사람, 인가된 프로세스, 인가된 시스템만이 알 필요성에 근거하여 시스템에 접근해야 함을 의미한다.

022

답 ②

트래픽 분석: 기밀성을 해치는 수동적(소극적) 공격이다.

선지분석

① 재전송: 무결성을 해치는 능동적(적극적) 공격이다.
③ 신분위장: 무결성을 해치는 능동적 공격이다.
④ 메시지 변조: 무결성을 해치는 능동적 공격이다.

023

답 ①

가용성(DoS) 공격에 해당하므로 적극적 공격이다.

선지분석

② 추출은 무결성(변조/위조)과 가용성(DoS)에 대한 공격이 아니므로 소극적 공격이다.
③ 추측은 무결성(변조/위조)과 가용성(DoS)에 대한 공격이 아니므로 소극적 공격이다.
④ 분석(analysis)은 기밀성 공격에 해당하므로 소극적 공격이다.
⑤ 감시(sniffing, snooping)는 기밀성 공격에 해당하므로 소극적 공격이다.

024

답 ②

기밀성: 인가된 사람, 인가된 프로세스, 인가된 시스템만이 알 필요성에 근거하여 시스템에 접근해야 함을 의미한다. 기밀성을 위해 암호화와 접근 통제 등을 수행한다.

선지분석

① 가용성: 정보의 내용이 불법적으로 생성 또는 변경되거나 삭제되지 않도록 보호되어야 하는 성질의 의미한다. 가용성을 위해 백업 등을 수행한다.
③ 무결성: 인가된 사용자가 자원이 필요할 때 지체 없이 원하는 객체 또는 자원에 접근하여 사용할 수 있어야 하는 성질을 의미한다. 무결성을 위해 접근 제어, 인증 등을 수행한다.
④ 신뢰성: 의도된 행위에 대한 결과의 일관성을 유지하는 것으로 정보나 정보시스템을 사용함에 있어서 일관되게 오류의 발생 없이 계획된 활동을 수행하여 결과를 얻을 수 있도록 하는 환경을 유지하는 것이다.

TIP 정보보호의 3대 목표는 기밀성, 무결성, 가용성이고, 6대 목표는 책임추적성, 인증성, 신뢰성(또는 부인방지)이다.

025

답 ①

Availability(가용성): 해당 설명은 부인방지(Nonrepudiation)이고, 가용성은 인가된 사용자가 자원이 필요할 때 지체 없이 원하는 객체 또는 자원에 접근하여 사용할 수 있어야 하는 성질을 의미한다.

선지분석

② Integrity(무결성): 정보의 내용이 불법적으로 생성 또는 변경되거나 삭제되지 않도록 보호되어야 하는 성질의 의미한다.
③ Confidentiality(기밀성): 인가된 사람, 인가된 프로세스, 인가된 시스템만이 알 필요성에 근거하여 시스템에 접근해야 함을 의미한다.
④ Authentication(인증): 상대방의 신원을 확인시켜 준다. 사용자 인증(시스템 접근 통제)과 데이터 출처 인증(MAC)이 있다.

026

답 ①

스누핑: 기밀성

Attacks	*Passive/Active*	*Threatening*
Snooping(Sniffing) Traffic analysis	Passive	Confidentiality
Modification Masquerading(Spoofing) Replaying Repudiation	Active	Integrity
Denial of service	Active	Availability

선지분석

② 메시지 변조: 무결성
③ 위장: 무결성
④ 재전송: 무결성

027 답 ③

ㄴ. 가용성을 해치는 능동적 공격이다.
ㄹ. 무결성을 해치는 능동적 공격이다.

(선지분석)

ㄱ, ㄷ. 기밀성을 해치는 수동적 공격이다.

028 답 ①

비인가자에 의한 정보의 변경, 삭제, 생성을 보호하여 정보의 정확성과 완전성 보장한다(위조/변조).

(선지분석)

② 정보의 소유자가 원하는 대로 비밀이 유지되어야 한다는 원칙이다.
③ 정보시스템은 적절한 방법으로 작동되어야 하며, 정당한 방법으로 권한이 주어진 사용자에게 정보 서비스를 거부해서는 안 된다는 원칙이다(DoS).
④ 보안의 3대 요소가 아니다.

029 답 ③

인증성에는 사용자 인증과 메시지 인증이 존재한다.

030 답 ①

기밀성 관련 공격이다.

031 답 ④

해당 설명은 책임추적성이다.

032 답 ②

무결성에 속한다.

033 답 ②

3요소에 확장성을 포함되지 않는다.

CHAPTER 02 | 그 외

정답 p.208

001	②	002	②	003	③	004	②	005	⑤
006	②	007	①	008	②	009	③	010	④
011	②	012	①	013	③	014	③	015	③
016	④	017	④	018	⑤	019	①	020	①
021	①	022	③	023	⑤	024	①	025	④
026	②	027	②	028	①				

001 답 ②

캡차: 어떠한 사용자가 실제 사람인지 컴퓨터 프로그램인지를 구별하기 위해 사용되는 방법이다. 사람은 구별할 수 있지만 컴퓨터는 구별하기 힘들게 의도적으로 비틀거나 덧칠한 그림을 주고 그 그림에 쓰여 있는 내용을 물어보는 방법이 자주 사용된다.

(선지분석)

① 해쉬함수: 임의의 길이의 데이터를 고정된 길이의 데이터로 매핑하는 함수이다. 암호학에서 매핑된 해싱 값만을 알아가지고는 원래 입력 값을 알아내기 힘들다는 사실에 의해 사용될 수 있다.
③ 전자서명: 서명자를 확인하고 서명자가 당해 전자문서에 서명했다는 사실을 나타내는 데 이용하려고, 특정 전자문서에 첨부되거나 논리적으로 결합된 전자적 형태의 정보를 말한다. 공개 키 기반 구조(PKI) 기술 측면에서 전자서명이란 전자문서의 해시(HASH)값을 서명자의 개인키(전자서명생성정보)로 변환(암호화)한 것으로서 RSA사에서 만든 PKCS#7의 표준(또는 X.509)이 널리 사용되고 있다. 디지털 서명은 송신자가 자신의 신원을 증명하는 절차이고, 전자서명은 그 절차의 특정 단계에서 사용하는 정보이다.
④ 인증서: 전자 서명의 검증에 필요한 공개키(전자서명법에는 전자서명검증정보로 표기)에 소유자 정보를 추가하여 만든 일종의 전자 신분증(증명서)이다. 공인 인증서, 공개키 증명서, 디지털 증명서, 전자 증명서 등으로도 불린다. 공인인증서는 개인키(전자서명법에는 전자서명생성정보로 표기)와 한 쌍으로 존재한다.
⑤ 암호문: 암호화한 후의 메시지로 중간에서 도청자가 암호문을 가로채어 갖게 된다고 하더라고 특정 비밀값을 모른다면 암호문을 평문으로 복호화 할 수 없다.

002

답 ②

해킹 과정의 순서를 정리하면 다음과 같다.

Foot Printing	가장 먼저 공격을 시도할 지역 혹은 사이트에 관한 정보를 수집하는 작업을 한다.
Scanning	스캐닝 작업은 공격을 시도할 표적들에 대해 진행 중인 서비스를 점검하는 단계다.
Enumeration	다음은 이전 단계를 통해 수집된 정보를 바탕으로 유효 사용자 계정 수집 및 취약한 시스템의 자원공유를 정리 수집하는 단계라고 할 수 있다.
Gaining Access	다음 공격단계는 수집된 데이터를 통해 공격 목표에 접근을 시도해 접근권한을 취득하는 것이다.
Escalating Privilege	이 단계는 시스템 권한 상향을 조정하는 단계로 주로 Admin에 대한 정보 수집 및 탈취를 목적으로 하는 공격이다.
Pilfering	다음 단계는 서버의 접근 확보 후 신뢰된 시스템들에 대한 접근확보를 위해 필요한 정보 재수집 과정이다.
Covering Track	여기서는 공격 대상에 대한 제어 권한을 취득한 후 자취를 삭제하는 단계다.
Creating Backdoor	마지막 단계로 공격 대상에 대해서 후속침입이 용이하도록, 백도어(Backdoor)를 다양한 경로에 설치해 두는 일이다.

003

답 ③

Unvalidated Redirects and Forwards(10위): 웹 애플리케이션은 종종 사용자들을 다른 페이지로 리다이렉트 하거나 포워드하고, 대상 페이지를 결정하기 위해 신뢰할 수 없는 데이터를 사용한다. 적절한 검증 절차가 없으면 공격자는 피해자를 피싱 또는 악성 코드 사이트로 리다이렉트 하거나 승인되지 않은 페이지에 접근하도록 전달할 수 있다.

선지분석

① Injection(1위): SQL, 운영체제, LDAP 인젝션 취약점은 신뢰할 수 없는 데이터가 명령어나 질의문의 일부분으로서 인터프리터로 보내질 때 발생한다. 공격자의 악의적인 데이터는 예상하지 못하는 명령을 실행하거나 적절한 권한 없이 데이터에 접근하도록 인터프리터를 속일 수 있다.

② Cross-Site Scripting(3위): 애플리케이션이 신뢰할 수 없는 데이터를 가져와 적절한 검증이나 제한 없이 웹 브라우저로 보낼 때 발생한다. XSS는 공격자가 피해자의 브라우저에 스크립트를 실행하여 사용자 세션 탈취, 웹 사이트 변조, 악의적인 사이트로 이동할 수 있다.

④ Broken Authentication and Session Management(2위): 인증과 세션 관리와 관련된 애플리케이션 기능은 정확하게 구현되어 있지 않아서, 공격자가 패스워드, 키 또는 세션 토큰을 해킹하거나 다른 구현 취약점을 공격하여 다른 사용자 ID로 가장할 수 있다.

TIP 참고로 2017년 Top 3는 Injection(1위), Broken Authentication (2위), Sensitive Data Exposure(3위)이다.

004

답 ②

랜섬웨어: 컴퓨터 시스템을 감염시켜 접근을 제한하고 일종의 몸값을 요구하는 악성 소프트웨어의 한 종류이다. 컴퓨터로의 접근이 제한되기 때문에 제한을 없애려면 해당 악성 프로그램을 개발한 자에게 지불을 강요받게 된다.

선지분석

① 하트블리드: 인터넷에서 각종 정보를 암호화하는 데 쓰이는 오픈소스 암호화 라이브러리인 오픈SSL(OpenSSL)에서 발견된 심각한 보안 결함을 일컫는 말이다. 하트블리드 버그를 이용하면 특정 버전의 오픈SSL을 사용하는 웹 서버에 침입할 수 있으며 개인 정보도 빼낼 수 있다.

③ 백오리피스: 사용자 정보를 빼내는 해킹 프로그램으로 바이러스처럼 자신을 복제하는 기능은 없지만 큰 피해가 우려되기 때문에 트로이 목마 바이러스로 분류된다. 백오리피스는 윈도 운영체계(OS) 환경의 PC에 저장된 중요정보를 빼내거나 파괴, 변조 등을 가능하게 한다.

④ 스턱스넷: 국가 및 산업의 중요 기반 시설을 제어하는 SCADA (Supervisory Control And Data Acquisition) 시스템을 대상으로 한 웜이다. 전파를 위해 윈도우 서버 서비스의 취약점을 이용해 공유 폴더를 공격했으며 윈도우 쉘 .lnk(바로가기) 취약점을 이용해 USB를, 윈도우 프린트 스플러 서비스의 취약점인 공유 프린터를 전파 개체로 활용했다.

005

답 ⑤

외부로부터 들어온 프로그램이 보호된 영역에서 동작해 시스템이 부정하게 조작되는 것을 막는 보안 형태이다. iOS의 경우 앱에 대한 샌드박스를 제공해 다른 앱과의 통신을 통제하고 있다.

선지분석

① 시스템 침입 후 침입 사실을 숨긴 채 차후의 침입을 위한 백도어, 트로이목마 설치, 원격 접근, 내부 사용 흔적 삭제, 관리자 권한 획득 등 주로 불법적인 해킹에 사용되는 기능들을 제공하는 프로그램의 모음이다.

② 프로그래밍 언어로 작성된 코드에 대해 읽기 어렵게 만드는 작업이다(쓰레기 코드를 집어넣거나 코드의 순서를 바꿈). 대표적인 사용 예로는 프로그램에서 사용된 아이디어나 알고리즘 등을 숨기는 것 등이 있다.

③ 컴퓨터 시스템을 감염시켜 접근을 제한하고 일종의 몸값을 요구하는 악성 소프트웨어의 한 종류이다. 컴퓨터로의 접근이 제한되기 때문에 제한을 없애려면 해당 악성 프로그램을 개발한 자에게 지불을 강요받게 된다.

④ 웹사이트 관리자가 아닌 이가 웹 페이지에 악성 스크립트를 삽입할 수 있는 취약점이다. 주로 여러 사용자가 보게 되는 전자 게시판에 악성 스크립트가 담긴 글을 올리는 형태로 이루어진다. 이 취약점은 웹 애플리케이션이 사용자로부터 입력 받은 값을 제대로 검사하지 않고 사용할 경우 나타난다. 이 취약점으로 해커가 사용자의 정보(쿠키, 세션 등)를 탈취하거나, 자동으로 비정상적인 기능을 수행하게 할 수 있다. 주로 다른 웹사이트와 정보를 교환하는 식으로 작동하므로 사이트 간 스크립팅이라고 한다.

006 답 ②

Ransomware: 컴퓨터 시스템을 감염시켜 접근을 제한하고 일종의 몸값을 요구하는 악성 소프트웨어의 한 종류이다. 컴퓨터로의 접근이 제한되기 때문에 제한을 없애려면 해당 악성 프로그램을 개발한 자에게 지불을 강요받게 된다.

(선지분석)

① Web Shell: 업로드 취약점을 통하여 시스템에 명령을 내릴 수 있는 코드를 말한다. Web Shell은 간단한 서버 스크립트(JSP, PHP, ASP etc)로 만드는 방법이 널리 사용되며 이 스크립트들은 웹서버의 취약점을 통해 업로드 된다. 사용자로부터 입력된 시스템 명령어를 셸에 전달하는 기능을 가지고 있다.

③ Honeypot: 크래커를 유인하는 함정을 꿀단지(곰을 유인)에 비유한 것에서 명칭이 유래한다. 마치 실제로 공격을 당하는 것처럼 보이게 하여 크래커를 추적하고 정보를 수집하는 역할을 한다. 침입자를 오래 머물게 하여 추적이 가능하므로 능동적으로 방어할 수 있고, 침입자의 공격을 차단할 수 있다. 직접적인 공격을 수행하지는 않는다.

④ Stuxnet: 국가 및 산업의 중요 기반 시설을 제어하는 SCADA (Supervisory Control And Data Acquisition) 시스템을 대상으로 한 웜이다. 전파를 위해 윈도우 서버 서비스의 취약점을 이용해 공유 폴더를 공격했으며 윈도우 쉘 .lnk(바로가기) 취약점을 이용해 USB를, 윈도우 프린트 스풀러 서비스의 취약점인 공유 프린터를 전파 개체로 활용했다.

007 답 ①

크라임웨어: 온라인 상에서 불법 활동을 조장하기 위해 만들어진 컴퓨터 프로그램들을 지칭한다.

(선지분석)

② 스니핑은 소극적 공격이다.

③ 피싱, ④ 파밍에 해당한다.

008 답 ②

Sandbox: 외부로부터 받은 파일을 바로 실행하지 않고 보호된 영역에서 실행시켜 봄으로써 외부로부터 들어오는 파일과 프로그램이 내부 시스템에 악영향을 주는 것을 미연에 방지하는 기술이다.

(선지분석)

① Whitebox: 프로그램 내부 구조의 타당성 여부를 시험하는 방식이다. 내부 구조를 해석해서 프로그램의 모든 처리 루틴에 대해 시험하는 기본 사항이다.

③ Middlebox: 특정 지능적 기능을 가진 네트워크 중간자로서의 서비스를 수행하는 장비이다. 미들 장비에는 방화벽, NAT(network address translation), 부하 분산 장치(L4/L7 스위치) 등이 있다.

④ Bluebox: 기존 맥 OS와 호환성을 유지하기 위해 사용된 소프트웨어 구성 부품(component)의 명칭이다. 단순한 맥 OS의 모방기가 아니고 미국 애플 컴퓨터 회사가 개발한 차세대 OS 개발 코드명인 랩소디(Rhapsody)의 주요 운영 체계(OS)상에서 동작하는 임의 환경이다.

009 답 ③

Fuzzing: 소프트웨어 테스트 기법으로서, 컴퓨터 프로그램에 유효한, 예상치 않은 또는 무작위 데이터를 입력하는 것이다. 이후 프로그램은 충돌이나 빌트인 코드 검증의 실패, 잠재적인 메모리 누수 발견 등과 같은 예외에 대한 감시가 이루어진다.

(선지분석)

① Reverse Engineering: 장치나 시스템의 구조를 분석하여 원리를 발견하는 과정이다. 예를 들면, 실행 파일을 분석해서 소스 코드를 얻는 작업이다. 이미 만들어진 프로그램 동작 원리를 이해하거나 바이러스 또는 웜을 제작할 때 사용한다.

② Canonicalization: 정보 기술에서 규격에 맞도록 만드는 과정이다. 데이터의 규정 일치와 검증된 형식을 확인하고, 비정규 데이터를 정규 데이터로 만드는 것이다. 예를 들면, sendmail(메일 프로그램)에서 디폴트 도메인 네임에 착신 메시지의 사용자명을 추가하여 username이 username@domain으로 되도록 착신 메시지의 mail-from 주소를 완성하는 과정을 기술한다.

④ Software Prototyping: 소프트웨어공학의 프로세스로 프로토타이핑(원형) 모델을 의미한다. 개발의 초기 단계에서 시작 모델 또는 잠정판(prototype)을 작성하여 시험과 개선을 반복해서 최종판을 작성하는 방법이다.

010 답 ④

취약한 간접 객체 참조: 취약한 직접 객체 참조이고 2013년 top 10 중 4위이다.

(선지분석)

① 인젝션: 2013년 top 10 중 1위이다.

② 크로스 사이트 요청 위조: 2013년 top 10 중 8위이다.

③ 인증 및 세션 관리 취약점: 2013년 top 10 중 2위이다.

⑤ 검증되지 않은 리다이렉트 및 포워드: 2013년 top 10 중 10위이다.

2013년 OWASP top 10

구분	설명
A1 인젝션	SQL, 운영체제, LDAP 인젝션 취약점은 신뢰할 수 없는 데이터가 명령어나 질의문의 일부분으로서 인터프리터로 보내질 때 발생한다. 공격자의 악의적인 데이터는 예상하지 못하는 명령을 실행하거나 적절한 권한 없이 데이터에 접근하도록 인터프리터를 속일 수 있다.
A2 인증 및 세션 관리 취약점	인증 및 세션 관리와 관련된 애플리케이션 기능은 정확하게 구현되어 있지 않아서, 공격자가 패스워드, 키 또는 세션 토큰을 해킹하거나 다른 구현 취약점을 공격하여 다른 사용자 ID로 가장할 수 있다.
A3 크로스 사이트 스크립팅 (XSS)	XSS 취약점은 애플리케이션이 신뢰할 수 없는 데이터를 가져와 적절한 검증이나 제한 없이 웹 브라우저로 보낼 때 발생한다. XSS는 공격자가 피해자의 브라우저에 스크립트를 실행하여 사용자 세션 탈취, 웹 사이트 변조, 악의적인 사이트로 이동할 수 있다.

A4 취약한 직접 객체 참조	직접 객체 참조는 개발자가 파일, 디렉토리, 데이터베이스 키와 같은 내부 구현 객체를 참조하는 것을 노출시킬 때 발생한다. 접근 통제를 통한 확인이나 다른 보호수단이 없다면, 공격자는 노출된 참조를 조작하여 허가 받지 않은 데이터에 접근할 수 있다.
A5 보안 설정 오류	훌륭한 보안은 애플리케이션, 프레임워크, 애플리케이션 서버, 웹 서버, 데이터베이스 서버 및 플랫폼에 대해 보안 설정이 정의되고 적용되어 있다. 기본으로 제공되는 값은 종종 안전하지 않기 때문에 보안 설정은 정의, 구현 및 유지되어야 한다. 또한 소프트웨어는 최신의 상태로 유지해야 한다.
A6 민감 데이터 노출	많은 웹 애플리케이션들이 신용카드, 개인 식별 정보 및 인증 정보와 같은 중요한 데이터를 제대로 보호하지 않는다. 공격자는 신용카드 사기, 신분 도용 또는 다른 범죄를 수행하는 등 약하게 보호된 데이터를 훔치거나 변경할 수 있다. 중요 데이터가 저장 또는 전송 중이거나 브라우저와 교환하는 경우 특별히 주의하여야 하며, 암호화와 같은 보호조치를 취해야 한다.
A7 기능 수준의 접근통제 누락	대부분의 웹 애플리케이션은 UI에 해당 기능을 보이게 하기 전에 기능 수준의 접근권한을 확인한다. 그러나, 애플리케이션은 각 기능에 접근하는 서버에 동일한 접근통제 검사를 수행한다. 요청에 대해 적절히 확인하지 않을 경우 공격자는 적절한 권한 없이 기능에 접근하기 위한 요청을 위조할 수 있다.
A8 크로스 사이트 요청 변조 (CSRF)	CSRF 공격은 로그온 된 피해자의 취약한 웹 애플리케이션에 피해자의 세션 쿠키와 기타 다른 인증정보를 자동으로 포함하여 위조된 HTTP 요청을 강제로 보내도록 하는 것이다. 이것은 공격자가 취약한 애플리케이션이 피해자로부터의 정당한 요청이라고 오해할 수 있는 요청들을 강제로 만들 수 있다.
A9 알려진 취약점이 있는 컴포넌트 사용	컴포넌트, 라이브러리, 프레임워크 및 다른 소프트웨어 모듈은 대부분 항상 전체 권한으로 실행된다. 이러한 취약한 컴포넌트를 악용하여 공격하는 경우 심각한 데이터 손실이 발생하거나 서버가 장악된다. 알려진 취약점이 있는 컴포넌트를 사용하는 애플리케이션은 애플리케이션 방어 체계를 손상하거나, 공격 가능한 범위를 활성화하는 등의 영향을 미친다.
A10 검증되지 않은 리다이렉트 및 포워드	웹 애플리케이션은 종종 사용자들을 다른 페이지로 리다이렉트 하거나 포워드하고, 대상 페이지를 결정하기 위해 신뢰할 수 없는 데이터를 사용한다. 적절한 검증 절차가 없으면 공격자는 피해자를 피싱 또는 악성코드 사이트로 리다이렉트 하거나 승인되지 않은 페이지에 접근하도록 전달할 수 있다.

011

답 ②

사용자가 웹 사이트에 접속할 때 사용자 컴퓨터에서 생성되어 사용자 컴퓨터에 저장되는 파일이다.

(선지분석)

① 특정 사이트를 처음 방문하면 아이디와 비밀번호를 기록한 쿠키가 만들어지고 다음에 접속했을 때 별도 절차 없이 사이트에 빠르게 연결할 수 있다(무상태를 보완). 여기서, 무상태란 웹 사이트 방문 후 연결을 끊으면 어떤 정보도 남지 않음을 의미한다.

③ 세션 쿠키(세션 유지용)는 웹 브라우저는 나가거나 컴퓨터를 종료하면 삭제되고, 영구 쿠키(사용자 상태 유지용)는 쿠키를 삭제하지 않는 한 유지된다.

④ 쿠키에는 다양한 정보(ID/PW, 접근 기록 등)가 있고, 클라이언트가 서버에 접속할 때 쿠키를 전송하므로 서버에서 해당 쿠키를 볼 수 있다(개인정보에 대한 피해).

012

답 ①

해당 설명은 인젝션 공격(2017 OWASP top 1)에 대한 대비책이 아니라 민감한 데이터 노출(2017 OWASP top 3)에 대한 대비책이다.

(선지분석)

② 기본 옵션은 인터프리터 사용을 피하거나 매개변수화된 인터페이스(자바에서는 PreparedStatement를 사용)를 제공하는 안전한 API를 사용한다.

③ 서버 측 "화이트리스트"나 적극적인 입력값 유효성 검증을 한다. 하지만 많은 애플리케이션이 모바일 애플리케이션을 위한 텍스트 영역이나 API와 같은 특수 문자를 필요로 하기 때문에 완벽한 방어책은 아니다.

④ 처리가 안 된 동적 쿼리들을 위하여 특정 필터링 구문을 사용하여 인터프리터에 대한 특수 문자를 필터링 처리한다.

013

답 ③

부채널 공격: 알고리즘의 약점을 찾거나(암호 해독과는 다름) 무차별 공격을 하는 대신에 암호 체계의 물리적인 구현 과정의 정보를 기반으로 하는 공격 방법이다. 예를 들어, 소요 시간 정보, 소비 전력, 방출하는 전자기파, 심지어는 소리를 통해서 시스템 파괴를 위해 악용할 수 있는 추가 정보를 얻을 수 있다.

(선지분석)

① 차분 암호 분석 공격: 평문의 일부를 변경할 때 암호문이 어떻게 변화하는지 관찰하여 조사한다.

② 중간자 공격: 네트워크 통신을 조작하여 통신 내용을 도청하거나 조작하는 공격 기법이다. 중간자 공격은 통신을 연결하는 두 사람 사이에 중간자가 침입하여, 두 사람은 상대방에게 연결했다고 생각하지만 실제로는 두 사람은 중간자에게 연결되어 있으며 중간자가 한쪽에서 전달된 정보를 도청 및 조작한 후 다른 쪽으로 전달한다.

④ 재전송 공격: 보존해 준 정당한 값을 다시 송신하는 공격이다. 예를 들어, 암호화된 패스워드를 저장해 두었다가 다시 사용할 수 있다.

014

답 ③

컴퓨터 프로그램에 유효한, 예상치 않은 또는 무작위 데이터를 입력하는 것이다. 이후 프로그램은 충돌이나 잠재적인 메모리 누수 발견 등 같은 예외에 대한 감시가 이루어진다.

(선지분석)

① 사회공학 기법을 의미한다.

② goto 문 등을 이용해서 코드를 리버스 엔지니어링(실행코드에서 소스코드를 얻어냄)할 수 없게 하는 것이다(goto 문을 이용해서 코드를 해석할 수 없게 만듦).
④ 정적 분석은 소스 코드를 분석하는 것이고, 동적 분석은 실행 과정을 분석하는 것이다.

015 답 ③

Netbus: 해당 설명은 애드웨어이고, Netbus는 네트워크를 통해 Microsoft Windows 컴퓨터 시스템을 원격으로 제어하기 위한 소프트웨어 프로그램이다. 1998년에 만들어졌으며 백도어로 사용될 가능성에 대해 매우 논란의 대상이되었다(실제 백도어로 사용됨). 1998년 3월에 출시되었다.

선지분석
① Bot: 분산 서비스 거부 공격(DDoS)에 사용되는 악성코드를 봇(Bot)이라고 한다.
② Spyware: 사용자의 동의 없이 설치되어 컴퓨터의 정보를 수집하고 전송하는 악성 소프트웨어로, 신용 카드와 같은 금융 정보 및 주민등록번호와 같은 신상정보, 암호를 비롯한 각종 정보를 수집한다.
④ Keylogging: 사용자가 키보드로 PC에 입력하는 내용을 몰래 가로채어 기록하는 행위를 말한다. 하드웨어, 소프트웨어를 활용한 방법에서부터 전자적, 음향기술을 활용한 기법까지 다양한 키로깅 방법이 존재한다.

016 답 ④

차분 공격: 해당 설명은 레인보우 테이블이고, 차분 공격은 평문의 일부를 변경할 때 암호문이 어떻게 변화하는지 관찰하여 조사하는 암호 해독법이다.

선지분석
① 부인방지: 송신부인방지(어떤 메시지가 송신되었을 때 수신자는 그 메시지가 실제로 송신자라고 주장하는 주체에 의해 송신되었음을 확인한다). 수신부인방지(어떤 메시지가 수신되었을 때 송신자는 그 메시지가 실제로 수신자라고 주장하는 주체에 의해 수신되었음을 확인한다).
② 최소권한: 수행해야 하는 작업에 딱 필요한 권한만큼만 사용자 혹은 프로세스에게 부여하는 것을 의미한다.
③ 키 위탁: 특수 상황(키가 분실된 경우 등)에서 해당 키에 사용하기 위해 암호화에 사용된 키를 보관하는 것을 의미한다.

017 답 ④

Meltdown: 비순차적 명령어 처리(순차적으로 명령어를 처리하는 것보다 속도를 높일 수 있음)로 인한 권한 상승 취약점을 공격이다.

선지분석
① 부채널 공격: 소비 전력 패턴
암호학에서 부채널 공격(side channel attack)은 알고리즘의 약점을 찾거나(암호 해독과는 다름) 무차별 공격을 하는 대신에 암호 체계의 물리적인 구현 과정의 정보를 기반으로 하는 공격 방법이다. 예를 들어, 소요 시간 정보, 소비 전력, 방출하는 전자기파, 심지어는 소리를 통해서 시스템 파괴를 위해 악용할 수 있는 추가 정보를 얻을 수 있다.
② 부채널 공격: 명령어에 소요되는 시간
③ TLS overhead: SSL과 CPU 과열은 연관성을 가짐(Open SSL에 SSL Death Alert 취약점이 존재한다. 대량의 정의되지 않은 Alert 패킷을 전송하여 CPU 사용률을 100%로 만들 수 있다)

018 답 ⑤

공개키 암호 기반 서명값 생성은 디지털 서명으로 개인정보 비식별화 조치와 무관한다.

선지분석
① 홍길동을 임꺽정으로 표기한다.
② 평균키를 표기한다.
③ 주민등록번호를 90년대 생, 남자로 표기한다.
④ 35세를 30 ~ 40세로 표기한다.

019 답 ①

- Sandbox: 외부로부터 받은 파일을 바로 실행하지 않고 보호된 영역에서 실행시켜 봄으로써 외부로부터 들어오는 파일과 프로그램이 내부 시스템에 악영향을 주는 것을 미연에 방지하는 기술이다.
- Process Explorer(프로세스 관리 프로그램): 마이크로소프트 윈도우용 프리웨어 작업 관리자, 시스템 모니터이다.

선지분석
② Burp Suite(웹 애플리케이션 보안 테스트 도구): 웹 프록시 서버이다.
③ • Blackbox: 공격에 사용된다면 내부를 모르고 수행되는 공격을 일컫는다.
  • IDA Pro: 역공학을 위한 바이너리 검사 툴이다.
④ OllyDBG: 바이너리 코드 분석을 위한 x86 디버거이다.

020 답 ①

윈도우 원격 데스크톱 서비스를 이용해 정상적인 인증 단계를 거칠 필요 없이 원격에서 임의의 코드를 실행하는 취약점이다.

선지분석
② 해당 설명은 이모텟을 나타내고, 다크웹은 특정 웹브라우저를 통해 익명성을 보장하는 인터넷 영역이다.
③ 해당 설명은 다크웹을 나타내고, 딥페이크는 인공지능을 기반으로 실제처럼 조작한 음성, 영상 등을 통칭한다.

④ 해당 설명은 소디노키비를 나타내고, 이모텟은 피싱 메일을 통해 유포되며 금융정보 탈취를 시도하는 악성코드이다.
⑤ 해당 설명은 딥페이크를 나타내고, 소디노키비는 한글로 작성된 메일 내부에 정상파일로 위장한 랜섬웨어이다.

021 답 ①

2019년도에 조사된 클라우드 컴퓨팅의 10가지 위협 중의 하나이다(wire19.com).

(선지분석)

②, ③, ④, ⑤ 2020년에 공식적으로 발표되지는 않았고, 다음의 2017년도에 발표된 것을 그대로 사용한다.

Injection Broken Authentication Sensitive Data Exposure XML External Entities (XXE) Broken Access control Security misconfigurations Cross Site Scripting (XSS) Insecure Deserialization Using Components with known vulnerabilities Insufficient logging and monitoring

022 답 ③

- 랜섬웨어: 컴퓨터 시스템을 감염시켜 접근을 제한하고 일종의 몸값을 요구하는 악성 소프트웨어의 한 종류이다.
- 익스플로잇: 컴퓨터 소프트웨어와 하드웨어의 버그나 취약점 등을 이용하여 공격자가 원하는 악의적 동작을 하도록 하는 공격 방법이다.
- 드로퍼: 대상 시스템에 악성코드를 설치하기 위해 설계된 프로그램이다. 악성코드는 드로퍼 내에 포함되어 있음으로써 바이러스 스캐너에 의한 탐지를 피하고, 실행된 이후에는 드로퍼에 의해 악성코드가 설치될 수 있다.

023 답 ⑤

그 전날에서 증가한 만큼 백업한다.

(선지분석)

① 모든 파일을 백업한다.
② 당일에 수정된 파일 중 사용자가 선택한 파일을 백업한다.
③ 모든 파일을 백업하지만, 백업용이 아닌 테스트용으로 사용한다.
④ 예를 들어, 월요일을 기준으로 늘어난 만큼 백업한다.

024 답 ①

기존의 공개키 암호가 가지고 있던 문제를 해결하고 대체할 수 있는 암호이다.

(선지분석)

② RSA는 기존의 공개키 암호이다.
③ 다변수 기반, 코드 기반, 격자 기반, 아이소제니, 해시 기반 암호 등이 있다.
④ 암호화, 키교환 및 전자서명 목적으로 사용된다.
⑤ 미 NSA(National Security Agency)는 2015년 8월 양자내성암호의 필요성을 밝히고 2016년부터 NIST를 통해 양자내성 알고리즘 표준공모전을 진행중이다.

025 답 ④

프레임 포인터는 함수 호출 전 스택 주소를 가지고 있기 때문에 먼저 복원이 이루어져야 한다.

026 답 ②

작은 따옴표(‘ ’)에 해당한다.

027 답 ②

소켓은 종점간의 통신이므로 IP 주소와 Port 번호를 사용한다.

028 답 ①

동형 암호화에 대한 설명이다.

(선지분석)

② 여러개의 키를 이용하여 여러개의 형태로 암호화한다.
③ 암호문의 순서가 입력 데이터의 순서를 반영한다.
④ 암호문이 입력과 동일한 포맷이다. 여기서 포맷이란 사용된 문자셋 등을 의미한다.

CHAPTER 03 | 생체인식(Biometrics)

정답 p.215

001	③	002	①	003	③	004	①

001 답 ③

인식 오류: 계속 개선되고는 있으나 지식 기반이나 소유 기반에 비해 인식 오류 발생 가능성이 높다.

(선지분석)

① 정적 또는 동적: 정적은 신체적 특징을 의미하고 얼굴, 홍채, 정맥, 지문, 망막, 손모양 등을 들 수 있다. 동적은 행동적 특징을 나타내고 음성, 걸음걸이, 서명 등을 들 수 있다.

② 망각 또는 분실: 열쇠나 비밀번호처럼 타인의 도용이나 복제에 의해 이용될 수 없을 뿐만 아니라, 변경되거나 분실한 위험성이 없어 보안 분야에서 많이 활용한다.
④ 구축 비용: 홍채 인식이나 정맥 인식은 시스템을 구축하는 비용이 고가이고, 다른 인식도 지식 기반이나 소지 기반에 비해 구축 비용이 비교적 많이 든다.

002 답 ①

ㄱ. 한계치가 교차점에서 오른쪽으로 이동했기 때문에 FAR(타인을 본인으로 오인)이 FRR(본인을 인식하지 못하고 거부)보다 크다.
ㄷ. 보안성이 높은 응용프로그램은 낮은 FAR(타인을 본인으로 오인)을 요구한다.

(선지분석)

ㄴ. 한계치를 우측으로 이동하면 FAR(타인을 본인으로 오인)은 커지고 FRR(본인을 인식하지 못하고 거부)은 작아진다. 즉, 보안성은 약화되고 사용자 편리성은 커진다.
ㄹ. 가능한 용의자를 찾는 범죄학 응용프로그램의 경우 높은 FAR(타인을 본인으로 오인)이 요구된다.

003 답 ③

얼굴은 동적(행동적) 특성이 아닌 정적인 특성이다.

(선지분석)

① 불변의 신체적 특징과 행동적 특징으로 구분할 수 있다.
② 신체적 특징은 각 개인의 얼굴 모양(Face)과 얼굴열상(Thermal image)을 이용하는 얼굴인식, 홍채(Iris)를 이용하는 홍채인식, 정맥(Vein)을 이용하는 정맥인식, 지문(Fingerprint)을 이용하는 지문인식과 그 외에 망막(Retina), 손모양(Hand geometry) 등을 이용한 것이 포함되고 있다(정적). 행동적 특징은 음성인식, 걸음걸이 인식, 서명인식 등이 있다(동적).
④ 오인식률(FAR, 다른 사람을 나로 오인할 확률)과 오거부율(FRR, 나를 다른 사람으로 오인할 확률)이 존재한다.

004 답 ①

권한이 있는 사람이 인증을 시도했을 때 실패하는 비율이다.

PART 8 관련법규

CHAPTER 01 | 정보통신망 이용촉진 및 정보보호 등에 관한 법률

정답 p.218

001	②	002	④	003	③	004	①	005	④
006	②	007	①	008	④	009	④	010	④
011	④	012	④	013	④	014	②	015	①
016	②	017	③	018	③	019	④	020	②
021	④	022	③	023	③	024	④	025	①

001
답 ②

「정보통신기반 보호법」 제8조(주요정보통신기반시설의 지정 등)에 명시된 주요정보통신기반시설로 지정할 수 있는 경우는 다음과 같다.

1. 중앙행정기관의 장은 소관분야의 정보통신기반시설중 5가지 사항을 고려하여 전자적 침해행위로부터의 보호가 필요하다고 인정되는 정보통신기반시설을 주요정보통신기반시설로 지정할 수 있다.
2. 지방자치단체의 장이 관리·감독하는 기관의 정보통신기반시설에 대하여는 행정안전부장관이 지방자치단체의 장과 협의하여 주요정보통신기반시설로 지정하거나 그 지정을 취소할 수 있다(회사의 임원이 주요정보통신기반시설을 지정할 수는 없다).

(선지분석)

①, ③, ④ 「정보통신망 이용촉진 및 정보보호 등에 관한 법률」 제45조의3【정보보호 최고책임자의 지정 등】④ 정보보호 최고책임자의 업무는 다음 각 호와 같다.

1. 정보보호 최고책임자는 다음 각 목의 업무를 총괄한다.
   가. 정보보호 계획의 수립·시행 및 개선
   나. 정보보호 실태와 관행의 정기적인 감사 및 개선
   다. 정보보호 위험의 식별 평가 및 정보보호 대책 마련
   라. 정보보호 교육과 모의 훈련 계획의 수립 및 시행
2. 정보보호 최고책임자는 다음 각 목의 업무를 겸할 수 있다.
   가. 「정보보호산업의 진흥에 관한 법률」 제13조에 따른 정보보호 공시에 관한 업무
   나. 「정보통신기반 보호법」 제5조 제5항에 따른 정보보호책임자의 업무
   다. 「전자금융거래법」 제21조의2 제4항에 따른 정보보호최고책임자의 업무
   라. 「개인정보 보호법」 제31조 제2항에 따른 개인정보 보호책임자의 업무
   마. 그 밖에 이 법 또는 관계 법령에 따라 정보보호를 위하여 필요한 조치의 이행

002
답 ④

정보보호 관리체계의 인증 심사는 정보보호 관리체계 심사기관에서 수행하고, 심사기관이란 「정보보호 및 개인정보보호 관리체계 인증 등에 관한 고시」에 따라 과학기술정보통신부장관과 개인정보 보호위원회가 지정하는 기관을 말한다.

(선지분석)

①, ②, ③, ⑤ 「정보통신망 이용촉진 및 정보보호 등에 관한 법률」 제45조의3【정보보호 최고책임자의 지정 등】④ 정보보호 최고책임자의 업무는 다음 각 호와 같다.

1. 정보보호 최고책임자는 다음 각 목의 업무를 총괄한다.
   가. 정보보호 계획의 수립·시행 및 개선
   나. 정보보호 실태와 관행의 정기적인 감사 및 개선
   다. 정보보호 위험의 식별 평가 및 정보보호 대책 마련
   라. 정보보호 교육과 모의 훈련 계획의 수립 및 시행
2. 정보보호 최고책임자는 다음 각 목의 업무를 겸할 수 있다.
   가. 「정보보호산업의 진흥에 관한 법률」 제13조에 따른 정보보호 공시에 관한 업무
   나. 「정보통신기반 보호법」 제5조 제5항에 따른 정보보호책임자의 업무
   다. 「전자금융거래법」 제21조의2 제4항에 따른 정보보호최고책임자의 업무
   라. 「개인정보 보호법」 제31조 제2항에 따른 개인정보 보호책임자의 업무
   마. 그 밖에 이 법 또는 관계 법령에 따라 정보보호를 위하여 필요한 조치의 이행

003
답 ③

- 통신과금서비스이용자: 통신과금서비스제공자로부터 통신과금서비스를 이용하여 재화등을 구입·이용하는 자
- 정보보호산업(「정보보호산업의 진흥에 관한 법률」): 정보보호를 위한 기술(이하 "정보보호기술"이라 한다) 및 정보보호기술이 적용된 제품(이하 "정보보호제품"이라 한다)을 개발·생산 또는 유통하거나 이에 관련한 서비스(이하 "정보보호서비스"라 한다)를 제공하는 산업

004
답 ①

「정보통신기반 보호법」에서 규정하고 있는 내용은 주요정보통신기반시설의 보호체계, 주요정보통신기반시설의 지정 및 취약점 분석, 주요정보통신기반시설의 보호 및 침해사고의 대응, 기술지원 및 민간협력 등이다.

(선지분석)

②, ③, ④ 「정보통신망 이용촉진 및 정보보호 등에 관한 법률」에서 규정하고 있는 내용은 정보통신망의 이용촉진(기술 개발, 표준화), 전자문서중계자를 통한 전자문서의 활용, 정보통신망에서의 이용자 보호, 정보통신망의 안정성 확보 등이다.

005 답 ④

개인정보 보호법 제39조의3【개인정보의 수집·이용 동의 등에 대한 특례】 정보통신서비스 제공자는 이용자의 개인정보를 이용하려고 수집하는 경우에는 다음 각 호의 모든 사항을 이용자에게 알리고 동의를 받아야 한다. 다음 각 호의 어느 하나의 사항을 변경하려는 경우에도 또한 같다. (삭제)

1. 개인정보의 수집·이용 목적
2. 수집하는 개인정보의 항목
3. 개인정보의 보유·이용 기간

(선지분석)

제15조【개인정보의 수집·이용】② 개인정보처리자는 제1항 제1호에 따른 동의를 받을 때에는 다음 각 호의 사항을 정보주체에게 알려야 한다. 다음 각 호의 어느 하나의 사항을 변경하는 경우에도 이를 알리고 동의를 받아야 한다.

1. 개인정보의 수집·이용 목적
2. 수집하려는 개인정보의 항목
3. 개인정보의 보유 및 이용 기간
4. 동의를 거부할 권리가 있다는 사실 및 동의 거부에 따른 불이익이 있는 경우에는 그 불이익의 내용

006 답 ②

개인정보 보호법 시행령 제48조의2【개인정보의 안정성 확보 조치에 관한 특례】상 개인정보를 안전하게 처리하기 위한 내부관리계획의 수립·시행은 맞지만 개인정보 취급방침에 포함되어야 할 사항은 아니다. (폐지)

(선지분석)

제30조【개인정보 처리방침의 수립 및 공개】(개정) ① 개인정보처리자는 다음 각 호의 사항이 포함된 개인정보의 처리 방침(이하 "개인정보 처리방침"이라 한다)을 정하여야 한다. 이 경우 공공기관은 제32조에 따라 등록대상이 되는 개인정보파일에 대하여 개인정보 처리방침을 정한다.

1. 개인정보의 처리 목적
2. 개인정보의 처리 및 보유 기간
3. 개인정보의 제3자 제공에 관한 사항(해당되는 경우에만 정한다)

3의2. 개인정보의 파기절차 및 파기방법(제21조 제1항 단서에 따라 개인정보를 보존하여야 하는 경우에는 그 보존근거와 보존하는 개인정보 항목을 포함한다)

3의3. 제23조 제3항에 따른 민감정보의 공개 가능성 및 비공개를 선택하는 방법(해당되는 경우에만 정한다) (개정)

4. 개인정보처리의 위탁에 관한 사항(해당되는 경우에만 정한다)

4의2. 제28조의2 및 제28조의3에 따른 가명정보의 처리 등에 관한 사항(해당되는 경우에만 정한다) (개정)

5. 정보주체와 법정대리인의 권리·의무 및 그 행사방법에 관한 사항
6. 제31조에 따른 개인정보 보호책임자의 성명 또는 개인정보 보호업무 및 관련 고충사항을 처리하는 부서의 명칭과 전화번호 등 연락처
7. 인터넷 접속정보파일 등 개인정보를 자동으로 수집하는 장치의 설치·운영 및 그 거부에 관한 사항(해당하는 경우에만 정한다)
8. 그 밖에 개인정보의 처리에 관하여 대통령령으로 정한 사항

007 답 ①

해당 문제처럼 년도에 따라 답이 바뀔 수 있는 것은 매년 해당 답의 갱신 여부를 체크해보아야 한다. 일단 현재를 기점으로 ISMS의 인증권자는 "과학기술정보통신부"이고, PIMS의 인증권자는 "개인정보위원회"이다. 그리고 ISMS와 PIMS는 ISMS-P로 통합되었다. 인증기관은 "한국인터넷진흥원(KISA)"이다.

008 답 ④

개인정보 보호법 시행령 제48조의2【개인정보의 안정성 확보 조치에 관한 특례】 개인정보를 안전하게 처리하기 위한 내부관리계획의 수립·시행은 맞지만 공개는 보호조치에 해당되지 않는다. (삭제)

(선지분석)

개인정보 보호법 시행령 제48조의2【개인정보의 안정성 확보 조치에 관한 특례】 정보통신서비스 제공자등이 개인정보를 처리할 때에는 개인정보의 분실·도난·유출·위조·변조 또는 훼손을 방지하고 개인정보의 안전성을 확보하기 위하여 대통령령으로 정하는 기준에 따라 다음 각 호의 기술적·관리적 조치를 하여야 한다. (삭제)

1. 개인정보를 안전하게 처리하기 위한 내부관리계획의 수립·시행
2. 개인정보에 대한 불법적인 접근을 차단하기 위한 침입차단시스템 등 접근 통제장치의 설치·운영
3. 접속기록의 위조·변조 방지를 위한 조치
4. 개인정보를 안전하게 저장·전송할 수 있는 암호화기술 등을 이용한 보안조치
5. 백신 소프트웨어의 설치·운영 등 컴퓨터바이러스에 의한 침해 방지조치
6. 그 밖에 개인정보의 안전성 확보를 위하여 필요한 보호조치

009 답 ④

개인정보를 이전하는 자의 성명은 미리 알려진 정보이므로 이용자에게 굳이 고지해야할 필요가 없다.

(선지분석)

개인정보 보호법 제39조의12【국외 이전 개인정보의 보호】(삭제) 제28조의8【개인정보의 국외 이전】② 개인정보처리자는 제1항 제1호에 따른 동의를 받을 때에는 미리 다음 각 호의 사항을 정보주체에게 알려야 한다.

1. 이전되는 개인정보 항목
2. 개인정보가 이전되는 국가, 시기 및 방법

3. 개인정보를 이전받는 자의 성명(법인인 경우에는 그 명칭과 연락처를 말한다)
4. 개인정보를 이전받는 자의 개인정보 이용목적 및 보유·이용 기간
5. 개인정보의 이전을 거부하는 방법, 절차 및 거부의 효과

010

답 ④

해당 설명은 "정보통신망 이용촉진 및 정보보호 등에 관한 법률"이고, "정보통신산업 진흥법"은 정보통신산업의 진흥을 위한 기반을 조성함으로써 정보통신산업의 경쟁력을 강화하고 국민경제의 발전에 이바지함을 목적으로 한다.

011

답 ④

「정보통신망 이용촉진 및 정보보호 등에 관한 법률」 제23조의2(주민등록번호의 사용 제한)상 정보통신서비스 제공자는 다음 각 호의 어느 하나에 해당하는 경우를 제외하고는 이용자의 주민등록번호를 수집·이용할 수 없다.
1. 제23조의3에 따라 본인확인기관으로 지정받은 경우
2. 삭제
3. 「전기통신사업법」 제38조 제1항에 따라 기간통신사업자로부터 이동통신서비스 등을 제공받아 재판매하는 전기통신사업자가 제23조의3에 따라 본인확인기관으로 지정받은 이동통신사업자의 본인확인업무 수행과 관련하여 이용자의 주민등록번호를 수집·이용하는 경우

012

답 ④

개인정보 보호책임자는 제3자가 웹 사이트 등을 통해 공개해야하는 상황으로 굳이 이용자에게 알리고 동의를 받아야 하는 내용이 아니다.

(선지분석)

개인정보 보호법 제17조【개인정보의 제공】② 개인정보처리자는 제1항 제1호에 따른 동의를 받을 때에는 다음 각 호의 사항을 정보주체에게 알려야 한다. 다음 각 호의 어느 하나의 사항을 변경하는 경우에도 이를 알리고 동의를 받아야 한다.
1. 개인정보를 제공받는 자
2. 개인정보를 제공받는 자의 개인정보 이용 목적
3. 제공하는 개인정보의 항목
4. 개인정보를 제공받는 자의 개인정보 보유 및 이용 기간
5. 동의를 거부할 권리가 있다는 사실 및 동의 거부에 따른 불이익이 있는 경우에는 그 불이익의 내용

013

답 ④

「정보통신망 이용촉진 및 정보보호 등에 관한 법률」 제45조의3【정보보호 최고책임자의 지정 등】① 정보통신서비스 제공자는 정보통신시스템 등에 대한 보안 및 정보의 안전한 관리를 위하여 임원급의 정보보호 최고책임자를 지정하고 과학기술정보통신부장관에게 신고하여야 한다. 다만, 자산총액, 매출액 등이 대통령령으로 정하는 기준에 해당하는 정보통신서비스 제공자의 경우에는 정보보호 최고책임자를 지정하지 아니할 수 있다.

(선지분석)

① 개인정보 처리자: 업무를 목적으로 개인정보파일을 운용하기 위하여 스스로 또는 다른 사람을 통하여 개인정보를 처리하는 공공기관, 법인, 단체 및 개인 등을 말한다.
② 정보보호 담당관: 전산분야의 보안계획 및 운용 등의 기능을 수행하는 자로 전산업무담당 실장 본부장을 말한다.
③ 정보보호 정책관: 민간분야 정보보호 정책을 총괄하는 수장을 말한다.

TIP "미래창조과학부장관"에서 "과학기술정보통신부장관"으로 바뀐 것에 주의한다(조직이 해산되면 장관과 조직의 이름이 바뀐다).

014

답 ②

「정보통신망 이용촉진 및 정보보호 등에 관한 법률」 제52조【한국인터넷진흥원】① 정부는 정보통신망의 고도화(정보통신망의 구축·개선 및 관리에 관한 사항을 제외한다)와 안전한 이용 촉진 및 방송통신과 관련한 국제협력·국외진출 지원을 효율적으로 추진하기 위하여 한국인터넷진흥원(이하 "인터넷진흥원"이라 한다)을 설립한다.

(선지분석)

①「방송통신위원회의 설치 및 운영에 관한 법률」 제3조【위원회의 설치】① 방송과 통신에 관한 규제와 이용자 보호 등의 업무를 수행하기 위하여 대통령 소속으로 방송통신위원회(이하 "위원회"라 한다)를 둔다.
③「지능정보화 기본법」 제12조【한국지능정보사회진흥원의 설립】① 과학기술정보통신부장관과 행정안전부장관은 지능정보사회 관련 정책의 개발과 국가기관등의 지능정보사회 시책 및 지능정보화 사업의 추진 등을 지원하기 위하여 한국지능정보사회진흥원(이하 "지능정보사회원"이라 한다)을 설립한다.
④「정보통신산업 진흥법」 제26조【정보통신산업진흥원의 설립 등】① 정보통신산업을 효율적으로 지원하기 위하여 정보통신산업진흥원(이하 "산업진흥원"이라 한다)을 설립한다.

015

답 ①

제19조【국내대리인 지정 대상자의 범위】① 법 제32조의5 제1항에서 "대통령령으로 정하는 기준에 해당하는 자"란 다음 각 호의 어느 하나에 해당하는 자를 말한다.
1. 전년도[법인인 경우에는 전(前) 사업연도를 말한다] 매출액이 1조원 이상인 자

2. 정보통신서비스 부문 전년도(법인인 경우에는 전 사업연도를 말한다) 매출액이 100억원 이상인 자
3. 전년도 말 기준 직전 3개월간 그 개인정보가 저장·관리되고 있는 이용자 수가 일일평균 100만명 이상인 자 (삭제)
4. 이 법을 위반하여 개인정보 침해 사건·사고가 발생하였거나 발생할 가능성이 있는 경우로서 법 제64조 제1항에 따라 방송통신위원회로부터 관계 물품·서류 등을 제출하도록 요구받은 자

TIP 제32조의5【국내대리인의 지정】① 국내에 주소 또는 영업소가 없는 정보통신서비스 제공자등으로서 이용자 수, 매출액 등을 고려하여 대통령령으로 정하는 기준에 해당하는 자는 다음 각 호의 사항을 대리하는 자(이하 "국내대리인"이라 한다)를 서면으로 지정하여야 한다.

TIP 제47조【정보보호 관리체계의 인증】②「전기통신사업법」 제2조 제8호에 따른 전기통신사업자와 전기통신사업자의 전기통신역무를 이용하여 정보를 제공하거나 정보의 제공을 매개하는 자로서 다음 각 호의 어느 하나에 해당하는 자는 제1항에 따른 인증을 받아야 한다.

1. 「전기통신사업법」 제6조 제1항에 따른 등록을 한 자로서 대통령령으로 정하는 바에 따라 정보통신망서비스를 제공하는 자
2. 집적정보통신시설 사업자
3. 연간 매출액 또는 세입 등이 1,500억원 이상이거나 정보통신서비스 부문 전년도 매출액이 100억원 이상 또는 3개월간의 일일평균 이용자수 100만명 이상으로서, 대통령령으로 정하는 기준에 해당하는 자

016 답 ②

제45조【정보통신망의 안정성 확보 등】③ 정보보호지침에는 다음 각 호의 사항이 포함되어야 한다.

1. 정당한 권한이 없는 자가 정보통신망에 접근·침입하는 것을 방지하거나 대응하기 위한 정보보호시스템의 설치·운영 등 기술적·물리적 보호조치
2. 정보의 불법 유출·위조·변조·삭제 등을 방지하기 위한 기술적 보호조치
3. 정보통신망의 지속적인 이용이 가능한 상태를 확보하기 위한 기술적·물리적 보호조치
4. 정보통신망의 안정 및 정보보호를 위한 인력·조직·경비의 확보 및 관련 계획수립 등 관리적 보호조치
5. 정보통신망연결기기등의 정보보호를 위한 기술적 보호조치 (추가)

TIP 제45조의3【정보보호 최고책임자의 지정 등】④ 정보보호 최고책임자의 업무는 다음 각 호와 같다.

1. 정보보호 최고책임자는 다음 각 목의 업무를 총괄한다.
   가. 정보보호 계획의 수립·시행 및 개선
   나. 정보보호 실태와 관행의 정기적인 감사 및 개선
   다. 정보보호 위험의 식별 평가 및 정보보호 대책 마련
   라. 정보보호 교육과 모의 훈련 계획의 수립 및 시행
2. 정보보호 최고책임자는 다음 각 목의 업무를 겸할 수 있다.
   가. 「정보보호산업의 진흥에 관한 법률」 제13조에 따른 정보보호 공시에 관한 업무
   나. 「정보통신기반 보호법」 제5조 제5항에 따른 정보보호책임자의 업무
   다. 「전자금융거래법」 제21조의2 제4항에 따른 정보보호최고책임자의 업무
   라. 「개인정보 보호법」 제31조 제2항에 따른 개인정보 보호책임자의 업무
   마. 그 밖에 이 법 또는 관계 법령에 따라 정보보호를 위하여 필요한 조치의 이행

017 답 ③

「정보통신망 이용촉진 및 정보보호 등에 관한 법률」: 이 법은 정보통신망의 이용을 촉진하고 정보통신서비스를 이용하는 자의 개인정보를 보호함과 아울러 정보통신망을 건전하고 안전하게 이용할 수 있는 환경을 조성하여 국민생활의 향상과 공공복리의 증진에 이바지함을 목적으로 한다.

(선지분석)

① 「지능정보화 기본법」: 이 법은 지능정보화 관련 정책의 수립·추진에 필요한 사항을 규정함으로써 지능정보사회의 구현에 이바지하고 국가경쟁력을 확보하며 국민의 삶의 질을 높이는 것을 목적으로 한다.
② 「개인정보 보호법」: 이 법은 개인정보의 처리 및 보호에 관한 사항을 정함으로써 개인의 자유와 권리를 보호하고, 나아가 개인의 존엄과 가치를 구현함을 목적으로 한다.
④ 「정보통신산업 진흥법」: 이 법은 정보통신산업의 진흥을 위한 기반을 조성함으로써 정보통신산업의 경쟁력을 강화하고 국민경제의 발전에 이바지함을 목적으로 한다.

018 답 ③

소관 행정기관은 방송통신위원회, 과학기술정보통신부이다(원래는 포함되었으나 법 개정으로 제외되었다).

019 답 ④

제46조【집적된 정보통신시설의 보호】① 타인의 정보통신서비스 제공을 위하여 집적된 정보통신시설을 운영·관리하는 정보통신서비스 제공자(이하 "집적정보통신시설 사업자"라 한다)는 정보통신시설을 안정적으로 운영하기 위하여 대통령령으로 정하는 바에 따른 보호조치를 하여야 한다.

(선지분석)

①, ②, ③ 제45조의3【정보보호 최고책임자의 지정 등】④ 정보보호 최고책임자의 업무는 다음 각 호와 같다.

1. 정보보호 최고책임자는 다음 각 목의 업무를 총괄한다.
   가. 정보보호 계획의 수립·시행 및 개선
   나. 정보보호 실태와 관행의 정기적인 감사 및 개선
   다. 정보보호 위험의 식별 평가 및 정보보호 대책 마련
   라. 정보보호 교육과 모의 훈련 계획의 수립 및 시행
2. 정보보호 최고책임자는 다음 각 목의 업무를 겸할 수 있다.
   가. 「정보보호산업의 진흥에 관한 법률」 제13조에 따른 정보보호 공시에 관한 업무

나. 「정보통신기반 보호법」 제5조 제5항에 따른 정보보호책임자의 업무
다. 「전자금융거래법」 제21조의2 제4항에 따른 정보보호최고책임자의 업무
라. 「개인정보 보호법」 제31조 제2항에 따른 개인정보 보호책임자의 업무
마. 그 밖에 이 법 또는 관계 법령에 따라 정보보호를 위하여 필요한 조치의 이행

020

답 ②

해당 용어는 "이용자"이고, "통신과금서비스"란 정보통신서비스로서 다음 각 목의 업무를 말한다.

가. 타인이 판매·제공하는 재화 또는 용역(이하 "재화등"이라 한다)의 대가를 자신이 제공하는 전기통신역무의 요금과 함께 청구·징수하는 업무
나. 타인이 판매·제공하는 재화등의 대가가 가목의 업무를 제공하는 자의 전기통신역무의 요금과 함께 청구·징수되도록 거래정보를 전자적으로 송수신하는 것 또는 그 대가의 정산을 대행하거나 매개하는 업무

021

답 ④

제23조의4 【본인확인업무의 정지 및 지정취소】 ① 방송통신위원회는 본인확인기관이 다음 각 호의 어느 하나에 해당하는 때에는 6개월 이내의 기간을 정하여 본인확인업무의 전부 또는 일부의 정지를 명하거나 지정을 취소할 수 있다. 다만, 제1호 또는 제2호에 해당하는 때에는 그 지정을 취소하여야 한다.

1. 거짓이나 그 밖의 부정한 방법으로 본인확인기관의 지정을 받은 경우
2. 본인확인업무의 정지명령을 받은 자가 그 명령을 위반하여 업무를 정지하지 아니한 경우
3. 지정받은 날부터 6개월 이내에 본인확인업무를 개시하지 아니하거나 6개월 이상 계속하여 본인확인업무를 휴지한 경우
4. 제23조의3 제4항에 따른 지정기준에 적합하지 아니하게 된 경우

022

답 ③

제23조의3 【본인확인기관의 지정 등】 ① 방송통신위원회는 다음 각 호의 사항을 심사하여 대체수단의 개발·제공·관리 업무(이하 "본인확인업무"라 한다)를 안전하고 신뢰성 있게 수행할 능력이 있다고 인정되는 자를 본인확인기관으로 지정할 수 있다.

1. 본인확인업무의 안전성 확보를 위한 물리적·기술적·관리적 조치계획
2. 본인확인업무의 수행을 위한 기술적·재정적 능력
3. 본인확인업무 관련 설비규모의 적정성

023

답 ③

해당 내용을 규정하지 않는다.

024

답 ④

제48조의4 【침해사고의 원인 분석 등】 ⑥ 과학기술정보통신부장관이나 민·관합동조사단은 제5항에 따라 제출받은 자료와 조사를 통하여 알게 된 정보를 침해사고의 원인 분석 및 대책 마련 외의 목적으로는 사용하지 못하며, 원인 분석이 끝난 후에는 즉시 파기하여야 한다.

025

답 ①

제45조 【정보통신망의 안정성 확보 등】 ③ 정보보호지침에는 다음 각 호의 사항이 포함되어야 한다.

1. 정당한 권한이 없는 자가 정보통신망에 접근·침입하는 것을 방지하거나 대응하기 위한 정보보호시스템의 설치·운영 등 기술적·물리적 보호조치
2. 정보의 불법 유출·위조·변조·삭제 등을 방지하기 위한 기술적 보호조치
3. 정보통신망의 지속적인 이용이 가능한 상태를 확보하기 위한 기술적·물리적 보호조치
4. 정보통신망의 안정 및 정보보호를 위한 인력·조직·경비의 확보 및 관련 계획수립 등 관리적 보호조치
5. 정보통신망연결기기등의 정보보호를 위한 기술적 보호조치

CHAPTER 02 | 정보통신기반 보호법

정답

p.224

001	③	002	④	003	③

001

답 ③

「정보통신기반 보호법」 제8조 【주요정보통신기반시설의 지정】 중앙행정기관의 장은 소관분야의 정보통신기반시설중 전자적 침해행위로부터의 보호가 필요하다고 인정되는 정보통신기반시설을 주요정보통신기반시설로 지정할 수 있다(예 관리기관의 장은 IDC 센터장 등을 의미하는데 이들이 주요정보통신기반시설을 지정할 수는 없다).

선지분석

① 「정보통신기반 보호법」 제13조 【침해사고의 통지】 관리기관의 장은 침해사고가 발생하여 소관 주요정보통신기반시설이 교란·마비 또는 파괴된 사실을 인지한 때에는 관계 행정기관, 수사기관 또는 한국인터넷진흥원에 그 사실을 통지하여야 한다.

② 「정보통신기반 보호법」 제2조【정의】 "전자적 침해행위"란 다음 각 목의 방법으로 정보통신기반시설을 공격하는 행위를 말한다.
가. 해킹, 컴퓨터바이러스, 논리·메일폭탄, 서비스거부 또는 고출력 전자기파 등의 방법
나. 정상적인 보호·인증 절차를 우회하여 정보통신기반시설에 접근할 수 있도록 하는 프로그램이나 기술적 장치 등을 정보통신기반시설에 설치하는 방법
④ 「정보통신기반 보호법」 제9조【취약점의 분석·평가】 주요정보통신기반시설의 취약점 분석·평가의 방법 및 절차 등에 관하여 필요한 사항은 대통령령으로 정한다.

002 답 ④

컴퓨터 바이러스·논리폭탄 등의 프로그램을 투입: 웜 피해 방지

003 답 ③

「정보통신기반 보호법」 제8조(주요정보통신기반시설의 지정 등)상 지방자치단체의 장이 관리·감독하는 기관의 정보통신기반시설에 대하여는 행정안전부장관이 지방자치단체의 장과 협의하여 주요정보통신기반시설로 지정하거나 그 지정을 취소할 수 있다.

선지분석

① 「정보통신기반 보호법」 제9조(취약점의 분석·평가)상 관리기관의 장은 대통령령이 정하는 바에 따라 정기적으로 소관 주요정보통신기반시설의 취약점을 분석·평가하여야 한다.
② 「정보통신기반 보호법」 제8조(주요정보통신기반시설의 지정 등)상 중앙행정기관의 장은 소관분야의 정보통신기반시설 중 전자적 침해행위로부터의 보호가 필요하다고 인정되는 정보통신기반시설을 주요정보통신기반시설로 지정할 수 있다.
④ 「정보통신기반 보호법」 제8조의2(주요정보통신기반시설의 지정 권고)상 과학기술정보통신부장관과 국가정보원장등은 특정한 정보통신기반시설을 주요정보통신기반시설로 지정할 필요가 있다고 판단되는 경우에는 중앙행정기관의 장에게 해당 정보통신기반시설을 주요정보통신기반시설로 지정하도록 권고할 수 있다. 이 경우 지정 권고를 받은 중앙행정기관의 장은 위원회의 심의를 거쳐 지정 여부를 결정하여야 한다.

CHAPTER 03 | 전자서명법

정답 p.225

001	①	002	②	003	②	004	③	005	③
006	①	007	①						

001 답 ①

「전자서명법」 제8조【공인인증기관의 업무수행】 과학기술정보통신부장관(예전: 미래창조과학부장관)은 인증업무의 안전성과 신뢰성 확보를 위하여 공인인증기관이 인증업무수행에 있어 지키어야 할 구체적 사항을 전자서명인증업무지침으로 정하여 고시할 수 있다.
TIP 해당 장관의 이름은 해당 조직이 해산되면 바뀔 수 있으므로 최신 관련 법규를 확인해봐야 한다.

002 답 ②

공인인증기관의 전자서명생성정보: 개인키(전자서명생성정보)는 개인(공인인증기관)이 가지고 있어야 하는 것으로 공인인증서에 있으면 안 되는 정보이다.

선지분석

①, ③, ④ 「전자서명법」 제15조(공인인증서의 발급)상 공인인증기관이 발급하는 공인인증서에는 다음 각 호의 사항이 포함되어야 한다.
1. 가입자의 이름(법인의 경우에는 명칭을 말한다)
2. 가입자의 전자서명검증정보
3. 가입자와 공인인증기관이 이용하는 전자서명 방식
4. 공인인증서의 일련번호
5. 공인인증서의 유효기간
6. 공인인증기관의 명칭 등 공인인증기관임을 확인할 수 있는 정보
7. 공인인증서의 이용범위 또는 용도를 제한하는 경우 이에 관한 사항
8. 가입자가 제3자를 위한 대리권 등을 갖는 경우 또는 직업상 자격등의 표시를 요청한 경우 이에 관한 사항
9. 공인인증서임을 나타내는 표시

003 답 ②

전자서명검증정보는 공개키이므로 유출되어도 무방하다. 전자서명생성정보(개인키)와 혼동하지 말아야 한다. 자주 출제되는 용어이므로 기억해두는 것이 좋다.

선지분석

①, ③, ④
- 「전자서명법」 제16조(공인인증서의 효력의 소멸 등)상 공인인증기관이 발급한 공인인증서는 다음 각 호의 1에 해당하는 사유가 발생한 경우에는 그 사유가 발생한 때에 그 효력이 소멸된다.

1. 공인인증서의 유효기간이 경과한 경우
2. 제12조 제1항의 규정에 의하여 공인인증기관의 지정이 취소된 경우
3. 제17조의 규정에 의하여 공인인증서의 효력이 정지된 경우
4. 제18조의 규정에 의하여 공인인증서가 폐지된 경우

• 「전자서명법」 제18조(공인인증서의 폐지)상 공인인증기관은 공인인증서에 관하여 다음 각 호의 1에 해당하는 사유가 발생한 경우에는 당해 공인인증서를 폐지하여야 한다.
1. 가입자 또는 그 대리인이 공인인증서의 폐지를 신청한 경우
2. 가입자가 사위 기타 부정한 방법으로 공인인증서를 발급받은 사실을 인지한 경우
3. 가입자의 사망·실종선고 또는 해산 사실을 인지한 경우
4. 가입자의 전자서명생성정보가 분실·훼손 또는 도난·유출된 사실을 인지한 경우

004 답 ③

「전자서명법」 제15조(공인인증서의 발급)상 공인인증기관이 발급하는 공인인증서에는 다음 각 호의 사항이 포함되어야 한다.
1. 가입자의 이름(법인의 경우에는 명칭을 말한다)
2. 가입자의 전자서명검증정보
3. 가입자와 공인인증기관이 이용하는 전자서명 방식
4. 공인인증서의 일련번호
5. 공인인증서의 유효기간
6. 공인인증기관의 명칭 등 공인인증기관임을 확인할 수 있는 정보
7. 공인인증서의 이용범위 또는 용도를 제한하는 경우 이에 관한 사항
8. 가입자가 제3자를 위한 대리권 등을 갖는 경우 또는 직업상 자격등의 표시를 요청한 경우 이에 관한 사항
9. 공인인증서임을 나타내는 표시

005 답 ③

서명자: 「전자서명법」 제2조(용어)상 "서명자"라 함은 전자서명생성정보를 보유하고 자신이 직접 또는 타인을 대리하여 서명을 하는 자를 말한다. (삭제)

(선지분석)

① 전자서명: 「전자서명법」 제2조(용어)상 "전자서명"이란 다음 각 목의 사항을 나타내는 데 이용하기 위하여 전자문서에 첨부되거나 논리적으로 결합된 전자적 형태의 정보를 말한다.
 가. 서명자의 신원
 나. 서명자가 해당 전자문서에 서명하였다는 사실

② 인증서: 「전자서명법」 제2조(용어)상 "인증서"라 함은 전자서명생성정보가 가입자에게 유일하게 속한다는 사실 등을 확인하고 이를 증명하는 전자적 정보를 말한다.

④ 전자서명생성정보: 「전자서명법」 제2조(용어)상 "전자서명생성정보"라 함은 전자서명을 생성하기 위하여 이용하는 전자적 정보를 말한다.

006 답 ①

제5조【전자서명의 이용 촉진을 위한 지원】 과학기술정보통신부장관은 전자서명의 이용을 촉진하기 위하여 다음 각 호의 사항에 대한 행정적·재정적·기술적 지원을 할 수 있다.
1. 전자서명 관련 기술의 연구·개발·활용 및 표준화
2. 전자서명 관련 전문인력의 양성
3. 다양한 전자서명수단의 이용 확산을 위한 시범사업 추진
4. 전자서명의 상호연동 촉진을 위한 기술지원 및 연동설비 등의 운영
5. 제9조에 따른 인정기관 및 제10조에 따른 평가기관의 업무 수행 및 운영
6. 그 밖에 전자서명의 이용 촉진을 위하여 필요한 사항

(선지분석)

제7조【전자서명인증업무 운영기준 등】 ② 과학기술정보통신부장관은 다음 각 호의 사항이 포함된 전자서명인증업무 운영기준(이하 "운영기준"이라 한다)을 정하여 고시한다. 이 경우 운영기준은 국제적으로 인정되는 기준 등을 고려하여 정하여야 한다.
1. 전자서명 및 전자문서의 위조·변조 방지대책
2. 전자서명인증서비스의 가입·이용 절차 및 가입자 확인방법
3. 전자서명인증업무의 휴지·폐지 절차
4. 전자서명인증업무 관련 시설기준 및 자료의 보호방법
5. 가입자 및 이용자의 권익 보호대책
6. 장애인·고령자 등의 전자서명 이용 보장 (추가)
7. 그 밖에 전자서명인증업무의 운영·관리에 관한 사항

007 답 ①

제8조【운영기준 준수사실의 인정】 ② 제1항 전단에 따른 인정(이하 "운영기준 준수사실의 인정"이라 한다)을 받으려는 전자서명인증사업자는 국가기관, 지방자치단체 또는 법인이어야 한다.

CHAPTER 04 | 개인정보 보호법

정답

p.227

001	④	002	①	003	④	004	①	005	①
006	③	007	②	008	④	009	④	010	①
011	③	012	④	013	④	014	③	015	④
016	④	017	①	018	③	019	②	020	④
021	②	022	②	023	②	024	①	025	②
026	②	027	⑤	028	③	029	③	030	⑤
031	③	032	④	033	④	034	④	035	②
036	④								

001 답 ④

제34조【개인정보 유출 등의 통지 · 신고】① 개인정보처리자는 개인정보가 분실 · 도난 · 유출(이하 이 조에서 "유출등"이라 한다)되었음을 알게 되었을 때에는 지체 없이 해당 정보주체에게 다음 각 호의 사항을 알려야 한다. 다만, 정보주체의 연락처를 알 수 없는 경우 등 정당한 사유가 있는 경우에는 대통령령으로 정하는 바에 따라 통지를 갈음하는 조치를 취할 수 있다. <개정 2023.3.14.>

1. 유출등이 된 개인정보의 항목
2. 유출등이 된 시점과 그 경위
3. 유출등으로 인하여 발생할 수 있는 피해를 최소화하기 위하여 정보주체가 할 수 있는 방법 등에 관한 정보
4. 개인정보처리자의 대응조치 및 피해 구제절차
5. 정보주체에게 피해가 발생한 경우 신고 등을 접수할 수 있는 담당부서 및 연락처

002 답 ①

개인정보 보호법 제25조【고정형 영상정보처리기기의 설치 · 운영 제한】⑤ 고정형영상정보처리기기운영자는 고정형 영상정보처리기기의 설치 목적과 다른 목적으로 고정형 영상정보처리기기를 임의로 조작하거나 다른 곳을 비춰서는 아니 되며, 녹음기능은 사용할 수 없다. <개정 2023.3.14.>

(선지분석)

② 개인정보 보호법 제25조【고정형 영상정보처리기기의 설치 · 운영 제한】⑤ 고정형영상정보처리기기운영자는 고정형 영상정보처리기기의 설치 목적과 다른 목적으로 고정형 영상정보처리기기를 임의로 조작하거나 다른 곳을 비춰서는 아니 되며, 녹음기능은 사용할 수 없다. <개정 2023.3.14.>

③ 개인정보 보호법 제25조【영상정보처리기기의 설치 · 운영 제한】⑧ 고정형영상정보처리기기운영자는 고정형 영상정보처리기기의 설치 · 운영에 관한 사무를 위탁할 수 있다. 다만, 공공기관이 고정형 영상정보처리기기 설치 · 운영에 관한 사무를 위탁하는 경우에는 대통령령으로 정하는 절차 및 요건에 따라야 한다. <개정 2023.3.14.> (제한적 재위탁도 가능하다)

④ 개인정보 보호법 제25조【영상정보처리기기의 설치 · 운영 제한】① 누구든지 다음 각 호의 경우를 제외하고는 공개된 장소에 고정형 영상정보처리기기를 설치 · 운영하여서는 아니 된다. <개정 2023.3.14.>

1. 법령에서 구체적으로 허용하고 있는 경우
2. 범죄의 예방 및 수사를 위하여 필요한 경우
3. 시설의 안전 및 관리, 화재 예방을 위하여 정당한 권한을 가진 자가 설치 · 운영하는 경우
4. 교통단속을 위하여 정당한 권한을 가진 자가 설치 · 운영하는 경우
5. 교통정보의 수집 · 분석 및 제공을 위하여 정당한 권한을 가진 자가 설치 · 운영하는 경우
6. 촬영된 영상정보를 저장하지 아니하는 경우로서 대통령령으로 정하는 경우

003 답 ④

제4조【정보주체의 권리】정보주체는 자신의 개인정보 처리와 관련하여 다음 각 호의 권리를 가진다. <개정 2023.3.14.>

1. 개인정보의 처리에 관한 정보를 제공받을 권리
2. 개인정보의 처리에 관한 동의 여부, 동의 범위 등을 선택하고 결정할 권리
3. 개인정보의 처리 여부를 확인하고 개인정보에 대한 열람(사본의 발급을 포함한다. 이하 같다) 및 전송을 요구할 권리
4. 개인정보의 처리 정지, 정정 · 삭제 및 파기를 요구할 권리
5. 개인정보의 처리로 인하여 발생한 피해를 신속하고 공정한 절차에 따라 구제받을 권리
6. 완전히 자동화된 개인정보 처리에 따른 결정을 거부하거나 그에 대한 설명 등을 요구할 권리

004 답 ①

「개인정보 보호법」 제7조의2(보호위원회의 구성 등)상 보호위원회의 위원은 개인정보 보호에 관한 경력과 전문지식이 풍부한 다음 각 호의 사람 중에서 위원장과 부위원장은 국무총리의 제청으로, 그 외 위원 중 2명은 위원장의 제청으로, 2명은 대통령이 소속되거나 소속되었던 정당의 교섭단체 추천으로, 3명은 그 외의 교섭단체 추천으로 대통령이 임명 또는 위촉한다.

1. 개인정보 보호 업무를 담당하는 3급 이상 공무원(고위공무원단에 속하는 공무원을 포함한다)의 직에 있거나 있었던 사람
2. 판사 · 검사 · 변호사의 직에 10년 이상 있거나 있었던 사람
3. 공공기관 또는 단체(개인정보처리자로 구성된 단체를 포함한다)에 3년 이상 임원으로 재직하였거나 이들 기관 또는 단체로부터 추천받은 사람으로서 개인정보 보호 업무를 3년 이상 담당하였던 사람
4. 개인정보 관련 분야에 전문지식이 있고 「고등교육법」 제2조 제1호에 따른 학교에서 부교수 이상으로 5년 이상 재직하고 있거나 재직하였던 사람

(선지분석)

② 정보주체: 처리되는 정보에 의하여 알아볼 수 있는 사람으로서 그 정보의 주체가 되는 사람을 말한다.

③ 개인정보의 제3자 제공: 제17조【개인정보의 제공】① 개인정보처리자는 다음 각 호의 어느 하나에 해당되는 경우에는 정보주체의 개인정보를 제3자에게 제공(공유를 포함한다. 이하 같다)할 수 있다. <개정 2023.3.14.>

1. 정보주체의 동의를 받은 경우
2. 제15조 제1항 제2호, 제3호 및 제5호부터 제7호까지에 따라 개인정보를 수집한 목적 범위에서 개인정보를 제공하는 경우

④ 1년간 보관: 제21조【개인정보의 파기】① 개인정보처리자는 보유기간의 경과, 개인정보의 처리 목적 달성, 가명정보의 처리 기간 경과 등 그 개인정보가 불필요하게 되었을 때에는 지체 없이 그 개인정보를 파기하여야 한다. 다만, 다른 법령에 따라 보존하여야 하는 경우에는 그러하지 아니하다. <개정 2023.3.14.>

⑤ 보호 대상이 되는 개인 정보: 개인 정보란 살아 있는 개인에 관한 정보를 의미한다.

005 답 ①

- 「개인정보 보호법」 제24조의2(주민등록번호 처리의 제한)상 제24조 제1항에도 불구하고 개인정보처리자는 다음 각 호의 어느 하나에 해당하는 경우를 제외하고는 주민등록번호를 처리할 수 없다.
  1. 법률 · 대통령령 · 국회규칙 · 대법원규칙 · 헌법재판소규칙 · 중앙선거관리위원회규칙 및 감사원규칙에서 구체적으로 주민등록번호의 처리를 요구하거나 허용한 경우
  2. 정보주체 또는 제3자의 급박한 생명, 신체, 재산의 이익을 위하여 명백히 필요하다고 인정되는 경우
  3. 제1호 및 제2호에 준하여 주민등록번호 처리가 불가피한 경우로서 보호위원회가 고시로 정하는 경우
- 「개인정보 보호법」 제18조【개인정보의 목적 외 이용 · 제공 제한】개인정보를 목적 외의 용도로 이용하거나 이를 제3자에게 제공하지 아니하면 다른 법률에서 정하는 소관 업무를 수행할 수 없는 경우로서 보호위원회의 심의 · 의결을 거친 경우 (공공기관)

006 답 ③

제15조【개인정보의 수집 · 이용】① 개인정보처리자는 다음 각 호의 어느 하나에 해당하는 경우에는 개인정보를 수집할 수 있으며 그 수집 목적의 범위에서 이용할 수 있다. <개정 2023.3.14.>

1. 정보주체의 동의를 받은 경우
2. 법률에 특별한 규정이 있거나 법령상 의무를 준수하기 위하여 불가피한 경우
3. 공공기관이 법령 등에서 정하는 소관 업무의 수행을 위하여 불가피한 경우
4. 정보주체와 체결한 계약을 이행하거나 계약을 체결하는 과정에서 정보주체의 요청에 따른 조치를 이행하기 위하여 필요한 경우
5. 명백히 정보주체 또는 제3자의 급박한 생명, 신체, 재산의 이익을 위하여 필요하다고 인정되는 경우
6. 개인정보처리자의 정당한 이익을 달성하기 위하여 필요한 경우로서 명백하게 정보주체의 권리보다 우선하는 경우. 이 경우 개인정보처리자의 정당한 이익과 상당한 관련이 있고 합리적인 범위를 초과하지 아니하는 경우에 한한다.
7. 공중위생 등 공공의 안전과 안녕을 위하여 긴급히 필요한 경우

007 답 ②

「개인정보 보호법」 제2조(정의)상 해당 설명은 "개인정보처리자"를 의미하고, "정보주체"란 처리되는 정보에 의하여 알아볼 수 있는 사람으로서 그 정보의 주체가 되는 사람을 말한다.

008 답 ④

「개인정보 보호법」 부칙 제2조【주민등록번호 처리 제한에 관한 경과조치】① 이 법 시행 당시 주민등록번호를 처리하고 있는 개인정보처리자는 이 법 시행일부터 2년 이내에 보유하고 있는 주민등록번호를 파기하여야 한다. 다만, 제24조의2 제1항 각 호의 개정규정의 어느 하나에 해당하는 경우는 제외한다.

② 제1항에 따른 기간 이내에 보유하고 있는 주민등록번호를 파기하지 아니한 경우에는 제24조의2 제1항의 개정규정을 위반한 것으로 본다.

(선지분석)

①, ②, ③ 「개인정보 보호법」 제24조의2【주민등록번호 처리의 제한】① 제24조 제1항에도 불구하고 개인정보처리자는 다음 각 호의 어느 하나에 해당하는 경우를 제외하고는 주민등록번호를 처리할 수 없다.

② 개인정보처리자는 제24조 제3항에도 불구하고 주민등록번호가 분실 · 도난 · 유출 · 위조 · 변조 또는 훼손되지 아니하도록 암호화 조치를 통하여 안전하게 보관하여야 한다. 이 경우 암호화 적용 대상 및 대상별 적용 시기 등에 관하여 필요한 사항은 개인정보의 처리 규모와 유출 시 영향 등을 고려하여 대통령령으로 정한다.

③ 개인정보처리자는 제1항 각 호에 따라 주민등록번호를 처리하는 경우에도 정보주체가 인터넷 홈페이지를 통하여 회원으로 가입하는 단계에서는 주민등록번호를 사용하지 아니하고도 회원으로 가입할 수 있는 방법을 제공하여야 한다.

009 답 ④

「개인정보 보호법」 제8조의2(개인정보 침해요인 평가)상 중앙행정기관의 장은 소관 법령의 제정 또는 개정을 통하여 개인정보 처리를 수반하는 정책이나 제도를 도입 · 변경하는 경우에는 보호위원회에 개인정보 침해요인 평가를 요청하여야 한다.

(선지분석)

제4조【정보주체의 권리】정보주체는 자신의 개인정보 처리와 관련하여 다음 각 호의 권리를 가진다. <개정 2023.3.14.>

1. 개인정보의 처리에 관한 정보를 제공받을 권리
2. 개인정보의 처리에 관한 동의 여부, 동의 범위 등을 선택하고 결정할 권리

3. 개인정보의 처리 여부를 확인하고 개인정보에 대한 열람(사본의 발급을 포함한다. 이하 같다) 및 전송을 요구할 권리
4. 개인정보의 처리 정지, 정정 · 삭제 및 파기를 요구할 권리
5. 개인정보의 처리로 인하여 발생한 피해를 신속하고 공정한 절차에 따라 구제받을 권리
6. 완전히 자동화된 개인정보 처리에 따른 결정을 거부하거나 그에 대한 설명 등을 요구할 권리

010

답 ①

「개인정보 보호법」: 이 법은 개인정보의 처리 및 보호에 관한 사항을 정함으로써 개인의 자유와 권리를 보호하고, 나아가 개인의 존엄과 가치를 구현함을 목적으로 한다.

선지분석

② 「국가인권위원회법」: 이 법은 국가인권위원회를 설립하여 모든 개인이 가지는 불가침의 기본적 인권을 보호하고 그 수준을 향상시킴으로써 인간으로서의 존엄과 가치를 실현하고 민주적 기본질서의 확립에 이바지함을 목적으로 한다.
③ 「공공기관의 정보공개에 관한 법률」: 이 법은 공공기관이 보유 · 관리하는 정보에 대한 국민의 공개 청구 및 공공기관의 공개 의무에 관하여 필요한 사항을 정함으로써 국민의 알권리를 보장하고 국정(國政)에 대한 국민의 참여와 국정 운영의 투명성을 확보함을 목적으로 한다.
④ 「정보보호 산업의 진흥에 관한 법률」: 이 법은 정보보호산업의 진흥에 필요한 사항을 정함으로써 정보보호산업의 기반을 조성하고 그 경쟁력을 강화하여 안전한 정보통신 이용환경 조성과 국민경제의 건전한 발전에 이바지함을 목적으로 한다.

011

답 ③

제24조의2【주민등록번호 처리의 제한】① 제24조 제1항에도 불구하고 개인정보처리자는 다음 각 호의 어느 하나에 해당하는 경우를 제외하고는 주민등록번호를 처리할 수 없다.

1. 법률 · 대통령령 · 국회규칙 · 대법원규칙 · 헌법재판소규칙 · 중앙선거관리위원회규칙 및 감사원규칙에서 구체적으로 주민등록번호의 처리를 요구하거나 허용한 경우
2. 정보주체 또는 제3자의 급박한 생명, 신체, 재산의 이익을 위하여 명백히 필요하다고 인정되는 경우
3. 제1호 및 제2호에 준하여 주민등록번호 처리가 불가피한 경우로서 보호위원회가 고시로 정하는 경우

선지분석

① 제24조【고유식별정보의 처리 제한】① 개인정보처리자는 다음 각 호의 경우를 제외하고는 법령에 따라 개인을 고유하게 구별하기 위하여 부여된 식별정보로서 대통령령으로 정하는 정보(이하 "고유식별정보"라 한다)를 처리할 수 없다.
    1. 정보주체에게 제15조 제2항 각 호 또는 제17조 제2항 각 호의 사항을 알리고 다른 개인정보의 처리에 대한 동의와 별도로 동의를 받은 경우
    2. 법령에서 구체적으로 고유식별정보의 처리를 요구하거나 허용하는 경우

②, ④ 다른 경우에도 해당 법률 규정은 존재하지 않는다.

012

답 ④

개인정보의 처리에 관한 업무를 총괄해서 책임진다(「개인정보 보호법」 제31조).

선지분석

① 개인정보 처리 업무를 위탁받아 처리하는 자이다(「개인정보 보호법」 제26조).
② 전기통신사업자와 영리를 목적으로 전기통신사업자의 전기통신역무를 이용하여 정보를 제공하거나 정보의 제공을 매개하는 자를 말한다(「정보통신망 이용촉진 및 정보보호 등에 관한 법률」 제2조).
③ 임직원, 파견근로자, 시간제근로자 등 개인정보처리자의 지휘 · 감독을 받아 개인정보를 처리하는 자이다(「개인정보 보호법」 제28조).

013

답 ④

「개인정보 보호법」 제16조(개인정보의 수집 제한)상 개인정보처리자는 정보주체가 필요한 최소한의 정보 외의 개인정보 수집에 동의하지 아니한다는 이유로 정보주체에게 재화 또는 서비스의 제공을 거부하여서는 아니 된다.

선지분석

① 제15조【개인정보의 수집 · 이용】① 개인정보처리자는 다음 각 호의 어느 하나에 해당하는 경우에는 개인정보를 수집할 수 있으며 그 수집 목적의 범위에서 이용할 수 있다. <개정 2023.3.14.>
    1. 정보주체의 동의를 받은 경우
    2. 법률에 특별한 규정이 있거나 법령상 의무를 준수하기 위하여 불가피한 경우
    3. 공공기관이 법령 등에서 정하는 소관 업무의 수행을 위하여 불가피한 경우
    4. 정보주체와 체결한 계약을 이행하거나 계약을 체결하는 과정에서 정보주체의 요청에 따른 조치를 이행하기 위하여 필요한 경우
    5. 명백히 정보주체 또는 제3자의 급박한 생명, 신체, 재산의 이익을 위하여 필요하다고 인정되는 경우
    6. 개인정보처리자의 정당한 이익을 달성하기 위하여 필요한 경우로서 명백하게 정보주체의 권리보다 우선하는 경우. 이 경우 개인정보처리자의 정당한 이익과 상당한 관련이 있고 합리적인 범위를 초과하지 아니하는 경우에 한한다.
    7. 공중위생 등 공공의 안전과 안녕을 위하여 긴급히 필요한 경우
② 「개인정보 보호법」 제16조(개인정보의 수집 제한)상 개인정보처리자는 제15조 제1항(보기 ①번) 각 호의 어느 하나에 해당하여 개인정보를 수집하는 경우에는 그 목적에 필요한 최소한의 개인정보를 수집하여야 한다. 이 경우 최소한의 개인정보 수집이라는 입증책임은 개인정보처리자가 부담한다.

③ 「개인정보 보호법」 제16조(개인정보의 수집 제한)상 개인정보처리자는 정보주체의 동의를 받아 개인정보를 수집하는 경우 필요한 최소한의 정보 외의 개인정보 수집에는 동의하지 아니할 수 있다는 사실을 구체적으로 알리고 개인정보를 수집하여야 한다.

014 답 ③

제34조【개인정보 유출 등의 통지 · 신고】③ 개인정보처리자는 개인정보의 유출등이 있음을 알게 되었을 때에는 개인정보의 유형, 유출등의 경로 및 규모 등을 고려하여 대통령령으로 정하는 바에 따라 제1항 각 호의 사항을 지체 없이 보호위원회 또는 대통령령으로 정하는 전문기관에 신고하여야 한다. 이 경우 보호위원회 또는 대통령령으로 정하는 전문기관은 피해 확산방지, 피해 복구 등을 위한 기술을 지원할 수 있다. <개정 2023.3.14.>
→ 신고하는 것은 맞으나 이를 정보주체에게 알릴 필요는 없다.

선지분석

제34조【개인정보 유출 등의 통지 · 신고】① 개인정보처리자는 개인정보가 분실 · 도난 · 유출(이하 이 조에서 "유출등"이라 한다)되었음을 알게 되었을 때에는 지체 없이 해당 정보주체에게 다음 각 호의 사항을 알려야 한다. 다만, 정보주체의 연락처를 알 수 없는 경우 등 정당한 사유가 있는 경우에는 대통령령으로 정하는 바에 따라 통지를 갈음하는 조치를 취할 수 있다. <개정 2023.3.14.>
1. 유출등이 된 개인정보의 항목
2. 유출등이 된 시점과 그 경위
3. 유출등으로 인하여 발생할 수 있는 피해를 최소화하기 위하여 정보주체가 할 수 있는 방법 등에 관한 정보
4. 개인정보처리자의 대응조치 및 피해 구제절차
5. 정보주체에게 피해가 발생한 경우 신고 등을 접수할 수 있는 담당부서 및 연락처

015 답 ④

개인정보 보호법 제3조【개인정보 보호 원칙】개인정보처리자는 제30조에 따른 개인정보 처리방침 등 개인정보의 처리에 관한 사항을 공개하여야 하며, 열람청구권 등 정보주체의 권리를 보장하여야 한다. <개정 2023.3.14.>

선지분석

① 「개인정보 보호법」 제3조(개인정보 보호 원칙)상 개인정보처리자는 개인정보의 처리 목적을 명확하게 하여야 하고 그 목적에 필요한 범위에서 최소한의 개인정보만을 적법하고 정당하게 수집하여야 한다.
② 「개인정보 보호법」 제3조(개인정보 보호 원칙)상 개인정보처리자는 개인정보의 처리 목적에 필요한 범위에서 적합하게 개인정보를 처리하여야 하며, 그 목적 외의 용도로 활용하여서는 아니된다.
③ 「개인정보 보호법」 제3조(개인정보 보호 원칙)상 개인정보처리자는 개인정보를 익명 또는 가명으로 처리하여도 개인정보 수집 목적을 달성할 수 있는 경우 익명처리가 가능한 경우에는 익명에 의하여, 익명처리로 목적을 달성할 수 없는 경우에는 가명에 의하여 처리될 수 있도록 하여야 한다.

TIP 이외에도 「개인정보 보호법」 제3조(개인정보 보호 원칙)상 개인정보처리자는 개인정보의 처리 목적에 필요한 범위에서 개인정보의 정확성, 완전성 및 최신성이 보장되도록 하여야 한다. 개인정보처리자는 개인정보의 처리 방법 및 종류 등에 따라 정보주체의 권리가 침해받을 가능성과 그 위험 정도를 고려하여 개인정보를 안전하게 관리하여야 한다. 개인정보처리자는 정보주체의 사생활 침해를 최소화하는 방법으로 개인정보를 처리하여야 한다. 개인정보처리자는 이 법 및 관계 법령에서 규정하고 있는 책임과 의무를 준수하고 실천함으로써 정보주체의 신뢰를 얻기 위하여 노력하여야 한다.

016 답 ④

「개인정보 보호법」 제31조(개인정보 보호책임자의 지정)상 해당 설명은 개인정보처리자를 의미한다.

> 「정보통신망 이용촉진 및 정보보호 등에 관한 법률」 제27조(개인정보 관리책임자의 지정)상 정보통신서비스 제공자등은 이용자의 개인정보를 보호하고 개인정보와 관련한 이용자의 고충을 처리하기 위하여 개인정보 관리책임자를 지정하여야 한다. 다만, 종업원 수, 이용자 수 등이 대통령령으로 정하는 기준에 해당하는 정보통신서비스 제공자등의 경우에는 지정하지 아니할 수 있다.

017 답 ①

개인정보 보호법 제33조【개인정보 영향평가】공공기관의 장은 대통령령으로 정하는 기준에 해당하는 개인정보파일의 운용으로 인하여 정보주체의 개인정보 침해가 우려되는 경우에는 그 위험요인의 분석과 개선 사항 도출을 위한 평가(이하 "영향평가"라 한다)를 하고 그 결과를 보호위원회에 제출하여야 한다. <개정 2023.3.14.>

선지분석

② 개인정보 보호법 제33조【개인정보 영향평가】공공기관의 장은 대통령령으로 정하는 기준에 해당하는 개인정보파일의 운용으로 인하여 정보주체의 개인정보 침해가 우려되는 경우에는 그 위험요인의 분석과 개선 사항 도출을 위한 평가(이하 "영향평가"라 한다)를 하고 그 결과를 보호위원회에 제출하여야 한다. <개정 2023.3.14.>
③ 개인정보 보호법 제33조【개인정보 영향평가】영향평가를 하는 경우에는 다음 각 호의 사항을 고려하여야 한다.
   1. 처리하는 개인정보의 수
   2. 개인정보의 제3자 제공 여부
   3. 정보주체의 권리를 해할 가능성 및 그 위험 정도
   4. 그 밖에 대통령령으로 정한 사항
④ 개인정보 보호법 제33조【개인정보 영향평가】제1항에 따른 영향평가의 기준 · 방법 · 절차 등에 관하여 필요한 사항은 대통령령으로 정한다. <개정 2023.3.14.>
⑤ 개인정보 보호법 제33조【개인정보 영향평가】공공기관 외의 개인정보처리자는 개인정보파일 운용으로 인하여 정보주체의 개인정보 침해가 우려되는 경우에는 영향평가를 하기 위하여 적극 노력하여야 한다.

018

답 ③

ㄴ, ㄷ. 개인정보 보호법 제17조【개인정보의 제공】개인정보처리자는 다음 각 호의 어느 하나에 해당되는 경우에는 정보주체의 개인정보를 제3자에게 제공(공유를 포함한다. 이하 같다)할 수 있다. <개정 2023.3.14.>

1. 정보주체의 동의를 받은 경우
2. 제15조 제1항 제2호(법률에 특별한 규정이 있거나 법령상 의무를 준수하기 위하여 불가피한 경우), 제3호(공공기관이 법령 등에서 정하는 소관 업무의 수행을 위하여 불가피한 경우) 및 제5호부터 제7호까지(명백히 정보주체 또는 제3자의 급박한 생명, 신체, 재산의 이익을 위하여 필요하다고 인정되는 경우, 개인정보처리자의 정당한 이익을 달성하기 위하여 필요한 경우로서 명백하게 정보주체의 권리보다 우선하는 경우, 공중위생 등 공공의 안전과 안녕을 위하여 긴급히 필요한 경우)에 따라 개인정보를 수집한 목적 범위에서 개인정보를 제공하는 경우

(선지분석)

ㄱ. 제15조【개인정보의 수집·이용】① 개인정보처리자는 다음 각 호의 어느 하나에 해당하는 경우에는 개인정보를 수집할 수 있으며 그 수집 목적의 범위에서 이용할 수 있다. <개정 2023.3.14.>

1. 정보주체의 동의를 받은 경우
2. 법률에 특별한 규정이 있거나 법령상 의무를 준수하기 위하여 불가피한 경우
3. 공공기관이 법령 등에서 정하는 소관 업무의 수행을 위하여 불가피한 경우
4. 정보주체와 체결한 계약을 이행하거나 계약을 체결하는 과정에서 정보주체의 요청에 따른 조치를 이행하기 위하여 필요한 경우
5. 명백히 정보주체 또는 제3자의 급박한 생명, 신체, 재산의 이익을 위하여 필요하다고 인정되는 경우
6. 개인정보처리자의 정당한 이익을 달성하기 위하여 필요한 경우로서 명백하게 정보주체의 권리보다 우선하는 경우. 이 경우 개인정보처리자의 정당한 이익과 상당한 관련이 있고 합리적인 범위를 초과하지 아니하는 경우에 한한다.
7. 공중위생 등 공공의 안전과 안녕을 위하여 긴급히 필요한 경우

019

답 ②

「개인정보 보호법」 제40조(설치 및 구성)상 위원장은 위원 중에서 공무원이 아닌 사람으로 보호위원회 위원장이 위촉한다.

→ 권한 분리(Separation of Duty)의 원칙에 의해 해당 권한을 공무원이 아닌 사람에게 위촉한다.

(선지분석)

① 개인정보 보호법 제40조【설치 및 구성】분쟁조정위원회는 위원장 1명을 포함한 30명 이내의 위원으로 구성하며, 위원은 당연직위원과 위촉위원으로 구성한다. <개정 2023.3.14.>
→ 숫자에 민감해야 한다.

③ 「개인정보 보호법」 제40조(설치 및 구성)상 분쟁조정위원회 또는 조정부는 재적위원 과반수의 출석으로 개의하며 출석위원 과반수의 찬성으로 의결한다.
→ 다른 법령에서도 통용되는 일반적인 내용이다.

④ 「개인정보 보호법」 제41조(위원의 신분보장)상 위원은 자격정지 이상의 형을 선고받거나 심신상의 장애로 직무를 수행할 수 없는 경우를 제외하고는 그의 의사에 반하여 면직되거나 해촉되지 아니한다.
→ 다른 법령에서도 통용되는 일반적인 내용이다.

020

답 ④

「개인정보 보호법」 제24조의2(주민등록번호 처리의 제한)상 제24조 제1항에도 불구하고 개인정보처리자는 다음 각 호의 어느 하나에 해당하는 경우를 제외하고는 주민등록번호를 처리할 수 없다.

1. 법률·대통령령·국회규칙·대법원규칙·헌법재판소규칙·중앙선거관리위원회규칙 및 감사원규칙에서 구체적으로 주민등록번호의 처리를 요구하거나 허용한 경우
2. 정보주체 또는 제3자의 급박한 생명, 신체, 재산의 이익을 위하여 명백히 필요하다고 인정되는 경우
3. 제1호 및 제2호에 준하여 주민등록번호 처리가 불가피한 경우로서 보호위원회가 고시로 정하는 경우

개인정보 보호법 제18조【개인정보의 목적 외 이용·제공 제한】

→ 개인정보를 목적 외의 용도로 이용하거나 이를 제3자에게 제공하지 아니하면 다른 법률에서 정하는 소관 업무를 수행할 수 없는 경우로서 보호위원회의 심의·의결을 거친 경우

(선지분석)

① 「개인정보 보호법」 제24조의2(주민등록번호 처리의 제한)상 개인정보처리자는 제24조 제3항에도 불구하고 주민등록번호가 분실·도난·유출·위조·변조 또는 훼손되지 아니하도록 암호화 조치를 통하여 안전하게 보관하여야 한다. 이 경우 암호화 적용 대상 및 대상별 적용 시기 등에 관하여 필요한 사항은 개인정보의 처리 규모와 유출 시 영향 등을 고려하여 대통령령으로 정한다.

② 개인정보 보호법 제34조의2【과징금의 부과 등】보호위원회는 개인정보처리자가 처리하는 주민등록번호가 분실·도난·유출·위조·변조 또는 훼손된 경우에는 5억 원 이하의 과징금을 부과·징수할 수 있다. 다만, 주민등록번호가 분실·도난·유출·위조·변조 또는 훼손되지 아니하도록 개인정보처리자가 제24조 제3항에 따른 안전성 확보에 필요한 조치를 다한 경우에는 그러하지 아니하다. (삭제)

③ 「개인정보 보호법」 제24조의2(주민등록번호 처리의 제한)상 개인정보처리자는 제1항 각 호에 따라 주민등록번호를 처리하는 경우에도 정보주체가 인터넷 홈페이지를 통하여 회원으로 가입하는 단계에서는 주민등록번호를 사용하지 아니하고도 회원으로 가입할 수 있는 방법을 제공하여야 한다.

021

답 ②

「개인정보 보호법」 제38조(권리행사의 방법 및 절차)상 만 14세 미만 아동의 법정대리인은 개인정보처리자에게 그 아동의 개인정보 열람등요구를 할 수 있다.

선지분석

① 개인정보 보호법 제38조【권리행사의 방법 및 절차】 정보주체는 제35조에 따른 열람, 제35조의2에 따른 전송, 제36조에 따른 정정·삭제, 제37조에 따른 처리정지 및 동의 철회, 제37조의2에 따른 거부·설명 등의 요구(이하 "열람등요구"라 한다)를 문서 등 대통령령으로 정하는 방법·절차에 따라 대리인에게 하게 할 수 있다. <개정 2023.3.14.>

③ 개인정보 보호법 제38조【권리행사의 방법 및 절차】 개인정보처리자는 열람등요구를 하는 자에게 대통령령으로 정하는 바에 따라 수수료와 우송료(사본의 우송을 청구하는 경우에 한한다)를 청구할 수 있다. 다만, 제35조의2제2항에 따른 전송 요구의 경우에는 전송을 위해 추가로 필요한 설비 등을 함께 고려하여 수수료를 산정할 수 있다. <개정 2023.3.14.>

④ 개인정보 보호법 제38조【권리행사의 방법 및 절차】 개인정보처리자는 정보주체가 열람등요구를 할 수 있는 구체적인 방법과 절차를 마련하고, 이를 정보주체가 알 수 있도록 공개하여야 한다. 이 경우 열람등요구의 방법과 절차는 해당 개인정보의 수집 방법과 절차보다 어렵지 아니하도록 하여야 한다. <개정 2023.3.14.>

⑤ 「개인정보 보호법」 제38조(권리행사의 방법 및 절차)상 개인정보처리자는 정보주체가 열람등요구에 대한 거절 등 조치에 대하여 불복이 있는 경우 이의를 제기할 수 있도록 필요한 절차를 마련하고 안내하여야 한다.

022

답 ②

제9조【기본계획】 ① 보호위원회는 개인정보의 보호와 정보주체의 권익 보장을 위하여 3년마다 개인정보 보호 기본계획(이하 "기본계획"이라 한다)을 관계 중앙행정기관의 장과 협의하여 수립한다.
② 기본계획에는 다음 각 호의 사항이 포함되어야 한다.
1. 개인정보 보호의 기본목표와 추진방향
2. 개인정보 보호와 관련된 제도 및 법령의 개선
3. 개인정보 침해 방지를 위한 대책
4. 개인정보 보호 자율규제의 활성화
5. 개인정보 보호 교육·홍보의 활성화
6. 개인정보 보호를 위한 전문인력의 양성
7. 그 밖에 개인정보 보호를 위하여 필요한 사항

023

답 ②

제25조【고정형 영상정보처리기기의 설치·운영 제한】 ① 누구든지 다음 각 호의 경우를 제외하고는 공개된 장소에 고정형 영상정보처리기기를 설치·운영하여서는 아니 된다. <개정 2023.3.14.>
1. 법령에서 구체적으로 허용하고 있는 경우
2. 범죄의 예방 및 수사를 위하여 필요한 경우
3. 시설의 안전 및 관리, 화재 예방을 위하여 정당한 권한을 가진 자가 설치·운영하는 경우
4. 교통단속을 위하여 정당한 권한을 가진 자가 설치·운영하는 경우
5. 교통정보의 수집·분석 및 제공을 위하여 정당한 권한을 가진 자가 설치·운영하는 경우
6. 촬영된 영상정보를 저장하지 아니하는 경우로서 대통령령으로 정하는 경우

024

답 ①

- 제15조【개인정보의 수집·이용】 ③ 개인정보처리자는 당초 수집 목적과 합리적으로 관련된 범위에서 정보주체에게 불이익이 발생하는지 여부, 암호화 등 안전성 확보에 필요한 조치를 하였는지 여부 등을 고려하여 대통령령으로 정하는 바에 따라 정보주체의 동의 없이 개인정보를 이용할 수 있다.
- 제17조【개인정보의 제공】 ④ 개인정보처리자는 당초 수집 목적과 합리적으로 관련된 범위에서 정보주체에게 불이익이 발생하는지 여부, 암호화 등 안전성 확보에 필요한 조치를 하였는지 여부 등을 고려하여 대통령령으로 정하는 바에 따라 정보주체의 동의 없이 개인정보를 제공할 수 있다.

선지분석

② 제2조【정의】 1의2. "가명처리"란 개인정보의 일부를 삭제하거나 일부 또는 전부를 대체하는 등의 방법으로 추가 정보가 없이는 특정 개인을 알아볼 수 없도록 처리하는 것을 말한다.

③ 제28조의2【가명정보의 처리 등】 ① 개인정보처리자는 통계작성, 과학적 연구, 공익적 기록보존 등을 위하여 정보주체의 동의 없이 가명정보를 처리할 수 있다.

④ 제28조의3【가명정보의 결합 제한】 ① 제28조의2에도 불구하고 통계작성, 과학적 연구, 공익적 기록보존 등을 위한 서로 다른 개인정보처리자 간의 가명정보의 결합은 보호위원회 또는 관계 중앙행정기관의 장이 지정하는 전문기관이 수행한다.

⑤ 제28조의4【가명정보에 대한 안전조치의무 등】 ① 개인정보처리자는 제28조의2 또는 제28조의3에 따라 가명정보를 처리하는 경우에는 원래의 상태로 복원하기 위한 추가 정보를 별도로 분리하여 보관·관리하는 등 해당 정보가 분실·도난·유출·위조·변조 또는 훼손되지 않도록 대통령령으로 정하는 바에 따라 안전성 확보에 필요한 기술적·관리적 및 물리적 조치를 하여야 한다. <개정 2023.3.14.>

025

답 ②

제28조의5【가명정보 처리 시 금지의무 등】 ② 개인정보처리자는 제28조의2 또는 제28조의3에 따라 가명정보를 처리하는 과정에서 특정 개인을 알아볼 수 있는 정보가 생성된 경우에는 즉시 해당 정보의 처리를 중지하고, 지체 없이 회수·파기하여야 한다. <개정 2023.3.14.>

선지분석

① 제28조의2【가명정보의 처리 등】 ① 개인정보처리자는 통계작성, 과학적 연구, 공익적 기록보존 등을 위하여 정보주체의 동의 없이 가명정보를 처리할 수 있다.

③ 제28조의4【가명정보에 대한 안전조치의무 등】③ 개인정보처리자는 제28조의2 또는 제28조의3에 따라 가명정보를 처리하고자 하는 경우에는 가명정보의 처리 목적, 제3자 제공 시 제공받는 자, 가명정보의 처리 기간(제2항에 따라 처리 기간을 별도로 정한 경우에 한한다) 등 가명정보의 처리 내용을 관리하기 위하여 대통령령으로 정하는 사항에 대한 관련 기록을 작성하여 보관하여야 하며, 가명정보를 파기한 경우에는 파기한 날부터 3년 이상 보관하여야 한다. <개정 2023.3.14.>

④ 제28조의3【가명정보의 결합 제한】① 제28조의2에도 불구하고 통계작성, 과학적 연구, 공익적 기록보존 등을 위한 서로 다른 개인정보처리자 간의 가명정보의 결합은 보호위원회 또는 관계 중앙행정기관의 장이 지정하는 전문기관이 수행한다.

026 　답 ②

제2조【정의】1의2. "가명처리"란 개인정보의 일부를 삭제하거나 일부 또는 전부를 대체하는 등의 방법으로 추가 정보가 없이는 특정 개인을 알아볼 수 없도록 처리하는 것을 말한다.

(선지분석)

① 제7조의4【위원의 임기】① 위원의 임기는 3년으로 하되, 한 차례만 연임할 수 있다.

③ 제7조의2【보호위원회의 구성 등】② 보호위원회의 위원은 개인정보 보호에 관한 경력과 전문지식이 풍부한 다음 각 호의 사람 중에서 위원장과 부위원장은 국무총리의 제청으로, 그 외 위원 중 2명은 위원장의 제청으로, 2명은 대통령이 소속되거나 소속되었던 정당의 교섭단체 추천으로, 3명은 그 외의 교섭단체 추천으로 대통령이 임명 또는 위촉한다.

④ 제2조【정의】5. "개인정보처리자"란 업무를 목적으로 개인정보파일을 운용하기 위하여 스스로 또는 다른 사람을 통하여 개인정보를 처리하는 공공기관, 법인, 단체 및 개인 등을 말한다.

027 　답 ⑤

「개인정보 보호법」 제23조(민감정보의 처리 제한)상 개인정보처리자는 사상·신념, 노동조합·정당의 가입·탈퇴, 정치적 견해, 건강, 성생활 등에 관한 정보, 그 밖에 정보주체의 사생활을 현저히 침해할 우려가 있는 개인정보로서 대통령령으로 정하는 정보(이하 "민감정보"라 한다)를 처리하여서는 아니 된다.

028 　답 ③

제26조【업무위탁에 따른 개인정보의 처리 제한】⑤ 수탁자는 개인정보처리자로부터 위탁받은 해당 업무 범위를 초과하여 개인정보를 이용하거나 제3자에게 제공하여서는 아니 된다.

029 　답 ③

제3조【개인정보 보호 원칙】⑤ 개인정보처리자는 제30조에 따른 개인정보 처리방침 등 개인정보의 처리에 관한 사항을 공개하여야 하며, 열람청구권 등 정보주체의 권리를 보장하여야 한다. <개정 2023.3.14.>

030 　답 ⑤

해당 경우는 존재하지 않는다.

(선지분석)

제25조【고정형 영상정보처리기기의 설치·운영 제한】① 누구든지 다음 각 호의 경우를 제외하고는 공개된 장소에 고정형 영상정보처리기기를 설치·운영하여서는 아니 된다. <개정 2023.3.14.>

1. 법령에서 구체적으로 허용하고 있는 경우
2. 범죄의 예방 및 수사를 위하여 필요한 경우
3. 시설의 안전 및 관리, 화재 예방을 위하여 정당한 권한을 가진 자가 설치·운영하는 경우
4. 교통단속을 위하여 정당한 권한을 가진 자가 설치·운영하는 경우
5. 교통정보의 수집·분석 및 제공을 위하여 정당한 권한을 가진 자가 설치·운영하는 경우
6. 촬영된 영상정보를 저장하지 아니하는 경우로서 대통령령으로 정하는 경우

031 　답 ③

제28조의2【가명정보의 처리 등】① 개인정보처리자는 통계작성, 과학적 연구, 공익적 기록보존 등을 위하여 정보주체의 동의 없이 가명정보를 처리할 수 있다.

② 개인정보처리자는 제1항에 따라 가명정보를 제3자에게 제공하는 경우에는 특정 개인을 알아보기 위하여 사용될 수 있는 정보를 포함해서는 아니 된다.

032 　답 ④

제15조【개인정보의 수집·이용】① 개인정보처리자는 다음 각 호의 어느 하나에 해당하는 경우에는 개인정보를 수집할 수 있으며 그 수집 목적의 범위에서 이용할 수 있다. <개정 2023.3.14.>

1. 정보주체의 동의를 받은 경우
2. 법률에 특별한 규정이 있거나 법령상 의무를 준수하기 위하여 불가피한 경우
3. 공공기관이 법령 등에서 정하는 소관 업무의 수행을 위하여 불가피한 경우
4. 정보주체와 체결한 계약을 이행하거나 계약을 체결하는 과정에서 정보주체의 요청에 따른 조치를 이행하기 위하여 필요한 경우
5. 명백히 정보주체 또는 제3자의 급박한 생명, 신체, 재산의 이익을 위하여 필요하다고 인정되는 경우

6. 개인정보처리자의 정당한 이익을 달성하기 위하여 필요한 경우로서 명백하게 정보주체의 권리보다 우선하는 경우. 이 경우 개인정보처리자의 정당한 이익과 상당한 관련이 있고 합리적인 범위를 초과하지 아니하는 경우에 한한다.
7. 공중위생 등 공공의 안전과 안녕을 위하여 긴급히 필요한 경우

033

답 ④

제30조【개인정보 처리방침의 수립 및 공개】 ① 개인정보처리자는 다음 각 호의 사항이 포함된 개인정보의 처리 방침(이하 "개인정보 처리방침"이라 한다)을 정하여야 한다. 이 경우 공공기관은 제32조에 따라 등록대상이 되는 개인정보파일에 대하여 개인정보 처리방침을 정한다.

1. 개인정보의 처리 목적
2. 개인정보의 처리 및 보유 기간
3. 개인정보의 제3자 제공에 관한 사항(해당되는 경우에만 정한다)

3의2. 개인정보의 파기절차 및 파기방법(제21조 제1항 단서에 따라 개인정보를 보존하여야 하는 경우에는 그 보존근거와 보존하는 개인정보 항목을 포함한다)

3의3. 제23조 제3항에 따른 민감정보의 공개 가능성 및 비공개를 선택하는 방법(해당되는 경우에만 정한다)

4. 개인정보처리의 위탁에 관한 사항(해당되는 경우에만 정한다)

4의2. 제28조의2 및 제28조의3에 따른 가명정보의 처리 등에 관한 사항(해당되는 경우에만 정한다)

5. 정보주체와 법정대리인의 권리·의무 및 그 행사방법에 관한 사항
6. 제31조에 따른 개인정보 보호책임자의 성명 또는 개인정보 보호업무 및 관련 고충사항을 처리하는 부서의 명칭과 전화번호 등 연락처
7. 인터넷 접속정보파일 등 개인정보를 자동으로 수집하는 장치의 설치·운영 및 그 거부에 관한 사항(해당하는 경우에만 정한다)
8. 그 밖에 개인정보의 처리에 관하여 대통령령으로 정한 사항

034

답 ④

제4조【정보주체의 권리】 정보주체는 자신의 개인정보 처리와 관련하여 다음 각 호의 권리를 가진다.

1. 개인정보의 처리에 관한 정보를 제공받을 권리
2. 개인정보의 처리에 관한 동의 여부, 동의 범위 등을 선택하고 결정할 권리
3. 개인정보의 처리 여부를 확인하고 개인정보에 대한 열람(사본의 발급을 포함한다. 이하 같다) 및 전송을 요구할 권리
4. 개인정보의 처리 정지, 정정·삭제 및 파기를 요구할 권리
5. 개인정보의 처리로 인하여 발생한 피해를 신속하고 공정한 절차에 따라 구제받을 권리
6. 완전히 자동화된 개인정보 처리에 따른 결정을 거부하거나 그에 대한 설명 등을 요구할 권리

035

답 ②

위치정보의 보호 및 이용 등에 관한 법률에 규정된 사항이다.

036

답 ④

제7조의8【보호위원회의 소관 사무】 보호위원회는 다음 각 호의 소관 사무를 수행한다.

1. 개인정보의 보호와 관련된 법령의 개선에 관한 사항
2. 개인정보 보호와 관련된 정책·제도·계획 수립·집행에 관한 사항
3. 정보주체의 권리침해에 대한 조사 및 이에 따른 처분에 관한 사항
4. 개인정보의 처리와 관련한 고충처리·권리구제 및 개인정보에 관한 분쟁의 조정
5. 개인정보 보호를 위한 국제기구 및 외국의 개인정보 보호기구와의 교류·협력
6. 개인정보 보호에 관한 법령·정책·제도·실태 등의 조사·연구, 교육 및 홍보에 관한 사항
7. 개인정보 보호에 관한 기술개발의 지원·보급, 기술의 표준화 및 전문인력의 양성에 관한 사항
8. 이 법 및 다른 법령에 따라 보호위원회의 사무로 규정된 사항

(선지분석)

제31조【개인정보 보호책임자의 지정 등】 ③ 개인정보 보호책임자는 다음 각 호의 업무를 수행한다.

1. 개인정보 보호 계획의 수립 및 시행
2. 개인정보 처리 실태 및 관행의 정기적인 조사 및 개선
3. 개인정보 처리와 관련한 불만의 처리 및 피해 구제
4. 개인정보 유출 및 오용·남용 방지를 위한 내부통제시스템의 구축
5. 개인정보 보호 교육 계획의 수립 및 시행
6. 개인정보파일의 보호 및 관리·감독
7. 그 밖에 개인정보의 적절한 처리를 위하여 대통령령으로 정한 업무

CHAPTER 05 | 개인정보 보호법 시행령

정답 p.236

001	②	002	②	003	②	004	④	005	①
006	①	007	③						

001

답 ②

「개인정보 보호법 시행령」 제35조(개인정보 영향평가의 대상)상 "대통령령으로 정하는 기준에 해당하는 개인정보파일"이란 개인정보를 전자적으로 처리할 수 있는 개인정보파일로서 다음 각 호의 어느 하나에 해당하는 개인정보파일을 말한다.

1. 구축 · 운용 또는 변경하려는 개인정보파일로서 5만 명 이상의 정보주체에 관한 민감정보 또는 고유식별정보의 처리가 수반되는 개인정보파일
2. 구축 · 운용하고 있는 개인정보파일을 해당 공공기관 내부 또는 외부에서 구축 · 운용하고 있는 다른 개인정보파일과 연계하려는 경우로서 연계 결과 50만 명 이상의 정보주체에 관한 개인정보가 포함되는 개인정보파일
3. 구축 · 운용 또는 변경하려는 개인정보파일로서 100만 명 이상의 정보주체에 관한 개인정보파일

(선지분석)

① 개인정보 보호법 제33조【개인정보 영향평가】공공기관의 장은 대통령령으로 정하는 기준에 해당하는 개인정보파일의 운용으로 인하여 정보주체의 개인정보 침해가 우려되는 경우에는 그 위험요인의 분석과 개선 사항 도출을 위한 평가를 하고 그 결과를 보호위원회에게 제출하여야 한다. 이 경우 공공기관의 장은 영향평가를 보호위원회가 지정하는 기관 중에서 의뢰하여야 한다. (삭제)

③ 개인정보 보호법 제33조【개인정보 영향평가】영향평가를 하는 경우에는 다음 각 호의 사항을 고려하여야 한다. (삭제)
   1. 처리하는 개인정보의 수
   2. 개인정보의 제3자 제공 여부
   3. 정보주체의 권리를 해할 가능성 및 그 위험 정도
   4. 그 밖에 대통령령으로 정한 사항

④ 개인정보 보호법 제33조【개인정보 영향평가】보호위원회는 제1항에 따라 제출받은 영향평가 결과에 대하여 의견을 제시할 수 있다. (삭제)

002 답 ②

제16조【개인정보의 파기방법】① 개인정보처리자는 법 제21조에 따라 개인정보를 파기할 때에는 다음 각 호의 구분에 따른 방법으로 해야 한다. <개정 2022.7.19.>

1. 전자적 파일 형태인 경우: 복원이 불가능한 방법으로 영구 삭제. 다만, 기술적 특성으로 영구 삭제가 현저히 곤란한 경우에는 법 제58조의2에 해당하는 정보로 처리하여 복원이 불가능하도록 조치해야 한다.
2. 제1호 외의 기록물, 인쇄물, 서면, 그 밖의 기록매체인 경우: 파쇄 또는 소각

(선지분석)

제30조【개인정보의 안전성 확보 조치】① 개인정보처리자는 법 제29조에 따라 다음 각 호의 안전성 확보 조치를 해야 한다. <개정 2023.9.12.>

1. 개인정보의 안전한 처리를 위한 다음 각 목의 내용을 포함하는 내부 관리계획의 수립 · 시행 및 점검
   가. 법 제28조 제1항에 따른 개인정보취급자(이하 "개인정보취급자"라 한다)에 대한 관리 · 감독 및 교육에 관한 사항
   나. 법 제31조에 따른 개인정보 보호책임자의 지정 등 개인정보 보호 조직의 구성 · 운영에 관한 사항
   다. 제2호부터 제8호까지의 규정에 따른 조치를 이행하기 위하여 필요한 세부 사항
2. 개인정보에 대한 접근 권한을 제한하기 위한 다음 각 목의 조치
   가. 데이터베이스시스템 등 개인정보를 처리할 수 있도록 체계적으로 구성한 시스템(이하 "개인정보처리시스템"이라 한다)에 대한 접근 권한의 부여 · 변경 · 말소 등에 관한 기준의 수립 · 시행
   나. 정당한 권한을 가진 자에 의한 접근인지를 확인하기 위해 필요한 인증수단 적용 기준의 설정 및 운영
   다. 그 밖에 개인정보에 대한 접근 권한을 제한하기 위하여 필요한 조치
3. 개인정보에 대한 접근을 통제하기 위한 다음 각 목의 조치
   가. 개인정보처리시스템에 대한 침입을 탐지하고 차단하기 위하여 필요한 조치
   나. 개인정보처리시스템에 접속하는 개인정보취급자의 컴퓨터 등으로서 보호위원회가 정하여 고시하는 기준에 해당하는 컴퓨터 등에 대한 인터넷망의 차단. 다만, 전년도 말 기준 직전 3개월 간 그 개인정보가 저장 · 관리되고 있는「정보통신망 이용촉진 및 정보보호 등에 관한 법률」제2조 제1항 제4호에 따른 이용자 수가 일일평균 100만명 이상인 개인정보처리자만 해당한다.
   다. 그 밖에 개인정보에 대한 접근을 통제하기 위하여 필요한 조치
4. 개인정보를 안전하게 저장 · 전송하는데 필요한 다음 각 목의 조치
   가. 비밀번호의 일방향 암호화 저장 등 인증정보의 암호화 저장 또는 이에 상응하는 조치
   나. 주민등록번호 등 보호위원회가 정하여 고시하는 정보의 암호화 저장 또는 이에 상응하는 조치
   다.「정보통신망 이용촉진 및 정보보호 등에 관한 법률」제2조 제1항 제1호에 따른 정보통신망을 통하여 정보주체의 개인정보 또는 인증정보를 송신 · 수신하는 경우 해당 정보의 암호화 또는 이에 상응하는 조치
   라. 그 밖에 암호화 또는 이에 상응하는 기술을 이용한 보안조치
5. 개인정보 침해사고 발생에 대응하기 위한 접속기록의 보관 및 위조 · 변조 방지를 위한 다음 각 목의 조치
   가. 개인정보처리시스템에 접속한 자의 접속일시, 처리내역 등 접속기록의 저장 · 점검 및 이의 확인 · 감독
   나. 개인정보처리시스템에 대한 접속기록의 안전한 보관
   다. 그 밖에 접속기록 보관 및 위조 · 변조 방지를 위하여 필요한 조치
6. 개인정보처리시스템 및 개인정보취급자가 개인정보 처리에 이용하는 정보기기에 대해 컴퓨터바이러스, 스파이웨어, 랜섬웨어 등 악성프로그램의 침투 여부를 항시 점검 · 치료할 수 있도록 하는 등의 기능이 포함된 프로그램의 설치 · 운영과 주기적 갱신 · 점검 조치
7. 개인정보의 안전한 보관을 위한 보관시설의 마련 또는 잠금장치의 설치 등 물리적 조치
8. 그 밖에 개인정보의 안전성 확보를 위하여 필요한 조치

003

답 ②

「개인정보 보호법 시행령」 제29조【영업양도 등에 따른 개인정보 이전의 통지】 ① 「개인정보 보호법」 제27조 제1항 각 호 외의 부분과 같은 조 제2항 본문에서 "대통령령으로 정하는 방법"이란 서면등의 방법을 말한다.

② 「개인정보 보호법」 제27조 제1항에 따라 개인정보를 이전하려는 자(이하 이 항에서 "영업양도자등"이라 한다)가 과실 없이 제1항에 따른 방법으로 「개인정보 보호법」 제27조 제1항 각 호의 사항을 정보주체에게 알릴 수 없는 경우에는 해당 사항을 인터넷 홈페이지에 30일 이상 게재하여야 한다. 다만, 인터넷 홈페이지에 게재할 수 없는 정당한 사유가 있는 경우에는 다음 각 호의 어느 하나의 방법으로 법 제27조 제1항 각 호의 사항을 정보주체에게 알릴 수 있다.

1. 영업양도자등의 사업장등의 보기 쉬운 장소에 30일 이상 게시하는 방법
2. 영업양도자등의 사업장등이 있는 시·도 이상의 지역을 주된 보급지역으로 하는 「신문 등의 진흥에 관한 법률」 제2조 제1호 가목·다목 또는 같은 조 제2호에 따른 일반일간신문·일반주간신문 또는 인터넷신문에 싣는 방법

(선지분석)

① 개인정보 보호법 제27조【영업양도 등에 따른 개인정보의 이전 제한】 영업양수자등은 영업의 양도·합병 등으로 개인정보를 이전받은 경우에는 이전 당시의 본래 목적으로만 개인정보를 이용하거나 제3자에게 제공할 수 있다. 이 경우 영업양수자등은 개인정보처리자로 본다. (삭제)

③ 개인정보 보호법 제27조【영업양도 등에 따른 개인정보의 이전 제한】 개인정보처리자는 영업의 전부 또는 일부의 양도·합병 등으로 개인정보를 다른 사람에게 이전하는 경우에는 미리 다음 각 호의 사항을 대통령령으로 정하는 방법에 따라 해당 정보주체에게 알려야 한다. (삭제)
   1. 개인정보를 이전하려는 사실
   2. 개인정보를 이전받는 자(이하 "영업양수자등"이라 한다)의 성명(법인의 경우에는 법인의 명칭을 말한다), 주소, 전화번호 및 그 밖의 연락처
   3. 정보주체가 개인정보의 이전을 원하지 아니하는 경우 조치할 수 있는 방법 및 절차

④ 영업양수자등은 개인정보를 이전받았을 때에는 지체 없이 그 사실을 대통령령으로 정하는 방법에 따라 정보주체에게 알려야 한다. 다만, 개인정보처리자가 "개인정보 보호법" 제27조 제1항에 따라 그 이전 사실을 이미 알린 경우에는 그러하지 아니하다. (삭제)

004

답 ④

고유식별정보는 모든 사람들 식별할 수 있어야 하는데 과학기술인 등록번호는 특정 집단에 대한 번호이므로 고유식별정보가 될 수 없다.

(선지분석)

①, ②, ③, ⑤ 「개인정보 보호법 시행령」 제19조(고유식별정보의 범위)상 법 제24조 제1항 각 호 외의 부분에서 "대통령령으로 정하는 정보"란 다음 각 호의 어느 하나에 해당하는 정보를 말한다. 다만, 공공기관이 법 제18조 제2항 제5호부터 제9호까지의 규정에 따라 다음 각 호의 어느 하나에 해당하는 정보를 처리하는 경우의 해당 정보는 제외한다.

1. 「주민등록법」 제7조의2 제1항에 따른 주민등록번호
2. 「여권법」 제7조 제1항 제1호에 따른 여권번호
3. 「도로교통법」 제80조에 따른 운전면허의 면허번호
4. 「출입국관리법」 제31조 제4항에 따른 외국인등록번호

005

답 ①

제35조【개인정보 영향평가의 대상】 법 제33조 제1항에서 "대통령령으로 정하는 기준에 해당하는 개인정보파일"이란 개인정보를 전자적으로 처리할 수 있는 개인정보파일로서 다음 각 호의 어느 하나에 해당하는 개인정보파일을 말한다.

1. 구축·운용 또는 변경하려는 개인정보파일로서 5만명 이상의 정보주체에 관한 민감정보 또는 고유식별정보의 처리가 수반되는 개인정보파일
2. 구축·운용하고 있는 개인정보파일을 해당 공공기관 내부 또는 외부에서 구축·운용하고 있는 다른 개인정보파일과 연계하려는 경우로서 연계 결과 50만명 이상의 정보주체에 관한 개인정보가 포함되는 개인정보파일
3. 구축·운용 또는 변경하려는 개인정보파일로서 100만명 이상의 정보주체에 관한 개인정보파일

006

답 ①

개인정보 보호법 시행령 제26조【공공기관의 고정형 영상정보처리기기 설치·운영 사무의 위탁】 재위탁 제한에 관한 사항을 규정하고 있으므로 영상정보처리기기를 재위탁하여 운영할 수 없다고 볼 수는 없다.

(선지분석)

② 개인정보 보호법 시행령 제16조【개인정보의 파기방법】 전자적 파일 형태인 경우 복원이 불가능한 방법으로 영구 삭제하여야 한다. (개정)

③ 개인정보 보호법 시행령 제17조【동의를 받는 방법】 개인정보처리자는 개인정보의 처리에 대하여 전화를 통하여 동의 내용을 정보주체에게 알리고 동의의 의사표시를 확인할 수 있다. (개정)

④ 개인정보 보호법 시행령 제15조【개인정보의 목적 외 이용 또는 제3자 제공의 관리】 공공기관은 법 제18조 제2항(다른 법률에 특별한 규정이 있는 경우) 각 호에 따라 개인정보를 목적 외의 용도로 이용하거나 이를 제3자에게 제공하는 경우에는 다음 각 호의 사항을 행정안전부령으로 정하는 개인정보의 목적 외 이용 및 제3자 제공 대장에 기록하고 관리하여야 한다.
   1. 이용하거나 제공하는 개인정보 또는 개인정보파일의 명칭
   2. 이용기관 또는 제공받는 기관의 명칭
   3. 이용 목적 또는 제공받는 목적

4. 이용 또는 제공의 법적 근거
5. 이용하거나 제공하는 개인정보의 항목
6. 이용 또는 제공의 날짜, 주기 또는 기간
7. 이용하거나 제공하는 형태
8. 법 제18조 제5항(개인정보를 목적 외의 용도로 이용하거나 이를 제3자에게 제공하지 아니하면 다른 법률에서 정하는 소관 업무를 수행할 수 없는 경우로서 보호위원회의 심의·의결을 거친 경우)에 따라 제한을 하거나 필요한 조치를 마련할 것을 요청한 경우에는 그 내용

007 답 ③

제18조【민감정보의 범위】법 제23조 제1항 각 호 외의 부분 본문에서 "대통령령으로 정하는 정보"란 다음 각 호의 어느 하나에 해당하는 정보를 말한다. 다만, 공공기관이 법 제18조 제2항 제5호부터 제9호까지의 규정에 따라 다음 각 호의 어느 하나에 해당하는 정보를 처리하는 경우의 해당 정보는 제외한다.
1. 유전자검사 등의 결과로 얻어진 유전정보
2. 「형의 실효 등에 관한 법률」 제2조 제5호에 따른 범죄경력자료에 해당하는 정보
3. 개인의 신체적, 생리적, 행동적 특징에 관한 정보로서 특정 개인을 알아볼 목적으로 일정한 기술적 수단을 통해 생성한 정보
4. 인종이나 민족에 관한 정보

CHAPTER 06 | 기타 법규

정답 p.238

001	①	002	②	003	③	004	③	005	③
006	④	007	④	008	③	009	①	010	②

001 답 ①

정보보호관리 과정은 4단계가 아닌 5단계이다(삭제).
1. 정보보호정책 수립 및 범위설정
2. 경영진 책임 및 조직구성
3. 위험관리
4. 정보보호대책 구현
5. 사후관리

(선지분석)

② 인증기관: 인증심사원으로서 객관적이고 공정한 인증심사를 수행하지 않거나, 인증심사와 관련된 부당한 금전, 금품 등을 수수하거나 인증심사 수행 중 취득한 정보를 누설하는 경우에는 자격을 취소한다(제16조, 인증심사원 자격 취소).
③ 물리적 보안: 현장심사는 서면심사의 결과와 기술적·물리적 보호대책 이행 여부를 확인하기 위하여 담당자 면담, 관련 시스템 확인 및 취약점 점검 등의 방법으로 기술적 요소를 심사한다(제25조, 인증심사 방법 및 보완조치).
④ 정보 자산: 서면심사는 인증기준에 적합한지에 대하여 정보보호 관리체계 구축·운영 관련 정보보호 정책, 지침, 절차 및 이행의 증적자료 검토, 정보보호대책 적용 여부 확인 등의 방법으로 관리적 요소를 심사한다(제25조, 인증심사 방법 및 보완조치).

002 답 ②

제5조【접근 권한의 관리】③ 개인정보처리자는 제1항 및 제2항에 의한 권한 부여, 변경 또는 말소에 대한 내역을 기록하고, 그 기록을 최소 3년간 보관하여야 한다. → 5년간

(선지분석)

① 제7조【개인정보의 암호화】② 개인정보처리자는 다음 각 호의 해당하는 이용자의 개인정보에 대해서는 안전한 암호 알고리즘으로 암호화하여 저장하여야 한다.
   1. 주민등록번호
   2. 여권번호
   3. 운전면허번호
   4. 외국인등록번호
   5. 신용카드번호
   6. 계좌번호
   7. 생체인식정보
③ 개인정보의 기술적·관리적 보호조치 기준 제4조【접근통제】정보통신서비스 제공자등은 개인정보처리시스템에 대한 개인정보취급자의 접속이 필요한 시간 동안만 최대 접속시간 제한 등의 조치를 취하여야 한다. (삭제)
④ 개인정보의 기술적·관리적 보호조치 기준 제4조【접근통제】정보통신서비스 제공자등은 개인정보취급자를 대상으로 다음 각 호의 사항을 포함하는 비밀번호 작성규칙을 수립하고, 이를 적용·운용하여야 한다. (삭제)
   1. 영문, 숫자, 특수문자 중 2종류 이상을 조합하여 최소 10자리 이상 또는 3종류 이상을 조합하여 최소 8자리 이상의 길이로 구성
   2. 연속적인 숫자나 생일, 전화번호 등 추측하기 쉬운 개인정보 및 아이디와 비슷한 비밀번호는 사용하지 않는 것을 권고
   3. 비밀번호에 유효기간을 설정하여 반기별 1회 이상 변경

003 답 ③

「지능정보화 기본법」 제58조【정보보호시스템에 관한 기준 고시 등】① 과학기술정보통신부장관은 관계 기관의 장과 협의하여 정보보호시스템의 성능과 신뢰도에 관한 기준을 정하여 고시하고, 정보보호시스템을 제조하거나 수입하는 자에게 그 기준을 지킬 것을 권고할 수 있다.

(선지분석)

① 「정보통신망 이용촉진 및 정보보호 등에 관한 법률」 제47조【정보보호 관리체계의 인증】 ① 과학기술정보통신부장관은 정보통신망의 안정성 · 신뢰성 확보를 위하여 관리적 · 기술적 · 물리적 보호조치를 포함한 종합적 관리체계(이하 "정보보호 관리체계"라 한다)를 수립 · 운영하고 있는 자에 대하여 제4항에 따른 기준에 적합한지에 관하여 인증을 할 수 있다.

② 「정보통신망 이용촉진 및 정보보호 등에 관한 법률」 제47조의3【개인정보보호 관리체계의 인증】 ① 방송통신위원회는 정보통신망에서 개인정보보호 활동을 체계적이고 지속적으로 수행하기 위하여 필요한 관리적 · 기술적 · 물리적 보호조치를 포함한 종합적 관리체계(이하 "개인정보보호 관리체계"라 한다)를 수립 · 운영하고 있는 자에 대하여 제2항에 따른 기준에 적합한지에 관하여 인증을 할 수 있다(삭제)(「정보보호 및 개인정보보호 관리체계 인증 등에 관한 고시」).

④ 「개인정보 보호법」 제32조의2【개인정보 보호 인증】 ① 보호위원회는 개인정보처리자의 개인정보 처리 및 보호와 관련한 일련의 조치가 이 법에 부합하는지 등에 관하여 인증할 수 있다.

004 답 ③

제6조【지능정보사회 종합계획의 수립】 ① 정부는 지능정보사회 정책의 효율적 · 체계적 추진을 위하여 지능정보사회 종합계획(이하 "종합계획"이라 한다)을 3년 단위로 수립하여야 한다.
② 종합계획은 과학기술정보통신부장관이 관계 중앙행정기관(대통령 소속 기관 및 국무총리 소속 기관을 포함한다. 이하 같다)의 장 및 지방자치단체의 장의 의견을 들어 수립하며, 「정보통신 진흥 및 융합 활성화 등에 관한 특별법」 제7조에 따른 정보통신 전략위원회(이하 "전략위원회"라 한다)의 심의를 거쳐 수립 · 확정한다. 종합계획을 변경하는 경우에도 또한 같다.

005 답 ③

일반적 사항 위반 시 직전 회계 연도의 전 세계 매출액 2% 또는 1천 만 유로 중 높은 금액이 최대한도 부과 금액이다.

(선지분석)

① 정보주체의 권리와 기업의 책임성 강화, 개인정보의 EU역외이전 요건 명확화 등을 주요 내용으로 다룬다.

② EU GDPR은 28개 모든 유럽 회원국에 공통적으로 적용되는 법률로서 법적 구속력을 가진다.

④ '만16세 미만의 아동'에게 온라인 서비스 제공 시 '아동의 친권을 보유하는 자'의 동의를 얻어야 한다.

TIP GDPR(https://gdpr.kisa.or.kr/index.do)를 참고하기 바란다.

006 답 ④

- 「개인정보의 안전성 확보 조치 기준」 제7조【개인정보의 암호화】 개인정보처리자가 내부망에 고유식별정보를 저장하는 경우에는 다음 각 호의 기준에 따라 암호화의 적용여부 및 적용범위를 정하여 시행할 수 있다.
  1. 「개인정보 보호법」 제33조(개인정보 영향평가)상에 따른 개인정보 영향평가의 대상이 되는 공공기관의 경우에는 해당 개인정보 영향평가의 결과
  2. 암호화 미적용시 위험도 분석에 따른 결과
- 「개인정보 보호법」 제33조【개인정보 영향평가】 공공기관의 장은 대통령령으로 정하는 기준에 해당하는 개인정보파일의 운용으로 인하여 정보주체의 개인정보 침해가 우려되는 경우에는 그 위험요인의 분석과 개선 사항 도출을 위한 평가(이하 "영향평가"라 한다)를 하고 그 결과를 행정안전부장관에게 제출하여야 한다. 이 경우 공공기관의 장은 영향평가를 행정안전부장관이 지정하는 기관(이하 "평가기관"이라 한다) 중에서 의뢰하여야 한다. 영향평가를 하는 경우에는 다음 각 호의 사항을 고려하여야 한다.
  1. 처리하는 개인정보의 수
  2. 개인정보의 제3자 제공 여부
  3. 정보주체의 권리를 해할 가능성 및 그 위험 정도
  4. 그 밖에 대통령령으로 정한 사항

007 답 ④

제27조【이용자 정보의 보호】 ③ 클라우드컴퓨팅서비스 제공자는 이용자와의 계약이 종료되었을 때에는 이용자에게 이용자 정보를 반환하여야 하고 클라우드컴퓨팅서비스 제공자가 보유하고 있는 이용자 정보를 파기하여야 한다. 다만, 이용자가 반환받지 아니하거나 반환을 원하지 아니하는 등의 이유로 사실상 반환이 불가능한 경우에는 이용자 정보를 파기하여야 한다.

(선지분석)

① 제25조【침해사고 등의 통지 등】 ② 클라우드컴퓨팅서비스 제공자는 제1항 제2호(이용자 정보가 유출된 때)에 해당하는 경우에는 즉시 그 사실을 과학기술정보통신부장관에게 알려야 한다.

② 제26조【이용자 보호 등을 위한 정보 공개】 ① 이용자는 클라우드컴퓨팅서비스 제공자에게 이용자 정보가 저장되는 국가의 명칭을 알려 줄 것을 요구할 수 있다.

③ 제27조【이용자 정보의 보호】 ① 클라우드컴퓨팅서비스 제공자는 법원의 제출명령이나 법관이 발부한 영장에 의하지 아니하고는 이용자의 동의 없이 이용자 정보를 제3자에게 제공하거나 서비스 제공 목적 외의 용도로 이용할 수 없다. 클라우드컴퓨팅서비스 제공자로부터 이용자 정보를 제공받은 제3자도 또한 같다.

008 답 ③

제15조【인증심사원 자격 유지 및 갱신】 ③ 인터넷진흥원은 자격 유효기간 동안 1회 이상의 인증심사를 참여한 인증심사원에 대하여 제2항의 보수교육 시간 중 일부를 이수한 것으로 인정할 수 있다.

009

답 ①

제6조【지능정보사회 종합계획의 수립】① 정부는 지능정보사회 정책의 효율적 · 체계적 추진을 위하여 지능정보사회 종합계획(이하 "종합계획"이라 한다)을 3년 단위로 수립하여야 한다.
② 종합계획은 과학기술정보통신부장관이 관계 중앙행정기관(대통령 소속 기관 및 국무총리 소속 기관을 포함한다. 이하 같다)의 장 및 지방자치단체의 장의 의견을 들어 수립하며, 「정보통신 진흥 및 융합 활성화 등에 관한 특별법」 제7조에 따른 정보통신 전략위원회(이하 "전략위원회"라 한다)의 심의를 거쳐 수립 · 확정한다. 종합계획을 변경하는 경우에도 또한 같다.

010

답 ②

"대상기관"이란 영 제35조에 해당하는 개인정보파일을 구축 · 운용, 변경 또는 연계하려는 공공기관을 말한다.

PART 8

해커스공무원 박후근 정보보호론 단원별 기출문제집

MEMO